THEORY and APPLICATIONS of

HYDRAULIC TURBINES

수차의 이론과 실제

저자소개

책임저자 서상호(숭실대학교 기계공학과 교수)

공동저자 김경엽(한국산업기술대학교)
김병호(한국수자원공사)
김유택(한국해양대학교)
김태권(덕지산업)
노형운(아이베이)
류인영(삼안)
박노현(금성이앤씨)
박종문(한국종합엔지니어링)
신창식(한국수자원공사)
원영수(델타에이스)
이충범(동아기공)
최영도(목포대학교)
최종운(선우엔지니어링)

수차의 이론과 실제

초판 인쇄 2014년 10월 1일
초판 발행 2014년 10월 15일

지은이 서상호, 김경엽, 김병호, 김유택, 김태권, 노형운, 류인영, 박노현, 박종문, 신창식, 원영수, 이충범, 최영도, 최종운
펴낸이 최국주
펴낸곳 동명사
출판등록 1950년 11월 1일(제1-76호)
주소 (우 413-756) 경기도 파주시 회동길 50(문발동)
전화 031-955-7200(대표)~2, 7203(편집부), 7204(물류)
팩스 031-955-7205
전자우편 webmaster@dmsbook.com
홈페이지 www.dmsbook.com

ISBN 978-89-411-8135-4 93530
값 50,000원

東明社

수차 관련 전문 도서가 국내에서 처음 출간되었다.

한국유체기계학회 펌프 및 수차 분과에서 "수차의 이론과 실제(Theory and Applications on Hydraulic Turbines)라는 제목으로 책을 출간하기로 한 뒤, 2년 여 집필작업 끝에 비로서 이 책이 세상에 나오게 되었다. 친환경에너지원으로서의 수력에너지가 주목 받고 있는 시점에서 시의적절 하게 관련 도서가 출판되게 되었다.

이 책은 총 6편으로 구성되어 있다. 수차의 이론을 먼저 서술하고, 수차의 설계와 제작 그리고 수력발전소 설계는 이론을 참고하여 현장 중심으로 기술했으며, 제작된 수차의 성능 검증과 설치 후 운영 및 유지관리에 대해서도 상세하게 언급하였다. 물 자원을 확보하고 수력에너지를 친환경에너지로 활용하는데 본 교재는 수차의 제작과 설치뿐 아니라 수력발전소의 건설과 유지관리 등에 있어 관련 기술인 들에게 핸드북과 같은 전문도서로 활용되기를 기대하면서 집필에 임하였다.

이 책의 제 1편은 이론으로 한국해양대의 김유택교수와 목포대의 최영도교수가 집필을 담당했었고, 제 2편 수차의 이론과 전산설계는 아이베이의 노형운박사와 델타에이스의 원영수 사장, 수력발전소설계는 선우엔지니어링의 최종운사장이 수고해 주었으며, 제 3편 수차의 제작 부분은 덕지산업의 김태권상무와 금성이앤씨의 박노현상무 그리고 동아기공의 이충범이사가 실무를 참고하여 집필하였다. 제 4편과 5편은 시험 및 효율 측정과 운영 및 유지관리 부분으로 수자원공사의 신창식차장과 김병호차장이 설계지침 등을 참고하여 정리하였다. 제 6편은 기술수준 및 시장동향으로 아이베이의 노형운박사가 집필 책임을 맡았다. 전체 내용에 관한 감수는 한국산업기술대의 김경엽교수와 한국종합엔지니어링의 박종문부사장 그리고 삼안의 류인영상무가 맡아 주었다.

집필자들의 경험과 연구결과들이 이 책의 구석구석에 잘 반영되어 있다. 집필자들은 수차의 이론으로부터 시작해서 응용에 이르기까지 최신 연구결과와 지식들이 모두 반영되게 했다. 이 책은 독학으로 공부하는 학생이나 공학자 및 기술인들에게 아주 유용하게 활용될 수 있을 것이다. 각 장마다 참고문헌을 배치하여 독자들이 관련 내용을 찾아 볼 수 있게 하였다.

적절한 용어 선택을 위해 한국유체기계학회의 유체기계용어사전과 대한기계학회의 기계용어집, 그리고 텍스트북스사의 유체역학(서상호 외 공저) 교재를 이용하여 수차 관련 용어를 정리하고 책 속에서 전체적으로 통일되게 하였다. 또한, 외래어 표기는 가능한 한 한글맞춤법의 외래어 표기법을 따르려 노력했다. 이러한 용어는 색인으로 권말에 첨부하였다.

책임저자를 포함한 공동저자들은 수차에 대해 관심을 갖고 있는 대학의 교수나 학생뿐 아니라 현장에서 실무를 담당하는 관련 공학자나 기술인들에게 도움이 되도록 최선을 다해 집필하였으나 누락된 부분이나 오류가 있을 것으로 생각된다. 이 책을 직접 사용하는 관련 기술인들의 제안이나 비판을 언제라도 환영한다. 이 분야의 선배, 동료 그리고 관심 있으신 분들의 많은 지도와 편달을 바란다.

끝으로 이 책의 출판에 많은 노력을 기울여 주신 동명사의 김급태상무님과 출판사 여러분께 감사드린다.

2014년 7년 16일

책임저자 **서상호**

CHAPTER 1
이론

CHAPTER 2
설 계

CHAPTER 3

수차의 제작과 설치

CHAPTER 4
시험 및 효율 측정

CHAPTER 5
운영 및 유지관리

CHAPTER 6

기술수준 및 시장동향

THEORY AND APPLICATIONS OF HYDRAULIC TURBINES

제1편

이 론

수차의 종류와 구조

수차는 물이 가지고 있는 위치에너지를 기계적 에너지로 변환하는 유체기계이다. 물이 가진 위치에너지가 속도 또는 압력에너지로 변환되어 동력이 발생된다. 수차는 [그림 1-1]과 같이 충동수차, 반동수차, 펌프수차로 분류된다.

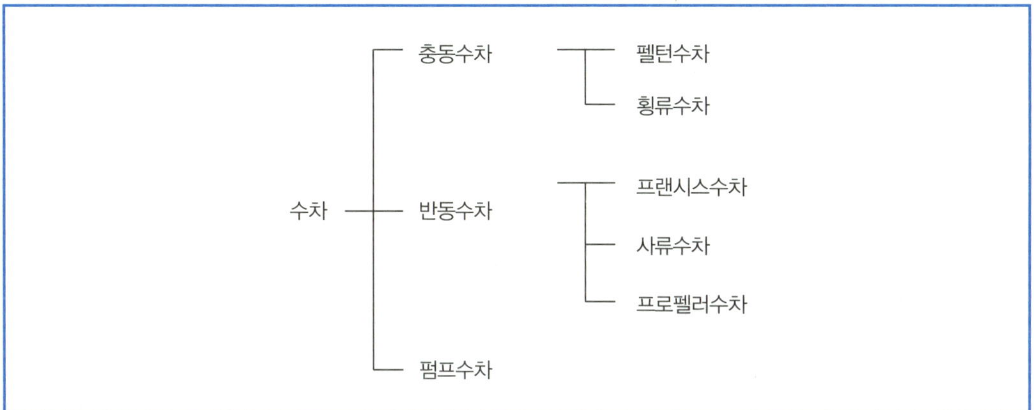

그림 1-1 수차의 분류

1.1 충동수차

1.1.1 펠턴수차(Pelton turbine)

충동수차의 한 종류인 펠턴수차는 [그림 1-2]와 같이 노즐로부터 유출되는 물을 러너 주변의 버킷에 충돌시키는 구조의 수차로, 주로 고 낙차(200m 이상) 또는 중 낙차(150m 정도)이고 유량이 비교적 적은 경우에 사용된다. 과거에는 대부분 횡축형이 사용되었지만 최근에는 입축형도 사용되고 있다.

펠턴수차는 구조가 비교적 간단하고 보수도 용이하지만, 버킷이 항상 물에 의해 충동력을 받기 때문에 깨지기가 쉽다.

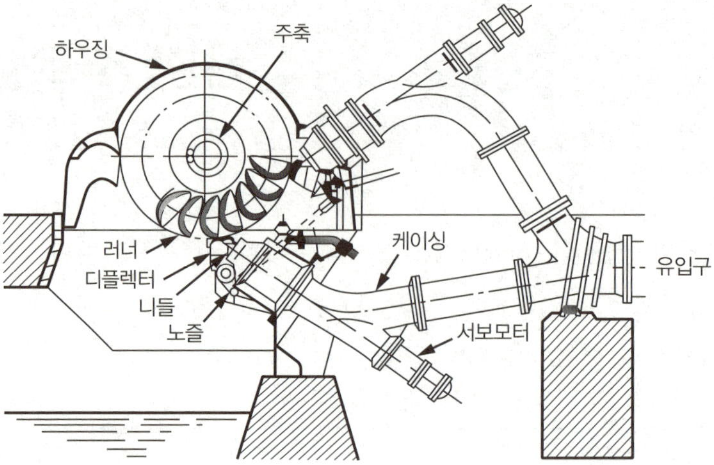

그림 1-2 펠턴수차의 구조

(1) 러너(runner)

노즐에서 분사된 물은 주축에 설치된 디스크(disc)의 바깥에 있는 버킷 중앙의 분리판에 충돌하면서 좌우로 나누어진다. [그림 1-3]은 횡축형의 러너와 버킷을 나타낸다.

버킷과 디스크는 주조하는 경우가 많다. 버킷은 볼트로 디스크에 붙이지만 디스크와 버킷 일체형도 있다. 버킷은 일반적으로 주강으로 제작하지만 물에 모래 또는 산성이 함유된 경우에는 특수강 재질로 제작하고, 디스크는 주강 또는 주철로 만든다.

(가) 횡축형 펠턴수차의 러너

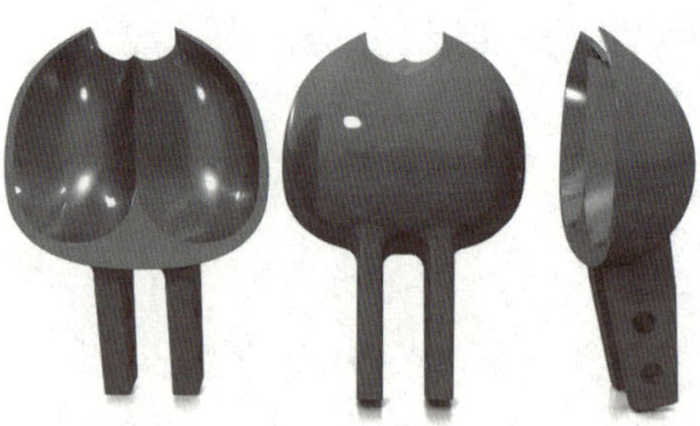

(나) 버킷

그림 1-3 횡축형 펠턴수차의 러너와 버킷

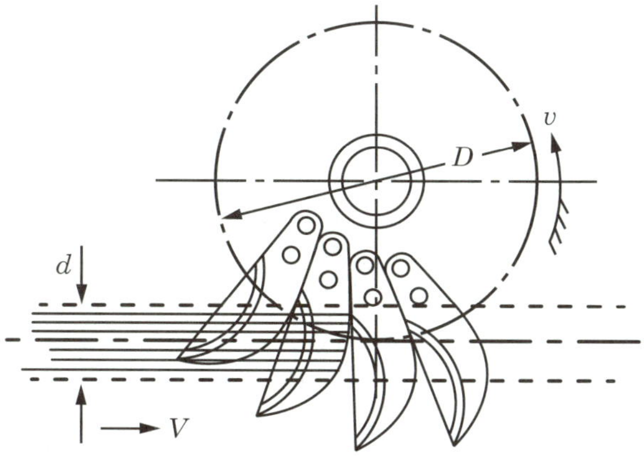

그림 1-4 러너의 직경 D와 분출되는 제트의 직경 d의 관계

러너 축을 중심으로 해서 분출수의 중심선에 접하는 원을 러너의 피치 사이클(pitch cycle)이라고 한다. 이 피치 사이클의 직경 D를 일반적으로 펠턴수차의 직경이라고 부른다.

펠턴수차의 직경을 구하는 식은 다음과 같다.

$$N=38\frac{\sqrt{H}}{D} \tag{1-1}$$

$$N=0.545\frac{m\sqrt{Q}}{H^{1/4}} \tag{1-2}$$

여기서, N은 회전수[rpm], H는 유효낙차[m], D는 러너의 직경[m]이며, Q는 노즐 1개에 대한 유량[m^3/s]이다. m은 [그림 1-4]와 같이 러너의 직경 D를 제트의 직경비로 나눈 값이다.

버킷의 수 Z는 러너의 직경 D와 분출되는 제트의 직경 D의 비 D/d에 따라 달라진다. 〈표 1-1〉과 같이 18~30개 정도의 버킷이 디스크에 설치된다. 〈표 1-1〉은 D/d의 비에 따른

표 1-1 | 펠턴수차의 버킷 수

$m\,(=D/d)$	8	12	16	20	24
Z	18~22	20~24	22~26	24~28	26~30

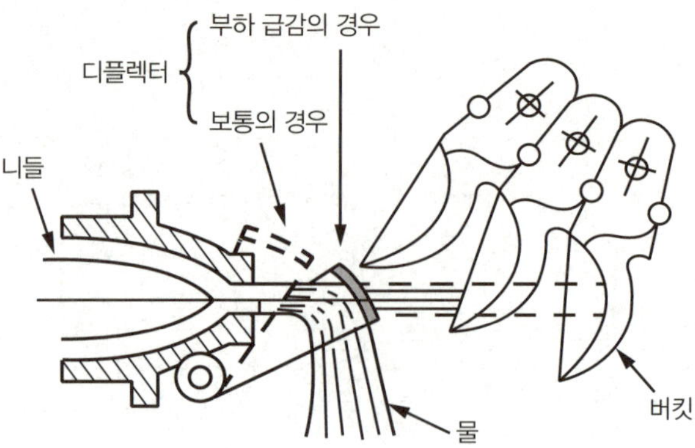

그림 1-5 디플렉터의 설치 예

버킷 수를 제시하고 있다.

(2) 노즐

물의 압력에너지를 운동에너지로 바꾸는 단면이 원형관으로 되어 있는 노즐장치이다. 중앙에 붙어 있는 니들(needle)을 전진 및 후진시켜 버킷에 분사되는 물의 양을 조절한다. 노즐 끝 부분과 니들은 특수강 등을 사용하여 제작한다. 노즐의 수는 러너 하나에 한 개의 경우가 많지만, 유량이 많은 경우에는 부하가 커질 때 고효율 운전을 하기 위하여 한 개의 러너에 대하여 노즐의 수를 2개 이상으로 한다. 4개 이상의 노즐을 한 개의 러너에 붙이는 경우에는 입축형으로 설계한다.

(3) 디플렉터(deflector)

수차의 부하가 급감하는 경우에 버킷으로 가는 물을 차단하는 역할을 한다. [그림 1-5]는 디플렉터의 설치 예를 나타낸다.

(4) 케이싱(casing) 및 하우징

펠턴수차의 케이싱은 상당한 강성을 필요로 하기 때문에 주철이나 주강으로 제작하고, 러너의 상부에 설치되는 하우징은 대형의 경우 일반적으로 주강 또는 강판을 사용하여 제작한다.

1.1.2 입축형 펠턴수차

펠턴수차는 노즐을 통과한 물을 수압관의 끝에서 대기 중으로 분출하기 때문에 압력은 대기압과 같다. 따라서 노즐 끝에서 방수로 수면까지의 높이는 에너지로 이용할 수 없다. 이 때문에 횡축형 펠턴수차는 가능한 한 수차의 위치를 낮게 하여 낙차의 손실을 작게 한다. 그러나, 수차의 위치를 지나치게 낮게 하면 홍수 시에 방수면의 수위가 상승해서 수차가 물에 잠기는 경우가 있기 때문에 일반적으로 홍수면보다 1~2m 높게 한다. 러너를 입축형으로 선정하면 횡축형에서의 이러한 문제점이 크게 개선될 수 있기 때문에 최근 대용량의 펠턴수차에는 입축형이 많이 적용된다. 홍수 시에 방수로 수위가 수차 설치면보다 상승하는 경우, 케이싱 내에 압축공기를 불어 넣어 수면을 낮게 하는 장치를 설치하면 평상 시의 낙차를 효과적으로 이용할 수 있게 된다.

대용량 수차는 유량이 많아지기 때문에 노즐의 수를 늘려야 한다. 이 경우 횡축형 펠턴수차는 노즐의 수가 최대 4개 밖에 되지 않지만, 입축형 펠턴수차는 노즐 수의 제약이 없다. 입축형이 횡축형에 비해서 유리한 점은 다음과 같다.

① 입축형은 하나의 러너로 최고 6개의 노즐까지 사용 가능하므로 대용량 수차의 제작이 가능하다.

② 홀수 노즐의 사용도 가능하다.

③ 노즐 수가 많을 경우 횡축형에서는 배관장치와 부속기기가 복잡해지지만 입축형의 경우에는 배관장치가 간단하고 조작도 단순해진다.

④ 수차 설치를 위한 굴삭량이 적어도 되기 때문에 공사기간이 단축된다. 기초를 깊게 팔 필요가 있는 경우에는 입축형이 유리하다. 발전기와의 조합에 대해서는 횡축형의 경우 건물면적을 크게 할 필요가 있지만 입축형에서는 약 15% 작게 할 수 있다.

⑤ 수차의 중량은 입축형이 횡축형보다 15~20% 정도 가볍게 된다. 그러나, 발전기가 약간 무거워지므로 전체 중량은 입축형이 5% 정도 가볍게 된다. 이러한 이유는 입축형은 러너가 하나이고 횡축형에 비해서 베어링 수와 입구밸브 수가 적어지기 때문이다.

⑥ 노즐 수가 증가하므로 이 노즐 수를 임의로 변화시키면 부분 부하의 효율이 개선된다.

그림 1-6 입축형 펠턴수차의 러너 (GUGLER brochure에서 인용)

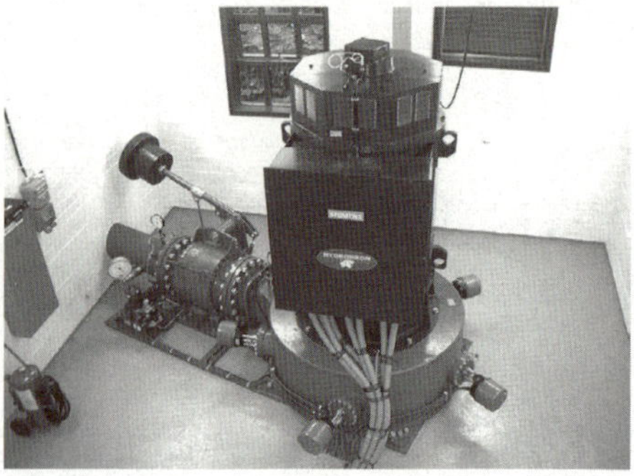

그림 1-7 입축형 펠턴수차 및 발전기 (Hydrohrom brochure에서 인용)

⑦ 수차발전기의 분해가 유리하다.

⑧ 기초가 안전하고, 진동 발생이 적다.

한편 단점으로는,

① 노즐 4개의 횡축형 2륜 펠턴수차와 비교해 보면 입축형 단륜 노즐 4개 형식 또는 노즐 6개 형식의 경우 버킷이 받는 충격력이 커진다. 이 때문에 기계적인 강도를 크게 할 필요가 있다.

② 전부하 운전 중 부하 차가 있는 경우에는 디플렉터가 작동하고 제트가 구부러지면서 직접 케이싱에 부딪히게 되기 때문에 구조는 견고하게 할 필요가 있다.

[그림 1-6]은 입축형 펠턴수차의 러너를 나타내고, [그림 1-7]은 수차와 발전기가 조합된 시스템의 외형도를 나타낸다.

1.1.3 횡류(cross flow)수차

이 수차는 충동형 수차에 속하지만, 그 구조는 [그림 1-8]과 [그림 1-9]와 같이 원통형의 러너와 가이드 베인이 1개 또는 2개로 구성되고, 커버를 벗기면 간단하게 내부를 점검할 수 있는 구조로 되어 있다.

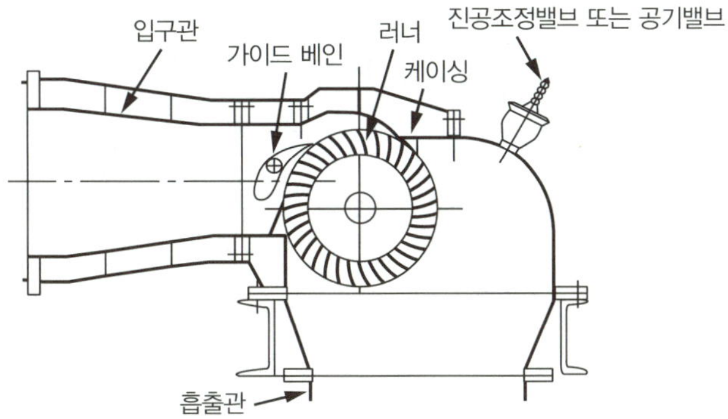

그림 1-8 횡류수차의 개념도

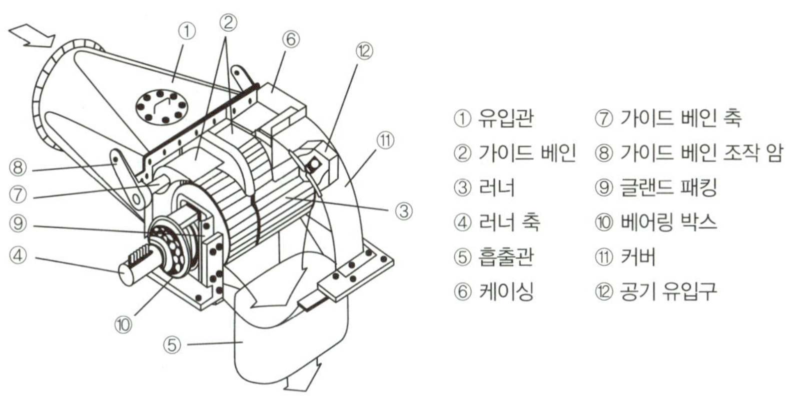

그림 1-9 횡류수차의 구조도

또한 러너, 가이드 베인, 케이싱 등은 주로 강판 용접구조이고, 다른 수차 형식에 비해서 단기간에 제작이 가능하기 때문에 제작비를 줄일 수 있는 수차이다.

효율은 [그림 1-10]에 나타낸 바와 같이 프랜시스수차와 비교할 경우 그 최고효율은 작지만, 부분 부하 시 효율 저하가 적다. 또한, 두 개의 가이드 베인 방식으로 운전할 경우에는 부분 부하 시 효율 저하가 더욱 작아짐과 동시에 운전범위도 15% 유량 정도까지 이상 없이 운전이 가능하고, 프랜시스수차에 비해서 넓은 범위의 변동유량에 대한 대응운전이 가능한 수차이다. 변동 낙차에 대한 대응에서도 설계낙차와의 차가 큰 부분에서는 효율의 저하를 피할 수 없지만, 폭 넓은 대응이 가능한 특징을 가지고 있다.

이 수차는 원리적으로 추력을 받지 않고, 축추력 베어링을 필요로 하지 않기 때문에 베어

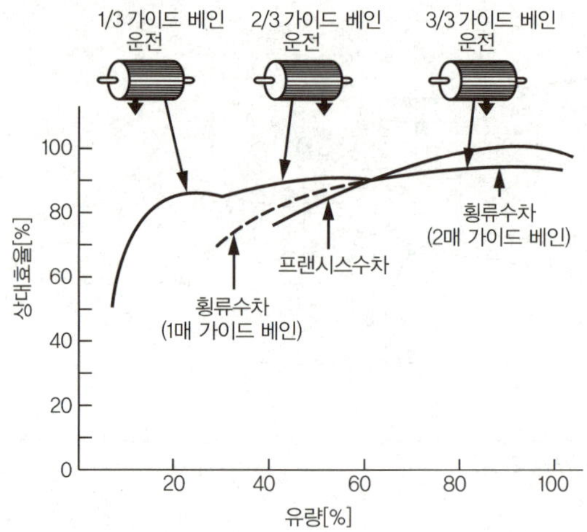

그림 1-10 횡류수차의 구조도

링의 구조가 간단하다. 윤활유장치, 급수장치가 필요하지 않으며, 더욱이 전동 서보모터를 설치하면 유압장치도 생략 가능하기 때문에 유지관리가 용이한 수차이다.

1.2 반동수차

1.2.1 프랜시스수차(Francis turbine)

프랜시스수차(Francis turbine)는 반동수차의 한 종류로 광범위한 낙차범위(10m~300m 정도)에 대해 사용할 수 있는 수차로, 러너, 가이드 베인, 케이싱, 스피드 링 및 그 외의 부속장치로 구성되어 있다. 프랜시스수차의 구조는 원심펌프의 구조와 거의 같으며, 단지 유동방향과 회전방향이 반대이다. 작동 유체는 고압의 수압관(penstock)을 지나 스크롤 케이싱을 통해 가이드 베인(guide vane)에 도달한다. 가이드 베인은 증속 원형 날개열로 되어 있고, 유동을 가속함과 동시에 선회속도성분이 생긴다. 프랜시스수차의 반동도(러너의 압력강하/전압력강하)는 보통 50% 이상으로 하여, 가이드 베인에서 속도헤드는 유효낙차의 절반 이상이다. 프랜시스수차에서는 [그림 1-11]의 개념도처럼 안내깃(가이드 베인)을 통과한 물의 압력수두 일부는 속도수두로 변환하고, 일부는 압력수두를 가진 채 러너로 들어간다. 따라서, 러

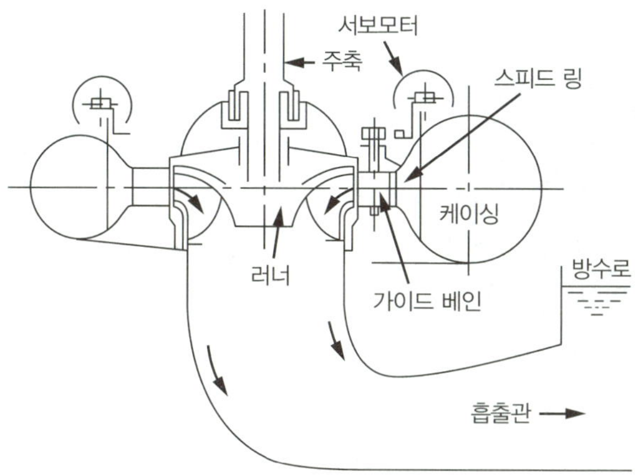

그림 1-11 프랜시스수차의 구조 개념도

너 내 유로는 물로 가득차게 되고 압력은 유로를 흘러가는 사이에 변화한다. 즉, 수압관으로부터 유입된 물은 케이싱을 통해 안내깃에 의해 방향과 유량이 바뀐 채 러너로 유입하면서 회전력을 얻고 러너에서 흘러나온 다음 흡출관을 통하여 방수로에 방출된다. 러너를 나온 유동은 흡출관에서 감속되고, 운동에너지는 압력에너지로 환원된다. 프랜시스수차는 발전소에서 가장 많이 사용하는 낙차 범위에서 적용되므로, 제작되는 전체 수차의 거의 70%를 점유하고 있다. 구조는 비교적 단순하고, 특히 러너는 가동 부분이 없는 일체형으로 되어 있어, 강도나 제작을 고려할 때 대형 수차로 적합하다.

(1) 러너

러너는 [그림 1-12]와 같은 형상으로 물이 갖는 에너지를 기계적 에너지로 변환하는 것으로 러너 깃, 러너 밴드, 러너 크라운, 러너 콘 등으로 구성되어 있다. 재질은 낙차 및 수질 등에 따라 정해진다. 일반적으로 주강 또는 스테인리스 주강을 사용하는 경우가 많다. 수질이 나쁜 경우에는 특수강, 동합금을 사용하지만 이 경우에는 마모되기 쉬운 부분만 용접으로 보강하여 마무리하기도 한다. 최근에는 용접기술의 진보와 더불어 강판을 용접해서 제작하는 경우도 있다.

프랜시스수차에서 유효낙차 및 유량에 따라서 러너의 형상이 달라진다. 러너의 형상은 효율에 미치는 영향이 크다. 즉, 광범위한 낙차범위에서 적용 가능하기 때문에 수차에 요구되

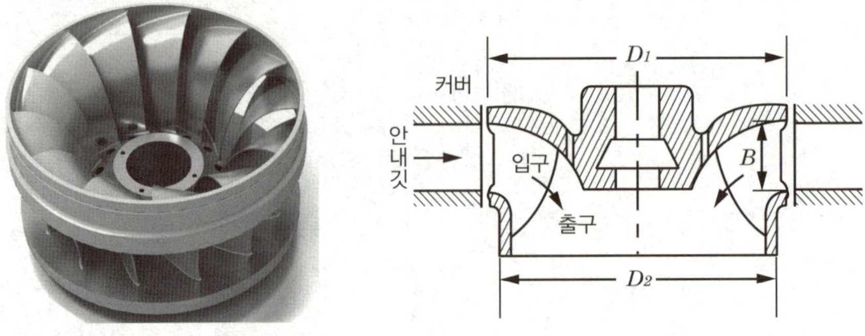

(가) 러너의 외관 (나) 러너 단면도

그림 1-12 프랜시스수차의 러너

는 유량 및 회전수 등의 관계로부터 러너의 형상을 결정할 필요가 있다.

[그림 1-13(가)]는 대유량, 저 낙차용의 고속 수차, (나)는 중 낙차용의 중속수차, (다)는 소유량, 고 낙차용의 저속 수차로 불린다. 따라서 고 낙차용 러너는 [그림 1-13(다)]와 같이 입구의 폭이 좁고 출구의 직경도 작으며, 저 낙차용 러너는 이것과 반대의 형상이다.

러너의 깃수 Z_1은 소형에서는 8～9매, 대형에서는 20매 이상이고, 러너의 직경을 D_1으로 하면

$$Z_1 = \phi_1 \sqrt{D_1} \tag{1-3}$$

로 표시된다. 여기서 러너계수, ϕ_1은 15～17의 값이다.

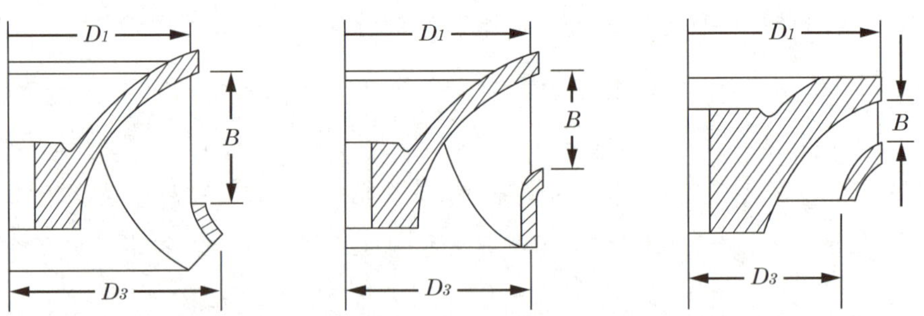

(가) N_s 대, 고속 수차 $D_1 < D_3$ (나) N_s 중, 중속수차 $D_1 \fallingdotseq D_3$ (다) N_s 소, 중속수차 $D_1 > D_3$

그림 1-13 프랜시스수차 러너의 형상 변화

프랜시스수차의 러너 직경은 다음 식으로 구한다.

$$D_1[m]=\frac{60k_1\sqrt{2gH}}{\pi N} \tag{1-4}$$

$$D_2[m]=\sqrt{\frac{4Q}{\pi k_m\sqrt{2gH}}} \tag{1-5}$$

여기서, D_1과 D_2는 러너 입 · 출구의 직경이고, H는 유효낙차, Q는 사용유량이며, N은 회전수이다. k_1은 러너 직경계수로서 고 낙차용 수차는 0.6~0.7, 중 낙차용 수차는 0.8~0.9이다. k_m도 계수로서 고속 수차에서 0.35~0.4, 저속 수차에서 0.15~0.2의 값을 갖는다.

수차의 유출손실과 마찰손실과의 합을 최소로 하여 수차의 총효율을 가장 좋게 하기 위한 직경 D_2는 다음 식과 같이 정할 수 있다.

$$D_2[m]=4.4\sqrt[3]{\frac{Q}{H}} \tag{1-6}$$

(2) 케이싱

프랜시스수차의 케이싱은 상시 수압을 받고, 부하 차단 시는 급격한 수압상승이 가해지므로 여기에 견딜 수 있도록 제작되며, 낙차와 유량에 따라서 주철, 주강, 강판 또는 철근 콘크리트로 만들어진다. 주철 케이싱으로 만들 때는 보강 볼트를 사용하는 경우도 있다. 대형 케이싱을 적당히 분할해서 제작하고 연결 부분을 볼트로 결합시킨다. 강판 케이싱은 일반적으로 스피드 링을 별도로 제작하고 전체를 원주방향으로 십 여 등분 분할된 것을 접합하지만, 최근에는 용접기술이 발달하여 강판 용접 케이싱도 제작된다. [그림 1-14]는 프랜시스수차 케이싱의 사진이다.

그림 1-14 프랜시스수차의 케이싱

(3) 스피드 링(speed ring)

[그림 1-15]에서 스피드 링의 구조를 볼 수 있다. 단면의 형상이 익형이고, 고정익(stay vane)이라고도 부른다. 수차의 구성품 중에서 스피드 링은 특별한 강도가 요구되기 때문에 주강이 대부분이지만 최근에는 용접구조로 만들고 있다. 대형은 운반을 고려해서 분할해서 제작한다.

(4) 안내깃(guide vane or wicket gate)

러너의 바깥쪽에 배치된 안내깃은 러너로의 유입 방향을 적절하게 제어함과 동시에 필요한 유량이 러너로 들어갈 수 있게 하는 역할을 한다. [그림 1-15]에 안내깃의 형상을 볼 수 있다. 각 깃은 항상 동일 각도를 갖도록 회전하는 것이 가능하고, 깃 사이의 면적으로 러너에 유입하는 유량을 결정한다. 안내깃의 각도 조정에는 외측 조정식과 내측 조정식이 있지만, 현재는 대부분 외측 조정식이 이용된다. 이 조정방법은 [그림 1-15]에서와 같이 수차축의 주위에 가이드 링을 붙여 안내깃을 움직이게 되며, 이 조작에는 상당히 큰 힘이 필요하기 때문에 링 기구나 유압을 사용한다. [그림 1-16]은 안내깃의 개폐상태를 나타낸 것으로 실선은 완전 열림, 점선은 완전 닫힘의 위치를 나타낸다. 출력을 줄이기 위하여 안개깃을 닫으면 유량이 감소함과 동시에 흐름의 방향도 변하여 러너 입구에서의 상대 유입각이 러너 베인(vane)의 입구각에서 벗어나 충돌손실이 증가하여 효율이 감소한다. 부분 부하에서 효율이 낮은 것이 프랜시스수차의 결점 중의 하나이다.

안내깃 수, Z_0는 러너 매수 Z_1보다도 많은 것이 보통이므로 제작 시 반드시 짝수로 한다. D_0가 안내깃의 직경이면,

$$Z_0 = \phi_0 \sqrt{D_0} \tag{1-7}$$

로 표시된다. 안내깃계수, ϕ_0는 대략 13～20 정도이다.

최근 저 낙차 수차에서는 입구밸브가 생략되는 경우가 많고, 안내깃이 입구밸브의 역할을 겸하는 경우도 있다. 안내깃은 주강으로 제작된 것이 많지만, 전단강 또는 강판으로 만드는 경우도 있고, 수질이 나쁜 경우에는 특수강을 사용하는 경우도 있다. 최근에는 수압 자동폐쇄식의 안내깃이 사용되고 있다. 이것은 매우 드문 경우이기는 하지만 러너의 무구속

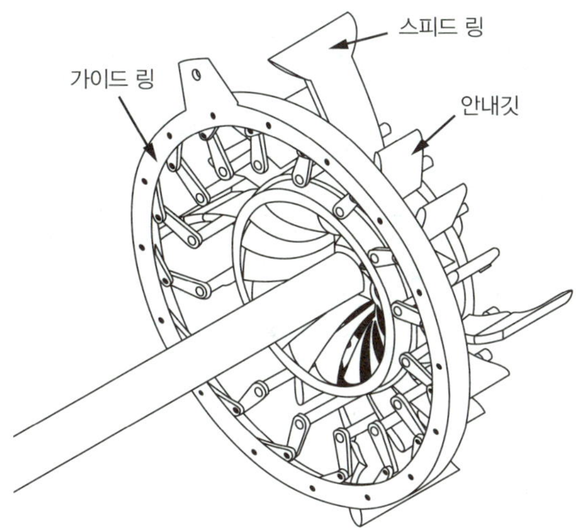

그림 1-15 프랜시스수차의 내부 구조

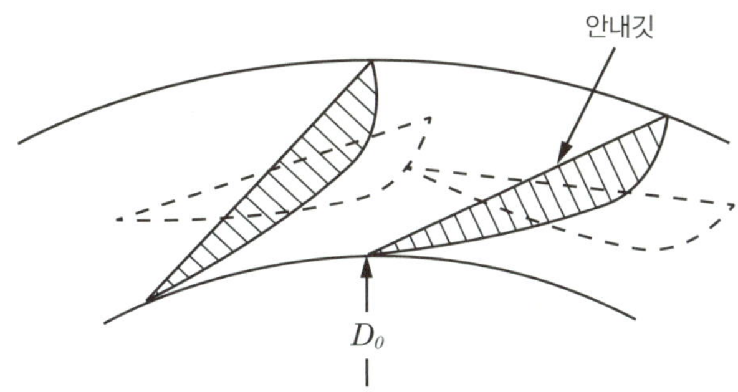

그림 1-16 안내깃의 개폐 상태

(runaway)을 방지하기 위한 보호장치로서 수압에 따른 불평형장치에 의해 어떠한 위치에서도 수압에 의해 자동적으로 안내깃을 폐쇄하는 것이 가능해진다.

1.2.2 사류수차(diagonal flow turbine)

사류수차(diagonal flow turbine)는 [그림 1-17]과 같은 구조를 가지며, 가동익을 갖는 사류수차는 데리아수차라고 한다. 사류수차의 구조는 프랜시스수차와 카플란수차를 조합한 것과

그림 1-17 사류수차의 구조

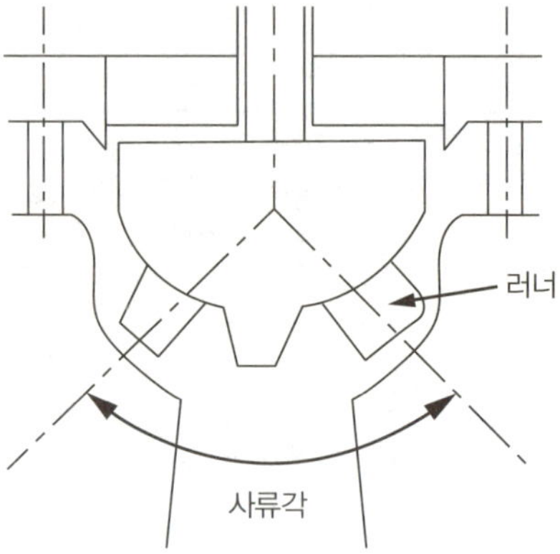

그림 1-18 사류수차의 구조와 사류 각

같다. 러너에 물이 유입되는 부분 및 러너에서 방수로까지의 부분은 프랜시스수차와 같다.

사류수차는 러너를 통과하는 흐름의 각도에 의해서 수차의 비속도가 결정된다. [그림 1-18]에서와 같이 수차 축에 대해서 러너 베인 중심축의 각도가 사류각인데, 사용 유량이 많아지면 이 값이 커지게 된다. 사류각은 60°, 90°, 120°, 140°인 경우가 설계가 용이하기 때문에 많이 사용된다. 카플란수차는 이 각도가 180°인 것이다.

러너의 서보모터에 유압을 보내는 배압기구도 카플란수차와 거의 동일하지만 가장 다른 점은 [그림 1-19]와 같이 경사지게 배치한 구동기구이다.

사류수차의 주요 특징을 보면

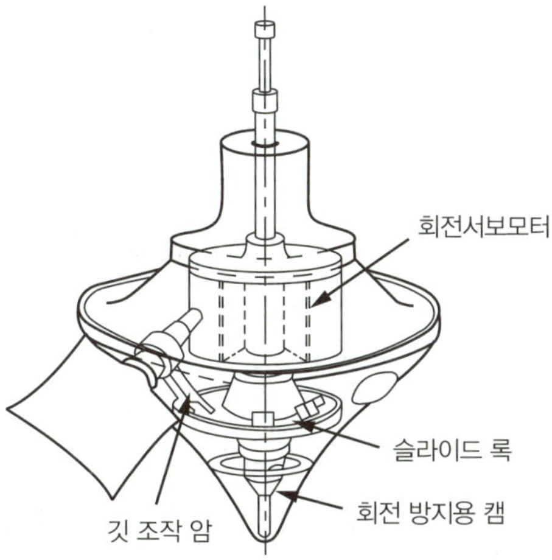

그림 1-19 깃 구동 기구(데리아수차)

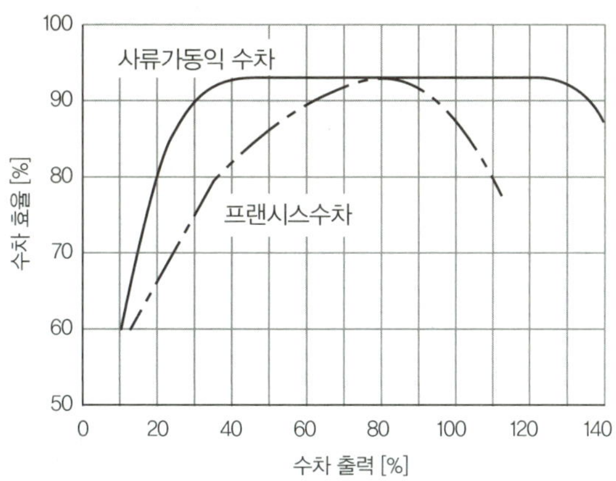

그림 1-20 수차의 효율 비교

① 변동 낙차, 변동 부하에 따른 수차 특성이 우수하다. [그림 1-20]은 프랜시스수차와의 효율 비교 예이지만 부분 부하 효율이 좋은 것을 알 수 있다.

② 고 낙차 카플란수차에 비해서 특성이 좋다.

③ 프랜시스수차와 비슷하게 무구속속도가 낮다.

1.2.3 프로펠러수차

(1) 프로펠러수차

프랜시스수차를 저 낙차에 사용하면 러너 내 유동의 상대속도가 크게 되고 마찰손실이 증가하지만, 깃의 수를 작게 하고 깃의 높이를 낮게 하면 효율이 높은 수차로 만들 수 있다. 이와 같은 구조의 수차가 [그림 1-21]에 보이는 프로펠러수차이고, 저 낙차용 수차로서 많이 사용된다.

프로펠러수차는 프랜시스수차와 같이 물의 압력과 속도를 이용하지만, 일반적으로 프랜시스수차에 비해서 속도를 이용하는 비율이 높다. 프로펠러수차의 깃은 3~10매이지만, 구조상 고정익형과 가동익형으로 구분된다. 가동익형 프로펠러수차로서 카플란수차가 대표적이다. 고정익 프로펠러수차는 주로 소 용량 또는 중 용량에 적용되고, 깃은 러너 보스와 일체의 주물 또는 별개로 제작되고, 제작 시 또는 설치 시에 조립 및 고정되므로 운전을 개시했을 때 깃의 각도를 조정하는 것은 불가능하다.

프로펠러수차의 최대 직경은 깃 끝단에서의 원주속도를 ϕ, H를 유효낙차, N을 회전수로 하면 다음 식과 같은 관계로 된다.

$$u[m/s]=k\sqrt{2gH}=\frac{\pi DN}{60} \tag{1-8}$$

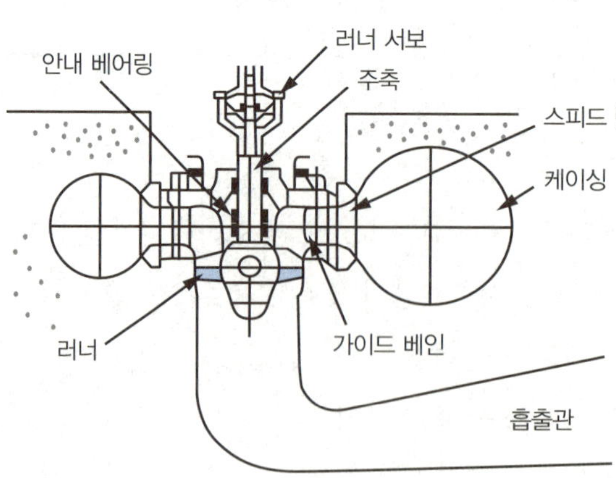

그림 1-21 프로펠러수차의 개략도

따라서,

$$D[m] = \frac{60k\sqrt{2gH}}{\pi N} \tag{1-9}$$

여기서, k는 계수로 대략 1.5~2.0의 범위이지만 비속도가 클수록 큰 값을 갖는다. 또한, 앞에서 기술한 프랜시스수차 출구에서의 유출손실과 마찰손실의 합이 최소가 되는 조건으로부터 식 (1-6)의 $D=4.4\sqrt[3]{Q/H}$에 의해 개략적으로 계산된다.

(2) 카플란수차(Kaplan turbine)

카플란수차(Kaplan turbine)는 프로펠러수차에 속하는 수차로 운전 중 안내깃의 열림을 조절함과 동시에 러너 깃의 각도를 변경하여 유량에 따라 경사각을 바꿀 수 있기 때문에 어떠한 부하에서도 항상 고효율로 운전 가능한 특징을 가지고 있다. [그림 1-22]는 카플란수차의 러너와 안내깃의 구조를 나타내고 있다.

1) 러너

러너는 [그림 1-22]와 같이 흐름을 축 방향으로, 깃에 가해지는 수압과 원심력을 지지하는 러너 깃과 스템 등으로 구성되어 있고, 깃 수는 낙차에 따라 4~8매가 보통이다. 〈표 1-2〉에 깃 수가 제시되어 있다.

러너 보스는 러너를 지지하고 러너에서 발생하는 토크를 주축에 전달하는 부분으로 러너 깃 개폐기구를 내장한다. 러너 보스 내부의 깃 조작기구는 큰 작용력을 받으므로 보스 내부에는 윤활유가 충만되어 있다. 깃과 보스는 일반적으로 주강 또는 특수강을 사용하지만 깃

표 1-2 | 카플란수차의 깃 수

유효낙차[m]	깃 수
6 ~ 15	4
10 ~ 25	5
20 ~ 40	6
35 ~ 45	7
40 ~ 70	8

그림 1-22 카플란수차의 러너 및 안내깃 구조(www.alstom.com에서 인용)

바깥쪽 및 뒷 면 등의 마모를 받기 쉬운 부분에는 스테인리스강으로 용접하는 경우도 있다.

2) 러너 깃 조작기구

유압 도입장치, 러너 서보모터, 조작 로드, 러너 보스, 내부 기구 등으로 구성되어 있다. 운전 중에 러너 깃의 각도를 바꾸기 위해서는 보통 주축의 중심부에 뚫어 놓은 구멍을 이용하여 유압을 보내고 이것으로 조작 로드를 동작시키는 방법을 적용하고 있다. [그림 1-23]과 같이 수차와 발전기 사이에 피스톤을 붙인 서보모터가 있고, 조정축은 이 원통 내에 들어 있다. 조속기로부터의 기구는 서보모터에 붙어있는 배압밸브를 작용시켜서 유압을 피스톤의 상하에 보냄에 따라서 조정축을 상하 운동 시킴과 동시에 피스톤 자체도 서보모터 내의 주축과 동시에 회전한다.

3) 카플란수차의 효율곡선

카플란수차는 부하의 변동 또는 낙차의 변동에 따라 러너 깃의 경사각도를 [그림 1-24]와 같이 조정한다. [그림 1-25(가)]는 러너 깃의 각도를 어느 특정한 값으로 고정하고 부하를 바꾸었을 때의 효율곡선을 나타낸 것이다. 따라서 부하 변화 시에 최고효율곡선은 이러한 각 곡선에 대한 최고치를 연결하여 구할 수 있지만, 실제로는 유량의 측정이 정밀하게 행해지기 어렵기 때문에 효율의 결정이 곤란하다. 이 때문에 [그림 1-25(나)]와 같이 안내깃 개도와 출력의 관계로부터 최고치를 연결하고 최고효율곡선을 결정한다. 이와 같이 최고효율곡선을

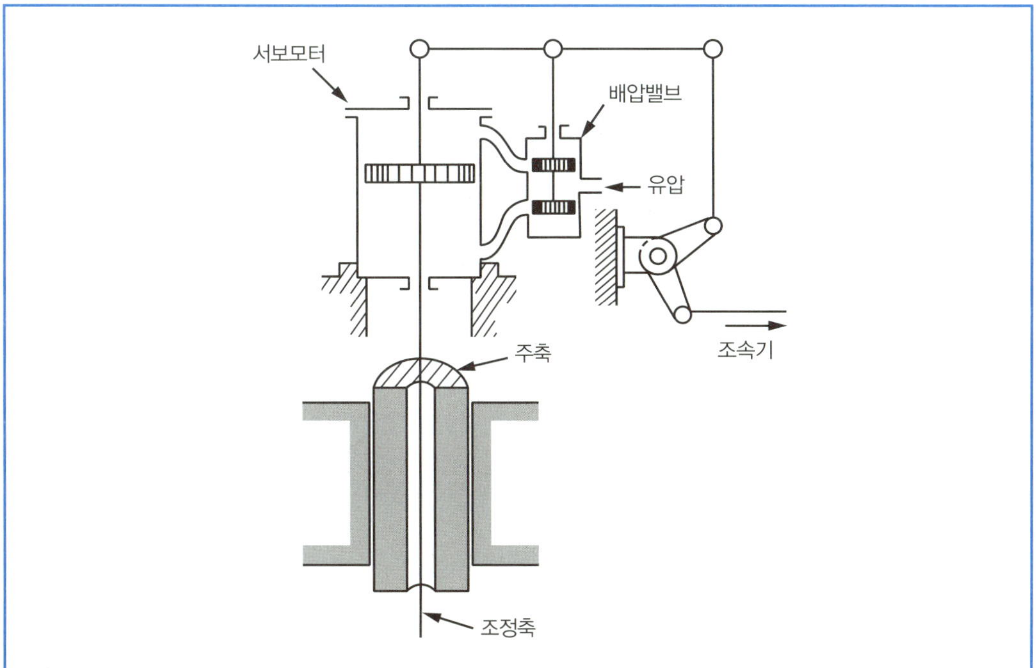

그림 1-23 깃의 개폐기구

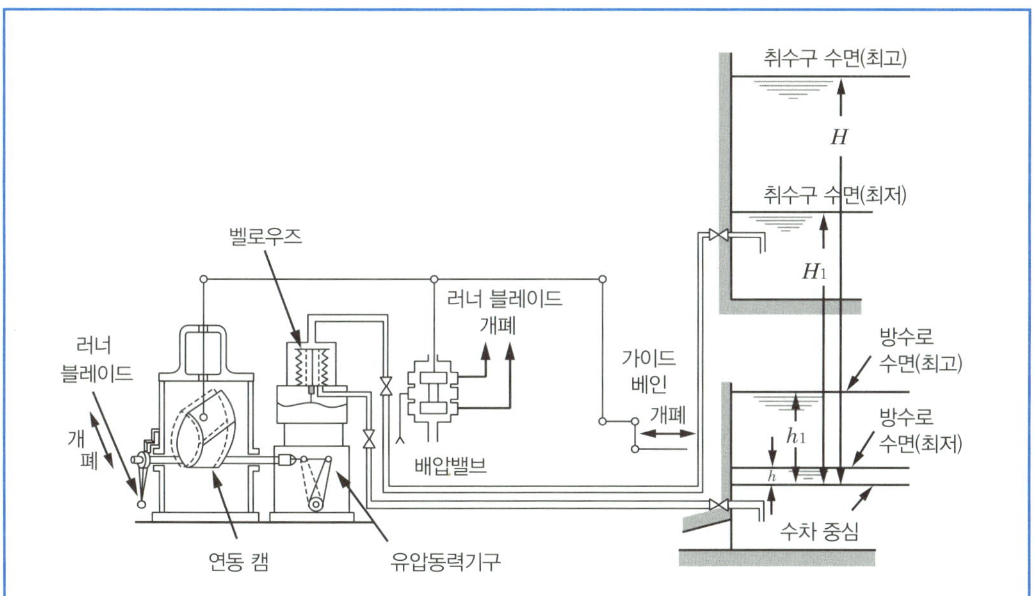

그림 1-24 변동 낙차의 깃 각도 조정장치

결정하면 발전기 출력과 안내깃 개도를 연동시키는 캠의 형상이 결정된다.

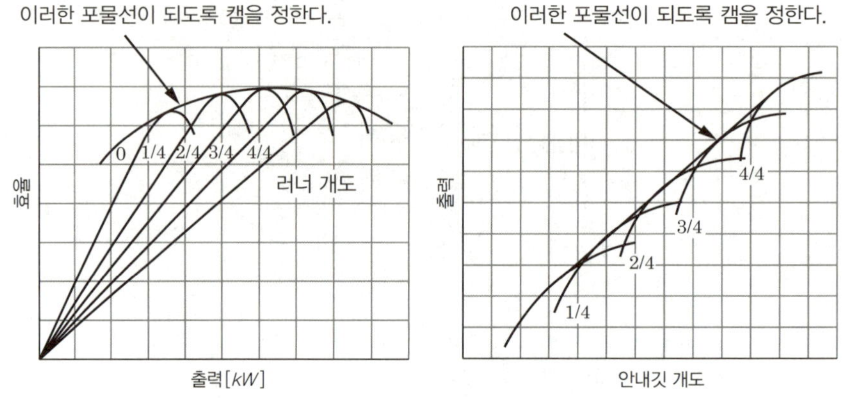

(가) 회전깃의 각도변화와 효율의 관계 (나) 안내깃 개도와 출력

그림 1-25 카플란수차의 효율과 출력

4) 고 낙차 카플란수차

카플란수차의 사용 범위는 대략 30*m* 이하이고, 30*m* 이상에서는 프랜시스수차가 사용되고 있다. 그러나 기술의 진보에 의해 상대적으로 고 낙차 영역인 70*m* 이상의 낙차에도 카플란수차가 적용되고 있다.

고 낙차의 카플란수차를 사용하는 경우 프랜시스수차에 비해서 우수한 점은 다음과 같다.

① 프랜시스수차에 비해서 축 회전수가 고속으로 되기 때문에 발전기의 가격을 낮출 수 있으며 효율의 저하도 작다. 크기도 소형으로 할 수 있기 때문에 발전소 건설비용과 그 외의 비용을 저렴하게 할 수 있다.

② 사용 유량 및 낙차의 변동에 대해 러너 깃 각도를 바꾸어서 고효율을 유지할 수 있다. 특히, 유량이 변화하는 경우에 프랜시스수차 2대와 동등의 성능을 발휘하기 때문에 경제적으로 유리하고 상대적으로 소규모의 발전소로 만들 수 있다.

③ 대 유량 수차로 러너 직경이 커져도 러너 보스와 깃으로 분할해서 설치지점까지 수송할 수 있으므로 프랜시스수차에 비해 대 유량의 수차 제작이 가능하다.

④ 프랜시스수차의 제작은 주조가 일반적이고 제작, 마무리 등이 어렵지만, 카플란수차는 이와 비교해서 비교적 간단하다.

⑤ 낙차변화가 큰 경우 프랜시스수차에서는 저 낙차가 되면 유량이 줄고, 출력이 매우 작아지지만, 카플란수차에서는 저 낙차에서 안내깃을 많이 열고 특히 러너 깃을 열어서 유량의 감소를 보충하고 출력 저하를 경감시킬 수 있다.

한편, 고 낙차 카플란수차의 단점으로는

① 1매의 깃이 받는 출력이 크기 때문에 깃의 뒷면에서 발생하는 최대 부하가 크게 되고, 캐비테이션 발생을 억제하기 위해서 러너를 방수로 수위보다 상당히 낮은 위치에 설치해야 한다.

② 효율의 저하를 일으키지 않도록 하기 위해서는 흡출관 및 방수로 구배에 어느정도 제한이 있기 때문에 수차의 위치가 낮게 되면 경우에 따라서는 필요한 방수로 길이를 얻기 위해 공사비가 많이 든다.

③ 러너 보스 내부 기구의 복잡함, 캐비테이션에 견딜 수 있는 고급 재료의 사용이 필요하게 되어 가격이 높아지게 된다.

④ 무구속속도가 높기 때문에 발전기의 강도 및 필요한 관성 정수를 결정하는 점에서 제작상 곤란한 경우가 있다.

이상의 요건 등으로부터 카플란수차를 사용함으로써 유리하게 되는 발전소 조건은 일반적으로 수로식 발전소에서 유량의 변화 범위가 큰 경우 및 저수지식 또는 조정지식 발전소에서 광범위한 부하조정을 행하는 경우이며, 또한 큰 낙차를 동반하는 경우 등이 있다.

(3) 튜블러수차

[그림 1-26]과 같은 튜블러수차는 프로펠러수차의 일종으로 일반적인 형상의 프로펠러수차와 다른 점은 초 저 낙차용 수차로 개발되어 소용돌이형 케이싱이 없고 흐름이 대부분 직선적으로 축을 따라 흘러가는 구조로 되어 있다는 점이다. 이 때문에 종래의 카플란수차와는 설치방법이 매우 다르고, 유로 내에 발전기를 설치하는 등의 독특한 방식이 적용된다.

튜블러수차는 초 저 낙차의 수중발전소에 많이 채용되고 있기 때문에 수중발전소에 대해서 언급하기로 한다.

그림 1-26 튜블러수차의 구조

1) 수중발전소

수력발전소는 일반적으로 고 낙차일수록 개발 조건이 유리하게 되기 때문에, 고 낙차 지

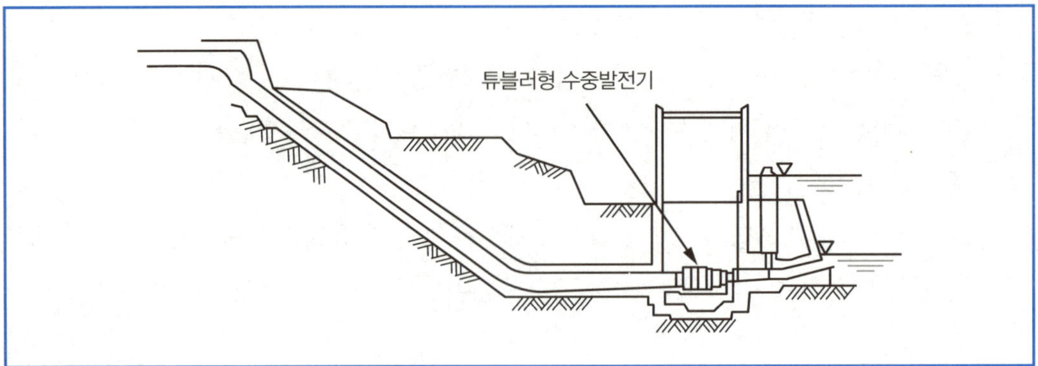

그림 1-27 수중발전소

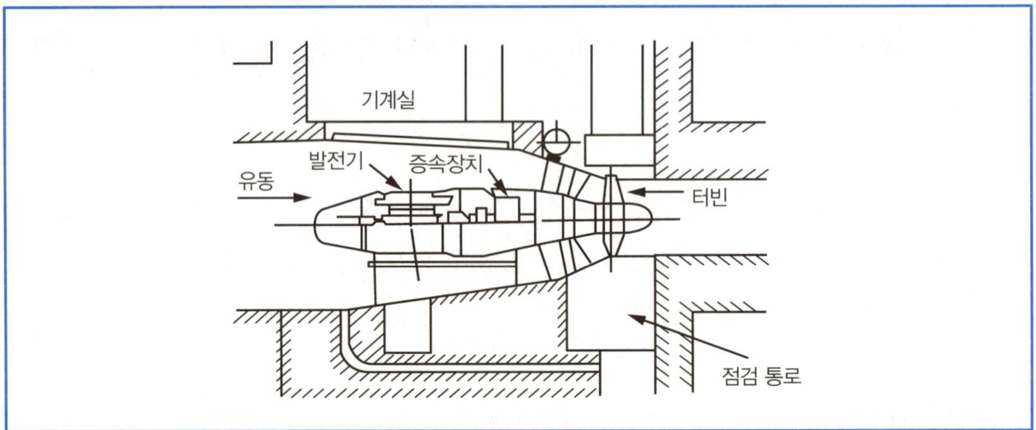

그림 1-28 튜블러수차발전기의 배치도(보호 케이싱이 없는 경우)

점이 최초로 개발되고, 그 다음에 중 낙차, 최후에 저 낙차 지점이 개발된다.

예전에는 10～12m 이하의 저 낙차 지점은 개발 시 경제적으로 불리하기 때문에 이 영역에 적당한 수차발전기가 제작되지 않았다. 즉, 저 낙차 지점에서는 유량이 풍부하더라도 수차의 크기가 대규모가 되고, 건설비가 높게 되는 단점이 있기 때문이다.

저 낙차 지점의 개발을 위한 수차는

① 작은 기계로 큰 유량을 흘려 보낼 수 있는 것일 것

② 구조가 간단하고 현장 조립이 용이할 것

③ 효율이 높을 것

④ 운전 보수가 안전하고 확실할 것

⑤ 건축이나 토목공사가 간단할 것

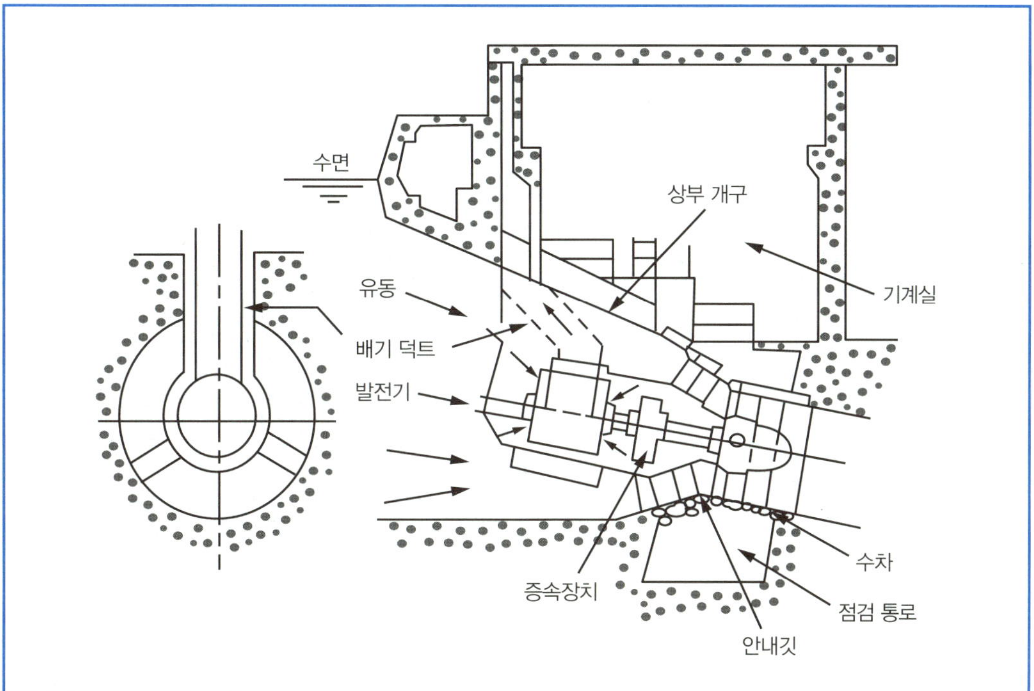

그림 1-29 튜블러수차발전기의 배치도(보호 케이싱이 있는 경우)

등의 요구가 만족되어야 한다. 이러한 요구조건에 적당한 것이 튜블러수차이고, 튜블러수차의 개발로 과거에 그다지 개발되지 않았던 초 저 낙차 지점의 개발이 이루어지고 있다.

여기서 말하는 수중발전소는 간단히 말하면 수차, 증속장치(없는 경우도 있음), 발전기를 조합해서 하천이나 수중에 설치하여 발전하는 발전소를 말한다. [그림 1-27]은 수중발전소의 예를 나타낸다.

수중발전소에서는 튜블러수차와 유도발전기(induction generator)를 접속한 방식이 대부분이고, 원격제어의 무인발전소로 되어 있는 곳도 많다. 낙차가 낮기 때문에 카플란수차의 사용을 고려할 수 있지만, 수로 형상을 간단하게 하고 수로 손실을 작게 하기 위해서는 횡축형으로 하는 것이 효과적이다. 또한 카플란수차에서는 큰 흡출관을 필요로 하기 때문에 건설면적 등이 크게 되고 건설비가 비싸진다. 이 때문에 유로에 급격하게 굽은 관을 붙이지 않고 전체의 길이를 짧게 하기 위해 발전기를 유로 내에 설치하도록 한 것이 튜블러수차발전기로 발달하였다.

튜블러수차발전기를 구분하면 [그림 1-28]과 같이 발전기를 직접 수중에 놓고 그 바깥쪽으로 물이 흘러가도록 한 것과 [그림 1-29]와 같이 발전기를 보호 케이싱 내에 설치하고 보호

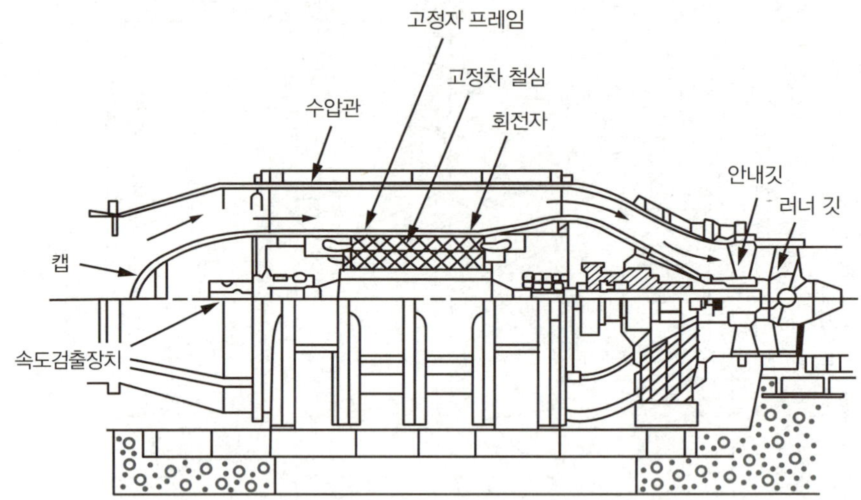

그림 1-30 튜블러수차발전기의 단면도

케이싱의 외측에 물이 흘러가도록 한 것이 있다. 전자의 경우는 발전기를 완전 밀폐 수냉형으로 하고 발전기에서 발생한 열을 전부 발전기의 프레임을 통해 유동에 전달할 수 있다. 이 형태에서는 구조상 누수에 대해서 특별히 주의할 필요가 있다.

한편, 후자의 경우에는 보호 케이싱이 발전기 증속장치를 유동으로부터 보호하도록 되어 있고, 발전기는 개방형으로 그 냉각방식은 방수 케이싱 내의 공기를 흡입하고 발전기 내부를 냉각한 후 배기덕트로부터 열풍을 불어낸다. 이 형식은 대형발전소에 적당하다. [그림 1-30]은 튜블러수차발전기 단면의 예를 나타낸다.

2) 튜블러수차의 형식과 구조

수차의 각 형식은 [그림 1-31]과 같다.

① 러너 깃

러너 깃의 매수는 5매 정도이고, 그 내부에 러너 깃 개도조절기구를 설치하며, 그 개도는 임의로 조절된다.

② 안내깃

깃의 상류측에 부채 형상을 하고 있고, 러너 깃 수보다 많다. 러너 깃과 같이 개도조

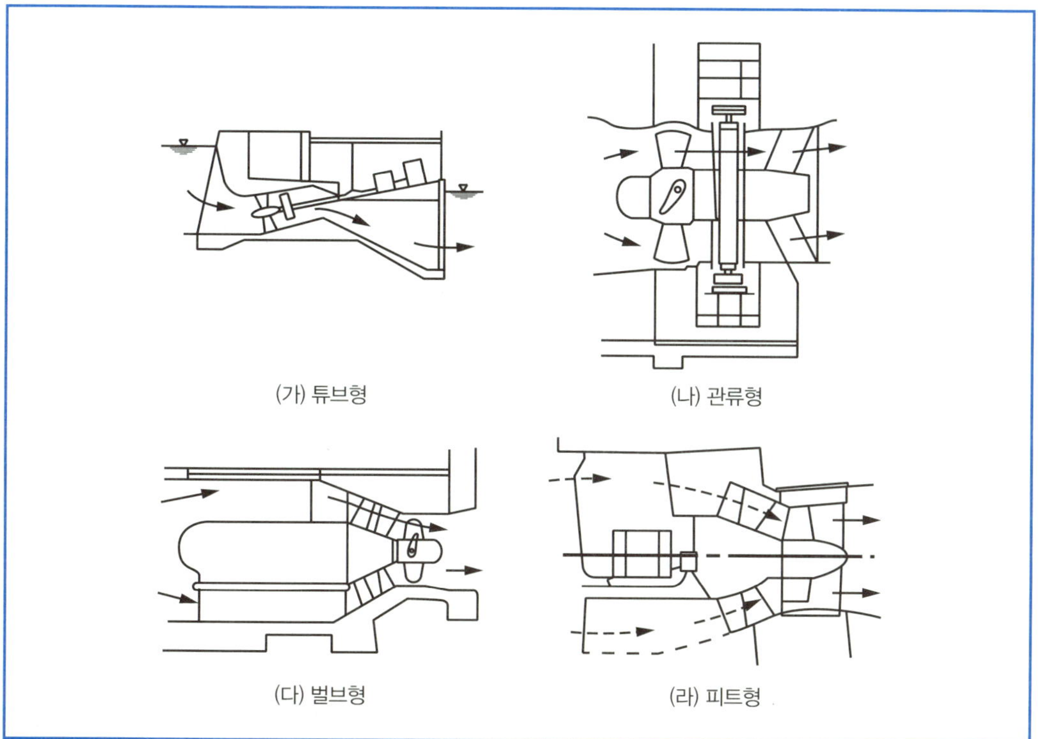

그림 1-31 튜블러수차의 형식

절이 가능하고, 완전 닫힘 상태에서는 물을 완전히 차단하며 입구 밸브의 역할을 한다.

③ 증속장치

증속장치가 사용되는 경우와 사용되지 않는 경우가 있지만 증속장치를 사용하여 발전기의 회전수를 증가시키면 다음과 같은 이점이 있다.

- 발전기는 소형 경량이 가능하고 가격이 저렴해지며, 보호 케이싱이나 발전소의 배치 전체가 소형으로 되기 때문에 건설비가 저렴해진다.
- 유도발전기는 극 수가 작을수록 역률이 작아진다. 특히, 경부하에서는 역률의 차이가 현저하고, 증속에 따라 역률 개선용 콘덴서의 용량은 적어도 된다.

그 반면에 다음과 같은 단점이 있다.

- 전체 효율이 떨어진다.
- 비용이 증가한다.

증속용에는 평기어의 사용도 고려될 수 있지만, 유성기어가 효율이 좋으므로 많이 사용된다.

1.3 펌프수차

펌프수차는 수차를 거꾸로 돌려서 펌프작용을 할 수 있도록 한 것으로서 사류형과 프랜시스형이 있다. 두 형식의 펌프수차 출력은 전용기로 설계한 것보다 약간은 낮지만 다음과 같은 특징을 갖기 때문에 양수발전소용 수차로서 많이 사용되고 있다.

- 전용 펌프가 절약되고 1개의 수력기기와 1개의 전기기기로 구성되므로 구조가 간단하고 가격이 저렴하다.
- 특수한 펌프 축 커플링이 불필요하다.
- 기계의 배치가 간단하다.
- 철관, 입구밸브가 각각 1개만 있으면 된다.

사류형에서는 다음과 같은 추가적인 이점이 있다.

- 가동익형이므로 낙차 및 부하의 변동에 대해서도 효율의 저하가 작다.
- 일정 양정으로 상당히 넓은 범위의 유량 조정이 가능하므로 유연한 양수 계획에 대응할 수 있다.
- 펌프 및 수차 배치에 비해서 펌프수차는 양수와 발전의 변환시간이 다소 길게 되지만, 사류형 펌프수차는 깃을 완전히 닫아서 물의 저항을 줄이고, 그대로 펌프로 시동할 수 있기 때문에 변환시간을 상당히 단축할 수 있다.

참고문헌

① 국내 관련 연구자료

수력발전설비 설계기준, 한국수자원공사, 2006.

② 국외 각종 규격

IEC60041 International Standard 3rd Ed., Field Acceptance Tests to Determine the Hydrualic Performance of Hydraulic Turbines, Storage Pumps and Pumps-Turbines, 1991.

ISO 62256 Ed. 1.0, Hydraulic Turbines, Storage Pumps and Pump-Turbines-Rehabilitation and Performance Improvement, 2008.

③ 저서

한국전력공사, 수력발전실무 시공사례집, 신기술, 2010.

Grigori Krivchenko, Hydraulic Machines : Turbines and Pumps, 2nd Edition, Lewis Publishers, 1994.

H. C. Radha Krishna, Hydraulic Design of Hydraulic Machinery, February, 1997.

ASME, The Guide to Hydropower Mechanical Design, HCI Publications, Inc, 1996.

Miroslav Nechleba, Hydraulic Turbines : Their Design and Equipment, Constable & Co. Ltd, 2008.

Adam Harvey, Andy Brown, Priyantha Hettiarachi and Allen Inversin, Micro-Hydro Design Manual ; A guide to small-scale water power schemes, ITDG Publishing, 1993.

ターボ機械協会, ハイドロタービン, 日本工業出版, 2007.

小水力利用推進協議会, 小水力エネルギー読本, Ohmsha, 2006.

深栖俊一. 水車の理論と構造. 工学図書株式会社. 1950.

제 2 장

수차의 특성

2.1 상사법칙과 비속도

2.1.1 상사법칙

상사성의 원리는 수차 및 각종 수리 구조물을 설계할 경우에 모형 실험을 하게 되는데 이때 획득한 자료의 실용성 확보를 위해 사용된다. 즉, 실물 수차를 처음부터 제작하였을 때의 사고 및 실패 위험에 대한 부담 축소, 각종 보증사항의 검증 및 고효율 기기의 제작을 위한 경비절감을 위해 실물 제작에 앞서 상사법칙에 의한 모형 수차로 실험을 수행하게 된다.

실물 수차와 모형 수차 사이의 상사성 즉, 기하학적 상사, 운동학적 상사 그리고 역학적 상사를 만족해야 한다. 기하학적 상사는 실제 수차와 모형 수차는 동일한 형상을 가져야 하고 크기의 비가 같아야 하고, 운동학적 상사는 회전 및 가동 부분의 입구와 출구에서의 속도들이 동일한 방향이어야 하고, 그 크기가 일정한 축척비를 가져야 함을 의미한다. 역학적 상사는 모형과 실제 수차 사이의 힘의 비가 일정해야 하는데 펌프나 수차와 같은 유체기계에서는 유동계수와 레이놀즈 수가 중요한 요소가 된다.

수차의 동력(P)은 식 (2-1)과 같이 밀도(ρ), 점성계수(μ), 각속도(ω), 직경(D)와 유량(Q)에 대한 함수로 나타낼 수 있다.

$$P=f(\rho,\ \mu,\ \omega,\ D,\ Q) \tag{2-1}$$

이를 Buckingham의 파이정리를 통해 차원해석을 수행하면 식 (2-2)로 나타낼 수 있다.

$$\frac{P}{\rho\omega^3 D^5}=f_1\left(\frac{Q}{\omega D^3},\ \frac{\rho\omega D^2}{\mu}\right) \tag{2-2}$$

이는 6개의 변수로 나타내어진 식 (2-1)을 3개의 변수로 줄인 식 (2-2)로 나타낼 수 있으며, 동력계수는 유량계수와 레이놀즈 수의 함수로 표시된다. 즉, 모형 수차의 동력으로부터 원형 수차의 동력을 정확하게 예측하기 위해서는 유량계수뿐만 아니라 레이놀즈 수도 동일하도록 시험을 해야 한다. 수차의 성능실험에서 완전한 상사성이 성립하려면 유량계수와 레이놀즈 수가 동일해야 한다. 따라서 식 (2-2)로 부터

$$\frac{Q_m}{\omega_m D_m^3} = \frac{Q_p}{\omega_p D_p^3} \tag{2-3}$$

일 때

$$\frac{P_m}{\rho_m \omega_m^3 D_m^5} = \frac{P_p}{\rho_p \omega_p^3 D_p^5} \tag{2-4}$$

$$\frac{H_m}{\omega_m^2 D_m^2} = \frac{H_p}{\omega_p^2 D_p^2} \tag{2-5}$$

의 관계식이 성립한다. 무차원 수두계수도 비슷한 방법으로 구할 수 있다.

식 (2-3)과 식 (2-5)로부터 또 다른 유용한 변수인 비속도를 구할 수 있게 된다.

$$N_s = \frac{\omega P^{1/2}}{H^{5/4}} \tag{2-6}$$

2.1.2 비속도의 정의

수차의 비속도(specific speed)는 [그림 2-1]과 같이 원형 러너와 기하학적으로 상사한 러너를 가정하고 이것을 단위 낙차 당 상사한 상태로 운전시켜 단위 출력을 발생시키기 위한 모형 수차의 회전수를 말한다. 수차의 러너는 낙차, 수량, 회전수에 따라 여러 가지 형상으로 바뀌지만, 일반적으로 역학적으로 상사한 러너는 크기에 관계없이 특성이 같아진다.

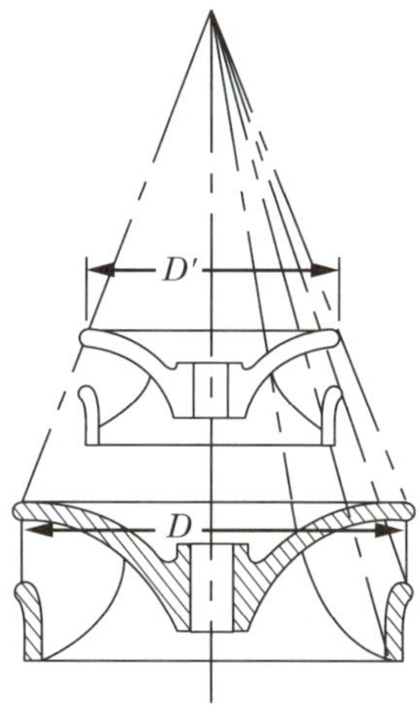

그림 2-1 상사 수차(대학도서, 유체기계, pp. 204)

비속도를 설명하기 위해 2개의 상사한 러너 A, B를 가정하고, 〈표 2-1〉과 같은 조건으로 운전시키는 경우를 생각했을 때의 회전수 N_1과 N_2와의 관계를 구해보자.

표 2-1 | 수차의 운전조건

	A	B
러너 직경	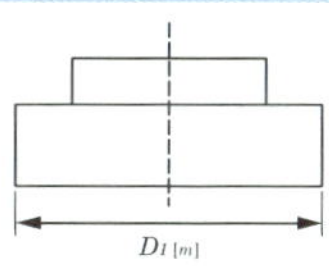	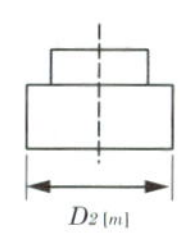
유　　량	Q_1 $[m^3/s]$	Q_2 $[m^3/s]$
원주속도	v_1 $[m/s]$	v_2 $[m/s]$
회 전 수	N_1 $[rpm]$	N_2 $[rpm]$
유효낙차	H_1 $[m]$	H_2 $[m]$
출　　력	P_1 $[kW]$	P_2 $[kW]$

다음에 나오는 $k_1 \sim k_5$는 정수이다.

$$v_1 = k_1\sqrt{2gH_1} = k_2 H_1^{1/2} \tag{2-7}$$

$$v_2 = k_1\sqrt{2gH_2} = k_2 H_2^{1/2} \tag{2-8}$$

식 (2-7)과 식 (2-8)에 의해

$$\frac{v_1}{v_2}=\frac{k_2 {H_1}^{1/2}}{k_2 {H_2}^{1/2}}=\left(\frac{H_1}{H_2}\right)^{1/2} \tag{2-9}$$

또한, 유량은

$$Q_1=k_3 v_1 {D_1}^2 \tag{2-10}$$

$$Q_2=k_3 v_2 {D_2}^2 \tag{2-11}$$

식 (2-10)과 식 (2-11)에 의해

$$\frac{Q_1}{Q_2}=\frac{k_3 v_1 {D_1}^2}{k_3 v_2 {D_2}^2}=\left(\frac{v_1}{v_2}\right)\left(\frac{D_1}{D_2}\right)^2 \tag{2-12}$$

식 (2-12)에 식 (2-9)를 대입하면

$$\frac{Q_1}{Q_2}=\left(\frac{H_1}{H_2}\right)^{1/2}\left(\frac{D_1}{D_2}\right)^2 \tag{2-13}$$

다음으로 출력은

$$P_1=k_4 Q_1 H_1 \tag{2-14}$$

$$P_2=k_4 Q_2 H_2 \tag{2-15}$$

식 (2-14)과 식 (2-15)로부터

$$\frac{P_1}{P_2}=\frac{K_4 Q_1 H_1}{K_4 Q_2 H_2}=\left(\frac{Q_1}{Q_2}\right)\left(\frac{H_1}{H_2}\right) \tag{2-16}$$

식 (2-16)에 식 (2-13)을 대입하면

$$\frac{P_1}{P_2}=\left(\frac{H_1}{H_2}\right)^{1/2}\left(\frac{D_1}{D_2}\right)^2\left(\frac{H_1}{H_2}\right) = \left(\frac{H_1}{H_2}\right)^{3/2}\left(\frac{D_1}{D_2}\right)^2 \tag{2-17}$$

또한, 회전수는

$$N_1=k_5\frac{v_1}{D_1} \tag{2-18}$$

$$N_2=k_5\frac{v_2}{D_2} \tag{2-19}$$

$$\frac{N_1}{N_2}=\frac{k_5\frac{v_1}{D_1}}{k_5\frac{v_2}{D_2}}=\left(\frac{v_1}{v_2}\right)\left(\frac{D_2}{D_1}\right) \tag{2-20}$$

식 (2-17)로부터 $\dfrac{D_1}{D_2}$를 구하면

$$\left(\frac{D_1}{D_2}\right)^2=\left(\frac{P_1}{P_2}\right)\left(\frac{H_2}{H_1}\right)^{3/2} \tag{2-21}$$

$$\frac{D_2}{D_1}=\left(\frac{P_1}{P_2}\right)^{1/2}\left(\frac{H_2}{H_1}\right)^{3/4}$$

또한 $\dfrac{v_1}{v_2}$에 식 (2-9)를 이용하여, 식 (2-21)과 함께 식 (2-20)에 대입하면

$$\frac{N_1}{N_2}=\left(\frac{v_1}{v_2}\right)\left(\frac{D_2}{D_1}\right)=\left(\frac{v_1}{v_2}\right)\left(\frac{D_1}{D_2}\right)^{-1} = \left(\frac{N_1}{N_2}\right)^{1/2}\left\{\left(\frac{P_1}{P_2}\right)^{1/2}\left(\frac{H_2}{H_1}\right)^{3/4}\right\}^{-1} \tag{2-22}$$

$$=\left(\frac{P_1}{P_2}\right)^{-1/2}\left(\frac{H_1}{H_2}\right)^{5/4}$$

지금 B러너의 $H_2=1m$, $P_2=1kW$라고 하면 비속도의 정의에 의해 $N_2=N_s$(비속도)로 되기 때문에 식 (2-22)에 이러한 수치를 대입하면

$$\frac{N_1}{N_s}=P_1^{-1/2}H_1^{5/4}$$

$$N_s=N_1\times\frac{P^{1/2}}{H_1^{5/4}} \tag{2-23}$$

따라서, 일반적으로

$$N_s=N\times\frac{P^{1/2}}{H^{5/4}}[rpm,\ kW,\ m] \tag{2-24}$$

단, P는 러너 1개 또는 노즐 1개에 대한 출력을 의미하고, 복류형에서는 2개의 러너를 서로 맞붙였다고 생각하여 러너 1개 당 출력의 1/2을 곱한다.

2.1.3 수차의 비속도

프랜시스수차에서 러너 입구부의 직경을 $D_1[m]$, 출구부의 직경을 $D_3[m]$라고 하면 비속도는 (D_3/D_1)에 비례한다. 따라서, N_s의 증가에 따라 (D_3/D_1)를 크게 하지 않으면 안된다. 이 때문에,

- 러너의 폭을 증가시킬 필요가 있고, 난류 때문에 효율이 저하한다.
- 흡출관도 크게 할 필요가 있지만, 너무 크게 하면 러너 외측의 벽을 따라 물이 흘러가기 어렵고, 유동이 벽에서부터 이탈되어 경부하 시의 효율이 저하한다.

따라서, 프랜시스수차에서는 N_s에 한계가 있다. 이와 같이 N_s가 큰 범위에서는 프로펠러 수차를 이용한다. 한편, N_s가 작고 (D_3/D_1)가 작으면 러너의 폭이 작아지기 때문에 유로가 좁아지고 러너와 고정부와의 사이에 누설 비율이 크게 되고 또한 마찰손실이 크게 된다. 이

러한 범위에서는 펠턴수차가 이용된다.

프랜시스수차에서는 비속도가 150 근방에서 $D_3/D_1=1$이 된다. D_3/D_1가 1에 가까운 러너를 정속형이라 하고, 이것보다 비속도가 작은 것을 저속형, 큰 것을 고속형이라 한다. 각종 수차의 N_s값은 다음의 범위가 된다.

펠턴수차	12 ~ 23
프랜시스수차	40 ~ 350
사류수차	170 ~ 350
카플란수차	250 ~ 800

N_s는 위의 범위에서 중간 값을 취한다. N_s 값이 어떤 범위 내로 제한되는 이유는 프랜시스수차의 예에서도 설명한 바와 같이 각 수차 모두 이 범위를 넘으면 러너의 형상 설계가 어려워지고 제작이 곤란하게 되기 때문이다.

N_s를 가능하면 크게 하는 것이 러너의 직경을 작게 할 수 있고, 발전기 중량이 작아져서 가격이 저렴하게 되어 유리하다. 그러나, 같은 낙차에 대해서 너무 높은 N_s 값의 러너를 사용하면 수차 효율이 작아질 뿐만 아니라 캐비테이션이 발생하여 깃을 부식시키고, 흡출관에 소음이나 진동을 일으켜 운전상태를 나쁘게 한다. 이 때문에 경험에 근거하여 낙차 H에 대한 N_s는 다음의 범위로 제한한다.

- 펠턴수차

펠턴수차에 대해서는 N_s가 수차 성능에 큰 영향을 미치지 않고, 원래 회전수가 높은 수차이기 때문에 너무 회전수를 높게 하면 오히려 강도가 있는 러너의 제작이 곤란하게 된다.

$$12 \leq N_3 \leq 23 \tag{2-25}$$

- 프랜시스수차

$$N_s \leq \frac{20000}{H+20}+30 \tag{2-26}$$

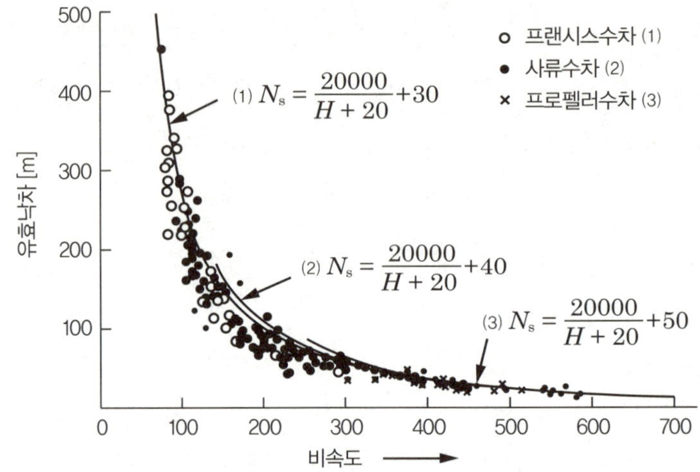

그림 2-2 유효낙차와 비속도의 관계(森北출판, 유체기계, pp. 265)

- 사류수차

$$N_s \leq \frac{20000}{H+20}+40 \tag{2-27}$$

- 프로펠러수차(카플란수차)

$$N_s \leq \frac{20000}{H+20}+50 \tag{2-28}$$

식 (2-25)~(2-28)의 관계는 [그림 2-2]와 같이 나타낼 수 있다.

그러나 위의 식은 모두 경험에 의한 식이다. 제작기술의 진보와 함께 비속도의 한계가 점차 커지는 경향이 있다. 특히, 카플란수차에서는 최근의 실례를 봐도 이 식보다 약간 큰 값을 갖는 경우가 적용되고 있다. 이 N_s식에 비해서 JEC-4001(1992)에서는 다음과 같은 식이 추천되고 있다.

- 펠턴수차

$$N_s \leq \frac{4300}{H+195}+13 \tag{2-29}$$

- 프랜시스수차

$$N_s \leq \frac{21000}{H+25} + 35 \tag{2-30}$$

- 사류수차

$$N_s \leq \frac{20000}{H+20} + 40 \tag{2-31}$$

- 프로펠러수차(카플란수차)

$$N_s \leq \frac{21000}{H+17} + 35 \tag{2-32}$$

위 식에 의하면 펠턴수차는 큰 차이가 없고 프랜시스수차에서는 고 낙차에서 약간 크게 되고, 저 낙차에서는 약간 작은 값이 되지만 그 차이는 작다. 또한 사류수차에서는 같은 식이지만 프로펠러수차에서는 저 낙차에 대해 큰 값이 되고, 10% 가까운 차이가 있지만 본질적으로 지금까지의 식을 사용해도 큰 문제는 되지 않는다. 요약하면, 이러한 식은 모두 경험식이기 때문에 기술의 진보에 따라 그 최대치는 커지고 있다.

또한 통계적 연구의 결과, 프랜시스수차에 대해서는 $N_s = 1600/H^{1/2}$이 되는 식이 제안되고 있지만, 이러한 H가 250m 이상에서 식 (2-28)에 거의 가까운 값을 보인다. 또한 수차를 비속도의 순으로 배열하면 앞의 [그림 2-3]과 같이 된다.

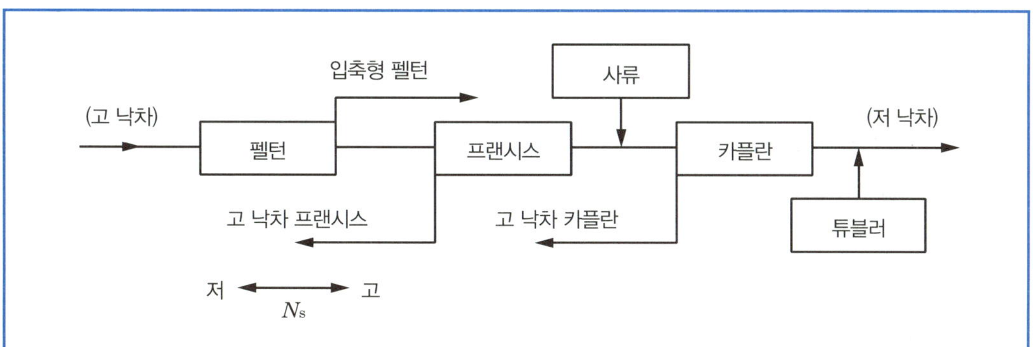

그림 2-3 낙차와 비속도(전기서원, 수차, pp. 47)

2.2 회전수

수차 및 발전기의 회전수를 크게 하면 수차 및 발전기의 크기가 작아지고 가벼워져 가격이 저렴해진다. 또한, 고속 발전기는 효율도 높고 동시에 발전소 건물도 작아지므로 건설비가 절감된다.

그러나, 회전수가 큰 수차 및 발전기는 설계 · 제작이 어려워지고 강도 확보 및 캐비테이션 발생의 문제가 생긴다. 따라서, 수차 및 발전기에 있어서 가장 경제적인 회전수를 선정할 필요가 있지만 낙차, 사용유량, 수차의 종류, 형식, 효율, 계통의 주파수 등도 고려할 필요가 있다.

일반적으로 회전수를 결정하는 순서로 낙차와 비속도의 관계식인 식 (2-19~2-22) 또는 식 (2-23~2-26)으로부터 우선 N_s를 구하고, 식 (2-26)으로부터 회전수를 역산해서 결정한다. 그러나, 직결되는 동기 발전기는 극 수와 계통주파수의 관계로 임의의 회전수를 잡아서

표 2-2 | 극 수와 주파수 및 회전수의 관계(전기서원, 수차, pp. 48)

극수	60[Hz]	50[Hz]	극 수	60[Hz]	50[Hz]
6	1200[rpm]	1000[rpm]	32	225[rpm]	187.5[rpm]
8	900	750	36	200	166.7
10	720	600	40	180	150
12	600	50	48	150	125
(14)	(514.3)	(428.6)	56	128.5	107
16	450	375	64	112.5	93.8
(18)	(400)	(333.3)	72	100	83.3
20	360	300	80	90	75
22	327.3	272.7	88	82	68.2
28	257.1	214.3			

주 ( )내의 값은 가능하면 적용하지 않음

표 2-3 | 수차 출력과 회전수[rpm]의 관계(전기서원, 수차, pp. 48)

출력[kW]	펠턴수차	프랜시스수차	프로펠러수차
30,000	500~250	500~120	200~75
10,000~30,000	500~250	600~150	300~100
2,000~10,000	600~300	750~200	450~150
750~2,000	750~400	900~300	600~200
300~750	900~500	1,000~400	750~300
300	1,000~600	1,200~500	1,000~300

는 되지 않고 다음 식에 따라 회전수를 결정한다.

$$N = 120 f/p [rpm] \tag{2-33}$$

여기서, N은 회전수, f는 주파수(50 또는 60Hz)이고, P는 극 수이다.

이 관계를 표로 나타내면 〈표 2-2〉와 같이 된다.

따라서, 식 (2-26)으로부터 계산된 N_s보다 낮고, 여기에 가장 가까운 회전수를 〈표 2-2〉로부터 구하고, 다시 이것을 식 (2-19)~(2-22) 또는 식 (2-23)~(2-26)의 관계식으로부터 선정된 최대치보다 작지 않은가를 확인해서 결정하면 된다. 각 수차의 출력과 회전수[rpm]와의 관계는 〈표 2-3〉에 제시되어 있다.

2.3 특성곡선

수차의 운전에 영향을 미치는 많은 요소 중에 실험자료로부터 임의의 2개 이상의 자료의 관계를 곡선으로 나타내어 성능을 표시하는 것을 수차의 특성곡선이라고 한다. 특성곡선을 제작함에 있어 일반적으로 계산만으로 각 요소를 구하는 것은 매우 어렵고, 또한 실제 실험으로 구하는 방법은 발전소의 여러 가지 운전상황, 시험설비, 측정방법 등의 이유로 곤란하여 좋은 결과를 얻기 어려운 점이 있다. 따라서 이러한 방법보다 모형실험을 수행하고 비교 · 검토한 후에 실물의 성능을 효율환산식 등으로 유추하는 방법이 일반적으로 많이 사용되고 있다. 특성곡선은 출력을 가로축으로 하고 세로축에 효율을 나타내는 방법 [그림 2-4], 가로축을 비속도로 하고 세로축에 효율, 출력을 나타내는 방법 [그림 2-5], 가로축에 회전수를 잡고 세로축에 출력, 효율, 유량을 표시하는 방법 [그림 2-6], 가로축에 안내깃 개도를 세로축에 효율, 유량, 출력을 나타내는 방법 등이 있다. 여기서는 이러한 특성곡선의 몇 가지 예를 설명하고자 한다.

2.3.1 수차의 효율 곡선

수차는 유입 수량을 조절하여 출력을 변화시킬 수 있다. 즉, 펠턴수차에서는 니들밸브를

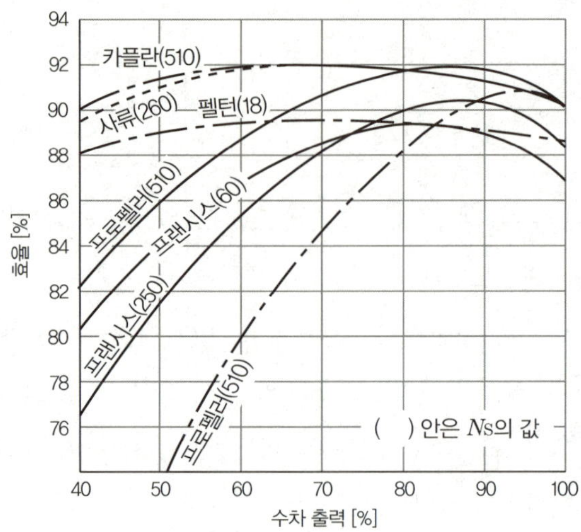

그림 2-4 수차의 종류와 효율(전기서원, 수차, PP. 50)

전 · 후진 시켜서, 프랜시스수차에서는 안내깃의 개도 변화에 따라, 카플란수차에서는 안내깃의 개도와 러너 개도를 조정함으로써 출력을 변화시킨다.

수차는 일반적으로 최대 유량의 3/4 또는 7/8의 유량을 정격유량이라고 하고, 이 때의 출력을 정격출력이라고 한다. 수차는 이 정격출력에서 최대효율이 되도록 설계한다.

현재 사용되고 있는 수차의 효율은 소형이 약 70~75%, 대형이 약 90% 이상의 값을 갖지만, 수차의 출력과 효율의 관계는 수차의 종류에 따라 달라진다. [그림 2-4]는 수차의 종류와 효율과의 관계를 나타낸다.

[그림 2-4]로부터 수차의 효율곡선의 특징은 다음과 같음을 알 수 있다.

① 펠턴수차는 프랜시스수차에 비해 부분 부하에 있어서의 효율이 좋다.

② 프로펠러수차는 부분 부하에 있어서는 그 효율이 낮지만, 카플란수차나 사류수차는 부분 부하에서도 효율이 좋다.

이와 같은 특징이 나타나는 이유는, 펠턴수차에서는 유량이 변화해도 분사되는 물의 방향이 바뀌지 않기 때문에 손실의 증가는 크지 않지만, 프랜시스수차에서는 물의 유입방향이 바뀌기 때문에 부분 부하에 있어서 각 손실의 증가가 크기 때문이다. 또한, 프로펠러수차에서는 고정익의 것은 부하의 변동에 따라 물의 유입방향이 일정하기 때문에 부분 부하에 대한 제반 손실의 증가가 크지만, 가동익인 카플란수차나 사류수차에서는 유량의 변화에 따라 유

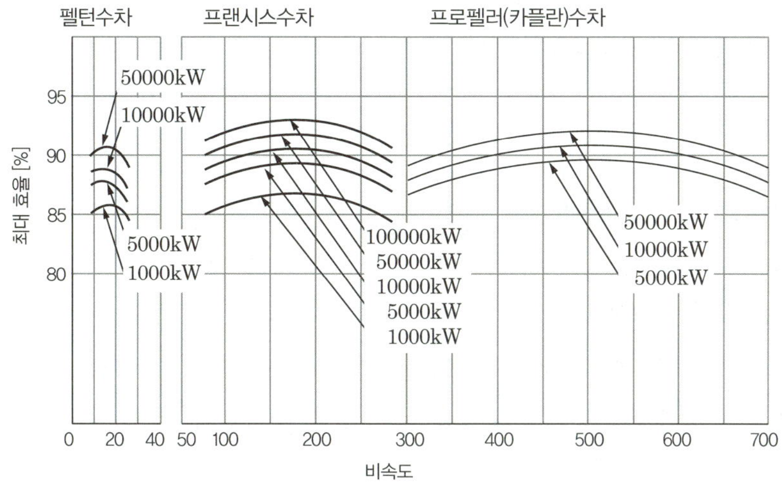

그림 2-5 비속도 대 출력, 효율(전기서원, 수차, pp. 51)

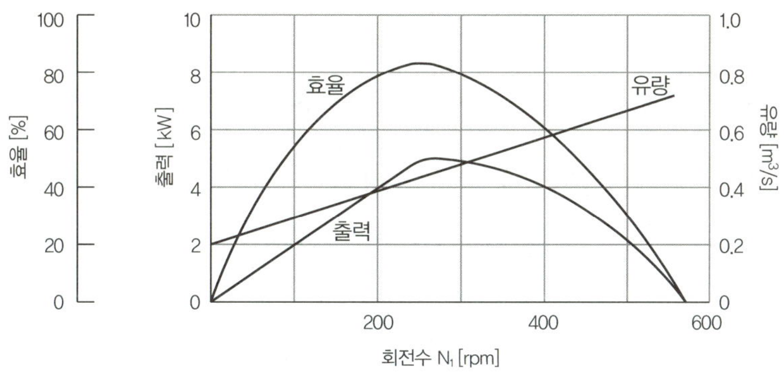

그림 2-6 회전수 대 출력, 효율, 유량곡선(전기서원, 수차, pp. 51)

입방향도 바뀌고 깃이 굽어지면서 유입방향에 적응하기 때문에 제반 손실이 적어진다.

2.3.2 비속도와 효율

비속도 N_s의 크기에 따라 수차의 효율은 매우 다르다. [그림 2-5]에서 알 수 있는 바와 같이 같은 형식의 수차라 하더라도 용량에 따라서 그 효율이 다르다. 펠턴수차에서는 N_s가 10~15일 때, 최고효율을 나타낸다.

프랜시스수차에서는 N_s가 150 부근이고, 프로펠러수차에서는 400 부근이다. 또한 각 수차 모두 용량이 큰 것이 최고효율의 값이 크다.

2.3.3 회전수와 출력-효율의 관계

반동 수차는 동일한 낙차, 동일한 입구개도에 있어서 수차의 회전수를 증가시키면 출력은 점차 증가하지만, 어느 값을 지나면 저하하여 다시 0이 된다. 이러한 출력-효율 변화의 예를 [그림 2-6]에서 볼 수 있다. 이 그림에서 출력곡선이 다시 횡축과 만나는 점을 다음에 기술하는 무구속속도라고 한다.

펠턴수차에서는 노즐 출구압력이 대기압과 같기 때문에 회전속도가 변해도 유량은 일정하다.

2.4 무구속속도

수차의 안내깃 또는 니들밸브의 개도를 일정하게 하고 회전수를 증가시키면 출력과 효율은 증가하지만 어느 최대값을 통과하면 떨어지기 시작하여 0이 된다. 이것은 수차의 부하가 갑자기 0으로 되는 경우에도 회전수는 무제한으로 상승하지 않는 것을 의미한다. 수차의 회전수가 최고치가 될 때의 속도를 무구속속도(runaway speed)라고 한다. 이 값은 수차에 따라 다르지만 대략 다음과 같은 범위 내에 있게 된다.

펠턴수차	정격 회전수의 150~200%
프랜시스수차	정격 회전수의 160~220%
사류수차	정격 회전수의 180~230%
프로펠러수차	정격 회전수의 200~250%
카플란수차	정격 회전수의 220~320%

무구속속도는 수차의 개도 및 비속도 또는 낙차의 변동 등에 영향을 받아 비속도가 클수록 값은 커진다. 이와 같은 관계는 [그림 2-7]과 [그림 2-8]에서 볼 수 있다.

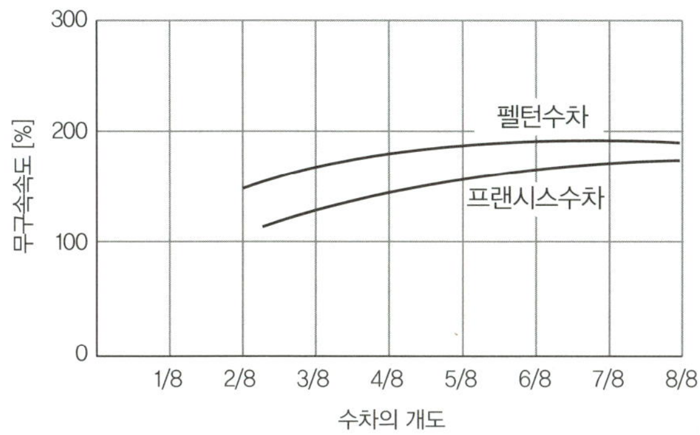

그림 2-7 **무구속속도와 수차의 개도와의 관계(전기서원, 수차, pp. 52)**

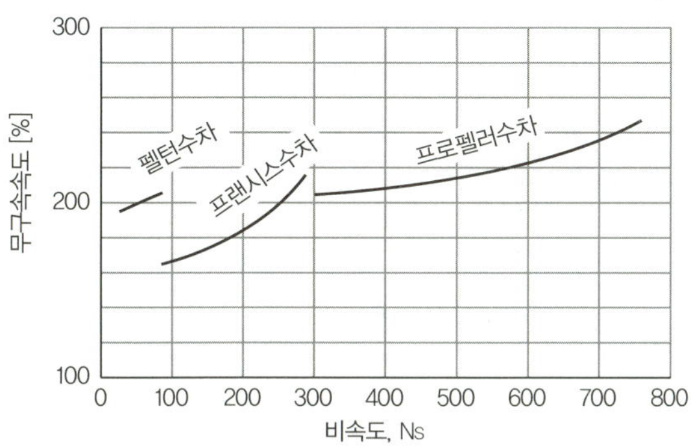

그림 2-8 **무구속속도와 비속도와의 관계(전기서원, 수차, pp. 52)**

이 그림에서 알 수 있는 바와 같이 카플란수차에서는 안내깃과 러너 깃은 설계된 경우보다 비속도가 낮거나 높은 범위에서 사용할 때 무구속속도가 달라진다. 보통 후자를 가동익 프로펠러수차의 무구속속도라고 하고, 전자를 저 무구속속도라고 부른다.

수차 및 발전기 회전부분의 재료 강도는 만일의 경우를 고려해서 그 수차의 무구속속도에서 1분 이상 운전해도 그때의 원심력에 충분히 견딜 수 있도록 설계된다. 만약 강도가 부족하게 되면 원심력에 의해서 펠턴수차의 버킷 등이 파손되는 현상이 예상된다.

또한, 러너에 작용하는 원심력은 그 속도의 2승에 비례하므로, 러너의 회전계 자계의 계자의 연결 부위, 회전 전기자형에서는 바인더 선에 큰 기계력이 작용한다.

그러나, 최근에는 조속기나 여러 종류의 자동제어장치도 발달되어 최악의 사고발생에 대해서도 보호장치가 설치되어 있기 때문에 운전 중에 수차가 과속해서 무구속속도에까지 이르는 경우는 거의 없다.

또한, 사용낙차 H가 기준 낙차 H_0보다 높은 경우, 무구속속도는 $(H/H_0)^{1/2}$에 비례해서 증가하기 때문에 기준 낙차를 너무 낮게 선정하면 발전기의 기계적 강도가 큰 것을 요구하게 된다. 따라서, 기준 낙차의 결정은 신중한 검토가 필요하다.

2.5 낙차 변동에 대한 특성

수로식 발전소나 고 낙차 발전소에서는 유효낙차의 변화에 따른 영향은 비교적 작지만 댐식 발전소 특히, 낙차가 낮은 경우에는 낙차의 변화가 수차의 특성에 크게 영향을 끼친다.

이 낙차 변동에 따른 수차의 특성을 생각해 보면, 우선 효율에 대해서는 지금 물의 유속을 $v[m/s]$, η를 효율(일정이라고 가정), H를 유효낙차$[m]$, $C_1 \sim C_3$를 계수라고 하면

$$Q = C_1 v,\ \ v = C_2\sqrt{2gH},\ \ P = 9.8QH\eta$$

$$P = 9.8C_1C_2\eta H\sqrt{2gH} = C_3H^{3/2} \tag{2-34}$$

즉, 출력은 낙차의 3/2승에 비례하는 것을 알 수 있다. 따라서, H_1에 있어서의 회전수를 $N_1[rpm]$, 사용유량을 $Q_1[m^3/s]$, 출력을 $P_1[kW]$이라고 하고, H_2에 있어서의 각각의 특성치를 N_2, Q_2, P_2라고 하면

$$\frac{H_1}{H_2} = \left(\frac{N_1}{N_2}\right)^2 \tag{2-35}$$

$$\frac{Q_1}{Q_2} = \left(\frac{H_1}{H_2}\right)^{1/2} = \frac{N_1}{N_2} \tag{2-36}$$

$$\frac{P_1}{P_2} = \left(\frac{H_1}{H_2}\right)^{3/2} \tag{2-37}$$

식 (2-35)~(2-37)으로부터 변동 낙차 시의 수차의 특성을 구하는 것이 가능하다. 예를 들면 낙차의 변화는 회전수의 2승에 비례하므로, 변동 낙차 시의 특성은 그 낙차의 1/2승의 변화에 상당하는 점을 구하면 된다.

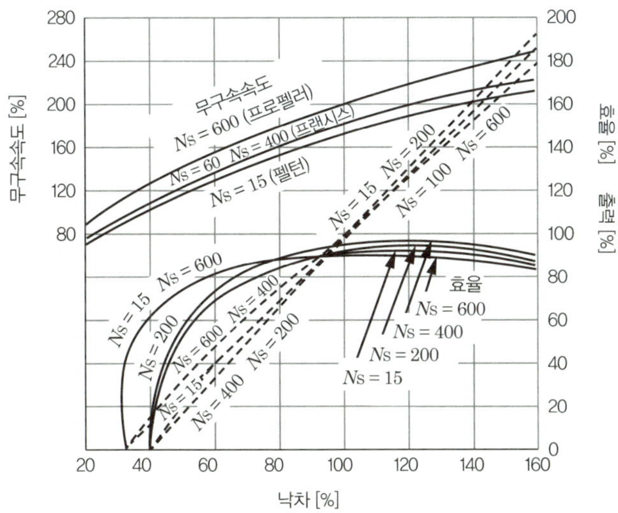

그림 2-9 낙차 변동의 영향(출력 및 효율의 변화)(전기서원, 수차, pp. 54)

또한, 효율 및 출력에 대해서 고려해보면, 속도를 일정하다고 하고 입구개도를 일정하게 유지해 낙차를 변화시키면, 출력은 낙차의 3/2승에 비례해서 증감할 것이지만, 실제로 낙차의 변화와 함께 효율도 변화한다. 이것은 수차의 형식이나 N_s 값에 따라 각각 다른 경향이 나타난다. 따라서, 정확하게 말하면, 출력은 $(\eta \times H^{3/2})$에 비례해서 증감하는 것이 된다. 이 경우, 낙차가 낮을 때가 높을 때보다 효율이 저하된다[그림 2-9].

고 낙차의 경우에는 계절에 따라 수량이 변해도 낙차는 그다지 변화하지 않고, 만약 변화한다 해도 그 비율은 작다. 이에 비해, 저 낙차의 경우에는 낙차 변동이 문제가 된다. 그러나 효율 저하는 전술한 것처럼, N_s의 대소에 따라 다르다. N_s가 작은 경우에는 효율은 크게 저하하지 않지만 N_s가 큰 경우에는 효율이 저하한다. 기준 낙차의 선정방법은 무구속속도와 관계가 있지만 운전효율과도 관계가 있다. 즉, 효율만을 생각하면, 기준 낙차는 연간 또는 갈수기 발전 전력량이 최대가 되도록 선정하는 것이 좋다.

그러나, 출력 그 자체는 낙차가 증가하면 일단 증가하기 때문에, 최고 낙차 시의 출력을 대상으로 해서 발전소의 제반 설비의 용량을 결정하면, 저 낙차 시에는 이용률이 저하해서 효율이 좋지 않다. 그 때문에 어느 낙차 이상에서는 안내깃의 개도를 제한해서 수차발전기의 출력을 제어하고, 경제적으로 되도록 선정해야 한다. [그림 2-10]은 프랜시스수차와 카플란 수차의 낙차 변동에 대한 효율변화의 예를 나타낸다.

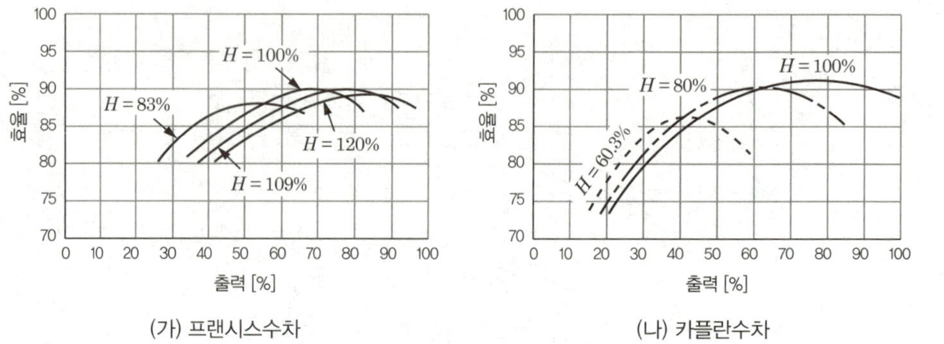

그림 2-10 낙차 변화와 수차의 효율 관계(전기서원, 수차, pp. 54)

낙차의 변동이 크고 효율 저하가 일어나는 경우, 프랜시스수차를 사용하는 발전소에서는 전술한 것과 같이 경부하 러너를 준비해서 낙차에 따라 교환해서 사용해야 한다.

카플란수차에서는 낙차의 변동에 따라 캠을 조절해서 깃의 각도를 최적으로 하면 효율 저하를 막을 수 있다.

2.6 수차의 제 현상

2.6.1 진동과 소음

(1) 진동

수차에 발생하는 진동은 수력진동, 기계진동, 전기진동으로 구분할 수 있다. 수력발전소에 국한하지 않고 일반적으로 회전기계의 진동은 운전 보수면에서 가장 어려운 문제의 하나로 그 원인이 단순하지 않고 여러 종류의 원인이 복합적으로 일어나는 경우가 많기 때문에 대책도 곤란한 경우도 있다. 또한, 수차의 진동은 발전기에도 관계가 있고, 수압관의 진동에 영향이 있는 경우도 있다. 여기서는 발전소 전반에 대해서 진동의 원인과 대책을 〈표 2-4〉에 나타내었다.

표 2-4 | 진동의 원인과 대책

위치	원인	대책
수차 및 발전기 공통	• 설치 불량에 의한 기계적 진동	• 주축의 수정, 축의 재조정, 추력베어링과 중간 축 및 수차 축의 커플링 재조정
	• 베어링 메탈의 마모	• 메탈 설치 재조정
	• 회전부의 불평형	• 균형추 부착
수차	• 안내깃 또는 러너 깃의 이물질 영향	• 이물질의 제거, 손상 부위의 수리
	• 수압에 의한 축방향 추력의 불평형	• 균형 파이프 부착 및 러너, 커버라이너 부착에 의한 누수 방지
	• 캐비테이션	• 수차의 흡출 높이 감소, 흡출관 공기흡입관의 부착, 안내깃 및 러너의 익형 개선(그 외의 수력학적 형상의 개선), 수차의 최적 비속도 선정
	• 안내깃 및 러너 깃 사이의 간섭	• 러너 깃 매수의 적당한 선정
	• 흡출관의 강성 구조	• 콘크리트 등에 의한 보강
수압관	• 와류	• 수압관 입구나 수압관 시설의 형상 개량에 의한 와류의 경감
	• 조정기의 구조 등에 의한 수압의 계속적 변동	• 수압 변동 원인의 제거 또는 경감
	• 캐비테이션	• 국부적으로 캐비테이션이 발생하는 경우 수압관 형상 부위의 수정
	• 급격한 굽음	• 수압관 형상의 수정, 지지대에 의한 고정 강화
	• 강성의 구조	• 스티프너 또는 지지대에 의한 보강
건물	• 발전기실 등의 강성 부족	• 보강
	• 여러 종류의 진동원에 대한 국부적 공진	• 보강 등에 의한 공진 원인 제거

(2) 소음

소음은 진동체가 음원으로 되어 공기에 전달되는 것이지만 진동과 소음은 동일 원인인 경우가 많다. 그러나, 기계적 구조상 문제가 되지 않는 진동이라도 매우 심한 소음을 발생하는 경우도 있다. 또한, 발전기의 소음도 동시에 고려할 필요가 있지만 그 원인에 대해서 기술하면 다음과 같다.

❖ 수차에 발생하는 소음

와류에 근거한 진동이 원인이지만, 러너의 소음과 흡출관의 소음 등이 있다.

❖ 발전기에 발생하는 소음

냉각용 공기의 기기 구성부품의 충돌 및 마찰 등에 의한 통풍 소음이나 강판의 진동, 권선의 진동에 의한 자기 소음, 그 외에 기계적 진동이나 마찰면의 기계소음 등이 있다.

2.6.2 캐비테이션

캐비테이션은 공동현상이라고 불리며, 물에 접하는 기계 부분의 표면, 또는 표면 부근에 물이 충만하지 않은 빈 공간이 발생하는 현상이다. 이 현상이 발생하면 수차의 효율은 저하할 뿐만 아니라 진동과 소음이 발생되고, 부식에 의해 파손까지 이를 수 있다.

(1) 발생 원인

캐비테이션의 발생 원인은 흐르고 있는 물에 저압부 또는 진공부분이 발생하면 거기에서 수중에 포함되어 있는 공기가 유리되어 기포가 되고, 일부의 물이 수증기가 되어서 함께 흘러 들어간다. 그러나, 압력이 높은 곳에서는 기포나 수증기가 붕괴되어 터질 때의 충돌압력에 의해 기계적인 손상을 일으키게 된다.

(2) 캐비테이션에 의한 부식

캐비테이션이 발생하게 되면 수차를 구성하는 금속 재료에 영향을 미치는 침식작용이 발생한다. 즉, 캐비테이션에 의해 발생한 기포나 공동은 이미 언급한 바와 같이 그 주위의 물과 함께 흘러 압력이 높은 장소에 도달하면 파열되고, 그 순간에 매우 높은 압력이 발생한다. 이때의 고압은 부근의 물체나 벽의 재료에 큰 충격을 미치고, 충격이 연속적으로 일어난 결과 큰 반복 충격을 작용하기 때문에 금속면이 이 압력에 의해 피로하고, 손상을 입어 접수면이 침식된다.

캐비테이션의 발생 위치는 수차의 형식에 따라 여러 곳이 있지만, 프랜시스수차에서는 러너, 안내깃, 스피드 링, 수차 케이싱, 흡출관 등에 발생하는데 그 중에 러너에 관한 피해가 무엇보다도 크다. 러너가 부분 부하로 운전될 때는 러너 출구의 유동은 큰 선회 성분을 갖고 소용돌이를 치며 흐른다. 특히 와류(vortex)의 중심에는 압력이 현저히 낮아져 수증기가 분리된 공기로 채워진다. 이 공동이 중심 축에서 스크류 형태로 심하게 회전하고, 부분 부하에서 진동의 주원인이 된다. 이와 같은 진동을 줄이기 위하여 공동 내부에 압축 공기를 주입하여 음압(negative pressure)을 낮추고, 안정된 공동이 형성되도록 한다. 카플란수차에서는 러너의 앞 부분, 러너와 보스와의 접합부, 러너 허브 등에 특히 많이 발생한다. 펠턴수차에서는 제트 노즐 내측, 니들 칩, 버킷 내부, 버킷 앞 부분의 후면 및 측면 등이 있다. 그 외에 밸브, 수압

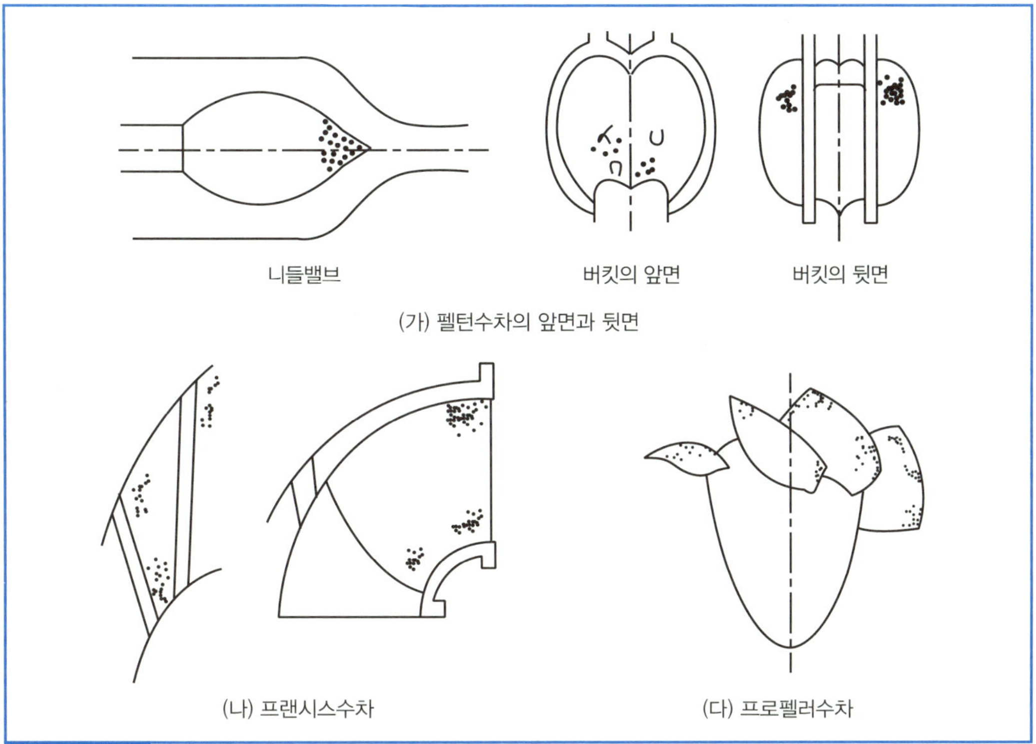

그림 2-11 캐비테이션에 의한 각종 수차의 손상 위치

조정기의 입구 등에 발생하는 경우도 있다. [그림 2-11]은 캐비테이션에 의한 침식의 예를 나타낸다.

(3) 수차에 전해지는 진동

캐비테이션이 러너 출구측에 발생하는 경우, 경부하 또는 과부하 시에는 흡출관 측에 저주파 진동과 고주파 진동을 일으키는 경우가 있다. 또한, 흡출관 내에 캐비테이션이 발생하는 경우에는 그 충격압력에 따라 진동을 일으키는 경우도 있다. 이러한 진동은 부하의 종류, 흡출관의 구조, 흡출높이 등에 영향을 받아 진폭이 증감하고, 손상을 일으킨다.

(4) 캐비테이션의 방지대책

캐비테이션의 방지대책으로는 다음과 같은 사항을 들 수 있다.

① 반동수차의 흡출관 높이를 크게 하지 않는다. 또는, 비속도를 지나치게 높게 잡지 않도록 한다.

② 저압부에 공기를 넣는다. 즉, 흡출관에 구멍을 뚫어, 적당량의 공기를 주입하여 진공을 저감시킨다.

③ 접수면의 표면을 충분히 매끄럽게 한다.

④ 수차를 가능한 한 부분 부하에서 운전하지 않는다. 이것은 경부하 시의 러너의 출구에서 물에 선회운동이 가해져서 중심부에 캐비테이션을 발생하기 때문이다.

⑤ 침식에 대해 강한 재료를 사용한다. 여기에 적당한 재료는 18-8니켈크롬강, 13크롬강, Ni-Cr-Mo강, 비철재료로는 스텔라이트, 베리윰 청동, 알루미늄 청동 등이 있다

⑥ 피해 부분의 수리, 교환은 가능한 빨리 한다.

2.6.3 수격현상과 수격완화설비

(1) 수격현상

관로에 있어서 흐름을 급격히 차단하면 순간적으로 급격한 압력상승이 발생한다. 수차를 급정지하면 그 부분에 커다란 압력상승이 발생하고, 압력파가 되어 관로 내에 전파하기 때문에 기기나 관로에 손상을 일으킬 가능성이 있다. 이와 같이 급격한 흐름의 변화에 동반한 과도적 현상을 수격(water hammer)이라고 한다.

(2) 수력발전소의 수격완화설비

1) 조압수조

수력발전소의 도수관은 보통 길이가 길고 또 강도상 여유도 크지 않으므로 수격작용에 대한 여러 가지 대책이 세워지고 있다. 그 중 가장 유효하고 많이 사용되고 있는 것은 수차의 안내깃 가까이에 조압수조(surge tank)를 설치하는 방법인데, 이 경우는 수차와 조압수조를 연결하는 관의 길이만이 수격작용에 직접 관계되는 길이가 되므로 안내깃을 급하게 닫아도 수격작용은 그렇게 심하지 않게 된다. 저수지(storage reservoir)나 조정지(regulating reservoir)

로부터 취수하는 압력터널에는 터널 출구에 조압수조를 설치한다. 압력터널이 짧은 경우에는 조압수조를 설치하지 않지만, 그 터널은 수압관으로 간주하고 설계하게 된다. 조압수조는 조정지의 수위에 변동이 있으며, 더욱이 탱크 자체의 수면에 진동이 있으므로 보통 수조와는 달리 높은 탑 형태의 구조가 된다. 또한, 도수 계열로 보아 자연유하식 계열에 있어서는 수차의 밸브 이외에 수로 입구의 제수문으로 유량을 조절하는데, 압력터널, 조압수조, 수압관, 수차의 도수 계열에 있어서는 부하의 변화에 응하여 유량을 조절하는 것은 계열의 최종단에 있는 수차의 밸브에만 의존하게 된다. 따라서, 조압수조의 수위는 부하에 의하여 자동적으로 정해지며, 이 점도 보통 수조와 다르다. 조압수조의 기능을 크게 나누면 다음의 두 가지이다. 조압수조의 첫 번째 기능은 압력관로에서 발생하는 수격압력을 경감시키는 작용을 한다. 압력터널, 수압관 등의 관로는 하류단의 밸브에 의하여 유량을 변화시키면 수격작용이 발생한다. 즉, 유동의 운동량이 변하므로 압력이 증가하게 된다. 이것이 압력파(pressure wave)로 되어서 전파하고 관로의 상류단에서 반사하여 반대 방향의 파(반사파)로 되돌아온다. 압력파는 밸브를 개폐하는 시간만큼 계속하여 발생하므로 그 반사파의 도달이 늦어지면 그만큼 수격작용은 심각해진다. 예컨대, 도수 계열에 있어서 조압수조를 설치하지 않았을 경우에는 압력파는 수압관과 압력터널을 지나서 조정지까지 전파하여 그 취수구로부터 반사되어 온다. 이에 반하여 조압수조가 있는 경우는 수압관의 입구에서 되돌아오게 되므로 수격압은 크게 되지는 않는다. 이때 압력터널 내의 물은 관성에 의하여 조정지, 압력터널, 조압수조 사이에서 일종의 U자관 진동을 한다. 즉, 조압수조에서는 수면의 상승과 하강 운동이 생기게 되는데 이것을 서징(surging)이라고 부르고, 이 서징은 압력터널을 왕복 운동하는 동안에 마찰 손실 등에 의하여 감쇠된다.

조압수조의 두 번째 기능은 부하의 변동에 즉시 반응하여 수량을 조정하고, 동시에 압력터널 내의 물을 가속(또는 감속)하여 새로운 부하의 유량에 이르러 평형을 이루게 한다. 부하가 증가하여 수압관의 유량이 커지면 먼저 조압수조로부터 그 부족 수량을 보급하게 된다. 그 결과 탱크 내의 수위가 하강하게 되어 압력터널 내 수력구배선의 기울기가 급격해지면서 가속된다. 부하 감소의 경우는 잉여 수량을 탱크로 수용하게 되어 그 수위가 상승함에 따라 압력터널은 완경사 또는 역경사로 되어 감속된다.

수력발전소 계통에 사용되는 조압수조의 종류를 [그림 2-12]에 나타내었다. 1개의 압력수로에 보통은 1개의 조압수조를 설치하나, 이것을 2개 이상 병렬로 설치한 형식도 있다. 조압수조의 설계에 있어서는 서징이 너무 크게 일어나지 않으며, 또 진동이 신속하게 감쇠되고

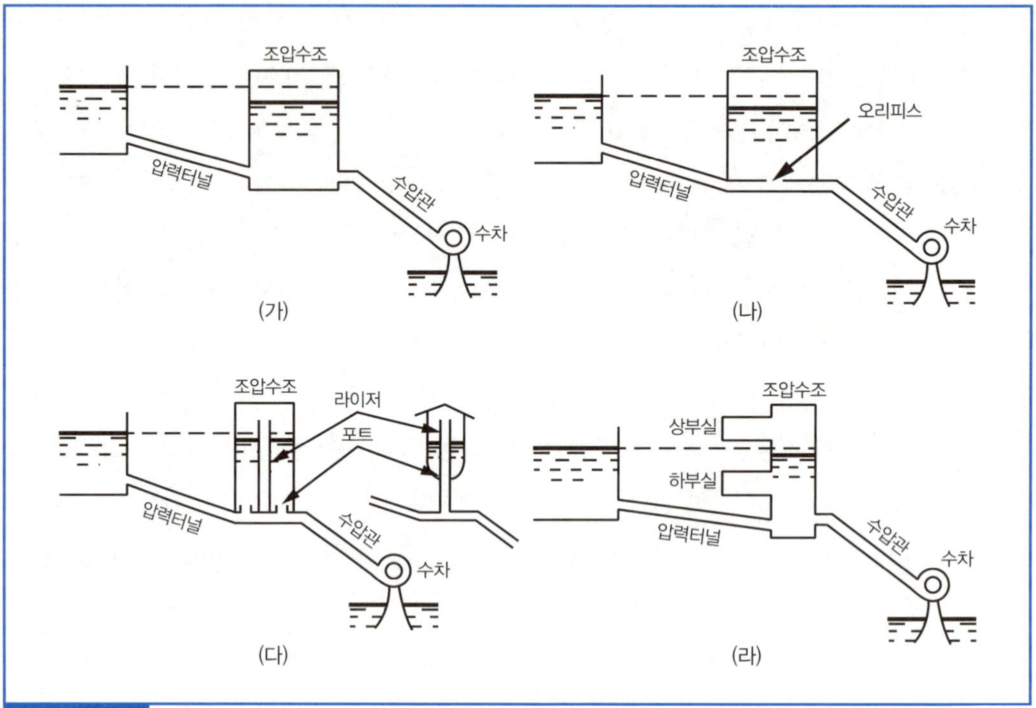

그림 2-12 수력발전소 계통 조압수조의 종류

압력파를 완전히 반사시킴에 그 목표를 두어야 한다.

① **단순 조압수조**(simple surge tank)

단순 조압수조는 단면적이 큰 1개의 수조로 구성되어 있으며, 구조상 가장 간단한 탱크이다. 수력학적 이론도 간단하여 수압관의 수격압을 안전하게 반사하여 확실하게 경감시키게 되나, 서징에 대한 제어 기능을 갖고 있지 않으므로 수면의 변동 폭이 크고, 또 진동이 장기간 계속되는 단점이 있다. 그래서 압력터널이 긴 지점에서는 계곡 등을 이용하여 보조 탱크를 설치하여 그 성능을 개량하기도 한다.

② **오리피스형 조압수조**(restricted orifice surge tank)

오리피스형 조압수조는 수조 아래에 오리피스가 있어서 이것을 통하여 압력수로와 연결되고 있다. 부하 변동 시에는 그 과부족의 수량이 오리피스 통과에 요하는 속도수두만큼 수압이 즉시 증감하게 되어, 이것이 압력터널의 감속 또는 가속에 영향을 미치게 된다. 따라서, 단순 조압수조에 비하여 탱크의 용적이 작아지고, 또 서징이 빠르게 감쇠된다. 탱크 및 오리피스의 크기를 설계함에 있어서는 탱크의 수면에 오리피스의 속도수두를 가감한 수위가 진동 기간 중 대략 일정해야 함을 목표로 하고 있다. 단, 오리피스의 크기에 따라서는 압력파가 불완전하게 반사될 수 있으므로 주의를 요한다. 또한, 서징의 경우에 순간적으로 수압이 변하게 되므로 수차의 조속장치가 이것에 맞추지 못할 경우도 있다.

③ **라이저형 조압수조**(differential surge tank)

라이저형 조압수조는 오리피스형 조압수조 내에 수로와 대략 동등한 단면적을 가진 수직 관을 세워서 만든 구조이다. 이러한 경우 탱크 내의 오리피스를 포트(port)라 하고, 수직관을 라이저(riser)라고 부른다. 이 탱크는 미국의 R. D. Johnson이 고안한 것으로 단순 및 오리피스형 조압수조에 비하여 그 성능이 현저히 개량된 것이다. 즉, 부하 감소의 경우를 예로 들면 압력터널 내의 잉여 수량은 라이저와 포트로부터 탱크로 진입된다. 라이저는 단면적이 작으므로 비교적 신속하게 수위가 상승하여 이것이 수로의 에너지 감쇠 역할을 하게 된다. 이 라이저의 수위는 대략 일정하게 유지되어(정점부에서 탱크 내로 넘치는 것도 있음) 탱크 내 수위가 서서히 라이저 수위로 접근해 오게 된다. 그 후 압력터널이 역류를 시작하면 라이저의 수위는 신속히 저하하여 역류 작용을 완화시키게 된다. 이에 따라 보통은 2~3회의 진동으로 서징은 대략 정지하게 된다. 단순 조압수조와 같은 높이의 탱크라면 그 단면적은 1/1.5~1/2배로 되며, 또한 오리피스형 조압수조보다 압력파의 반사는 완전하게 된다.

④ **챔버형 조압수조**(chamber surge tank)

챔버형 조압수조는 탱크를 땅 속으로 밀어 넣게 되어 결국 터널 공법으로 시공하게 될 경우에 이용된다. 비교적 가느다란 하나의 수직 갱도와 이것에 연결되는 상부의 챔버와 하부의 챔버로 이루어진다(조정지의 이용 수심이 큰 경우에는 중간 챔버를 두는 경우도 있으며, 우리나라의 소양강 다목적 댐의 조압수조가 상, 중, 하 3개의 챔버를 갖추고 있다). 이는 라이저형 조압수조와 대략 동등한 성능을 나타내는데, 수직 갱도는 포트로 이용되고, 상부 챔버는 잉여 수량을 수용하며, 하부 챔버는 부족 수량 보급을 담당한다. 챔버의 입구에 위어를 설치하거나 상부 챔버와 챔버를 포트로 연결하는 구조 등 다양한 형태가 고안되었다.

2) 압력릴리프밸브

압력릴리프밸브(pressure relief valve)는 관로 내 압력이 설정압 이상으로 상승하였을 때 물을 외부로 방출함으로써 수격작용을 완화시켜주는 설비이다. 안전밸브(safety valve)는 공기를 취급한다는 점에서 압력릴리프밸브와는 구별된다. 압력릴리프밸브의 종류는 크게 두 가지 즉, 직접작동(direct-acting)방식과 파일럿(piloted) 작동방식으로 나눌 수 있다. 직접작동방식은 스프링의 장력을 이용하여 디스크를 기계적으로 작동함으로써 디스크의 개폐가 순간적으로 일어나는 방식이며, 관로 내 압력이 떨어졌을 때 곧바로 닫히기 때문에 슬래밍(slamming)이 문제될 수 있다. 파일럿 작동방식은 설정 압력에서 순간적으로 개방된 디스크를 관로 내 압력이 떨어졌을 때 서서히 폐쇄시킴으로써 부가적인 수격작용을 완화하는 것이다. 파일럿이 부착된 경우에는 이물질이 끼지 않도록 주의하고, 추운 지방에서는 파일럿 배관의 동결에도 각별히 유의해야만 한다. 한편, 관로가 짧은 시스템에서 압력릴리프밸브는 작동에 지연이 생겨 순간적인 압력 상승에 대하여는 그 기능을 발휘하지 못할 때가 있으므로 조심하여야 한다.

참고문헌

① 국내 관련 연구자료

중 · 저 낙차 프랜시스수차 국산화 개발 연구, GOVP1200609527, 산업자원부.

카플란수차 설계기술 및 국산화 개발, 1996-N-SH02-P-01, 산업자원부.

수도관 차압을 이용한 마이크로 소수력 발전 실용화 기술개발, 2006-N-SH02-P-02, 산업통상자원부.

수력발전설비 설계기준, 한국수자원공사, 2006.

이계복, 마이크로급 수차에 대한 성능평가 결과 분석 검증, 2012.

② 국외 각종 규격

IEC60041 International Standard 3rd Ed., Field Acceptance Tests to Determine the Hydrualic Performance of Hydraulic Turbines, Storage Pumps and Pumps-Turbines, 1991.

ISO 62256 Ed. 1.0, Hydraulic Turbines, Storage Pumps and Pump-Turbines-Rehabilitation and Performance Improvement, 2008.

社団法人電気協同研究会, 水車 · ポンプ水車および付属装置の工場検査基準：水力発電所機器.

専門委員会, 電気協同研究, 第45巻, 第1号, 2008.

③ 저서

한국전력공사, 수력발전실무 시공사례집, 신기술, 2010.

Adam Harvey, Andy Brown, Priyantha Hettiarachi and Allen Inversin, Micro-Hydro Design Manual ; A guide to small-scale water power schemes, ITDG Publishing, 1993.

ASME, The Guide to Hydraopower Mechanical Design, HCI Publications, Inc, 1996.

Chaudhry, M. H., Applied Hydraulic Transients, 2nd edition, Van Nostrand Reinhold, New York, 1987.

Chaudhry, M. H., Applied Hydraulic Transients, Van Nostrand Reinhold, New York, 1979.

European Small Hydropower Association, Guide on How to Develop a Small Hydropower Plant, 2004.

Fox, J. A., Hydraulic Analysis of Unsteady Flow in Pipe Networks, Wiley, New York, 1977.

Grigori Krivchenko, Hydraulic Machines : Tuebines and Pumps, 2nd Edition, Lewis Publishers, 1994.

H. C. Radha Krishna, Hydraulic Design of Hydraulic Machinery, Avebury, 1997.

Mei Zu-yan, Mechanical Design and Manufacturing of Hydraulic Machinery, Avebury Technical, 1991.

Miroslav Nechleba, Hydraulic Turbines : Their Design and Equipment, Constable & Co Ltd, 2008.

Parmakian, J., Waterhammer Analysis, Dover Publications, New York, 1963.

Sharp, B. B. and Sharp, D. B., Water Hammer: Practical Solutions, Arnold, London, 1996.

Stephenson, D., Pipeline Design for Water Engineers, 2nd edition, Elsevier Sciences, Amsterdam, 1981.

Streeter, V. L. and Wylie, E. B., Hydraulic Transients, McGraw-Hill, New York, 1967.

Thorley, A. R. D., Fluid Transients in Pipeline Systems, 2nd edition, Professional Engineering Publishing Limited, UK, 2004.

Thorley, A. R. D., Fluid Transients in Pipeline Systems, D. and L. George Ltd., UK, 1991.

Watters, G. Z., Analysis and Control of Unsteady Flow in Pipelines, 2nd edition, Butterworth, Woburn, Mass, 1984.

Watters, G. Z., Modern Analysis and Control of Unsteady Flow in Pipelines, Ann Arbor Science, Michigan, 1979.

Wylie, E. B. and Streeter, V. L., Fluid Transients in Systems, Prentice-Hall, New ersey, USA, 1993.

Wylie, E. B. and Streeter, V. L., Fluid Transients, McGraw-Hill, New York, 1978.

ターボ機械協会, ハイドロタービン, 日本工業出版, 2007.

電気学会, 水力発電, 株式会社オーム社, 1998.

千葉 幸, 水車, D-Bookシリーズ, 電気書院, 2000.

石井安男, 水車とポンプ水車, 電気書院, 1961.

小水力利用推進協議会, 小水力エネルギー読本, OHmsHa, 2006.

深栖俊一´ 水車の理論と構造´ 工学図書株式会社´ 1950.

④ 논문

Proceedings of 21st IAHR Symposium on Hydraulic Machinery and Systems, Lausanne, Switzerland, 2002.

Proceedings of 23th IAHR Symposium on Hydraulic Machinery and Systems, Yokohama, Japan, 2006.

Proceedings of 25th IAHR Symposium on Hydraulic Machinery and Systems, Timisoara, Romania, 2010.

THEORY AND APPLICATIONS OF HYDRAULIC TURBINES

제2편

설 계

제 3 장

수차의 이론설계

3.1 충동수차

3.1.1 펠턴수차

충동수차 중에서 대표적인 수차는 펠턴수차이다. 물이 제트 형태로 노즐에서 분사되어 러너로 유입되면서 충돌에 의하여 에너지를 얻는 방식이다. 펠턴수차는 대칭적인 구성요소인 릿지(ridge) 또는 스플리터(splitter), 노치가 설치된 버킷(bucket)을 포함한 휠(wheel), 노즐(nozzle) 그리고 케이싱(casing)으로 구성된다.

노즐에서 분사된 워터제트의 방향이 버킷에 의해 바뀌면서 휠에 에너지를 전달한다. 분사되는 제트에 대한 버킷의 최적 위치를 결정하고, 버킷으로 제트가 마찰 없이 유입되기 위하여 버킷에 노치가 반드시 있어야 한다.

펠턴수차의 출력은 노즐의 지름을 증가시키거나 감소시킴에 따라 조절될 수 있으며, 보통 노즐의 지름은 고정되어 있기 때문에 니들(needle)의 왕복운동으로 제어된다.

노즐이 1개일 때 펠턴수차의 비속도 N_s는 일반적으로 10~28 정도가 되고 식 (3-1)과 〈표 3-1〉과 같이 유도될 수 있다.

$$N_s = 576K_1\frac{d_0}{D}\sqrt{C_v\eta}\ \text{(Hp)}\ \text{또는}\ N_s = 494K_1\frac{d_0}{D}\sqrt{C_v\eta}\ (kW) \tag{3-1}$$

표 3-1 | 비속도를 기준한 펠턴수차의 구분

$N_s[rpm, kw, m]$	펠턴수차의 종류
10~28	노즐 1개짜리 펠턴수차
14~43	노즐 2개짜리 펠턴수차
20~60	노즐 4개짜리 펠턴수차

식 (3.1)의 K_1은 터빈 러너의 비 원주속도(specific peripheral velocity)로서 입구 원주속도 $U=\frac{\pi DN}{60}=K_1\sqrt{2gH}$에서 유도하여 구할 수 있고, K_1의 값은 이론상 0.5이지만 실제에 있어서는 0.42~0.48의 범위이다. C_v는 유량계수로서 보통 0.95~0.98의 값을 가지고, η는 효율이며, d_0와 D는 각각 제트와 러너의 지름이다.

식 (3-1)에서 $K_1=0.45$, $C_v=0.97$이라고 가정하고 $\eta=85\%$가 되면 다음 식과 같이 된다.

$$N_S=494\times0.45\times\frac{d_0}{D}\sqrt{0.97\times0.85}=202\frac{d_0}{D}$$

높은 비속도를 얻기 위해서는 제트 지름 d_0를 크게 하고 러너의 지름 D를 작게 선택하면 된다. 그러나 비속도를 증가시키는 것은 러너 또는 깃 등에 있어 제약조건들이 많아지게 되고, 높은 강도의 제작 요구사항을 부합시켜야 하는 문제점이 발생하므로 신중히 검토하여야 한다.

(1) 제트의 크기

펠턴수차는 [그림 3-1]과 같이 노즐로부터 분사된 제트가 버킷에 부딪히는 에너지를 이용하여 일을 얻는다. 노즐의 지름은 속도에너지가 최대한 증가되도록 점진적으로 줄어들게 설계하여야 한다. 분출된 후 대기 중에서 속도가 점차 감소되도록 [그림 3-1]과 같이 제트의 지름은 증가되어 제트가 완전히 흩어질 때까지 좀 더 넓게 퍼지게 된다. 이때 d_0로 표시된 제트의 최소지름은 연속방정식인 식 (3-2)로부터 계산할 수 있다.

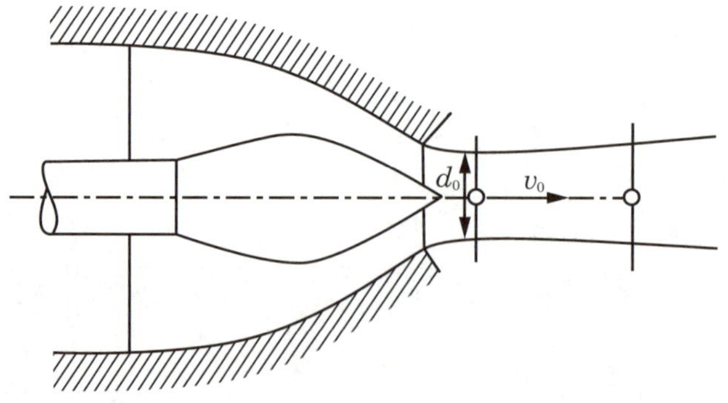

그림 3-1 제트의 개념(Miroslav,1957, pp. 380 Fig. 269)

$$Q = \frac{\pi}{4} d_0^2 v_0 \tag{3-2}$$

식 (3-2)로부터 d_0를 계산하기 위하여 v_0를 먼저 계산하여야 한다. 펠턴수차는 충동수차이기 때문에 낙차 H로 식 (3-3)과 같이 속도를 계산할 수 있다.

$$v_0 = \varphi\sqrt{2gH} \tag{3-3}$$

식 (3-2)에 식 (3-3)을 대입하면 식 (3-4)가 된다.

$$\frac{d_0^2 \pi}{4} = \frac{Q}{v_0} = \frac{Q}{\varphi\sqrt{2gH}} \tag{3-4}$$

따라서

$$d_0 = \sqrt{\frac{4Q}{\pi\varphi\sqrt{2gH}}} \tag{3-5}$$

여기서 노즐효율 $\varphi = 0.97$을 대입하고 정리하면 식 (3-6)과 같다.

$$d_0 = 0.55\sqrt{\frac{Q}{\sqrt{H}}} = 0.55\sqrt{Q_1} \tag{3-6}$$

설계 예

$H = 520m$

$Q = 349\ell/s$

$v_0 = 0.97\sqrt{2gH} = 0.97\sqrt{2 \times 520 \times 9.8} = 98m/s$

제트의 단면은 $A = \frac{Q}{v_0} = \frac{349}{980} = 0.356m^2$

$d_0 = 67.3mm$

식 (3-6)으로부터 구하면

$$d_0 = 0.55\sqrt{\frac{Q}{\sqrt{H}}} = 0.55\sqrt{Q_1} = 0.55\sqrt{\frac{0.349}{\sqrt{520}}} = 68.04mm$$

만약, Q_1이 단위 m 당 유량(m^3/s)을 의미할 때, 식 (3-6)의 단위는 mm가 된다.

(2) 속도삼각형

충동에너지에 의하여 휠에 생기는 일은 일정하지 않고 버킷에 접촉하는 조건과 지점에 따라 다르다. 출구 각 β_2와 절대속도 v_2를 알고 있다면 [그림 3-2]와 같이 출구 속도삼각형을 구할 수 있다. 입구와 출구에서의 원주속도는 동일하다

이 제트는 [그림 3-3]과 같이 러너 버킷에 퍼질 것이며 결국 물은 동일한 조건에서 다양한 원주속도를 가지면서 휠에 유입되고, [그림 3-4]와 같은 궤적으로 두께 S만큼 토출된다. [그림 3-5]에서는 버킷의 유입과 버킷 끝단에서의 속도삼각형을 나타내었다. 그림에서 보면 w_1은 평면의 축 u_1을 기준으로 회전된다. 펠턴수차는 어떤 초과압력도 발생하지 않기 때문에 u_1과 u_2가 다르다면 w_2의 값은 식 (3-7)과 같이 계산할 수 있다.

$$w_2^2 = w_1^2 - u_1^2 + u_2^2 \tag{3-7}$$

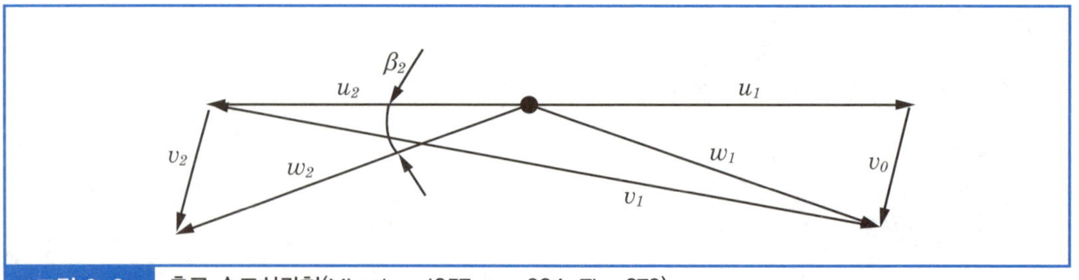

그림 3-2 출구 속도삼각형(Miroslav, 1957, pp. 384, Fig. 273)

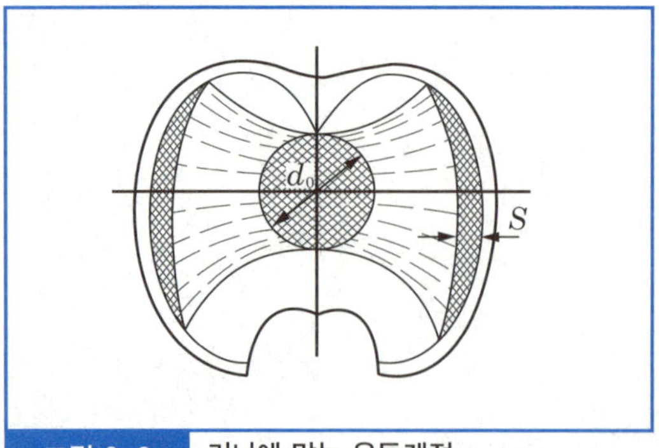

그림 3-3 러너에 맞는 유동궤적 (Miroslav, 1957, pp. 386, Fig. 276)

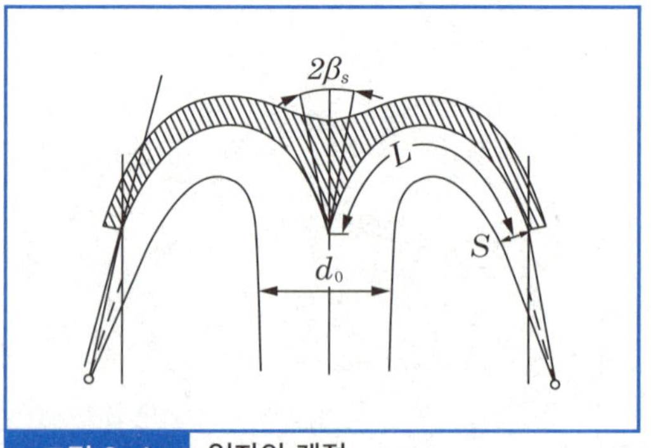

그림 3-4 입자의 궤적 (Miroslav, 1957, pp. 386, Fig. 277)

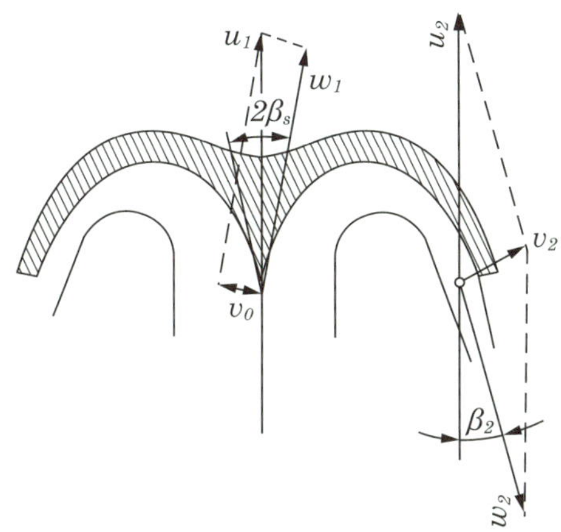

그림 3-5 버킷에서의 속도삼각형(Miroslav, 1957, pp. 388, Fig. 282)

(3) 버킷의 수

버킷의 수는 [그림 3-6]과 같이 선정할 수 있다. 버킷 수를 결정하는데 있어 중요한 사항은 워터제트에 의하여 버킷이 상호 간섭되지 않는 조건을 만들어 주어야 한다는 것이다.

물은 [그림 3-6]에서 보듯이 버킷에 운동에너지를 전해 주기 위해 노즐에 의하여 강하게 분사된다. 깃 노치에서 물이 외부 쪽으로 편향되는 성분 때문에 깃에 유입되는 제트는 상당히 교란될 가능성이 있다. 이런 이유로 버킷의 수를 많게 할 수 없다.

제트의 궤적은 [그림 3-6]의 C점인 휠의 외부원 뒤에 위치하게 된다. C점에서 제트가 버킷을 지났다고 가정하면, 물은 이미 B점에서 제트 유동방향으로 러너에 유입되어야만 한다. B점과 C점([그림 3-6])사이의 거리는 물의 절대 궤적의 투영된 거리와 같다. C점이 후방에 있기 때문에 물의 절대 궤적 길이(l_a)를 서로 비교하여 충분한 정확도를 가지면서 B점의 위치를 결정할 수 있다.

점 B에서 버킷을 때린 마지막 물의 궤적은 결국 앞에 지나간 버킷의 입구 끝에서의 제트로 점 A([그림 3-6])에 있게 된다. 그것이 점 B에서 다음 버킷에 충돌하는 속도 v_0로 궤적 $\overline{AB}$을 따라 움직이게 되는 것이다.

이때 시간은 $\Delta t = \overline{AB}/v_0$가 되고 이 시간동안 버킷 끝의 점 A는 u_A(반지름 r_a에 따른)로 임의의 궤적에 따라 움직이게 된다. 결론적으로 궤적의 길이는 속도에 따라 비례하게 된다.

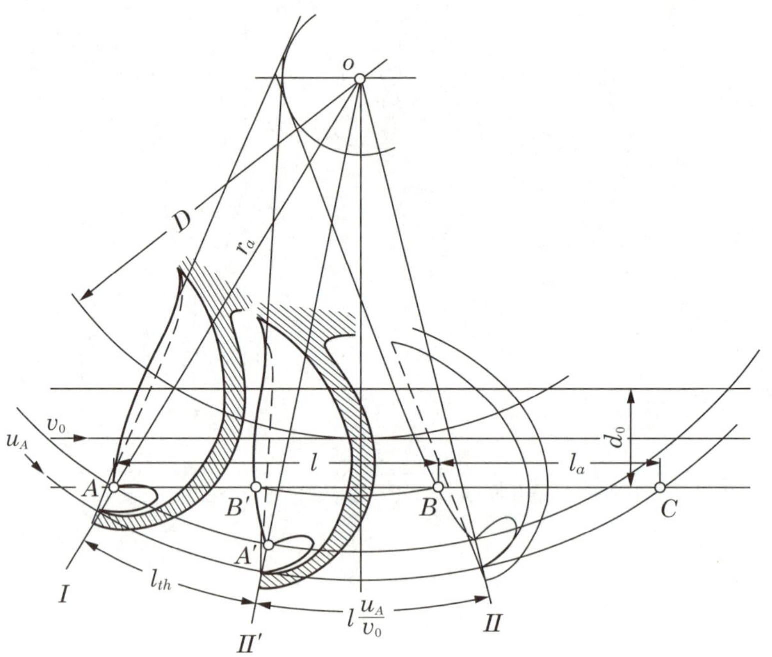

그림 3-6 깃 수를 산정하기 위한 개략도(Miroslav, 1957, pp. 389, Fig. 285)

$$\overline{AB}\frac{u_A}{v_0}=l\frac{u_A}{v_0} \tag{3-8}$$

물이 깃 Ⅰ의 점 A를 지날 때, 깃 Ⅱ는 점 Ⅱ′에 있어야 한다. Ⅱ의 위치 뒤에서 lu_A/v_0의 거리만큼 떨어져 있어야 한다. 이에 따라 깃의 이론적 간격인 l_{th}을 결정할 수 있다.

휠 내에서 버킷의 간격이 넓을 때에는 제트가 에너지로 활용될 수 없고, 간격이 너무 작을 때는 제트는 간섭 때문에 깃에 의하여 필요 없는 교란이 발생된다.

보통 제트의 지름이 버킷의 반지름 길이에 비해 크면 클수록 버킷의 수는 커지게 된다. 일반적으로 버킷의 수를 〈표 3-2〉을 이용하여 결정하면 좋다.

표 3-2 | 펠턴수차의 버킷의 수를 결정하는 기준

d_0/D	1/6	1/8	1/10	1/15	1/20	1/25
Z	17~21	18~22	19~24	22~27	24~30	26~33

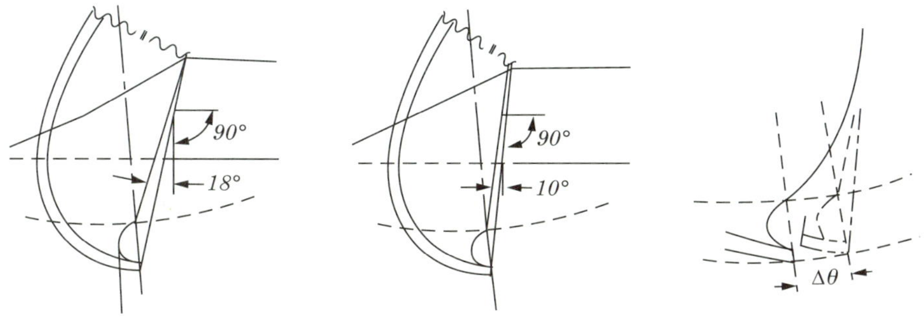

(가) 18° (나) 10° (다) 두 각도의 차이

그림 3-7 릿지의 각도(Miroslav, 1957, pp. 396, Fig. 292)

(4) 릿지

릿지의 각도는 [그림 3-7]에서 보듯이 일반적으로 18°를 많이 사용한다. [그림 3-7](나)에서 보듯이 이전에는 10°를 많이 사용하였는데, [그림 3-7](다)와 같이 각도에 따른 릿지의 차이는 간격 증가로 나타낸다.

(5) 버킷의 노치와 깃 치수

제트가 강한 충격으로 들어올 때 손실을 방지하기 위하여 버킷의 형태를 타원형으로 설계한다. 따라서 버킷의 바깥 부분은 제트의 폭에 따라 가공되어야 한다. 노치의 제작은 릿지에 의해 스플리터에서 제트가 분산되지 않게 하기 위함이다. 즉 버킷은 스플리터로부터 물을 포집하므로 [그림 3-8]과 [그림 3-9]와 같이 유입되게 설계하여야 한다.

보통 노치 형상 설계는 [그림 3-8]과 같이 버킷 표면의 제트가 원형으로 통과하는 커브로 형상화하도록 한다. 이는 버킷 표면에 제트를 투영시킴으로 얻을 수 있다. 노치 형상은 모든 점에서 동시에 제트가 유입되도록 설계되어야 한다. 그러나 최근에는 [그림 3-8]과 같이 여러 가지 형태로 설계할 수 있다. 이때 릿지의 앞쪽 부분(leading part)이 깊게 파이지 않게 노치를 제작하여야 한다.

노치의 폭은 제트의 크기(d_0)보다 커야 하고, [그림 3-10]과 같이 노치의 폭은 식 (3-9)와 같이 계산할 수 있다. 이는 버킷의 제조와 설치 관점에서 볼 때 제트의 중심선을 기준으로 정

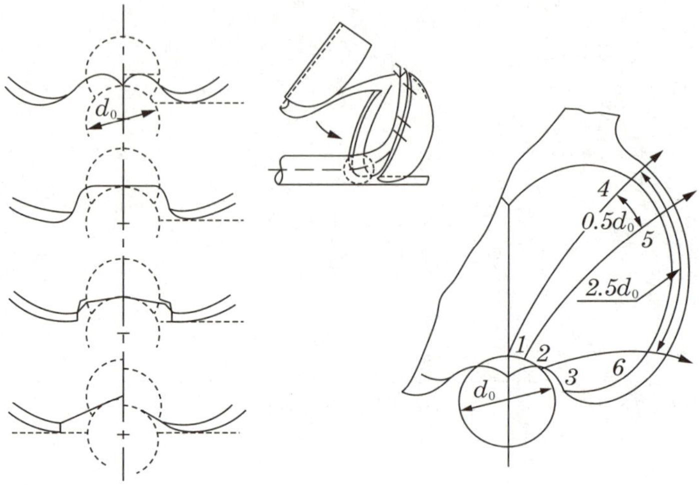

그림 3-8 노치의 종류(Miroslav, 1957, pp. 397, Fig. 293과 Fig. 294)

확히 제작하기가 어렵고 설치가 되지 않기 때문이다.

$$S = 1.2d_0 + 5mm \tag{3-9}$$

노치의 설계에 있어 중요한 것은 물이 노치 끝에서 멈추지 않도록 해야 된다는 것이다. 즉 교란이 없는 유동이 되어야 한다. 그리고 [그림 3-9]와 같이 먼저 지나간 버킷에 어떤 방해도 되지 않아야 한다.

[그림 3-9]에 나타낸 위치 Ⅰ, Ⅱ, Ⅲ과 (Ⅱ), (Ⅲ)은 각각 물이 지나가는 상대궤적을 버킷과

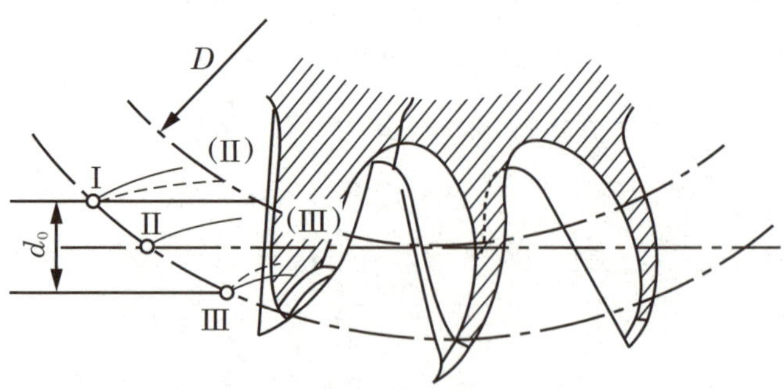

그림 3-9 버킷의 궤적(Miroslav, 1957, pp. 398, Fig. 295)

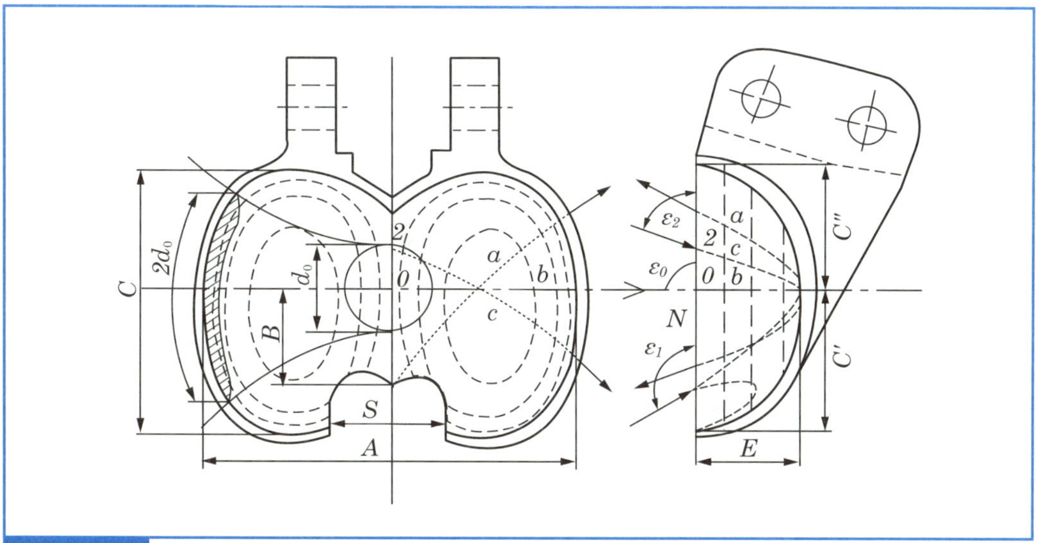

그림 3-10 버킷의 설계를 위한 자료(Miroslav, 1957, pp. 398, Fig. 296)

휠을 기준으로 나타낸 것이다. 노치를 이 궤적에 따라 절단할 때 압력변화 없이 표면을 따른 미끄럼이 생성되고 제트는 깃에 의해 편향되지 않는다.

완벽한 버킷의 설계를 위하여 [그림 3-10]과 같이 실험과 경험에 의해서 증명된 상세한 자료를 이용하는 것이 바람직하다. [그림 3-10]의 버킷 지름은 제트의 d_0에 따라 결정된다.

[그림 3-10]에서 원주방향을 보면 ε_1이 90°보다 클 때 거의 궤적 a를 따라 갈 것이며, $\varepsilon_1=90°$라면 유동궤적은 b선과 같이 될 것이다. ε_1이 90°보다 작을 때는 c선과 같이 될 것이다.

[그림 3-10]에 나타낸 버킷의 형상은 대략적으로 아래의 치수를 따르면 된다.

버킷의 길이	C=제트 지름의 2.5~2.8배
버킷의 폭	A=제트 지름의 2.8~4.0배
버킷의 깊이	E=제트 지름의 0.95배

[그림 3-10]에 따라 [그림 3-11]과 같이 설계한 버킷의 형태를 4가지 예로 제시하였다. 또한 [그림 3-12]에는 또 다른 버킷 설계자료를 나타내었다.

[그림 3-13]에서 보듯이 버킷이 작은 경우 저유량에서 고효율이 되고 버킷이 큰 경우에는 대유량에서 고효율을 갖는다.

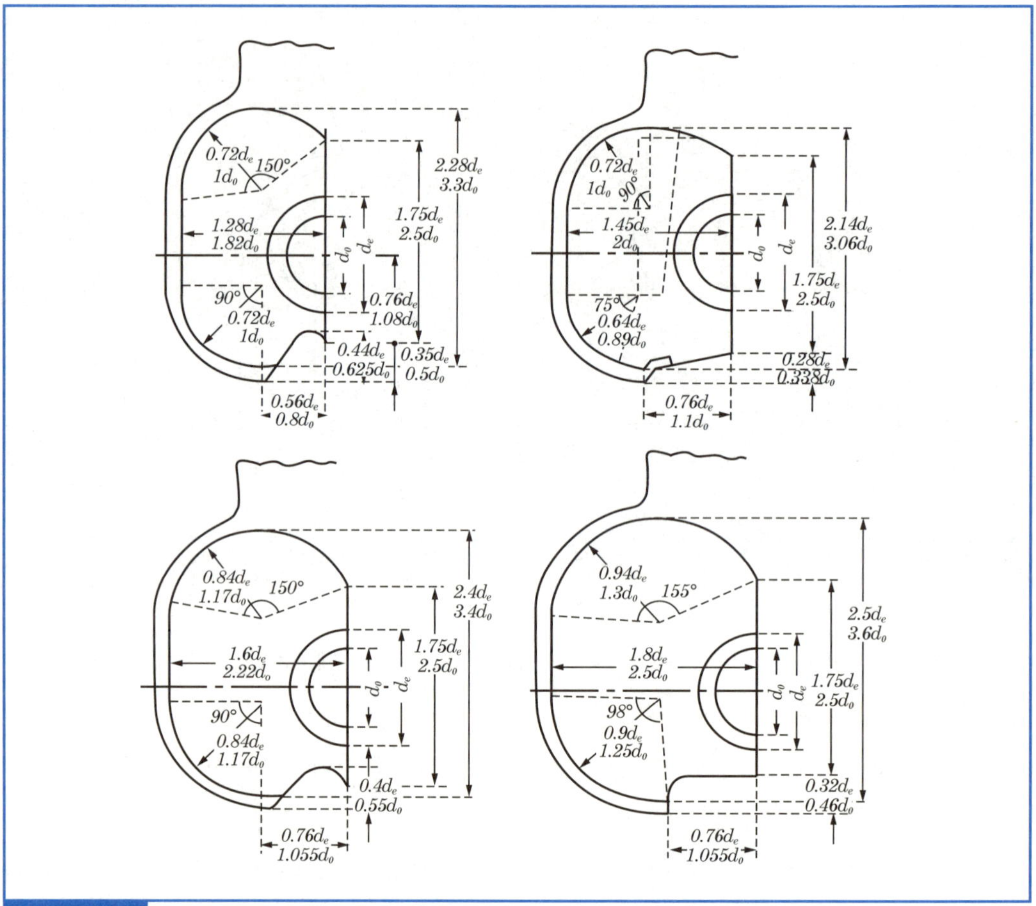

그림 3-11 다양한 버킷의 종류에 따른 설계자료(Miroslav,1957, p. 399, Fig. 297)

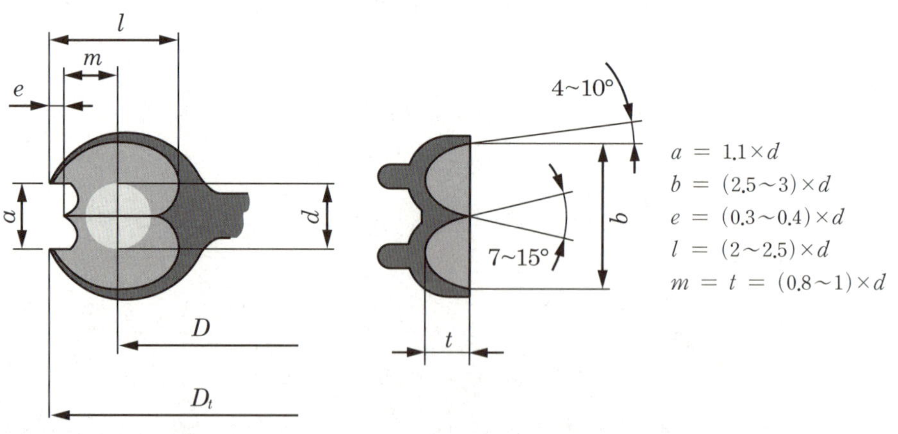

그림 3-12 초초수력 자료집(http://cafe.naver.com/renewableenergy/9179)

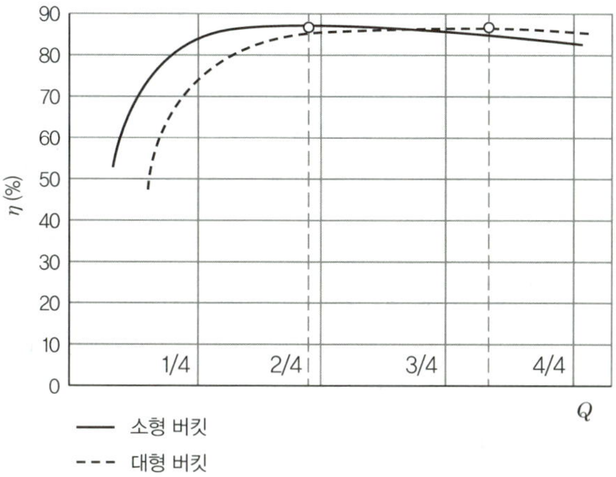

그림 3-13 소형 버킷과 대형 버킷의 성능 비교(Miroslav,1957, pp. 400, Fig. 298)

d_0/D 비가 커질수록 유입유선(각도 r에 의하여 주어지는) 방향에 대한 편향이 커지게 된다. d_0/D 비의 결정은 〈표 3-3〉을 활용하도록 한다.

표 3-3 | 펠턴수차 d_o/D의 비

	보통 설계	매우 주의 깊게 설계를 할 경우
d_o/D	$\frac{1}{16} \sim \frac{1}{14}$	$\frac{1}{10} \sim \frac{1}{6}$

d_0/D의 비는 $d_0 = \frac{75D}{1000} + 5mm$의 수식으로도 계산될 수 있다. 이때 D는 선택된 속도와 주어진 원주속도에 의하여 계산된다. 만약 d_0/D 비가 주어진 것보다 큰 값을 갖는다면, 하나의 휠에 여러 개의 노즐을 선택하여야 한다.

(6) 출력조절장치

1) 디플렉터(deflector)

펠턴수차는 여러 가지 장치에 의하여 유량 및 출력이 제어된다. 가장 대표적인 장치는 노즐장치에 니들을 이용하는 방법이며, 이는 노즐 입구를 열고 닫음에 의하여 유량을 조절한다. 니들에 의한 빠른 유량 조절은 수압관 내 순간적인 압력상승현상인 수격을 발생시킬 수

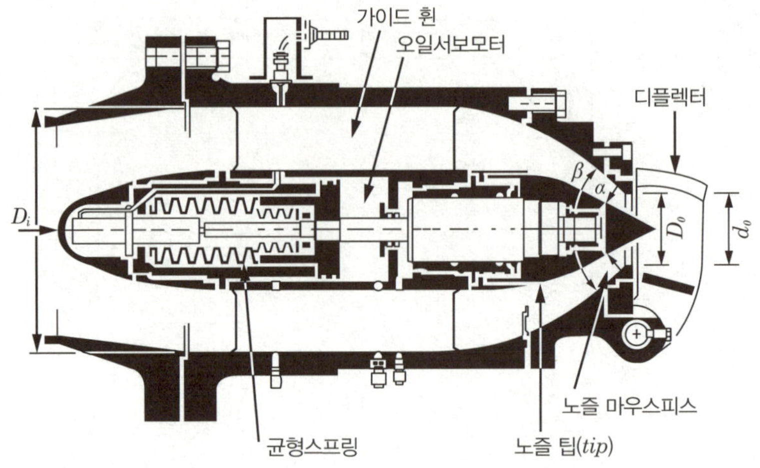

그림 3-14 **직선 형태의 노즐 구조**(Mei Zu-yan, 1991, pp. 132, Fig. 5.17)

있다. 따라서 수격현상을 방지하기 위하여 [그림 3-14]와 [그림 3-15]와 같은 디플렉터 장치를 설치하여야 한다.

일반적으로 니들에 의한 폐쇄는 20~40초 소요된다. 순간적인 유량 조절을 위하여 디플렉터는 제트를 빠르게(2~3초 내) 폐쇄시키기고 방수로(tailwater)로 물을 편향시켜 갑작스러운 수압관 내 방출량의 변화 없이 동력을 변화시켜야 한다. 니들의 위치는 임의의 제어시스템과 캠을 통하여 디플렉터의 위치와 연동되도록 설계하여야 한다.

작동방법에 따라 [그림 3-15]와 [그림 3-16]과 같이 2가지 형태로 디플렉터를 분류할 수 있다. [그림 3-15]와 같은 형태는 제트의 상부 부분을 폐쇄시켜 하부로 유동을 편향시키는 형태인 반면에 [그림 3-16]의 형태는 제트의 하부 부분 즉 일부분만 폐쇄시키는 방식이다.

디플렉터를 설계하기 위하여 [그림 3-17]과 같이 디플렉터에 작용하는 힘을 계산하여야 한다. 접선력 T와 마찰력 F를 무시하면, 디플렉터에 작용하는 힘 F는 식 (3-10)과 같다.

$$F = \rho Q_d v_0 sin\delta \tag{3-10}$$

여기서, Q_d는 편향된 유량이고, v_0는 제트의 속도이며 δ는 제트의 중심과 편향된 유동 사이의 각도이다. 점 O에서의 모멘트는 $M = F \cdot z$로 계산할 수 있고, 모멘트 M과 힘 F는 디플렉터의 기계적인 설계, 제어시스템의 미캐니즘과 조속기 용량에 의하여 결정되어야 할 것이다.

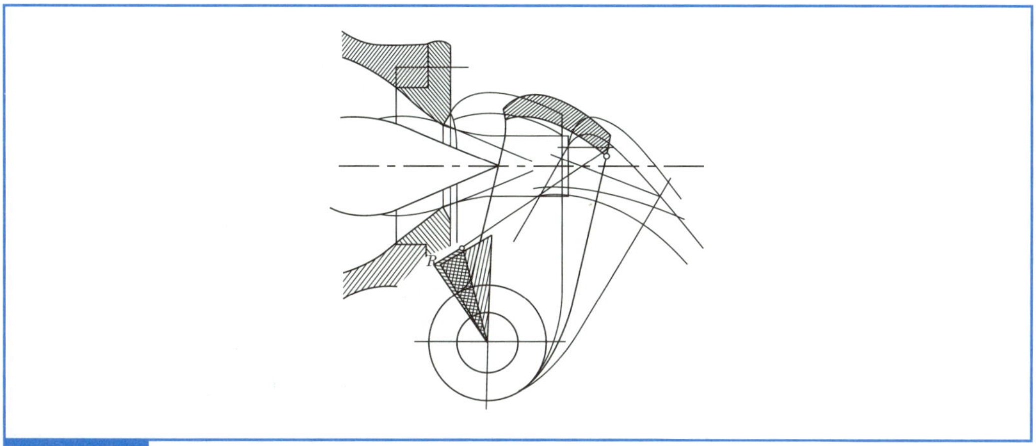

그림 3-15 디플렉터의 작동 개념도(Miroslav, 1957, pp. 412, Fig. 302)

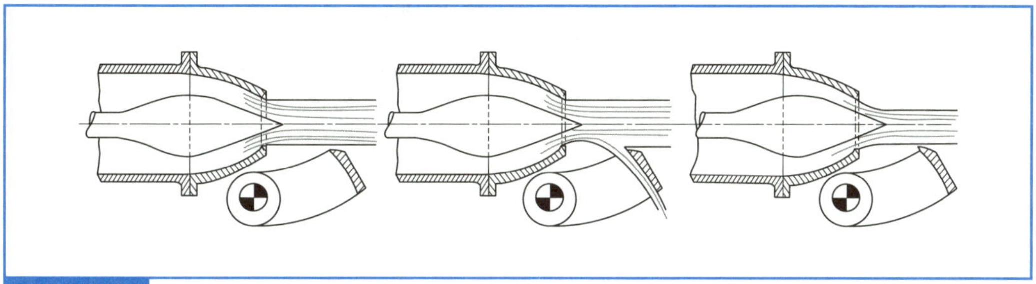

그림 3-16 부분 편향 디플렉터의 작동 개념도(Miroslav, 1957, pp. 416, Fig. 311)

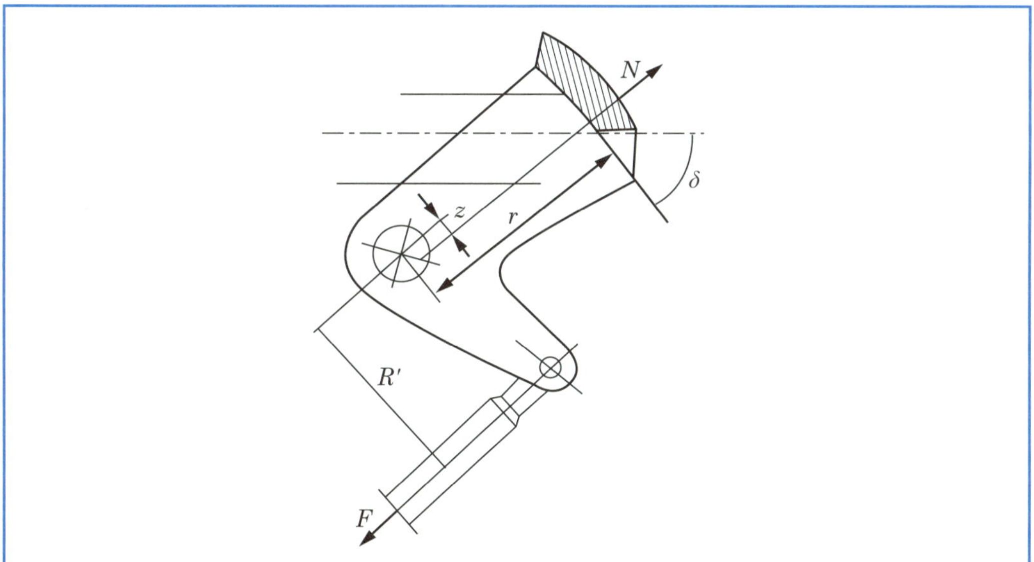

그림 3-17 디플렉터에 작용하는 힘(Mei Zu-yan, 1991, pp.137, Fig. 5.22)

2) 노즐과 니들

직선 형태의 노즐 구성도는 [그림 3-14]와 같다. 니들의 출구 영역과 노즐의 마우스피스 쪽이 원추 형태이고, 좋은 형상을 얻기 위하여 $\frac{\alpha}{2}$, $\frac{\beta}{2}$의 각도를 적절히 선택하여야 한다.

보통 α, β의 각도는 각각 45°~55°와 60°~90° 범위 안에서 선택하여 설계한다. 원추 형태의 지름은 제트의 속도증가를 위하여 빠르게 감소되어야 하고, 콤팩트하며 회전성분이 없도록 설계되어야 한다. [그림 3-14]에서 보듯이 가이드 휜(guide fin)은 노즐의 프레임을 강하게 하고 유동의 교란을 제거하는데 도움을 준다. 보통 가이드 휜은 3~8개 정도 사용한다.

물이 노즐을 지난 후 제트 지름은 축소되었다가 주위 공기의 에너지교환으로부터 바깥 경계층의 속도 감소에 의하여 점차적으로 증가하게 된다. 이런 제트의 운동에너지는 노즐의 거리를 감소시키기 때문에 가능한 한 휠에 가깝게 설치하여야 한다.

노즐 내부에 서보모터가 설치되는 경우는 노즐을 통한 유동은 직선화되어 좀 더 효율이 좋아진다. 보통 노즐은 중심에서 유속이 손실 때문에 $0.1\sqrt{2gH}$ 보다 높지 않게 설계한다. 제트가 완전 방출될 때의 유량은 식 (3-11)과 같다.

$$Q = \frac{\pi d_0^2}{4} C_v \sqrt{2gH} \tag{3-11}$$

노즐에서 방출되는 유량은 니들의 행정에 따라 좌우되고, 노즐의 유량계수는 식 (3-12)로 표현할 수 있다.

$$C_v = \frac{Q}{\pi (d_0^2/4)\sqrt{2gH}} \tag{3-12}$$

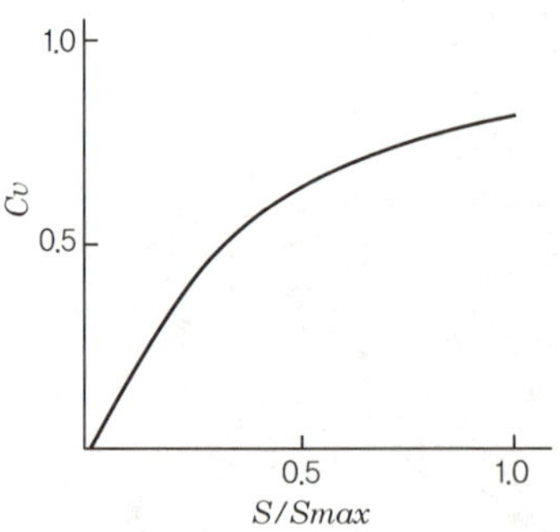

그림 3-18 노즐의 유량계수 곡선(Mei Zu-yan, 1991, pp.133, Fig. 5.18)

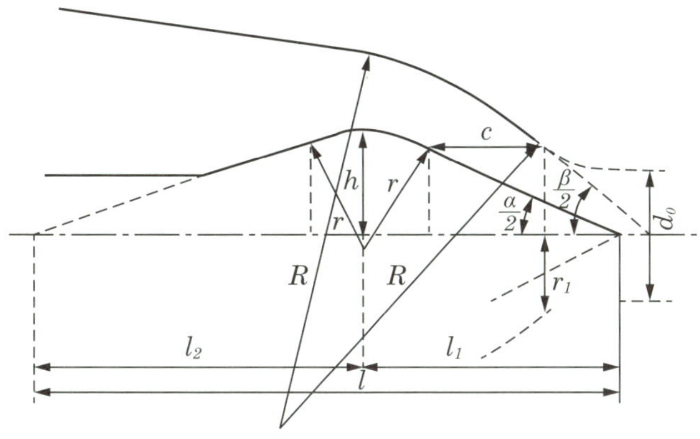

$r_1 = (1.35 \sim 1.55)\frac{d_0}{2}$ $R = (0.75 \sim 0.84)l$ $\frac{\beta}{2} = 40°$

$c = (0.15 \sim 0.12)r_1$ 또는 $c = (0.8 \sim 0.96)r_1$ $\frac{\alpha}{2} = 27° 30'$

그림 3-19 노즐과 니들의 최적 형상(Miroslav, 1957, pp. 415, Fig. 307)

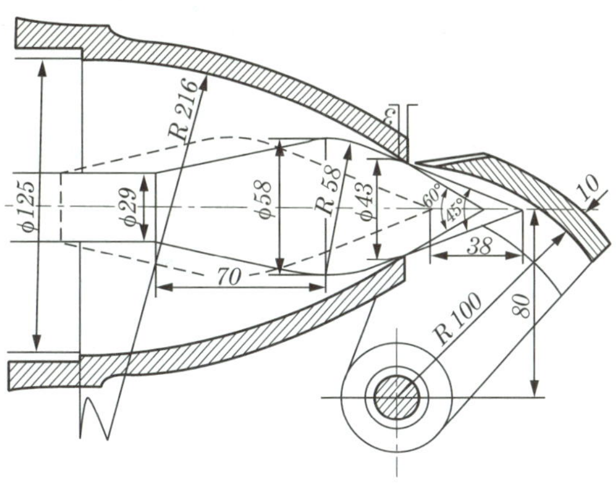

(가) Miroslav(1957, pp. 414, Fig. 306)

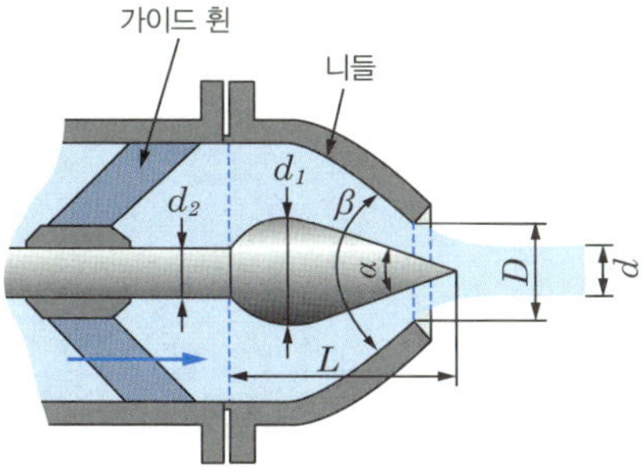

$D = 1.2d$
$d_1 = (1.42 \sim 1.62) \times d$
$d_2 = (0.58 \sim 0.7) \times d$
$L = (3.25 \sim 3.66) \times d$
안지름 $= (2.5 \sim 3) \times d$
최대 이송거리 = 최대 $1.16 \times d$
$\alpha = 42° \sim 50°$
$\beta = 60° \sim 90°$

(나) 초초소수력 자료(http://cafe.naver.com/renewableenergy/9179)

그림 3-20 노즐의 설계 예

식 (3-12)에서 d_0는 [그림 3-14]에서 노즐의 입구지름이다. 노즐과 니들의 최적 형상인 $C_v - s/s_{max}$의 관계를 [그림 3-18]에 나타내었다. 여기서 s/s_{max}는 니들의 최대 이송거리에 대한 이송거리의 비이다. [그림 3-19]와 [그림 3-20]에는 노즐과 니들의 설계된 예를 나타내었다.

3.1.2 횡류수차

횡류(cross flow)수차는 다른 수차들 보다 비교적 적은 기계적인 장치 구성으로 단기간에 쉽게 제작이 가능하고, 낙차와 유량 변화에 따라 폭넓은 대응을 할 수 있는 장점을 가지고 있다. 횡류수차는 산업현장에서 Michell 또는 Banki 수차라 불린다.

횡류수차의 구성은 [그림 3-21]과 같이 러너라고 불리는 휠과 노즐, 하우징과 기어변속장치로 구성되어 있다. 러너의 형태는 시로코(sirocco) 휀처럼 생겨 노즐을 통과한 물은 토출되기 전에 러너를 통과하여, 두 번 에너지를 발생시키는 원리를 가지고 있다.

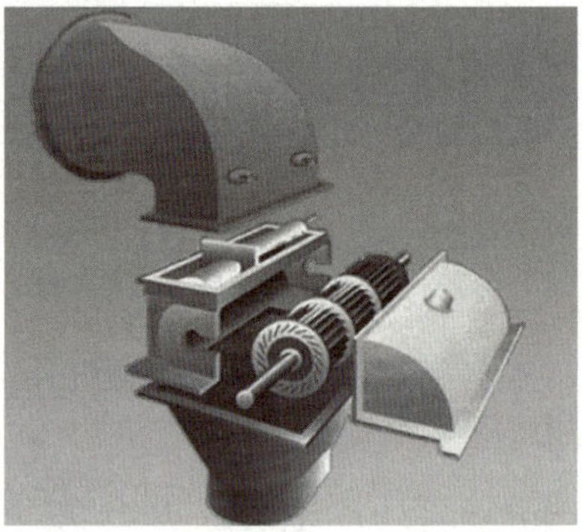

그림 3-21 횡류수차의 분해도(Obaid et al., 2010)

횡류수차의 설계과정을 상세하게 살펴보기 위하여 낙차 13.6m, 유량 0.206m^3/s의 시방일때 예로 들어 설계방법을 설명하였다.

(1) 러너

1) 속도삼각형선도

횡류수차에 대한 깃 입구와 출구의 속도삼각형선도는 [그림 3-22]와 같다. 횡류수차의 효율을 80%라 가정하고 낙차 13.6m, 유량 0.206m^3/s일 때 출력은 21.94kW이고, 발전기의 회전속도를 1500rpm, 6:1의 속도비를 갖는 시스템을 선택하면 회전수는 $N=1500/6=250rpm$이 된다. 이때 속도비는 발전기의 시방에 맞게 변경할 수 있다.

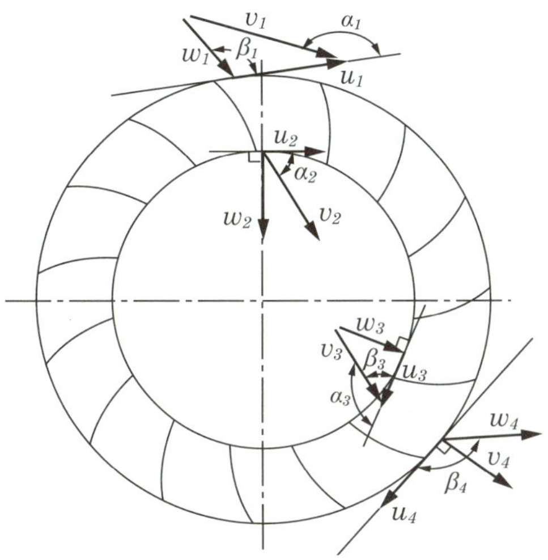

그림 3-22 러너의 속도삼각형선도(Mohammad, 1976, pp. 22, Fig. 2-2)

2) 러너의 접선속도

러너의 접선속도를 계산하기 위하여 유량계수를 0.98로 가정하고 낙차를 이용하여 계산하면 접선속도는 식 (3-13)과 같다.

$$v_1 = 0.98\sqrt{2 \times 9.8 \times 13.6} = 16.06m/s \tag{3-13}$$

3) 수차의 효율

수차효율은 [그림 3-22]와 같은 횡류수차의 경우 Obaid가 제안한 식 (3-14)와 식 (3-15)로 출력을 계산하고 이 출력비로 효율을 식 (3-16)과 같이 계산할 수 있다.

$$P_{out} = \frac{\gamma Q u_1 \times v_1 cos\alpha_1 \times \left(1 + \frac{f\cos\beta_2}{\cos\beta_1}\right)}{g} \tag{3-14}$$

$$P_{in} = \frac{\gamma Q v_1^2}{K^2 2g} \tag{3-15}$$

$$\eta = \frac{P_{out}}{P_{in}} = \frac{2K^2 u_1\left(1 + \frac{f\cos\beta_2}{\cos\beta_1}\right)\left(cos\alpha_1 - \frac{u_1}{v_1}\right)}{v_1} \tag{3-16}$$

여기서, f는 블레이드의 거칠기에 관한 상수이고, β는 출구 각을 의미하며, 하첨자 1과 2는 각각 유입과 유출을 나타낸다.

식 (3-16)에서 β_1과 β_2가 같다면 u_1은 식 (3-17)이 되고 이때 u_1/v_1는 값이 작을 경우 0이 되어 효율이 최대가 된다.

$$u_1 = 0.5v_1 cos\alpha_1 \tag{3-17}$$

만약 유입각 α_1이 22°이면, 러너의 접선속도는 식 (3-17)에 의하여 7.418m/s이다.

4) 러너 바깥지름

$u_1 = r\omega$로부터 식 (3-18)과 [그림 3-23]과 같이 러너의 바깥지름 치수를 구할 수 있다.

$$r = \frac{u_1}{N} = \frac{7.418 \times 60}{2\pi \times 250} = 0.283m \quad \therefore D_1 = 60cm \tag{3-18}$$

식 (3-18)에서 원주 속도는 $u = \frac{2\pi N}{60}$으로 계산하였다.

5) 러너 길이

횡류수차 러너의 길이는 식 (3-19)로부터 구한다. 식 (3-19)의 0.98과 0.87은 각각 러너 길이를 계산할 때 Obaid가 제안한 경험상수이고, 862는 단위환산계수이다.

$$L = \frac{144QN}{(862)(0.98)(0.087)(2g)^{1/2}H} = 0.244\frac{QN}{H} \tag{3-19}$$

여기서, $N = \left(\frac{862}{D_1}\right)H^{1/2}$이므로 식 (3-20)과 같이 정리할 수 있다.

수식이 영국단위계로 되어 있어 이를 SI단위계로 변환하려면 낙차 13.6m=44.62ft, 유량 0.206m^3/s=7.29cfs로 단위변경하여 계산하면 아래와 같다.

$$LD_1 = \frac{(210.6)(7.29)}{44.62^{1/2}} = 230 \tag{3-20}$$

식 (3-18)에서 D=60cm이므로 [표 3-4]를 이용하여 길이는 25.4cm로 설계할 수 있다.

표 3-4 | 러너 바깥지름과 러너길이의 조합표

L(inch)	[cm]	D_1(inch)	[cm]
10	25.4	23.0	58.4
11	27.9	20.9	53.1
12	30.5	19.2	48.8
13	33.0	17.6	44.7
14	35.6	16.4	41.6

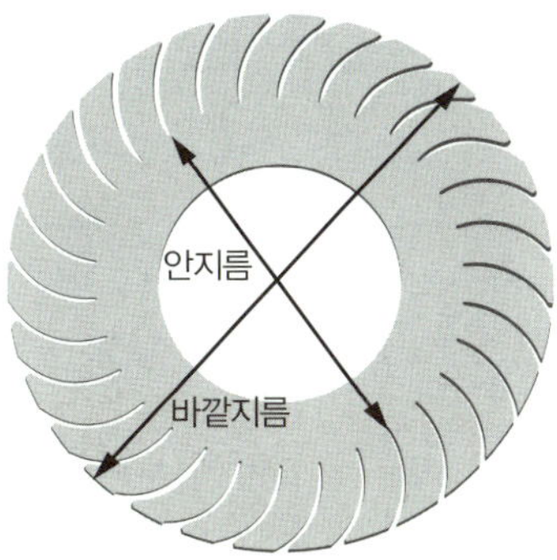

그림 3-23 횡류수차 러너의 바깥지름과 안지름(Obaid et al., 2010)

6) 러너의 안지름

횡류수차에서 [그림 3-23]과 같이 바깥지름 대 안지름의 비는 0.7로 하는 것이 보편적이다. 따라서 러너의 안지름은 $42cm$이고, 반지름 방향 폭은 $(60-42)/2=9cm$가 된다.

7) 워터제트의 폭(thickness of water)

[그림 3-24]와 같이 워터제트의 폭은 식 (3-21)로 계산한다.

$$S_0=0.2D_1 \tag{3-21}$$

예제의 경우 $S_0=0.2D_1=12cm$가 된다.

8) 깃 폭(spacing of blade)

[그림 3-25]와 같이 접선방향 깃 폭(S_1)은 식 (3-22)으로부터 설계한다.

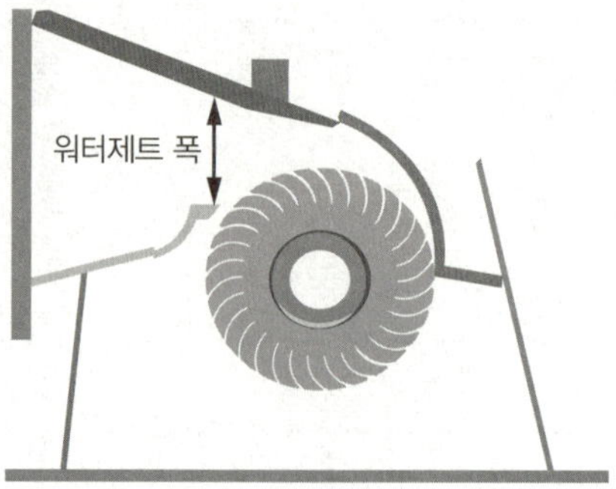

그림 3-24 횡류수차 워터제트의 폭(Obaid et al., 2010)

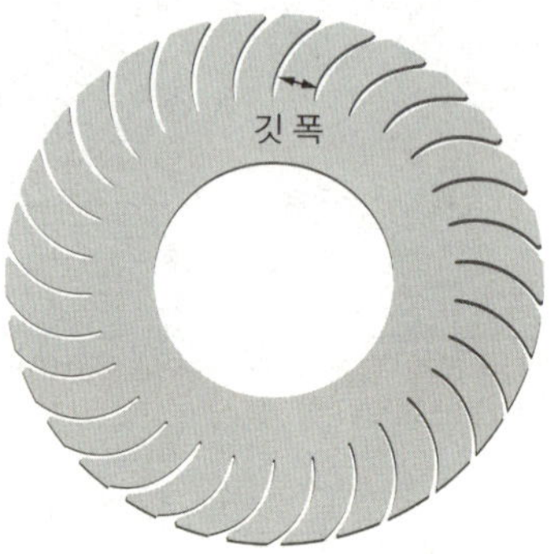

그림 3-25 횡류수차의 깃 폭(Obaid et al., 2010)

$$S_1 = kD_1 \tag{3-22}$$

식 (3-22)로부터 접선방향 깃 폭은 $S_1 = kD_1 = 0.087 \times 60 = 5.22cm$이고, 입구각, β_1을 30°와 깃의 폭을 식 (3-23)으로 계산하면 깃 폭은 10.44cm가 된다.

$$t = S_1 / sin\beta_1 = 5.2 / sin30° = 10.44cm \tag{3-23}$$

9) 깃 수

최적의 깃 수는 실험적으로 결정되지만, 보통 식 (3-24)와 같이 계산할 수 있다.

$$Z = \frac{\pi D_1}{t} \tag{3-24}$$

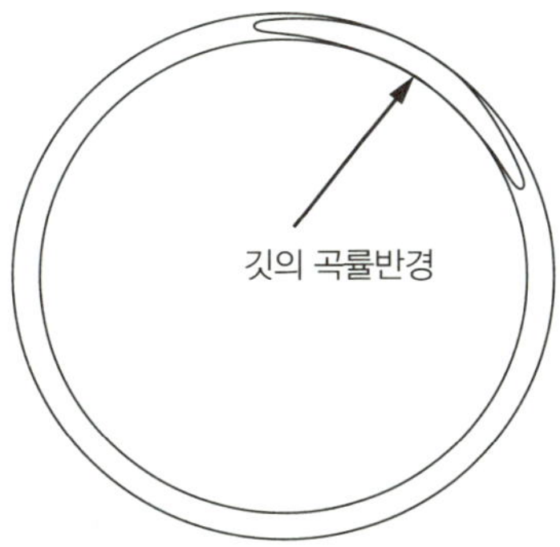

그림 3-26 횡류수차 깃의 곡률반경(Obaid et al., 2010)

식 (3-24)로 깃 수를 계산하면 18개가 된다.

10) 깃의 곡률반지름

[그림 3-26]과 같은 깃의 곡률반지름은 식 (3-25)와 같이 계산할 수 있다.

$$\rho = 0.326 r_1 \tag{3-25}$$

식 (3-25)로부터 러너의 곡률반지름은 8.8*cm*가 된다.

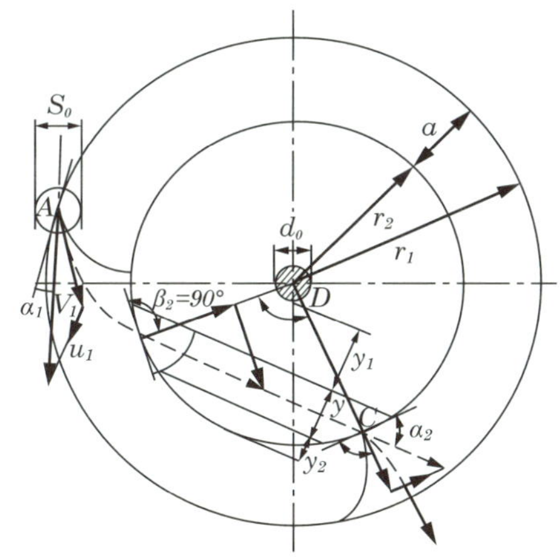

그림 3-27 휠 내 제트의 궤적(Obaid et al., 2010)

11) 안쪽 모서리와 수차 축과의 거리

[그림 3-27]과 같이 안쪽으로 제트가 수차를 관통하여 흐를 때의 안쪽 모서리와 수차 축과의 거리(y_1)은 식 (3-26)으로부터 구한다.

$$y_1=(0.1986-0.945k)D_1 \tag{3-26}$$

$k=0.075\sim0.10$의 값을 대입하여 제트거리 y_1을 구하면 다음과 같다.

$y_1=(0.1986-0.945\times0.085)\times60=7.09cm\fallingdotseq7.1cm$

12) 내부 원주주변으로부터 제트까지의 거리

내부 원주주변으로부터 제트까지의 거리는 식 (3-27)으로부터 구한다.

$$y_2=(0.1314-0.945k)D_1 \tag{3-27}$$

이때 $k=0.075\sim0.10$의 값을 대입하여 제트거리 y_2을 구하면 다음과 같다.

$y_2=(0.1384-0.945\times0.085)\times60.0=2.95cm\fallingdotseq3.0cm$

축이 수차를 관통하여 연장되지 않을 경우에 대하여 유일한 제한점은 y_2가 된다.

13) 입구각(α_1)

횡류수차에서 효율은 식 (3-28)과 같이 계산되는데, 식 (3-28)을 보면 효율을 증가시키기

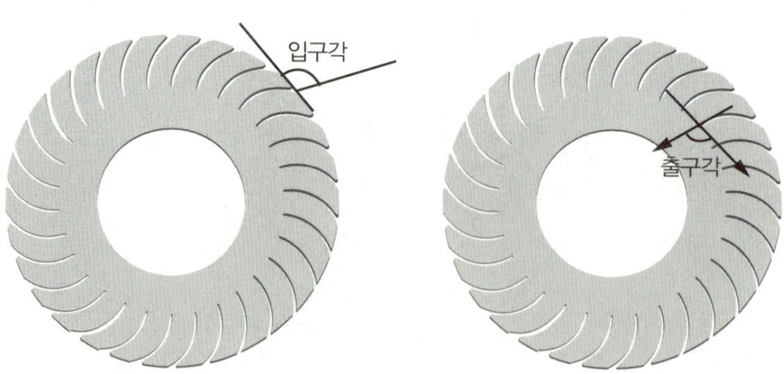

그림 3-28 횡류수차 깃의 입구각과 출구 각(Obaid et al., 2010)

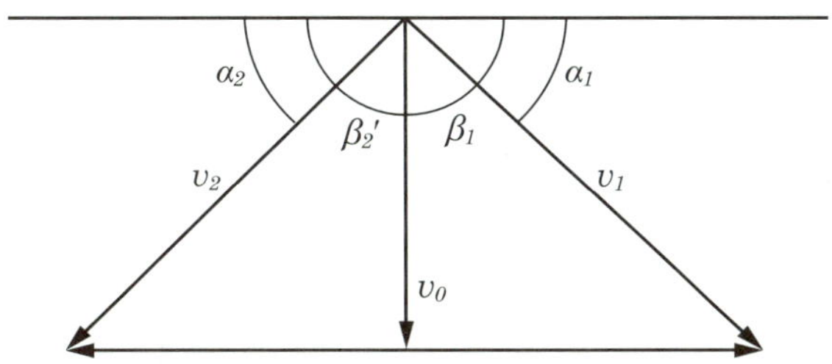

그림 3-29 횡류수차의 입구 속도삼각형선도

위하여 입구각 α_1의 영향을 받으므로 이 값을 감소시켜야 한다.

$$\eta = \frac{2K^2 u_1\left(1+\frac{f\cos\beta_2}{\cos\beta_1}\right)\left(cos\alpha_1 - \frac{u_1}{v_1}\right)}{v_1} \quad (3\text{-}28)$$

일반적으로 제조 편의상 α_1을 22°로 설계하는 경우가 많다.

14) 출구 각(β_1)

효율이 최고일 때를 가정하면 식 (3-17)에 의하여 원주속도는 $u_1 = 0.5(v_1 cos\alpha_1)$이므로 [그림 3-29]의 속도삼각형으로부터 출구 각 β_1을 구할 수 있다. 단 [그림 3-30]에는 β_2의 형태에 따라 β_1이 달라질 수 있다.

$$tan\beta_1 = 2tan\alpha_1 \quad (3\text{-}29)$$

식 (3-29)에 의하여 $\alpha_1 = 22°$이면 β_1은 38.9°≒40°가 된다.

15) 첫 번째 단의 출구 각(β_2')

완전히 반지름방향일 때 [그림 3-30]과 같이 β_2'은 90°가 되어야 한다. 첫 번째 단의 출구와 두 번째 단의 입구와의 높이 사이의 차이 때문에 두 속도 관계는 식 (3-30)과 같다.

$$v_1 = \sqrt{2gh_2 + v_2} \quad (3\text{-}30)$$

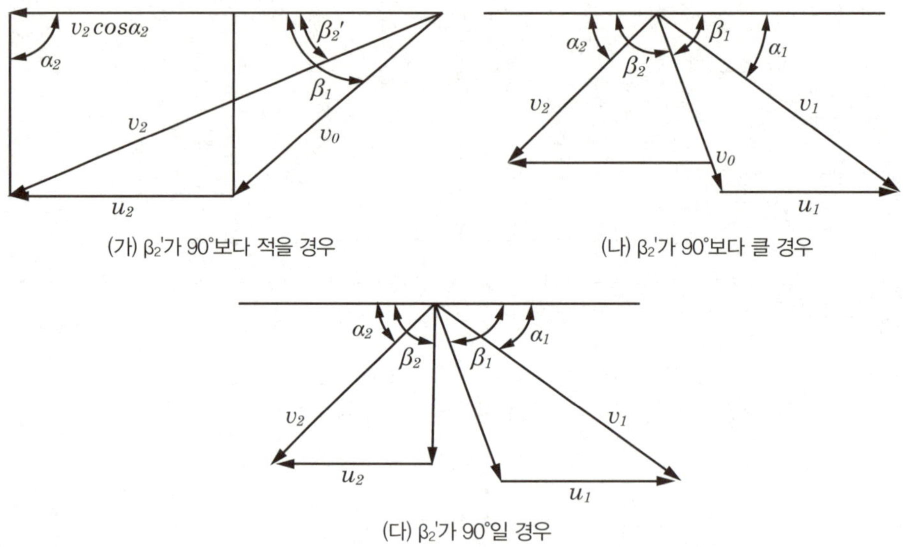

그림 3-30 횡류수차의 속도삼각형선도(Obaid et al., 2010)

일반적으로 충돌손실(shock loss)을 방지하기 위하여 깃의 출구 각도를 90°보다 크게 하는 것을 추천한다. 왜냐하면 첫 번째 단의 출구와 두 번째 단의 입구의 상대속도가 같지 않을 때 충돌손실이 증가하기 때문이다.

(2) 터빈 하우징

지금까지 설계된 것을 근거로 [그림 3-31]과 같이 터빈의 하우징 치수를 정리하였다. [그림 3-31]의 유입속도는 2~4m/s가 되도록 하기 위하여 입구관 지름을 300mm로 하였다. 입구관의 치수에 대한 설계는 입구 수압관에 따라 변경될 수 있는데, 워터제트 폭(120mm)과 입구관 높이(최소 500mm)를 연관하여 유동손실이 없게 변경이 가능하다. [그림 3-31]의 하우징 두께는 6.5mm 철판이 사용된 것을 보여준다.

또한 [그림 3-31]에서 입구관 입구의 점선은 입구 수압관과 연결을 위한 대안적인 방법이다. 터빈 하우징을 설계할 때는 CFD를 통하여 최소한의 유동손실에 대한 예측이 필요하다.

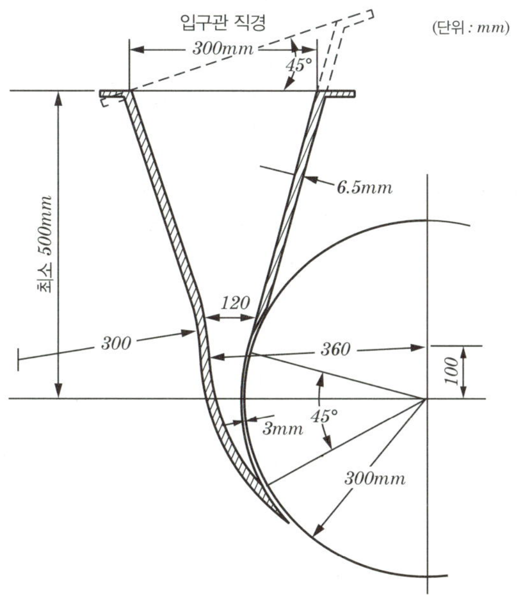

그림 3-31 터빈 하우징의 치수

3.2 반동수차

3.2.1 프랜시스수차

(1) 2차원 설계이론

반동수차는 충동수차와 달리 수차의 날개에 흐름이 형성되는 가상의 유로에 따라 러너를 설계하여야 하는데 실제 속도에 의한 식 (3-31)을 만족하여야 하다.

$$u_1 v_{u1} - v_2 v_{u2} = gH\eta_h \tag{3-31}$$

여기서, η_h는 수차효율, H는 낙차, u는 원주속도성분, v는 절대속도성분이며, 하첨자 1과 2는 유입과 유출을 나타낸다. 원주속도와 출구속도에 따른 비속도는 같지 않아서, 출구(입구에서도 또한 다른 경우에서)속도삼각형선도는 서로 다르기 때문에 출구와 입구 가장자리를 따라 다른 형태의 베인이 필요하다.

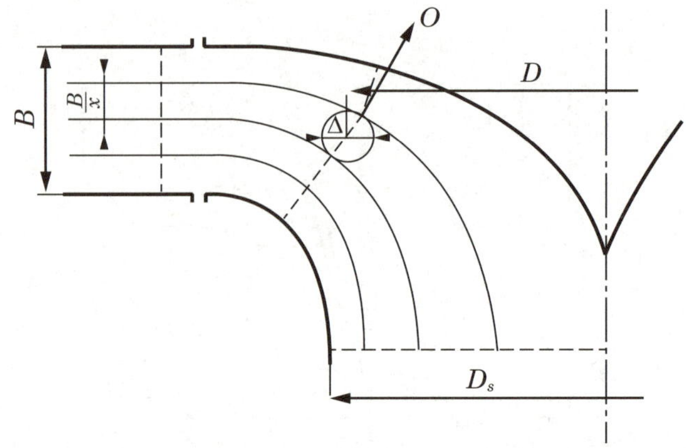

그림 3-32 러너 설계를 위한 유선을 나누는 원칙

러너를 설계하기 위하여 물 입자가 케이싱으로 [그림 3-32]와 같이 연장된 유선을 따라 베인를 통해서 통과하고 그 위치는 변하지 않는다고 가정해야 한다.

유선을 나누는 원칙은 통로를 유량이 같게 등간격으로 나누는데 저속 수차와 고속 수차로 구분한다.

1) 저속 수차

반동형 수차의 경우 유동방향이 축방향으로 흐르면서 편향이 발생하는데, 여기서 흐름의 편향에 의해서 발생된 원심력이 저속 수차의 경우에는 작아 유선형으로 흐르는 유체에 영향을 미치지 못한다. 이런 가정으로부터 연속유동이라 가정할 수 있고 만약 유선이 수직이라면 식 (3-32)와 같이 적용할 수 있다.

$$\frac{Q}{x}=Av_m \tag{3-32}$$

식 (3-32)에서 x는 유관의 수이고, v_m은 자오면 속도이고, A는 속도 v_m방향에서 관통하는 유동영역에 대한 단면적이다. A는 식 (3-33)으로 표현할 수 있다. 이때 [그림 3-32]의 Δ는 [그림 3-33]과 같이 유관에 근접원을 그렸을 때의 지름이다.

$$A=\pi D\triangle \tag{3-33}$$

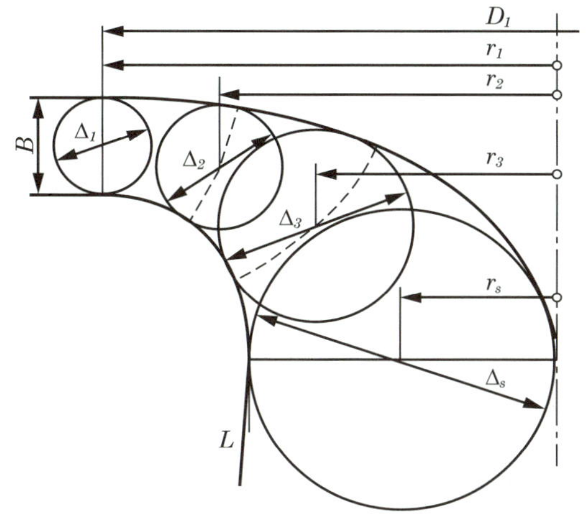

그림 3-33 연속방정식을 적용한 반지름 설정(Miroslav, 1957, pp.125, Fig. 68)

식 (3-33)을 수차의 모든 유관에 대해 나타내기 위하여 식 (3-32)에 적용하면 식 (3-34)와 같게 된다.

$$\frac{Q}{x} = \pi D \triangle v_m \tag{3-34}$$

또한, 기존 가정에 따라 v_m은 유선에 수직이어야 하는데, 그 이유는 식 (3-35)와 같은 베르누이 방정식을 만족해야 하기 때문이다.

$$\frac{p}{\gamma} + \frac{v_m^2}{2g} + z = const. \tag{3-35}$$

만약 수차의 낙차와 관계된 높이 차원을 무시할 수 있다면, 즉 z의 높이차를 무시한다면, 속도 v_m은 유선의 수직선과 같아야만 한다. 또한 압력 p가 변하지 않는다고 가정하기 때문에 자오면에서 흐름과 어긋날 때 원심력을 받지 않는다.

저속 수차의 전체 공간에서 동일한 v_m을 얻기 위해서 유관의 경로를 선택해야 한다. 선택한 유관은 식 (3-36)을 따라 폭을 결정할 수 있다.

$$\frac{Q}{x} = \pi D \triangle v_m = \pi D' \triangle' v_m = 일정 \tag{3-36}$$

그리고 v_m이 변하지 않기 때문에 다음 식과 같게 된다.

$$D\triangle = \text{일정} \tag{3-37}$$

만약 식 (3-37)의 D를 반지름인 r로 대치하면, 식 (3-38) 및 [그림 3-33]과 같이 나타낼 수 있다.

$$r\triangle = \text{일정} \tag{3-38}$$

v_m값과 주어진 유량 Q값을 적절하게 선택하고, 연속방정식으로부터 토출관의 D_s를 식 (3-39)와 같이 결정할 수 있다.

$$\frac{\pi D_s^2}{4} v_m = Q \tag{3-39}$$

이 영역의 축에서 적절하게 선택한 [그림 3-33]의 외부 직경 D_1까지 수차의 내부 윤곽 L을 연속방정식으로부터 계산하여 나타낼 수 있다. 식 (3-40)과 같이 입구 폭을 연속방정식으로부터 결정할 수 있다.

$$B \equiv \triangle_1,\ \ \pi D_1 B v_m = Q \tag{3-40}$$

면적 B와 D_s를 계산한 방법과 동일하게 [그림 3-33]과 같이 윤곽 L을 그리면 된다. [그림 3-34]의 x는 유관의 수이다. 단, [그림 3-34]와 같이 유관 내에서 속도 v_m가 동일하도록 한다. 또한, 같은 유동영역은 내접한 원이 같도록 설정하고, 그 후에 윤곽 L을 식 (3-41)과 같도록 하면서 조정하여야 한다.

$$r_1\triangle_1 = r_2\triangle_2 = r_3\triangle_3 = \cdots\cdots = r_s\triangle_s \tag{3-41}$$

[그림 3-34]와 같이 수차 내의 입구 폭에서 각각 유관에 맞는 원을 그리고 원 외부에 근접하게 유선을 그린다.

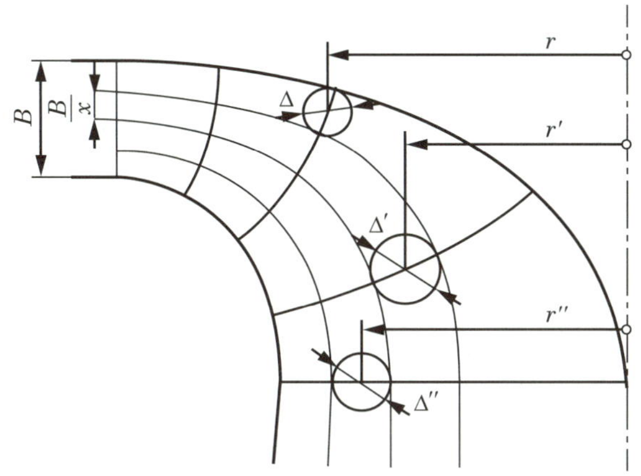

그림 3-34 저속 수차에서 설계된 유선도(Miroslav, 1957, pp.126, Fig. 69)

$$r\triangle = r'\triangle' = r''\triangle'' = \cdots\cdots = const. \tag{3-42}$$

이러면 식 (3-41)은 식 (3-42)와 같이 일정해 진다. 반드시 식 (3-42)를 일정하게 하기 위하여 유선 결정을 잘 해야 한다.

2) 고속 수차

고속 수차의 유동곡률은 [그림 3-35]에서와 같이 유입속도가 빨라지므로 저속 수차에서 제시된 자오면에서 보다 더 커지게 된다. 즉, 곡률반지름이 더 작다는 의미이다. 여기서 자오면

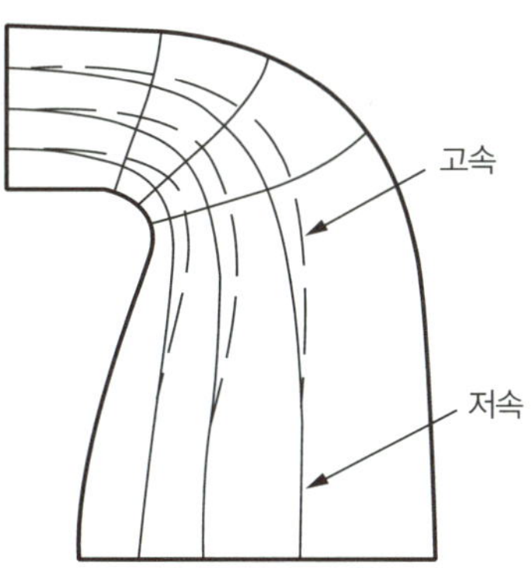

그림 3-35 저속 수차와 고속 수차의 유선 비교(Miroslav, 1957, pp. 127, Fig. 70)

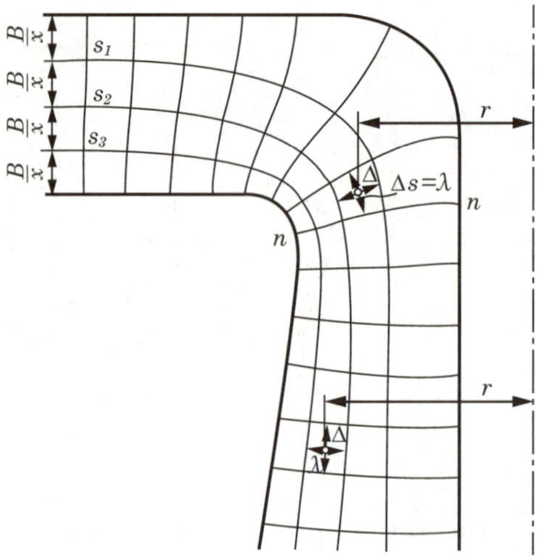

그림 3-36 고속 수차에서 설계된 유선도(Miroslav,1957, pp. 128, Fig. 72)

의 곡률을 따라 흐르는 물은 인접한 입자들에 의한 원심력이 저속 수차 보다 크게 생긴다는 것을 고려하여야만 한다. 따라서 내부곡률을 따른 흐름([그림 3-35])은 외부곡률을 따른 흐름보다 더 큰 압력을 받으면서 유동이 진행될 것이다. 베르누이 방정식의 위치에너지 변화를 무시하면 식 (3-43)과 같이 된다.

$$\frac{p}{\gamma}+\frac{v_m^2}{2g}=const. \tag{3-43}$$

식 (3-43)은 내부곡률과 가까운 흐름에서 자오면 속도성분이 더 작고 외부곡률과 가까운 유동속도는 더 높다는 것을 나타낸다. 이러한 이유로 유동 표면은 [그림 3-35]에 나타나 있는 것과 같이 외부곡률 쪽으로 정하는 게 더 정확하다.

고속 수차인 경우에는 [그림 3-36]과 같이 유선을 배치하는 것이 보편적이다. 이런 유선에서 속도를 유도하기 위하여 수차의 회전 공간에서 유동 표면(S_1, S_2,⋯)의 분포를 정확히 안다고 가정해보자. [그림 3-36]에서와 같이 포텐셜 유동의 표면을 만들 수 있으며 이것들은 흐름 표면에서 수직이 되어야만 한다. 그 이유는 오직 유동 표면에 수직이어야만 이 방향에서 어떠한 속도포텐셜 차이도 없기 때문이다. 두 개의 속도포텐셜이 동일하도록 위치시킨다면, 각각 $\frac{Q}{x}$의 동일한 양이 유동되고 표면 위의 $n-n$에서 연속방정식을 나타내면 식 (3-44)가 된다.

$$Q/x = 2\pi r \triangle v_m \tag{3-44}$$

하지만 속도 v_m의 크기는 유선 s에 따라 속도포텐셜 ϕ의 도함수에 의해서 식 (3-45)와 같이 주어지고 이를 식(3-44)에 대입하여 정리하면 식 (3-46)과 같게 된다.

$$v_m = \frac{d\phi}{ds} \tag{3-45}$$

$$\frac{Q}{x} = 2\pi r \triangle \frac{\triangle\phi}{\triangle s} = const. \tag{3-46}$$

여기에서 $\triangle\phi$는 두개의 등위 표면의 속도포텐셜 차(potential difference)이며, 속도포텐셜 차는 항상 일정하다. 또한 $\triangle s$는 [그림 3-36]에 나타낸 것처럼 유선의 간격이다. 좀 더 이를 잘 구별하기 위해서 $\triangle s = \lambda$로 대치시키고, 2π와 $\triangle\phi$를 식의 오른편으로 이항시키면 식 (3-47)을 얻을 수 있다.

$$r\frac{\triangle}{\lambda} = \frac{const.}{2\pi\triangle\phi} = const., \text{ 또는 } r\frac{\triangle}{\lambda} = const. \tag{3-47}$$

전체 유동 표면에서 위 식의 조건이 충족될 때, 속도 v_m은 식 (3-48)과 같이 어떠한 영역에서도 쉽게 계산할 수 있다.

$$v_m = \frac{Q/x}{2\pi r \triangle} \tag{3-48}$$

이러한 설계과정은 자오면 속도성분의 변화 즉, 유선을 따르는 속도성분과 유선의 수직성분을 따르는 속도성분을 고려하여 설계되었음을 알아야 한다. 이런 방법을 기초로 한 날개 설계를 2차원 설계이론의 기본이라 할 수 있다.

(2) 주요 규격의 결정

1) 러너

수차의 깃 형태는 식 (3-49)에 의한 비속도에 의하여 [그림 3-37]과 같이 결정 될 수 있다.

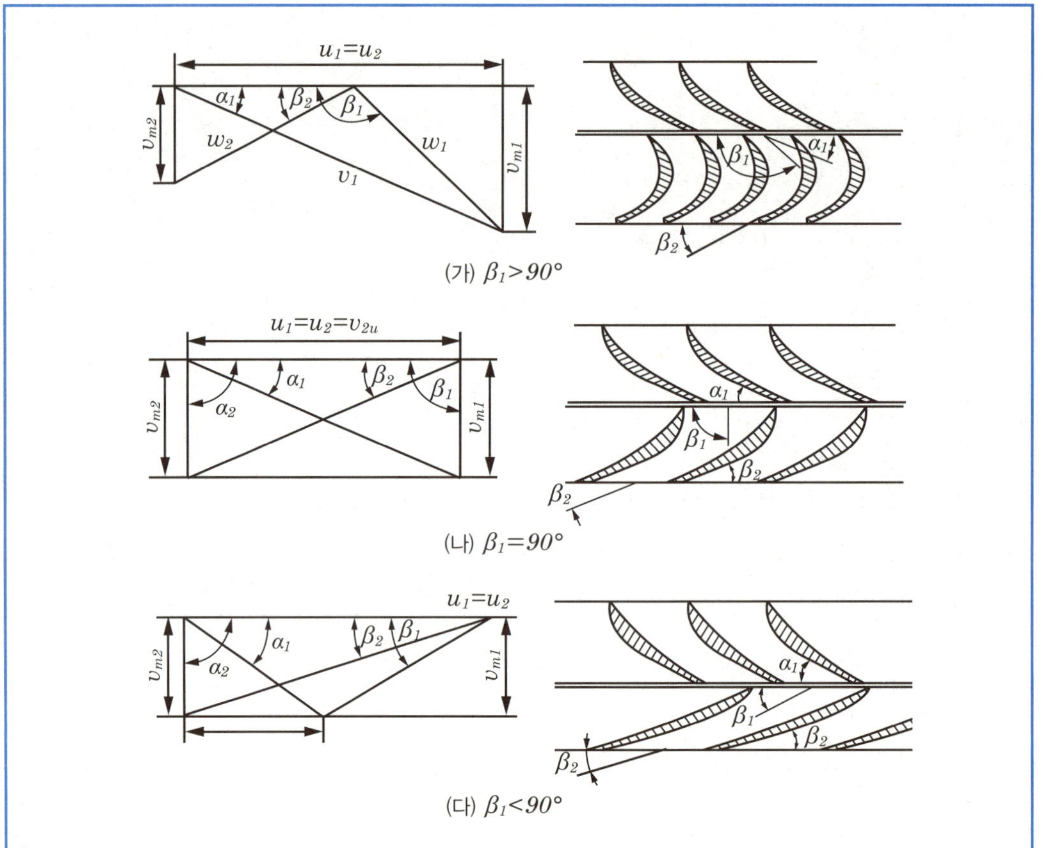

그림 3-37 β_1에 따른 속도삼각형의 변화(Miroslav, 1957, pp.133, Fig. 74)

[그림 3-37]의 (가)는 $\beta_1>90°$, (나)는 $\beta_1=90°$, (다)는 $\beta_1=<90°$ 일 때의 속도삼각형선도와 cascade 날개 배치를 나타낸 것이다. 단, 효율을 바꾸어도 특정 비속도에 별로 영향을 주지 않는다.

$$N_s=576K_1\frac{d}{D}\sqrt{v_o\eta}\,(hp) \text{ 또는 } N_s=494K_1\frac{d}{D}\sqrt{v_o\eta}\,(kW) \tag{3-49}$$

식 (3-49)의 K_1은 유동계수이다. 입구속도 v_0는 토출관 안에서 크게 변하지만 그 영향은 극히 제한적일 수 밖에 없다. 식 (3-49)의 v_0를 $\sqrt{2gH}$로 무차원화시킨 v_s로 표시하면 식 (3-50)과 같이 나타낼 수 있다.

$$n_s=576u_1\frac{D_s}{D_1}\sqrt{v_s\eta} \text{ 또는 } n_s=494u_1\frac{D_s}{D_1}\sqrt{v_s\eta} \tag{3-50}$$

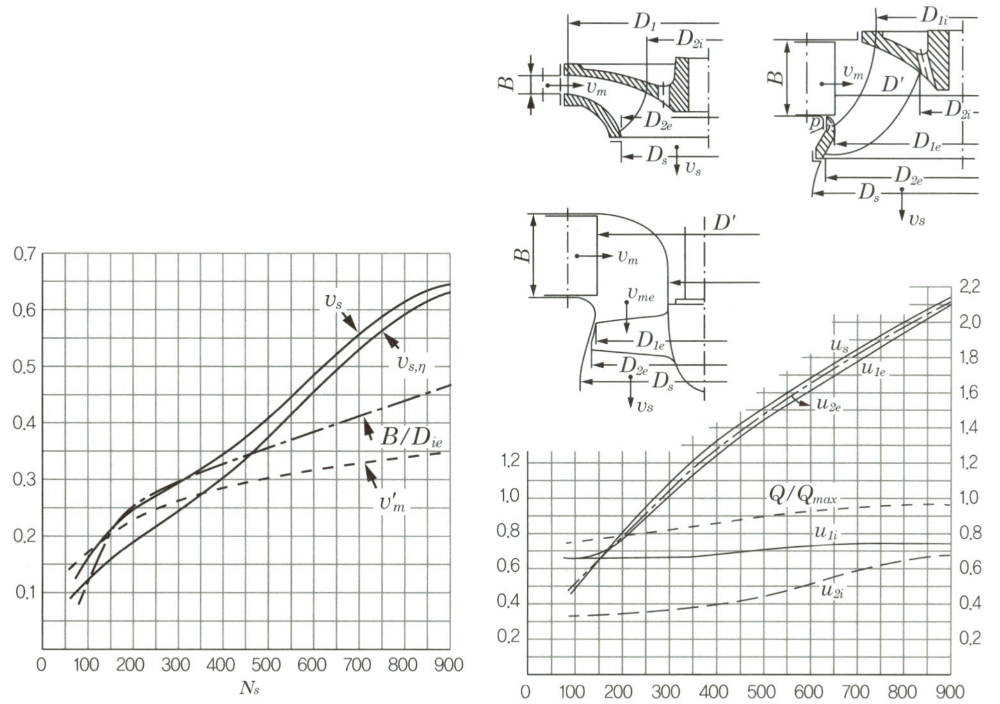

(가) 비속도에 따른 v_s, v_{s1}, B/D_{ie}, v_m

(나) 비속도에 따른 v_s, u_{1e}, u_{2e}, u_{1i}, u_{2i}

그림 3-38 비속도에 따른 수차의 Thomann 무차원 변수값(Miroslav, 1957, pp.134, Fig.75)

고속 프로펠러수차인 경우 v_s를 0.65까지 얻을 수 있더라도, 경험적으로 0.35에서 0.4까지의 범위에서 결정한다. 단, 날개의 출구 에너지를 잃지 않기 위해서 더 높은 v_s를 선택하며 [그림 3-38]을 이용하여 선정할 수 있다.

식 (3-50)에서 D_s/D_1의 비율은 매우 넓은 범위에서 변할 수 있고, 이는 특정 속도에서는 큰 영향을 미친다. D_s/D_1의 크기는 경험적으로 0.5(저속 수차)에서 1.5(고속 수차)까지 변경할 수 있다.

만약, 날개로부터 수직되게 배출($v_{u2}=0$, $\beta_2=90°$)을 고려한다면 식 (3-31)에서 $v_1 v_{v1}=\eta_h/2$을 만족해야만 한다. 그러므로 만약 v_1을 크게 하면, 더 낮은 값 v_{v1}을 동시에 선택해야만 하고, 입구 날개각 β_1은 v_1이 증가하면서 빠르게 감소하게 된다. [그림 3-37]에서 이러한 현상을 설명해 주고 있다. 낮은 원주속도 v_1에서 성분 v_{v1}이 클 뿐만 아니라, 물이 날개에 도달할 때 절대속도 v_0도 크다는 것을 알 수 있다.

[그림 3-37]에서 보는 것과 같이, 특히 $\beta_1>90°$일 때, 날개의 압력차는 0에 도달하고, 날개

앞전의 압력은 토출관 앞의 압력과 동일해진다. 이런 이유로 날개가 아주 크게 구부러져서 손실이 증가하므로, 날개의 흡입관에서 낮은 압력이 생성되어 캐비테이션 발생의 가능성이 높다. 이러한 이유로 요즘은 특정한 원주속도 u_1을 0.65보다 크게 선택한다.

반동수차인 프랜시스수차에서 카플란수차까지는 Thomann이 제시한 [그림 3-38]과 같은 DB를 이용하여 수차의 주요 치수들을 설계할 수 있다. 이러한 설계는 수차 영역의 자오선 방향의 형상을 기준으로 반영된 것이다.

[그림 3-38]에서 v_s는 토출관 내에 특정 입구속도를 나타낸다. $v_{s,\eta}$는 최고 효율에 따른 유량에서의 동일한 속도이고, v_m은 가이드 베인 출구에서의 특정 속도이다. 이 속도에 의해서 가이드 베인의 높이 B를 정할 수 있다. 이 높이는 비율 B/D_{1e}에 의해서 결정된다.

고속 수차인 경우에는 유동속도가 빨라지므로 더 큰 자오선 궤적을 가지고, 외부 쪽으로 유동면적을 저속 수차보다는 줄여 주어야 하고, 그로 인하여 외부곡률이 증가되는 것을 알 수 있다. 수용할 수 있는 범위 내에서 외부곡률을 증가시키기 위해서 자오면 곡률반지름은 직경(D_{1e})의 약 1/10보다 더 작아야 하고, 곡률반지름이 날개의 외부 입구점에 위치되어야 한다.

$$r \geq \frac{1}{10} D_{1e} \tag{3-51}$$

또한, 가이드 베인에서 자오선속도가 너무 크지 않아야 한다. 따라서 $v_m = 0.2 \sim 0.35$ 범위 내에서 선택되도록 설계하여야 한다. 이러한 이유는 가장자리에서와 가장자리 근처에서 가장 높은 속도가 나타나기 때문에 캐비테이션을 방지하기 위함이다.

고속 수차의 경우, 베인의 형상은 통상적으로 흡출관 쪽으로 넓어진다. 즉 [그림 3-38] 상단의 그림과 같이 링 사이즈를 크게 설계해야 한다는 것이다. 이것은 물이 흡출관으로 들어가는 속도를 감소시키기 때문이다. 반면에, 흡출관에서 가장 큰 손실이 발생하기 때문에 속도를 감소시켜야만 한다. 이를 위하여 링 사이즈의 확장은 10°에서 20°의 각(회전축을 기준으로) 이내로 하여야 한다. 이러한 확장은 날개의 뒤에서 바로 굴곡진 흡출관의 형태를 나타내곤 한다.

일반적으로 유동통로의 윤곽 설계는 다음과 같이 할 수 있다. 주어진 특정 속도에 따라 토출관 안에 있는 특정 내부 속도를 선택한다. 이 값에 의하여 토출관의 내부 횡단면을 결정하는 유량 Q를 먼저 결정한다.

$$A_s = \frac{Q}{v} = \frac{\pi D_s^2}{4} \tag{3-52}$$

동일한 방법으로 입구에서 특정 원주속도 u_{1e}를 선택하고, 실제 속도를 결정한다. 각속도, ω에 의해 날개의 입구 반지름을 식 (3-53)과 같이 결정한다.

$$R_{1e} = \frac{u_{1e}}{\omega} \tag{3-53}$$

① 저속 수차

일반적으로 $D_{1e} = D_{1i} = D_1$이 동일하게 설계하기 때문에 식 (3-54)와 같이 입구 폭을 정할 수 있다. [그림 3-38]에서 비속도를 계산하여 v_m을 선택한다.

$$B = \frac{Q}{\pi D_1 v_m} \tag{3-54}$$

② 고속 수차

직경 D_{1e}는 유선의 곡률반경 $R = D_{1e}/10$에 근거하여 계산하고 통상적으로 $D' = D_{1e}$ ([그림 3-38])이 되도록 설계한다. 이로부터 v_m는 위와 같은 방법으로 결정한다.

$$B = \frac{Q}{\pi D' v_m} \tag{3-55}$$

2) 러너

① 깃의 수

프랜시스수차의 경우 러너 깃은 11~21개 사이에서 선택하는 것이 바람직하다. 가능하면 공명현상(resonance phenomenon)을 피하기 위하여 깃 수 Z_r은 홀수로 하는 것이 바람직하다. 깃 수가 많으면 많을수록 캐비테이션 발생이 줄 것이다. 그러나 한편으로 마찰표면이 커지면서 마찰손실이 늘어나고 효율이 저하될 확률이 높다. 제작면에서 러너의 숫자가 증가되므로 러너의 가격도 비싸질 것이다.

반면 위키드 게이트의 깃 수는 보통 짝수로 한다. 러너 내 깃의 개수가 결정이 되면 주어진 반경 r_x에서 깃 사이의 피치 T_x를 식 (3-56)과 같이 계산한다.

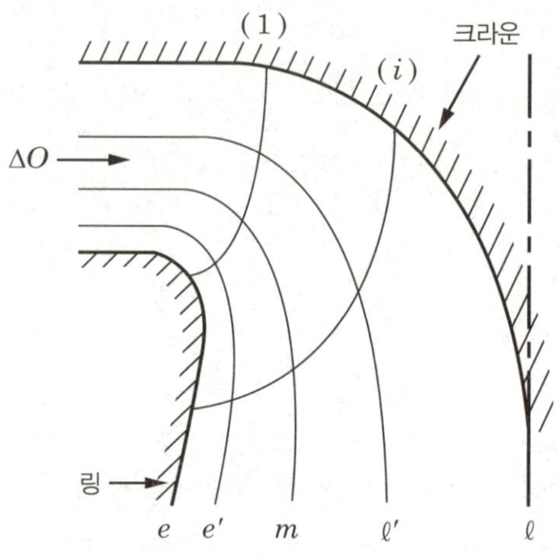

(가) 5개의 유선상에서 본 자오면(H. C. Radha Krishna, 1997, pp. 362, Fig. 11.25(a))

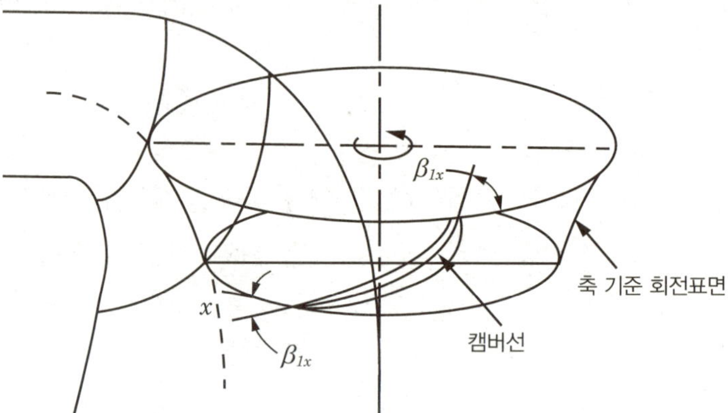

(나) 유선(x)에 의해 생성된 회전 표면(H. C. Radha Krishna, 1997, pp. 362, Fig. 11.25(b))

그림 3-39 **5개의 유선상에서 본 자오면과 유선(x)에 의해 생성된 회전 표면**

$$T_x = \frac{2\pi r_x}{Z_r} \tag{3-56}$$

② 깃의 형상

깃의 형상은 시방 및 형태에 따라 달라질 수 밖에 없다. 사실 깃의 형상은 러너의 크라운(crown)에서 링(ring, 쉬라우드)까지 익형의 형태를 가져야 한다. 깃의 형상은 펌프와 유사하게 Göttingen 및 NACA 등의 익형을 가지고 여러 연구소의 연구자들에 의하여 개발되고 시험되어 왔다. 그러나 펌프설계와 같이 어떤 익형을 사용하였는지 언급된

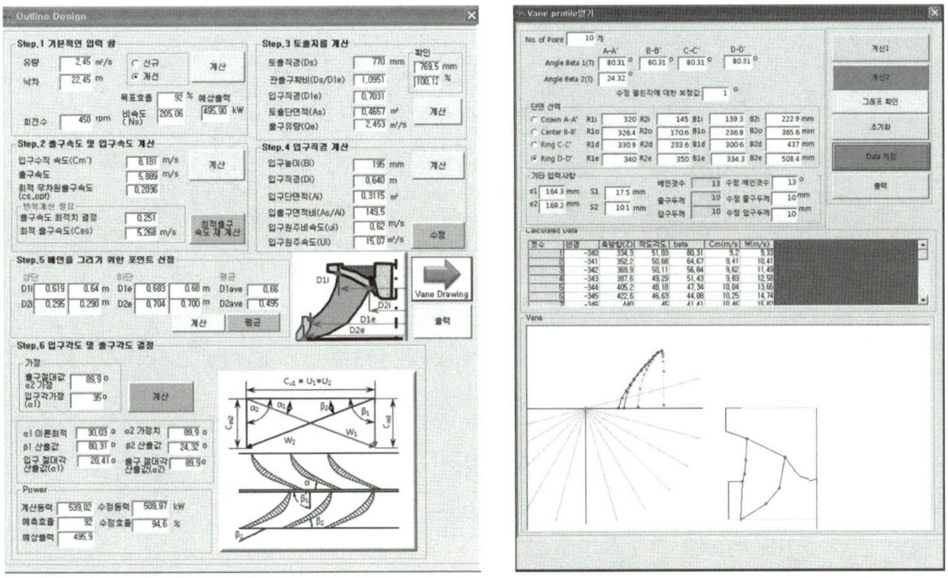

그림 3-40 프랜시스수차 러너와 깃 형상 설계를 위한 T1DD프로그램

문헌은 없다. 이는 설계회사 내에서 독자적인 익형 모델을 가지고 설계를 하기 때문이다. 익형에 작용하는 모든 응력을 고려한 계산과정을 통하여 최대 두께를 결정하고, 러너의 크라운(ℓ)에서 링(e)까지 [그림 3-39]와 같이 유선을 통하여 익형을 결정하여야 한다.

최종적으로 만들어진 유동채널은 회전 유선 표면으로 구성된다. 이 수차 축을 통한 환상 원형을 투영하여 나타내고, [그림 3-39](가)의 크라운 ℓ, ℓ', m, e' 그리고 링 e의 유선을 기준으로 깃의 형상을 만들면 된다. [그림 3-39](나)에서 볼 수 있듯이 β_{1x}의 각도를 갖는 임의 유선 x의 환상표면을 얻을 수 있다. 자오면에서 동일한 유선에 의하여 생성된 축대칭 유선 표면 중 깃의 표면은 각각 고압측과 저압측을 나타낸다.

깃의 형상을 쉽게 계산하기 위하여 [그림 3-40]과 같은 T1DD 프로그램을 이용할 수 있다. T1DD 프로그램은 프랜시스수차와 종축 프로펠러수차(카플란수차)의 러너 설계 프로그램이다. 국내에서 TURBINPRO의 프로그램으로 수차의 전반적인 설계를 수행하고 있으나, 이 프로그램은 러너의 형상을 제공하지 않는다.

3) 스파이럴 케이싱

스파이럴 케이싱은 [그림 3-41]과 같이 반동터빈의 주요 구성요소이다. 스파이럴 케이싱

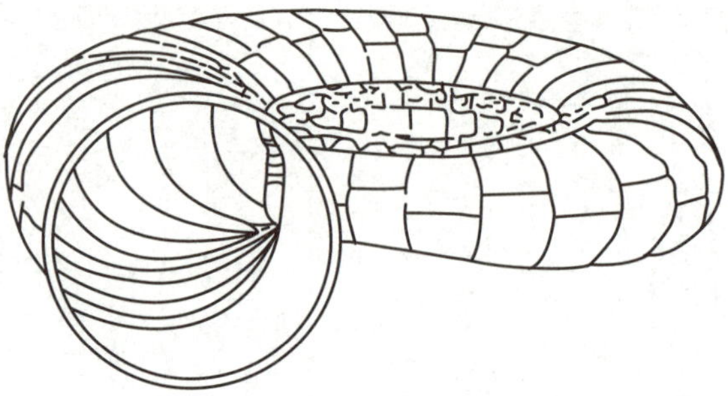

그림 3-41 용접된 스파이럴 케이싱(H. C. Radha Krishna, 1997, pp. 418, Fig. 13.1(a))

은 수압관의 끝단에서 연결되고 가이드 베인(위키드 게이트)를 감싸고 있는 부품이다. 수차의 단위 부품으로서 스파이럴 케이싱의 설계는 수력발전소의 경제적 운전을 위해 다음 요구사항을 만족하여만 한다.

① 수력학적 측면

- 스파이럴 케이싱과 스테이 링 사이의 수력학적 손실을 최소화한다.
- 가이드 베인 전연에서의 정상 및 대칭유동이 되어야 한다.
- 최적 운전모드 범위에서 운전될 수 있도록 가이드 베인 주위로 안정화된 유입각도를 형성하여야 한다.

② 배치적인 측면

- 스파이럴 케이싱의 형태와 크기는 수력발전소의 배치와 부합하여야 한다.

③ 구조적인 면

- 스파이럴 케이싱은 충분히 강한 구조를 가져야 하며, 사용하기 쉬운 재료로 제조하기 쉬어야 한다.

스파이럴 케이싱에 사용되는 재질은 콘크리트와 스틸이다. 스틸 케이싱은 중/고 낙차 범위의 수차에서 많이 사용된다. 낙차가 40*m*에서 200*m*까지의 수차에서는 용접하여 많이 사용한다. 200*m*가 넘는 낙차의 수차에서는 주조하여 사용한다. 판재의 두께를 줄이기 위하여 고강도 스틸을 사용하는 것이 좋은 방법이다.

콘크리트 케이싱의 경우는 4~40*m* 범위의 저/중 낙차 수차에서 많이 사용한다. 즉 유량이 많고, 횡단면적이 매우 큰 경우에 적합하다. 따라서 콘크리트 케이싱의 단면적은 다각형 횡

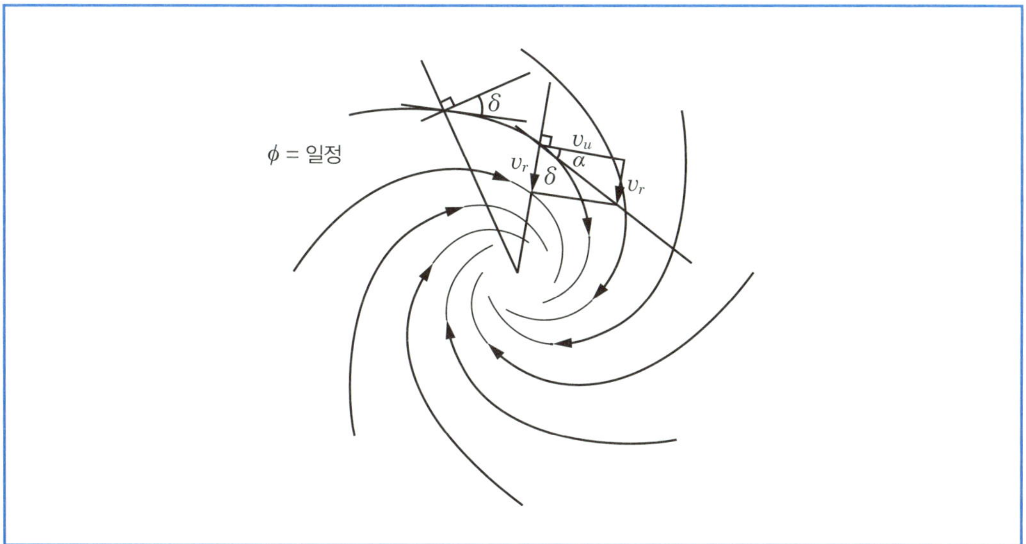

그림 3-42 스파이럴 케이싱의 유동패턴(H. C. Radha Krishna, 1997, pp.423, Fig. 13.6)

단면적(polygonal cross section), 즉 T형태, b형태 케이싱이라 불린다. 이렇게 사용하는 이유는 적절한 폭 대 높이 비로 케이싱의 전체 치수를 감소시키고 쉽게 제작하고자 하기 때문이다.

저 낙차 수력발전소에서 케이싱의 전체 치수를 줄이는 것은 매우 중요하다. 콘크리트 케이싱으로 설계하는 이유 중 하나이다. 대부분 콘크리트 스파이럴 케이싱은 부분적 형태의 스파이럴 형태를 나타낸다. 부분적 형태의 스파이럴 형태의 경우 일부만 제작되므로, 제작 비용이 저렴해지는 장점이 있으나 수차 성능에 있어 유동손실이 발생하므로 부분적 형태의 스파이럴 형태는 효율이 떨어지는 단점을 가지고 있다.

먼저, 스파이럴 케이싱의 수력학적 설계는 [그림 3-42]와 같이 $r=ke^{(-q\theta/r)}$이 스파이럴 유선 특징을 갖는 포텐셜 유동이라 가정하고 시작하여야 한다. 이로부터 식 (3-57)과 같이 횡단면 치수를 결정하는 것이 우선이다.

$$v_r = -\frac{q}{2\pi r}, \quad v_u = \frac{\Gamma}{2\pi r} \tag{3-57}$$

여기서, q는 전연을 통한 sink의 플럭스(Q/B)이고, Γ는 수차 축에 대한 순환(circulation)을 의미한다.

임의 단면(i)에서 유입되는 체적유량 Q_i는 식 (3-58)과 같이 계산된다.

$$Q_i = \frac{Q_I \phi_i}{360^\circ} \tag{3-58}$$

여기서, ϕ_i는 임의 단면에서 스파이럴 케이싱의 포락각도이며, Q_I는 수차의 설계유량이다. 이때 임의 단면에서 원주속도 $v_{u,i}$을 고려하여 식 (3-59)와 같이 정의 할 수 있다. 이때 M은 상수이다.

$$v_{u,i}\, r = M \tag{3-59}$$

임의 단면에서 유량(Q_i)를 계산하기 위하여 원주속도를 이중 적분하면 식 (3-60)과 같다.

$$Q_i = \iint_{A_i} v_{u,i} dA = \iint_{A_i} \frac{M}{r} dA \tag{3-60}$$

식 (3-61)과 같이 J_i로 가정하면 식 (3-62)와 같이 유도된다.

$$J_i = \frac{Q_i}{360^\circ M} \phi_i = J_o \frac{\phi_i}{\phi^o} \tag{3-61}$$

$$J_i = \iint_{A_i} \frac{dA}{r} \tag{3-62}$$

여기서, A_i는 i의 영역에서 면적, M은 상수, ϕ^o는 방류영역에서 케이싱의 입구영역까지 측정된 포락(enveloping) 각도이고, ϕ_i는 방류영역에서 섹션 i까지의 포락각도이다. 식 (3-61)과 식 (3-62)는 스파이럴 케이싱을 수력학적으로 설계하는데 사용되는 기본적인 계산식이다.

스파이럴 케이싱의 입구영역으로 유입되는 유동이 균일하다고 가정하자. 이때 입구영역에서 평균 유속, v_o는 식 (3-63)과 같다.

$$v_o = \frac{Q_o}{A_o} \tag{3-63}$$

여기서, A_0는 스파이럴 입구단면의 면적이고, Q_0는 면적 A_0을 통하여 빠져나가는 체적유량이다. 평균 유속 v_0는 스파이럴 케이싱의 단면을 통과하면서 감소할 것이다. 케이싱의 전

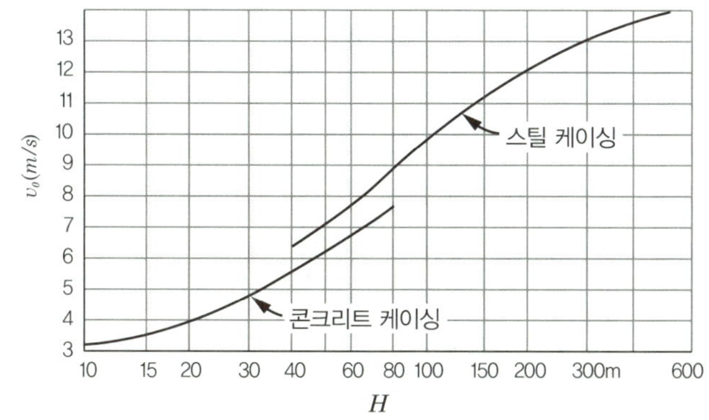

그림 3-43 정격낙차에 대한 입구단면에서의 평균속도(H. C. Radha Krishna,1997, pp. 427, Fig. 13.9)

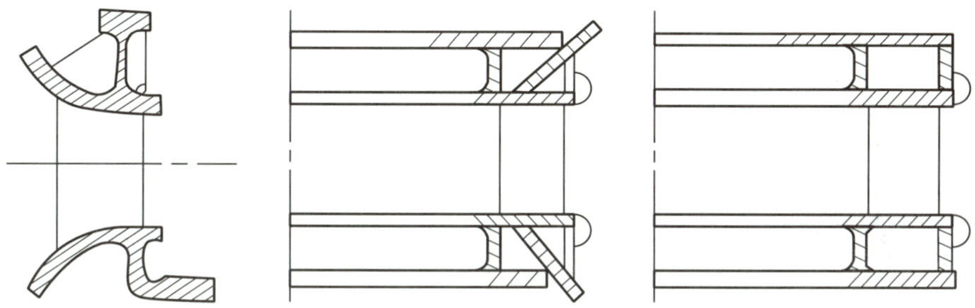

그림 3-44 스테이 링의 형태(H. C. Radha Krishna, 1997, pp. 429, Fig. 13.11)

체 치수는 줄어든 v_0만큼 감소된다. 그러나 속도가 과도하게 증가된다면 수력손실은 상당히 증가하게 되어, 평균속도는 경험적이고 통계적인 자료를 이용하여 결정하나 보통 식 (3-64)를 이용하여 계산된다.

$$v_0 = K_c\sqrt{2gH} \tag{3-64}$$

여기서, H는 정격낙차이고 K_c는 케이싱의 입구단면에서의 속도계수이다. 일반적으로 콘크리트의 경우 $K_c = 0.8 \sim 1.0$을 사용하고, 스틸인 경우 $K_c = 0.7 \sim 0.8$을 사용한다. [그림 3-43]은 2가지 케이싱의 경우 정격낙차에 대한 평균속도를 나타내었다.

케이싱의 횡단면적을 구하는 데 있어 가장 중요한 것은 [그림 3-44]와 같이 어떤 형태의 스

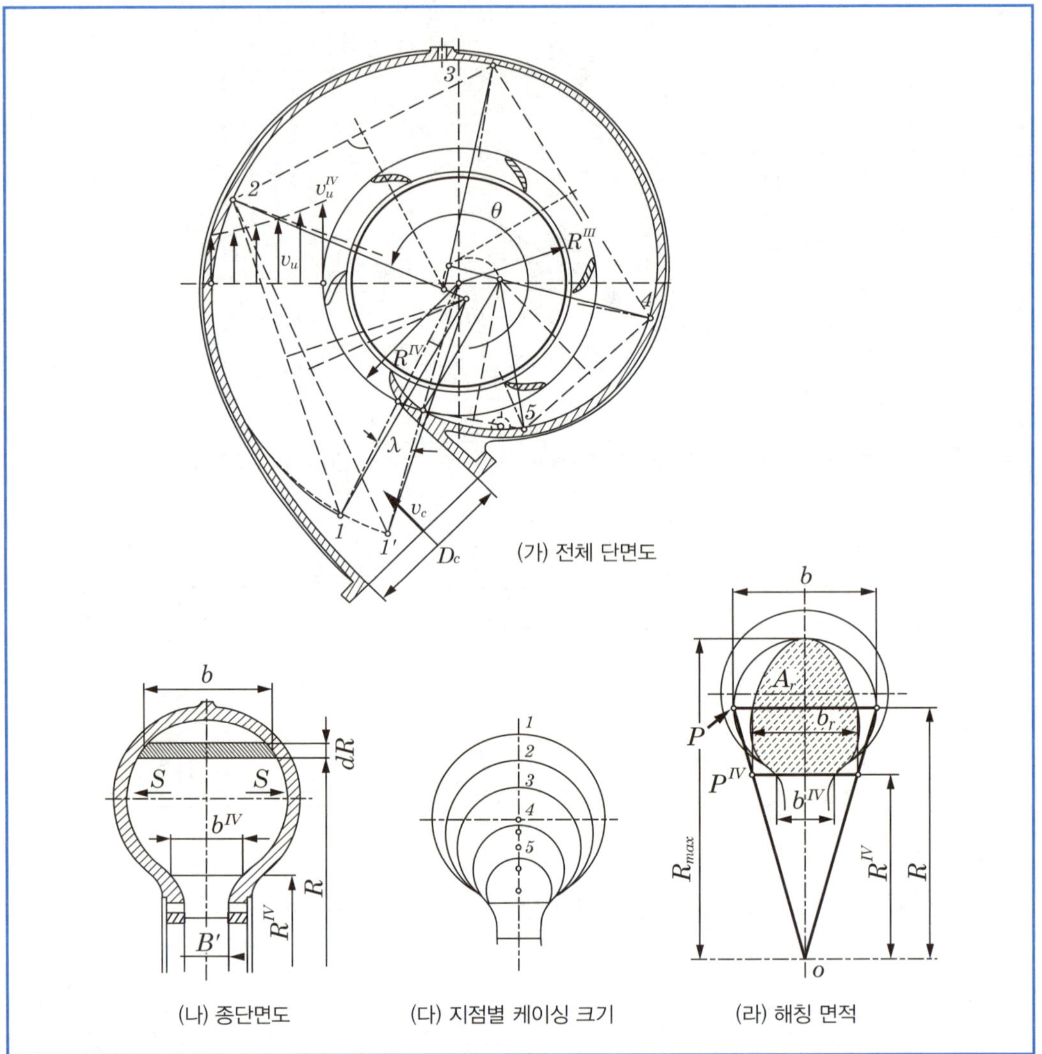

그림 3-45 Miroslav가 제안한 케이싱 설계법(Miroslav, 1957, pp. 210, Fig. 120)

테이 링을 사용하느냐에 따라 달라진다. [그림 3-44]의 (나)와 같이 평행한 커버는 제조하기 쉬어 일반적으로 보편적으로 대형 수차에서 많이 사용된다.

[그림 3-45]와 같이 스파이럴 케이싱을 설계할 수 있다. [그림 3-45](가)와 같이 케이싱 내 원주속도는 케이싱 내에서 일정한 연속법칙($v_u R=$일정)에 의거 면적이 줄어듬에 따라 속도가 증가하고 스파이럴 케이싱 축 근처에서 가장 크게 설계하는 방법이다.

만약 케이싱 스플리터의 반지름인 R^{IV}에서 원주속도 v_u^{IV}를 기준으로 임의의 반지름 R에서 v_u의 원주방향 속도성분은 식 (3-65)에 의하여 계산할 수 있다.

$$v_u = v_u^{\text{IV}} \frac{R^{\text{IV}}}{R} \tag{3-65}$$

[그림 3-45](나)에 따라 b만큼의 폭과 반지름 R에서 반경방향 dR의 두께를 통과하는 단위 유량 dQ는 스파이럴 끝에서 변형된다. 각도 θ에 의한 단위 유량은 식 (3-66)에 의하여 계산된다.

$$dQ_\theta = b \cdot dR \cdot v_u = v_u^{\text{IV}} \cdot b \frac{R^{\text{IV}}}{R} dR \tag{3-66}$$

전체 횡단면을 통한 유량은 식 (3-67)과 같다.

$$Q_\theta = v_u^{\text{IV}} \int_{R^{\text{IV}}}^{R_{max}} b \frac{R^{\text{IV}}}{R} dR \tag{3-67}$$

만약 제조상 어려움으로 [그림 3-45](라)에 해칭된 폭인 b_r과 같이 폭 b가 감소된다면, 기하학적 구성비($P^{\text{IV}}O$와 PO의 삼각형 상사)에 의하여 식 (3-68)과 같이 얻어진다.

$$b_r : R^{\text{IV}} = b : R, \ b_r = \frac{R^{\text{IV}}}{R} b \tag{3-68}$$

식 (3-68)을 식 (3-67)에 대입하면 식 (3-69)와 같다.

$$\int_{R^{\text{IV}}}^{R_{max}} b \frac{R^{\text{IV}}}{R} dR = \int_{R^{\text{IV}}}^{R_{max}} b_r dR \tag{3-69}$$

식 (3-69)는 [그림 3-45](라)에 표시된 해칭된 면적을 통과하는 단위 유량을 적분한 것이며, 면적 A_r과 속도 v_u^{IV}를 곱하여 식 (3-70)과 같이 유량을 얻을 수 있다.

$$Q_\theta = v_u^{\text{IV}} A_{r,\theta} \tag{3-70}$$

횡단면 각각의 위치는 각도 θ에 의하여 결정되고, 이 각도는 스파이럴의 횡단면 1′로부터 측정된다. 1′점은 물이 통과하지 않는 점이다. 수차의 유량 Q가 내부 원주 360°의 각도를 기준으로 스파이럴로부터 시작되기 때문에 (스파이럴의 “혀(tongue)” 또는 “스플리터” 때문에 중앙의 λ만큼 원주에서 일부를 차지하고 있기 때문에 360°−λ°의 각도라고 한다.) 그 비는 식 (3-71)과 같다.

$$\frac{\theta_o}{360^\circ - \lambda^\circ} = \frac{Q_\theta}{Q} \tag{3-71}$$

따라서, 식 (3-72)와 같이 된다.

$$\frac{\theta_o}{360^\circ - \lambda^\circ} = \frac{v_u^{IV} \cdot A_{r,\theta}}{v_u^{IV} \cdot A_{r,1}} = \frac{A_{r,\theta}}{A_{r,1}} \tag{3-72}$$

$A_{r,1}$은 횡단면 1에서 줄어든 면적을 의미한다. 즉 수차의 유량 Q가 처음으로 통과한 면적을 의미한다. 속도 v_u^{IV}의 계산은 연속법칙을 이용하여 횡단면에서 스파이럴 축으로부터 가장 멀리 떨어진 지점 상에 $v_{u,1}$에 적용을 하여 계산할 수 있다.

$$v_u^{IV} = v_{u,1}\frac{R_1}{R^{IV}} \tag{3-73}$$

동등한 속도 $v_{u,1}$를 케이싱 입구(D_c)로 유입되는 입구속도 v_c로 선택하고, 유량에 관한 식으로 변환할 수 있다. 여기서 D_c는 케이싱 입구 지름이다.

$$\frac{\pi D_c^2}{4} v_c = Q \tag{3-74}$$

이렇게 계산하는 이유는 입구에서부터 스파이럴을 통과하면서, 물이 점점 가속되기 때문이다. 목의 내부지름에서 결정되는 속도 v_c는 식 (3-75)와 같이 일정범위를 갖도록 설계한다.

$$v_c = 0.12 \sim 0.25 \tag{3-75}$$

4) 위키드 게이트

위키드 게이트는 가이드 베인으로 불려지며, 러너에 유입되는 유량을 조절하고, 유입방향을 조절하는데 사용된다. 가이드 베인의 목적 중 대표적인 역할은 유량 조절이며, 잘못된 위키드 게이트 형상으로 인하여 필요치 않은 손실도 발생하게 된다. 이런 이유로 소형 수차인

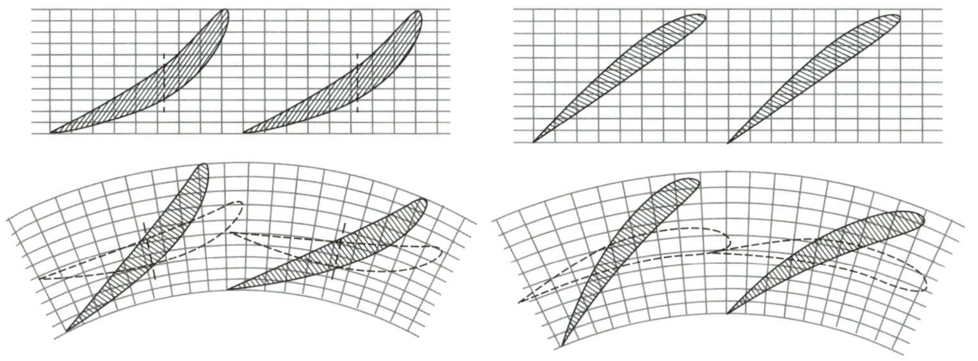

그림 3-46 **위키드 게이트의 형상**(Miroslav, 1957, pp. 203, Fig. 112)

경우에는 가이드 베인을 설치하지 않는 경우도 있고, 반대로 대형 수차인 경우에는 가이드 베인을 크게 제작하여 손실을 줄여주는 경향이 있다.

위키드 게이트의 수는 보통 경험적으로 식 (3-76)과 같이 정한다.

$$z=\frac{1}{4}\sqrt{D'}+4\sim6 \tag{3-76}$$

여기서 D'는 [그림 3-47]과 같이 가이드 베인이 완전히 개방하였을 때 출구 끝단 지름이고, 단위는 mm이다. 깃 수를 계산할 때 저속 수차의 경우에는 러너의 입구지름보다는 지름 D'을 40~100mm정도 크게 해주는 것이 좋다. 고속 수차의 경우에는 러너의 입구 끝단 지름과 동일하게 설계한다.

위키드 게이트의 수는 식 (3-76)과 같이 정하지만 러너 깃의 유동패턴이 가이드 베인에 의하여 발생되는 주기적인 유량 변화를 방지하기 위하여 항상 러너 깃 수와는 다르게 선택하여야 한다.

수차의 지름과 함께 가이드 베인의 수를 변화하고자 할 때는 최적 효율 상태인 개방에서 가이드 휠의 출구 끝단 지름과 설계된 모델 수차의 기하학적 상사 값과 일치하여야 하고 동시에 가이드 베인의 출구 각은 동일하게 유지가 되어야 한다. 위키드 게이트에 관하여 가장 중요한 것은 속도삼각형과 동일한 베인의 출구 각도를 정확하게 설계하는 것이다. 이미 러너 설계에서 결정된 위키드 게이트의 출구 끝각을 이용하면 된다. 출구 각(깃의 중심선)이 위키

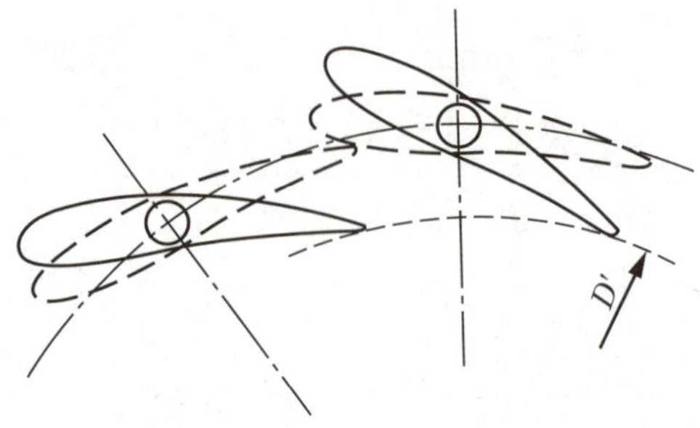

그림 3-47 출구 끝단을 예리하게 만드는 방법(Miroslav, 1957, p. 204, Fig. 113)

드 게이트의 출구 끝단에서 자오선 속도에 의하여 주어지도록 하여야 한다.

그 다음 입구에서 출구까지 유속이 일정하게 축소되면서 정상적으로 상승하게 설계하면 된다. 위키드 게이트의 횡단면 또한 손실이 없게 익형의 형태를 채택해야 하나 최적 익형의 형상을 선택하기 위하여 CFD 방법을 통하여 결정한다. 수차에서 가이드 장치는 보통 경사되게 설계하는데 이는 손실을 줄여주어야 하기 때문이다.

또한 [그림 3-46]에서 볼 수 있듯이 가이드 베인의 배치를 다르게 할 수 있다. [그림 3-46]은 작은 격자에 베인을 투영하여 나타낸 것인데 (가)에서와 같이 수차가 피트(pit)에 설치되어 있는 경우 즉, 콘크리트 케이싱의 경우이고 (나)의 경우는 스파이럴 케이싱의 경우이다.

만약 수차가 보통의 피트에 있다면 물이 반경방향으로 접근하면 [그림 3-46](가)와 같이 베인의 입구 끝이 원의 접선방향으로 60°~70° 각도를 갖게 설계하는 것이 보편적이다. 이는 원주속도 성분에 의하여 베인의 형태가 영향을 받기 때문이다. 그러나 스파이럴 형태인 경우는 가이드 베인의 원주속도 성분은 감소되므로 반대 방향으로 [그림 3-46](나)와 같이 베인의 출구 각을 항상 12°~20°가 되게 중심선에 대칭 또는 비대칭이 되게 설계하여야 한다.

위키드 게이트의 끝단을 예리하게 만드는 방법은 [그림 3-47]과 같이 최적 효율 시 유량을 기준으로 출구 끝단을 통과하는 원을 그려서 설계하면 된다. 베인의 횡단면은 피봇 주위로 충분한 두께를 가져야 하며, 이 두께는 강도 관점에서 반드시 체크해야 된다.

베인에 작용하는 힘은 [그림 3-48]과 같이 베인이 닫힌 상태에서 계산해야 한다. 베인 접촉(실링)점의 연결선이 서로 다른 공간에서 분리되고, 가이드의 외부면은 위키드 게이트 위에 손실이 고려된 물의 낙차(H)와 동일한 압력이 작용한다. 내부면은 러너 전의 압력이다. 러너 전에 작용하는 압력은 다음과 같이 3가지 운전조건일 때마다 다르다.

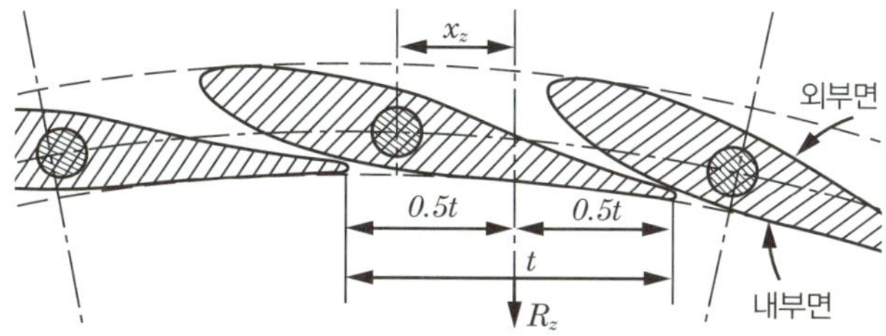

그림 3-48 베인에 작용하는 힘을 구하기 위한 개념도(Miroslav, 1957, pp. 205, Fig. 114)

① 첫 번째 조건

수차 운전시 위키드 게이트가 패쇄된 경우이며, 이는 수차가 천천히 정지하고 있지만 아직 회전되고 있으며 흡출관은 물로 채워져 있는 경우이다. 흡출관의 물은 가이드 베인의 내부면에서는 식 (3-77)과 같이 러너에 의해 증가된 압력(h_p)을 제거된 낙차만큼 흡입현상(sucking effect)이 생길 것이다.

$$h_p = \frac{u_1^2 - u_2^2}{2g} \tag{3-77}$$

식 (3-77)을 고려한 낙차는 식 (3-78)과 같이 정리할 수 있다.

$$\gamma H_n - \gamma\left(-H_d + \frac{u_1^2 - u_2^2}{2g}\right) = \gamma\left(H_n + H_d - \frac{u_1^2 - u_2^2}{2g}\right) \tag{3-78}$$

식 (3-78)의 H_n과 H_d는 [그림 3-49]에서 보듯이 수위에 따른 수차 중심까지, 수차 중심에서 방류 수위까지의 높이이다.

식 (3-77)과 같이 초과압력에 의하여 작용하는 유효면적은 $t \cdot B$이고, 여기서 t는 베인의 간격이고, B는 [그림 3-49]와 같이 위키드 게이트 높이이다. 결론적으로 [그림 3-49]와 같은 시스템에서 베인에 작용하는 전체 합력 R_z는 식 (3-79)과 같이 정의할 수 있다.

$$R_z = \left(H_n + H_d - \frac{u_1^2 - u_2^2}{2g}\right) tB\gamma \tag{3-79}$$

[그림 3-48]에 합력 R_z는 일반적으로 베인의 피봇을 통과하지는 않기 때문에 합력의 작용점과의 거리를 x_z라 하면 베인에 걸리는 모멘트는 식 (3-80)과 같다.

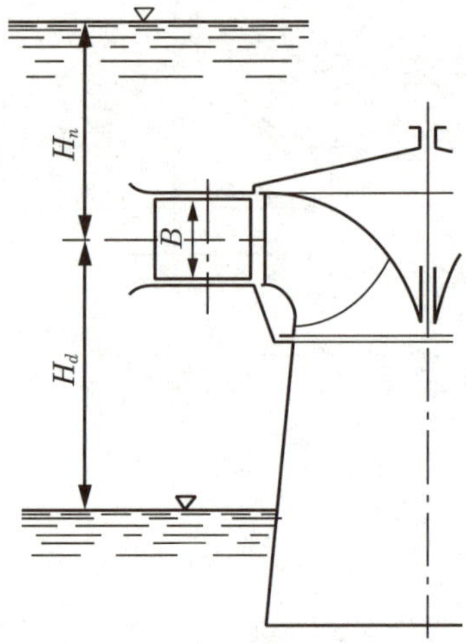

그림 3-49 가이드 휠의 중심과 수위 높이(Miroslav, 1957, pp. 205, Fig. 115)

$$M_z = R_z x_z = \left(H_n + H_d - \frac{u_1^2 - u_2^2}{2g}\right) tB\gamma x_z \tag{3-80}$$

② 두 번째 조건

수차가 정지하였지만 흡출관은 물이 채워져 있는 경우를 가정하면, 러너의 초과압력은 사라진다. 즉, 식 (3-79)에서 관련된 항이 사라지고, 식 (3-79)와 식 (3-80)은 식 (3-81)과 식 (3-82)와 같이 변경되고, 이에 따른 힘과 모멘트를 구할 수 있다.

$$R_z = (H_n + H_d) tB\gamma = HtB\gamma \tag{3-81}$$

$$M_z = R_z x_z = (H_n + H_d) tB\gamma x_z = HtB\gamma x_z \tag{3-82}$$

③ 세번째 조건

수차가 완전히 멈춘 경우, 흡출관을 통하여 공기가 누기되고 흡출관에 의하여 진공이 생성되므로 낙차 H_d가 사라질 것이다. 그리고 베인에 작용하는 힘과 모멘트는 식 (3-83)과 식 (3-84)와 같이 된다.

$$R_z = H_n tB\gamma \tag{3-83}$$

$$M_z = R_z x_z = H_n tB\gamma x_z \tag{3-84}$$

5) 흡출관

흡출관(draft tube)은 2가지 목적으로 설치된다. 첫 번째, 방수로에 상관없이 수차에서 캐비테이션이 발생되지 않게 하는 것과, 두 번째, 러너로부터 방출되는 속도에너지를 활용하기 위함이다.

흡출관은 러너에서 유출된 속도수두를 손실없이 감소시키면서 압력으로 변환시켜야 한다. [그림 3-50]은 이를 위하여 설계된 가장 간단한 형태이다.

흡출관은 초기에 미국의 White와 Moody의 하이드로 콘(hydrocone)과 같이([그림 3-51]) 설계를 주로 해 왔으나 마찰로 인한 손실과 흡출관에서 소용돌이(whirling)가 발생하여 최적의 설계가 필요하게 된다.

흡출관의 속도를 수직 방향 속도(v_m)와 원주 방향 속도(v_u)로 나눌 수 있다면 식 (3-85)와 같다.

$$v=\eta_s(v_s^2-v_4^2)=k_m v_{m2}^2+k_u v_{u2}^2 \tag{3-85}$$

여기서, η_s는 흡출관 효율이고, v_3와 v_4는 흡출관 입구와 끝 단면에서 토출되는 속도이며, k_u는 경험 값으로 거의 0.1~0.4을 갖고, 계수 k_m의 값은 다음과 같다.

직선 흡출관의 경우는 $k_m=0.7\sim0.9$이고, 엘보가 있는 흡출관의 경우는 $k_m=0.6\sim0.85$이다.

이 수직 방향 속도를 완전하게 압력으로 바꾸기 위하여 원추의 형태보다 아주 크지 않은 각도의 구배가 있는 흡출관으로 설계하여야 한다.

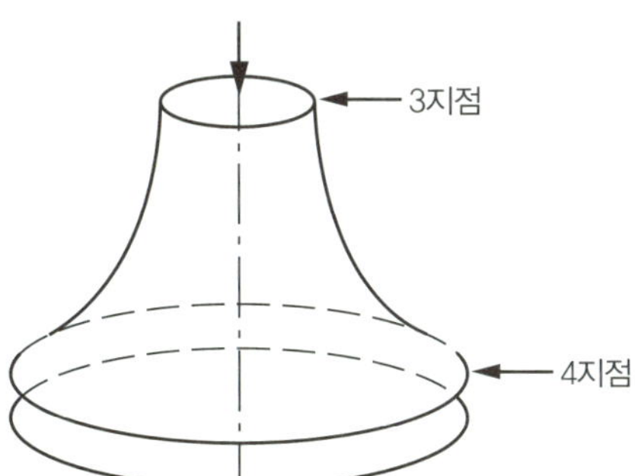

그림 3-50 가장 간단한 흡출관의 형태(Miroslav, 1957, pp. 218, Fig. 125)

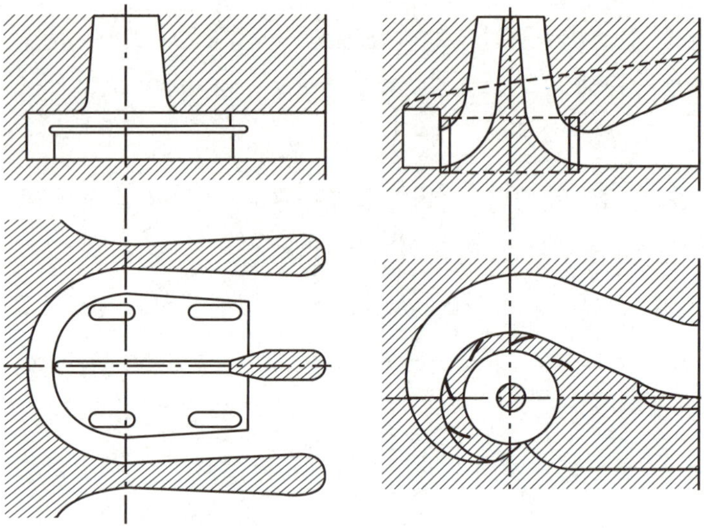

그림 3-51 White와 Moody의 hydrocone 형태의 흡출관(Miroslav, 1957, pp. 219, Fig. 126)

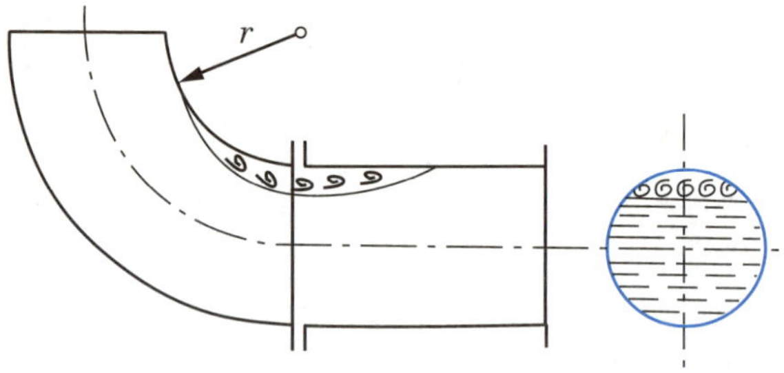

그림 3-52 엘보에서 재순환영역의 발생(Miroslav, 1957, pp. 220, Fig. 127)

콘과 흡출관 벽 사이의 많은 손실을 줄이면서 에너지 변환이 이루어지는 콘의 각도는 약 10° 정도 이내가 적당하다고 알려져 있다. 관 내의 콘의 각도가 너무 작으면 주어진 토출속도(토출면적)에 비해 콘이 아주 길어야 하고, 마찰로 인한 손실로 효율이 감소될 것이다.

이와 별개로 시공 시에 흡출관은 가능한 한 짧게 만들어야 한다. 이러한 이유로 콘의 각도는 8°~13°의 범위 안에서 선택을 하는 것이 바람직하며 식 (3-86)과 같다.

$$\frac{\sqrt{A_4}-\sqrt{A_3}}{L}=\frac{1}{5}\sim\frac{1}{8} \tag{3-86}$$

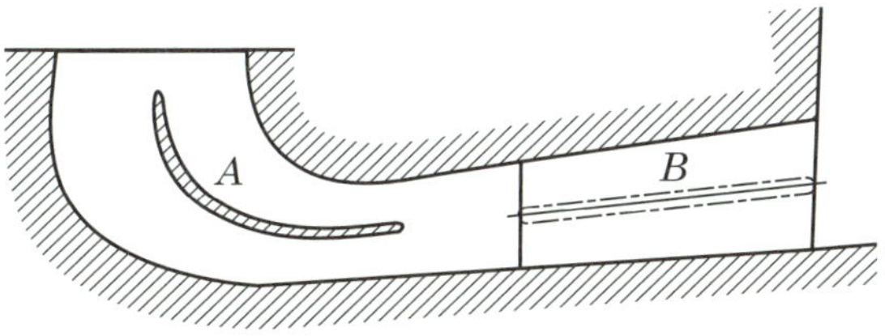

그림 3-53 공기 흡입을 방지하기 위한 방법(Miroslav, 1957, pp. 222, Fig. 129)

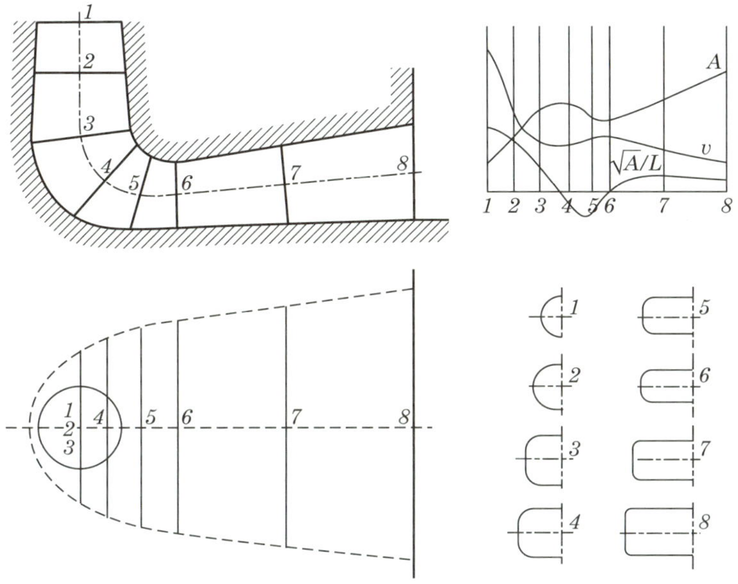

그림 3-54 흡출관 설계 예(Miroslav, 1957, pp. 221, Fig. 128)

여기서 A_4는 흡출관 끝 단면의 면적이고, A_3은 흡출관 입구단면의 면적이며, L은 흡출관 거리이다. 이 수식은 회전 콘형태의 흡출관에는 잘 맞지 않는다.

A_4의 단면에서 속도 v_4는 $1m/s$ 이하로 떨어져서는 안 된다. 즉, 흡출관으로 공기가 거꾸로 유입되어서는 안 되기 때문이다. 이런 조건은 고속 수차의 경우, 흡출관에서 입구속도가 너무 크면 직선 원추 흡출관의 길이가 길게 되는 문제가 발생하게 된다. 최근에 공간 구성의 이유로 [그림 3-52]~[그림 3-54]과 같이 곡선형 흡출관을 사용할 수 있다.

그러나 곡선형 흡출관을 사용하다보면 부득이 엘보 등을 사용하여야 하는데 [그림 3-52]와 같이 재순환영역 등 유동손실이 발생할 수 있어 세밀한 설계가 필요하다. [그림 3-52]와 같이 재순환영역이 커지면 커질수록 엘보를 통한 유선은 흡출관의 벤드 근처로 가깝게 접근될 것이다. 이런 이유로 엘보 앞에 콘 형태의 흡출관을 설치하는 것이 좋다.

콘 형태의 흡출관을 설치하는 것은 여러 가지로 생각하여 볼 수가 있는데, [그림 3-53]과 같은 방법으로 흡출관 성능을 향상시키는 방법 또한 좋다. [그림 3-54]에는 속도 v, 면적 A, 그리고 흡출관의 길이와 면적의 비, $\sqrt{A}/L$로 흡출관의 설계 예를 나타내었다.

3.2.2 사류수차

사류수차는 [그림 3-55]와 같이 발명자의 이름을 따서 Deriaz 수차라 한다. 이 수차는 러너가 대부분 수직방향에서 45° 경사되게 설치되어 있고, 깃이 설치된 축은 운전 낙차 범위에 따라 $\theta=30°\sim60°$로 경사되게 설계한다. 낙차가 $H=40\sim80m$일 경우에는 $\theta=60°$, 낙차가 $H=60\sim130m$일 경우에는 $\theta=45°$, 낙차가 $H=120\sim200m$일 경우에는 $\theta=30°$로 설계하는 것이 일반적이다.

사류수차는 다음과 같은 특징을 가지고 있다. 대부분 카플란수차의 설계방법과 유사하므로 중복되는 내용을 나타내지 않고 특징적인 내용만 나타내었다.

① 러너 깃이 조절 가능함에 따라 사류수차는 낙차 변화에 따라 넓은 범위에서 사용할 수 있다.

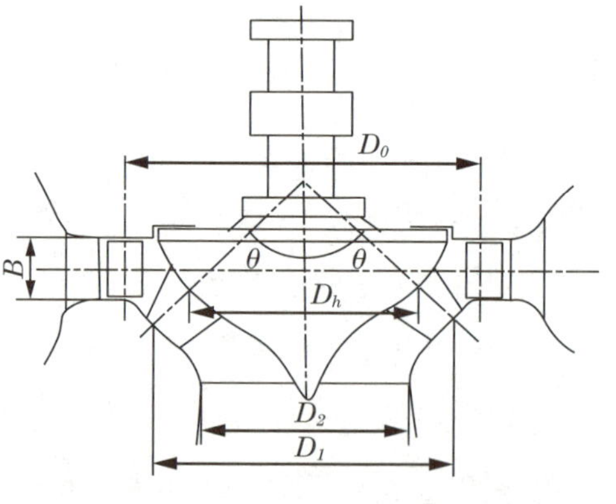

$D_0=(1.28\sim1.44)D_1$ $\quad H_1=(0.68\sim0.8)D_1$

$D_2=(0.55\sim0.65)D_1$ $\quad B=(0.18\sim0.3)D_1$

$\theta=30°\sim60°$

그림 3-55 사류 수차의 치수(Mei Zu-yan,1991, pp. 54. Fig. 3.14)

H_{max}와 H_{min}의 비가 2에서 2.8로 증가될 수 있고, 프랜시스수차와의 경쟁도 가능하다.

② 구형의 넓은 지름으로 허브가 구성되어 카플란수차보다 깃이 많이 배치된다. 사류수차는 12개에서 14개의 깃까지 확장할 수 있으나 보통 8~10개 정도를 사용한다. 사류수차의 경우 가장 높은 낙차가 125m이므로, 50~150m의 낙차에도 일반적으로 사류수차를 적용하는 것을 고려한다.

③ 깃이 축에 경사지게 설치되었기 때문에, 회전에 의한 원심력은 깃에 작용하는 수력학적 압력과 응력을 줄이기 위하여 부분적으로 굽힘 하중이 상호작용하게 될 것이다. 이런 형상 때문에 사류수차는 카플란수차보다 낮은 축 추력과 낮은 무구속속도를 갖게 된다.

④ 같은 폭을 갖는 경사진 깃은 깃의 팁(tip)과 뿌리(root) 지름의 차이가 작게 되기 때문에 깃 설계에서 곡률이 작아지게 된다.

3.2.3 프로펠러수차

(1) 프로펠러수차

1) 형상

일반적으로 축류형 수차의 가장 일반적인 형태인 프로펠러수차는 [그림 3-56]과 같이 설계할 수 있으며, 이에 관련된 치수는 러너 지름인 D_1의 비로써 표현할 수 있다. [그림 3-57]에서 볼 수 있는 수차는 정격낙차 18.3m에서 170MW이상 출력을 내며, 긴 가이드 베인(0.4D_1)과 긴 스테이 베인을 갖는 다각형 횡단면을 갖는 콘크리트 스파이럴 케이싱으로 제작되었다. 러너는 4개이며, 최대 27m의 낙차까지 운전이 되도록 설계가 되었다.

2) 스파이럴 케이싱

낙차가 중간 정도의 경우인 프랜시스수차는 원형 단면을 갖는 스틸 스파이럴 케이싱을 일반적으로 사용하지만, 저 낙차와 중 낙차의 범위에서 적용되는 축류수차의 경우 유량이 매우 많기 때문에 다각형 횡단면의 콘크리트 스파이럴 케이싱을 사용하는 것이 바람직하다.

대부분의 콘크리트 스파이럴 케이싱은 부분적으로 [그림 3-58](가)와 같이 270° 포락되어 있는 형상이며, (나)는 180° 포락된 경우를 의미한다. 수차의 횡단면 치수를 줄일 목적으로

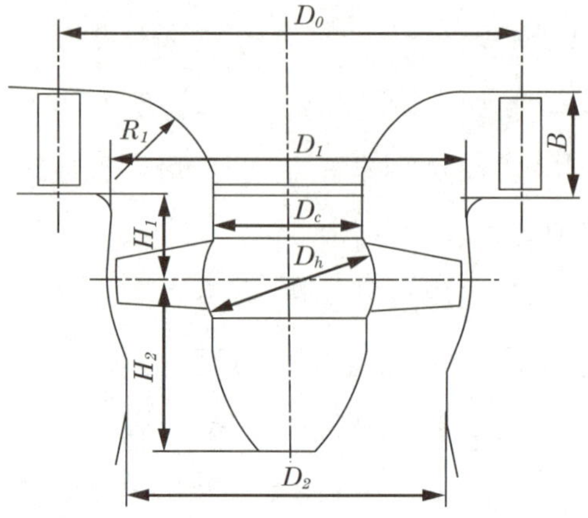

$D_0=(1.16\sim1.20)D_1$　　$H_1=(0.21\sim0.24)D_1$　　$D_2=0.975D_1$

$H_2=(1.1\sim1.5)D_1$　　$D_h=(0.6\sim0.63)D_1$　　$R_1=(0.23\sim0.27)D_1$

$D_c=D_h-0.05D_1$　　$B=(0.35\sim0.5)D_1$

그림 3-56 축류형 수차의 치수(Mei Zu-yan, 1991, pp. 50. Fig. 3.3)

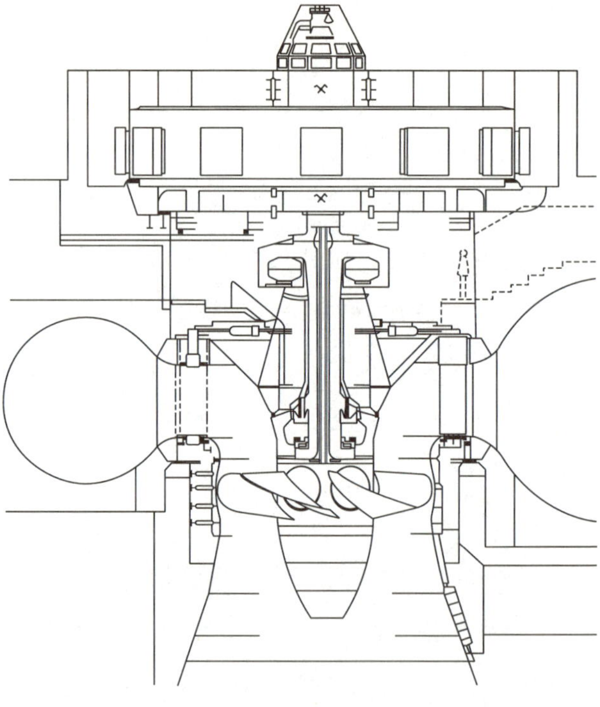

$H=18.6m$　　$Q=1{,}130m^3/s$　　$P=170\text{MW}$　　$N=54.6rpm$　　$D_1=11{,}300mm$

그림 3-57 중국 Gezhouza 수력발전소의 저 낙차 카플란수차(Mei Zu-yan, 1991, p. 52. Fig. 3.4)

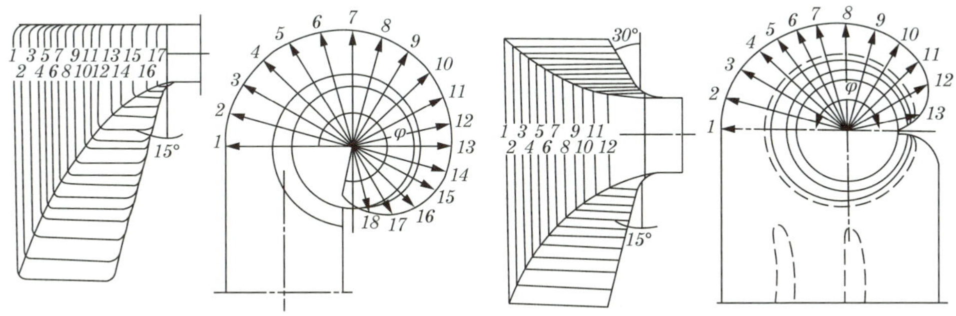

(가) 포락각이 270°인 경우 (나) 포락각이 180°인 경우

그림 3-58 **축류형 수차에 사용되는 콘크리트 스파이럴 케이싱**(Mei Zu-yan, 1991, pp. 68. Fig. 3.18)

저 낙차의 경우 부분적인 스파이럴 케이싱이 넓게 사용되지만, 부분적으로 포락되어 손실이 발생하므로 수차의 성능은 약간 감소될 수 있다.

2가지 형태의 케이싱을 선택하는데 있어 규칙은 낙차가 30~40m인 경우, 포락각도를 225~270°, 낙차가 30m인 경우 포락각도를 180~225°로 하며, 낙차가 매우 적은 경우는 135°로 하면 된다. 반면에 스틸 스파이럴 케이싱의 경우 반드시 40m가 넘는 낙차인 경우에 사용하는 것이 바람직하다.

축류형 수차에서 주로 사용되는 콘크리트와 스틸 재질의 경우 케이싱의 외형 치수를 설계할 수 있도록 [그림 3-59]와 같이 수식을 제시하였다. [그림 3-59]에 제시된 설계 수식은 N_q에 따라 무차원되어 있다. 여기서 N_q는 낙차의 함수로 식 (3-87)과 같은 실험식이다. N_q의 실험값을 많은 연구자들이 제시하였는데 식 (3-87)과 같이 최근에 많이 사용되는 것 중 3가지만 제시를 하였으며, 이 계산값 중 최대값을 선정하여 선택하면 된다.

$$N_q = 564.6 \times H^{-0.3873}$$

$$N_q = \frac{7.149}{H^{0.5} + 10} - 308 \qquad (3\text{-}87)$$

$$N_q = 790.7 \times H^{-0.489}$$

식 (3-87)의 N_q로 콘크리트 스파이럴 케이싱의 경우와 스틸케이싱의 경우를 아래와 같이 계산하여 보면 스틸 케이싱인 경우가 횡단면적 치수가 적음을 알 수 있다. 예를 들어

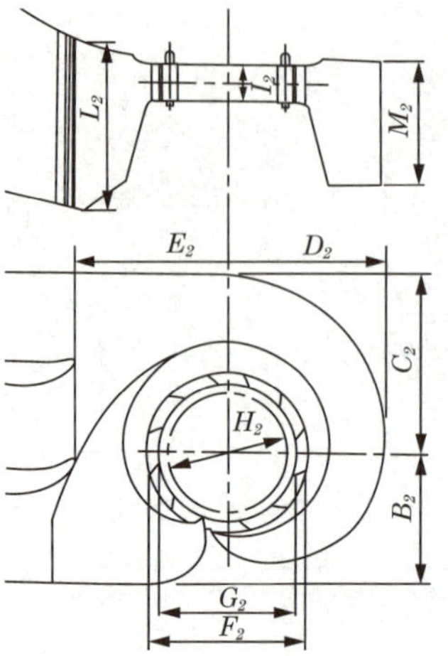

$B_2/D=1/(0.76+26.76\times10^{-5}N_q)$

$C_2/D=1/(0.55+4.44\times10^{-5}N_q)$

$D_2/D=1.58-27.15\times10^{-5}N_q$, $E_2/D=1.48-6.33\times10^{-5}N_q$

$F_2/D=1.62-9.59\times10^{-5}N_q$, $G_2/D=1.36+2.596/N_q$

$H_2/D=1.19+15.63/N_q$, $I_2/D=0.44-7.16/N_q$

$L_2/D=1.44+35.1/N_q$, $M_2/D=1.03+45.4/N_q$

(가) 콘크리트 스파이럴 케이싱 치수(40*m*, 50~100*MW*)

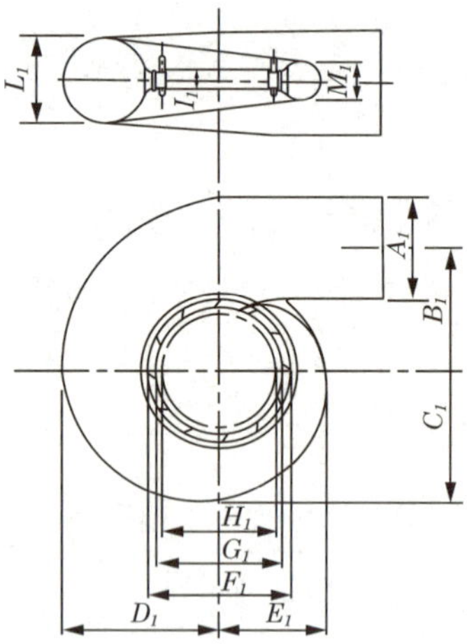

$A_1/D=0.498N_q^{0.2}$, $B_1/D=1.26+11.37\times10^{-4}N_q$

$C_1/D=1.46+9.72\times10^{-4}N_q$, $D_1/D=1.59+17.22\times10^{-4}N_q$

$E_1/D=1.21+8.13\times10^{-4}N_q$, $F_1/D=1.45+24.05/N_q$

$G_1/D=1.29+13.88/N_q$, $H_1/D=1.13+10.62/N_q$

$I_1/D=0.45-10.60/N_q$, $L_1/D=0.74-26.1\times10^{-4}N_q$

$M_1/D=1/(2.06-3.6\times10^{-3}N_q)$

(나) 스틸 스파이럴 케이싱 치수(15*m*, 70*MW*)

그림 3-59 축류형 수차에 사용되는 콘크리트 및 스틸 스파이럴 케이싱의 치수
(H. C. Radha Krishna,1997, pp. 410, 411. Fig. 12.14와 Fig. 12.15)

$N_q=166.7$일 경우에는 위의 수식과 같이 약 24%의 차이가 있다. 이런 차이는 콘크리트 케이싱의 포락각도가 작기 때문이다.

스틸 케이싱의 폭 : $B_1+C_1+A_1/2=3.76D$

콘크리트 케이싱의 폭 : $B_2+C_2=3.04D$

3) 스테이 링

축류 터빈의 가이드 베인(스테이 링, 스테이터 또는 스피드 링)은 주로 수차의 무게를 지

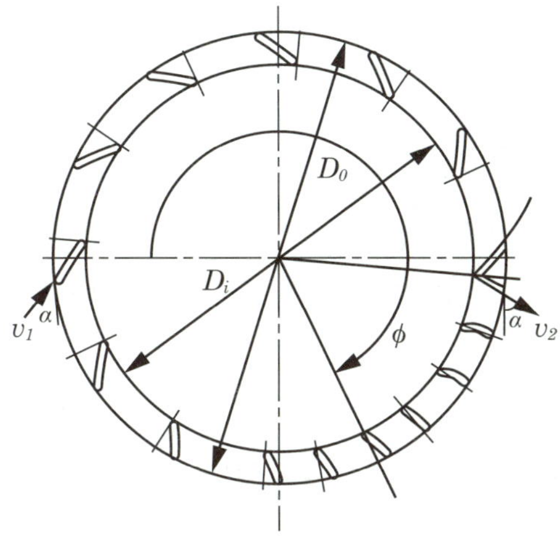

그림 3-60 스테이 링의 배치(Mei Zu-yan, 1991, p. 70. Fig. 3.19)

지하기 위한 목적으로 설치되는 구성요소이다. 보통 스파이럴 케이싱에 강화된 막대기로 스테이 링을 용접하여 설치한다. 스테이 링은 항상 치수가 크기 때문에, 설계단계에서부터 매우 주의 깊게 고려되어야 한다.

설계에 의하여 스테이 베인의 단면적이나 폭은 다양한 형태를 가질 수 있다. 완전한 원형의 스파이럴 케이싱인 경우 동일한 형상의 베인으로 설계하되 [그림 3-60]과 같이 터빈의 원주에 일정하게 배치하여야 한다. 만약 부분적 스파이럴 케이싱의 경우 케이싱의 상류 쪽에서 물이 거의 직선으로 유입되도록 스테이 베인을 곡선화 시킬 필요가 있다. 스파이럴 케이싱의 가장 끝 쪽에서 와류가 발생될 수 있으므로 [그림 3-60]과 같이 스테이 베인을 평탄하게 설계하고 공간도 넓게 하여야 할 필요가 있다.

(2) 카플란수차

1) 러너의 외경

러너의 외경은 [그림 3-38]과 같은 그래프에서 비속도에 따라 결정할 수 있고, [그림 3-56]의 경험식을 통하여 계산할 수 있다. 또한 식 (3-88)과 같이 경험식으로 러너 외경을 구할 수 있다. 기본적으로 설계절차에서 여러 가지 경험식을 이용할 수 있는데, 설계를 하면서 설계자만의 최적 경험식을 정립하는 것도 필요하다. 유량, 낙차, 회전수 및 효율이 각각 $3.0m^3/s$,

3.7m, 10s^{-1}과 90%일 때 카플란수차의 러너 외경은 Timo가 제안한 식 (3-88)에 의하여 계산을 하면 0.73m가 된다.

$$D_1 = 84.5 \times (0.79 + 1.602 \times N_s) \frac{\sqrt{H_n}}{60 \times N} \tag{3-88}$$

여기서, N_s는 $\frac{N\sqrt{Q}}{E^{3/4}}$이고, E는 비수력에너지($H_n \times g[J/kg]$), H_n는 수력효율이 고려된 정격낙차($H \times \eta_h[m]$), η_h는 수력효율, 그리고 N은 수차의 회전속도 [s^{-1}]이다.

2) 허브 지름

허브지름은 식 (3-89)로부터 구할 수 있다.

$$D_h = \left(0.25 + \frac{0.0951}{N_s}\right) D_1 \tag{3-89}$$

러너의 외경을 구할 때 사용된 시방으로 식 (3-89)를 이용하여 허브의 지름을 구하면 0.24m가 된다.

3) 러너 베인 설계

카플란수차의 베인 형상은 프로펠러수차의 베인 형상과 같지만 낙차 및 유동조건에 따라 저하되는 효율을 보상해 주기 위하여 베인의 각도변화가 가능하게 설계되어야 한다.

〈표 3-4〉와 같이 베인의 수는 3개에서 10개로 낙차에 따라 선정되어야 한다. 베인의 각도변화는 20°에서 35°사이가 일반적이다. 베인 각도의 정의는 일반적으로 최적 성능조건에서 0°로 정하고 열 때는 (+), 닫을 때는 (-)로 해주면 된다. 다른 방법으로는 완전히 닫혔을 때를 0°로 하고 열면서 각도를 더해 주는 경우도 있다.

초기의 축류형 수차에서 허브는 일체형 원통 형태가 많았으나, 허브 내에 설치된 베인 조절 시스템에 의해 베인을 조절해야 하는 카플란수차는 움직임에 대한 간섭을 피하기 위하여 2~5mm의 최소 팁 간극(tip clearance)을 갖는 구 형태로 설계하고 있다. 구 형태의 허브는 베인 각도가 크면 클수록 간극이 커져야 한다. 이때 누설량이 증가되기 때문에 1% 효율이 감소된다. 간극이 없는 프로펠러 러너는 누설손실이 없어 장점이 있다.

베인의 수가 증가함에 따라 러너 허브 지름을 증가시켜야 하고, 낙차가 증가함에 따라 베인 조절 미캐니즘에 의하여 큰 허브 공간을 요구하게 된다. 최근 들어 허브의 크기가 작아지고 있지만 높은 수력학적 하중을 버티기 위하여 강한 재질을 사용하여야 한다. 낙차에 따른 베인의 수와 허브비 변화의 범위는 〈표 3-5〉와 같다.

표 3-5 | 낙차에 따른 베인의 개수와 허브 비(Mei Zu-yan 제시)

	낙차(m)	베인 수	허브 비(D_h/D_1)
매우 저 낙차	5	3	0.33
저 낙차	5~25	4	0.35~0.4
중 낙차	25~45	5~6	0.4~0.45
고 낙차	50~80	7~10	0.5~0.6

설계 시 카플란수차의 단점은 주어진 출력과 낙차에 비해 허브가 너무 커서 물의 통로가 제한적이기 때문에 고 낙차에서는 프랜시스수차보다 크기가 커진다. 낙차가 20~30m인 경우에서는 가이드 베인 피치 원지름이 프랜시스수차와 동일하지만 프랜시스수차의 경우 카플란수차보다 더 많은 깃을 갖게 되고, 따라서 깃의 총 표면적이 증가되면서 깃에 걸친 압력차가 더 작게 된다. 이것은 깃의 저압면에 압력을 증가시키면서 캐비테이션 현상을 감소시키는 장점이 있다.

베인은 [그림 3-61]에서 보듯이 전연(leading edge)은 유선형 형태를 가지면서 후연(trailing edge)보다 두꺼운 형태로 설계를 해야 한다. 또한 캐비테이션 발생을 억제하기 위해 베인의 두께를 최대한 얇게 하면서, 팁(tip) 끝 쪽으로 얇아지고 허브 쪽으로 두껍게 설계되어야 한다. 이를 위하여 [그림 3-62]에서 보듯이 속도삼각형을 이용하여 설계 값을 구하여야 한다.

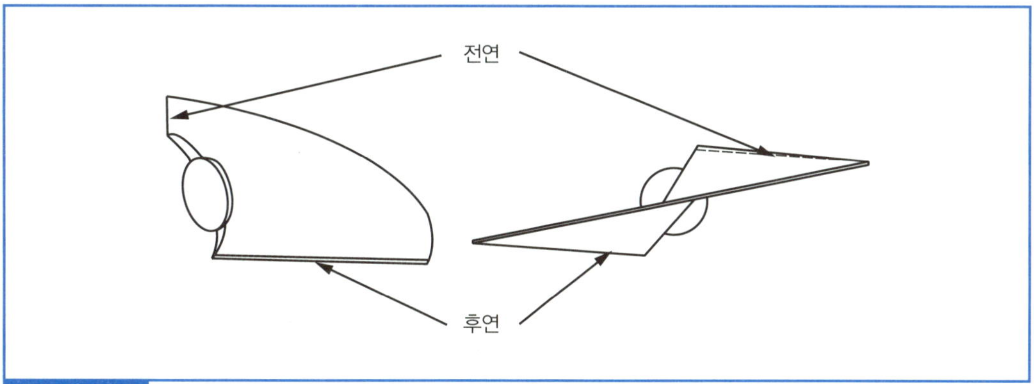

그림 3-61 베인 형상(Timo Flaspöhler, 2007, p. 28. Fig. 6.1)

표 3-6 | 6개의 투영지름에 작용하는 러너의 설계인자 값들

d	0.73	0.63	0.54	0.43	0.33	0.24
u	22.93	19.79	16.96	13.51	10.37	7.54
v_{u1}	1.55	1.80	2.10	2.64	3.44	4.73
v_{u2}	1.42	1.65	1.92	2.42	3.15	4.33
w_{u1}	-21.38	-17.99	-14.86	-10.87	-6.93	-2.81
w_{u2}	-21.51	-18.14	-15.04	-11.09	-7.22	-3.21
w_m	8.04	8.04	8.04	8.04	8.04	8.04
w_1	22.84	19.71	16.90	13.52	10.61	8.51
w_2	22.96	19.84	17.05	13.70	10.80	8.65
w_∞	22.90	19.77	16.98	13.61	10.71	8.58
β_∞	160	156	152	144	132	112
$180-\beta_\infty$	20	24	28	36	48	68

[그림 3-62]의 일반적인 속도삼각형선도를 카플란수차의 입구와 출구 관점에서 나타내 보면 [그림 3-63]과 같다. [그림 3-64]와 같이 6개의 지름을 이용하여 만든 원통에 투영하여 베인의 3차원 익형을 결정할 수 있다. [그림 3-64]에서는 6개 단면을 결정하였는데, 보통 뒤틀림이 작을 때는 3개, 뒤틀림이 클 때는 5개정도 사용하면 된다.

[그림 3-64]와 같이 각각의 지름에 해당하는 설계인자는 식 (3-90)~식 (3-95)와 같이 구할 수 있다. 식 (3-90)~식 (3-95)의 설계식을 이용하여 6개의 지름에 해당하는 설계인자를 계산하여 〈표 3-6〉에 정리하였다. 표의 하첨자 ∞는 입구와 출구값의 평균을 의미한다.

$$u=\pi ND_1[m/s] \tag{3-90}$$

$$v_u=gH_n/u[m/s] \tag{3-91}$$

$$w_u=v_u-u[m/s] \tag{3-92}$$

$$w_m=Q/A[m/s] \tag{3-93}$$

$$w=\sqrt{w_u^2+w_m^2}[m/s] \tag{3-94}$$

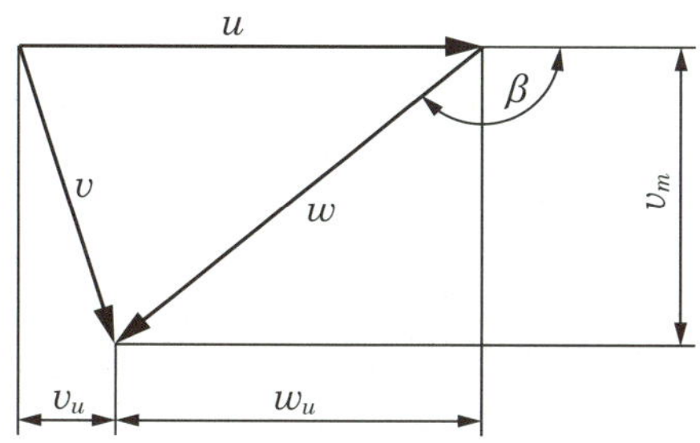

그림 3-62 축류형 수차의 일반적인 속도삼각형선도(Timo Flaspöhler, 2007, p. 28. Fig. 6.2)

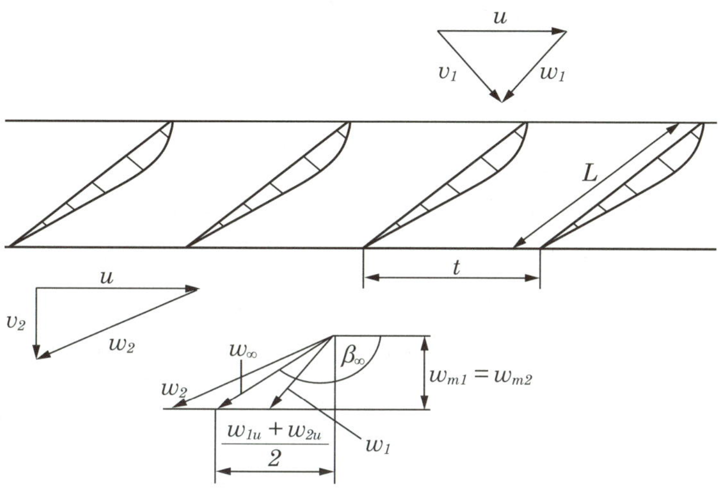

그림 3-63 축류형 수차의 속도삼각형선도(Timo Flaspöhler, 2007, p. 28. Fig. 6.3)

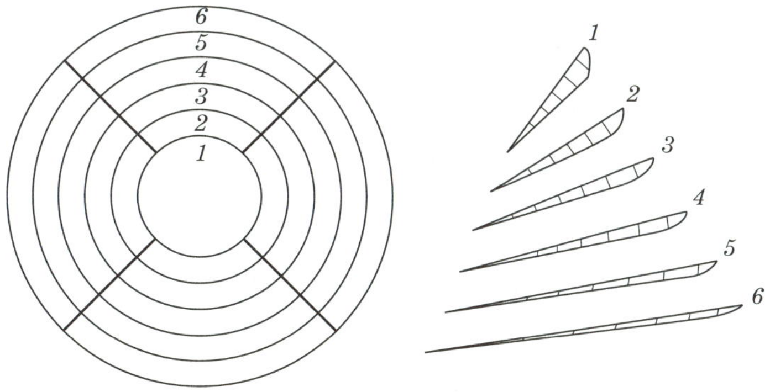

그림 3-64 원통에 투영한 베인의 프로파일(Timo Flaspöhler, 2007, p. 28. Fig. 6.4)

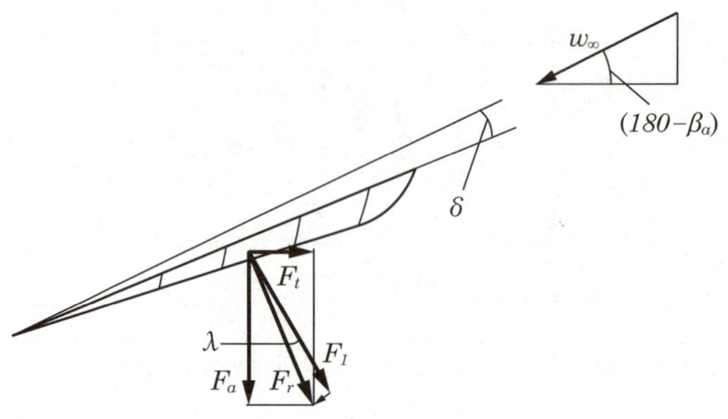

그림 3-65 날개 이론(Timo Flaspöhler, 2007, p. 28. Fig. 6.5)

$$\beta = cos^{-1}(w_u/w) \quad [deg] \tag{3-95}$$

그러나 〈표 3-5〉에서 계산된 입구각을 적용해서는 안 된다. 즉, [그림 3-65]와 날개이론에 의한 미끄럼각을 고려하여야 한다. [그림 3-65]의 날개이론은 Ludwig Prandtl에 의하여 개발되었으며, 이 이론에 따르면 양력 F_1이 날개에 적용하고, 날개는 미끄러지기 때문에 양력계수와 영각(δ) 및 미끄럼각(angle of slip, λ)을 반영하여야 한다.

먼저 수차에 적용되는 양력계수 ζ_l를 식 (3-96)과 같이 계산하여야 한다.

$$\zeta_l = \frac{w_2^2 - w_\infty^2 + 2g\left(p_{atm} - H_s - p_{min} - \eta_s \frac{v_3^2 - v_4^2}{2g}\right)}{Kw_\infty^2} \tag{3-96}$$

여기서, H_s는 흡입 낙차[m]이고, p_{atm}은 대기압, p_{min}는 최소 수압, η_s는 에너지 변환효율, v_3는 러너 직후 속도 [m/s], v_4는 출구 속도[m/s], 그리고 K는 익형 특성계수이다.

식 (3-96) 중 경험적으로 결정하여야 할 것은 최소 수압(p_{min}), 에너지 변환효율(η_s), 상관계수(K)이고, 보통 다음과 같이 결정한다.

식 (3-96)에서 구한 양력계수 ζ_l를 이용하여 식 (3-97)과 같이 L/T을 구할 수 있다.

$$\frac{L}{T} = \frac{Hg\eta_h}{w_\infty^2} \times \frac{v_m}{u} \times \frac{cos\lambda}{sin(180-\beta_\infty-\lambda)} \times \frac{1}{\zeta_l} \tag{3-97}$$

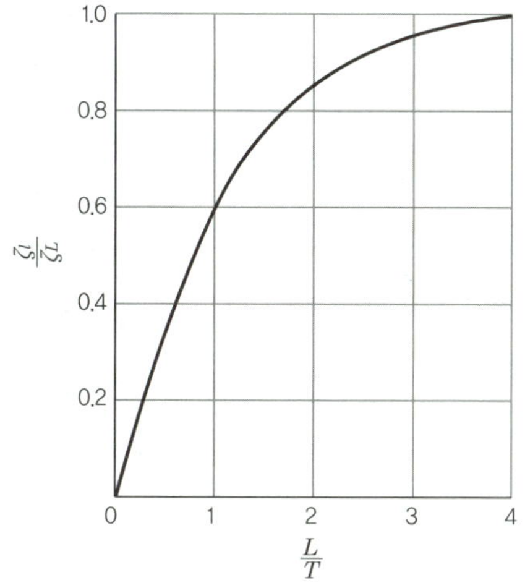

그림 3-66 L/T에 따른 ζ_l/ζ_L(Timo Flaspöhler, 2007, p. 33. Fig. 6.6)

여기서, H는 총낙차[m], v_m는 자오면 속도[m/s], η_s는 수력효율, u는 원주속도[m/s], λ는 미끄러짐 각(angles of slip), T는 베인 간격, $(180-\beta_\infty)$는 유입각[deg 또는 °]이다.

식 (3-97)에서 λ는 경험값 0.83°을 사용하여 계산한다. 식 (3-97)로부터 구해진 L/T로부터 양력계수의 비, $\frac{\zeta_l}{\zeta_L}$를 [그림 6-66]에서 구할 수 있으므로 ζ_L를 식 (3-96)에 의하여 구할 수 있다. ζ_l은 이론적인 양력계수이고, ζ_L과 ζ_D는 각각 경험적인 양력계수와 항력계수이다. 또한 [그림 6-67]에는 여러 가지 깃의 형태에 따른 ζ_D를 제시하고 있으므로, [그림 6-67]의 각 곡선들은 익형을 선택한 후 차트에서 항력계수 ζ_D를 구할 수 있게 된다.

계산된 양력계수 ζ_l와 항력계수 ζ_D의 비를 미끄럼 각 λ라 하고, 이는 식 (3-98)과 같이 계산할 수 있다.

$$\lambda = tan^{-1} \times \frac{\zeta_D}{\zeta_L} \tag{3-98}$$

식 (3-98)에서 계산된 미끄럼 각 λ와 식 (3-97)에서 가정된 미끄럼각이 동일한가를 판단하고, 두 값의 차이가 크다면 위의 절차를 시행착오법으로 반복하여 식 (3-98)로부터 최종적으로 미끄럼각을 결정해야 한다. 반복계산을 수행할 때 [그림 3-67]의 익형에서 반드시 동일한 익형으로 선정할 필요는 없고, 두 값의 차이를 줄일 수 있는 최선의 익형으로 선택하여도 된다.

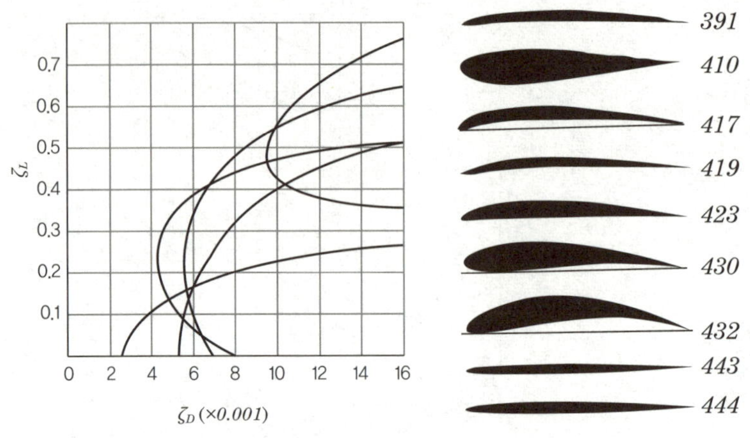

그림 3-67 익형에 따른 ζ_L와 ζ_D의 값(Timo Flaspöhler, 2007, p. 28. Fig. 6.7)

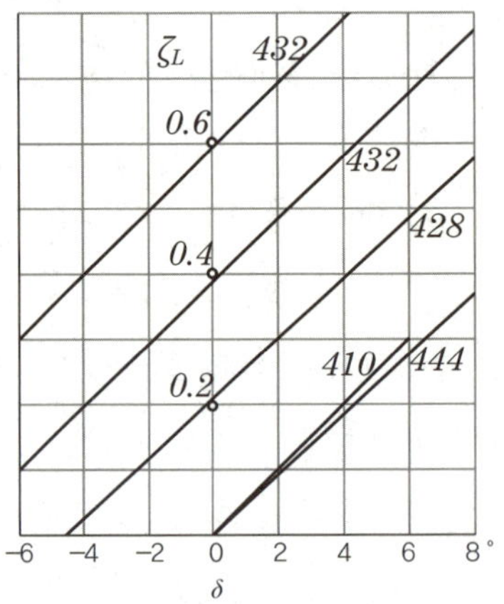

그림 3-68 익형에 따른 ζ_L와 δ의 값(Timo Flaspöhler, 2007, p. 28. Fig. 6.8)

최종적으로 미끄럼 각 λ가 결정되면 다시 한 번 절차를 반복하여 최종적인 L/T와 깃의 형태를 결정하고, 선택된 익형에서 영각 δ은 [그림 3-68]에서 선택하여 결정할 수 있다.

각 지름에 해당하는 익형에 대한 기하학적 정보를 위의 절차대로 계산하여 〈표 3-7〉에 정리하였다. 〈표 3-7〉은 익형 430을 선택하여 결정된 값이다.

〈표 3-7〉에서 투영지름이 0.24일 때, 양력계수 ζ_L가 매우 크기 때문에 [그림 3-67]과 [그림 3-68]에 보이지 않는다. 이때는 선을 연장하여 예측하여 사용하면 된다.

베인의 뒤틀림 각도를 정확히 얻기 위하여 영각 δ을 유입각 $(180-\beta_\infty)$에서 빼주어야 하고,

표 3-7 | 6개의 투영지름에 따른 익형의 기하학적 정보

d	0.73	0.63	0.54	0.43	0.33	0.24
L/T	0.95	0.90	0.87	0.85	0.85	0.94
ζ_L	0.12	0.16	0.21	0.32	0.52	0.87
ζ_D	0.0062	0.0063	0.0065	0.006	0.009	0.04
λ	2.9	2.3	1.8	1.1	1.0	2.6
δ	-5.40	-4.60	-3.3	-1.2	3	9.6

표 3-8 | 베인의 뒤틀림 각도

d	0.73	0.63	0.54	0.43	0.33	0.24
$180-\beta_\infty$	20	24	28	36	48	68

이를 〈표 3-8〉에 정리하였다.

4) 베인 조절 미캐니즘

베인 조절 미캐니즘을 구현하기 위한 시스템은 일반적으로 [그림 3-69]와 같다. [그림 3-69]를 보면 유압서보모터에 의한 상부 허브 측에서 움직이는 이중 중공으로 된 축이 링크 시스템과 연결되고, 이 힘은 링크(link)에 의하여 방향을 바꾸고, 이는 레버를 통하여 깃을 움직이는 시스템인데 최근에 가장 많이 사용되고 있는 구조이다.

베인 조절은 유압을 이용한 서보모터 실린더에 의해서 제공된다. 서보모터는 일반적으로 수차와 발전기 커플링 사이 확대부에 설치되도록 설계한다.

힘을 받고 있는 베인이 링크 시스템에 의하여 움직이려고 하다 보니 베인에 걸친 압력차가 발생하고 이에 의하여 발생된 굽힘 모멘트, 유압작업에 의한 비틀림 모멘트와 원심력으로부터 인장응력을 견뎌내야 한다. 이중 가장 응력을 많이 받는 부분은 깃의 뿌리 부분이다. 깃의 두께는 팁에서 얇고 뿌리에서 두껍다.

[그림 3-70]과 같이 깃과 플랜지 또는 플랜지에 볼트로 체결된 스터브 축(stub shaft)으로 체결하며, 스템(stem)은 뿌리에서 허브에 깃을 연결하기 위하여 일체형으로 제작하여야 한다. 스템은 허브에서 베인을 지지하고, 이는 베인 조절 미캐니즘에 중요한 역할을 한다.

수차 설계자들이 직접 접하는 문제는 허브 지름을 최소로 유지하면서 베인 조절 미캐니즘 함수를 어떻게 하면 최적화하는 것인가 하는 것이다. 첫 번째 방법은 [그림 3-71]은 링크 암을 세팅하는 것으로, 일반적인 설계에서 보다 긴 크랭크를 사용하여 축방향의 힘을 감소시킬

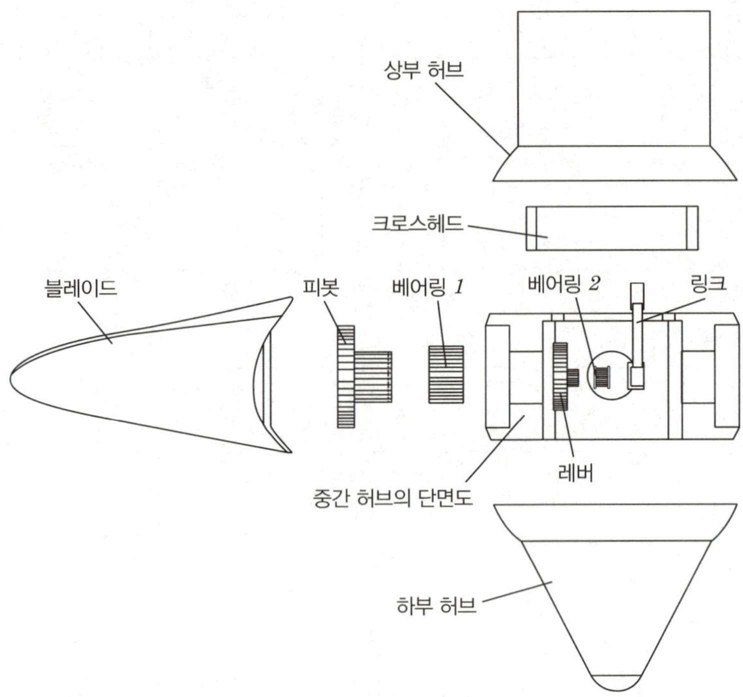

그림 3-69 **베인 조절 시스템의 개략도**(Timo Flaspöhler, 2007, p. 78. Fig. 12.1)

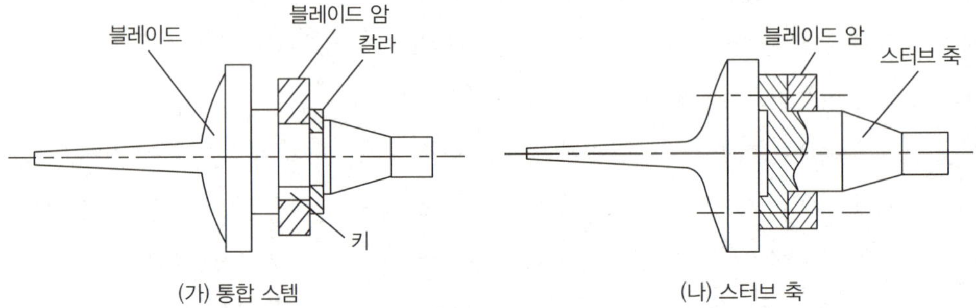

그림 3-70 **베인 스템 구조**(Mei Zu-yan,1991, p. 55. Fig. 3.6)

수 있다. 이런 미캐니즘은 6개보다 더 많은 베인을 사용할 수 있으나, 피니언의 측면에 작용하는 힘이 커져서 큰 마찰을 발생시키게 되는 단점이 있다.

두 번째 방법은 [그림 3-72]에서 보듯이 연결시스템을 아래쪽으로 늘린 혼합 연결 시스템(compound linkage system)처럼 횡방향 치수를 감소시키는 것이다. 이 방법은 2개의 연결된

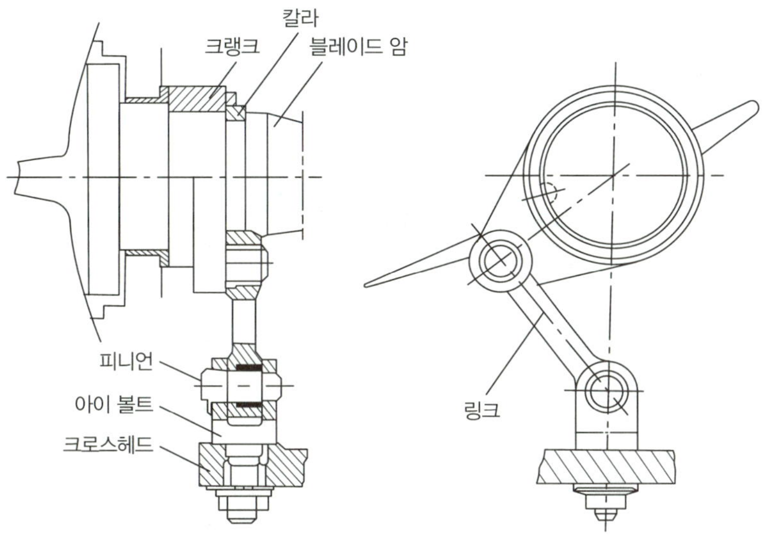

그림 3-71 경사 링크를 갖는 깃 조절 미캐니즘 시스템(Mei Zu-yan, 1991, pp. 61. Fig. 3.11)

바 사이에 벨 크랭크(bell crank)를 채택한 3 링크 시스템(three-link system)이라 한다. 3 링크 시스템은 미캐니즘의 행정체적과 회전을 좀 더 고려할 수 있으나, 이 설계의 단점은 많은 피봇점에서 마찰이 증가되는 것이다.

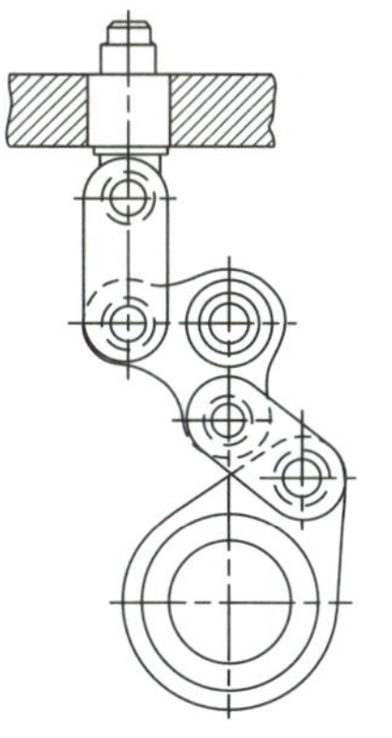

그림 3-72 혼합된 링크 시스템 (Mei Zu-yan, 1991,pp. 61. Fig. 3.12)

5) 러너 깃의 강도계산

① 러너 베인

카플란수차의 러너 베인은 일정하지 않은 형상과 평탄하지 않게 분포하는 수력학적 하중에 의하여 매우 복잡한 응력을 받는다. 베인의 강도를 계산하기 위한 간단하고 정확한 방법은 없다. 따라서 현재는 경험에 의하여 유도된 데이터를 고려하여 설계하고 이를 응력해석 방법으로 해석하거나 3차원 구조해석을 통하여 반영하여야 한다.

[그림 3-73]과 같이 깃의 뿌리에는 3가지의 하중, 즉 (a) 수력학적 압력과 하중에 의한 굽힘 모멘트 (b) 정상회전속도와 무구속속도(run-away)에서 베인에 작용하는 원심력

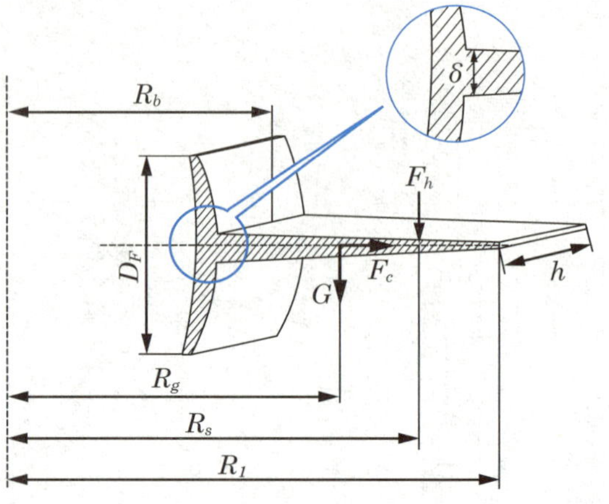

그림 3-73 러너 깃에 작용하는 하중(Mei Zu-yan, 1991, pp. 72. Fig. 3.21)

(c) 베인 축에 작용하는 수력학적 모멘트가 작용한다. 베인 뿌리의 단위 길이 당 작용하는 굽힘 모멘트는 식 (3-99)로 정리할 수 있다.

$$M_u = \frac{1}{D_F}[F_h(R_s - R_B) + G(R_g - R_B)] \tag{3-99}$$

여기서, D_F는 플랜지의 지름, F_h는 베인에 작용하는 수력학적 힘, R_s는 수력학적 작용점에서의 반지름, R_b는 허브의 반지름, R_g는 깃의 도심 반지름이고, G는 깃의 중량(weight)이다.

베인의 뿌리에 작용하는 굽힘 하중은

$$\sigma_w = \frac{7.8M_u}{\delta^2} \tag{3-100}$$

와 같다. 여기서 [그림 3-73]에서 보듯이 δ는 허브 원주 주위로의 깃의 뿌리 두께를 나타낸다.

깃의 뿌리에 작용하는 원심력은

$$F_c = \frac{G}{g} R_g \omega^2 \tag{3-101}$$

과 같다. 여기서 ω는 각속도이다.

이에 상응하는 인장강도는

$$\sigma_c = \frac{F_c}{D_F \delta} \quad (3\text{-}102)$$

베인의 뿌리에 작용하는 비틀림모멘트는

$$M_k = M_u D_1^3 h \quad (3\text{-}103)$$

이며, 상응하는 전단응력은

$$T_k = \frac{M_k}{K_2 D_F \delta^2} \quad (3\text{-}104)$$

이다. 여기서 K_2는 D_F/δ의 비에 따라 변하는 경험적인 수치이다.

깃에 작용하는 합성응력은 식 (3-105)와 같다.

$$\sigma_{re} = \sqrt{(\sigma_w + \sigma_c)^2 + 4\tau_k^2} \quad (3\text{-}105)$$

② 베인 암

베인 조절 미캐니즘에서 베인 암은 [그림 3-74]와 같이 베인을 조절하려는 힘 F_N을 전달하고, 컬럼 또는 볼트를 통하여 당기는 원심력 F_c을 유지시키려고 한다.

단면 Ⅰ-Ⅰ에서 결합응력은

$$\sigma_I = \sqrt{\left(\frac{F_N \ell}{0.1 d_L^3}\right)^2 + 4\left(\frac{4F_N}{\pi d_L^2}\right)^2} \quad (3\text{-}106)$$

단면 Ⅱ-Ⅱ에서는

굽힘 모멘트 $M_t = F_c(R_c - R_f)/2\pi$ (3-107)

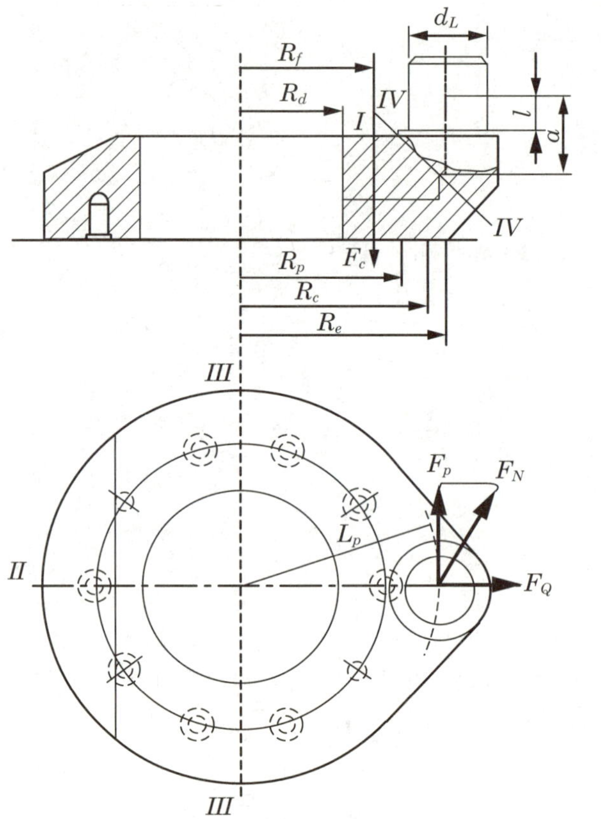

그림 3-74 베인 암에 작용하는 하중 관련 그림(Mei Zu-yan, 1991, pp. 72. Fig. 3.22)

$$\text{전단응력 } \sigma_{t1} = \frac{6M_t}{t^2 \tau ln(R_e/R_d)} \tag{3-108}$$

여기서 R_e는 추력베어링 표면에서의 평균 반지름이고, r는 계산점에서 반지름이다.

단면 Ⅲ-Ⅲ에서는

$$\text{굽힙모멘트 } \sigma_b = \frac{3F_p L_p r}{2t(R_e^3 - R_d^3)} \tag{3-109}$$

$$\text{전단응력 } \sigma_{\text{Ⅲ}} = \sigma_b + \sigma_{t1} \tag{3-110}$$

단면 Ⅳ-Ⅳ에서는

굽힘모멘트 $\sigma_{b1}=\dfrac{3F_p a}{(R_e-R_d)t^2}$ (3-111)

전단응력 $\sigma_{t2}=\dfrac{F_p}{\gamma A_{\text{IV}}}\dfrac{L_p}{R_a}$ (3-112)

따라서, 합성응력은 다음 식과 같다.

$\sigma_{\text{IV}}=\sigma_{t1}+\sigma_{t2}+\sigma_b$

6) 링크 시스템

러너 베인의 피치는 베인 조절 미캐니즘으로 알려진 링크 시스템의 서보모터로 작동되는 유압에 의하여 조절된다. [그림 3-75](나)는 단일 링크 암을 채택한 제어 미캐니즘을 나타내고 있으며, [그림 3-75](가)는 단일 링크 암이 적용된 시스템이다. 각 구성요소에 적용된 강도를 계산하여 보면 다음과 같다.

한 개의 깃에 작용되는 제어 토크는 식 (3-113)과 같다.

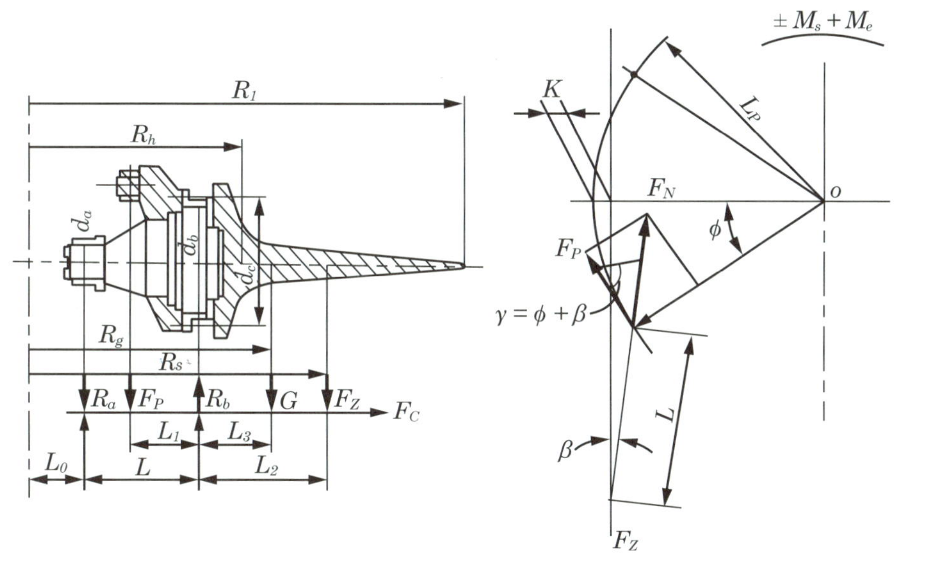

(가) 깃에 작용하는 힘과 치수 (나) 암을 채택한 제어 미캐니즘

그림 3-75 깃 조절 시스템이 적용될 때 깃에 적용되는 하중(Mei Zu-yan, 1991, pp. 75. Fig. 3.23)

$$M_e = \pm M_s + M_t \tag{3-113}$$

암 핀에 작용하는 접선력은 식 (3-114)와 같다.

$$F_p = \frac{\pm M_s + M_t}{L_p} \tag{3-114}$$

여기서, M_s는 모델실험에서 얻어진 수력학적 토크이고, M_t는 주어진 설계에서 계산된 마찰 토크이다. M_s가 M_c와 같은 방향일 때 (-)부호가 사용되고 다른 경우에는 (+)부호를 사용한다.

베인의 스템에 작용하는 마찰 토크는

$$M_t = \mu R_a \frac{d_a}{2} + \mu R_b \frac{d_b}{2} + \mu R_c \frac{d_c}{2} \tag{3-115}$$

여기서, R_a와 d_a는 각각 피봇점 a에서 스템의 작용력과 지름, R_b와 d_b는 피봇점 b에서 스템의 작용력과 지름이고, R_c와 d_c는 추력베어링에서 평균 작용력과 지름이며, μ는 마찰계수로서 보통 0.15~0.20의 범위 내에 있다.

피봇점 a와 b에서 작용력은

$$R_a = \pm \frac{L_1}{L} F_p + \frac{L_2}{L} F_z + \frac{L_3}{L} G$$

$$R_b = \pm \left(1 - \frac{L_1}{L}\right) F_p + \left(1 + \frac{L_2}{L}\right) F_z + \left(1 + \frac{L_3}{L}\right) G \tag{3-116}$$

여기서 G는 베인과 구성요소들의 중량이고, F_z는 한 개 깃에 작용하는 축방향의 수력학적 압력이다.

$$R_s = \frac{4}{3}\left(R_{av} - \frac{R_1}{4} \frac{R_h}{R_{av}}\right) \frac{sin\phi}{\phi} \tag{3-117}$$

여기서, $R_{av} = (R_1 + R_h)/2$이고, ϕ는 반경 R_{av}에서 베인의 포락각도의 반이다. 축방향 작용력은 식 (3-118)과 같다.

$$F_c = F_{c1} + F_{01} \quad (3\text{-}118)$$

여기서, F_{c1}는 깃과 구성요소의 원심력이고, F_{01}는 러너의 허브 내부에 유압에 의해 작용하는 추력이다.

이를 식 (3-115)에 대입하고 다시 정리하면 식 (3-120)과 같다.

$$M_t = \pm\mu A_1 F_p + \mu A_2 F_z + \mu A_3 G + \mu A_4 F_c \quad (3\text{-}119)$$

가 된다. 여기서 A_1, A_2, A_3와 A_4는 기하학적 정보와 관련된 상수이다.

식 (3-119)를 식 (3-114)에 대입하면 식 (3-121)과 같게 된다.

$$F_p = \frac{\pm M_s + \mu A_2 F_z + \mu A_3 G + \mu A_4 F_c}{L_p \pm A_1} \quad (3\text{-}120)$$

가 된다. 각 베인에 작용하는 수직력은

$$F_{av} = \frac{F_p cos\beta}{cos\gamma} \quad (3\text{-}121)$$

만약 β가 매우 적으면, $cos\beta \cong 1$가 된다. 추가적으로 연결 조인트와 실(seal)에서 마찰을 고려하면 위 식은 식 (3-122)가 된다.

$$F_{av} = 1.2\left[\frac{\pm M_s + \mu A_2 F_z + \mu A_3 G + \mu A_4 F_c}{(L_p \pm A_1) cos(\phi + \beta)}\right] \quad (3\text{-}122)$$

[그림 3-75]에서 보듯이 링크의 스윙 각 β와 깃 각 ϕ 사이의 관계는 식 (3-123)과 같다.

$$sin\beta = \frac{L_p(1 - cos\phi) - K}{L} \quad (3\text{-}123)$$

이때 서보모터의 최소압력은

$$p_{min} = \frac{ZF_{av}}{A} \tag{3-124}$$

가 되고, 여기서 Z는 블레이드의 개수이고, A는 서보모터 피스톤의 유효면적이 된다.

(3) 튜블러수차

튜블러수차는 프로펠러수차와 카플란수차와 같이 횡축 축류형 수차의 한 종류이며, 2~25m에서 40m의 낙차까지 가능한 수력학적 특성을 가지고 있다. 설치 및 배치에 따라 아래와 같이 여러 가지 이름으로 불린다. 각각의 수차는 다른 시방과 출력범위를 가지고 있으며 제1장 수차의 종류와 구조에 관한 부분을 참조하기 바란다.

튜블러수차

Straight-flow turbine

Semi-Straight-flow turbine

- Bulb turbine
- S-type tubular turbine
- Pit-type turbine

1) 벌브 케이싱

발전기를 포함하고 있는 벌브 케이싱의 크기는 주로 유닛의 전체 크기에 따라 좌우된다. 직선 형태 수차(Straight-flow turbine)의 경우는 수력학적 손실을 감소시키기 위하여 벌브가 작아야 한다. 수력학적 치수를 고려하여 볼 때 가능하면 벌브의 크기를 크게 하는 것은 발전기의 설치에 있어 장점이 있으나, 수차 전체 크기가 커지는 단점이 있다.

중/소 용량의 유닛 발전소의 경우 결론적으로 발전기의 크기와 벌브의 지름을 감소시키기 위한 방안으로 유성치차 감속기(planetary gear reducer) 또는 평행 축기어를 사용한 증속기(increaser)를 사용한다.

증속기를 사용하는 경우 벌브 크기에 대한 일반적인 법칙은 식 (3-125)와 같다.

$$\frac{d_b}{D_1} = 0.80 \tag{3-125}$$

여기서, d_b는 벌브의 지름이고, D_1은 러너의 지름이다.

대유량의 경우, 튜블러수차는 일반적으로 발전기와 직결하여 사용하는 경우가 많고 따라서 식 (3-126)과 같이 큰 허브를 사용하게 된다.

$$\frac{d_b}{D_1}=1.12\sim1.20 \tag{3-126}$$

2) 입구 유입부

입구 수력손실을 감소시키기 위하여 유입부(inlet passage)는 러너에 비해 보통 크게 제작한다. 잘 만들어진 통로는 유동이 원활하고 손실을 감소시킬 것이다. 또한 원형으로 통로를 만드는 것은 입구길이를 줄여주므로 설치 경비를 감소시킬 수 있다.

입구통로의 크기는 벌브 케이싱의 크기에 따라 결정되어야 하고, 구동 발전기가 있는 경우 입구통로 지름은 식 (3-127)과 같다.

$$\frac{d_i}{D_1}=1.95\sim2.25 \tag{3-127}$$

여기서, 만약 증속기를 사용하여 발전기가 구동되었다면, d_i는 현저하게 감소될 것이다.

[그림 3-76]은 튜블러수차의 일반적인 유동통로 전체 치수를 나타내었으며 [그림 3-77]은 GZ003 벌브수차의 설계된 치수를 나타내고 있다.

3) 러너 챔버

보통 설계낙차에 비해 운전 낙차는 넓은 범위에서 변화하게 된다. 중/대 튜블러수차의 러너 깃은 대부분이 조절 가능한 형태이다. 소형 튜블러 터빈의 경우 고정 러너 깃을 사용하는 경우가 많다.

고정용 깃 수차의 경우에 최대 유량이 가능한 목(throat) 면적을 얻고 챔버와 러너 주위 사이의 간극을 줄이기 위하여 원형의 러너 챔버가 사용된다. 깃의 조절이 가능한 수차의 경우, 반구형의(semi-spherical) 러너 챔버가 카플란수차에서 사용된다. 목 지름은 러너의 방출량과 수력효율에 영향을 준다. [그림 3-77]에서 $d_m=0.973D_1$의 경우는 최적의 범위에서 최고효율을 나타내었으며, $d_m=0.984D_1$일 경우에는 최대 유량범위에서 최적의 성능을 발휘하였으며, 적은 유량범위에서 최적의 성능을 발휘한 경우는 $d_m=0.943D_1$이다. 그러나 보통 출력이 적은 경우는 제작 비용을 줄이기 위하여 목 지름의 개념을 무시하곤 한다.

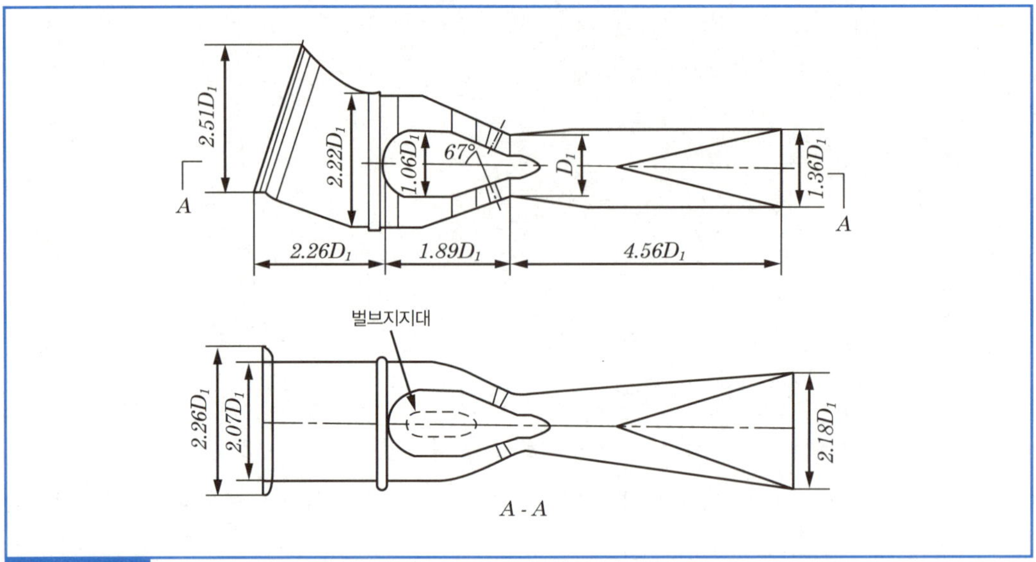

그림 3-76 튜블러수차의 유동통로 전체 치수(Mei Zu-yan, 1991, pp. 92. Fig. 4.13)

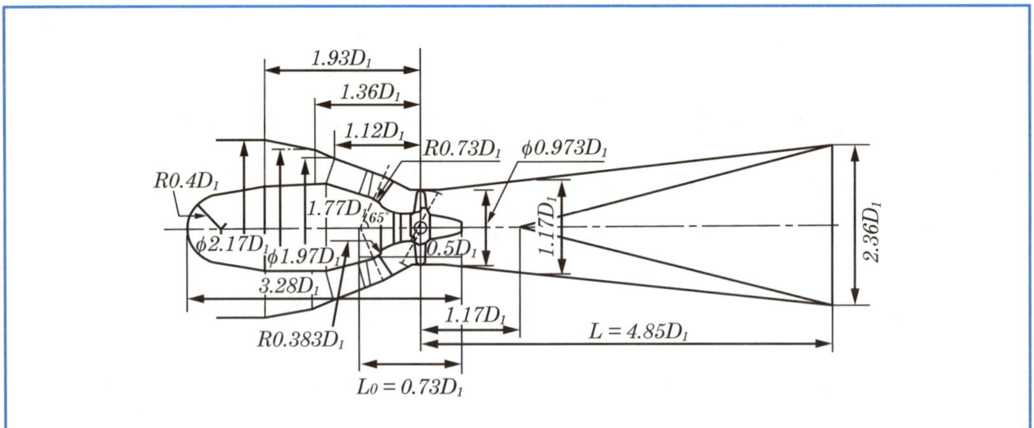

· 그림 3-77 GZ003 튜블러수차의 유동통로 치수(Mei Zu-yan, 1991, pp. 92. Fig. 4.14)

4) 스테이 링

스테이 링(stay ring)은 가이드 베인을 고정시키는 부분으로 러너 입구에서 유동분포가 안정되도록 설계하여야 하고, 수차가 정지(stand still) 시 물의 누수 방지, 즉 수밀을 고려하여 설계되어야 한다. 이는 가이드 베인을 적절하게 선택함에 따라 가능해진다. 몇몇 설계의 경우 평면의 가이드 베인을 사용하는 경우가 있다. 이는 제작비용을 줄일 수 있기 때문이다.

가이드 베인의 상대 높이는 수차의 비속도와 최대 운전 낙차에 의하여 결정되어야 한다. 일반적으로 가이드 베인의 높이는 저 낙차와 높은 비속도의 경우 $(0.32\sim0.42)D_1$에서 큰 값을, 고 낙차와 저비속도의 수차의 경우에는 낮은 값을 선택하여 설계하는 것이 바람직하다.

선택된 가이드 베인의 높이는 발전소의 전체 성능에 영향을 직접 미치기 때문에 수차 러너의 방출량을 고려하여 설계하여야 한다. 높이가 너무 작으면 가이드 베인 공간에서 유동속도가 증가하여 손실이 증가되고, 반대로 높이가 크면, 낮은 유동속도 때문에 유동조건은 향상될 수 있으나, 수차의 크기는 커질 것이며 이에 따라 제작비용이 많이 들 것이다. 가이드 베인의 높이는 수력학적 특성을 고려한 CFD를 통한 설계가 되어야 하며, 적어도 요구 강도에 적합하게 설계되어야 한다.

가이드 베인의 수는 보통 12, 16, 18 그리고 24개까지 사용하지만 중/대형 수차는 16개를 가장 많이 사용하고, 소형의 경우는 8개 또는 그보다 작게 사용하는 것이 일반적이다. 가이드 베인이 적절한 설계가 되었더라도, 베인의 수가 적으면 불균일한 유동분포와 효율 저하를 초래하게 한다. 일반적으로 소수력(300*kW*)급 Gugler 수차의 경우 16개를 채택하고 있다.

가이드 베인의 경사각은 수평축으로 60°, 65° 또는 70°로 설계하는데 이중 60°와 65°를 가장 많이 사용하게 된다. 가이드 베인 축과 수차 축과의 거리는 [그림 3-77]의 L_0로 표시된 러너 깃의 중심선까지 거리이고, 이 값은 $(0.65\sim0.80)D_1$의 범위를 갖는다. 큰 L_0는 좋은 유동조건을 제공하지만 수차의 길이가 길어지는 단점이 있다. 결론적으로 L_0은 소형 수차에서는 크게, 대형 수차에서는 작게 하는 것이 바람직하다.

5) 흡출관

저 낙차, 대유량의 경우 러너 출구에서 운동에너지는 매우 크게 작용한다. 성능에 영향을 미치는 중요한 흡출관 설계인자는 길이, 입구/출구 면적 그리고 원추각도이다. 흡출관 길이 L은 [그림 3-77]에서 보듯이 러너 깃의 축으로부터 출구까지의 거리이다. L의 상대 값은 $(4.5\sim5.0)D_1$의 범위를 갖으며, $5.0D_1$을 일반적으로 사용한다. $5.0D_1$보다 길이가 긴 경우 마찰손실이 많이 발생하고 눈에 띌만한 에너지 회복도 어렵다.

원추각도는 $\theta=10°\sim13°$인 직선 원추형 흡출관의 경우 가장 많이 사용된다. 출구 손실은 출구길이에 따라 확산되는 출구면적의 변화에 따라 의존된다. 높은 비속도의 입구/출구 면적비는 $A_i/A_0=0.2\sim0.25$이다.

원추형 흡출관은 [그림 3-78]과 같이 크게 2가지가 많이 사용된다. 첫 번째 흡출관은 주로 소/중형 수차에 사용하는 완전히 입구에서 출구까지가 원추형의 디퓨저 형태이다. 이는 토목공사 및 설치상의 문제가 발생되었을 경우나 수차 중심 사이 거리를 감소시키기 위하여 사

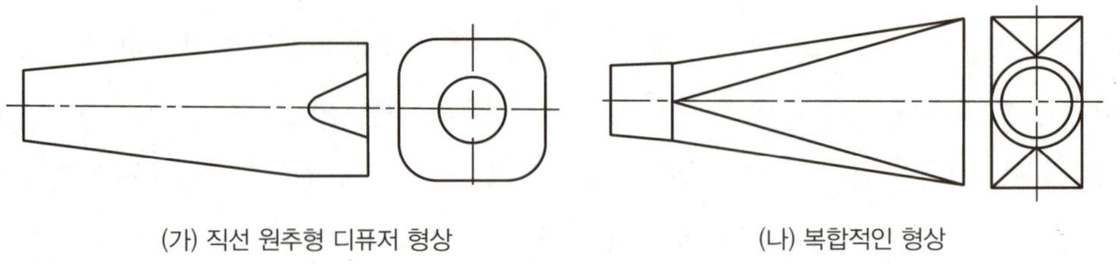

그림 3-78 튜블러수차의 흡출관 형상(Mei Zu-yan, 1991, pp. 95. Fig. 4.15)

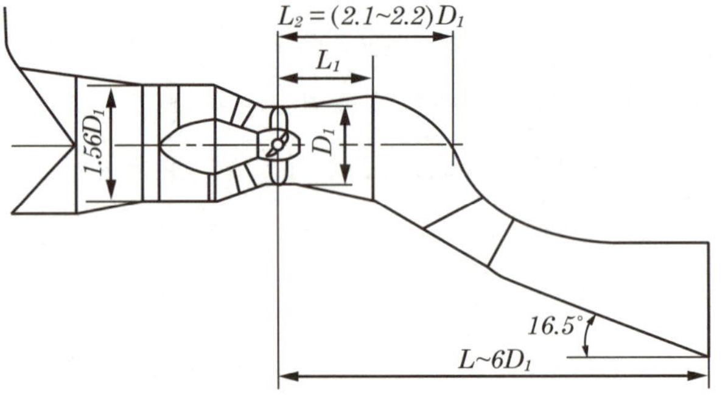

그림 3-79 S자형 흡출관의 경우(Mei Zu-yan, 1991, pp. 97. Fig. 4.17)

용되며, 직선 원추형 디퓨저는 [그림 3-78]의 (가)와 같이 4개의 측면을 갖도록 평평하게 절단하여 제작한 것을 의미한다. 다른 형태는 [그림 3-78]의 (나)와 같이 입구에서 직선 원추형 디퓨저 형상이지만, 원형에서 사각의 횡단면적으로 점차적으로 변하는 복합적인 형태를 갖는 것이다. 주로 이런 경우는 토목공사를 줄이기 위한 목적으로 사용된다.

S자형 흡출관은 [그림 3-79]와 같이 3가지 영역, 즉 입구영역, 벤드영역, 그리고 수평 출구 디퓨저 영역으로 구성된다. 주손실은 회전축에 의한 확산손실, 출구손실과 낙차손실이다. 원추 입구에 관한 가장 좋은 비율은 원추각도 $\theta=16.5°$일 때 약 $L_1/D_1=1$로 설계하는 것이다. 이때 입구와 출구의 최적 면적 비는 $A_0/A_i=1.18$이다. 수평 디퓨저는 바닥 표면에서 아래로 비스듬하게(16.5°)로 설계하고 사각단면을 갖도록 두 개의 평행한 측벽으로 구성한다.

(4) 펌프수차

펌프수차는 수차를 역전해서 펌프작용을 할 수 있도록 한 것으로서 사류형과 프랜시스형이 있다. 두 형식의 펌프수차는 1장에서 설명하였듯이 여러 가지 좋은 점들이 있어 양수발전소용 수차로서 많이 사용되었으나 최근 들어 효율이 전용기로 설계한 것보다 떨어짐에 따라 프랜시스수차쪽으로 러너만 변경하여 사용되고 있는 추세이다.

펌프수차의 이론적인 설계는 프랜시스수차의 설계를 적용한다.

1) 러너의 입구/임펠러 출구 지름

최적조건에서 임펠러 출구의 원주속도는 식 (3-128)과 같이 나타낼 수 있다.

$$\frac{U_P}{H_p^{1/2}}=\left(\frac{1.0+1/q_{Q/H}}{0.0765}\right)^{1/2} \tag{3-128}$$

식 (3-128)의 U_P는 펌프의 입구속도이고, H_p는 단위 낙차를 나타내며 $q_{Q/H}$는 낙차 변화에 대한 유량 변화의 구배를 의미한다.

이때 러너의 입구 및 임펠러의 출구 지름은 아래와 같이 구할 수 있다.

$$D_1=\frac{60}{\pi}\frac{(H_{P_{bep}})^{1/2}}{n_P}\left(\frac{U_P}{H_{P_{bep}}^{1/2}}\right) \tag{3-129}$$

식 (3-129)에서 하첨자 *bep*는 최고효율점을 의미한다.

2) 러너의 입구/임펠러 출구 폭

러너의 입구 또는 임펠러 출구 폭 B는 깃의 형상을 결정하는데 있어 중요한 인자이다. 왜냐하면, 깃 각 β_1은 폭 B에 따라 변화하기 때문이다. [그림 3-80]과 같이 경험적인 방법으로 비속도에 따른 유입속도값 C_{m1P}을 예측하여 식 (3-130)처럼 B는 계산할 수 있다. 비속도 n_q 대 $C_{m1P}/H_p^{1/2}$을 [그림 3-80]과 같이 나타내었다. 이로부터 폭 B는 식 (3-130)에 의하여 결정할 수 있다.

$$B=\frac{Q_{P_{bep}}}{\pi D_1 C_{m1P}} \tag{3-130}$$

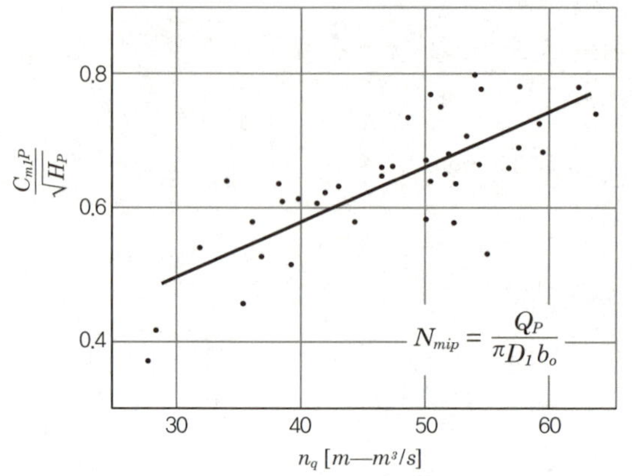

그림 3-80 프랜시스 펌프-터빈의 경우 출구값에서 자오선 속도값
(H. C. Radha Krishna,1997, pp. 483, Fig. 14.13)

식 (3-130)의 $Q_{P_{bep}}$는 펌프에서 최고효율점일 때의 유량이고, C_{m1P}는 펌프에 유입되는 속도의 반지름 방향 성분이다.

3) 러너의 출구/임펠러 입구 지름

러너 출구 또한 임펠러 입구에서 블레이드 각 β_1이 지름 D_1에 영향을 받기 때문에, D_1은 펌프의 입구각 i_P와 수차의 편향각도 δ_T를 결정하는 데 영향을 주기 때문에 타당해야 한다. 이로부터 지름 D_1은 식 (3-131)에 의하여 결정할 수 있다.

$$D_1 = \left(\frac{4Q_{P_{bep}}}{\pi C_{m1P}} \right)^{1/2} \tag{3-131}$$

참고문헌

① 국내 관련 연구자료

카플란수차 설계기술 및 국산화 개발, 1996-N-SH02- P-01, 산업자원부.

수도관 차압을 이용한 마이크로 소수력 발전 실용화 기술개발, 2006-N-SH02-P-02, 산업통상자원부.

체코의 초초소수력 자료, http://cafe.naver.com/renewableenergy/9179.

② 국외 각종 규격

Hydro Life Extensionmodernization Guides, Volumes 2 : 2000, TR-112350-V2, Hydromechanical Equipment, EPRI.

IEC60041 International Standard 3rd Ed., 1991, Field Acceptance Tests to Determine the Hydrualic Performance of Hydraulic Turbines, Storage Pumps and Pumps-Turbines.

ISO 62256 Ed 1.0, 2008, Hydraulic Turbines, Storage Pumps and Pump-Turbines-Rehabilitation and Performance Improvement.

③ 저서

Mei Zu-yan, 1991, mechanical Design andmanufacturing of Hydraulicmachinery, Abebury Technical.

Miroslav N., 1957, Hydraulic Turbine; Their Design and Equipment, Constable Co LTD.

Mohammad Durali, 1976, Design of Small Water Turbines for Farms and Small Communities, Technology Adaptation Program, massachuetts Institute of Techinology Cambridge, massachusetts.

OBAID ZIA, OSAMA ABDUL GHANI, SYED TALHA WASIF and ZOHAIB HAMID, 2010, DESIGN, FABRICATION AND INSTALLATION OF AmICRO-HYDRO POWER PLANT.

Radha Krishna H. C. 1997, Hydraulic Design of Hydraulicmachinery, Published by Avebury.

Timo Flaspöhler, 2007, Design of the runner of a kaplan turbine for small hydroelectric power plants, TAMPERE University of Applied Scienes, Enuronment Engineerig, Ph.d. Thesis.

제 4 장

수차의 전산설계

4.1 형상 모델링

컴퓨터 시뮬레이션을 수행하기 위해서는 실험 대상을 3차원적으로 명확히 이해할 수 있어야 한다. 간단한 형상인 경우에는 쉽게 이해할 수 있지만, 수차와 같이 미캐니즘이 복잡한 유체기계는 정확한 캐드 도면을 가지고 형상을 파악한다. 보통 일반적인 제작도면은 2차원 형상이기 때문에 3차원적으로 형상을 정확히 이해하기가 어려우며, 이를 이용하여 형상을 3차원으로 제작하기가 매우 어렵다.

[그림 4-1]과 같이 3차원 모델링 생성은 컴퓨터 시뮬레이션에서 있어 가장 먼저 수행되어야 하는 과제이다. 모형의 3차원 컴퓨터 모델링을 수행하기 위한 단계는 [그림 4-2]와 같이 설명할 수 있다.

먼저 해석할 수차 형상을 결정하고 이에 대한 2차원 도면을 입수하여 2차원적인 치수를 생성하여야 한다. 2차원적 치수를 획득 및 생성하는 데 있어서 가장 중요한 것은 도면이 컴퓨터 파일 즉 캐드 화일(*.dwg)의 파일로 되어 있어야 한다.

그러나 오래 전에 제작된 수차 설계 도면은 대부분은 출력한 형태로 되어 있거나 손으로 그린 도면이 많다. 만약 도면이 있다 해도 주요 치수가 누락된 경우가 많고, 정확한 치수 정보를 확보하는 것은 쉽지 않다.

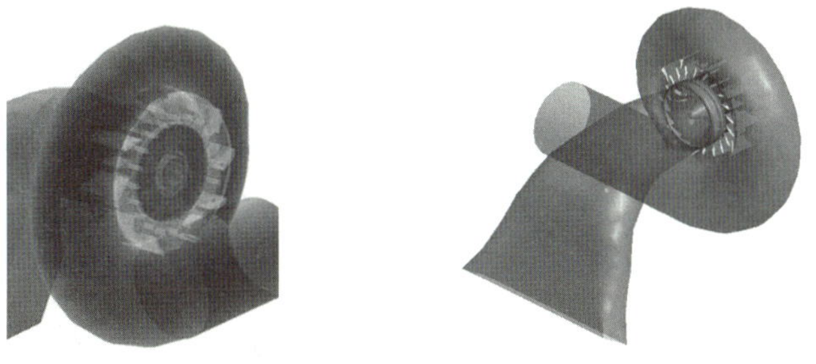

그림 4-1 프랜시스수차의 3차원 모델링

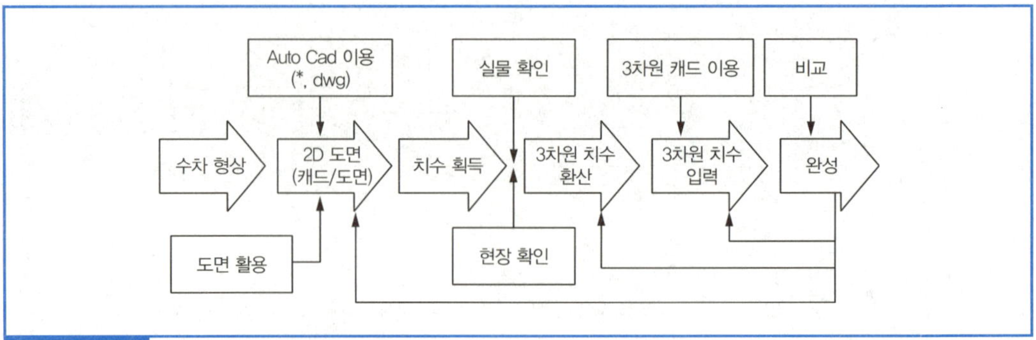

그림 4-2 3차원 형상 모델링을 위한 순서

2차원 캐드 화일로 되어 있다고 해서 정확한 치수를 환산할 수 있는 것은 아니다. 수차 제작회사에서 보유하고 있는 대부분의 도면은 기술보안 때문에 치수를 무시하고 비축적(non-scale)으로 그려놓은 경우가 많아 반드시 전문가의 확인이 필요하고, 설치되어 가동되고 있는 곳이 있다면 현장 확인된 현도가 필요하다.

[그림 4-2]와 같이 획득된 2차원 치수로부터 3차원 치수로 환산작업을 하고 얻어진 3차원 치수를 3차원 캐드 프로그램(CATIA, SpaceClaim, Pro/E, Solidwork 등)을 이용하여 외형을 모델링한다. 특히, 수차 내부를 정확히 알 수 없기 때문에 반드시 전문가의 협조 및 현장 확인이 필요하다.

4.2 해석기법

4.2.1 RANS 코드

(1) 지배방정식

유동정보를 구하기 위해 적용하는 보존방정식은 질량, 운동량, 에너지 방정식이다.

$$\frac{\partial \rho}{\partial t} + \frac{\partial}{\partial x_j}(\rho u_j) = 0$$

$$\frac{\partial}{\partial t}(\rho u_j)+\frac{\partial}{\partial x_j}(u_i\rho u_j)=-\frac{\partial p}{\partial x_j}+\frac{\partial \tau_{ij}}{\partial x_j}+S_{u_i}$$
$$\frac{\partial}{\partial t}(\rho H-p)+\frac{\partial}{\partial x_j}(\rho u_j H)=\frac{\partial}{\partial x_j}\left(k\frac{\partial T}{\partial x_j}\right)-\frac{\partial}{\partial x_j}(u_j\tau_{ij})+S_T \quad (4\text{-}1)$$

여기서, ρ는 밀도, u_i는 속도, p는 압력, μ는 점성계수, H는 전엔탈피($H=h+u_iu_i/2$), T는 온도, τ_{ij}는 응력텐서이다. 상태방정식 $\rho=\rho(p,\ T)$, 점성계수 μ와 변형율의 함수로써 τ_{ij}의 응력-변형률 관계, 그리고 $h=h(p,\ T)$가 이들 방정식에 추가된다. 난류유동은 와점성(eddy viscosity)이 추가되고, 지배방정식은 시간평균 방정식으로 바꾸어 준다.

(2) 이산화방법

수차 해석에 많이 사용되는 RANS 코드의 대표적인 프로그램인 CFX, Fluent, Star-CD, Fine-turbo 등의 프로그램은 implicit pressure-based 방법을 사용하며, 여기서 사용되는 주요 독립 변수들은 (p, u_i, H)이다.

[그림 4-3]에서 실선으로 나타난 것은 일반적으로 알려져 있는 격자 즉, 쉘(cell)이다. 실선으로 나타난 쉘 즉, 요소(element)를 다시 나누어 점선으로 표시된 서브요소로 나누고, 제어체적은 [그림 4-3]의 음영으로 나타낸 부분과 같이 격자점을 둘러싼 서브요소들로 구성되며 hexahedral, tetrahedral, wedge, pyramid 등 모든 요소형태에 대해 동일하게 적용된다. 모든 변수값과 유체의 물성치는 이 격자점에 저장된다.

수치해석의 정확도는 격자 값으로 표현되는 적분점(i_p)에서의 표면적분 값들의 정확도에

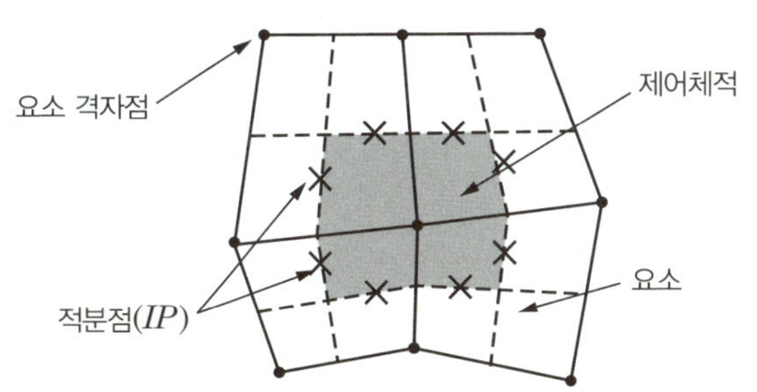

그림 4-3 격자계와 제어체적

의해 결정된다. 계산을 통해 얻어진 해는 격자점에 저장되지만 방정식의 대류항, 확산항, 압력구배항 등의 다양한 항들은 적분점에서의 해나 해의 구배값(solution gradient)을 필요로 한다. 따라서 요소 내부에서의 해의 변화를 계산하기 위해 유한요소 형상함수(finite element shape function)가 사용된다. 그렇기 때문에 ANSYS-CFX를 FEM-based FVM 혹은 Element based FVM 방식이라고 한다.

[그림 4-3]에서와 같이 제어체적면의 적분점의 개수가 2D의 경우 일반적인 FVM의 4개에 비해 8개로 2배가 많은 것을 알 수 있다. 3D의 경우 육면체 격자의 경우 6개에 비해 24개로, 사면체 격자의 경우 4개에 비해 ANSYS-CFX는 평균 60개로 적분점이 많아지므로 비교적 성긴 격자에서도 해석결과가 정확하다.

식 (4-1)의 방정식들을 제어체적에 걸쳐 적분함으로써 질량, 운동량 그리고 에너지 방정식에 대한 이산화방정식은 다음과 같이 구할 수 있다.

$$\rho V\left(\frac{\rho-\rho^{o}}{\Delta t}\right)+\sum_{ip}(\rho u_j \Delta n_j)_{ip}=0$$

$$\rho V\left(\frac{U_i-U_i^{o}}{\Delta t}\right)+\sum_{ip} m_{ip}(u_i)_{ip}=\sum_{ip}(p\Delta n_i)+\sum_{ip}\left(\mu_{eff}\left(\frac{\partial u_i}{\partial x_j}+\frac{\partial u_j}{\partial x_i}\right)\Delta n_j\right)_{ip}+\overline{S_{u_i}}V \tag{4-2}$$

$$\rho V\left(\frac{(H-p/\rho)-(H^{o}-p^{o}/\rho)}{\Delta t}\right)+\sum_{ip} m_{ip}H_{ip}=\sum_{ip}\left(k_{eff}\frac{\partial T}{\partial x_j}\Delta n_j\right)_{ip}+\overline{S_{\phi}}V9$$

여기서 $(\Delta n_j)i_p$은 적분점(i_p) 위치에서 국소 표면벡터이다. 그리고 제어체적의 (i_p) 표면을 통과하는 $m\,i_p$는 질량유동이다. 모든 방정식들은 시간 간격의 제한을 피하기 위해서 implicit 하게 다루어지며, 비정상 항에는 1차와 2차 backward Euler 공식이 사용된다. 확산항(diffusion term)은 element shape function의 미분항으로 각 (i_p) 위치에서 구배계수를 계산함으로써 평가된다. 대류항(advection term)은 Upwind, Quick 등 몇 가지 기법에 의해 이산화될 수 있으나, 기본 설정된 기법인 High Resolution 기법을 사용한다. High Resolution 기법은 대류항에 대해 2차 정확도의 Upwind Biased Approach에 기초한 기법이며, Barth와 Jesperson이 기술한 접근방법과 유사하다.

$$\phi_{ip}=\phi_P+\beta(\nabla\phi)_{ip}\cdot\Delta\vec{r}_{ip} \tag{4-3}$$

2차의 수치적 정확도를 위해 대류값 ϕ_{ip}는 식 (4-3)과 같이 중앙 격자점 값 ϕ_p 위치에서 상류 노드(upstream node)로부터 떨어진 거리에 기초한 1차 미분 수정항에 $\triangle r$을 곱해서 구한다. β를 0에서 1로 바꾸면서 2차 오더(2nd order)까지 변화할 수 있으며, 구속원칙(boundedness problem)에 위배되지 않는 한 1에 가깝게 즉, 2차의 정확도를 보장하는 방법이 High Resolution이다. 그러므로 High Resolution기법은 정확도와 boundedness를 동시에 만족한다.

식 (4-4)와 같이 divergence형태에서 모든 항들에 대해서, 질량 divergence 항은 표면적분으로 변환된다.

$$m_{ip}=\rho_{ip}u_{j,ip}\Delta n_{j,ip} \tag{4-4}$$

Implicit method에서 중요한 것은 ρu의 선형화이다. 먼저 ρu는 Newton-Raphson 선형화에 의해 확장된다.

$$(\rho u)\approx\rho^n u^o+\rho^o u^n-\rho^o u^o \tag{4-5}$$

여기서, 위첨자 n은 계산된 새로운 값을 의미하고 0은 반복계산 전의 시간레벨이다.

마지막으로, 식 (4-6)과 같이 밀도에 대한 상태 방정식은 압력항으로 차분되며 상태방정식에서 미분항 $\partial\rho/\partial p$을 계산한다.

$$\rho^n=\rho^o+\frac{\partial\rho}{\partial p}(p^n-p^o) \tag{4-6}$$

(3) Linear Solver

정상상태에 대해서는 하나의 시간간격, 비정상상태에 대해서는 몇 개의 시간간격에 대해 선형화된 제어체적 방정식의 해를 반복적으로 구함으로써 해석이 진행된다.

실제 계산에서 필요한 조건 중의 하나는 셀 수 n의 증가에 따라 solver의 계산시간이 선형적으로 증가해야만 하는 것이다. Coupled Algebraic Multigrid(AMG)가 이러한 scaling을 보장하기 위해 사용되었고, incomplete lower-upper(ILU) smoother을 사용한다. AMG는 성긴 격자를 따로 만들 필요가 없으며, 개별적인 제어체적 방정식들을 큰 제어체적을 형성하기 위해 더하여 성긴 대수방정식을 구성한다. 처음 방정식들이 제어체적의 질량 보존을 만족하기 때문에 각 성긴 격자의 방정식 블록 역시 보존적이다.

(4) 난류 모델링

1) Turbulence Scale Equation

ANSYS-CFX에서 제공하는 난류모델의 장점은 사용자가 벽함수 모델의 y^+에 대한 고민을 덜 수 있게 해 준다는 점이다. 유동해석을 할 때 가장 큰 오차의 원인 중에 하나가 난류모델의 부적절한 사용에 있다고 할 수 있으며, 특히 벽 근처의 격자생성에 있어 모든 영역에 y^+를 맞춘다는 것은 3차원 유동해석에서는 상당히 힘든 일이다.

일반적으로 많이 사용하는 표준 벽함수(standard wall function)를 사용하는 $k-\varepsilon$모델의 경우 y^+가 로그영역에 있을 경우에만 정확도를 보장할 수 있으며 층류 저층영역으로 들어올 정도로 y^+가 작아지면 오차가 커지게 된다. 그러나, 경계층을 제대로 해석하기 위해서는 벽 근처에 격자를 조밀하게 생성하여야 하며 이 경우 y^+가 상당히 작아서 표준 벽함수 모델은 문제가 발생한다.

ANSYS-CFX의 scalable wall function은 이런 문제를 해결하기 위해 층류 저층에 해당하는 격자가 하나 더 있다고 가정하여 y^+가 층류 저층과 로그영역의 경계인 11.06 이하가 되지 않도록 y^+의 최소 값을 제한하는 것이다.

유체기계의 유동 중 상당수는 Re수가 작아 층류 저층영역의 해석을 필요로 한다. 저 레이놀즈 수 $k-\varepsilon$ 모델은 복잡한 댐핑 항(damping term) 때문에 수렴성에 문제가 많으므로, ANSYS-CFX는 저 레이놀즈수 유동을 해석할 경우 벽 근처에서의 해석이 용이한 k-ω방정식을 권장하고 있다. Wilcox 모델의 벽 근처 공식에서는 부가적인 점성 저층 댐핑(viscous sublayer damping) 함수가 필요하지 않다. 유체기계의 해석에서 중요한 거친 벽면 효과와 표면 질량 분출(surface mass injection)을 반영할 수 있다. 일반적으로 Wilcox모델의 단점으로 자유유동(free stream)에 민감한 결과를 보이는데, ANSYS-CFX에서는 k-ε모델과 k-ω 모델의 단점을 보완하여 벽 근처에서는 k-ω모델을 사용하고 바깥쪽은 k-ε모델을 사용하는 BSL(Base line model)과 SST(shear stress transport) 모델을 지원하고 있다. k-ω방정식에서의 또 다른 장점은 이것이 쉽게 "자동 벽 처리법(automatic wall treatment)"으로 확장될 수 있다는 것이다. 이 벽 경계조건의 목표는 가능한 격자의 y^+에 무관하게 해의 정확성을 확보하기 위한 것이다. 표준 점성 저층 모델들이 벽 전단응력과 벽 열전달을 정확히 해석하기 위해 y^+ ~1의 격자를 요구하는데 반하여 자동 벽 처리법은 아주 성긴 벽의 격자(y^+)도 지원할 수 있다. 유체기계 내의 유동은 복잡한 3차원 유동으로 모든 벽의 y^+를 동일한 수준으로 격자를 생성하는 것은 불가능하므로 위의 기능은 특히 중요하다.

자동 벽 공식은 점진적으로 층류 저층의 공식으로부터 벽 함수로 전환된다. 벽 전단응력과 벽 열전달은 y^+가 1에서 100까지 변하는 동안 몇 % 범위에서 변화하므로 자동 벽 처리법은 y^+에 민감하지 않은 해를 제공할 수 있다. 그러나, 격자가 너무 성기면 경계층을 제대로 해석할 수 없으므로 경계층을 해석하기 위해서는 최소한 10개 이상의 격자를 위치시키는 것이 필요하다.

2) 닫힘 모델(closer model)

현재 주로 사용되고 있는 와점성(eddy-viscosity) 모델은 해를 구하는데 요구되는 수치적 방법이 간단한 것이 장점이다. 2 방정식(Two-Equation)모델의 경우, CPU 시간의 증가는 층류 해와 비교 시 10% 정도이다. 그러나, 2 방정식 모델들은 난류 전단응력의 전달이 고려되지 않을 때 역압력 구배 하에서 정확한 결과를 제공하지 못하는 것으로 알려져 있다. 전단응력의 전달을 고려하지 않을 경우 와점성을 과도하게 예측하므로 이의 가장 간단한 해결방법은 와점성 공식에 제한자(limiter)를 사용하여 해결할 수 있다.

상대적으로 단순한 일반적인 실험에 의한 난류모델의 보정이 복잡한 수차의 성능 예측을 향상시키는데 중요하다는 것을 보여주고 있다. 이것은 또한 난류 모델링이 터보유체기계에 대한 CFD 코드들의 예측 능력에 중대한 영향을 미칠 수 있다는 것을 보여준다.

그러나, 모든 유동이 와점성 모델에 의해 성공적으로 계산될 수 없다는 것은 잘 알려져 있으며, Reynolds Stress Model(RSM)과 Explicit Algebraic Reynolds Stress Model(EARSM)은 표준 와점성 모델에 의해 모사 될 수 없는 추가적인 물리 효과들을 고려한다. 즉, 코너(coner)에서의 이차 유동, 유선 곡률(streamline curvature), 시스템 회전 효과와 정체점 취급의 향상 등이다. 그러므로 유체기계 해석을 위한 코드는 와점성 모델뿐 아니라 안정된 레이놀즈 응력 모델(Reynolds Stress Model) 모두를 이용하는 것이 요구된다.

프랜시스수차와 펌프수차에서는 부분 부하에서의 흡출관 보텍스(draft tube vortex)로 야기되는 압력 진동이나 축 진동에 기인한 손실이 발생할 수 있다. ANSYS-CFX는 LRR, SSG

RSM 모델 등과 같이 k-ε방정식을 푸는 RSM 모델 외에 k-ω방정식과 자동 벽 처리기법을 사용하는 RSM 모델을 지원하며 이것을 권장한다. 벽 함수와 함께 사용되는 RSM은 터보유체기계에서 저 레이놀즈수 유동을 해석하는데 적절하지 않다는데 주의해야 한다.

3) Scale Resolving Formulation

터보유체기계 유동은 Large Eddy 시뮬레이션의 실제적 응용사례라고 할 수 있다. 그 이유는 대부분의 블레이드 유동이 상대적으로 낮은 레이놀즈수 유동이기 때문이다. LES의 부가적인 이점의 하나는 LES에 의해서 천이가 잡힐 수 있다는 것이다. 그러나 EU 프로젝트 LESFOIL의 결과 중간 정도의 레이놀즈수의 유동에서조차 LES로 계산을 하기가 어렵고 많은 비용이 소요된다는 점이 밝혀졌다. 그러므로 공학적 설계에서 LES의 적용은 시간이 오래 걸리므로 실제적이지 않다.

Spalart에 의하면 LES의 주요 계산 비용이 벽 경계층을 해석하기 위해 요구되는 높은 해상도로부터 발생한다. 그러나 자유전단유동(free shear flow)과 같은 경우에는 LES 시뮬레이션을 RANS 방정식에 사용하는 것과 유사한 resolution의 격자에서 수행될 수 있다. 이런 결과에 근거하여 Spalart는 Detached Eddy Simulation(DES) 개념을 제안하였다. DES는 부착(attached)된 영역이나 박리가 약한 영역에는 RANS를 적용하고 박리가 심한 후류 등의 영역에는 LES를 적용하는 하이브리드(hybrid) 방식이다. 그러나 Menter에 의해 지적된 것처럼 DES는 자체적으로 문제를 가지고 있으며 터보유체기계와 같은 복잡한 형상에 적용하기가 매우 어렵다. 일반적인 DES의 문제점은 부착 경계조건에서 DES 모드의 활성화에 의해 실제와 다른 인위적인 박리(artificial separation)를 발생시킬 수 있다는 것이다. 이것은 격자를 조밀하게 할 경우 언제나 발생할 수 있기 때문에 표준 형태의 DES는 산업현장에서의 복잡한 유동에 적합하지 않다. Menter는 SST 모델에 기초한 zonal formulation을 제안했으며 격자에 기인된 박리(grid-induced separation)의 위험을 상당히 감소시키나 완전히 피할 수는 없다.

4) 천이모델(transition modeling)

천이의 시작 위치와 범위는 유체기계 설계에서 중요한 요소 중의 하나이다. 벽 전단응력 또는 벽 열전달 등과 터보유체기계의 성능 평가를 위한 중요 기준인 손실은 천이에 의해 강하게 영향을 받는다. Bypassing transition, separation-induced transition, wake-induced transition 그리고 shock-induced transition 등 근본적으로 다른 여러 가지 천이 구조(transition

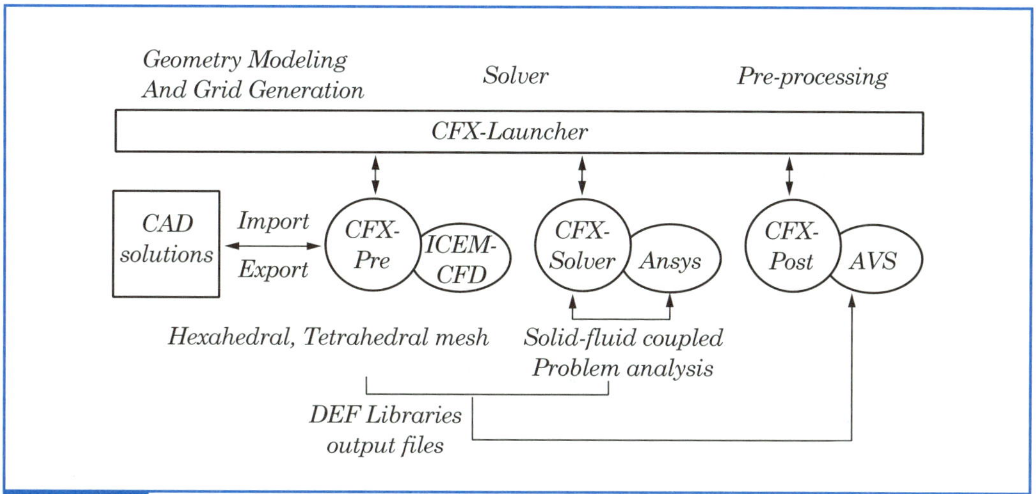

그림 4-4 ANSYS-CFX의 구조

mechanism)가 터보유체기계 유동에서 발견된다. 현재 ANSYS-CFX에서 지원하는 천이모델은 일반적인 목적의 최신 CFD 방법들과 완전히 호환되므로 넓은 범위의 공학문제에 천이 모델의 사용을 가능하게 하고 있다. 천이모델의 보정이 주로 bypass transition에 대해 수행되었으며 유체기계 유동에의 응용에 주로 사용되고 있다.

5) ANSYS-CFX

ANSYS-CFX는 유체기계 해석에 최적화된 상용코드인 CFX-TASCflow의 기술과 다상유동해석, 화학반응해석, 연소해석 등의 목적으로 최적화된 CFX-4를 결합한 형태의 Fully implicit pressure-based AMG coupled solver 이다. CFX 코드의 구조는 [그림 4-4]와 같다.

ANSYS-CFX의 구조는 [그림 4-4]에서 보는 바와 같이 전처리과정, 주처리과정 및 후처리과정으로 나누어지게 된다. 최근 workbench라는 interface 프로그램을 이용하여 통합관리 해주고 있다.

❖ 전처리 과정

격자생성(Hexahedral mesh, Tetrahedral mesh)

Structure/Uunstructured Grids

경계조건 부여

모델링 부여

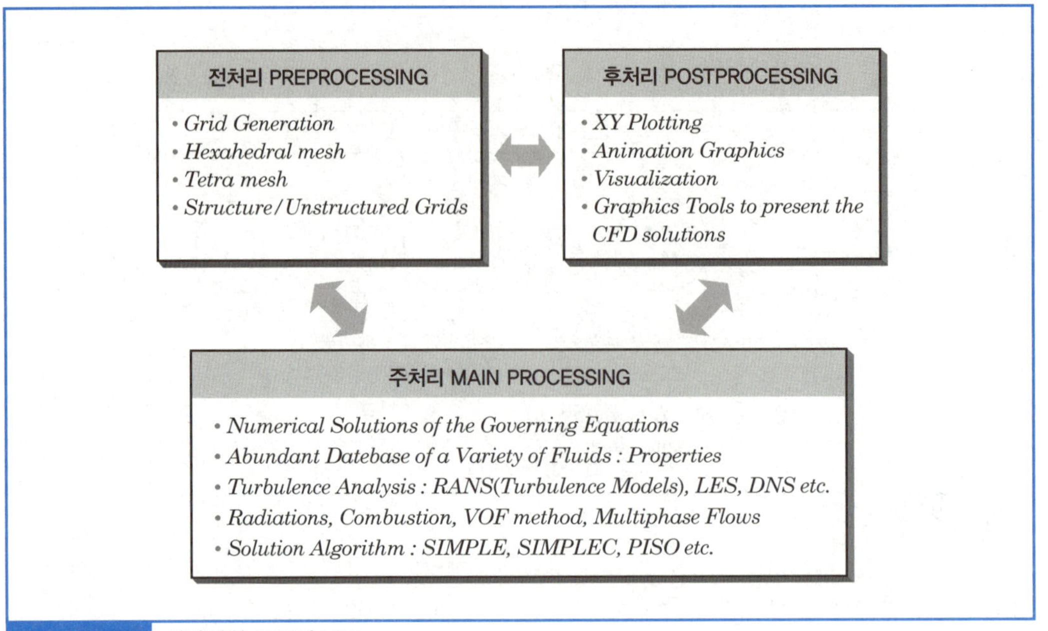

그림 4-5 일반적인 CFD의 구조

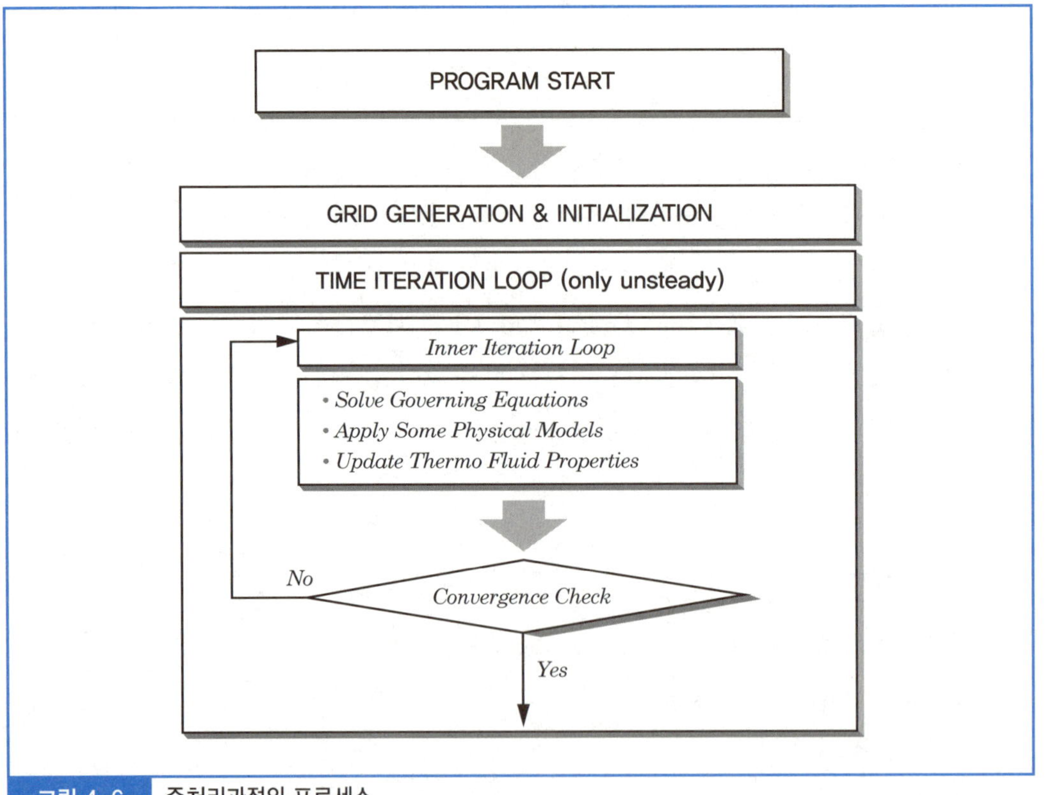

그림 4-6 주처리과정의 프로세스

❖ 주처리과정

지배방정식의 해석([그림 4-4] 참조)

❖ 후처리과정

XY Plotting, Animating Graphics, Visualization

CFD결과를 표시하기 위한 그래픽 툴

[그림 4-6]에 나타낸 그림은 컴퓨터 시뮬레이션의 주처리과정 프로세스를 의미하는데 생성된 격자를 가지고 운동량방정식과 같이 수학적 모델을 이용하여 문제를 해결해 나가는 방법을 나타내고 있다. 반복적으로 해를 풀어가면서 어느 정도 해가 정확한 답으로 접근해 나가는 것을 수렴(convergence)이라고 하고, 그 반대의 경우를 발산(divergence)이라고 한다. 만약의 경우 발산이 일어날 경우는 해를 정확히 얻지 못하기 때문에 처음부터 다시 시작하여야만 한다.

4.2.2 LBM 코드

(1) 격자 볼츠만 기법

최근 고전적인 거시적 접근에 의한 Navier-Stokes 유동해석과 달리, 격자 볼츠만 기법(Lattice Boltzmann Method ; LBM)은 미시적으로 유체의 유동을 해석 하는데 많이 사용되고 있다. 이에 대한 이론을 간략하게 설명하기 위하여 진동식 박사의 "격자 볼츠만 기법을 이용한 3차원 양방향 캐비티 유동에 관한 연구"인 박사논문의 이론 부분을 인용하였다.

LBM에서 일반적으로 흐름의 영역은 규칙적인 격자에 의해 이산화되며, 그 격자상의 가상 입자들이 충돌(collision)과 병진(movement)을 반복한다. 이 과정에 있어서 입자의 분포함수로부터 유체로서의 거시적인 변수를 결정하여 흐름의 물리적인 변수들(밀도, 속도 및 내부에너지 등)을 구성하는 방법으로서 직접적으로 Navier-Stokes 방정식을 이용하는 다른 수치해석과는 다른 특성이 있다.

LBM은 입자분포함수에 관계된 메조 스케일에서의 운동방정식에 기반을 두고 있기 때문에 밀도 및 속도와 같은 거시적 측면에서의 상태량은 입자 분포함수의 통계적 적분을 통하여 얻어질 수 있다. 수학적인 측면에서 LBM은 Navier-Stokes 방정식의 비선형항인 대류항의 선형화가 가능하고, 비압축성 영역에서 Navier-Stokes 방정식을 복원할 수 있기 때문에 압력에 대해서 Poisson 방정식의 해를 구하지 않아도 되는 장점이 있다. 또한 LBM은 위상공간(phase space)에 설정한 격자 구조에 의하여 결정된 입자의 이동 경로에 대한 속도 벡터만을 필요로 하기 때문에 Navier-Stokes 방정식에 비하여 해를 구하기 쉬운 장점도 있다.

(2) 기본 개념

1) 위상 공간(phase space)

통계학적으로 추론할 수 있는 가장 간단한 시스템은 단원자로 이루어진 기체이며 각각의 기체 입자들의 위치와 속도를 구함으로써 완전한 기체상태를 특정 지을 수 있다. 바꾸어 말하면, 공간 내에서 입자들의 위치좌표 $X=(x,\ y,\ z)$와 속도좌표 $c=(c_x,\ c_y,\ c_z)$를 통해서 입자의 상태를 표현할 수 있다. 이러한 위치좌표와 속도좌표를 통해서 표현되는 공간을 셀(cell)이라고 부르는 미소체적으로 나눌 수 있으며 다음과 같이 표현할 수 있다.

$$dxdc=dxdydzdc_xdc_ydc_z \tag{4-7}$$

여기서, dx와 dc는 계의 공간에 비해서 매우 작은 값을 가지지만 입자의 크기에 비해서는 크기 때문에 각각의 셀 내에서는 많은 수의 입자를 포함하고 있다.

2) 속도분포함수

시간 t, 공간 x, 그리고 속도 c에서 위상공간 내의 입자의 수 $N(x, c, t)$가 속도분포함수(velocity distribution function) $f(x, c, t)$로 정의된다면 위상공간 내에서 x에 대해 dx만큼 변한 위치와 c에 대해 dc만큼 변화한 속도를 갖는 셀에 대해서 다음과 같이 나타낼 수 있다.

$$dN(x, c, t)=f(x, c, t)dxdc \tag{4-8}$$

속도분포함수를 이용하여 밀도나 속도와 같은 거시적 길이 척도의 변수들은 다음과 같이 정의할 수 있다. 미소체적 δV는 기본적인 위상공간의 가정에서 미세 입자를 충분히 많이 포함될 정도의 크기를 가지므로 시간과 공간에 관한 함수이며 거시적 길이 척도에 대한 변수인 밀도 $\rho(x,t)$는 다음과 같이 나타낼 수 있다.

$$\rho(x,t)=\lim_{\Delta V\to\delta V}\frac{\Delta N(x,t)}{\Delta V} \tag{4-9}$$

여기서, $\Delta N(x,t)$는 시간 t, 위치 x의 미소체적 ΔV 안의 총 미세 입자의 수를 나타낸다. 식 (4-8)과 식 (4-9)를 이용하여 미소체적 내의 총 미세 입자들의 수를 다음과 같이 나타낼 수 있다.

$$\Delta N(x,t)=\int dN(x,c,t)dc=\Delta x\int f(x,c,t)dc \tag{4-10}$$

미소체적 ΔV에 대해서는 $\Delta V=\Delta x$의 관계가 성립한다. 따라서 밀도와 속도분포함수는 다음과 같은 관계를 가지게 된다.

$$\rho(x,t)=\lim_{\Delta V\to\delta V}\frac{\Delta N(x,t)}{\Delta V}=\lim_{\Delta x\to o}\frac{\Delta x\int f(x,c,t)dc}{\Delta x}=\int f(x,c,t)dc \tag{4-11}$$

$\int f(x,c,t)dc$와 거시적 길이 척도에 대한 변수들 즉, 밀도와 속도 사이의 관계를 정의하기 위하여 속도의 변화에 대한 동적 변화를 나타내는 $Q(c)$와 이에 대한 평균량을 $<Q>$라고 하면 다음과 같이 정의할 수 있다.

$$<Q>=\frac{\int f(x,c,t)Q(c)dc}{\int f(x,c,t)dc}=\frac{1}{\rho(x,c)}\int f(x,c,t)Q(c)dc \tag{4-12}$$

또한, 입자의 속도 c와 구별되는 유체 전체의 유동속도 u는 유동장 내의 모든 입자들의 평균적인 속도와 같으므로 $<Q(c)>=<c>$로 두어 다음과 같이 정의할 수 있다.

$$u=<c>=\frac{1}{\rho(x,t)}\int f(x,c,t)cdc \tag{4-13}$$

$$\rho(x,t)u=\int f(x,c,t)cdc \tag{4-14}$$

3) LBM 볼츠만 방정식

위치 x와 속도 c를 가진 미립자는 Δt 시간 뒤에는 $x+c\Delta t$, $c+a\Delta t$의 위치와 속도를 가지게 되며 위치 $x+c\Delta t$와 속도 $c+a\Delta t$를 가진 미립자의 수는 다음과 같이 나타낼 수 있다. 여기서 a는 가속도이다.

$$dN(x+c\Delta t, c+a\Delta t, t+\Delta t)=f(x+c\Delta t, c+a\Delta t, t+\Delta t)dxdc \tag{4-15}$$

$$f(x+c\Delta t, c+a\Delta t, t+\Delta t)dxdc=\left(f(x, c, t)dxdc+\frac{\partial f}{\partial t}\right)_{cell}dxdc\Delta t \tag{4-16}$$

식 (4-15)와 식 (4-16)의 차이는 Δt 동안 입자들의 충돌에 따른 결과로 다음과 같이 나타낼 수 있다.

식 (4-16)의 좌변항은 다음과 같이 나타낼 수 있다.

$$\begin{aligned}&f(x+c\Delta t, c+a\Delta t, t+\Delta t)dxdc\\&=\left(f(x, c, t)+\frac{\partial f}{\partial t}\Delta t+c\cdot\frac{\partial f}{\partial c}\Delta t\right)dxdc\end{aligned} \tag{4-17}$$

식 (4-16)과 식 (4-17)를 통해서 다음을 구할 수 있다.

$$\left(\frac{Df}{Dt}=\frac{\partial f}{\partial f}+c\cdot\frac{\partial f}{\partial x}+a\cdot\frac{\partial f}{\partial c}=\frac{\partial f}{\partial t}\right)_{cell} \tag{4-18}$$

식 (4-18)을 볼츠만 수송 방정식(Boltzmann transport equation)이라고 부르며 우변항은 입자의 충돌에 따른 생성항으로 충돌항(collision operator)이라고 부른다. 요약하면, 볼츠만 방정식은 미소체적 내의 입자들의 수적인 변화는 충돌에 따른 변화와 동일함을 나타내는 것으로 체적 내에서의 입자 개수의 변화는 충돌에 따른 영향임을 나타낸다. 식 (4-18)에서 충돌항은 속도 분포함수 f에 의해서 정의되므로 다음과 같이 나타낼 수 있다.

$$\frac{\partial f}{\partial t}+c\cdot\frac{\partial f}{\partial x}+a\cdot\frac{\partial f}{\partial c}=\Omega(f) \tag{4-19}$$

4) BGK 모델

앞에서 기술한 바와 같이 볼츠만 방정식은 유체 입자의 속도분포함수 f를 계산하는 것이라고 할 수 있다. 유체의 밀도와 운동량은 속도분포함수 f의 적분으로부터 구할 수 있으나 적분형태를 가진 충돌항 $\Omega(f)$로 인하여 볼츠만 방정식의 해를 쉽게 구할 수 없다. 수 년 동안 많은 연구를 통해서 보다 쉽고 간단한 충돌항을 개발하기 위한 노력들이 있어 왔으며 이들 중 가장 널리 알려진 것은 Bhatanagar, Gross와 Krook에 의해 제안된 BGK 모델이며 다음과 같다.

$$\Omega(f) = -\frac{f(x, c, t) - \bar{f}(x, c, t)}{\tau} \tag{4-20}$$

여기서 $\bar{f}(x, c, t)$는 국소 Maxwell-Boltzmann 평형분포를 나타내며 τ는 이완시간(relaxation time)으로 입자의 충돌 빈도를 나타내는 변수로서 시간과 공간에 따라 변한다. BGK 모델의 충돌항을 사용함으로써 거시적 길이 척도의 변수인 ρ, V, t에 대하여 적분함수로 계산할 수 있게 된다.

5) LGCA

Hardy, de Pazzis와 Pomeau는 정방형 격자를 가진 HPP 모델을 사용하여 처음으로 LGCA를 제안하였으며, 이후 Frish, Hasslacher와 Pomeau는 육각형 격자를 가진 FPH모델을 [그림 4-7]과 같이 제안하였다. FPH모델을 사용한 LGCA는 여섯 개의 정삼각 격자를 연결하여 각 격자점에서 0 또는 1의 값으로 유체를 나타낸 것으로 정해진 시간간격에 따라 이웃한 입자 상호간의 충돌법칙에 따라 그 위치가 결정되는 방법이다. [그림 4-7]은 일정 시간 간격 동안 입자 거동을 나타낸 것으로 2차원 유동장의 경우 6개의 속도성분이 필요하게 된다. 각각의 화살표는 단위 질량의 입자의 거동을 나타내는 것으로 초기에 격자 내에 분포하는 입자는 각각의 속도로 움직이며([그림 4-7](가)), 주어진 시간 간격 동안 격자 내의 전체 입자들의 움직임 결과에 따라 흩뿌려지게 된다([그림 4-7](나)). 자신의 속도방향을 따라 움직이는 입자들 중 두 개 또는 그 이상의 입자들이 임의의 지점에서 만나게 되면 입자들은 서로 충돌하게 되고 속도는 변하게 된다([그림 4-7](다)). 이러한 입자들의 충돌은 질량 보존(mass conservation)과 운동량 보존(momentum conservation)의 법칙을 따른다. 격자 내의 입자의 거동에 대해서는 다음의 방정식으로 표현할 수 있다.

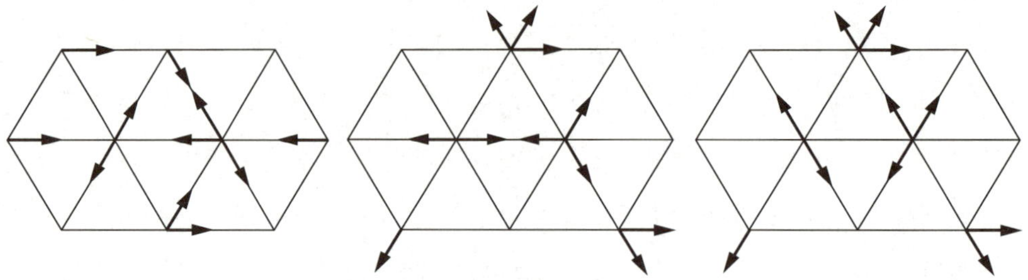

그림 4-7 LGCA 도식에서 일정 시간동안 2-D유동의 Hexagonal 격자(lattice)

$$n_i(x+c_i\Delta t, t+\Delta t)=n_i(x, t)+\Delta_i(x, t) \tag{4-21}$$

여기서 c_i는 i방향에 대한 입자의 속도를 나타내며, t는 시간을 나타낸다. $n_f=(n_1+n_2+\cdots+n_6)$는 Boolean 변수로서 격자 내의 x 위치에서 존재한 입자의 거동 후, 이웃한 $x+c_i\Delta t$에서 입자의 존재 여부를 나타낸다. 이때 $x+c_i\Delta t$에서 이동한 입자가 존재할 경우에 $n_f=1$, 존재하지 않을 경우는 $n_f=0$이다. Δ_i는 충돌 연산자로 입자 충돌에 따른 $n_n(x, t)$내의 변화를 나타내는 것으로서 ± 1과 0의 값을 가진다. 일반적으로 Boolean 변수의 합으로 표현되는 충돌 연산자는 질량보존의 법칙을 만족해야 하며 다음과 같이 표현할 수 있다.

$$\sum_i \Delta_i(x, t)=0 \tag{4-22}$$

따라서 운동량 보존의 법칙은 다음과 같이 나타낼 수 있다.

$$\sum_i c_i\Delta_i(x, t)=F(x, t) \tag{4-23}$$

여기서 F는 격자 내 입자들의 총 운동량을 나타낸다. 육각형 격자 내에서 입자의 움직임에 대한 각각의 방향 속도벡터는 다음과 같다.

$$c_i=\left(cos\frac{\pi i}{3}, sin\frac{\pi i}{3}\right) \tag{4-24}$$

LGCA에 있어 가장 어려운 작업은 n_i의 평균값 $\overline{n}$를 구하는 것으로 계산에 있어 많은 시간이 요구될 뿐만 아니라 결과에 있어서도 통계적 평균화 작업에 따른 미소 변동값의 영향을 많이 받는 특징이 있다.

(3) 이산화방법

볼츠만 방정식과 LGCA에서 유도된 것으로 격자 내에서 LBE를 이산화하여 유체 유동을 해석하는 방법을 LBM이라고 부른다. LBM은 최근 물질 수송현상에 관한 연구에 사용되고 있다. 앞에서도 언급하였듯이 LBM은 LGCA가 갖는 통계적 미소변동으로 인한 해석오차를 제거한 것으로 McNamara와 Zanetti에 의해서 제안되었다. LBM은 격자점에서 발생하는 통계적 미소변동을 입자평형분포함수를 이용하여 제거하였으며, 입자분포함수를 이용하여 각 격자점의 유체속도와 밀도를 계산한다.

거시적 유체 유동에서 유속, 압력 등과 같은 Navier-Stokes 방정식으로부터 구하였던 값들에 대해서 LBM은 입자속도분포함수 $f(x, t)$에 대한 운동방정식의 해를 구함으로써 얻을 수 있다. LGCA의 격자 내의 입자의 거동에 대한 식 (4-25)의 좌변항을 테일러의 급수식으로 표현하면 다음과 같다.

$$n_i(x_i + c\Delta t, t + \Delta t) = n_i(x, t) + \Delta t \frac{\partial n_i}{\partial t} + c_i \Delta t \nabla n_i + O(\Delta t^2) \tag{4-25}$$

식 (4-25)에서 고차항을 무시하고, 식 (4-26)에 대입하게 되면 다음과 같이 된다.

$$n_i(x, t) + \Delta t \frac{\partial n_i}{\partial t} + c_i \Delta t \nabla n_i = n_i(x, t) + \Delta_i(x, t) \tag{4-26}$$

$$\Delta t \frac{\partial n_i}{\partial t} + c_i \Delta t \nabla n_i = \Delta_i(x, t) \tag{4-27}$$

$$\frac{\partial n_i}{\partial t} + c_i \nabla n_i = \frac{\Delta_i}{\Delta t} \tag{4-28}$$

여기서 $n_i \rightarrow f_i$, $c_i \rightarrow e_i$ 그리고 $\frac{\Delta_i}{\Delta_t} \rightarrow \Omega_i$로 대체하면, 다음과 같은 식을 얻을 수 있다.

$$\frac{\partial n_i}{\partial t} + e_i \nabla f_i = \Omega_i \tag{4-29}$$

여기서 Ω_i는 충돌항을 나타내는 충돌 연산자로서 BGK모델을 적용하면 다음과 같다.

$$\frac{\partial f_i}{\partial t} + e_i \nabla f_i = -\frac{1}{\tau}(f_i - f_i^{eq}) \tag{4-30}$$

여기서 $f_i = f_i(x, t)$는 입자분포함수, $f_i^{eq} = f_i^{eq}(x, t)$는 입자평형분포함수로서 시간, 속도, 공간에 의해서 좌우되는 값이다. 식 (4-30)을 등속 격자 시간간격($(\Delta x/\Delta t) = c_t$)을 갖는 정방격자에서 이산화하기 위하여 무차원화 한다. 대표길이가 d, 대표속도가 U인 유동장에서 길이는 정방격자의 단위길이인 Δx, 시간에 대해서는 미립자의 충돌시간인 Δt 및 밀도에 대해서 거시적 길이 척도의 유체밀도 ρ_o로 무차원화 하고 무차원화된 변수를 * 기호를 이용하여 표현하면 다음과 같은 관계가 성립된다.

$$\begin{aligned}
&\Delta t = \Delta t^* \frac{d}{U} \\
&c_t = c^* \frac{\Delta x}{\Delta t} \\
&t = t^* \Delta t \\
&x = x^* \Delta x,\ y = y^* \Delta y = y^* \Delta x,\ z = z^* \Delta z = z^* \Delta z \\
&e_i = e_i^* (\Delta x / \Delta t) \\
&f_i = f_i^* \rho_0,\ f_i^{eq} = f_i^{*eq} \rho_0 \\
&\rho = \rho^* \rho_0 \\
&\tau = \tau^* t_c
\end{aligned} \tag{4-31}$$

위의 관계식을 이용하여 식 (4-31)을 무차원화 하면 다음과 같다.

$$\frac{\rho_0 \partial f_i^*}{\Delta t \partial t^*} + \left(\frac{\Delta x}{\Delta t}\right) e_i^* \left(\frac{\rho_0}{\Delta x}\right) \nabla f_i^* = -\frac{\rho_0}{t_c \tau^*}(f_i^* - f_i^{*eq}) \tag{4-32}$$

$$\frac{\partial f_i^*}{\partial t^*} + e_i^* \nabla f_i^* = -\frac{1}{\tau^*}(f_i^* - f_i^{*eq}) \tag{4-33}$$

식 (4-33)을 정방격자에서 이산화하면 다음과 같이 LBE를 구할 수 있다.

$$\begin{aligned} &\frac{f_i^*(x^*, t^* + \Delta t^*) - f_i^*(x^*, t^*)}{\Delta t^*} \\ &+ e_{ix}{}^* \frac{f_i^*(x^*, \Delta x^*, t^* + \Delta t^*) - f_i^*(x^*, t^* + \Delta t^*)}{\Delta x^*} \\ &+ e_{iy}{}^* \frac{f_i^*(x^*, \Delta y^*, t^* + \Delta t^*) - f_i^*(x^*, t^* + \Delta t^*)}{\Delta y^*} \\ &+ e_{iz}{}^* \frac{f_i^*(x^*, \Delta z^*, t^* + \Delta t^*) - f_i^*(x^*, t^* + \Delta t^*)}{\Delta z^*} \\ &= -\frac{1}{\tau^*}(f_i^* - f_i^{*eq}) \end{aligned} \tag{4-34}$$

$$f_i^*(x^* + e_i^* \Delta t^*, t^* + \Delta t^*) - f_i^*(x^*, t^*) = -\frac{1}{\tau^*}(f_i^* - f_i^{*eq}) \tag{4-35}$$

식 (4-35)는 무차원화한 LBE로서 이후부터는 표현의 편의를 위하여 무차원 수식을 다음과 같이 표현하도록 한다.

$$f_i(x + e_i \Delta t, t + \Delta t) - f_i(x, t) + \frac{1}{\tau}\left[f_i^{eq}(x, t) - f_i(x, t)\right] \tag{4-36}$$

여기서 x는 격자 공간상에서 입자의 위치를 나타내는 위치벡터이며 t는 시간을 나타내며 τ는 무차원 완화시간으로 계가 어떤 상태를 이루고 있을 때, 그 상태를 깨뜨리는 외부의 작용이 주어진 후에 다시 그 상태로 되돌아가는데 필요한 시간을 의미하는 것으로 유체의 동점성계수 ν에 관한 함수이다.

미시적 유체 유동에서의 밀도 ρ와 에너지 ρu는 입자분포함수를 이용하여 다음과 같이 구할 수 있다.

$$\rho = \sum_i f_i \tag{4-37}$$

$$\rho u = \sum_i f_i e_i \tag{4-38}$$

식 (4-38)의 우변항에 존재하는 입자평형분포함수 f^{eq}는 다음과 같이 정의할 수 있다.

$$f^{eq} = \frac{\rho}{2\pi\sqrt{3}} exp\left\{-\frac{3}{2}(e-u)^2\right\} \tag{4-39}$$

만약 속도 u가 아주 작은 값을 가질 경우(낮은 마하 수) 입자평형분포함수는 테일러 급수 전개에 의해 선형화 될 수 있다. 식 (4-39)의 우변항 중 지수 함수항을 테일러 급수 전개로 나타내면 다음과 같다.

$$\begin{aligned} exp\left\{-\frac{3}{2}(e-u)^2\right\} &= exp\left(-\frac{3}{2}e^2\right) exp(3e\cdot u) exp\left(-\frac{3}{u^2}\right) \\ &= \left\{1+(3e\cdot u)+\frac{9}{2}(e\cdot u)^2+\cdots\right\}\left\{1-\frac{3}{2}u^2+\cdots\right\} exp\left(-\frac{3}{2}u^2\right) \\ &= \left\{1+3(e\cdot u)-\frac{9}{2}(e\cdot u)^2-\frac{3}{2}u^2\right\} exp\left(-\frac{3}{2}u^2\right) \end{aligned} \tag{4-40}$$

따라서 식 (4-41)은 다음과 같이 나타낼 수 있다.

$$f^{eq} = \frac{\rho}{2\pi\sqrt{3}}\left\{1+3(e\cdot u)-\frac{9}{2}(e\cdot u)^2-\frac{3}{2}u^2\right\} exp\left(-\frac{3}{2}e^2\right) \tag{4-41}$$

LBM은 LBE를 격자계에서 이산화한 식 (4-36)과 선형 입자 분포함수인 식 (4-41)를 이용하기 때문에 일정한 형태의 격자가 반드시 있어야 한다. 기본적인 격자의 형태는 유한체적법 혹은 유한차분법과 같은 형태이지만 입자속도 벡터와 반드시 일치해야만 한다. 그 이유는 격자 내에서 입자가 거동할 수 있는 경로를 나타내는 입자 속도벡터가 이미 정해져 있으므로 그에 따른 격자도 일치해야 하기 때문이다. 따라서, 만약 입자속도벡터를 정방형의 형태로 정의한다면 격자 역시 반드시 정방형의 격자여야 한다.

BGK모델을 사용한 LBM의 경우, 2차원 유동에 대해서는 9개 혹은 21개의 입자 속도벡터

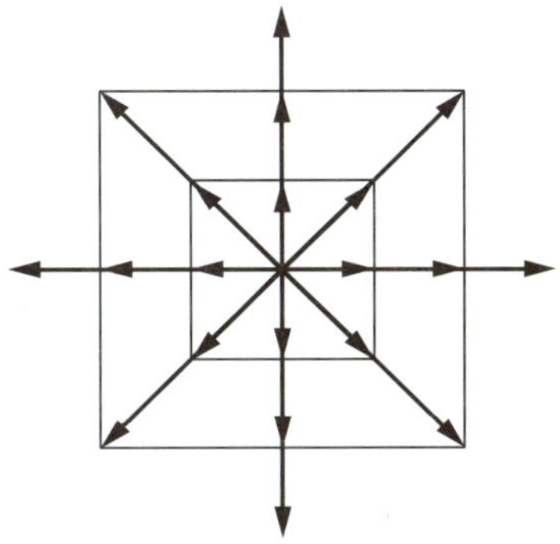

그림 4-8 2차원 유동에서 격자모델의 표현

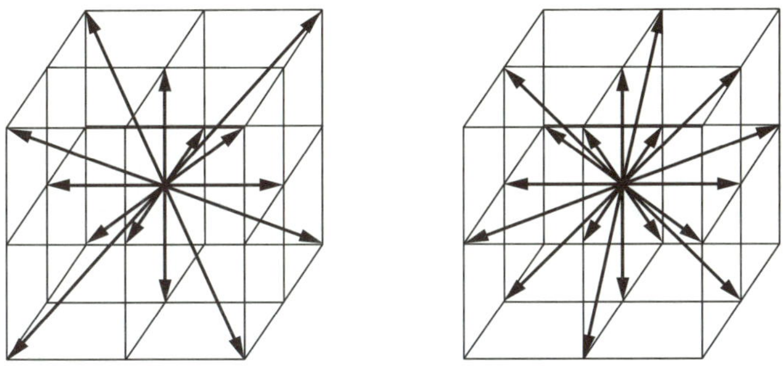

그림 4-9 3차원 유동에서 격자모델의 표현

가 정의되는 D2Q9 모델([그림 4-8](가))이나 D2Q21 모델([그림 4-8](나))이, 3차원 유동에서는 15개 혹은 19개의 입자 속도벡터가 정의되는 D3Q15([그림 4-9](가)) 모델이나 D3Q19 모델([그림 4-9](나))이 주로 사용된다.

그림 [그림 4-8](가)에 나타낸 D2Q9 모델에서 입자 속도벡터는 다음과 같이 정의된다.

$$e_i = \begin{cases} (0, 0), & i=0 \\ (\pm 1, 0), (0 \pm 1), & i=1, 2, 3, 4 \\ (\pm 1, \pm 1), & i=5, 6, 7, 8 \end{cases} \tag{4-42}$$

그리고 격자 위에서 이산화된 입자평형분포함수는 다음과 같이 나타낼 수 있다.

$$f_i^{eq}=\frac{\rho}{2\pi\sqrt{3}}\left\{1+3(e_i\cdot u)-\frac{9}{2}(e_i\cdot u)^2-\frac{3}{2}u^2\right\}exp\left(-\frac{3}{2}e_i^2\right)=w_i g_i \tag{4-43}$$

$$g_i=\left\{1+3(e_i\cdot u)-\frac{9}{2}(e_i\cdot u)^2-\frac{3}{2}u^2\right\}exp\left(-\frac{3}{2}e_i^2\right) \tag{4-44}$$

$$\int fde=\sum_i w_i g_i \tag{4-45}$$

여기서 계수 w_i는 격자공간 내에서의 방향에 따른 가중치를 나타낸다. 식 (4-44)는 마하수가 작을 경우에 대해서 유도한 것이므로 D2Q9모델에서 가중치 w_i를 구하기 위하여 $u=0$이라고 하면, 식 (4-45)는 다음과 같이 나타낼 수 있다.

$$f_i^{eq}|_{u=0}|=w_i \tag{4-46}$$

입자평형분포함수 f_i^{eq}를 속도에 대해서 다음과 같이 $O(u^2)$로 전개하면 다음과 같다.

$$f_i^{eq}=f_i^{eq}|_{u=0}|(1+Au_\alpha e_{i\alpha}+Bu_\alpha u_\alpha+Cu_\alpha u_\beta e_{i\alpha}e_{i\beta}) \tag{4-47}$$

다음으로 각 항의 계수 A, B, C를 식 (4-45)를 이용하여 전개한 후, 다음의 관계를 이용하여 구하면 가중치 w_1를 정의할 수 있다.

$$\int f|_{u=0}|de=\sum_i w_i=\rho$$

$$\begin{aligned}
&\int f|_{u=0}|e_\alpha de=\sum_i w_i e_{i\alpha}=0\\
&\int f|_{u=0}|e_\alpha e_\beta de=\sum_i w_i e_{i\alpha}e_{i\beta}=-\frac{\rho}{3}\delta_{\alpha\beta}\\
&\int f|_{u=0}|e_\alpha e_\beta e_\gamma de=\sum_i w_i e_{i\alpha}e_{i\beta}e_{i\gamma}=0\\
&\int f|_{u=0}|e_\alpha e_\beta e_\gamma e_\delta de=\sum_i w_i e_{i\alpha}e_{i\beta}e_{i\gamma}e_{i\delta}=\frac{\rho}{9}(\delta_{\alpha\beta}\delta_{\gamma\beta}+\delta_{\alpha\gamma}\delta_{\beta\gamma}+\delta_{\alpha\beta}\delta_{\beta\gamma})
\end{aligned} \tag{4-48}$$

여기서 δ_{ij}는 Kronecker delta를 나타낸다. D2Q9모델에 대한 입자평형분포함수와 가중치는 다음과 같이 된다.

$$f_i^{eq}=\rho w_i\left\{1+3(e_i\cdot u)-\frac{9}{2}(e_i\cdot u)^2-\frac{3}{2}u^2\right\} \tag{4-49}$$

$$w_i=\begin{cases}4/9, & i=0\\ 1/9, & i=1, 2, 3, 4\\ 1/36, & i=5, 6, 7, 8\end{cases} \tag{4-50}$$

여기서 $i=0$일 때는 속도를 가지지 않고 정지해 있는 입자를 나타낸 것이고, $i=1, \cdots, 4$일 때는 이웃한 격자로 향하는 입자를 나타낸 것이다. 그리고 $i=5, \cdots, 8$인 경우에는 대각선에 위치하고 있는 격자로 향하는 입자들에 대한 평형분포함수의 가중치를 나타낸 것이다. 즉 평형분포함수에서 정지하고 있는 입자의 분포함수가 가장 크게 나타나며, 움직이고 있는 분포함수는 이보다 작게 나타나고 있다. 또한 움직이는 입자들 중에서도 이웃한 쪽으로 움직이는 입자분포함수의 가중치가 대각에 위치한 격자로 움직이는 입자의 값보다 크게 나타나고 있는 것을 보여주고 있는데, 이는 대각으로 움직이는 입자의 확률이 바로 이웃하고 이는 입자의 확률보다 더 작다는 것을 의미한다. 그리고 한 격자에 나타나는 위의 가중함수를 모두 더하면 1이 되므로 하나의 격자에서 나타나고 있는 모든 속도분포에 대해 각각의 방향으로 향하고 있는 입자들의 확률을 표현하고 있다.

한편, 3차원 모델에 대하여 본 연구에서는 [그림 4-9](나)에 나타낸 D3Q19모델을 사용하였다. Mei, Shyy, Yu와 Luo는 D3Q15, D3Q19 그리고 D3Q27모델들을 비교하였는데 D3Q19모델이 연산 의존도 및 효율 면에서 가장 우수한 것으로 평가했기 때문이다. D3Q19모델에 대한 속도벡터 정의 및 가중치는 다음과 같다.

$$e_i=\begin{cases}(0, 0, 0), & i=0\\ (\pm1, 0, 0), (0, \pm1, 0), (0, 0, \pm1), & i=1, 2, 3, 4\\ (\pm1, \pm1, 0), (\pm1, 0, \pm1), (0, \pm1, \pm1), & i=5, 6, 7, 8\end{cases} \tag{4-51}$$

$$w_i=\begin{cases}1/3, & i=0\\ 1/18, & i=1, \cdots, 6\\ 1/36, & i=7, \cdots, 18\end{cases} \tag{4-52}$$

참고로 D3Q15모델에 대한 속도벡터의 정의와 가중치는 다음과 같다.

$$e_i=\begin{cases}(0,0,0), & i=0\\ (\pm1,0,0),(0,\pm1,0),(0,0,\pm1), & i=i=1,\ \cdots,6\\ (\pm1,\pm1,\pm1), & i=7,\cdots,14\end{cases} \tag{4-53}$$

$$w_i=\begin{cases}2/9, & i=0\\ 1/9, & i=1,\ \cdots,6\\ 1/72, & i=7,\cdots,14\end{cases} \tag{4-54}$$

LBM에 있어 많은 종류의 격자모델이 존재하는 이유는 수치해석에 있어서 Navier-Stokes 방정식에 대한 정밀도가 높은 해를 구하기 위해서는 격자의 조밀도를 높여야 하는 이유와 마찬가지로 보다 정확하게 유동현상을 규명하기 위함이다. 즉 실제의 유동장에는 다양한 평균자유행로(mean free path)를 갖는 원자 또는 분자들이 운동하고 있다. Chapman-Enskog 전개를 이용하여 Navier-Stokes 방정식을 유도할 때 이용하는 평균자유행로를 적용시킨 것과 같이 여러 가지 원자 또는 분자들에 대한 운동량 공간은 다양할 수 밖에 없으며 이러한 여러 가지 성분을 가진 유동장 내의 운동을 수치해석적으로 규명함에 있어 해의 정밀도는 어떻게 운동량 공간을 정형화하는가에 달려있기 때문이다.

한편, 식 (4-36)에 사용된 무차원 완화시간 τ의 정의를 위한 유체의 동점성계수 ν는 다음과 같이 정의된다.

$$\nu=(2\tau-1)c_s^2/2 \tag{4-55}$$

여기서 c_s는 무차원 음속으로 $c_s=1/\sqrt{3}$ 이다. 마하 수(Mach number) M은 다음과 같이 구할 수 있다.

$$M=\frac{U_0}{c_s}=\sqrt{3}U_0 \tag{4-56}$$

그리고 Re 수는 다음과 같이 구할 수 있다.

$$Re = \frac{U_0 d}{v_s} \tag{4-57}$$

여기서, d는 대표길이로서 $\Delta x=1$이므로 실제로는 격자 수에 해당된다. 낮은 K_n과 M 수에서 Chapman-Enskog 전개를 이용하여 식 (4-36)을 전개하면 다음과 같은 거시적인 형태의 Navier-Stokes 방정식을 얻을 수 있다.

$$\frac{\partial \rho u}{\partial t} = \nabla \cdot (\rho uu) = -\nabla p + \nabla \cdot \left[\upsilon \nabla (\rho u) + \nabla (\zeta \nabla \cdot (\rho u)) \right] \tag{4-58}$$

$$p = \rho c_s^2 \tag{4-59}$$

$$\upsilon = \frac{2\tau - 1}{6} \tag{4-60}$$

결과적으로 BGK 모델을 사용한 LBM은 다음의 과정으로 계산된다.

1) Collision Step

$$\widetilde{f}_\alpha(x, t+\Delta t) = f_\alpha(x_i, t) - \frac{1}{\tau}\left[f_\alpha(x_i, t) - f^{eq}(x, t) \right] \tag{4-61}$$

2) Streaming Step

$$f_\alpha(x_i + \Delta x, t + \Delta t) = \widetilde{f}_\alpha(x_i, t + \Delta t) \tag{4-62}$$

여기서 $\widetilde{f}_\alpha$는 충돌 이후의 상태를 나타낸다.

3) XFlow 설명

LBM코드로서 대표적인 상용코드는 XFlow이다. XFlow는 유체를 기존의 연속체 개념을 사용하지 않고 분자운동론을 따르는 가상의 입자를 이용하여 유동해석을 수행하는 방법이다.

이러한 점에서 XFlow는 전통적인 방식의 FEM 또는 FVM 방식을 통한 유동해석과는 기술적인 면에서 차이가 나며 동일한 LBM 기술을 채택하여 사용하고 있기 때문에 자유수면 해석, 6DOF, FSI 및 동적거동이 있는 물체 주위의 유동장 해석 기능 등을 포함하고 있다.

또한, 기존의 상용 CFD S/W에서 사용하고 있는 N-S방정식을 풀어내는 기법은 방정식에 비선형 항을 포함하고 있어, 가정을 통해 선형화하는 과정이 매우 복잡하고 이러한 비선형 항 때문에 경계조건에 매우 민감하여 불규칙한 경계의 경우 해의 수렴성에 문제가 생기기도 한다. 그러나 입자해석 기법은 선형적인 형태로 이루어져 있어 알로리즘 측면에서 간단하게 구현할 수 있는 장점이 있다. 특히 LBM은 유체의 유동을 각각의 격자점에서 계산하므로 병렬화가 매우 용이하며, 이는 거대 벡터형 CPU를 사용하는 슈퍼컴퓨터보다는 다수의 병렬시스템을 사용하고 있는 현 상황으로 볼 때 큰 이점이 있다고 본다.

기존의 RANS 코드들은 유동장 해석을 위해 반드시 격자를 제작하여야 하며, 이 격자를 만들어야 하는 프로그램들에서 해석 결과의 신뢰성은 격자 품질에 대한 해석결과의 의존도가 매우 높았다. 따라서 해석결과의 신뢰성을 확보하기 위하여 고품질의 격자를 만들어야 하며, 이는 CFD 해석결과를 얻기까지는 격자 제작에 굉장히 많은 시간을 소모하게 되는데, XFlow는 입자를 사용하는 LBM기법을 이용하므로 FVM 또는 FEM과 같은 격자를 필요로 하지 않기 때문에 시간 절감과 격자 제작의 어려움을 해소하였고, FSI는 물론 이동하는 물체해석과 공력소음 해석 등에서도 탁월한 기능을 자랑한다.

또한, [그림 4-10]과 같이 수차의 낙차와 유량과 같은 에너지를 이용한 발전을 할 경우 기존의 RANS 코드인 경우는 회전수를 임의로 주어야 하는데 XFlow는 회전수를 변수로 두고 해석을 할 수 있어 에너지에 의한 회전수까지 구할 수 있는 장점이 있다.

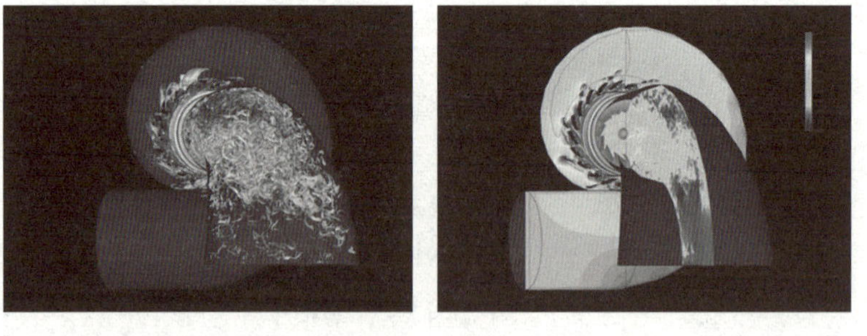

그림 4-10 XFlow을 이용한 프랜시스수차 해석 예

4.2.3 해석사례

(1) 펠턴수차

펠턴수차의 CFD해석 사례를 살펴보기 위한 예제는 아래와 같은 시방을 갖은 수차이다. 이에 대한 해석을 하기 위하여 사용된 S/W는 XFlow이며 이 경계조건은 입구에서 유속을 주었으며, 출구에서는 대기조건이다. XFlow는 LBM을 사용하기 때문에 회전수를 구속시키지 않고 해석을 할 수 있는 장점이 있다. [그림 4-11]과 같이 시간에 따라 노즐에서 유입된 제트가 버킷에 부딪쳐 발생하는 에너지가 발생하고 이 에너지로부터 휠이 돌아가는 것을 확인할 수 있었다.

펠턴수차의 시방

▶ 정격낙차 : 100m ▶ 유량 : 0.0035m^3/s ▶ 정격 출력 : 3.43kW

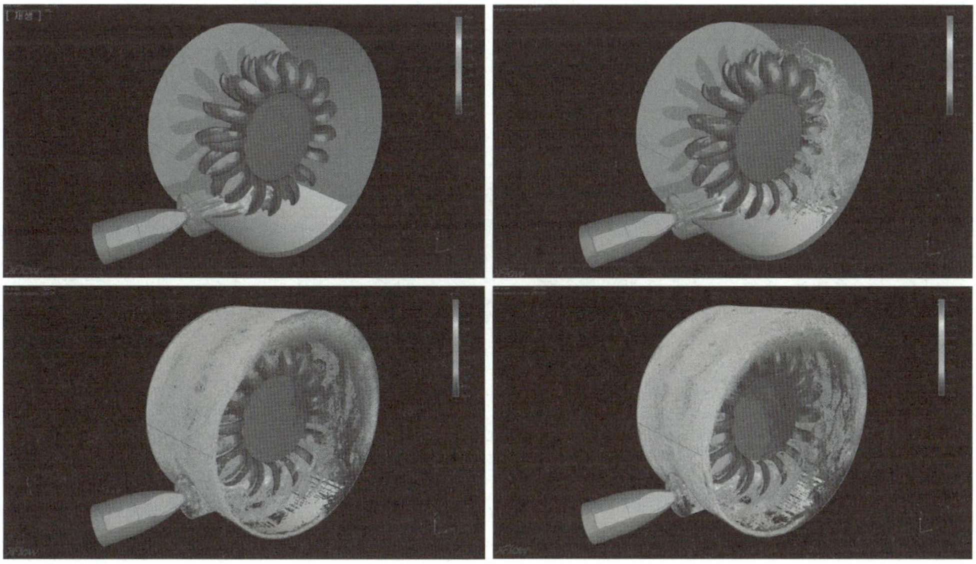

그림 4-11 시간에 따른 펠턴수차의 LBM 해석결과

(2) 프랜시스수차

프랜시스수차의 CFD해석 사례를 살펴보기 위한 예제는 아래와 같은 시방을 갖은 횡성댐 소수력 수차이다.

프랜시스수차 시방

▶ 정격낙차 : 43m ▶ 유량 : 1.37m^3/s
▶ 회전수 : 900rpm ▶ 정격 출력 : 500kW

해석을 하기 위하여 사용된 S/W는 ANSYS-CFX11이다. [그림 4-12]와 같이 운전조건은 입구에서 4.3atm, 출구에서 0Pa, 회전수 900rpm으로 낙차 변화와 출력 변화에 따라 결과를 확인하기 위하여 위키드 게이트의 각도를 변화시켜 유량을 변화시켜 주었다.

[그림 4-13]의 (가)와 (나)에는 위키드 게이트가 31°일 때 수차 중심단면의 압력장과 속도

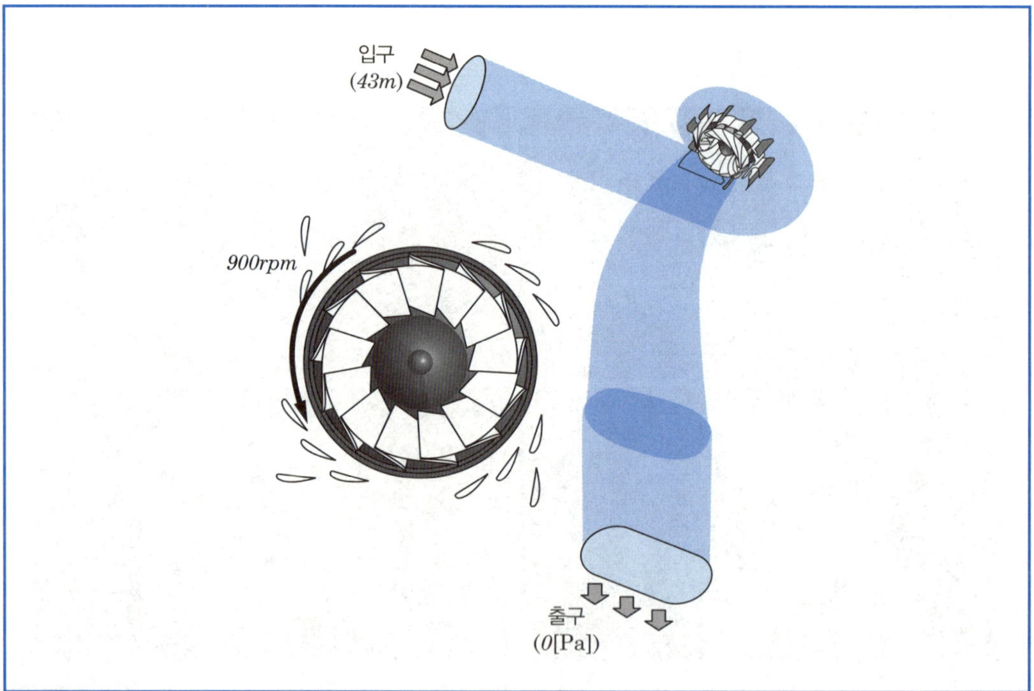

그림 4-12 해석을 위한 경계조건 및 유동장 설명

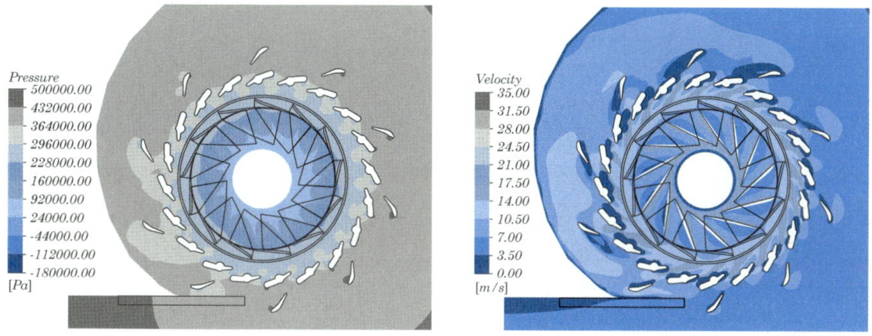

(가) 압력장 (나) 속도장

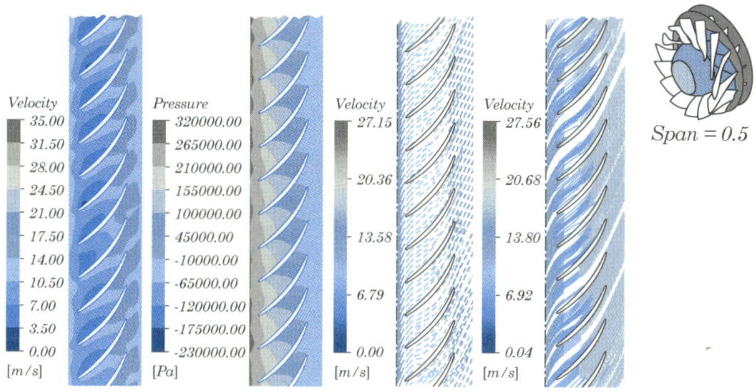

(다) Span=0.5일 때 Blade-to-Blade 단면에서 속도장, 압력장, 속도벡터와 유선

그림 4-13 위키드 게이트의 각도가 31°일 때 CFD 결과

장을 나타낸 결과이고, [그림 4-13](다)는 Span=0.5일 때 Blade-to-Blade 단면에서 속도장, 압력장, 속도벡터와 유선을 나타낸 것이다. 결과에서 보듯이 위키드 게이트가 31°인 경우는 28°인 경우와 유사한 결과를 나타내지만, 비교적 좀 더 유동이 안정화되었음을 알 수 있다. 그러나 [그림 4-14]에서 볼 수 있듯이 끝단 쪽에서 나타나는 압력 및 속도변화는 여전히 급격하게 변하고 있음을 알 수 있다. 이러한 결과는 케이싱의 형태와 스테이 베인 뒤에 발생된 후류에 의한 영향이다.

CFD 계산 결과 정격 출력점에서 유사한 결과를 나타내고 있으나 [그림 4-15]에서 보듯이 저출력부분으로 갈수록 특히, 200*kW* 영역에서 실험 결과보다 4%의 오차가 발생하고 있음을 알 수 있다. 이러한 결과는 러너보다는 케이싱, 위키드 게이트, 스테이 베인 그리고 흡출관의 형상이 제대로 반영되지 않았기 때문이다.

저 낙차부분에서 발생한 오차를 줄여주기 위해서는 구성요소들을 일부 수정하여 실험결과

표 4-1 | 위키트 케이트의 각도변화에 따른 효율

구분	단위	WG45	WG40	WG35	WG28	WG20
H	m	42	42	42	42	42
Q	cms	1.727	1.63	1.515	1.256	0.828
P	kW	601.084	583.167	538.167	451.108	252.068
L_{th}	kW	710.85	671.32	623.85	516.83	340.80
η	%	85%	87%	86%	87%	74%

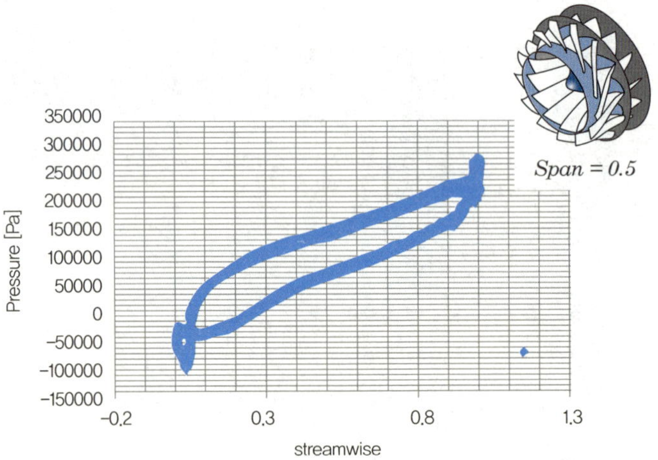

(가) 압력분포

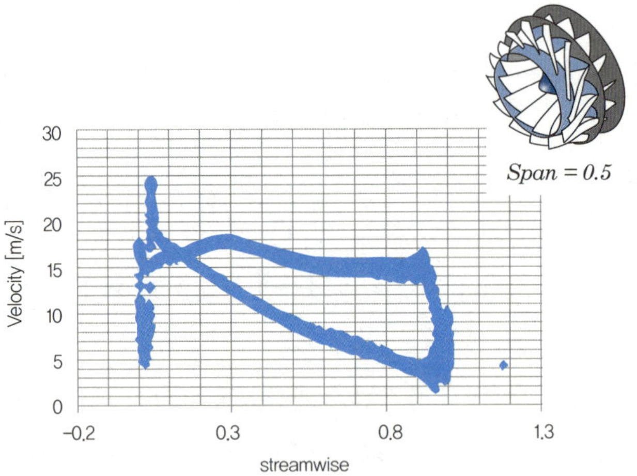

(나) 속도분포

그림 4-14 Span=0.5일 때 Blade-to-Blade에 따른 압력분포와 속도분포

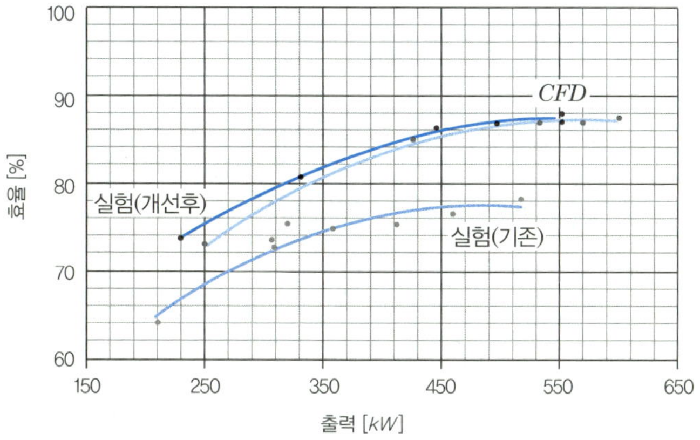

그림 4-15 CFD결과와 설치 전 · 후 정격낙차 실험결과의 비교

와 비교해야 한다. 위키드 게이트와 스테이 베인을 [그림 4-16] 및 [그림 4-17]과 같이 수정하여 주었다. 물론 위키드 게이트와 스테이 베인의 형상을 정확히 계측하여야 하지만 현장 사정상 불가능하여 임의로 위키드 게이트와 스테이 베인을 수정하였다. 이러한 작업은 시행오차법에 의하여 반복적인 작업이 이루어졌다.

출력별 해석을 하기 위하여 [그림 4-17]과 같이 위키드 게이트의 각도를 조절하였다. 위키드 게이트의 각도조절은 실험결과와 비교하기 위함이다. 이에 대한 결과를 정리하면 [그림 4-19]과 같고, 계산 데이터는 〈표 4-1〉과 같다. [그림 4-19]을 보면 출력 250*kW*부근에서 효율이 변경 전보다 약 4% 정도 증가되었고, 정격출력 부분에서 1% 이상 효율이 상승되었음을 알 수 있다. 이러한 결과는 1차 CFD결과보다 실험결과와 잘 일치한다. 기존의 계산 결과

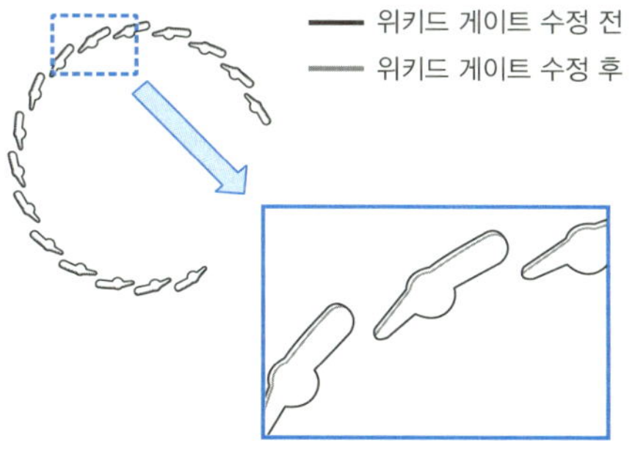

그림 4-16 위키드 게이트의 두께 변화

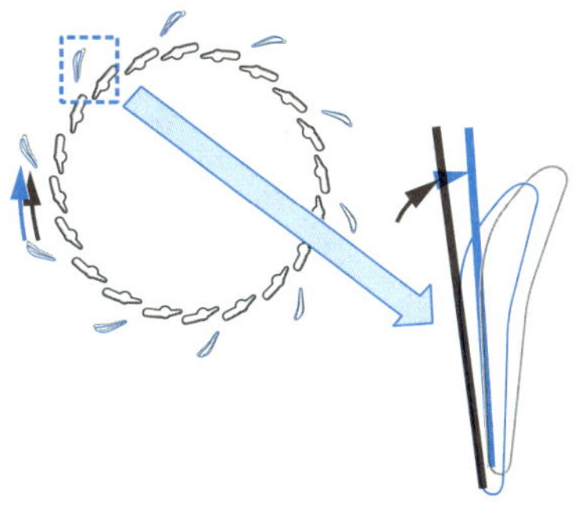

그림 4-17 위키드 게이트의 각도 변화

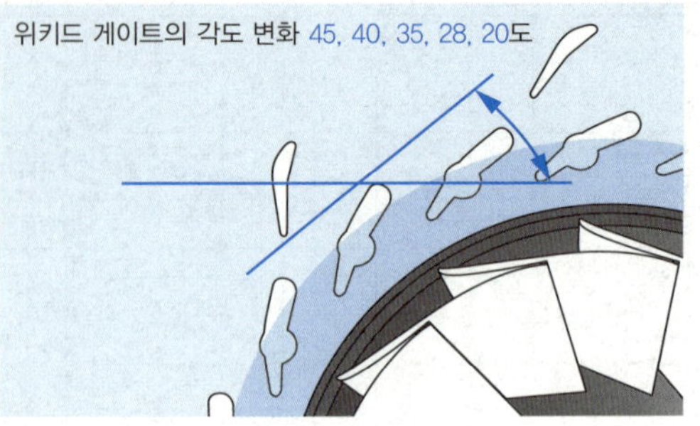

그림 4-18 출력을 조절하기 위한 위키드 게이트의 각도 변화

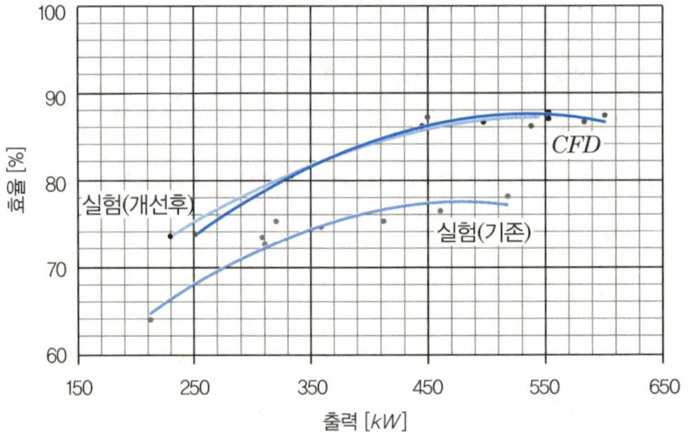

그림 4-19 위키드 게이트와 스테이 베인 수정 후의 실제 운전 효율과 CFD 계산 효율 비교

에서 저 출력부분의 실험결과([그림 4-16])가 잘 맞지 않은 이유는 구성부품을 정확히 반영시키지 못한 결과라 판단된다. 이러한 결과로 미루어 보았을 때 구성부품을 최적화 설계한다면 효율이 90% 이상 초과될 것으로 판단된다.

(3) 카플란수차

카플란수차의 CFD 해석사례는 마이크로급 튜블러수차이다. 낙차가 비교적 작은 곳 즉, $3m$~$5m$의 낙차를 가지며 발전할 수 있는 유량이 평균적으로 흐르는 곳은 주변에서 많이 볼 수 있다. 〈표 4-2〉와 같이 육상양식장, 정수장, 하수처리장, 하천, 농어천 저수지, 대형공장, 아파트 단지 등을 후보지로 거론할 수 있다.

대부분의 수차 개발자들은 〈표 4-2〉와 같은 후보지들에서는 발전을 하여도 실효성이 없다고 하여 시도조차 하지 않고 있다. 그 이유는 낙차가 작기 때문에 낙차보다는 속도에 의한 동압을 발생시키기 위하여 수차의 외경을 줄여야 하는 어려움이 있기 때문이다. 수차지름을 작게 하면 러너의 날개 크기가 줄어들고, 수력학적 힘을 얻을 수 있는 공간이 적어지게 되어 효율의 저하를 초래하고, 더 나아가 출력에 의한 이익보다는 제작비용이 많이 들어 손해를 볼 수 있기 때문이다.

또한 〈표 4-2〉의 경우는 유량이 대부분 $1m^3/s$이 넘지만, 〈표 4-3〉과 같이 유량이 적은 $0.2 \sim 0.31m^3/s$인 $5kW$급 인라인 마이크로 수차를 설계하기에는 많은 어려움이 있다. 따라서 이를 위하여 [그림 4-20]에서 정의된 D_R을 $300mm$로 한정하였으나, 추후 D_R을 $200mm$이하로 줄여야 할 것이다.

표 4-2 | 저 낙차에 맞는 소수력발전소 후보지

구분	동력(kW)	낙차(m)	유량(m^3/s)
양식장	50~100	1~3	1~3
하수처리장	108	2.76	4.63
	159	4.08	4.63
	163	4.18	4.63
농업용 저수지	50~150	1~5	1~5

표 4-3 | 인라인 마이크로 수차의 설계 시방

낙차(m)	설계유량(m^3/s)	$D_R(m)$	비고
3	0.2~0.3	0.3	$5kW$

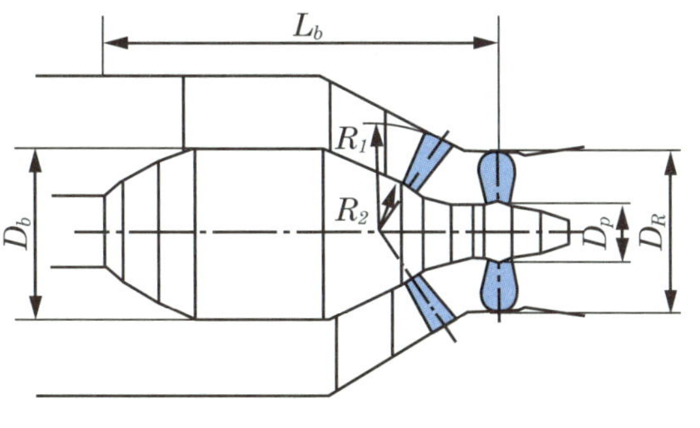

그림 4-20 Radha Krishna에 의하여 제시된 튜블러수차의 설계자료

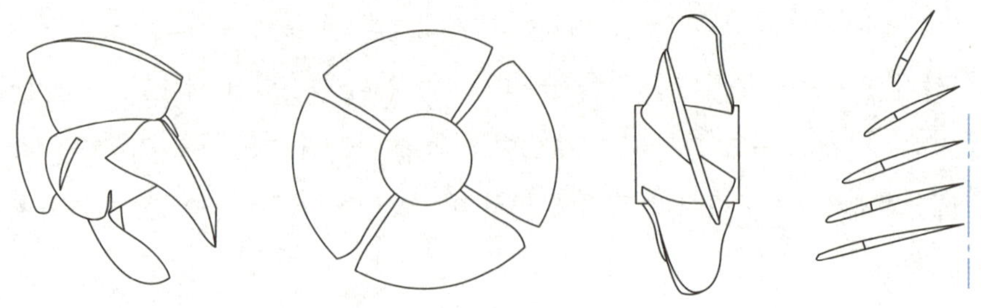

그림 4-21 인라인 마이크로급 수차의 계산된 러너 베인

수차 외형설계에 관한 데이터는 식 (4-63)~식 (4-67)에서 볼 수 있듯이 일반적으로 D_R과 식 (4-68)의 N_q로 무차원화 되어 있다. 이런 데이터들은 설계회사에서 잘 공개하지 않는다. 이는 제시된 설계데이터와는 다른 H.C. Radha Krishna 연구자가 제시한 설계 자료를 가지고 나타낸 결과이다.

$$D_p/D_R = 0.443 - 2.2 \times 10^{-4} N_q \tag{4-63}$$

$$R_1/D_R = 0.335 + 1.52 \times 10^{-4} N_q \tag{4-64}$$

$$D_2/D_R = 0.837 - 3.86 \times 10^{-4} N_q \tag{4-65}$$

$$D_b/D_R = 1.143 - 6.80 \times 10^{-4} N_q \tag{4-66}$$

$$L_b/D_R = 2.579 - 0.00123 N_q \tag{4-67}$$

$$N_q = 1059.2 H^{-0.625} \tag{4-68}$$

본 연구에서 적용된 러너의 익형은 수차설계프로그램인 T1NN을 이용하여 계산하였으며, 이 익형의 형태는 [그림 4-21]과 같다(T1NN은 2009~2010년에 수행된 수자원공사 프로젝트 "수차 유동특성분석(CFD)을 통한 설계기술 향상 및 성능개선 연구"에 의하여 개발된 프로그램이다). 식 (4-63)~(4-68)은 낙차 H와 비속도인 N_s로 무차원화된 설계데이터를 이용하여 [그림 4-22]와 같이 모델링 하였다.

설계를 통해서 모델링된 수차의 성능을 예측하기 위하여 CFD해석을 실시하였다. 유체기계의 정확한 해석을 위해서는 점성저층영역을 안정적으로 처리할 수 있는 최적화된 난류모

(가) 버드 뷰 (나) 러너 및 가이드 베인

그림 4-22 인라인 마이크로급 수차의 계산용 격자

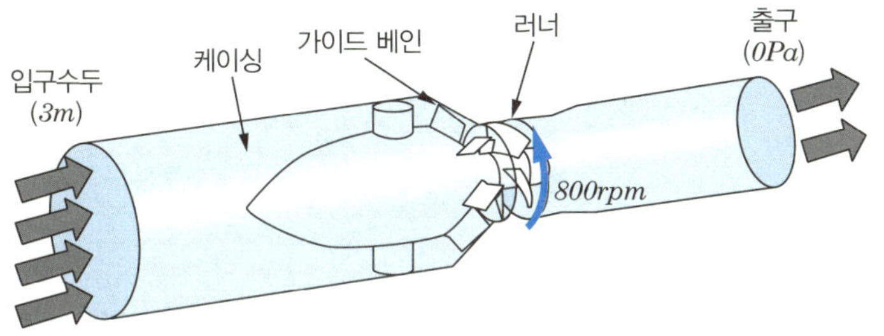

그림 4-23 인라인 마이크로급 수차의 CFD 유동 및 경계조건

표 4-4 | 5*kW*급 마이크로 인라인 수차의 계산된 최적의 설계값

구분	결과 값	Radha Krishna의 자료	비고
D_R	0.3 m	–	
깃 수	4	–	3, 4, 5
회전수	800 rpm	–	800, 1000, 1200 rpm
형상	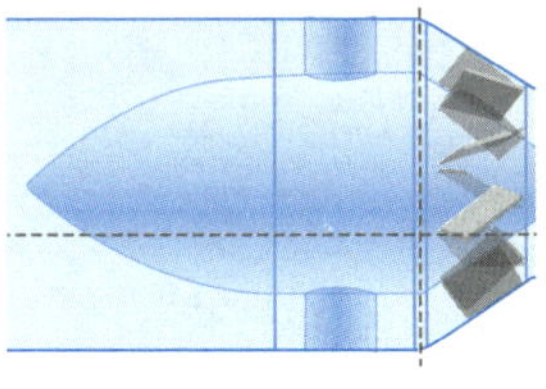	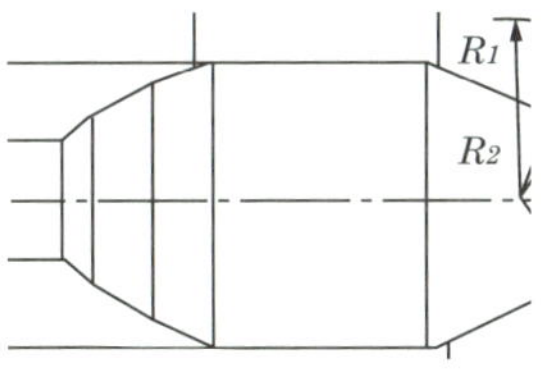	
D_p/D_R	0.387	0.325	
R_1/D_R	0.693	0.416	
R_2/D_R	0.387	0.613	N_s=533.06
D_b/D_R	1.160	0.781	
L_b/D_R	2.860	0.858	
효율	70.143%	–	

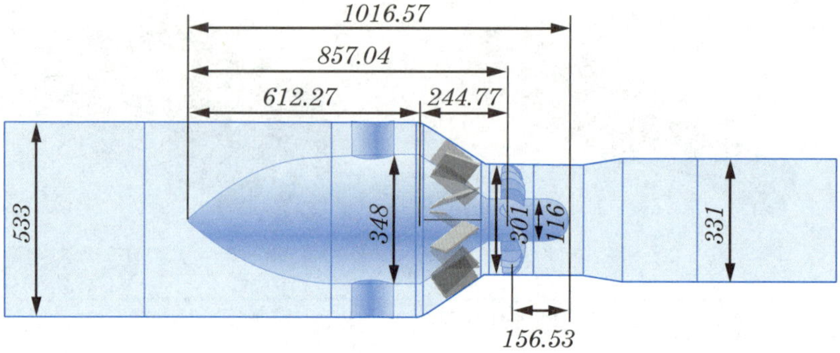

그림 4-24 5kW급 마이크로 인라인 수차의 설계된 영역

델들이 필요하다. 보다 정확한 해를 구하기 위해 점성 저층에 대한 해석이 요구되고 이를 만족시키기 위해서는 벽면 근처에 종횡비가 매우 큰 높은 격자의 밀집도의 확보가 요구되므로, 이를 prism 메쉬로 만족시켜 주었다.

계산에 적용된 난류모델은 k-ε SST(Shear Stress Transport) 모델이다. 계산격자는 Tetra와 Prism 격자를 채용하여 전체 유동장에 대하여 격자수는 2,424,060개 요소 수는 8,111,558가 되게 격자계를 적용하였다[그림 4-22].

입구는 압력수두 조건, 출구는 압력조건으로 [그림 4-23]과 같이 각각 3m와 0Pa을 주었으며, 회전수의 변화에 따라 최고효율을 결정하였고, 사용된 S/W는 ANSYS-CFX11이다. 최고효율의 회전수일 때를 가정하여 CFD를 수행하였고, 각각의 결과를 비교하였다.

4.3 역설계

역설계(reverse engineering) 기술은 주로 하드웨어 완제품의 기술 정보를 알아내기 위한 기술로서 2가지 의미가 있다. 첫 번째로 존재하지 않는 실물의 형상을 여러 가지 방법을 활용하여 디지털화된 형상 정보를 획득하고 이를 기반으로 CAD 데이터를 생성하는 기술 및 작업을 의미한다. 두 번째로 잘못 설계된 기계의 효율 및 품질향상을 위하여, 잘못된 설계자료 중 변경시키지 못하는 조건을 제약조건(constrain condition)으로 고정하고 설계가 잘 된 자료를 참조하거나, 공학적 설계로부터 최상의 자료를 찾아 이를 기반으로 CAD 데이터를 생성하는

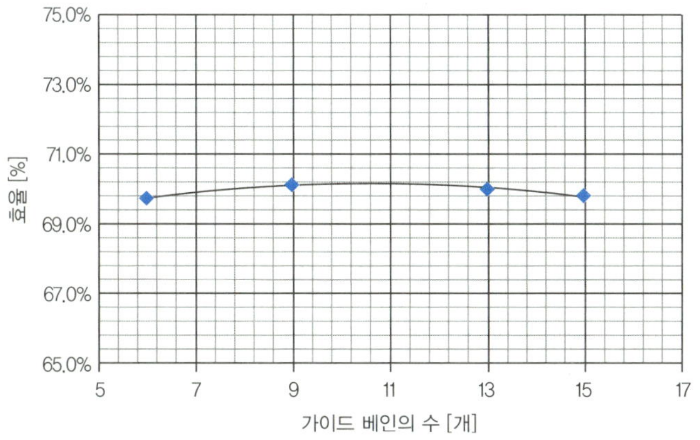

그림 4-25 5*kW*급 마이크로 인라인 수차의 설계된 영역

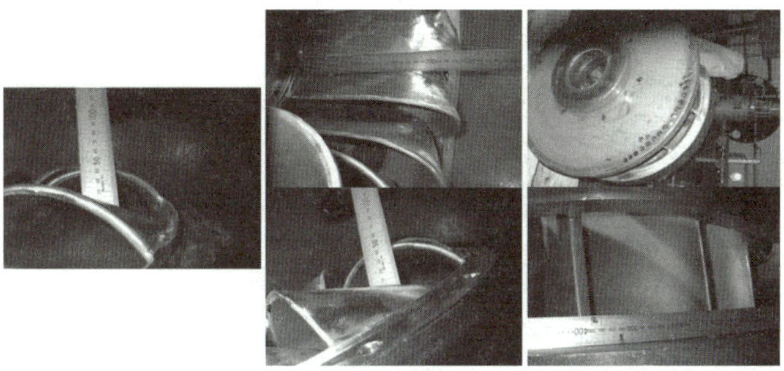

(가) 잘못 설계된 러너와 잘못 가공된 러너

(나) 2개의 러너 비교(Top view)
(왼쪽 : 잘못 설계된 것, 오른쪽 : 잘 설계된 러너)

(다) 2개의 러너 비교(Side view)
(왼쪽 : 잘못 설계된 것, 오른쪽 : 잘 설계된 러너)

그림 4-26 잘못 설계된 러너와 역설계된 러너의 비교

기술 및 작업을 의미한다.

[그림 4-26]과 같이 잘못 설계된 러너로 인하여 저 효율로 운전되고 있는(보증효율 92%와 운전효율 75%) 수차의 러너를 역설계하여 10% 정도의 효율을 상승시킨 예를 설명한다.

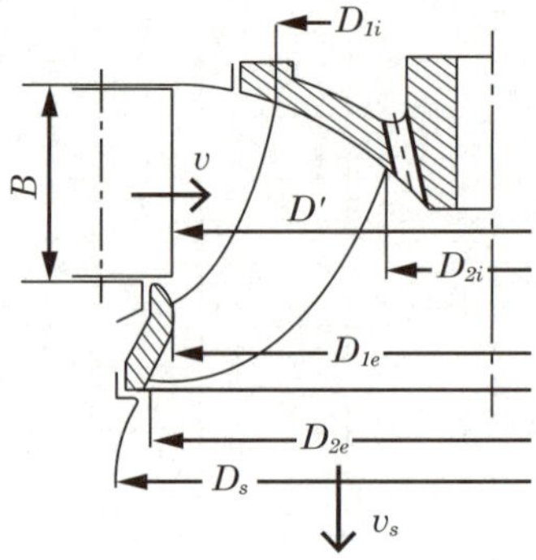

(가) 기하학적 정보와 기호

단계	식	계산 값	설계 값	참조 값
Input Q, H		Q = 1.37cms H = 43m	Q = 1.36cms H = 43m(설계)	Q = 1.5cms H = 36m
Spv	$S_{pv}=\sqrt{2gH}$	S_{pv} = 19.031	S_{pv} = 29.046(설계)	S_{pv} = 28.6
Input 목표 수차효율		η = 0.90	η = 0.90(설계)	
극 Hz				
회전수 N 결정		N = 900rpm	N = 900(설계)	N = 720rpm
회전수 Ns 결정	$N_s=\dfrac{N\sqrt{\rho QH\eta_t}}{H^{1.25}}$	N_s = 186.31	N_s = 29.046(설계)	N_r = 173.2rpm
V'm 그래프 읽음		v'_m = 0.3230	v'_m = 0.323(설계)	v'_m = 0.215
입구 법선속도 Cm' 계산	$v_m=v'_m\times S_{pv}$	v_m = 9.38m/s	v_m = 9.381(설계)	v_m = 5.71m/s
입구 높이비 값 Bi/Die 그래프 읽음		Bi/Die = 0.138	Bi/Die = 0.2145(설계)	C_m = 0.22
①				

(나) 알고리즘 1

그림 4-27 프랜시스수차의 무차원 설계를 위한 알고리즘

4.3.1 역설계 알고리즘

신규 및 기존의 수차 설계 및 수정에 있어 역설계 파라미터가 반영될 수 있도록 [그림 4-27]과 같이 알고리즘을 제작하였다. [그림 4-27](가)는 역설계할 치수 정보와 기호들을 설명하고 있다. 따라서, 이 치수를 중심으로 잘 설계된 러너 수치(90% 수차효율 운전 중)와 비

단계	식	계산 값	설계 값	참조 값
V'_s 그래프 읽음		$V'_S = 0.256$	$V'_S = 0.256$	$V'_S = 0.235$
출구속도 계산 c_s	$v_s = v'_s \times S_{pv}$	$v_S = 7.305$m/s	$v_S = 7.5219$	$v_S = 6.42$m/s
출구 비속도 최적치 산정		$v_{es} = 7.319$m/s	$v_{es} = 5.188$	$v_{es} = 6.642$m/s
토출 직경 결정 D_s	$D_s = \left(\frac{Q \times 4}{\pi \times v_{es}}\right)^2$	$D_s = 0.950$	$D_s = 0.579$	$D_s = 0.56$
출구 직경비 입력 D_s/D_{1e}		$D_s/D_{1e} = 1.03$	$D_s/D_{1e} = 1.0494$	$D_s/D_{1e} = 0.99$
입구 직경 계산(D_{1e}) (D_s로 부터 계산)	$D_{1e} = D_s / \frac{D_s}{D_{1e}}$	$D_{1e} = 0.92$	$D_{1e} = 0.5518$	
토출구 단면적 A_s	$A_s = \left(\frac{\pi \times d_{es}^2}{4}\right)$	$A_s = 0.71$	$A_s = 0.2633$	
출구 유량 계산 Q_e	$Q_e = A_s \times c_{es} \times S_{pv}$	$Q_e = 5.21$	$Q_e = 1.3659$	
입력유량과 출구유량 비교 (No: 출구 비속도 최적치 산정으로 / Yes: 2)				

(다) 알고리즘 2

단계	식	계산 값	설계 값	참조 값
입구 높이 B_i	$B_i = \frac{B_i}{D_{1e}} D_s \Big/ \frac{D_s}{D_{1e}}$	$B_i = 0.138$m	$B_i = 0.14$	$B_i = 0.124$
입구 높이 선정 B_i		$B_i = 136$m	$B_i = 0.14$	$B_i = 0.115$
입구 단면적 계산 A_i	$A_i = \pi \times d_i \times b_i$	$A_i = 0.146\text{m}^2$	$A_i = 0.2199$	$A_i = 0.263$
입구와 출구 면적비 A_s/A_i		$A_s/A_i = 149.3$	$A_s/A_i = 119.7$	$A_s/A_i = 0.935$
입구 직경 값 D_1	$D_i = \frac{Q}{\pi b_i c'_m S_{pv}}$	$D_1 = 0.342$	$D_1 = 0.500$	$D_1 = 0.727$
U_1	$u_i = \frac{d_i \times N_s}{576 \times d_s \sqrt{c_{es} \eta_1}}$	$u_1 = 0.993$	$u_1 = 0.67$	$u_1 = 0.884$
입구 원주속도 U_1	$U_1 = u_i \times S_{pv}$	$U_1 = 14.60$	$U_1 = 19.45$	$U_1 = 27.41$
깃 수 z	$z = \frac{10}{u_i} \sim \frac{12}{u_i}$	Z = 10−12	Z = 13	Z = 13

입구 비속도	$U_{1i} = 0.65$(설계) $u_{1i} = 0.65$ $u_{1i} = 0.7$(참조)	입구 비속도	$U_{2i} = 0.65$(설계) $u_{1i} = 0.32$ $u_{1i} = 0.32$(참조)
D_{1i} 계산	$D_{1i} = \frac{u_{1i} \times S_{pv} \times 60}{\pi N_r}$	D_{1i} 계산	$D_{2i} = \frac{u_{2i} \times S_{pv} \times 60}{\pi N_r}$ → 3

(라) 알고리즘 3

그림 4-27 계속

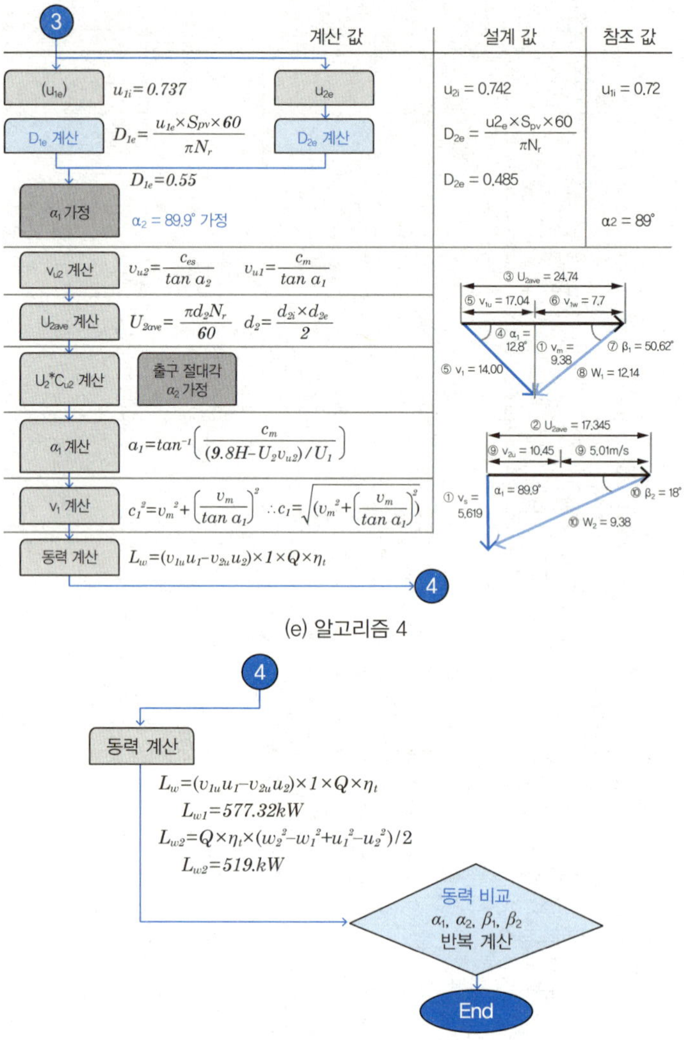

(e) 알고리즘 4

(f) 알고리즘 5

그림 4-27 계속

교하면서 기존 설계가 얼마나 잘못되었는지 그리고 러너를 어떻게 수정해야 하는지의 여부를 확인하여야 한다. 이 알고리즘을 바탕으로 [그림 4-28]과 [그림 4-29]과 같이 프랜시스수차의 러너 설계프로그램을 개발하였다.

수차설계프로그램은 Visual Basic Ver 6.0으로 개발하였다. 이 프로그램에서는 기본적인 수차의 시방으로부터 러너의 기본적인 정보와 러너의 3차원 프로파일(profile)을 제공하도록 프로그래밍 되었고 저작권의 문제로 본문에서는 공개하지 않는다.

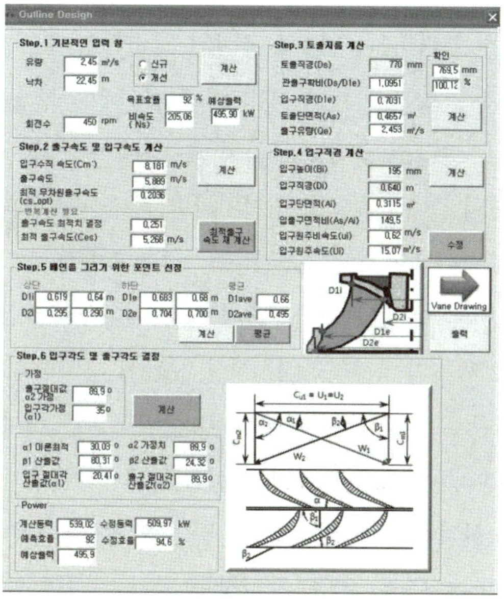

그림 4-28 개발된 수차 설계 프로그램 〈기본 입력창〉

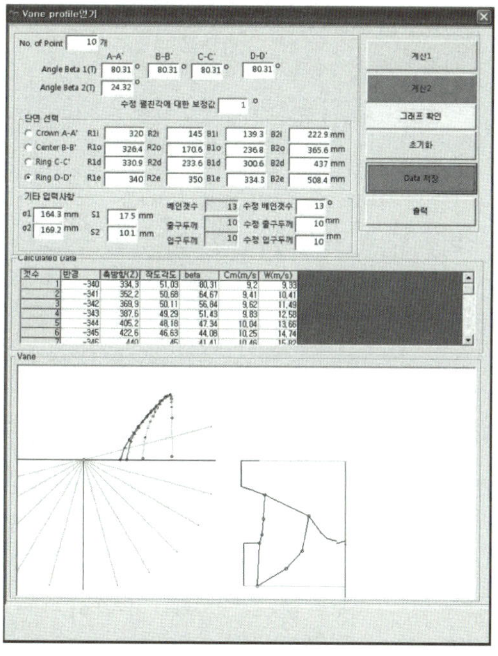

그림 4-29 개발된 수차 설계 프로그램 〈베인 디자인 창〉

[그림 4-28]에서는 Ⅰ단계로 기본적인 입력창을 나타내고 있다. 설계유량 및 설계낙차 그리고 회전수와 목표효율을 입력하는 가장 기본적인 입력창이 있다. 그 다음에 출구속도 및 입구속도를 계산하는 창이 있으며 이는 무차원 입구 법선 비속도(c_m')과 입구 법선비속도로부터 입구높이비를 구한다. 그리고 구해진 무차원 출구비속도와 출구속도로부터 무차원 출구비속도의 최적치를 찾으면서 출구비속도의 최적치와 최적 출구속도를 산정하게 되어 있다.

토출직경을 결정하고 1, 2단계에서 결정된 토출직경이 적당한지 그리고 입구 직경비에 따른 토출입구단면적이 정확한지를 비교한다. 그리고 나서 입구직경을 결정한다. 계산된 입구단면적과 입출구면적비로부터 앞에서 구해진 계산 값들이 타당한지를 확인할 수 있다. 마지막으로 베인을 그리기 위한 포인트를 선정하게 된다. 결국 이 단계는 베인의 기본적인 형상을 결정하게 되는 것이기 때문에 매우 중요한 과정이라 할 수 있다.

Ⅱ단계는 깃의 각도를 결정하는 단계이다. 즉 러너의 입구각도 및 출구 각도를 결정하는 것으로 이 단계 또한 깃의 유체역학적 러너 형상을 얻기 위하여 Ⅲ단계에서 매우 중요하게 사용된다.

Ⅲ단계인 [그림 4-29]에서는 깃을 그리기 위한 프로파일을 얻게 된다. 본 프로그램에서 4개의 프로파일을 얻게 되어 있다.

4.3.2 설계 예

러너를 설계하기 위하여 다음과 같은 시방을 가지고 개발된 프로그램을 이용하였다.

소수력 수차 시방

▶ 정격낙차 : $43m$	▶ 유량 : $1.37m^3/s$
▶ 회전수 : $900rpm$	▶ 정격 출력 : $500kW$

[그림 4-30]은 1D설계에서 가장 중요한 제약조건을 나타내고 있는데, 파란색으로 표시된 치수는 역설계를 통하여 변경할 수 없는 치수로서 제약조건이 되는 것이다. 즉 파란색의 치수를 변경시키기 어려우니까 역설계를 통하여 빨간색으로 표시된 선처럼 새롭게 치수를 결정하였다. [그림 4-31]은 역설계에 대한 방향을 설명하고 있으며, 좌우에 변경 전 · 후의 러너

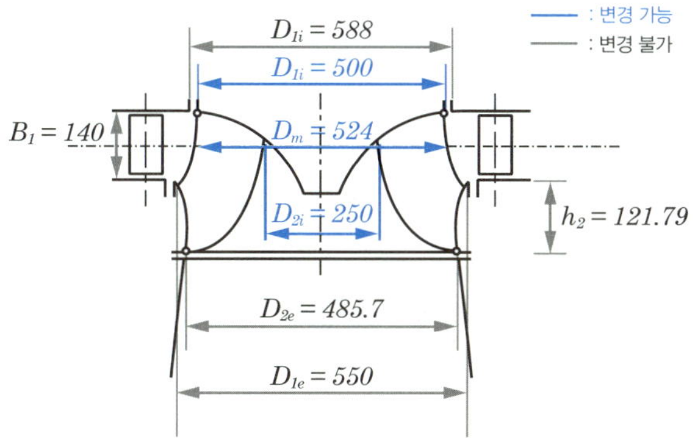

그림 4-30 러너의 설계 작업

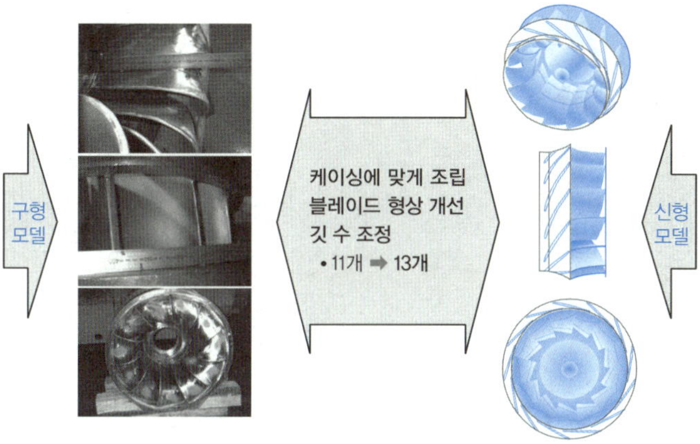

그림 4-31 설계된 3D 러너의 전 · 후 비교

를 나타내었다. 비교 결과는 [그림 4-32]의 (가)와 (나)와 같다.

이로부터 결정된 3D 러너의 도면은 [그림 4-31]과 같다. [그림 4-31]을 보면 기존의 러너와 비교하여 원판마찰, 유로마찰, 2차유동(난류) 손실을 줄여주기 위한 깃 형상을 변경시킨 것을 확실하게 알 수 있다.

[그림 4-33]에는 기존의 러너와 새롭게 설계된 3D러너 도면의 차이를 설명하고 있다. 기본적으로 러너를 블레이드 형상으로 개선시켜 주었으며 러너의 수를 11개에서 13개로 바꾸어 주었다. [그림 4-34]에서 새롭게 설계된 러너를 2번 실험을 하였는데 2010년도에 실험한 1호기의 실험자료와 2011년도에 실험한 2호기 실험자료이다. 이 두 개의 자료는 2~3%의 차

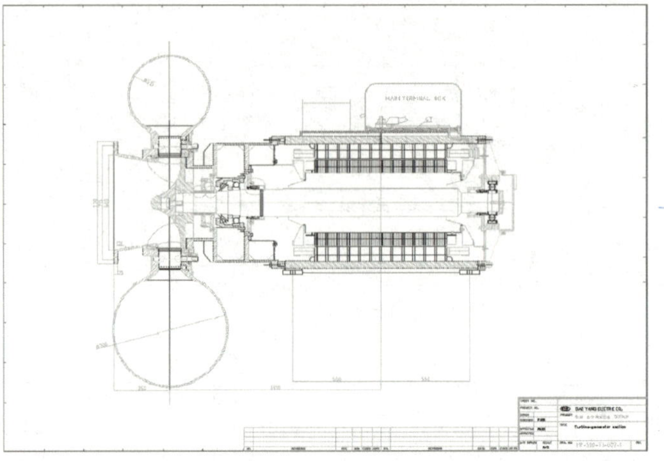

(가) 구 도면

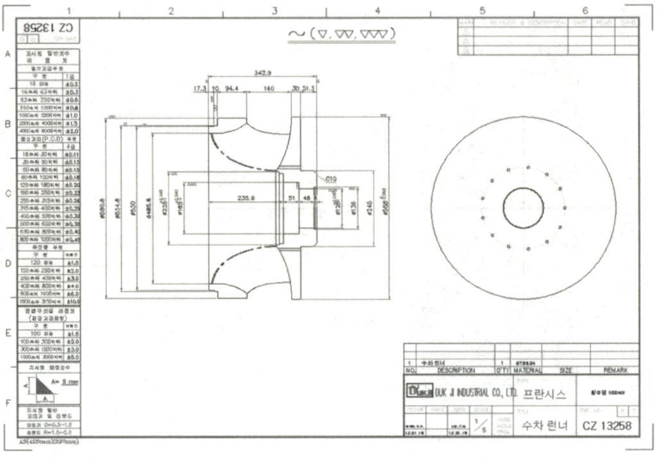

(나) 새 도면

그림 4-32 **러너의 도면 예**

이를 나타내지만, 이들의 차이는 오차범위 내에 있으며 더 나아가 실험조건과 제1호기와 2호기의 러너를 제외한 구성품의 차이라고 판단이 든다. 여기서 중요한 것은 기존의 실험자료보다 약 10%의 효율상승을 이끌어 낸다는 것이다.

이에 따른 발전수익 증대는 호기 당 연간 4천백만원이다. 이는 투자비 회수기간이 2년이 되지 않는 기간으로 상당히 좋은 평가를 받은 예이다.

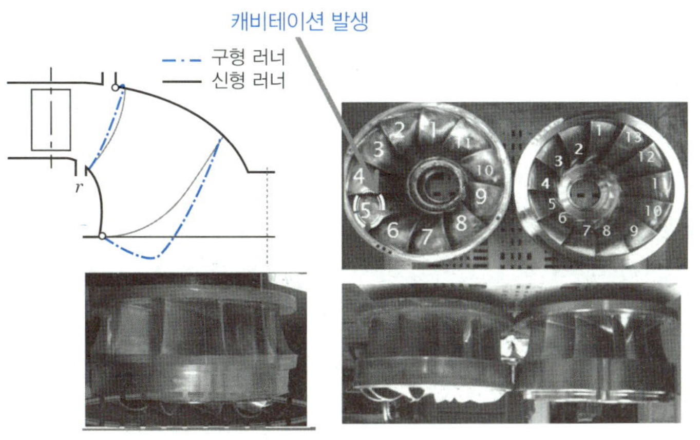

그림 4-33 역설계되어 새로 제작된 러너

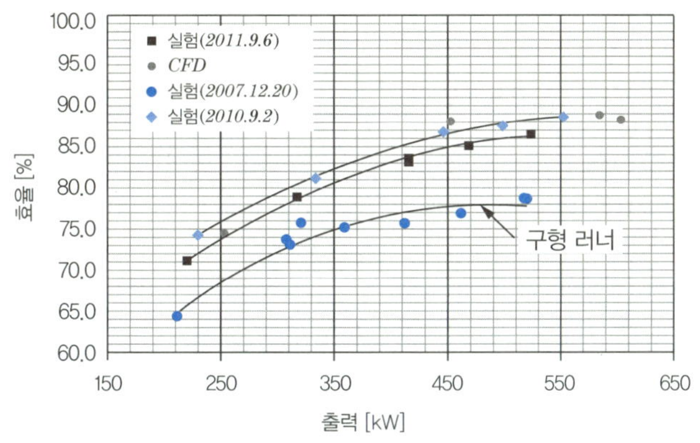

그림 4-34 CFD해석과 2회에 걸친 정격낙차 실험 후 성능 비교

참고문헌

① 국내 관련 연구자료

진동식, 2009, 격자 볼츠만 기법을 이용한 3차원 양방향 캐비티 유동에 관한 연구, 한양대학교 박사학위논문.

수차 유동특성분석(CFD)을 통한 설계기술 향상 및 성능개선 연구, 2010, 한국수자원공사.

수차 유동특성분석(CFD)을 통한 설계기술 향상 및 성능개선 연구, 2010, 한국수자원공사.

카플란수차 설계기술 및 국산화 개발, 1996-N-SH02-P-01, 산업자원부.

수도관 차압을 이용한 마이크로 소수력 발전 실용화 기술개발, 2006-N-SH02-P-02, 산업통상자원부.

② 국외 각종 규격

ANSYS-CFX11 Manual, ANSYS.

Hydro Life Extension Modernization Guides, Volumes 2: 2000, TR-112350-V2, Hydromechanical Equipment, EPRI.

IEC60041 International Standard 3rd Ed., 1991, Field Acceptance Tests to Determine the Hydrualic Performance of Hydraulic Turbines, Storage Pumps and Pumps-Turbines.

ISO 62256 Ed 1.0, 2008, Hydraulic Turbines, Storage Pumps and Pump-Turbines-Rehabilitation and Performance Improvement.

③ 저서

Mei Zu-yan,1991, Mechanical Design and Manufacturing of Hydraulic Machinery, Abebury Technical.

Miroslav N., 1957, Hydraulic Turbine; Their Design and Equipment, Constable Co LTD.

Mohammad Durali, 1976, Design of Small Water Turbines for Farms and Small Communities, Technology Adaptation Program, Massachuetts Institute of Techinology Cambridge, Massachusetts.

OBAID ZIA, OSAMA ABDUL GHANI, SYED TALHA WASIF and ZOHAIB HAMID, 2010, DESIGN, FABRICATION AND INSTALLATION OF A MICRO-HYDRO POWER PLANT.

Radha Krishna H. C. 1997, Hydraulic Design of Hydraulic Machinery, Published by Avebury.

④ 논문

B.R. Hutchinson and G.D. Raithby, A Multigrid method based on the Additive Correction Strategy, Numerical Heat Transfer, Vol.9, pp. 511-530, 1986.

Barth, T.J., Jesperson, D.C., The Design and Application of Upwind Schemes on Unstructured Meshes, AIAA Paper 89-0366, 1989.

Driver, D.M.: Reynolds shear stress measurements in a separated boundary layer, AIAA Paper 91-1787, 1991.

Esch, T., Menter, F.R., and Vieser, W.: Heat transfer predictions based on two-equation turbulence models. 6th ASME-JSME Thermal Engineering Joint Conference, Hawaii, 2003.

Ferziger, J. H. and Peric, M. Computational Methods for Fluid Dynamics. Springer, 1997.

Harten, A., High resolution schemes for hyperbolic conservation laws, J. Comput. Physics, 49, 1983.

Hyung-Woon Roh, Sang-Ho Suhm Jong-hyun Jung, and SuegYoung Oh, 2010, development of A high performance francis turbine for runner replacement using a cfd-based design system, ASME Fluids Engineering Division Summer Meeting August 1-5, 2010, Montreal, Canada.

Jameson, A., Schmidt, W. and Turkel, E, Numerical solutions of the Euler equations by finite volume methods using Runge-Kutta time-stepping schemes, AIAA Pater 81-1259, 1981.

Johnson, D.A. and King, L.S.: A new turbulence closure model for boundary layer flows with strong adverse pressure gradient and separation, AIAA Paper 1984-0175, 1984.

Langtry, R.B, Menter, F.R., Likki, S.R., Suzen, Y.B., Huang, P.G. and Vlker, S. (2004), A correlation based transition model using local variables Part-II Test cases and industrial applications, to be published at the IGTI conference Vienna, 2004.

M. Raw, Robustness of Coupled Algebraic Multigrid for the Navier-Stokes Equations, AIAA Paper 96-0297, AIAA 34th Aerospace Sciences Meeting and Exhibit. Reno, NV, 1996.

Menter, F.R., Kuntz, M.: Adaptation of eddy-viscosity turbulence models to unsteady separated flow behind vehicles. Proc. Conf. The Aerodynamics of Heavy Vehicles: Trucks, Busses and Trains, Asilomar, Ca, (to be published by Springer), 2003.

Menter, F.R.,: Two-equation eddy-viscosity turbulence models for engineering applications. AIAA-Journal, 32(8), pp. 269-289, 1994.

Menter, F.R.: Influence of freestream values on k-x turbulence model predictions. AIAA Journal, Vol. 30, No. 6. 1992.

Radespiel, R and Kroll, N. Accurate flux vector splitting for shocks and shear layers. J. Comput. Physics, 121, 1995.

Raithby G.D., Schneider, G.E. Numerical solution of problems in incompressible fluid flow: treatment of the velocity-pressure coupling. Numer. Heat Transfer, 2, 1979.

Rhie C.M. and Chow, W.L. A numerical study of the turbulent flowpast an isolated airfoil with trailing edge separation. AIAA J. 21. 1983.

Roberts, D.A. and Steed R.: A comparison of steady-state centrifugal stage CFD analysis to experimental rig data. 2004 ANSYS conference, Pittsburgh, 2004.

Schulz, H.D., Gallus, H.D.: Experimental investigation of the three-dimensional flow in an annular compressor cascade, ASME Journal of Turbomachinery, Vol. 110, October, 1988.

Sick, M., Drfler, P., Lohmberg, A. and Casey, M.: Numerical simulations of vortical flows in draft tubes, 5th World Congress on Comp. Mechanics, Vienna, 2002.

Spalart, P.R, Jou, W.-H., Strelets, M. and Allmaras, S.R.: Comments on the feasibility of LES for wings, and on a hybrid RANS/LES approach. 1st AFOSRInt. Conf. On DNS/LES, Aug.4-8, 1997, Ruston, LA. In Advances in DNS/LES, C. Liu & Z. Liu Eds., Greyden Pres, Colombus, OH, 1997.

Suzen, Y.B., Huang, P.G., Volina, R.J., Corke, T.C., Thomas, F.O., Huang, J., Lake, J.P., King, P.I.: A comprehensive CFD study of transitional flows in low-pressure turbines under a wide range of operating conditions, AIAA-2003-3591, 33rd AIAA Fluid Dynamics Conference, Orlando, FL, June 2003.

Van Doormaal J.P, Raithby G.D., Enhancement of the SIMPLE method for predicting incompressible fluid flows, Num. Heat Transfer, Vol. 7, pp. 147-163, 1984.

제 5 장

수력발전소 설계

5.1 수력발전소의 특징

수력발전은 낙차와 유량을 이용하여 발전을 하는 방식으로 댐식, 수로 변경식, 양수식, 낙차식이 있다. 물의 양이 많고, 기준면에서 더 높이 있을수록 위치에너지는 커지고, 그것을 이용해 물을 낙하시키면 그 힘은 운동에너지로 전환되어 그 에너지가 발전기에 연결된 터빈을 회전시켜서 전기가 생산된다.

5.1.1 수력발전의 장점

(1) 한번 건설해 놓으면 연료 걱정 없이 전기를 계속 생산할 수 있다.
(2) 발전 비용이 작게 소요된다.
(3) 댐, 수변공간과 주변 조건으로 인하여 자연 휴식공간이 제공된다.
(4) 수변공간으로 인하여 관광지로 활용이 가능하다.
(5) 댐에 물을 가둘 수 있어 하천의 생태계 유지가 용이하다.
(6) 설비의 운전절차가 간단하다.
(7) 자연의 에너지를 그대로 이용하기 때문에 화력발전이나 원자력 발전처럼, 증기터빈이 필요 없고, 냉각 시스템도 필요 없어 시설이 간단하다.
(8) 운전비용이 저렴하고 유지관리비가 작게 소요된다.
(9) 발전으로 인한 오염이 없어 격리시설이 필요 없고 2차 오염이 발생되지 않는다.
(10) 발전을 위한 연료구입 비용도 거의 들지 않는다.
(11) 다른 발전소는 대부분 발전을 목적으로 세우지만 수력발전소는 발전뿐만 아니라 수자원 관리가 가능하여 홍수와 가뭄 예방을 위해서도 중요한 역할을 한다.

5.1.2 수력발전의 단점

(1) 건설비가 많이 든다.

(2) 건설 기간이 오래 걸린다.

(3) 송전에 의한 전력 손실이 많다.

(4) 댐 건설로 인해 생태계가 파괴되기도 한다.

(5) 댐 건설로 인한 수몰지역이 발생하여 이주민이 발생된다.

(6) 대규모 홍수나 지진 등 천재지변에 취약하다.

(7) 건설할 수 있는 지역이 한정되어 있다.

5.2 수력발전소의 분류

수력발전소는 〈표 5-1〉과 같이 발전 용량에 따라 분류를 하기도 하고, 〈표 5-2〉와 같이 발전 낙차에 따라 분류하기도 한다.

표 5-1 | 발전 용량에 따른 분류

구분		내용
발전 용량별	초초소수력	발전소 시설용량 100kW 미만
	초소수력	발전소 시설용량 100~1,000kW 미만
	소수력	발전소 시설용량 1,000~10,000kW 미만
	대수력	발전소 시설용량 10,000kW 이상

표 5-2 | 발전 낙차에 따른 분류

구분		내용
낙차별	저 낙차	발전소의 정격낙차가 20m 미만
	중 낙차	발전소의 정격낙차가 20~150m 미만
	고 낙차	발전소의 정격낙차가 150m 이상

5.3 발전소 설계 절차 및 내용

5.3.1 설계 절차

수력발전소를 건설하려면 먼저 발전소를 설치할 수 있는 여건을 검토하여 발전소 계획서를 작성하고 발전소 타당성 검토를 한 뒤 기본설계와 실시설계를 하는 과정을 거친다. 수력발전소의 설계는 일반 플랜트 설비와 같으나 동력원이 물의 낙차이므로 유량이 많고 낙차의 발생이 용이한 곳이 적지이므로 지리적 제약이 있다. 반면 사용 원료가 그 지역의 물이고 생산물이 전기이므로 생산 및 운송이 간단하여 인력, 도로 등 제반 인프라 시설이 열악하여도 운영이 가능하다. 발전소 건설에 있어 설계 절차는 타당성 조사를 시행하고 그 결과에 따라 기본 및 실시설계를 진행한다. 타당성 조사가 발전소 건설을 결정하는데 가장 중요한데 이는 발전시설에 있어 가장 중요한 유량의 확보 방안이 정해지기 때문이다. 발전 유량은 인위적인 확보 및 대체가 불가능하고 발전 시설의 규모 산정과 연간 발전량에 직접적인 영향을 주어 시설의 경제성을 결정하는 기준이 된다. 발전소의 타당성이 확보되면 발주처의 사정, 사업의 시급성, 예산 상황 등 여러 가지 여건에 의해 단계적인 과정을 거치지 않고 통합하여 설계를 진행하기도 한다.

(1) 타당성 검토

타당성 검토는 대상지 선정 및 사업의 타당성을 평가하는 것으로 개략적인 업무절차는 [그림 5-1]과 같다.

1) 타당성 검토 준비

① 사업의 기초단계로 사업계획서를 작성하고 경제성 분석, 정책적 분석, 지역균형발전 분석 등을 통해 사업 추진의 타당성 유무를 판단한다.

② 경제성 분석은 수요의 추정, 기술적 검토, 편익의 추정, 비용의 추정, 민감도 분석, 재무성 분석 등을 수행하며, 수력발전의 경우 경제성 분석이 중요하지만 필요에 따라서는 정책적 분석이 중요할 경우도 있다. 특히, 최근 세계적으로 화석연료의 고갈을 우려하여 신재생에너지의 개발을 정책적으로 장려하고 있다.

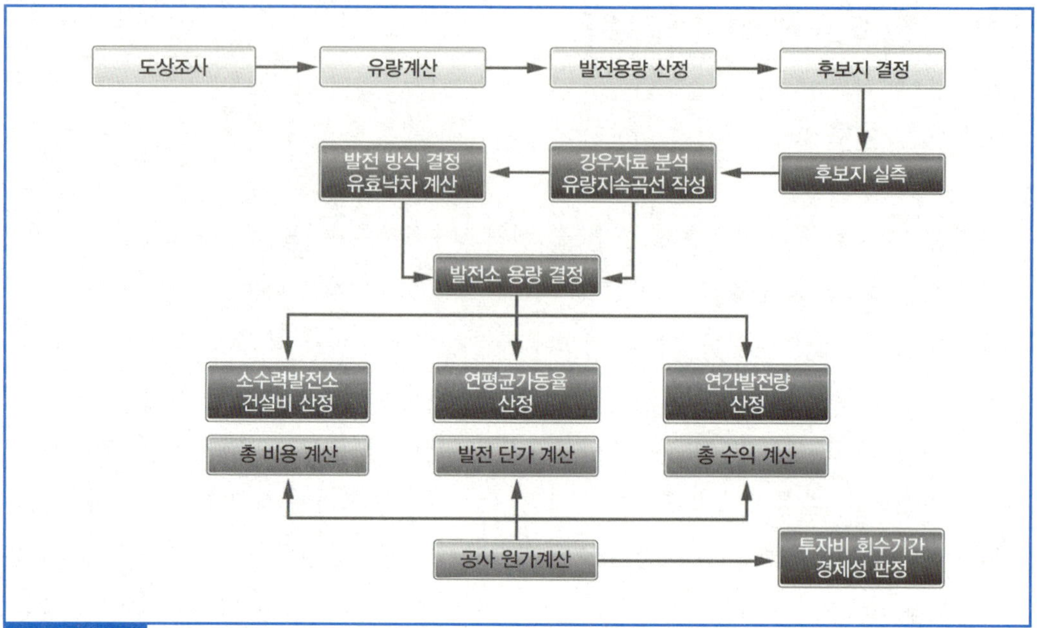

그림 5-1 타당성 검토 절차

③ 정책적 분석은 정책의 일관성 및 추진 의지가 중요한데 이는 관련 계획 및 정책방향과의 일치성과 사업추진 의지 및 선호도 등이 적정한가를 분석하여야 한다. 또한, 재원조달 가능성과 환경성 평가를 통해 사업추진상의 위험요인을 분석 파악하여야 한다.

④ 지역균형발전 분석은 지역의 낙후도와 지역경제 파급 효과 등을 분석하여야 하나 수력발전의 경우 용수를 이용하여 발전하는 시설로 지역적 제한을 받고, 유지관리 인원도 적으므로 지역균형발전에 미치는 영향은 미미하다.

⑤ 타당성 검토 보고서에는 사업추진의 타당성 유무와 기타 정책 제언을 포함한 종합 평가를 하여야 한다.

2) 타당성 검토 내용

① 발전소 대상지의 선정

② 발전 유량, 낙차 및 발전규모의 개략적 산정

③ 수차 발전기의 적정 형식 선정

④ 개략적 공사비의 산정

⑤ 연간 발전량 및 전력판매비의 산정

⑥ 경제성 및 정책성 분석

3) 대상지 선정 시 유의사항

① 발전 용수의 소유권자를 조사하고 사용 여부를 검토한다.

② 연간 발전량이 사업의 타당성을 결정하는데 가장 중요하므로 발전량 산정을 위한 기존의 유량자료를 확보한다.

③ 발전 전력을 판매하기 위해서는 기존의 전력망 계통에 연계하여야 하고 이 연계 공사비는 수력발전을 하고자 하는 자가 부담하여야 하므로 사업비에 반영하여야 한다. 계통연계 기준은 한국전력공사의 「분산형 전원 배전계통 연계 기준」(전기설비 계획 참조)에 따른다.

(2) 기본설계

1) 기본설계 절차

기본설계는 타당성 조사나 기본계획의 결과를 구체화하는 것으로 수행절차 및 업무는 다음 [그림 5-2]와 같다

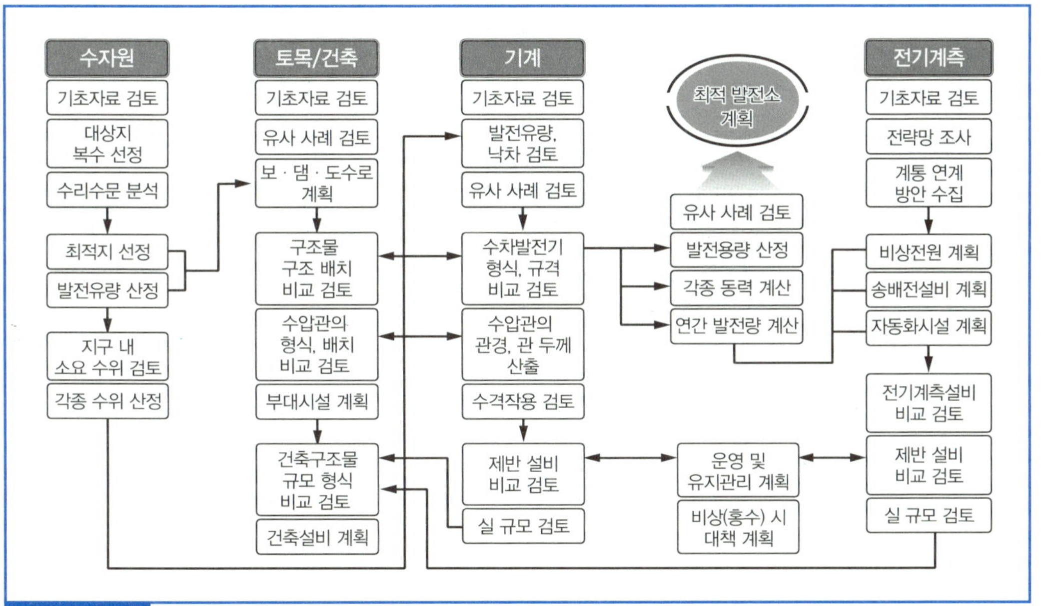

그림 5-2 기본설계 업무 수행 흐름도

2) 기본설계의 중요사항

① 기본설계는 기본계획 및 타당성 조사보고서를 검토하여 적정성을 확인하고 대안을 제시하여 타당성 조사결과를 구체화하는 것이며, 각 시설을 비교 · 검토하여 적정한 시설을 선정하는 것이다.

② 각종 법령, 설계지침 및 기술기준을 검토하여 사업에 적합한 기준을 수립한다.

③ 각 시설의 형식을 비교 · 검토하여 적정 형식을 선정하고 기술적 대안 등을 제시하여 시설의 규모 등을 확정한다.

④ 대안에 대한 경제성과 현실적으로 수행(시공)이 가능한지를 검토하고 방안을 제시한다.

⑤ 개략적인 공사비를 산정하여 경제성을 검토한다.

⑥ 골격이 되는 기본적인 시설에 대한 설계도서와 종합보고서를 작성한다.

3) 기본설계 수행 업무

① 설계 개요, 법령 및 각종 기준 검토

② 타당성 조사 및 기본계획 결과의 검토

③ 설계 내용의 결정 및 설계지침의 작성

④ 기본적인 구조물의 형식 비교 검토

⑤ 기술적 대안 비교 검토

⑥ 대안별 시설물의 규모, 경제성 및 현장 적용 타당성 검토

⑦ 시설물의 기능별 배치 검토

⑧ 개략적인 공사비 및 기본 공정표 작성

⑨ 주요 자재 및 장비의 형식 및 규격 검토

⑩ 설계도면 및 개략적인 공사시방서의 작성

⑪ 설계설명서 및 개략적인 용량계산서의 작성

⑫ 기본설계보고서의 작성

(3) 실시설계

1) 실시설계 절차

실시설계는 기본설계에서 계획된 내용을 검토한 후 실시 공사비를 산출 확정하고 시공이

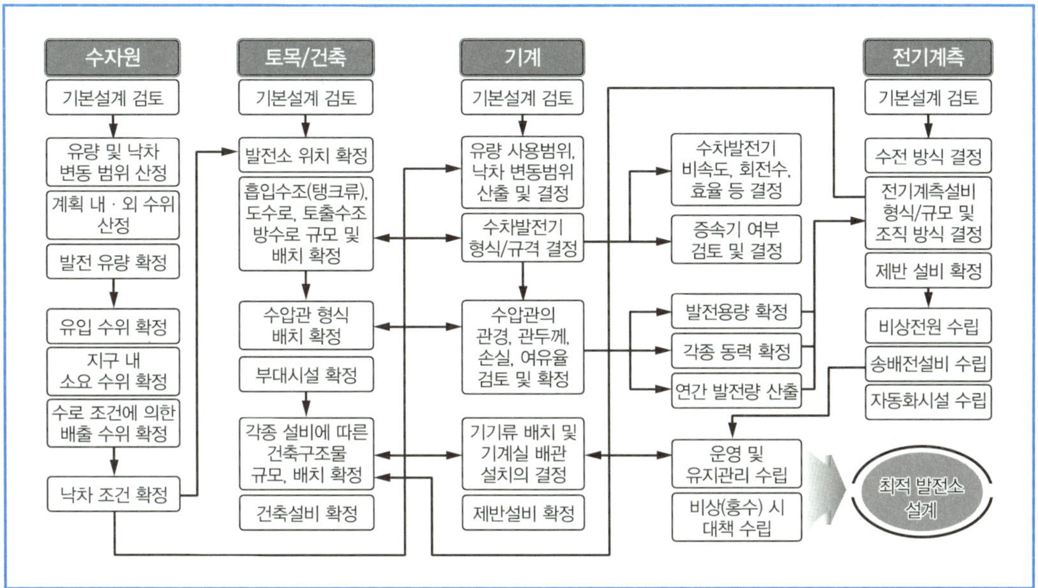

그림 5-3 실시설계 업무 수행 흐름도

가능하도록 설계 도서를 작성하는 것으로 그 내용은 [그림 5-3]과 같다.

2) 실시설계 중요사항

① 실시설계는 기본설계에 계획되어 있는 사항을 확정하여 도서화 하는 것으로 설계도면의 작성, 공사비의 산정, 공사시방서의 작성, 공정관리계획 및 공정표의 작성 등으로 설계 전반을 완료하는 것이다.

② 실시설계 시 현장에서 수행해야 하는 업무는 대상지에 대한 세부적인 측량조사, 지질조사, 각종 시험, 인근 주민의 의견 수렴, 지장물 조사, 문화재 조사, 전파, 환경 조사 등으로 그 결과를 설계에 반영하여야 한다.

③ 또한, 각종 법령에 따라 수력발전 계획 시 사전환경 영향 평가, 사전 재해 영향 검토, 자연경관 영향 검토, 생태 환경 조사 등을 수행하고 인허가를 득하여야 한다.

④ 수력발전 시설의 구조적 안정성 및 신뢰성 제고를 위해 필요 시 모형실험, 수치모델 실험, 시뮬레이션 등을 수행하여 설계에 반영하여야 한다.

⑤ 특히, 취수댐으로 인한 수몰지역에 대한 주민의 민원이 최근 증가하고 있어 사업 추진이 지연되거나 백지화되는 경우도 있으므로 이를 해소하기 위한 각종 보상비의 책정 등을 발주처와 긴밀히 협의하여야 한다.

3) 실시설계 수행 업무

① 설계 개요 및 법령 등 각종 기준 검토

② 기본설계 결과의 검토

③ 설계 내용의 결정 및 설계지침의 작성

④ 구조물 형식 결정 및 설계

⑤ 구조물별 적용 공법 결정 및 설계

⑥ 시설물의 기능적 배치 결정

⑦ 공사비 및 공사기간 산정

⑧ 상세 공정표의 작성

⑨ 시방서의 작성

⑩ 수량의 산출, 단가 조사 및 내역서의 작성

⑪ 구조 및 수리계산서, 용량계산서의 작성

⑫ 실시설계 보고서 작성

⑬ 각종 인허가의 수행

⑭ 운영 계획 및 각종 계획서 작성

5.3.2 설계 내용

(1) 댐의 형상

발전에 이용할 수 있는 물의 에너지는 낙차와 유량의 곱이 클수록 커진다. 이 낙차와 유량을 얻는 방법에 따라 발전소의 형식이 달라진다. 그러므로 저수를 하는 방법 즉, 저수를 하는 댐의 종류는 발전소의 형식을 결정하기 위해 매우 중요하다.

1) 댐의 사용 목적에 따른 분류

① 저수댐

상류로부터의 유입량이 사용 수량에 크게 영향을 미치지 않을 만큼 규모가 크며, 홍수량 조절을 목적으로 하므로 관개, 상수도, 공업용수, 발전 등의 용수 공급, 홍수 조절, 어류 양식 등 여러 용도에 사용된다. 비교적 댐의 높이가 높으며, 흔히 댐이라고 말할 때는 저수댐을 가리키는 경우가 많다. 저수댐에서 한 가지 목적에만 사용되는 것을 전용댐이라 하고, 두 가지 이상의 용도를 위하여 만들어진 것을 다목적댐이라고 한다. 국내에 설치된 소양강댐, 안동댐, 대청댐, 충주댐 등 대부분은 다목적댐 들이다.

② **취수댐**

수로식 발전소의 취수 등 하천에서 물을 댈 목적으로 취입 지점에서 물을 저수하기 위해 만든 댐이다.

③ **사방댐**

하천의 흐름과 함께 산지에서 흘러 들어오는 다량의 유출 토사를 막기 위해 하천의 상류부에 설치하는 낮은 댐이다.

2) 유량제어방법에 따른 분류

① **고정댐**

댐 마루에 수문을 설치하여 여기서 수위 조절과 동시에 홍수 때에는 이것을 개방하여 홍수를 방지하는 월류형 댐(over flow dam), 별도로 홍수 여수로(flood spillway)를 설치하여 댐 마루에서의 월류를 시키지 않는 비월류형 댐이 있다.

② **가동댐**

댐에 수문을 설치하여 홍수가 발생하였을 때 홍수량을 안전하게 처리하거나 홍수량을 조절하여 상류, 하류의 피해를 경감시키는 목적으로 설치한다.

3) 댐 재료에 따른 분류

① **콘크리트댐**

댐 자체의 중량으로 저수에 따르는 수압을 견뎌내는 형식으로, 제방의 재료가 콘크리트인 댐을 콘크리트 중력댐 혹은 중력댐이라고 한다. 단면은 기본적으로 삼각형을 이루고, 상류면은 거의 수직에 가까운 급경사이며 하류면은 50° 정도의 경사를 이룬다. 보통 댐 꼭대기의 중앙 부분에 수문이 있다. 이 부분은 수문의 개폐에 의해 가둬둔 물이 방류되는 부분으로 소정의 수량을 안전하게 방류시킬 수 있는 방류 폭과 수심이 설정되어 있다. 댐의 밑 부분은 양질의 암반 위에 얹혀 있는 것이 좋다. 바닥은 풍화되지 않고 균열이 거의 없는, 딱딱하고 세밀하며 오래되지 않은 암반이 나타날 때 까지 굴착하여 그 면을 압력이나 물로 잘 닦아 내어 바위 조각 따위를 완전히 제거하고 그 위에 콘크리트를 붓는다. 이전에는 댐 기초 부분의 상류 끝을 다른 곳보다 깊게 도랑 형태로 파고 콘크리트를 부어 암반과 콘크리트 사이로 물이 새는 것을 막는 공법을 썼으나, 부근의 암반이 약해지는 현상이 나타나고 그라우트(grout)공법이 발달하여 지금은 쓰이지 않는다. 제방 속에는 여러 가닥의 복도가 있으며 이를 갤러리(gallery)라 한다. 댐 완성 후 이 복도는 형태 변화나 누수의 감시, 그라우트 작업장, 계측장 등으로 쓰인다. 제방에는 약 15m 간격으로 세로로 맞춤새가 있어 이 맞춤새를 경계로 콘크리트를 따로 친다. 댐 전체를 한 덩어리로 콘크리트로 만들 경우 온도변화에 따른 변형이나 콘크리트 자체의 경화에 따른 수축으로 인해 내부에 금이 가므로 이것을 막기 위해 횡이음매를 만든다. 이음매에는 누수되지 않도록 차수(遮水)판이 들어 있으며 댐이 완성된 후 이음매에 그라우트공법을 하는 경우도 있다. 댐의 하류부는 방류한 물에 의해 깎여지지 않도록 충분한 주의를 기울여야 한다. 외국의 경우 하류부가 씻겨 내려가 댐이 파괴된 적도 있다. 그래서 보통 하류쪽을 콘크리트로 덧씌우거나 하류부에 또 하나의 낮은 댐을 만들어 댐의 하류부에 물을 막아 흐름의 기세를 꺾는 경우도 있다. 이를 위해 만들어진 댐을 부댐 이라 한다. 중력댐은 대형댐으로서 지금까지 가장 널리 사용되는 형식이다.

② 록필댐

댐 본체의 안정을 유지시키기 위해서 중력을 받는 부분에 암석, 즉 돌을 쌓아 올린 댐으로 콘크리트 벽 또는 점토층 등으로 차수벽을 만든다. 흙댐과 함께 필 타입 댐(fill type dam)이라고 부른다.

③ 흙댐

흙을 사다리꼴로 쌓아올려 만든 댐으로 한국에서는 옛날부터 관개용 저수지에 흙댐을 구축하였다. 서울 근교를 비롯한 각 지방에서 아직도 이 흙댐이 쓰이고 있다. 흙의 성질로서 입자가 고운 것은 물을 통과시키지 않지만 물에 잠기면 허물어지기 쉽고, 입자가 거친 것은 그 반대로 물은 통과시키지만 강도는 안전하다. 따라서 근대식 댐의 중앙부에는 점토질 흙을, 겉면에는 거친 흙을 쌓아 올려 롤러로 단단하게 다져서 만든다. 댐 경사면의 상류 쪽에는 콘크리트로 마무리해서 물살에 의한 세굴을 막고, 하류 쪽에는 잔디를 심어 빗물의 침식으로부터 보호한다. 홍수 때에 저수지 물이 댐을 넘쳐 흐르면 댐이 붕괴 될 우려가 있으므로 우회로를 만들 필요가 있다.

4) 역학적 구조에 따른 분류

① 중력댐

댐 자체의 무게로 저수지의 물을 지탱하는 콘크리트댐으로 외력으로는 저수지의 수압 외에 침투수의 양(+)의 압력, 지진에 의한 관성력 등이 있는데, 이들 힘에 대해서 댐은 무너지고 하류로 무너져 내리거나 파괴되지 않게 되어 있다. 따라서 댐의 단면은 상류면은 거의 수직이고 하류면은 0.8 : 1.0 정도로 경사진 삼각형이다. 단, 댐 마루는 댐의 접속부와의 통로를 설치하기 위하여 넓이를 넓게 하고 있다. 또 여수로를 설치하는 경우에는 댐 마루의 일부를 낮게 만들어서 월류부로 하고, 거기에 수위 조절용 수문을 둔다. 댐의 하류면은 여수가 흐르는 수로로 하고 제방 바닥에 물받이를 만든다. 중력댐은 구조 이론이 간단하고 지진에 대한 안전도가 크다. 한국에서는 주로 중력댐이 건설되었다. 압록강의 수풍댐은 유명하며, 화천댐, 청평댐, 의암댐, 칠보댐, 운암댐, 보성강댐, 괴산댐, 춘천댐, 섬진강댐은 모두 중력댐 형식이다.

② 아치댐

상류쪽이 아치형으로 튀어나온 댐으로 댐에 괸 물의 압력은 아치의 곡면에 따라 작용하여 압축력으로 양안(兩岸)에 전달된다. 따라서 제체(堤體)는 콘크리트의 얇은 벽으로 만들 수 있으나 양안의 설치 장소에는 견고한 암반이 필요하다. 또한, 강의 폭이 넓으면 아치 작용이 약해지므로 댐 마루의 강 폭과 댐의 높이 비가 3배 이하인 좁은 계곡 사이에 적합하다. 지진이 많은 나라에서는 아치댐의 제체가 얇은 벽이므로 지진에 의한 댐 파괴의 위험이 있다 하여 채택하지 않았으나, 내진공학의 발달로 건설되고 있다. 중력댐에 비해 건설비가 1/3 정도로 작게 들고, 컴퓨터의 발달로 댐의 합리적인 설계가 수월해져서 각국에서 많이 채택되고 있다. 댐의 수직 단면은 초기에는 직립형이었으나 최근에는 하류쪽으로 곡면을 이루는 형이 많다. 상하, 좌우 두 방향으로 곡률을 가진 댐을 돔형 아치댐이라고 한다. 유럽과 미국에서는 옛날부터 건설되었으며 프랑스, 이탈리아에서 크게 발달하였다.

③ 중공중력댐

콘크리트 중력댐의 일종이긴 하지만, 종래의 중력댐 내부에 커다란 공동을 갖고 있다. 모양은 삼각형을 기준으로 하며 상하류면과 약 60°의 경사가 진 블록을 여러 개 만들어 그 앞면에 미치는 수압을 제방의 중력으로 버티는 것이다. 중력댐과 다른 점은, 중력댐이 댐의 중량에 의해 생기는 댐 바닥과 암반 사이의 수평 저항력으로 수압을 견더내는데 비해 이 댐은 댐의 중량과 댐 앞면에 실리는 물의 중량에 의해 생기는 댐 바닥과 암반 사이의 수평 저항력으로 수압을 견딘다는 점이다. 따라서, 콘크리트 중량은 공동 때문에 가볍게 되지만 저항력은 훨씬 커진다. 이 댐의 장점은 콘크리트 양을 줄일 수 있고, 콘크리트 양생 시 발생하는 열을 발산하기 쉬우며, 제방 바닥 부분에서 생기는 부력이 작다는 점 등이지만 기초 암반에 미치는 압력 강도는 커진다. 이탈리아에서 건설되기 시작한 새로운 형식의 댐이다.

④ 부벽댐

물의 압력을 상판 혹은 연속 아치로 지지한 뒤 이 압력을 버트리스(buttress)로 기초 지반에 전달하는 댐으로 철근콘크리트식이다. 사용 재료가 적고 강 폭이 넓은 경우에는 적합하지만, 구조가 복잡하고 시공이 불편하며 지진에 대해 견디는 힘이 중력댐에 뒤지는 것으로 여겨진다. 차수벽으로는 상판과 아치가 있으며 아치쪽이 버팀에 강하다.

5) 발전 방식에 따른 분류

① 댐식

위에 기술한 여러 종류의 댐을 쌓아서 그 낙차를 이용하는 방식으로 그 형상은 [그림 5-4]와 같다.

② 수로식

강을 상류에서 막아 취수구를 만들고 물을 수로로 유도한 다음, 본류와의 낙차를 이용하여 발전하는 방식으로 그 형상은 [그림 5-5]와 같다.

③ 댐수로식

댐수로식은 댐식과 수로식의 장점을 이용하여 낙차를 높여 발전의 효율성을 높이는

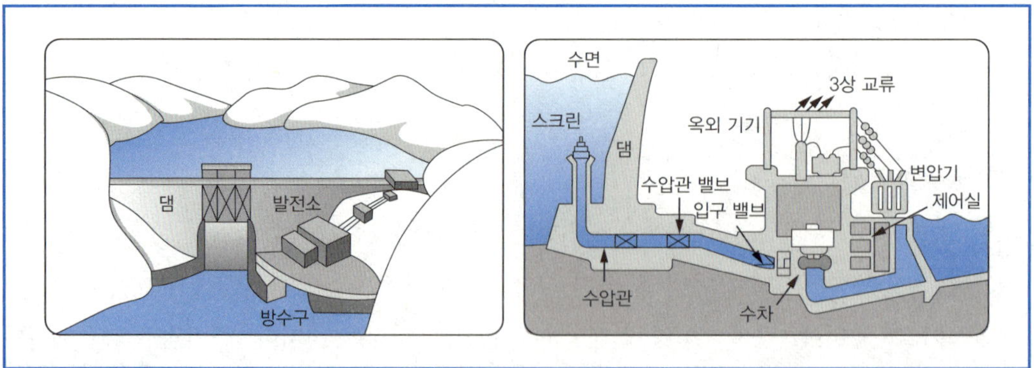

그림 5-4 댐식 발전소(박상준 자료에서 발췌)

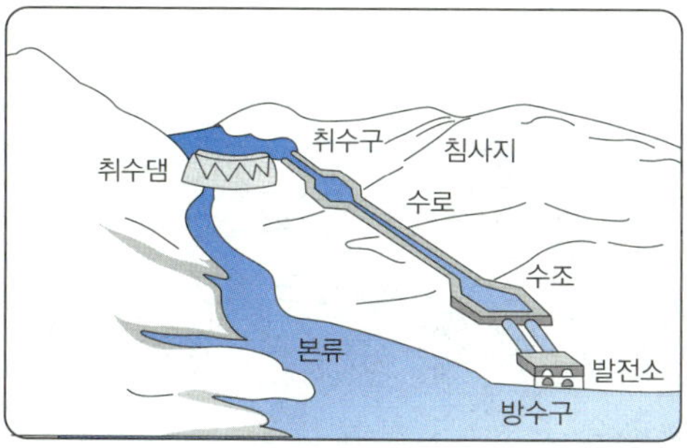

그림 5-5 수로식 발전소(박상준 자료에서 발췌)

그림 5-6 댐수로식 발전소(박상준 자료에서 발췌)

방식으로 그 형상은 [그림 5-6]과 같으며 국내에서는 화천 수력발전소가 있다.

④ 유역 변경식

강의 자연적인 흐름을 바꿔 낙차의 크기를 크게 늘리는 방식으로 양수발전소에 주로 사용하며, 심야 전기를 이용하여 아래에 있는 물을 양수기를 사용하여 위의 저수지로 끌어 올려 재사용하는 방식으로 그 형상은 [그림 5-7, 5-8]과 같으며 국내에서는 강릉 양수발전소, 양양 양수발전소, 예천 양수발전소, 청송 양수발전소가 있다.

수량이 많은 계절이나 하루 동안의 비 첨두 부하 시 잉여 전력 혹은 경부하 시의 잉여 전력을 이용하여 펌프에 의해서 방수구에서 거꾸로 수압관, 도수로를 통하여 위쪽 저수지에 저수해 놓고 갈수기 또는 첨두 부하 시에 수차를 통하여 발전에 사용하는 방식이다. 발전 양수기에 대해서는 발전기와 전동기는 보통 공용이지만 수차는 펌프와 공용으로 사용하는 경우(펌프수차를 사용)와 펌프를 같은 축에 설치하는 경우가 있다. 양

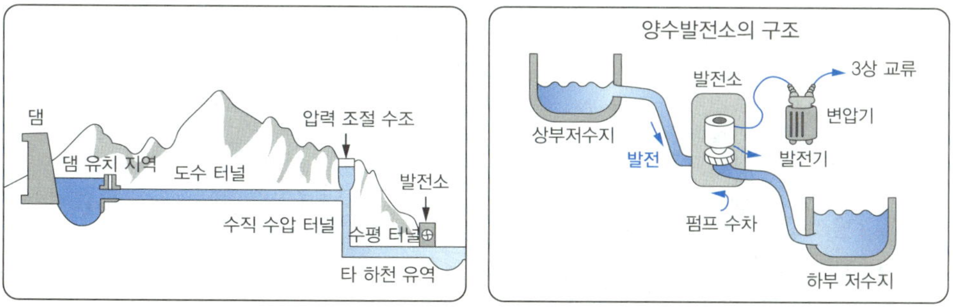

그림 5-7 유역 변경식 발전소

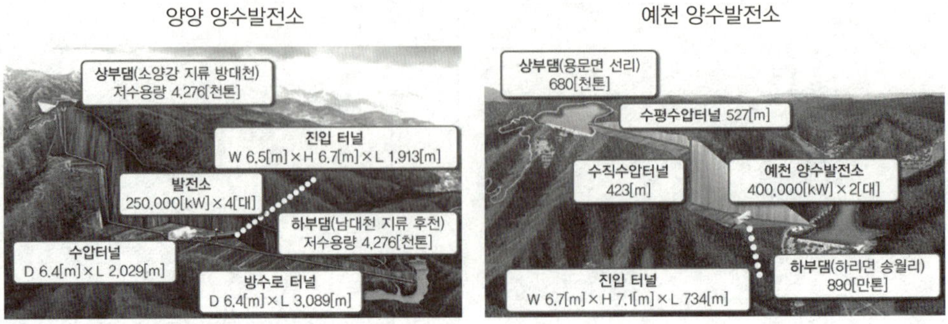

그림 5-8 유역 변경식 발전소(양수발전소)

수발전소는 댐식, 댐수로식으로 나뉘는데 상부 저수지의 크기에 따라 저수지식, 조정지식으로 구분하고 상부 저수지에 유입되는 물의 유무로 순 양수식과 자류 병용식이 있다. 순 양수식에서 발전에 사용되는 물은 양수에 의해서 상부 저수지로 저수된 물만으로 하루 또는 일주일 동안 조정용으로 만들어진다. 자류 병용식은 상부 저수지에 유입되는 물이 있어 대용량의 저수지를 갖춘 것이 많으며, 유입되는 물만으로도 경제적으로 성립될 수 있는 지점이나, 저수지의 규모가 너무 커 자류만으로는 충분한 저수지 효과를 발휘할 수 있는 지점에 양수기를 깊이 넣으면 유리한 발전계획을 기대할 수 있는 경우에 적용시킨다.

⑤ 조수 간만의 차를 이용한 조력 발전

바닷물의 조수 간만에 의한 해수위의 변화에 따른 낙차를 이용하는 발전소이다. 조력 발전소의 운전 예로서는 프랑스의 랭스 하구에 설치되어 있는 랭스 조력발전소(규모는 10,000kW×24기의 240,000kW)가 유명하다. 우리나라는 경기도 시화 조력발전소

그림 5-9 시화 조력발전소

(25,000kW×10기의 250,000kW)가 건설되어 운영 중에 있어 세계 최대의 시설을 자랑하고 있다. 강화도 조력발전소, 충남의 가로림만 조력발전 사업이 검토 진행되고 있고, 전남 울돌목 조력발전소 등에서 조력 발전 사업이 진행되고 있다.

(2) 수리수문 및 유량 분석

사용 수량을 결정하기 위해 수리수문분석을 하며, 하천의 유량 측정이 중요한 조사 사항이다. 강수량, 증발량, 기온 등의 기상 자료로부터 하천의 유량을 추정한다. 또한 적설, 융설 조사는 융설 유량의 예측을 위해 필요하다.

하천 유량의 측정은 유수 단면적과 평균 유속과의 곱으로 표시되므로 유량의 측정을 위해서는 이 두가지를 측정하여야 한다. 하천 유량의 측정방법에는 유속측정법, 부과측정법, 공식측정법, 위어측정법이 있으며, 해당되는 지역의 유량곡선을 이용하거나, 수위 유량도를 이용하는 방법과 유황곡선을 이용하는 방법에는 페러랠법, 표준년법, 시리즈법, 곡선삽입법 등이 있는데 현장에 적합한 방법을 적용할 수 있다.

(3) 발전규모 및 발전량

1) 발전규모

① 발전 유량

발전 유량이란 단위시간에 수차를 통과하는 물의 체적으로 단위는 m^3/s이고, 유량 분석을 하거나 댐 모의 운영결과 등에 의해서 산출한다.

일반적으로 발전 최대 사용 수량은 kW 당 건설비 및 발전원가의 허용범위 내에서 발생 전력량을 최대로 할 수 있는 규모로 선정한다. 수로식 발전소의 최대 사용 수량은 보통 하천 갈수량의 2~3배로 사용하고, 댐식 발전소의 최대 사용유량은 풍수량 정도로 사용한다. 각종 유량은 〈표 5-3〉과 같다.

표 5-3 | 하천 유량의 종별

구분	풍수량	평수량	저수량	갈수량	최소수량
일수[일]	95	185	275	355	365

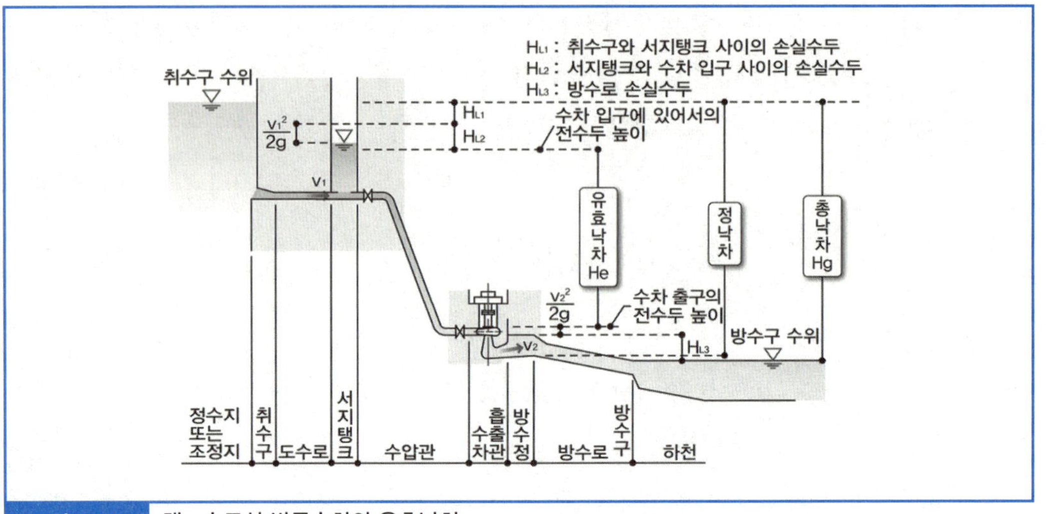

그림 5-10 댐 · 수로식 반동수차의 유효낙차

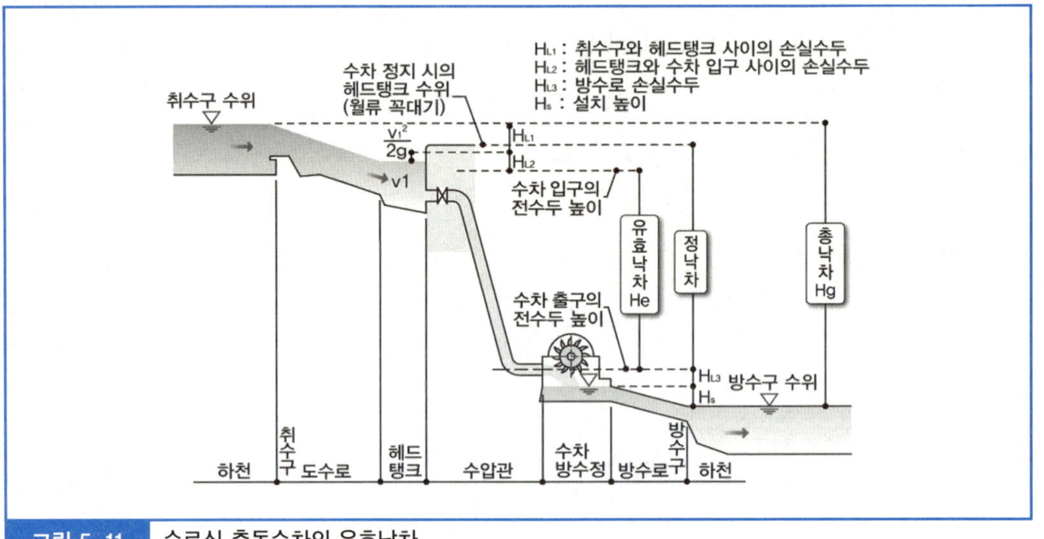

그림 5-11 수로식 충동수차의 유효낙차

② 낙차

낙차를 구분하면 총낙차, 정낙차, 유효낙차가 있다. 댐 · 수로식 반동수차의 유효낙차는 [그림 5-10]과 같으며, 수로식 충동수차의 유효낙차는 [그림 5-11]과 같다.

- 총낙차

발전소 취수구에 있어서의 수면표고(취수위)와 방수구에 있어서의 수면표고(방수위)와의 고저차를 총낙차(gross head)라고 한다. 총낙차는 저수지, 조정지가 있는 경우 그 수변의 높낮이에 따라서 달라지므로 각종 출력을 산정함에 있어서 유효낙차를 구하는

표 5-4 | 취수위

구분	최대 출력에 대하여	상시 출력에 대하여	상시 첨두출력에대하여
조정지식	호수의 상시만수위	호수의 갈수기 평균 수위	호수의 중앙수위*
저수지식	〃	〃	호수의 최저 수위

* : 호수의 중앙수위는 이용이 가능한 수량의 중앙수위의 1/2인 수위를 말한다.

표 5-5 | 방수위

구분	최대 출력에 대하여	상시 출력에 대하여
하류에 조정지가 있는 경우	방수구 수위 또는 하류지의 최저 수위 중 높은 쪽의 수위	하류지 수위가 방수구에 영향을 미치는 범위 내의 중앙수위
하류에 저수지가 있는 경우	〃	방수구 수위

기준이 되는 취수위는 〈표 5-4〉와 같으며, 방수위는〈표 5-5〉와 같이 나타낸다.

- 정낙차

발전소의 모든 수차가 정지했을 때 수조 수위와 방수로 시작점 수위와의 높이차를 말한다. 수조 수위는 해드탱크에서는 그 월류꼭대기, 댐 · 수로식의 서지탱크에서는 취수위와 일치하도록 한다. 펠턴수차는 제트 중심선이 러너 피치 사이클과 접하는 점의 표고로 한다.

- 유효낙차

운전 중의 수차에 실제로 작용하는 수두를 유효낙차(Effective Head)라고 하며 흐름이 수차의 입구와 수차의 출구의 수두차이다. 따라서 총낙차에서 손실수두를 뺀 낙차를 의미하며 식 (5-1)과 (5-2)에서 구할 수 있다.

- 반동수차의 유효낙차

$$h_e = h_g - \left(h_{L1} + h_{L2} + \frac{V_2^2}{2g} + h_{L3} \right) \tag{5-1}$$

- 충동수차의 유효낙차

$$h_e = h_g - (h_{L1} + h_{L2} + h_s + h_{L3} + Z) \tag{5-2}$$

여기서, h_g : 총낙차(취수구와 방수위의 표고차)

h_e : 유효낙차

h_{L1} : 취수구에서 수조(서지탱크 또는 헤드탱크) 사이의 취수구, 도수로 기타 수로구조물의 손실수두 합계

h_{L2} : 수조에서 수차 입구까지의 수압관 손실수두

h_{L3} : 방수정에서 방수구 사이의 방수로 손실수두

$\frac{V_2^2}{2g}$: 흡출관 출구유속 V_2의 속도수두(폐기손실수두)

Z : 설치높이

- 제트의 중심선이 러너의 피치서클에 접하는 점의 표고(횡축 1노즐 펠턴수차)
- 제트의 중심선이 러너의 피치서클에 접하는 점의 평균높이(횡축 2노즐형 및 4노즐 펠턴수차)
- 러너 중심의 표고(종축 펠턴수차)
- 발전소에 생기는 손실수두는 마찰손실수두 외에 취수구, 침사지, 수조, 수압관, 방수로 등 각종 손실수두가 있다. 이 중 수로의 마찰손실수두가 총손실수두의 대부분을 차지하므로 손실수두를 계산할 때는 수로 손실을 제외한 기타 손실분으로 총낙차의 2~3%를 가산하며 간단하게 총손실수두로서 총낙차의 7~9%를 예상하면 충분하다.

● 취수구의 수면 저하량

취수구의 일반적인 구조는 [그림 5-12]와 같으며 취수구에 있어서의 수면 저하량은 아래의 내용을 고려하고, 이외의 구조인 경우에는 현장에 맞게 적절히 응용하여 적용하도록 한다.

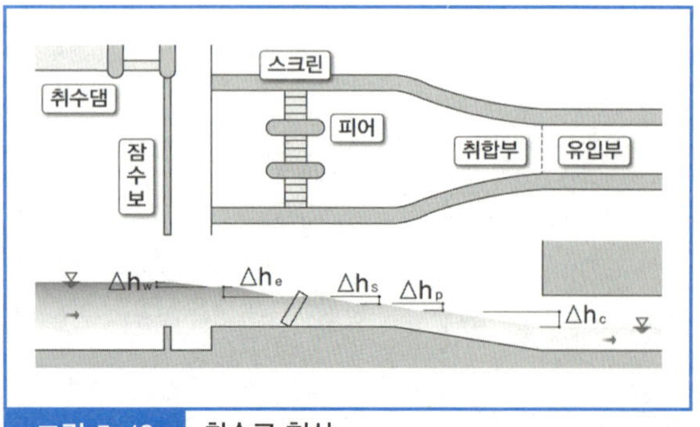

그림 5-12 취수구 형상

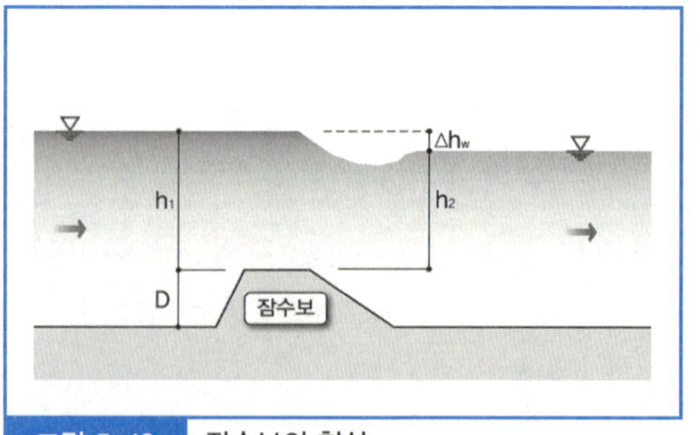

그림 5-13 잠수보의 형상

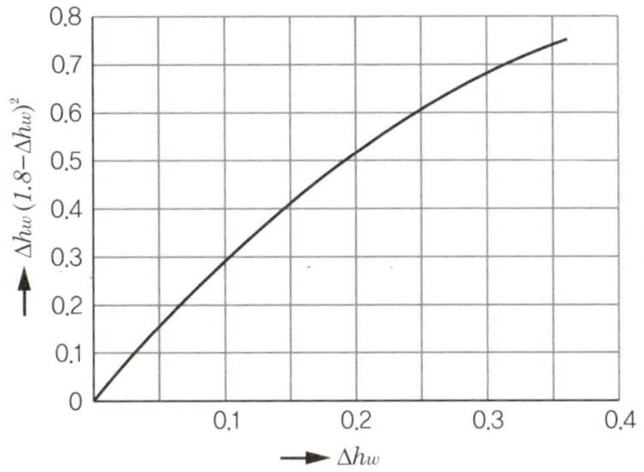

그림 5-14 취수구 형상

- $\triangle h_w$: 수중보에 의한 수면 저하량
- $\triangle h_e$: 유입구에 의한 수면 저하량
- $\triangle h_s$: 스크린에 의한 수면 저하량
- $\triangle h_p$: 피어에 의한 수면 저하량
- $\triangle h_c$: 취합부 및 수로 유입구에 의한 수면 저하량

- 잠수보의 수면 저하량

잠수보에서의 수면 저하량을 구하는 방법은 [그림 5-13], [그림 5-14], 〈표 5-6〉에서 값을 고려하여 식 (5-3)을 이용한다.

$$\triangle h_w(1.8-\triangle h_w)^2=\frac{Q^2}{2gC^2b^2} \tag{5-3}$$

$$C=2.6\times m$$

여기서, $\triangle h_w$는 잠수보에 의한 수면 저하량$(=h_1-h_2)$, Q는 유입유량, C는 잠수보의 유량계수, b는 잠수보의 길이이고, g는 중력가속도이다.

잠수보의 수면 저하량은 [그림 5-14]를 이용하여 먼저 $\triangle h_w(1.8-\triangle h_w)^2$ 값을 구하여 아래 그래프에 대한 곡선상의 값 $\triangle h_w$를 구한다.

$\triangle h_w$값을 구하면 h_2값을 구할 수 있고 〈표 5-6〉에서 h_2/h_1의 한계값을 검토한다.

$h_2/h_1\ >\ h_2/h_1$의 한계값

표 5-6 | 잠수보 형상에 따른 유량계수와 h_2/h_1의 한계값

구분	형상	유량계수 m	h_1/h_2의 한계값	C/m의 값
하류쪽 구배 3/5 이하 (상류쪽은 수직~3/4)	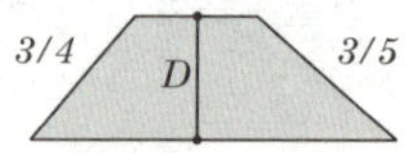	$0.31+0.23\frac{h_1}{D}$	0.7	2.6
하류쪽 구배 1/1 부근 (상류쪽은 수직~3/2)	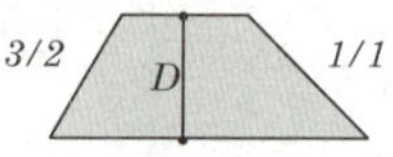	$0.29+0.32\frac{h_1}{D}$	0.8	2.6
하류쪽 구배 3/2 부근 (상류쪽은 수직~3/1)	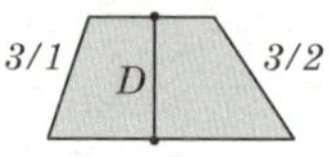	$0.28+0.37\frac{h_1}{D}$	0.8	2.6
긴 사각단면 $h1/L < 1/2$	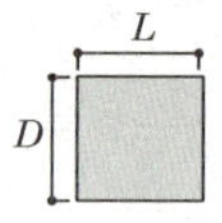	0.35	2/3	2.6

- 낙차산출 방식

정격수위는 식 (5-4)에서 구할 수 있다.

$$RWL = LWL + 2/3\ NHWL - LWL \tag{5-4}$$

유효낙차는 식 (5-5)에서 구할 수 있다

$$H = RWL - TWL - HL \tag{5-5}$$

여기서, RWL은 정격수위, LWL은 저수위, $NHWL$은 상시수위, TWL은 방류수위, HL은 손실수두이다.

- 각종 손실수두

- 손실수두 계산

발전소의 손실수두는 유입 손실수두 외에 취수구, 침사지, 수조, 수압관, 방수로, 마찰 등 각종 손실수두가 있다.

유입부의 형상에 따라 손실계수는 〈표 5-7〉과 같다.

- 스크린 손실수두

스크린은 여러 가지 형상으로 제작될 수 있는데 스크린 바의 형상에 따른 손실계수

표 5-7 | 유입부 형상에 따른 손실계수

구분	각모서리	목귀질	둥근턱	벨마우스	플랜지	파이프	풋밸브	굴절
유입형상	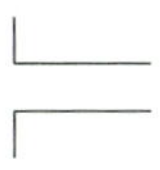	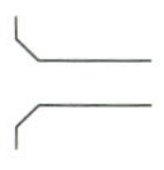	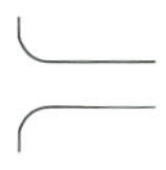	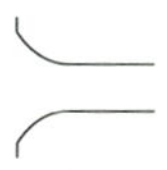	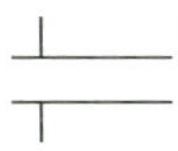	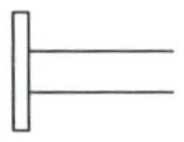	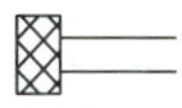	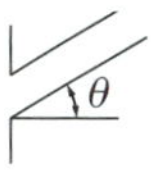
손실계수 (K)	0.5	0.25	0.1(원형) 각형(0.2)	0.06~0.1	0.5	1.0	2.0	$0.5+0.3cos\theta$ $+0.2cos\theta$

표 5-8 | 스크린 바 형상에 따른 스크린 손실계수

스크린 바 형상에 따른 손실계수(β)				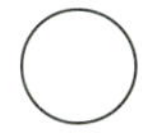
	1.76	1.83	2.42	1.79

는 〈표 5-8〉과 같으며 손실수두는 식 (5-6)으로 구할 수 있다.

$$r = \beta \times sin(\theta) \times \left(\frac{t}{b}\right)^{4/3} \times \frac{V^2}{2g} \ [m] \tag{5-6}$$

여기서, β : 스크린 손실계수, θ : 스크린 설치각도, t : 스크린 바의 두께[m]

b : 유효 목 폭[m], V : 통과유속[m/s], g : 중력가속도 9.8[m/s^2]

- 피어 손실수두

피어(pier) 손실의 근사값 계산은 식 (5-7)에서 구할 수 있다.

$$\triangle h_p{}' = \left\{\frac{1}{C^2} \times \left(\frac{b_1}{b_2}\right)^2 - 1\right\} \times \frac{V^2}{2g} \ [m] \tag{5-7}$$

여기서, C는 피어손실계수, b_1은 수로 폭, b_2는 수로 폭 − 피어 폭, V는 통과유속, g는 중력가속도이다.

- 교각에 의한 손실수두

교각 형상에 따른 손실계수는 〈표 5-9〉와 같으며 손실수두는 식 (5-8)에서 구한다.

$$\triangle h_p = \frac{Q^2}{2g} \times \left\{\frac{1}{C^2 b_2^2 (H - \triangle h_p)^2} \times \frac{1}{b_1^2 H^2}\right\} \ [m] \tag{5-8}$$

표 5-9 | 교각 형상에 따른 손실계수

교각 형상에 따른 손실계수	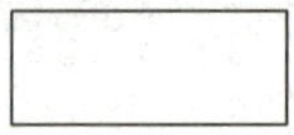		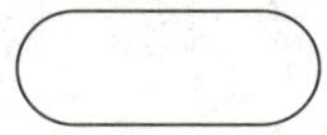	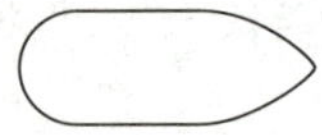
	0.8	0.9	0.92	0.93

여기서, Q는 통과유량, H는 교각 상류측 수심, C는 교각 손실계수, b_1 : 수로 폭, b_2는 수로 폭－교각 폭

2) 발전량

① 출력 분류

- 기준출력 : 정격 유효낙차 및 정격 회전속도에서 안전하게 연속적으로 발생할 수 있는 수차 출력의 한도
- 최대 출력 : 최대 유효낙차 및 정격 회전속도에서 안전하게 연속적으로 발생할 수 있는 수차 출력의 한도
- 100% 개도출력 : 지정한 유효낙차 및 정격 회전속도에서 수구가 100% 개도일 때에 발생할 수 있는 수차 출력

② 출력 산출은 식 (5-9), (5-10), (5-11), (5-12)에서 구할 수 있다.

이론출력 $P = \rho g H Q$ (5-9)

수차 출력 $P_t = \eta_t \rho g H Q$ (5-10)

발전기출력 $P_g = \eta_g \eta_t \rho g H Q$ (5-11)

발전소 시설용량 $P_{max} = \eta_t \rho g H Q_{max}$ (5-12)

종합효율 $\eta = \eta_t \cdot \eta_g$

여기서, ρ는 유체의 밀도, Q는 사용유량, H는 유효낙차, η_t는 수차효율, η_g는 발전기 효율이다.

3) 발전 모의 운영

발전 모의 운영은 계획된 발전시설에 대하여 모의 운영을 통해 연간 발전량을 산출하는 것으로 기 측정된 발전 용수 자료나 유황분석을 통해 산정된 발전 용수 자료를 기준으로 한다.

① 수행절차는 발전설비 규모에 따라 유량자료를 대입하여 발전량을 산정하고 그 결과를 경제성 분석 시 활용한다.

② 수차 발전기는 형식별 발전 가능한 유량범위가 주어지는데 횡류수차는 운전범위가 넓고 다른 수차는 다소 좁은 편이다.

③ 발전설비의 규모는 일일 유량자료를 분리하여 일수가 가장 많은 규모를 기준량으로 하여 최소 유량 및 최대 유량을 산정하고, 그 범위를 벗어나는 일수가 많은 경우 대수를 분할하여 범위를 재산정한다. 이때 일수가 많지 않은 갈수기의 아주 적은 유량은 산정하지 않는 것이 바람직하며, 또한 홍수 시 발생하는 최대 유량은 일수가 적으므로 발전규모 산정 시는 반영하지 않으며 발전량산정 시 일정 유량만 반영한다.

④ 위와 같이 산정한 규모(일반적으로 3개 안 정도)로 발전 모의 운영을 수행하면 규모별 연간 발전량을 산정할 수 있으며 이를 경제성 분석의 자료로 활용한다.

4) 생산 전력비의 산정

발전 모의 운영에 따라 규모 및 연간 발전량이 산정되면 경제성 분석을 위하여 생산 전력비를 산정하여야 한다. 전력비는 국가별 전력비 산정기준과 전력시장의 운영 방식에 따라 다르므로 여기서는 2012년 국내를 기준으로 언급한다.

① 발전 전력의 판매

독립적으로 구역에서 사용하는 특별한 도서지역과 사업체에서 자체로 사용하는 수력발전을 제외한 모든 발전 전력은 전력거래소를 통해 전력을 판매하고 있다. 발전소와 수요처간 전력판매를 위한 송전망은 한국전력공사 배전망을 이용하고 그 비용을 지불하고 있다.

② 발전 전력 판매단가의 산정

발전 전력의 판매단가는 「전기사업법」에 따라 산업통상자원부가 기준을 정하며 한계가격은 전력거래소가 「전력시장 운영규칙」에 의하여 판매가격을 산정하고 있다.

수력발전소의 전력판매단가는 전력거래소의 급전지령에 의해 발전하는 중앙급전 발전기와 급전지령과 관계없이 발전하는 소수력발전소에 따라 단가가 달리 적용된다.

표 5-10 | 적용대상 전원의 적용기준 및 기준가격

전원	적용설비 용량기준	구분		기준가격(원/kWh)		비고
				고정요금	변동요금	
수력	5MW 이하	일반	1MW 이상	86.04	SMP+15	
			1MW 미만	94.64	SMP+20	
		기타	1MW 이상	66.18	SMP+ 5	
			1MW 미만	72.80	SMP+10	

※ 위 표에서 일반은 수력발전을 주목적으로 하는 설비이며 기타는 수력발전이 부가적인 목적의 설비이고, 용량기준은 동일사업자가 인근지역(설치장소의 경계가 250미터 이내의 지역을 의미한다)에서 설치한 용량의 합을 기준으로 적용한다. 기준가격 중 고정요금과 변동요금 중 발전사업자에 유리한 가격조건을 검토하여 적용한다.

- 중앙급전발전기

중앙급전발전기는 「전기사업법」에 따라 산업통상자원부 장관의 인가를 받은 단위 기기 용량이 20MW를 초과하는 대수력으로 국내의 경우 화천, 춘천, 의암, 청평, 섬진강 수력발전소이다. 이 중앙급전발전소의 전력판매단가는 다음과 같다.

- 중앙급전발전기 판매단가 = 계통한계가격 + 용량가격 + 계통운영보조서비스

계통한계가격은 거래시간대별 일반발전기 외 발전기의 전력시장가격(가장 높은 값이고, 용량가격은 거래시간대별 공급가능용량에 적용되는 전력시장가격이며, 계통운영보조서비스는 전력계통의 안전성 및 신뢰성을 유지하기 위하여 이루어지는 주파수 조정, 적정 예비력의 확보, 무효전력의 수급 및 자체기동발전 등의 행위를 말한다.

- 소수력발전소 전력판매단가

중앙급전발전기를 제외한 수력발전설비는 대부분 다음과 같이 소수력발전소 전력판매단가를 적용하고 소용량의 경우 한국전력공사에 직접 판매하는 경우도 있다.

- 판매단가 산정기준

소수력발전소에서 생산된 전기는 한국전력공사의 배전선로를 이용하여 공급되며 전력판매가격은 전력거래소에서 정하는 가격을 기준으로 하여 생산자에게 지급된다.

- 전력판매 단가는 「신에너지 및 재생에너지개발 · 이용 · 보급촉진법」에 의거

산업통상자원부 장관이 「신 · 재생에너지이용 발전 전력의 기준가격 지침」을 고시하여 정하고 있다.

- 산업통상자원부 고시 제2010-176호(2010. 09. 27)에 의거 2012년에 발전 개시하는 수력발전소의 발전 전력 기준가격은 〈표 5-10〉과 같다.
- 계통한계가격(SMP : system marginal price) 산정

계통한계가격은 발전사업자와 한국전력간 전력 거래가격을 말하는데 전력거래소에서 실시간으로 발표된다.

전력거래소에서 발표된 SMP 가격은 2000년부터 현재까지 자료가 있으나 SMP 가격이 점차적으로 높아지고 있어 과거 자료를 적용하는 것은 적절하지 않으므로 최근 몇 년간 자료의 평균값으로 적용하면 무방하다.

5) 연간 발전량 산정

연간 발전량은 발전소의 준공 후 미래의 발전량을 가늠하는 것으로 발전설비의 실제적인 운전을 통해 발전 가능한 전력량이며, 발전소의 취수가 되는 댐이나 하천의 수년에서 수십년간의 신빙성이 있는 과거 유황분석 자료를 토대로 발전 가능한 발전량을 평균 · 집계하여 산출한다.

① 연간 발전량 일반적 계산

$$\text{연간 발전량은 } E = P \times \eta(\text{설비이용율, \%}) \times 24hr \times 365day \quad (5\text{-}13)$$

표 5-11 | 유황분석자료를 이용한 연간 발전량 산출 일례 [단위 : m^3/s]

구분	1999년	2000년	2001년	2002년	2003년	2004년	2005년	2006년	2007년	2008년	2009년	2010년
1월	1.3	2.7	2.4	0.9	1.6	1.7	2.5	2.4	0.8	1.9	0.6	0.6
2월	1.3	2.8	2.4	0.9	1.6	1.6	2.4	2.5	0.8	1.9	0.6	0.7
3월	1.3	2.9	2.4	0.9	1.6	1.2	2.0	2.4	1.1	1.9	0.7	0.7
4월	2.0	2.5	2.8	1.0	1.7	1.1	2.7	2.3	2.5	2.3	0.7	0.7
5월	8.3	6.9	7.4	4.3	8.7	3.8	6.4	4.6	6.9	6.8	7.4	4.3
6월	6.2	5.9	7.0	6.1	9.8	6.3	5.9	8.3	7.5	7.3	18.4	11.6
7월	4.6	2.9	5.2	3.0	3.8	4.6	3.6	3.8	2.6	4.7	1.1	5.8
8월	6.7	7.6	6.6	3.5	4.0	5.6	3.6	11.5	5.2	7.0	6.4	8.5
9월	2.5	2.8	3.7	3.1	2.2	3.4	4.1	4.6	2.0	3.5	4.4	6.9
10월	1.6	2.5	1.4	2.0	1.5	2.7	2.6	1.5	1.9	1.7	0.7	3.2
11월	9.0	2.4	0.9	1.5	1.9	2.6	2.4	1.2	1.9	1.5	0.7	1.3
12월	2.7	2.4	0.9	1.4	1.8	2.6	2.3	0.9	1.9	1.5	0.6	1.3
평균	4.0	3.7	3.6	2.4	3.4	3.1	3.4	3.8	2.9	3.5	3.5	3.8

• 1999~2010년 운암방류량 연평균유량
• 방류량 출처 : 섬진강댐 운암 취수구 소수력발전 용수이용자 선정 입찰공고시 제시한 자료

[단위 : *MWh*]

구분	1999년	2000년	2001년	2002년	2003년	2004년	2005년	2006년	2007년	2008년	2009년	2010년
1월	69	144	127	0	85	90	131	126	0	101	0	0
2월	62	139	115	0	76	80	113	119	0	94	0	0
3월	69	155	127	0	85	37	109	127	16	101	0	3
4월	103	130	144	0	87	40	136	116	129	120	0	0
5월	427	338	369	204	384	191	339	242	368	361	324	221
6월	304	286	340	311	390	325	302	428	362	372	459	542
7월	245	153	249	147	195	235	191	201	140	252	32	302
8월	344	400	348	174	211	291	192	552	278	349	341	451
9월	130	144	191	158	114	173	208	234	100	179	218	309
10월	85	130	74	107	80	143	140	79	101	90	0	169
11월	459	123	0	76	98	136	126	45	98	77	0	67
12월	143	127	0	74	97	138	124	0	101	80	0	69
계	2,440	2,270	2,086	1,253	1,900	1,881	2,111	2,268	1,692	2,176	1,374	2,133

• 발전조건 : 유량 8.5[m^3/s], 유효낙차 9.5[m], 효율 76.6[%], 운전범위 14~133[%]

② 유황분석자료를 이용한 연간 발전량 계산

연간 발전량 계산 시 필요한 기본 조건인 정격 사용유량, 유효낙차, 수차의 효율, 수차의 유량에 따른 허용 운전범위 등을 각각의 해당 일에 적용하여 계산하며 〈표 5-11〉은 유황분석자료를 이용한 연간 발전량을 산출한 일례이다.

6) 연간전력비 산정

연간전력비는 위에서 계산한 연간 발전량과 전력판매 단가의 곱으로 계산한다. 연간전력비는 경제성 분석 시 활용하나 계산한 발전량이 모의 운영에 의한 예상 발전량이고 전력판매 단가 역시 가변적이므로 연간 발전량은 단지 참고로 활용하는 것이 바람직하다.

(4) 경제성 분석

1) 발전원가의 산정

발전원가는 연간경비와 투자회수비의 합인 연간발전소 운영비를 연간 발전량으로 나누어 산정한 값으로 수력발전소 사업의 일반적인 경제적 타당성 검토의 기준이 된다. 따라서 발전소 사업의 경제적 타당성을 검토하기 위해서는 발전원가의 산정 시 기준이 되는 할인율 등 각종 고정비율의 결정이 필요하며 그 내용은 〈표 5-12〉 내용을 고려하여 산정한다.

① 자본비 및 감가상각비 연간등가비용 산정

자본비 및 감가상각비의 연간등가비용은 자본비에 자본환원계수(Capital Recovery Factor; CRF)를 곱하여 산정하는데 식 (5-14)에서 구할 수 있다.

$$\frac{i(1+i)^n}{(1+i)^n-1},\ i=\text{할인율},\ n=\text{내구연한} \tag{5-14}$$

② 유지관리비의 연간등가비용 산정

유지관리비의 연간등가비용은 법인세 및 제세, 보험료 등 기준에 맞는 비율을 적용하고 운전유지비는 소요인력, 수선비(대수선, 일반수선), 일반관리비 항목으로 구분하고 적정 소요예산을 식별하여 1.5~3.0% 내의 비율을 적용한다.

③ 할인율 및 적용기준

발전소 사업과 같이 비용은 사업 초기에 발생하고 편익은 일정기간 후 지속적으로 발생하는 경우, 경제성은 할인율의 크기에 따라 많은 영향을 받게 된다. 개발도상국에서는 8~10%수준이거나 10%를 훨씬 넘는 국가도 많고, 선진국의 경우는 보통 6% 내외의 수준이 제시되고 있다.

한국의 경우 할인율은 대체로 연간 8~10%가 관례적으로 적용되어 왔으나, 한국개발연구원(KDI)에서 발행한 「예비타당성 조사 조사보고서 일반지침, 1999. 12」에서는 공공투자사업의 할인율로서 7.5%를 제시하고 있으며 「댐시설기준, 건설부, 1993」에서는 8%를 제시하고 있으므로 이에 따른 적정 할인율의 정책적 선정이 필요하다.

표 5-12 | 발전원가 산정 시의 고정비율 결정 항목

결정 항목		고정비율	비고
1. 자본비 및 감가상각비 연간등가비용		자본환원계수	사업비×자본환원계수
2. 유지관리비의 연간등가비용	법인세 및 제세	0.2[%]	댐 설계기준, 1993
	보험료	0.2[%]	댐 설계기준, 1993
	운전유지비	[%]	1.5~3.0[%] 선정
3. 할인율 및 적용기준		[%]	적정할인율 선정
4. 내구연한		30[년]	소수력발전소 설계 기준

④ 발전원가 산정

상기와 같이 자본비 및 감가상각비, 유지관리비의 연간등가비용의 합인 연간 발전소 운영비를 연간 발전량으로 나누어 발전원가를 산정하고, 발전원가가 전력판매 단가보다 낮을수록 사업성이 우수하며, 식 (5-15)에서 구할 수 있다.

$$\text{발전원가}(\text{원}/kWh) = \frac{\text{연간발전소 운영비[원]}}{\text{연간 발전량}[kWh]} \tag{5-15}$$

2) 경제성 분석기법

① **순현가 분석기법**(Net Present Value; NPV)

순현가 분석은 사업의 경제성을 분석하는 기법 중 하나로 일반적인 순현가가 "0" 보다 적으면 사업안을 기각하고 "0"보다 크면 가장 큰 순현가를 나타내는 사업이 가장 높은 순위를 받게 되며, 식 (5-16)에서 구할 수 있다.

$$NPV = \frac{B_1 - C_1}{(1+r)^1} + \frac{B_2 - C_2}{(1+r)^2} + \cdots + \frac{B_t - C_t}{(1+r)^t} = \sum_{t=1}^{n} \frac{NB_t}{(1+r)^t} \text{[원]} \tag{5-16}$$

여기서, B_t는 t차년도의 발생 편익, C_t는 t차년도의 발생 비용, NB_t는 t차년도의 발생 순편익 또는 순가($=B_t - C_t$)이고, N은 분석기간 그리고 r은 할인율이다.

② **비용 · 편익비 분석기법**(Benefit−Cost Ratio; B/C)

비용 · 편익비는 아래와 같은 계산식으로 산출되며, 이 방법은 가장 통상적인 평가방법으로 어느 시점으로 할인된 편익과 비용의 비율로서 NPV와 같이 산출되며, 일반적으로 B/C가 1.0보다 크면 경제성 측면에서 사업성이 높은 것으로 평가되며, 식 (5-17)에서 구할 수 있다.

$$\text{비용·편익비}(B/C) = \frac{\sum_{t=1}^{n} \frac{B_t}{(1+r)^t}}{\sum_{t=1}^{n} \frac{C_t}{(1+r)^t}} \tag{5-17}$$

(5) 자료조사 및 분석

수력발전은 물과 중력을 이용하여 전기에너지를 생산하는 시설로 전력생산의 필요성과 경제성을 고려하여야 한다. 일반적으로 이수 및 치수를 위한 댐을 건설할 경우 수력발전은 부가적으로 설치되어 경제성에 대한 부담이 적고, 전력수요가 급증할 때 첨두 부하를 담당하므로 전력계통의 안정성 확보에 기여하게 된다. 이는 국내 · 외의 다목적 댐의 경우 수력발전설비가 대부분 설치되어 있는 것으로 알 수 있다.

대규모 댐의 경우는 주로 강에 댐을 건설하여 용수의 확보와 홍수를 방지하는 것이 주 목적으로 침수유역이 방대하여 농지가 침수되고 원주민이 생활 터전을 잃게 되어 경제적 문제가 발생하고, 문화재와 고유의 생활풍습이 사라지는 문화적 문제가 발생하며 생태계의 교란 및 기후변화 등 환경적 문제가 발생한다. 이는 대규모 댐의 계획 시 고려되어야 하는 사항으로 본 내용에서는 생략하기로 한다. 수력발전에 있어 발전 용수의 확보와 용이한 취수를 위하여 소규모 댐(일반적으로「보」라 함)이 필요하다. 이 경우 보통 침수로 인한 경제적 피해나 문화적 문제는 거의 발생하지 않으나 보로 인한 홍수 시 하천에 미치는 영향과 환경적 영향 등은 검토하여야 한다. 댐이나 보는 결과적으로 하천의 바닥을 높이므로 홍수 시 수위가 상승하여 하천이 범람할 수도 있다. 이 경우 수리수문분석을 통하여 기존의 제방을 보강하고 지형적으로 홍수의 영향이 없는 곳에 보를 시설하며, 보의 구조물도 홍수 시 피해가 없도록 통수단면을 충분히 확보할 경우 홍수 피해를 막을 수 있다. 환경적 영향은 댐이나 보로 인하여 유수의 단절과 상하 수위차가 발생하고 유역변경 시 하천이 건천화 될 수 있으며 발전 취수로 인한 지하수의 변화가 대표적이다. 하천의 건천화를 방지하며 수생동물의 이동을 위하여 하천유지용수 설비와 어도를 시설하고, 수차도 수생동물에 영향이 적은 형식으로 선정하는 것이 바람직하다. 전력생산으로 얻어지는 경제적 이득으로 인해 환경이 나빠지는 것은 불가피 하여도 설계 시 충분한 조사와 분석을 수행하여 환경적 피해를 최소화하는 것이 중요하다. 수력발전소의 선정위치가 적절하지 않은 경우 발전시설 이외에 발전 시 발생하는 피해를 저감하는 시설에 많은 초기 투자비와 유지관리비가 수반되어 경제성이 적은 경우가 있다. 따라서 본 절에서는 경제적이며 친환경적인 수력발전 시설계획을 위한 사전 자료조사 및 분석에 대해 언급한다.

1) 현장조사

① 발전소 위치 선정

발전소의 위치 선정은 발전 유량의 유입, 낙차를 효과적으로 이용할 수 있는 장소와 발전소가 건축될 지반의 상태, 진입도로, 주위 환경, 미관, 송 · 배전 선로와의 연결, 유지관리의 편의성, 공사의 편의성, 공사비의 적정성, 부대시설들과의 연계성, 주위 환경에 미치는 영향, 민원 사항 등을 충분히 고려하여 발전소 위치가 선정될 수 있도록 현장조사를 하여야 하며 기본적인 입지조건은 다음과 같다.

- 발전 유량이 풍부하고 계절별 유량 변화가 적은 곳
- 지반이 양호하여 댐 및 발전소 건설에 지장이 없는 곳
- 근거리 도수로로 낙차의 발생이 용이한 지역
- 인근에 기존 도로가 있어 진입이 용이한 곳
- 기존 송전선로와 배전선로가 있어 송전 및 수전이 용이한 곳
- 도시 인근에 위치하여 공사 및 유지관리의 인력 확보가 용이한 곳
- 취수댐 시설로 인한 수몰지역이 적어 기존 주민의 생활에 영향이 없는 곳
- 발전시설로 인한 문화재 및 관광지의 훼손이 없는 곳
- 자연파괴가 적어 환경보호가 가능하고 생태계 교란이 적은 곳
- 치안이 확보되어 인명의 보호가 용이하고 도난방지로 시설의 보호가 용이한 곳
- 건설로 인한 민원발생의 우려가 적은 곳

② 진입도로

발전소 부지로 진입할 수 있는 진입도로는 발전소의 건설 요건에서 중요하다. 설계 시에 조사를 위한 장비의 반입 여건, 공사 시에 각종 중장비나 트럭 등의 진입과 발전소의 유지관리 및 보수 시에 각종 장비들의 진 · 출입을 위하여 진입도로가 확보되어 있어야 한다. 도로법에 따라 도로의 종류가 분류되며 관리 주체도 달라지므로 이를 고려하여 계획되어야 한다. 또한, 건축법에 따라 건축 허가 시에 진입도로의 조건이 부과되는 경우도 있다.

③ 수력발전사업을 위해 환경관련분야, 문화재분야, 수몰지 이주 및 보상, 분묘의 개장 등도 반드시 검토되어야 한다.

2) 측량(지형)조사

사업대상지의 지형과 기존 시설물 조사 등을 수행하는 지형조사는 사업대상지에 따라 다양한 방법이 있으며 전문기술인력을 갖춘 전문회사가 시행하여야 한다. 측량조사는 사업 대상 지역의 최근 현황을 반영하여 정확한 설계가 가능하도록 수행하여야 하며 종단, 횡단 및

수심 측량 등을 시행하여 설계의 기초자료로 활용한다. 모든 측량은 측량법 및 동법시행령, 동법시행규칙, 공공측량의 작업 규정기준 등 제 규정에 의거 정밀하게 시행되어야 한다. 측량조사의 일반적인 수행절차는 다음과 같다.

기준점 조사 ⇨ 기준점 측량 ⇨ 다각 측량 ⇨ 수준 측량 ⇨ 노선 측량 ⇨ 성과품 작성

수력발전소 위치 선정 및 선점은 사전에 현지를 답사한 후 결정하여야 한다. 측량결과에 따른 중요점의 위치는 견고한 구조물에 설치하여 망실 또는 훼손되지 않도록 하여야 한다.

① 지형 측량

세부설계 조사구간 주변에 공사 준공까지 보존할 수 있는 위치에 발주처의 기준에 의한 TBM(Temporary bench marking)을 설치하여야 한다. TBM 말뚝은 10cm×10cm×100cm 이상의 말목(콘크리트, 석재 등)을 지표 위 10cm 정도 돌출되게 매설하여 외곽부에 음각으로 표시하고 위치 및 표고가 표시된 도면을 제출하여야 한다. 각 TBM의 표고는 지리원에서 매설한 기준 수준점과 검측 후 그 높이를 결정하여야 한다. 수준측량을 실시하여 왕복오차는 허용오차 이하여야 하며, 폐합오차를 보정한 후 그 높이를 결정한다.

② 평판 측량

수차 중심선에서 좌우 100[m] 이상의 지형을 면밀히 측정 표시하여야 하며, 지형측량 및 등고선을 상세히 표시하여야 한다. 평판 측량의 축척은 1/500을 원칙으로 하고 BM(Bench marking), TBM 위치를 명시하여야 한다. 도면에는 건축물, 가로수, 지하매설물 및 기타 축조물 등에 대하여 정확한 형태를 표시하고 설계에 관계되는 모든 자료가 수록되어야 한다.

③ 중심선 측량

측점간격은 20m를 원칙으로 하되, 특히 수력발전소 설치지점에 대하여는, 형상 종 · 횡단 변화가 많은 지점에는 중간 측점을 선정하여 현장 실정에 적합한 물량을 산출할 수 있도록 하여야 한다. 현지 표기는 페인트로 기입하고 중요한 표점에는 못 또는 슬롯(slot)를 둔다. 거리 측정은 광파측정기 등을 이용하여 정밀하게 실시하여야 한다.

중요한 말뚝은 시공완료 시까지 보존할 수 있도록 견고하고 튼튼한 말뚝을 설치하여

야 하며, 특히 교량의 시 · 종점은 인조점을 설치하여야 한다.

④ 종단 측량

노선의 중심 말뚝 및 중간 말뚝에 따라 측정하되 BM에서 끌어와 본구간의 도근점 및 변동하지 않은 표적에 TBM를 설치하고 평면도에 표시하여 시공 중의 측량에 편리하도록 한다. 종단 측량은 중심선을 따라 매 측점의 지반고를 정확하게 측정하여야 하며 반드시 왕복 측정하여 오차 허용 범위 내에 들도록 하여야 한다.

종단도의 축척은 횡 1/1,200 또는 1/1,000, 종 1/200을 원칙으로 하고 시종점 등 필요한 사항을 명확히 기입함은 물론 구조물의 위치, 현황, 규격 등을 상세하게 기입하여야 한다.

⑤ 횡단 측량

횡단 측량은 각 측정점 및 중간점에서 좌우 지형을 정확히 실측하여야 하며 구조물은 별도로 작성하되 유입 · 유출부의 표고를 기입하고 소요 연장 현황을 상세히 기입한다. 원도의 축척은 1/100을 원칙으로 한다.

⑥ 기타

평면도와 종단면도의 측정점은 가능한 한 수직선상에서 일치하도록 한다. 기타 별도 구조물 전개도는 적정한 축척으로 작도하여 계획고 및 표고를 표시하여 첨부한다.

3) 지질조사

지질조사는 수력발전 시설의 주요 구조물 설치에 따른 토질조사로서 지반의 성층 상태 및 각 지층의 물리적 역학적 특성을 파악하여 경제적이고 합리적인 설계 및 시공에 필요한 제반 토목 지질학적 자료를 조사 제공하는데 있다.

① 지질조사 전에 수력발전 구조물 설치 기본계획을 수립하여 현황도에 조사 위치 및 개소수를 산정한다. 사용장비는 일반적으로 유압식 시추기(회전수세식)와 표준관입시험기가 주로 사용되므로 조사 위치 선정 시 장비의 반입 방법과 시추 여건 등을 고려한다. 조사장비는 유압식 시추기(회전수세식), 표준관입시험기, 지하수위측정기, 기타 부대장비 등이다. 지하수는 시공 시 지반 거동에 영향을 미치기 때문에 이에 대한 검토를 목적으로 측정을 실시한다. 지하 수위 측정은 굴진작업 종료 후 측정공 내에 잔존하게 되는 작업 용수의 영향을 고려하여 시추작업 종료 후 24시간 이상 경과한 후 지하 수위가 안정되었다고 판단되었을 때 측정하여야 한다. 흙을 분류하는 목적은 성질이 다른

여러 가지 흙을 간단한 실험을 근거로 하여 몇 가지의 무리로 나누어서 미리 그 흙의 공학적 성질을 알고자 하는 것이며 대개는 흙이 쓰이는 공학적 목적에 따라 육안분류법이나 통일분류법으로 분류한다.

② 암반의 분류는 회수된 시추 코아를 육안 관찰하여 풍화의 정도, 파쇄 정도, 균열의 간격(절리나 파쇄면의 간격), 강도 등에 따라 분류하고 색, 균열(discontinuity)의 간격, 풍화상태, 강도, 암석명 등을 기재한다.

③ 폐공은 지하수법 제5조에 의거하여 실시하며, 처리 목적은 폐공 내로 유입되는지 오염원의 차단, 오염원의 수직적 이동통로 제어 및 오염 유발시설(케이싱 등)을 제거하여 지하수 오염방지를 위한 것이다.

④ 지질조사는 위와 같이 시행하여 시추 주상도가 포함된 결과보고서를 작성하고 그 결과를 설계에 반영한다.

4) 유량조사

수력발전에 있어 중요한 유량은 강이나 하천의 경우 현장에서 유량을 조사하기는 곤란하여 유역의 수문 분석을 통하여 유량을 산정하는 것이 일반적이다. 최근 소수력발전소의 경우 발전 유량이 저수지의 농업 및 공업용수, 화력발전소의 방류수, 오 · 폐수처리장의 방류수, 양식장의 방류수, 정수장의 유입수 등을 활용하는 경우가 많다. 이 경우 휴대용 유량계를 통한 조사가 가능하고 기존 시설물의 계측설비로부터 자료를 얻을 수도 있다. 현장에서 유량을 측정하거나 기존의 자료를 이용할 경우 가급적 많은 기간 동안의 자료를 가지고 분석하는 것이 데이터의 신뢰성이 높아 바람직하다.

5) 환경조사

수력발전설비로 인한 환경의 영향, 산지의 전용, 입목의 벌채, 농지의 전용, 사방지 지정의 해제, 사도의 개설, 무연 분묘의 개장, 도로의 점용, 공용수면의 점용 및 사용, 하천의 점용, 소하천의 점용, 문화재의 조사, 자연공원의 점용 및 사용, 군사시설 보호지역의 여부, 어도의 필요성 등을 조사하여 설계에 반영하고 인허가 계획을 수립하여야 한다.

6) 송전 및 배전선로 조사

수력발전소의 발전 전력을 판매하기 위해 한전의 해당 변전소에 계통연계가 필요하다. 전력거래약관에 의해 송 · 배전 선로의 공사비는 발전사업자가 부담하도로 되어 있으므로 사업의 경제성을 고려하여 수력발전소로부터 한전의 해당 변전소까지 송배전선로를 계획하고 한전과의 협의 및 경과지 선정을 고려하여 전력계통 연계 방안을 수립한다.

- 조사 내용
  - 계통 연계 할 해당 한전 변전소의 명칭, 거리
  - 변전소의 주 변압기 모선 및 용량, 임피던스 현황
  - 기존 공급배전선로 현황
- 용량, 주파수, 케이블 규격 등
- 변전소 인근 변전소(Distribution Line) 현황, 전주거리 및 연계지점의 변전소 현황
- 기존 공급배전선로 연계 시 한전과의 연계 가능 여부 확인
  - 전용선로 연계 시 경과지 조사 및 선정계획

7) 통신선로 조사

발전 전력을 판매하기 위해 전력거래소 및 상위기관과의 연계 및 인터넷 통신망 구축과 정보통신설비 구축을 위해 기존 전화 및 데이터(data) 전송망을 파악하여 효율적인 통신망 체계를 수립한다.

- 조사 내용
  - 인터넷 통신 및 전화설비를 위한 발전소 인근의 전용선 인입 가능 여부
  - KT 해당지사 및 인근의 기간 통신사업자와의 협의
  - 통신 속도 및 요금, 수탁 공사비 확인

8) 민원 조사

발전소를 건설하기 위해 인근에 거주하는 주민들의 피해나 건의 사항을 조사 및 청취하여 설계에 반영함으로써 향후 발전소 건설에 따른 민원을 근본적으로 차단하여 주민 친화적인 시설을 건설하는데 그 목적을 둔다.

- 발전소가 건설될 부지에 건축물이나 농작물 존재 여부 조사
- 발전소 건설에 따른 지역 주민의 의견 청취

5.4 발전 설비 설계

5.4.1 발전시스템

발전시설에서는 시설의 용량에 따라 대수력, 소수력(초소수력, 초초소수력 포함)으로 구분 되는데 발전시스템을 어떻게 구성하느냐는 경제성과 전력 품질을 결정하는 가장 중요한 부분이다. 전력 품질은 대표적으로 주파수와 전압을 들 수 있으며, 기타 고조파 발생 등도 전력 품질을 구성하는 중요한 요소로 작용한다.

전력에너지원의 사용 측면에서 본다면 크게 독립형 발전원과 계통연계형 발전원으로 볼 수 있다. 독립형 발전원은 전력망 구성이 힘든 오지 등에서 사용할 수 있는 전력에너지 발생 장치이며, 단독원 발전원에서 부하 공급에 필요한 전력을 공급해야 하기 때문에 전력 품질을 유지하기 대단히 어렵다. 국내의 경우, 이런 조건을 만족하는 곳들이 상대적으로 적으며, 경제성 등에서도 다소 어려운 측면이 있다.

반면, 계통 연계형은 계통과 연계하기 위한 조건인 동기(위상 및 상회전)조건을 만족하여야 하는 문제 등이 있어서 운영측면에서 다소 까다로운 조건들을 만족하여야 한다. 소수력의 경우, 동기속도를 유지하기 위한 방편으로 사용하는 조속장치 등을 활용할 경우, 설비 단가의 증가로 경제성 악화로 이어질 수 있어, 이런 부분들을 슬기롭게 해결할 수 있는 것이, 전

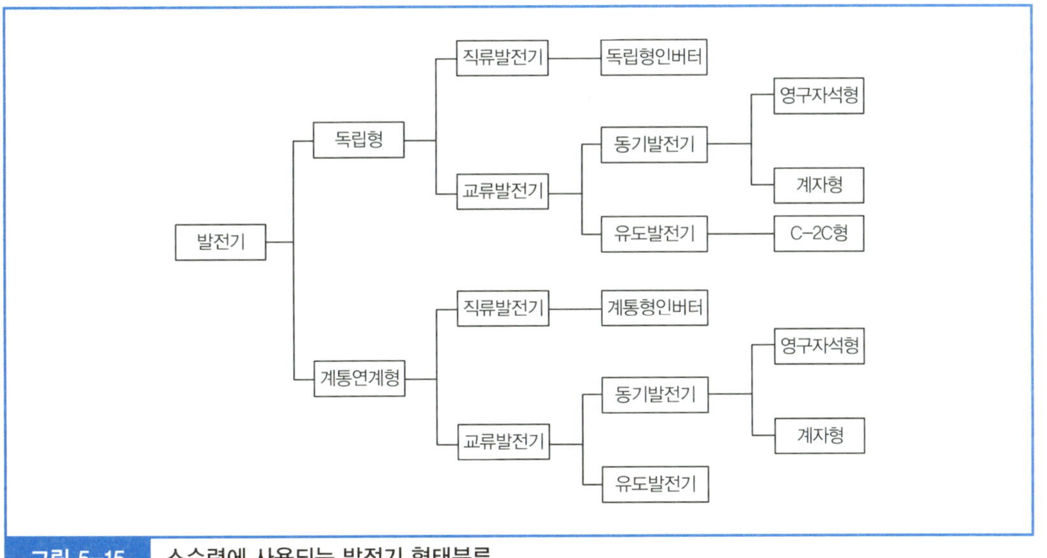

그림 5-15 소수력에 사용되는 발전기 형태분류

기설비 측면에서 중요한 관건이다.

현재, 국내외 소수력 전기설비의 구성행태를 보면, 5*kW* 이하의 용량에서는 발생 전력을 직류 전환 후 인버터를 활용한 계통연계가 주축을 이루고 있으며, 300*kW* 이하는 속도제어에서 다소 유연한 유도발전기형태, 그리고 대형의 경우에는 동기발전기 형태를 취하고 있는 것이 일반적인 양상이다. [그림 5-15]는 소수력에 주로 사용되는 발전기의 형태를 나타내고 있다. 상업용으로 운전되는 발전기는 주로 유도발전기가 사용되며, 이때 주의할 점은 무효전력에 대한 대책을 강구하여야 한다는 것이다. 유도발전기를 사용할 경우, 보통 무효전력 보상은 콘덴서 뱅크군을 두어 발전단 무효전력을 조절하고 있다.

5.4.2 발전기 원리 및 구조

(1) 발전기 원리

1) 기전력 발생

도체와 자속(자석에서 나옴)이 상대운동을 하여 도체가 자속을 끊으면 도체에는 플레밍의 오른손 법칙에 따르는 방향으로 기전력(EMF ; electromotive force)이 발생된다. 상대운동 대상에 따라 [그림 5-16]과 같이 회전 전기자형(revolving armature type)과 [그림 5-17]과 같은 회전 계자형(revolving field type)으로 분류한다. 대형 발전기는 회전 계자형으로 되어 있다.

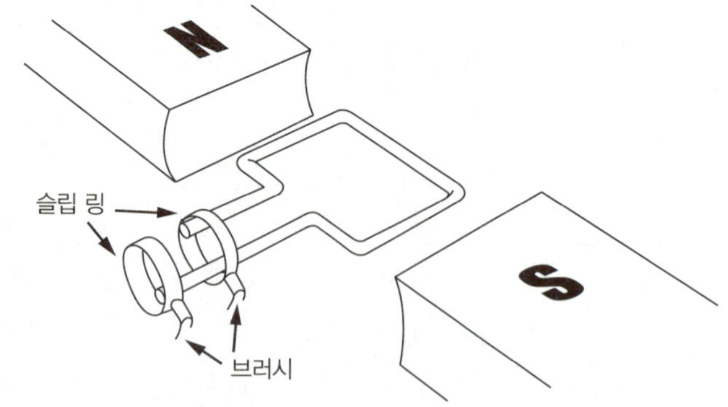

그림 5-16 회전 전기자형

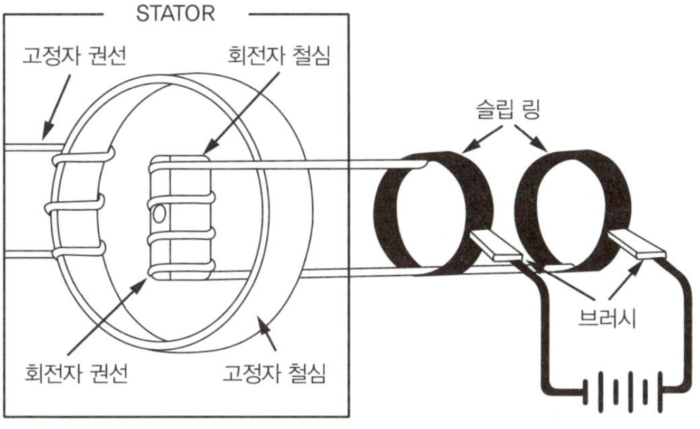

그림 5-17 회전 계자기형

2) 단상 교류 파형

자극 N, S극 사이에 길이 L, 반지름 r인 사각형 도체(권선)를 자속 밀도 $B[T]$인 평등자장 속에서 속도 $v(m/s)$로 회전시킬 때 1회전시 마다 $1Hz$의 정현파교류가 도체 양단에 발생되며, 또 기전력의 크기 $e=2B \cdot Lv \cdot sin\theta = Em \cdot sin\theta \cdot V$가 된다. 여기서. $Em=2BLv$ 이며, 도체에 발생하는 기전력의 파형은 [그림 5-18]과 같다.

3) 동기속도

계자가 2극인 발전기에서 전기자 도체를 1회전시키면 주파수 $1Hz$인 기전력(공간 각 : 2π)이 발생되고, 4극인 발전기에서 도체를 1회전시키면 $2Hz$(공간 각 : 4π)가 발생된다. 따라서 P극인 발전기에서 도체를 $N\ rpm$ 회전 시 발생되는 주파수는 $f=\frac{P}{2}\times\frac{N}{60}\ [Hz]$가 된다. 수식을 변형하면 전기자 도체 회전수는 $N=\frac{120}{P}\times f\ [rpm]$가 된다. 여기서 회전수 N은 주파수 f와 극수 P에 의해 정해지며 이를 동기속도라 하고 회전자가 동기속도로 돌아가는 교류발전기를 동기발전기라 한다.

4) 3상 교류 파형

자극 N, S 사이에 3개의 권선을 각각 120°간격으로 배치하여 회전시키면 도체에는 크기와 파형은 같고, 각각의 위상 차가 120°되는 3개의 유기기전력 파형이 발생된다. 3개의 권선에서 끝점을 한데 묶어 중성점을 만들고 시작점 3개를 외부로 인출한 것이 3상 교류발전기로

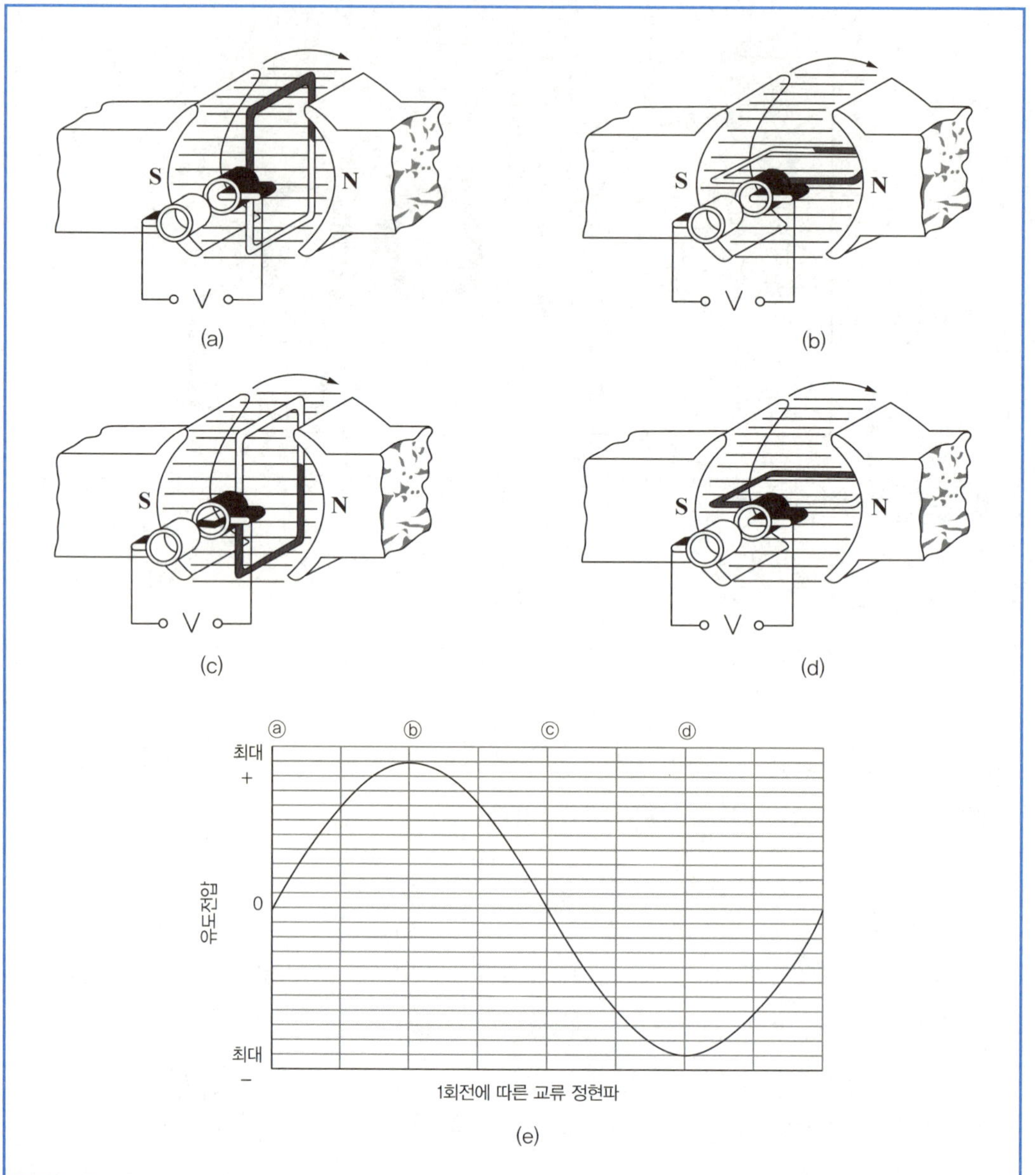

그림 5-18 도체에 발생하는 기전력 파형

[그림 5-19]와 같다.

(2) 유기기전력

단상의 전기자 권선에 유기되는 기전력은 정현파로서 식 (5-18)과 같이 표시된다.

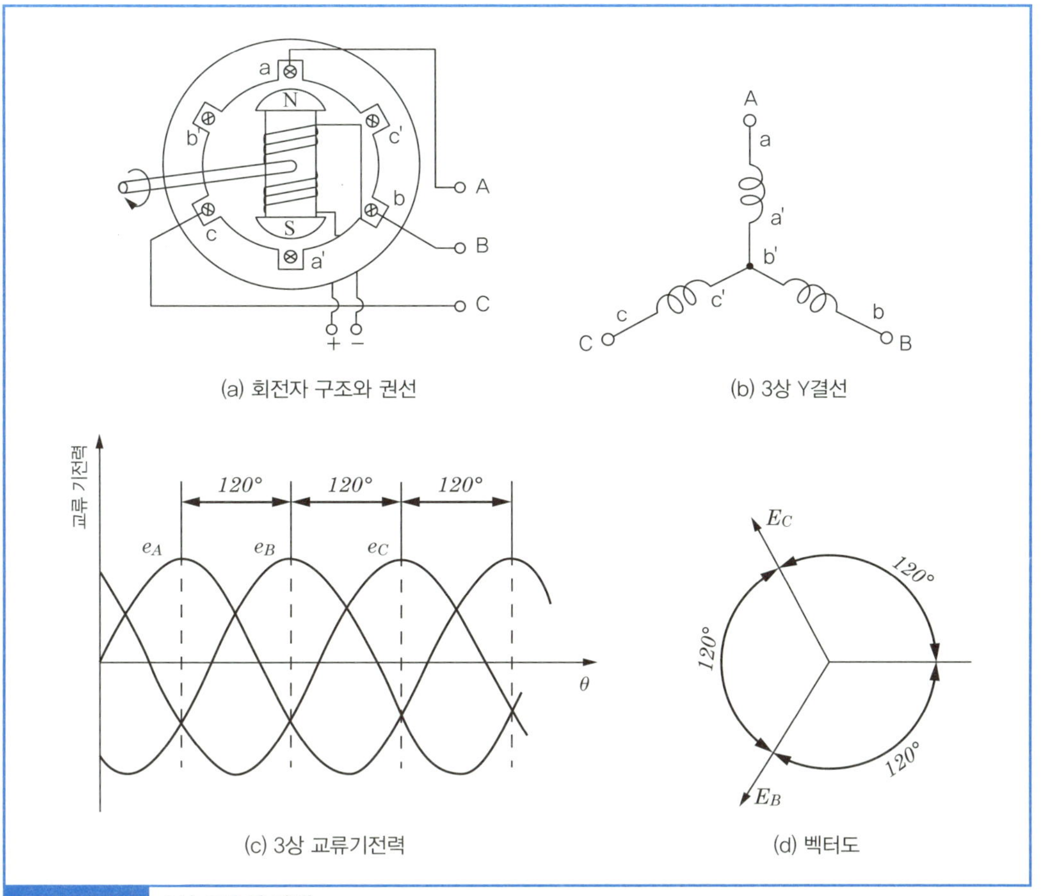

그림 5-19 3상 교류의 발생

$$E = 4.44k\omega \times f \times N \times \psi \ [V] \tag{5-18}$$

E는 단상의 유기기전력, $k\omega$는 권선계수(분포계수×단절계수≒0.95), f는 주파수, N은 단상의 직렬 권수, ψ는 자속 수를 나타낸다. 식 (5-18)에서 발전기의 유기기전력은 자속 수 ψ에 비례한다. 그래서 계자전류를 조정하여 자속 수 ψ를 변화시켜 자유로이 발전기의 유기기전력 또는 발전기의 단자 전압을 조정할 수 있다.

(3) 동기발전기의 분류

동기발전기는 특성에 따라 다음과 같이 분류할 수 있다.

1) 상수에 의한 분류

① **단상기**(single phase winding)

한 쌍의 자극에 1개의 권선군을 가진 구조로 되어 있으며 단상 교류전력을 발생하는 기기이다.

② **다상기**(poly phase winding)

한 쌍의 자극에 대해 2개 이상의 권선군을 가진 구조로 되어 있으며, 2상 이상의 교류전력을 발생하는 발전기로 일반적으로 3상발전기가 사용되며, 3상 발전기는 1쌍의 자극에 3개의 권선군이 각각 120°간격으로 배치되어 있는 것으로 매끄러운 파형의 전력을 얻을 수 있고, 단상기와 같은 크기의 고정자에 많은 권선을 감을 수 있어 경제적인 발전기를 만들 수 있다. 3상 발전기에서 상간 접속을 Y나 △ 어느 것으로나 할 수 있으나 Y결선은 중성점을 접지할 수 있고, △ 결선에 비해 높은 선간 전압을 얻을 수 있는 장점이 있다.

2) 회전자에 의한 분류

① **회전 전기자형**(revolving armature type)

자극이 고정되어 있고 전기자가 회전하는 구조로 되어 있으며 소용량 저전압 발전기에 한정된다.

② **회전 계자형**(revolving field type)

전기자가 고정되어 있고 계자가 회전하는 구조로 되어 있으며 대용량 발전기에 채택된다.

③ **냉각방식에 의한 분류**

- 공기 냉각형

  공기를 냉각 매체로 이용(소형기, 중형기, 대형 저속기에 사용됨)
- 수소 냉각형

  수소를 냉각 매체로 이용(대형 고속기에 사용됨)
- 수 냉각형

  순수를 냉각 매체로 이용(대형 고속기에 사용됨)

(4) 발전기 구조

대형 발전기는 회전 계자형을 채택하며, 고정자 및 회전자로 구성된 회전 계자형을 채택한다. 고정자는 틀, 고정자 철심 및 고정자 권선으로 되어 있고 회전자는 축, 회전자 권선 및 권선 단부 보호환으로 구성되어 있다. 그 외 수소냉각기, 베어링, 밀봉장치, 단자 부싱, 냉각가스 통풍구조물, 계자전류 공급장치, 온도검출소자 등으로 구성되어 있다.

1) 고정자 틀(frame)

고정자 틀은 고정자 철심지지물, 그랜드 밀봉, 베어링 지지대, 단자함, 수소 냉각기 함 등을 지지하며 수소 가스를 수용하는 원통형 격납 용기의 기능이 있다.

틀의 내부는 회전자의 원주방향으로 여러 개의 원형 링(ring)과 스프링 바(spring bar), 버팀대(brace)로 보강되어 갑작스런 부하 변동이나 3상 단락 및 수소가스의 폭발에도 견딜 수 있도록 견고하게 제작되어 있다. 고정자 틀의 주요 기능은 진동 절연, 기밀 유지, 냉각을 위한 통풍로 구성 및 부속 장치 지지이며 그 형상은 [그림 5-20]과 같다.

2) 고정자 철심(stator core)

고정자 철심은 주 자속의 통로가 되며 고정자 권선을 지지하는 역할을 한다. 고정자 철심의

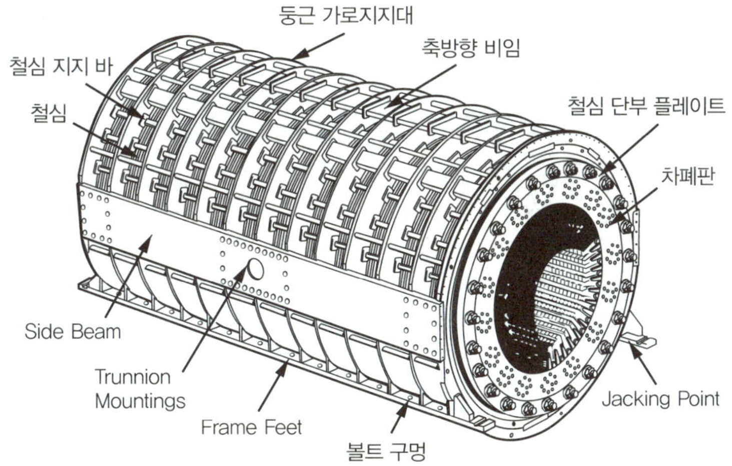

그림 5-20 고정자 틀 내부

제작은 와전류 손실과 히스테리시스 손실을 줄이기 위해 얇은 규소강판(두께 0.35~0.5*mm*, 규소 함유량 2~4%)을 부채꼴로 만들고 슬롯(slot)을 파고 찍어낸 후 절연 바니스를 칠해 건조시킨다. 발전기는 철심 수십만 장을 고정자 틀 내측에 부착되어 있는 키 바(key bar)에 적층하는데, 50~60*mm* 적층 시 마다 10~13*mm*의 간격편을 삽입시켜 통풍 홈을 만들어 냉각 매체가 지나갈 수 있도록 한다.

고정자 철심 단부는 누설 자속에 의한 표류 부하손실을 줄이기 위해 적층상태에서의 에폭시 수지로 접착하는 기술, 비자성 내측 간격편 채택, 철심 단부 조임판(압판)의 도전성 차폐판 처리 등으로 손실을 경감하는 구조로 되어 있다. 또 축방향 누설 자속을 감소시키기 위해 고정자 철심 단부를 계단식으로 가공하여 공극을 크게 하여 주 자계에 의한 자속 밀도를 감소시키며 수소 통풍로의 저항을 줄일 수 있다.

대용량 발전기에서는 외측 간격편과 철심 단부 조임판(압판) 사이에 전기 철판을 단락한 상태로 구성, 적층시킨 자속 분로(shunt)를 설치하여 고정자 철심 단부에 축방향 누설 자속량을 저감하여 과열을 방지한다. 고정자 단부의 누설 자속에 의한 과열을 방지하기 위해 여러 기술이 사용되지만 그 핵심은 누설 자속에 대한 자기 저항을 크게 하는 방법, 와전류에 대해 전기저항을 높게 하는 방법 그리고 고정자 단부 측에 더 많은 냉각 매체가 통과하도록 하는 것으로 [그림 5-21], [그림 5-22]와 같은 구조이다.

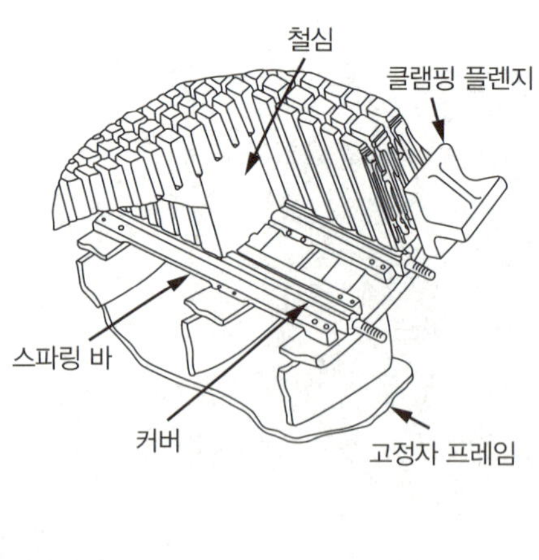

그림 5-21 고정자 철심 지지 구조

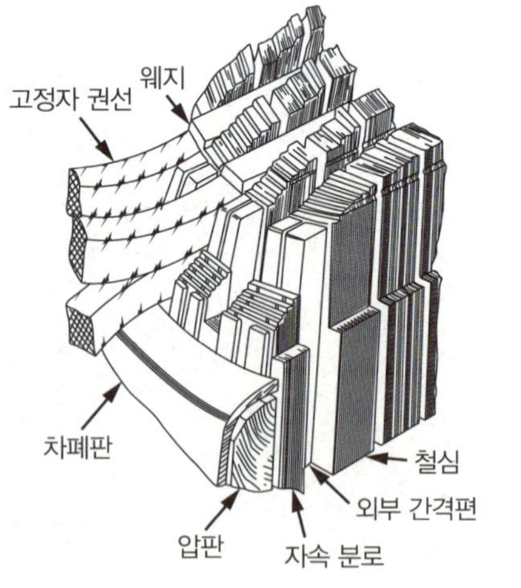

그림 5-22 고정자 철심 입체 단면도

3) 고정자 권선

고정자 권선은 하프턴 코일(half turn coil)로 제작하여 고정자 철심 슬롯에 넣은 후 단부를 용접으로 접속하여 원턴 코일(one turn coil)을 구성하며 한 슬롯에는 상, 하 2개의 도체가 들어가는 2층권이다.

① 소선

고정자 권선은 표피 효과와 와전류에 의한 손실을 방지하기 위해 소도체(소선)로 분할되어 있고 소선 상호 간에는 절연이 되어 있으며, 소선의 배열은 종 2열 권선과 4열 권선이 주종을 이루고 있다. 고정자 수냉각방식인 경우 소선에는 냉각수가 흐를 수 있는 구멍(hole)이 있는데 소선 전부 중공으로 된 것과 소선 일부만 중공으로 된 것이 있다. 대형기는 슬롯 내 상부와 하부 도체의 누설 자속이 다르므로 동일 슬롯 내 소선 사이의 리액턴스 차이로 인한 전압차가 발생되어 내부 순환 전류가 흐른다. 그래서 각 소선 간에 전압의 균형을 맞추기 위해 소선의 위치를 서로 바꾸는 전위(transposition)를 실시하며 그 형상은 [그림 5-23]과 같다.

② 고정자 권선의 절연

고정자 권선의 절연을 주 절연 또는 슬롯 절연이라고 하며 발전기의 수명과 성능을 좌우하는 중요한 부분이다. 고정자 권선 절연은 열 열화, 전기적 열화 이외에 기동 정지 시의 전자력, 운전 중의 진동, 열 사이클에 의한 응력 등 기계적 열화에 충분히 견딜 수 있어야 한다. 대용량 발전기 고정자 권선의 절연은 마이카를 유리섬유에 접착제로

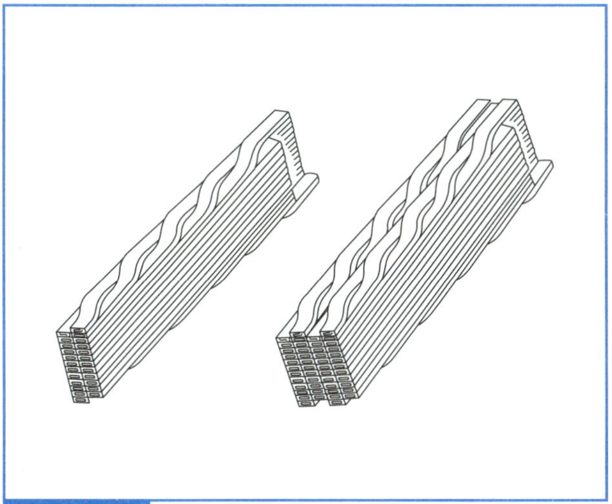

그림 5-23 소선의 전위

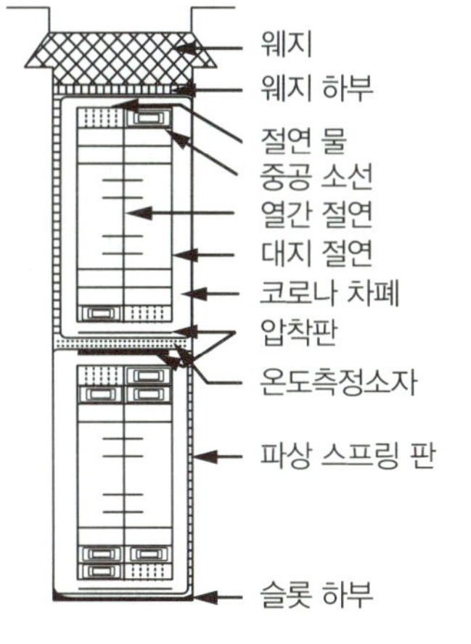

그림 5-24 슬롯 절연과 도체

붙인 마이카 테이프를 성형한 도체에 감은 다음 함침 탱크에 넣고 레진(에폭시,아스팔트 등)을 주입한 후 진공 탈기, 가압하여 결함이 없는 양질의 절연층을 만들며 그 형상은 [그림 5-24]와 같다.

③ 권선의 슬롯 내 고정

슬롯 내 권선의 상, 하면과 상부 권선의 하면에는 압착판을 넣고, 권선 측면에는 반도전성의 스프링 판(ripple spring)을 삽입하여 도체의 움직임을 방지한다. 상부 권선과 하부 권선 사이에는 권선 온도를 감지하는 RTD(resistance temperature detectorelement)를 삽입한다.

④ 고정자 권선 단부 고정

고정자 권선 양단에는 운전 중의 전자 진동이나 단락 사고가 발생되더라도 강력한 전자력에 의한 코일의 변형이나 손상을 입지 않도록 하며, 반경방향의 움직임은 방지하고, 열팽창에 의한 축방향의 움직임은 자유롭게 되도록 고정한다.

4) 회전자

회전자는 자극의 형태에 따라 돌극형과 원통형으로 분류하며, 수차 발전기나 엔진발전기, 여자기 등에는 돌극형이 사용되며 터빈 발전기와 같은 고속기에는 원통형이 사용된다.

① 회전자 축

회전자 축은 전자석의 철심에 해당되는 부분으로 고자기(高磁氣) 특성이 요구되며 고속 회전을 하기 때문에 고 인장력이 요구된다. 원통형은 기계적 강도를 고려하여 하나의 덩어리로 단조된 니켈-몰리브덴-바나듐(Ni-Mo-V) 합금강으로 축 몸체에 슬롯을 만들고 회전자 권선을 넣는 방식으로 고속기에 적용된다. 회전자의 기계적 결함은 치명적인 손상을 초래할 가능성이 있으므로 초음파 탐상시험기로 검사하고 축의 각 부분에서 시험편을 채취하여 자기특성시험, 기계특성시험과 화학적 성분조직 등을 분석한다. 축의 중심에는 구멍이 뚫려 있어 내시경(bore scope)으로 내부 결함을 검사 할 수 있으며 또 회전자 권선에 전력을 공급하는 동대(lead bar)가 중심공에 삽입되어 있다.

② 회전자 권선(계자 권선)

회전자 권선은 회전자축을 계자로 만들기 위해 직류 전류를 흘려주는 구리로 된 도체이며, 내열 효과를 높이기 위해 구리에 은을 소량 혼입한 은 합금 구리 도체를 사용한다. 회전자 권선은 통풍 홈 또는 통풍구멍이 있는 평각 동대로 구성되며 슬롯에 삽입

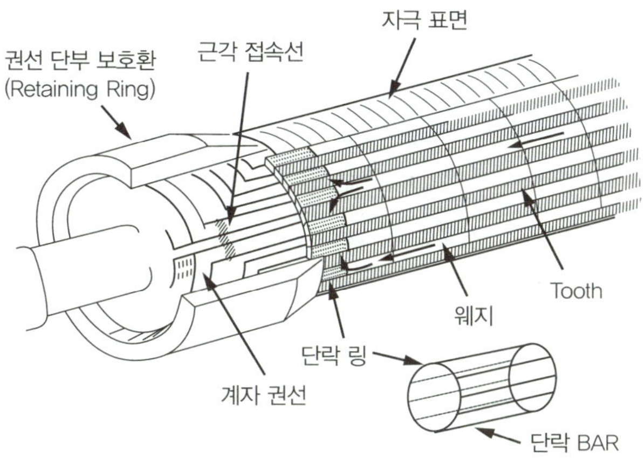

그림 5-25 권선 단부 보호환

시 층간, 슬롯간, 웨지(wedge)간을 절연한다.

③ **권선 단부 보호환**(retaining ring)

권선 단부 보호환은 운전 중에 받는 강한 원심력으로부터 코일의 이탈을 방지하기 위해 회전자 단부(rotor end) 양단에 열박음으로 설치한다. 권선 단부 보호환은 원통형으로 되어 있으며 재질은 전기적, 기계적 특성이 좋은 18Mn-5Cr의 합금강을 많이 사용하였으나, 최근에는 응력 부식(stress corrosion cracking) 균열에 강하고 온도 및 강도 특성이 좋은 18Mn-18Cr 강으로 교체되어 사용되고 있다. 열박음 하는 방법은 축에 열박음 하는 스핀들 설치 방식(spindle mounting type)과 축 코어 단부에 열박음 하는 코어 단부 설치방식(core mounting type)이 있으며, 대형에서는 후자의 방법이 사용되며 그 형상은 [그림 5-25]와 같다.

(5) 냉각방식

일반적으로 발전기의 용량(P)은 회전자 직경(D)의 제곱, 회전자 철심 길이(L), 회전수(N)에 비례한다. 즉 $P \propto k \times D^2 \times L \times N [kVA]$이다. 발전기의 용량을 증대시키기 위해 회전자 직경, 회전자 철심 길이를 늘리는데는 한계가 있기 때문에 결국 출력계수를 증대시켜야 한다. 출력계수를 키우면 철심과 권선에서 더 많은 열이 발생된다. 그러므로 발전기 용량이 커질수록 발전기에서 발생하는 열을 더 효과적으로 냉각시킬 수 있게 냉각방식이 개선되어

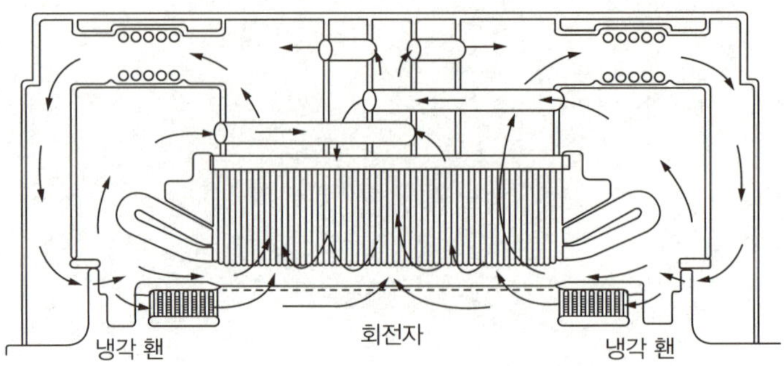

그림 5-26 냉각 가스 통풍경로

야 한다. 발전기 용량이 증대됨에 따라 냉각방식은 냉각 매체에 따라 공기냉각방식, 수소냉각방식, 수냉각방식으로 개선되고 있다. 그리고 또 냉각 매체가 도체(고정자, 회전자)에 직접 접촉하지 않는 간접 냉각(보통 냉각) 방식에서 용량이 증대됨에 따라 냉각 매체가 도체에 직접 접촉하여 더 효과적으로 냉각시키는 직접 냉각방식으로 개선되었으며 냉각 가스 통풍경로는 [그림 5-26]과 같다.

1) 냉각방식의 실제

① 고정자 냉각방식

- 수소 냉각방식

발전기 철심 및 도체에서 발생하는 열을 흡수하기 위한 냉각 매체로서 수소를 사용한다. 수소는 위험한 가스이지만 공기에 비해 밀도가 1/14 정도이기 때문에 풍실이 작고, 열전달율이 공기의 1.5배로서 냉각효과가 크며, 또 불활성이기 때문에 절연물의 수명상 유리하다. 그래서 다른 기체보다 냉각 매체로서 널리 사용되고 있다. 회전자 축 양단에 부착되어 있는 홴(fan)은 발전기 내부에 봉입된 수소가스를 철심 내의 방사상 통로(duct)를 통과하도록 하여 철심에서 발생된 열을 흡수하도록 하며, 고정자 권선의 배기관을 통해 흐르도록 하여 권선의 동손으로 발생된 열을 흡수하여 수소가스 냉각기로 보내며 다시 순환되도록 하는 순환력을 제공한다.

배기관(vent tube)은 고정자 권선 내의 소도체 사이에 얇은 고 저항 비합금의 사각형 관이며, 이 관 속으로 수소가스가 통과하는 구조로 [그림 5-27]과 같다.

- 수냉각방식

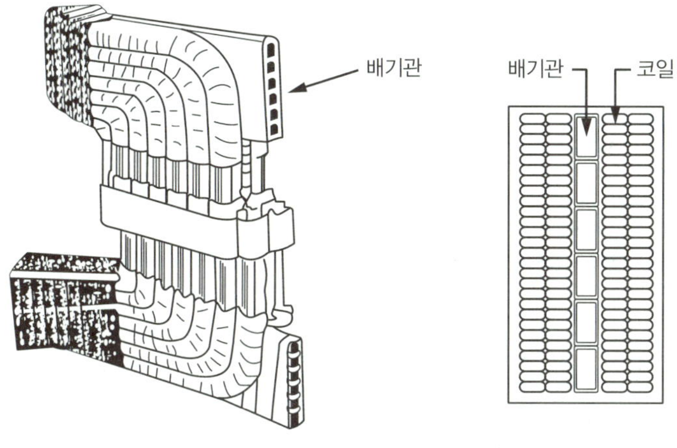

그림 5-27 수소냉각형 고정자 권선 구조

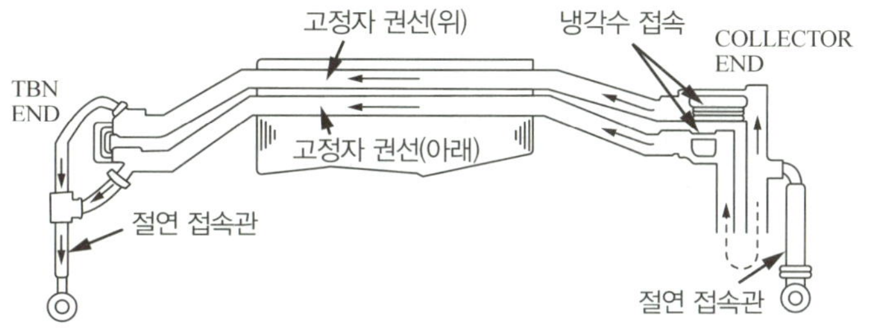

그림 5-28 1경로 방식

수냉각방식도 고정자 철심의 냉각은 수소냉각방식과 동일하지만 고정자 도체에 배기관으로 수소가 통과하는 대신 고정자 권선 소도체에 마련된 구멍으로 순수가 지나간다. 소도체의 구멍 속으로 오일(변압기 유)이 통과하는 유냉각방식이 있지만, 물이 오일에 비해 냉각 성능이 우수하고 점성이 작아 수두손실이 적다. 물의 열 흡수 능력은 공기의 약 50배이고 압력이 $3kg/cm^2$인 수소의 약 12.5배가 되므로 현재 세계적으로 대용량 발전기에는 수냉각방식이 가장 많이 채택되고 있다. 고정자 권선에 냉각수를 공급하는 방식에 따라 1경로 방식과 2경로 방식이 있다. 1경로 방식은 냉각수가 콜렉터 측에서 공급되어 터빈측으로 배수되는 방식으로 2경로 방식에 비해 수두손실이 적고 냉각효과가 크기 때문에 대략 $500MVA$를 초과하는 대용량기에 채용되며 [그림 5-28]과 같다.

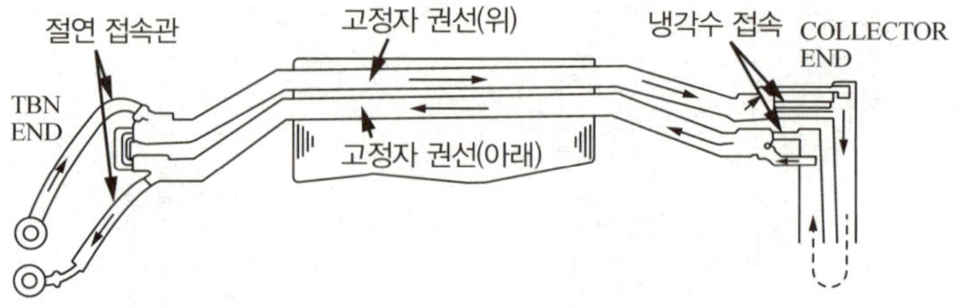

그림 5-29 2경로 방식

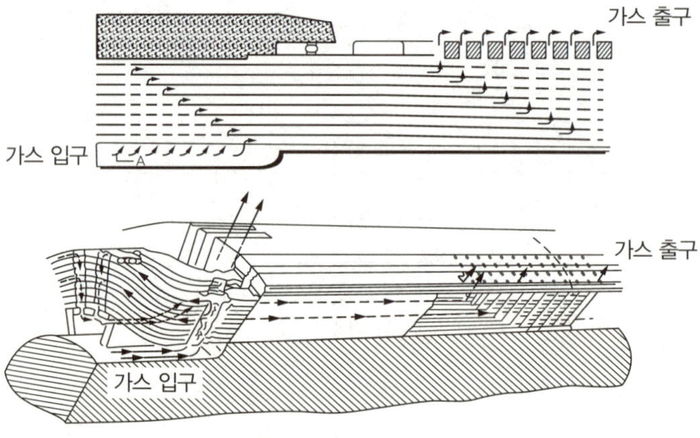

그림 5-30 단부 공급형

2경로 방식은 냉각수의 공급 및 배수 헤더(header)가 터빈측에 있다. 1경로 방식에 비해 손실수두가 많고 냉각효과가 떨어지기 때문에 대용량기에는 잘 채택되지 않는다. 그러나 대략 560MVA이하 화력발전소 터빈 발전기는 주로 2경로 방식으로 되어 있으며 2경로 방식은 [그림 5-29]와 같다.

② 회전자 냉각방식

- 간접 냉각방식

회전자 권선의 간접(보통) 냉각방식은 수소가스가 슬롯의 하부(subslot)나 치부(teeth부)에 설치된 통풍구를 지나가면서 권선에서 발생한 열을 간접적으로 흡수하는 방식으로 현재 대용량 발전기에는 채택되지 않는다.

- 직접 냉각방식

냉각 매체인 수소가스가 직접 도체와 접촉하여 도체에서 발생하는 열을 흡수하는 방

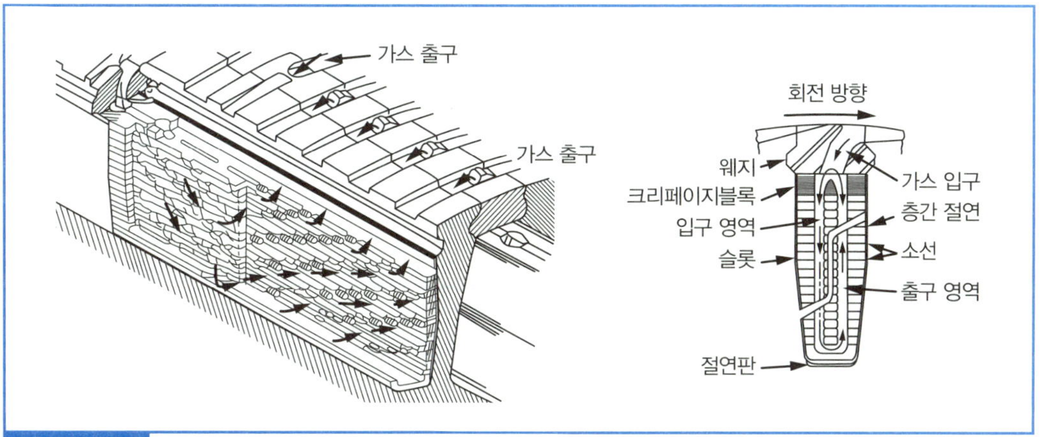

그림 5-31 공극 공급형

식으로 단부 공급(end feed)형과 공극 공급(air gap pick-up)형이 있으며 일반적으로 신형 대용량발전기는 거의 공극 공급형으로 되어 있다. 단부 공급형은 회전자 축에 설치된 휀에 의해 냉각 매체가 축방향으로 공급되어 반경방향으로 나와 공극에 배기되는 방식으로 [그림 5-30]과 같다.

공극 공급형은 회전자의 회전에 의한 풍속으로 냉각 매체가 회전자 표면의 구멍으로 공급되어 회전자 도체에 있는 구멍을 경사지게 통과하여 다시 공극으로 배기되는 방식이다. 흡기 측 냉각 매체와 배기 측 냉각 매체가 혼합되지 않도록 베플(baffle)이 고정자 측에 설치되며 [그림 5-31]과 같다.

5.4.3 발전기 구성 및 선정

(1) 독립형 발전 구성

독립형 소수력에서는 부하의 변동에 대응한 발전부하 제어가 어려운 문제점으로 대두되고 있다. 물론 기계적 조속장치를 채택할 경우 이런 문제점들을 해결할 수 있지만 소형에서 제어장치 구성이 어려울 뿐 아니라, 가격이 고가인 관계로 경제적인 측면에서 이런 요건들을 충족하기 매우 어렵다. 대안으로서 발전 출력을 일정하게 두고, 불필요한 전력을 히터 등으로 강제 소비하는 형태의 구성 방식이 폭넓게 운영되고 있다.

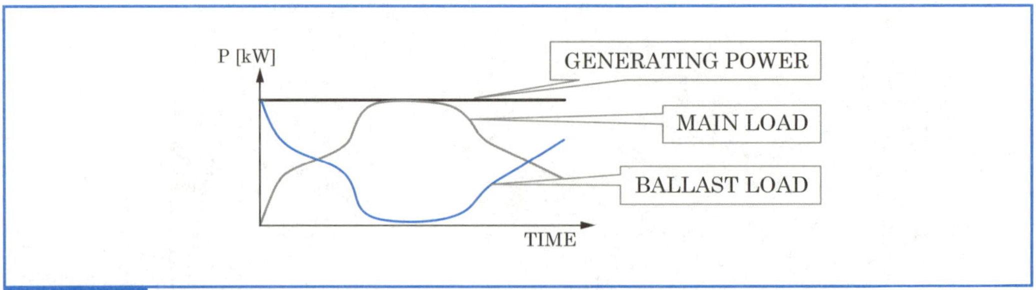

그림 5-32 ELC개념도

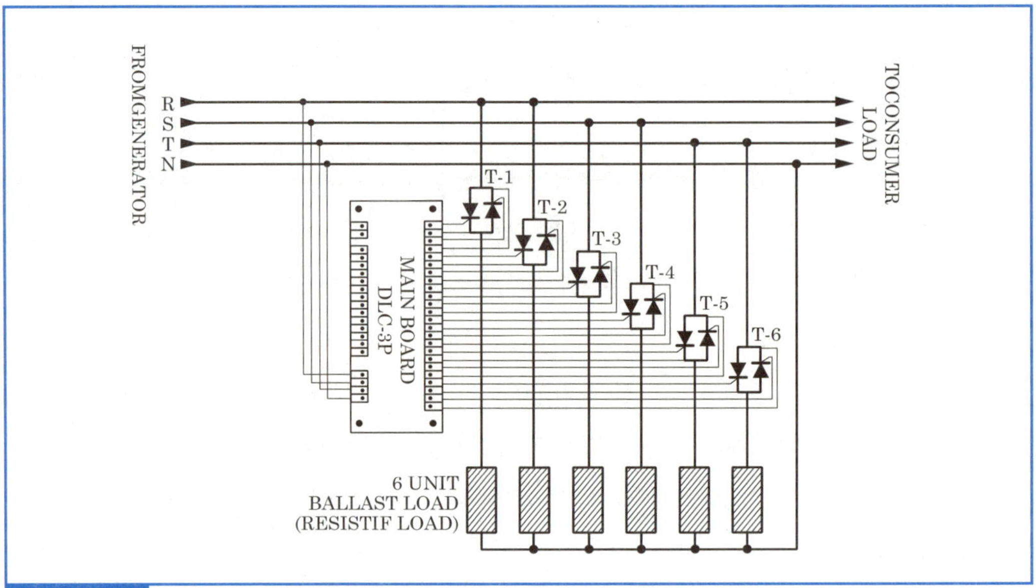

그림 5-33 ELC 기본 다이어그램

사용 시스템을 살펴보면 다음과 같은 원리를 이용한다.

Generating Power＝Ballast Load＋Main Load

이러한 방식에 사용되는 Ballast Load 제어장치를 ELC(Electric Load Controller)라고 통상 부른다. 이 시스템의 부하 제어의 주요 작업은 주 발전기 부하 변경에 대한 부하의 균형을 맞추는 것이다. 따라서 주요 부하(main load)의 출력변화에도 발전기 출력은 안정된다. 따라서, 전압과 주파수 모두 안정적 운전이 가능하지만, 단점은 저부하 운전 시에도 최대 출력을 내게 되므로 효율이 대단히 낮아진다는 것이다.

[그림 5-32]는 ELC의 개념도를 설명해주는 그림으로, 발전기 부하는 기계적 조절 없이 그대로 발전을 하며, 부하에서 사용하고 남은 잉여 전력은 [그림 5-33]과 같이 ELC에서 전기히

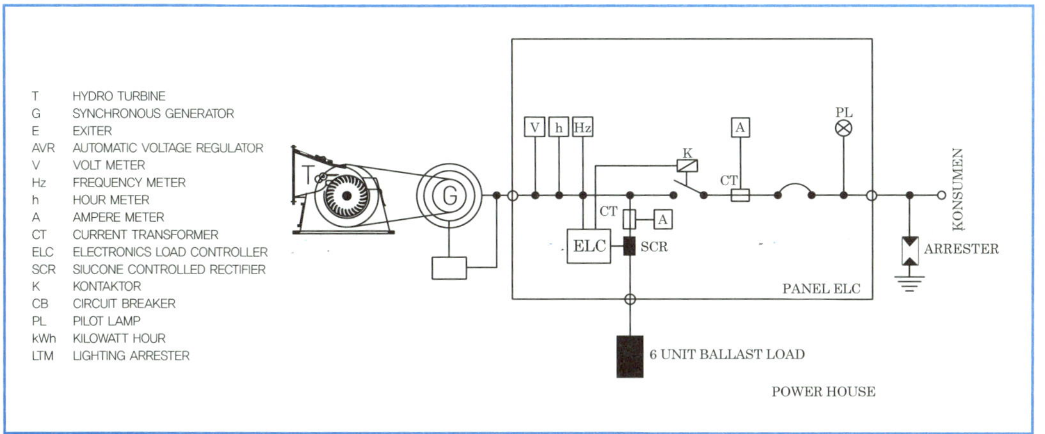

그림 5-34 ELC 적용 단선 결선도

터로 소모함으로서 항상 일정한 전력 품질을 유지하는 형태를 설명해 주고 있다. [그림 5-34]는 전형적인 독립 전원의 ELC 동작 메커니즘을 설명해주는 다이어그램으로 사용 부하량에 따라 SCR 점화각을 변화해서 전력 품질(전압 및 주파수)을 유지시켜 주는 내용을 보여주고 있다.

(2) 계통연계형 발전 구성

국내의 경우, 전국이 단일 계통의 전력망으로 구성되어 있을 뿐 아니라, 오지에도 대부분 전력계통이 잘 구성되어 있어 소수력의 경우에도 효율 극대화 및 유지관리의 편리성 등으로 인해 계통 연계형으로 구성하는 것이 바람직하다.

극소형(대략 5kW 이하)의 경우 구성의 단순화를 위해서 직류전원으로 변환 후 인버터를 사용해서 계통에 연계하는 방식을 취하는 것이 바람직하다. 극소형의 경우를 제외한 나머지

표 5-13 | 동기발전기에 대한 유도발전기의 장단점

구분	유도발전기	동기발전기
가격적 측면	저렴	고가
유지보수관리	단순 간단	브러쉬 등의 교체 필요
계통 병입	비동기적으로 쉬움	동기속도 필요
무효전력 추종	무효전력 추종 어려움	무효전력 제어 용이
구조	구조 간단	구조 복잡
내구성	내구성 높음, 견고함	내구성 짧음

형태의 초초소수력발전 형태는 유도발전기를 이용한 계통연계형의 구성이 바람직한데, 동기발전기에 대한 유도발전기의 장단점은 〈표 5-13〉과 같다.

발전기를 계통에 연계하는데 있어서 반드시 병렬운전을 하게 되는데 병렬운전의 요구조건은 다음과 같다. 2대 이상의 발전기를 같은 모선에 연결하여 운전하는 것을 병렬운전(parallel operation)이라 하며, 병렬운전을 하기 위해서는 계통(running)측과 계통에 접속하고자 하는 발전기(incoming)측의 병입조건이 만족되어야 한다.

① **병입조건**

- 주파수가 같아야 한다.
- 전압의 크기가 같아야 한다.
- 위상이 같아야 한다.
- 상회전 방향이 같아야 한다.
- 파형이 같아야 한다.

발전기를 병입하기 위해서 운전원은 반드시 병입조건의 처음 세 가지 조건을 확인해야 한다. 마지막 조건은 설계 및 제작상의 문제이고, 네 번째 조건은 최초 병입 시 한번만 계통측과 발전기측의 상회전 방향을 확인하면 된다.

② **병입조건이 다를 때 문제점**

- 주파수가 같지 않을 때

주파수가 서로 다르면 발전기 단자 전압은 심하게 진동하고, 이 전압의 최대값은 발전기 전압의 거의 2배까지 이르게 된다. 따라서 주파수가 같지 않은 상태에서 병렬운전을 하면 발전기의 출력이 주기적으로 요동하고 권선은 비정상적으로 가열된다. 이 진동전압을 없애기 위해서 각 발전기의 속도를 조정하여 주파수를 조정한다.

- 전압의 크기가 같지 않을 때

전압의 크기가 다르면 전압의 차이로 발전기에 내부 순환전류가 흐른다. 이때 순환전류는 전압이 낮은 발전기에 대해 증자작용을 하여 전압을 높여주며, 전압이 높은 발전기에 대해서는 감자작용을 하여 전압을 낮추어 전압을 서로 같게 한다. 또한, 전압의 차이로 인해 흐르는 순환전류는 역율이 거의 0인 무효전류이므로 출력에는 관계없고 단지 두 발전기의 내부를 순환하여 흘러서 발전기 전기자 권선에 저항손실을 생기게 한다. 이 순환전류를 무효횡류라 하며, 이것을 없애기 위해 발전기의 계자전류를 조정하여 전압을 같게 한다.

- 전압의 위상이 같지 않을 때

  전압의 위상이 다르면 위상차에 해당하는 순환전류가 흐르며, 이 순환전류를 유효횡류라 한다. 위상이 일치하지 않은 상태에서 병렬운전을 하면 위상이 앞선 발전기는 부하분담이 더 많아져 회전속도가 감소하게 되고, 위상이 뒤진 발전기는 부하 분담이 줄어들어 발전기의 회전속도가 상승한다. 계통(또는 계통과 병렬운전 중인 다른 발전기)과의 위상의 일치 여부는 동기 검정기(synchroscope)로 확인한다.

(3) 발전기의 선정

1) 발전 및 한전 연계를 고려한 최적의 발전기 형식 선정

① 수력발전에 적용되고 있는 발전기는 동기발전기와 유도발전기가 있으며, 최근 1,000 kW 이하의 경우에는 유도발전기의 사용이 두드러지고 있다.

② 유도발전기는 경제적이고 구조가 간단하여 유지보수가 용이한 것이 장점이나, 단독운전이 불가능하고 전력계통에 병입 시 돌입전류가 계통의 전압강하를 초래하고 계통의 역율을 저하시키는 단점이 있다.

③ 동기발전기는 발전기 부속품(여자기, 동기검정기, AVR 등)이 외국산 유도발전기보다 유지관리 비용이 불리하고 발전기 가격이 유도발전기 대비 20% 높은 단점이 있다.

2) 발전기 형식 선정 시 고려할 사항

① 계통 병입 시 배전선로의 안정성 확보와 변동 부하에 유리한 형식

② 분산형 전원 배전계통 연계 기술기준을 준수할 수 있는 형식

③ 부속품이 간단하여 운전이 용이한 형식

④ 유지관리비 절감을 위한 무인운전방식에 적합한 형식

⑤ 고장이 적고 고장 시 수리가 용이한 형식

3) 발전기 형식 비교

발전기는 기술적인 특성상, 기존의 전력계통에 연계하여 운전하는 것이 경제성 및 수용가의 공급 안전성 확보면 등에서 유리하다. 그러나 계통연계 시의 기술적인 과제가 해결되지

표 5-14 | 발전기 형식 비교표

형식	유도발전기	동기발전기
구조	고정자는 동기발전기와 동일. 회전자는 농형으로 구조가 간단	회전자는 댐퍼 와인딩 외에 여자 권선 및 교류여자기가 있어서 복잡함
유지보수	일반적으로 용이함	용이함
여자기	불필요	반드시 필요
용량	대용량기기는 제작이 어려움 수천kW 이하가 적당	대용량기도 제작이 가능 고속, 저속기 모두 사용
운전의 안정성	부하 변동에 동기 탈조 없이 안전하게 운전됨	급격한 부하 변동 시에 동기 탈조 가능성 있음
가격	낮음	높음
단독운전	불가능	가능
기동방법	단순	복잡
고장전류의 크기	낮음	높음
병입 시 돌입전류	강제 병입함으로 큰 과도전류가 흘러 계통의 전압 강하가 발생	계통에 동기를 맞추어 병입함으로 돌입 전류는 무시됨

않으면 발전 전원의 연계에 의해서 공급신뢰도, 전력 품질(전압, 주파수, 역률 등)의 면에서 한전전력공급설비 또는 다른 전기수용가의 설비 보전에 문제를 발생시킨다.

① 동기발전기는 초기비용 및 유지관리에 다소 불리하나 계통연계에 필수적인 전력 품질 및 계통에 안정성이 유도발전기에 비해 유리하고 계통연계 없이 단독 운전이 가능하므로 대용량 발전 및 독립발전에 적합하다.

② 유도발전기는 계통으로부터 진상 무효전력을 공급받아 여자하게 되므로 계통의 역률을 저하시키며 순간적으로 발전기의 리액턴스에 의해 계통전원이 3상 단락된 것과 같은 큰 전류가 흐르게 된다. 이 여자 돌입전류는 유도기를 계통에 병입 시 항상 발생되는 유도성 전류이며 계통의 전압강하를 초래하고 계전기, 개폐기 등에 영향을 미치며, 변전소 주 변압기에 연계된 전력 수용가에 영향을 미칠 수 있기에 소용량 발전 및 계통연계 운전이 필수적인 곳에 적합하다.

발전기 형식의 비교는 〈표 5-14〉와 같다.

4) 발전기의 단자 전압 선정

발전기의 최적단자 전압은 전기자 권선의 병렬회로 수와 관계가 있으며 일반적으로 병렬회로의 수는 극수(pole)의 약수가 되어야 한다. 1 병렬회로 당 전류는 경제성을 고려하여 최

표 5-15 | 접지방식의 특징

항목	비접지식	직접접지식	저항접지식
접지사고 시 이상전압	최소 $\sqrt{3}$배까지 상승	• 가장 낮음 • 평상 시와 동일	• $\sqrt{3}$배로 됨 • 선간전압까지 오름
기기 절연	최고	• 최저 • 변압기의 저감 절연 또는 단절연이 가능	비접지식 보다 낮음
다중 접지 사고로의 진전성	장거리 송전선로에서 큼	거의 없음	적음
지락전류의 크기	대지충전전류(3상)만이 흐르므로 지락전류 매우 적음	• 지락전류가 매우 큼 • 최대 단락전류와 같음	지락전류를 100A 정도로 제한 가능
보호계전기의 동작	영상변압기(GPT)와 방향성 지락계전기를 이용한 지락 검출	지락전류가 크므로 검출이 용이	100A, 역율 1 지락전류에 대하여 동작이 확실
피뢰기의 공칭전압	1.4E~1.6E	0.8E~1.0E	1.4E~1.6E
통신선에 미치는 유도 장애	• 적음 • 전압상승 때문에 떨어진 2지점에서 2선 접지로 되면 큼	• 최대 • 차폐선이나 고속도 차단기로 작게 함	• 중간 • 양단에 설치하여 상당히 감소시킬 수 있음
과도 안정도	최대	최소	중간
단선 고장 시의 이상 전압	중간	최저	중간

소 1,500A~최대 2,800A 정도가 한도이다. 발전기는 전압이 높을수록 코일의 절연이 두껍게 되고 도체의 점적율이 저하하여 중량이 늘어나고 고가가 된다. 반면, 용량에 비해 전압을 낮추면 고정자 코일의 감긴 횟수가 줄어들어 설계상의 자유도가 없어져 제작이 어려우며, 변압기에 이르기까지의 모선 및 개폐설비의 용량 등도 저 전압 대 전류는 비경제적인 면이 많다. 그러나 위 내용은 대규모 발전소의 발전기의 단자 전압을 결정하기 위한 이론적인 접근방법이고 소규모 발전설비에는 적절하지 못하며, 아래와 같은 접근방법을 통하여 단자 전압을 결정하는 것이 기기의 원가절감(cost down)과 향후 유지보수에 유리하다.

수차발전에 사용되는 발전기는 별도의 공인된 규격이 없는 관계로 한국전기공업협동조합이 정한 규격 「KEMC-1111-0570 : 디젤엔진구동육상용동기발전기」, 일본전기공업 규격 「JEM-1354」, 독일공업표준 「DIN-6270」을 참고하여 선정한다.

일반적으로 차단기의 차단전류를 기준으로 단자 전압을 선정하거나 제작사의 표준전압을 기준으로 선정하여도 무방하다.

5) 발전기 중성점 접지방식의 선정

발전기 중성점 접지방식은 비접지식, 직접접지식, 저항접지식이 있으며, 각 접지방식의 특징은 앞의 〈표 5-15〉와 같으며 여건에 따라 적합하게 선정하여야 한다.

5.4.4 조속기(governor)

발전 유량의 변화에 따라 수차 발전기의 터빈 회전수의 변동이 발생하게 되는데 터빈 회전수가 달라지면 터빈과 연결된 발전기의 회전수도 변동이 되어 주파수의 변화가 발생하게 된다. 또한 수차도 일정한 회전수에 맞추어 설계가 되어 축의 강성 및 베어링 등의 여러 가지 기계적 요소에도 나쁜 영향을 미치게 됨에 따라 조속기로 물의 유입량을 조절하여 터빈이 일정한 속도로 구동하게 할 필요가 있다. 일반적으로 터빈 후단에 위치하고 있으며 가이드 베인으로 유량을 조절하며 조작시스템은 유압시스템 또는 위치제어 가능한 전동모터(servo motor) 등을 사용한다.

표 5-16 | 조속기 형식별 특성

<table>
<tr><th colspan="2">구분</th><th>X급</th><th>Y급</th><th>Z급</th></tr>
<tr><td rowspan="2">성능</td><td>부동대[%]</td><td>0.02 이하</td><td>0.1 이하</td><td rowspan="11">주파수 조정을 필요로 하지 않는 발전소나 유도발전기를 사용하는 발전소에서 사용</td></tr>
<tr><td>부동시간[s]</td><td>0.25 이하</td><td>0.3 이하</td></tr>
<tr><td rowspan="3">기능</td><td>결합 운전장치</td><td>부착 가능</td><td>없음</td></tr>
<tr><td>회전속도 절선 특성장치</td><td>부착 가능</td><td>없음</td></tr>
<tr><td>Damping 자동 변환 또는 PID 요소의 자동 변환</td><td>있음</td><td>없음</td></tr>
<tr><td rowspan="4">조정 범위</td><td>회전속도[%]</td><td>90~108</td><td>90~108</td></tr>
<tr><td>속도 수하율[%]</td><td>0~6</td><td>0~6</td></tr>
<tr><td>과도속도 수하율[%]</td><td>0~50</td><td>0~50</td></tr>
<tr><td>탄성복원 시정수[%]</td><td>0~15</td><td>0~15</td></tr>
<tr><td>회전속도 검출법</td><td>PMG 또는 SSG</td><td>PMG, SSG, PT</td><td>검출부 없음</td></tr>
<tr><td>조속기 제어용 전기설비</td><td>PMG 또는 DC</td><td>PMG, DC, PT</td><td>DC 또는 AC</td></tr>
</table>

(1) 조속기의 종류

조속기의 종류는 X급, Y급, Z급으로 구분되며 그 성능과 기능이 서로 다르다. 조속기의 형식별 특성은 〈표 5-16〉과 같다.

(2) 조속기 서브 모터 동작시간

조속기를 가동하기 위해서는 서브 모터가 사용되는데 수차의 형식에 따라 조건이 다르며 동작시간표는 〈표 5-17〉과 같다.

- X급 조속기
  - 양수발전소
  - 조속기 자유운전(조정률 일정운전) 또는 AFC운전을 함으로서 계통주파수의 조정을 행하는 주요 발전소
- Y급 조속기
  - X급 조속기를 사용하는 발전소에 준하여 계통주파수의 조정에 협조하는 발전소
  - 계통단수운전(직배부하를 포함) 또는 시 송전 및 재 송전을 해야하나 X급에 해당하지 않는 발전소
- Z급 조속기
  - 주파수를 조정하지 않는 발전소(유도발전기를 채용하는 발전소)

표 5-17 | 조속기 서브 모터 동작시간표

구분	조건	서보모터	부하 급감 시[s]	부하 급증 시(복귀)[s]
펠턴	제압기 없음	디플렉터	2~3	5~10
		노즐	20~30	20~30
프랜시스	제압기 없음	가이드 베인	3~6	15~20
	제압기 있음	가이드 베인	2.5~3.5	15~20
		제압기	2.5~3.5	30~50
프로펠러	가동깃형	가이드 베인	3~5	10~20
		러너베인	15~20	15~20

표 5-18 | 스크린 설비 형식 비교

구분	로터리식 스크린	유압식 스크린	링크식 스크린	비고
설치 형상				
동작 원리	• 4개 이상의 갈퀴가 스크린 부분에 체인식으로 연결되어 모터 회전에 의해 갈퀴가 회전하면서 스크린에 걸린 협잡물을 제거하는 구조	• 유압 실린더의 로드가 수직으로 작동하여 갈퀴를 상하로 동작시켜 스크린에 걸린 협잡물을 끌어올려 제거하는 구조	• 유압실린더에 의한 승강 • 인양의 링크가 원호 운동을 하여 갈퀴를 상하로 동작시켜 스크린에 걸린 협잡물을 제거하는 구조	
특징	• 체인에 의한 연속 구동방식으로 운전 및 조작방법이 쉬움 • 1수로 1구동이므로 모든 수로에서 동시 인양작업이 가능하여 일시에 몰려드는 다량의 협잡물 인양이 원활	• 모든 기계설비가 수상부에 있으므로 유지관리가 용이 • 유압설비로 강력한 힘을 발휘할 수 있어 고중량의 협잡물도 인양 가능함 • 1대의 기기로 여러 수로를 운전할 수 있으므로 경제적	• 포크레인 방식으로 외부에서 내부로 인양하여 일시에 몰려드는 협잡물 및 고중량의 협잡물 인양이 원활 • 유압 실린더가 갈퀴를 밀면서 인양하므로 스크린에 밀착되어 있는 협잡물의 인양이 가능	

5.4.5 보조 기계설비 설계

수력발전설비 중 보조 기계설비는 수차의 원활한 작동이 가능하고, 유지보수가 용이하도록 보완해주는 설비이다. 일반적으로 스크린, 제수설비, 입구밸브, 급수설비, 배수설비, 유압설비, 수충격 설비, 크레인 설비 등의 많은 설비 및 시설이다. 상황에 맞게 시스템을 구성하여 발전설비 안전성을 확보하여야 한다.

(1) 스크린 설비

스크린 설비는 물과 함께 발전 설비로 유입되는 이물질을 막기 위한 설비로 수동형과 자동형으로 나뉠 수 있다. 일반적으로 수동 스크린은 작은 규모의 시설이나 청수와 같이 이물질 유입이 거의 안 되는 조건에 설치하고, 설치각도는 60° 이내로 이물질 제거가 용이 하도록 설치하며, 아주 작은 규모의 시설에서는 직각으로 설치하기도 한다. 자동 스크린은 수동 스크린에 이물질 제거 가능한 시스템을 첨가한 것으로 이물질이 스크린을 막아 유수의 흐름을 막는 것을 원활하게 해주는 역할을 한다. 설치 각도는 주로 70° 이내이다. 자동형 스크린은 보통 로터리식, 유압식, 링크식 등이 있으며 특징은 〈표 5-18〉과 같다.

(2) 제수설비

제수설비는 발전 설비 앞쪽에 설치되는 입구밸브와 더불어 비상시 유입수를 차단하여 수차를 보호하는 설비로 발전설비의 안전성을 확보하는 설비로, 여러 조건에 따라 자동형이나 수동형을 선택하여 설치할 수 있고 댐과 같이 유입수의 압력이 클 경우에는 반드시 설치하여야 한다. 스크린 설비 앞쪽이나 뒤쪽에 설치되며 유입부가 토목구조물로 주로 구성됨에 따라 수문이나 슬루스게이트 등으로 구성된다. 수문의 경우 주로 스크린 앞쪽에 설치하여 홍수와 같은 비상시에 폐쇄하여 발전설비를 보호하거나 유지보수 시 폐쇄 스크린 보수, 유입부 청소, 유입관로 청소 및 보수가 가능하게 한다. 슬루스게이트의 경우 스크린 뒤쪽에 설치되며 홍수와 같은 비상시에 폐쇄하여 유입관로 이후를 보호하게 된다.

(3) 입구밸브

입구밸브란 유입수를 안전하게 차단하는 설비로서 수압관 말단이나 수차의 입구에 설치되어 점검 · 정비 · 사고 등의 경우 수차에 유입하는 유체를 차단한다. 주요 설치 목적은 비상 시 유수의 안전한 차단, 정지 시 수차의 누수 및 소실 전력 저감, 기기의 유해한 마모 방지, 보수 · 점검 시 수로의 충 · 배수를 생략하여 정지시간을 단축, 취수를 공용으로 사용하여 분기한 경우 점검용 수차만 정지시키는 목적을 가지고 있다.

그러나 취수설비, 헤드탱크, 서지탱크에 폐쇄장치로 수문 및 폐쇄밸브 설치 시와 수차에 수압 자기폐쇄식, 스프링 폐쇄식, 중추폐쇄식의 가이드 베인을 설치한 경우 그리고 비상용 유압 탱크 및 비상용 서보모터를 갖춘 가이드 베인 설치 시에는 입구밸브의 생략도 가능하다.

입구밸브는 발전설비를 최종적으로 보호하는 설비로서 발전기가 버티는 무구속속도 이내에서 닫혀야 한다. 따라서 원칙적으로 전동식을 채택하고 입구밸브가 닫힐 때 수압관 내 유입수를 배출하기 위하여 바이패스 밸브 및 수충격 방지밸브를 설치하여야 한다. 원칙적으로 입구밸브 및 바이패스 밸브는 유압 조작식으로 선정하나 중 · 소수력 이하에 있어 가이드 베인 서보모터를 전동식으로 할 경우 전동으로도 가능하다. 바이패스 밸브는 개폐밸브 전후의 수압이 균형을 이루어 실 마모와 손상 등을 방지할 수 있어야 하며 형식은 크게 문제되지 않는다.

표 5-19 | **버터플라이 밸브의 형상 및 특성**

형상	구분	내용
	적용 낙차	중
	수력손실	중
	누 수 량	중
	구 조	간단
	보 수 성	양호
	가 격	중가

표 5-20 | **복엽 밸브의 형상 및 특성**

형상	구분	내용
	적용 낙차	중
	수력손실	중
	누 수 량	소
	구 조	간단
	보 수 성	양호
	가 격	고가

표 5-21 | **로터리 밸브의 형상 및 특성**

형상	구분	내용
	적용 낙차	고
	수력손실	매우 적음
	누 수 량	극소
	구 조	복잡
	보 수 성	곤란
	가 격	고가

1) 입구밸브의 종류

① 버터플라이 밸브

버터플라이 밸브의 구조는 밸브 내의 디스크가 원통 중심선에 직각을 이루어 유수를 멈추게 하는 구조로 일반적으로 중 낙차 이하에서 사용한다. 웨이트 추를 이용한 긴급 차단형이 가능하고 구동방식으로 유압식과 전동식이 모두 가능하며 그 형상과 특성은 〈표 5-19〉와 같다.

② 복엽 밸브

복엽 밸브는 버터플라이 밸브 내의 디스크가 2중으로 된 것을 말하며 구조나 특징은

표 5-22 | 슬루스 밸브의 형상 및 특성

형상	구분	내용
	적용 낙차	고
	수력손실	매우 적음
	누 수 량	극소
	구　　조	비교적 간단
	보 수 성	비교적 양호
	가　　격	비교적 고가

표 5-23 | 입구밸브 선정 기준

입구밸브의 유속			입구밸브 선정 기준		
구분	최대[m/s]	평균[m/s]	구분	낙차[m]	구경[mm]
버터플라이 밸브	–	6.0	버터플라이 밸브	≦ 200	< 800
복엽 밸브	12.0	7.0	복엽 밸브	≦ 250	≧ 800
로터리 밸브	18.6	10.5	로터리 밸브	> 250	–

버터플라이 밸브와 비슷하나 수력손실이 좀 더 크고 누수량이 더 적은 특징이 있으며 그 형상과 특성은 〈표 5-20〉과 같다.

③ 로터리 밸브

로터리 밸브의 구조는 밸브 내 회전체를 회전시켜 개폐하는 밸브로서 주로 100m 이상의 고 낙차에 사용하고 회전체가 유체와 같이 회전함에 따라 수력손실이 매우 적은 것이 특징으로 형상과 특성은 〈표 5-21〉과 같다.

④ 슬루스 밸브

슬루스 밸브의 구조는 밸브와 직각으로 마련된 디스크가 밸브 내에서 상하로 움직이면서 유수를 막는 구조이다. 주로 고 낙차에 많이 사용되며 개방 시에는 밸브 내에 저항물이 없기 때문에 수력손실이 매우 작은 것이 특징이나 크기가 관로의 2배 정도로 매우 크며 형상과 특성은 〈표 5-22〉와 같다.

2) 입구밸브 선정 기준

입구밸브는 입구유속에 따라 밸브 형식을 선정할 수 있으며 선정 기준은 〈표 5-23〉과 같다.

3) 입구밸브의 개폐시간

입구밸브의 개폐시간은 주 밸브, 바이패스 밸브를 포함하여 일반적으로 120~180s 정도로 하나 발전기의 무구속속도에 따라 차이가 발생할 수 있다.

시동 정지 횟수가 많은 발전소는 유압탱크 용량이 커지지 않을 정도와 유수차단 시 수압이 설계 수압을 초과하지 않는 범위에서 단축될 수 있다.

(4) 급수장치

급수장치는 수차나 발전기의 베어링 및 공기 냉각기 등에 냉각수를 공급하는 주 급수장치와 수차 주축 수밀장치에 실링수를 급수하는 실링수 급수장치가 있다. 급수방식의 적용은 경제성 외에 불순물 및 찌꺼기의 유입 방지, 냉각수 동결 방지, 합당한 배관재료 선정, 보수 용이성 등을 고려하여 선정하고 급수방식에는 수압관 급수방식, 급수 펌프방식이 있다.

1) 수압관 급수방식

① 직접 급수

냉각수를 직접 기기에 급수하는 방식으로 손실수두를 충분히 검토하여 수차의 유효낙차가 급수압력보다 부족하거나 큰지를 반드시 검토 하여야 한다. 주 기기의 부하 차단 시나 그 외의 수압 상승 등 배관 및 각 설비의 안전성을 검토할 필요가 있고 유효낙차 20~70m에서 많이 사용한다.

② 감압 급수

유효낙차가 높아 직접 급수로는 압력이 너무 높을 때 감압장치로 감압하여 급수하는 방식으로 필히 안전장치를 설계하여 기기의 파손 등을 방지하며 최대 압력은 냉각기 계통의 설계 수압보다 작아야 한다. 유효낙차 70~180m의 범위에서 적용되고 2차 압력은 30m 정도로 감압하여 사용한다.

③ 수압관-냉각수 탱크 급수

냉각수를 수압관으로 취수하여 직접 또는 감압장치를 통해 냉각수 탱크로 저장 후 냉각기 등에 급수하는 방식으로 급수압력 일정, 수중의 이물질 토사 등을 제거할 수 있는데 건설비는 약간 상승하게 된다. 수압관 취수구는 횡방향의 설치가 일반적이며 이물질이 많은 곳에서는 스크린을 설치 할 필요가 있고 유효낙차 50~180m에서 많이 사용한다.

2) 급수 펌프방식

수압관에서 급수하는 것이 아닌 별도의 취수구에서 취수하는 것을 말하며 이때 급수펌프의 토출량은 필요 냉각 수량의 110% 이상으로 한다. 펌프 설치 대수는 주 펌프가 1대인 경우 예비펌프를 포함하여 2대를 설치하고, 주 펌프가 2대인 경우는 상용과 예비 각 2대씩 설치하는 단위방식이 바람직하나 주 펌프가 2대 이상의 경우에는 경제성, 보수 및 설치 공간 등의 관점에서 예비기 1대를 설치하여 공통 예비로 하는 방식을 적용하기도 한다. 급수펌프 적용 시 주의사항으로는 급수펌프 직접 급수의 냉각기 내압은 펌프의 차단압력과 냉각기에 가압하는 압력을 합한 압력 이상으로 하고 취수구의 위치를 수차로부터 멀리 떨어지게 하여 기포의 혼입을 방지하도록 하며, 바닥보다 약간 높게 설치하거나 스크린을 부착하여 청수를 공급받을 수 있게 한다.

3) 폐쇄순환 급수방식

폐쇄순환 급수는 냉각수 계통에 청정수를 순환펌프로 순환하고 각 베어링이나 발전기 냉각기를 거쳐 나온 고온수를 방수로 등에 설치한 열교환기(수냉 이외 쿨링타워나 공기 냉각실도 있음)에서 재냉각하여 순환시키는 방식으로 특히 이물질이 많거나 수질이 나쁜 경우 적용한다.

4) 부속설비

① 냉각수 탱크

- 수위저하 경보장치, 스크린, 격벽 및 토사 배출구 등이 있어야 함
- 탱크용량 15~30분 정도

② 감압장치

감압장치를 사용하는 발전소는 감압밸브 상류 측에 스트레이너를 설치하여 감압밸브로의 이물질 유입을 방지하고 별도의 예비 감압밸브도 설치하여야 한다.

③ 스트레이너

스트레이너 대수는 주 기기 1대 당 1개로 하고 이물질이 많은 발전소는 예비용 스트레이너를 설치하여야 한다.

④ 샌드 세퍼레이터

샌드 세퍼레이터는 수중의 모래 등을 싸이크론 방식에 의해 분리하는 것으로 일반적으로 원추형으로 되어 있으며 원추형 하부에 쌓인 모래를 배출한다.

⑤ 폐쇄순환장치의 열교환기

폐쇄순환 급수방식은 같은 물을 계속 사용함에 따라 별도의 열교환기 설치가 필요하며 설치 장소는 냉각효과와 더불어 보수성도 고려하여 결정하여야 한다.

(5) 배수설비

1) 배수 피트

주 기기에서 배수와 누수 그리고 건물에서의 누수를 배수 피트에 집수하여 펌프로 발전소 밖으로 배수하는 계통의 물에는 오일이 함유될 우려가 많으므로 배수 피트에 유수 분리조를 설치하는 것이 일반적이다.

배수 피트는 발전소의 가장 낮은 위치에 설치하고, 용량은 피트로 유입하는 총 유입량과 시간이 경과함에 따라 증가되는 양을 고려하여 예상 최대 유입량으로 설계하며 배수 피트 및 유수분리기의 형상은 [그림 5-35]와 같다.

① 경보수위는 비상용 펌프를 설치할 경우 피트로 유입하는 예상 최대 유입량의 30분 정도의 용량을 고려하여 결정한다.

② 후행기 시동수위는 경보수위보다 10cm 정도 낮은 수위이다.

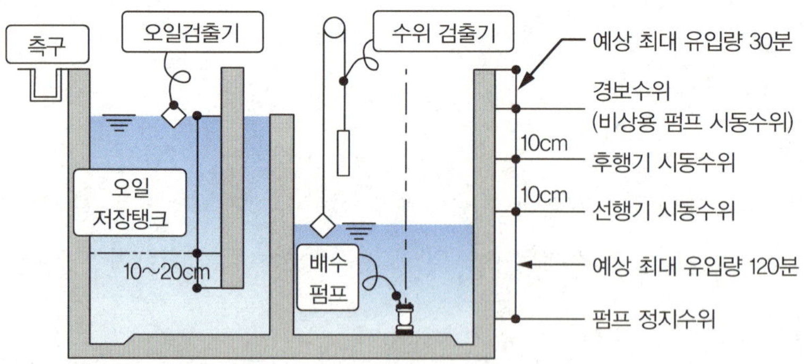

그림 5-35 배수 피트 및 유수분리기

③ 선행기 시동수위는 후행기 시동수위보다 약 수심 10*cm* 정도 낮다.

④ 펌프 정지수위는 펌프의 임펠러가 물에 잠겨 실속이 발생하지 않는 수위를 말한다.

⑤ 피트 깊이는 펌프 정지수위로부터 피트 바닥까지의 깊이는 펌프의 종류나 특성에 따라 충분히 검토하여 결정하고 토사, 불순물 등을 모아 제거가 용이한 크기여야 한다.

⑥ 유수분리기는 잡배수에 혼입되는 오일을 분리하여 저장하는 것으로 오일이 누유되는 경우 오일의 방출 막는 효과가 있으며 소내 배수 피트에 설치가 일반적이다.

2) 배수펌프

배수펌프는 원칙적으로 선행, 후행 및 비상용으로 3종류를 설치하여야 하고 비상용은 제트펌프로 긴급 방출이 가능하도록 하고 비상용 제트펌프는 유효낙차 40*m* 이하에서는 사용하지 않는다. 펌프의 형식은 보통 원심펌프를 많이 사용하나 발전소 내 침수 시 등 비상시에도 안전한 수중펌프가 비교적 많이 사용된다.

배수펌프의 토출량은 배수 피트에 유입하는 예상 최대유입량의 1.5~2배, 비상용도 동일용량 정도로 하며 배수위 및 배출구는 최대 계획홍수위보다 1*m* 정도 높게 설치하며 자동운전은 배수 피트 내 수위의 순서에 따라 자동운전이 가능하도록 구성한다.

(6) 유압설비

유압설비는 수차 1대에 1조(상용+예비)의 유압장치를 설계하는 단위방식을 원칙으로 하고 중 · 소용량의 수력발전소에 있어서 수차가 2대 이상인 경우에도 1조의 유압장치를 공통의 설비로 설계한 집중식 또는 서로 타호기의 펌프를 예비로 하는 공통 예비 펌프를 설계하는 방식을 채택하는 것이 좋으며 유압장치의 조합 방식은 〈표 5-24〉와 같다.

표준형으로 표의 ②, ④가 일반적이다. 이 방식은 수차 1대에 유압펌프를 2대 설치하여 1대는 상용, 1대는 예비로 하고, 구동 방식은 전동기를 표준으로 제어반 1조를 설치 예비기계 시동은 자동화하고 상용, 예비전환은 수동조작으로 한다. 비교적 소용량의 수력발전소에서는 〈표 5-24〉의 ①, ③ 또는 ⑤를 적용한다. ① 또는 ③의 경우는주요 부품(유압펌프)을 예비로 보유하도록 한다. 그리고 집중식으로 하는 경우는 필히 예비기를 설치한다. 예비기를 겸용하는 방식에는 ⑥과 ⑦ 방식이 있다. 특히, ⑥은 예비펌프를 설치하지 않는 방식으로 타호기의 펌프를 예비로 하는 방식이고, ⑦은 공통 예비로 유압펌프를 설계한 경우이다. ⑥, ⑦방

표 5-24 | 유압장치 조합 방식

구분	1대		2대	
	전용	상용+예비	전용	상용+예비
단위식	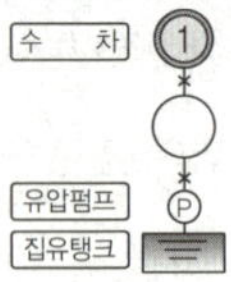 ①	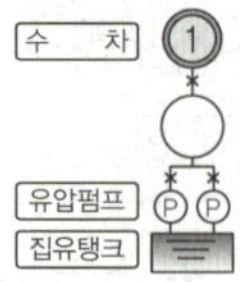 ②	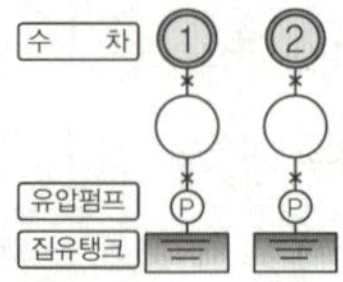 ③	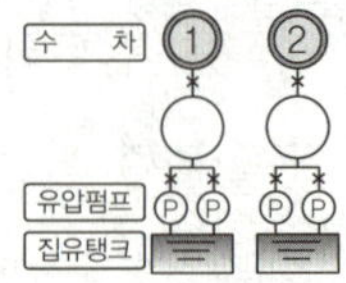 ④
집중식	–	–	–	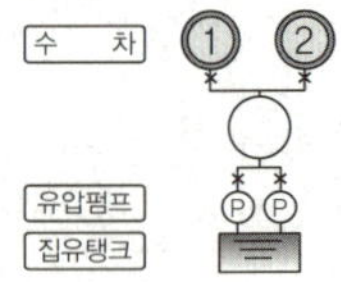 ⑤
절충식	–	–	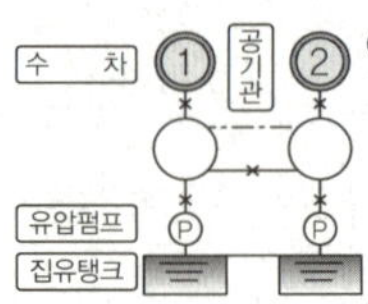 ⑥	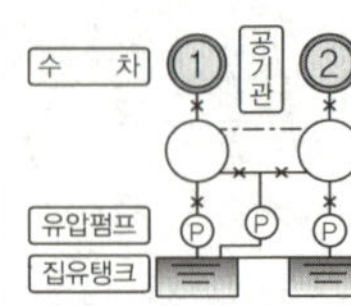 ⑦

식에서 예비기 시동에서 유압 집유탱크의 연결관 밸브를 자동 개방하든가 상시 개방 연결관을 설치하여 집유탱크 유면의 평형을 유지할 필요가 있다.

(7) 윤활장치

윤활장치란 베어링 등에 윤활유를 공급하여 기기 운동을 원활하게 하여 기계 전반의 성능을 발휘할 수 있도록 하는 장치로서 수차 발전기의 각 베어링은 자장식을 많이 채택하고 있고, 입구밸브, 가이드 베인 등은 무급유 베어링을 채택하고 있다.

1) 윤활유 급유방식

자장식은 필요 유량을 베어링 메탈 자체에 저장하는 방식으로 수직축 및 수평축 소형기에 적용하며 냉각방식은 10,000kW 이상 수차에는 냉각수 관에 의한 강제냉각을 채택한다. 대형기의 스러스트 베어링에는 오일냉각기를 별도 설치하여 냉각하는 방식이 적용되고 중소용량기는 공기에 의해 냉각한다. 순환식은 급유펌프로 오일을 이송하여 자중에 의해 자연 순환되는 중력 급유방식과 급유펌프로 직접 강제 순환하는 압력 급유방식이다. 수평축 소형기에서 강제 냉각이 요구되는 경우 또는 소용량기에서 필요한 유량을 베어링 탱크 내에 저장할 수 없는 경우에 이용하는 방식이며 유압펌프는 유닛 방식을 원칙으로 한다. 그리스 급유식은 터빈유로 윤활이 곤란한 장치나 물과 접촉하는 베어링(카플란수차의 주 베어링, 가이드 베인 베어링, 입구밸브 베어링 등)에 사용되고 있으며, 최근에는 설비의 간소화, 유지관리의 편리성 관점에서 무급유 베어링을 사용하는 것이 일반적이다.

2) 무급유 윤활 방식

무급유 베어링은 금속 베이스에 고체 윤활제를 주입한 것이다. 함유성 페놀수지계를 윤활제로 사용한다. 가이드 베인 베어링이나 수중에서도 사용되고 있으며 사용 범위가 넓어지고 있는 경향이 있다. 가이드 베어링, 입구밸브 베어링 등에는 그리스 급유방식 위주로 사용되고 있는데 설비의 간소화, 유지보수의 편리성 등의 관점에서 무급유 베어링의 채택이 많아지고 있다.

3) 물 윤활 방식

물 윤활 베어링은 냉수를 윤활제로 사용하기 때문에 냉각장치가 필요치 않으며, 베어링 온도를 낮게 유지할 수 있고, 오일과 물이 혼합되는 일이 없으므로 오일의 하천 방류 우려가 없고 베어링은 낮은 곳에 설치 가능하다.

그러나, 물의 점성이 낮아 수막 형성이 얇기에 비교적 저속에서 베어링 부하가 적은 영역

표 5-25 | 윤활장치 용량 기준

자장식	순환식 중력 급유방식	순환식 압력 급유방식
• 윤활유 탱크 ⇨수차 발전기 1대의 필요 윤활유를 최초 충진량의 110%로 하고 10% 정도의 여유 공간을 확보 ⇨수차 발전기는 2대 이상의 분해를 고려하지 않아 윤활유 탱크는 1조를 설치하며 중소 용량기는 윤활유 탱크를 생략해도 됨 • 반송유 펌프 ⇨슬러스트 베어링에 필요한 윤활유량을 1시간 이내에 채우는 용량	• 윤활유 탱크 ⇨수차 발전기를 완전 정지하기위해 필요한 공급 유량의 양 • 급유펌프 ⇨베어링 온도를 항시 보정치 유지의 필요 유량과 약간의 월류 유량을 감안 ⇨5%의 여유를 고려 ⇨필요한 경우 예비펌프를 설계 • 윤활유 탱크 ⇨윤활유 계통에 최초 오일 충진량의 전부를 저장하는 규모	• 유압펌프 ⇨평상 운전 시에 필요한 유량을 충분히 공급할 수 있는 용량 ⇨5%의 여유를 고려 ⇨필요한 경우 예비펌프를 설계하고 상용기 고장 시는 자동적으로 기동하여 급유할 수 있도록 함 • 윤활유 탱크 ⇨윤활유 계통에 최초 오일 충진량의 전부를 저장하는 규모

에서 사용하는 제약이 있으며, 오일 윤활베어링의 냉각수에 비해 다량의 급수가 필요하게 되고, 베어링 메탈 및 슬리브 마모는 수질 및 급수 중에 함유된 토사 흡입량, 입자 크기에 따라 영향을 받는다.

4) 윤활장치의 용량

윤활장치에는 자장식, 순환식 중력 급유방식, 순환식 압력 급유방식이 주로 사용되고 있으며 윤활장치 용량기준은 앞의 〈표 5-25〉와 같다.

(8) 크레인 설비

발전소에 사용되는 크레인에는 내, 외부용으로 갠트리 크레인(gantry crane), 지브 크레인(jib crane), 모노레일 호이스트(mono-rail hoist), 천정 주행 크레인(overhead crane) 등의 다양한 종류가 있다.

갠트리 크레인은 수차, 발전기, 수문 등 각종 장비의 반 · 출입을 위하여 필요하며, 지브 크레인은 협잡물이나 각종 소형 장비의 반 · 출입에 사용되며, 모노레일 호이스트는 스톱로그(stop-log)의 탈 · 부착이나 각종 소형 장비의 반 · 출입에 사용되며, 천정 주행 크레인은 발전기실이나 각종 조작실의 유지관리용 크레인으로 주로 사용된다.

발전기실 크레인은 높은 하중, 긴 폭 및 고양정에 적합한 설비이고 조립 시 정밀작업이 요구되기 때문에 저속형을 기본으로 하며 장기간의 휴지 시에도 즉각적인 사용이 가능하도록 특별한 성능과 고도의 신뢰성을 갖추어야 한다. 발전소의 크레인은 최대 인양하중을 감안한 1대의 크레인을 설치하여 인양하거나, 인양하중을 분할하여 2대의 크레인을 설치하여 인양하는 경우가 있으며, 2대의 크레인을 설치하는 경우에는 최대 인양하중의 절반과 리프팅 빔의 중량을 합한 중량보다 적지 않도록 해야 한다.

크레인 설비는 발전소의 유지보수 설비로서 정격하중은 발전기의 로터와 수차의 러너를 한꺼번에 들어 올렸을 때(run-out check 등을 위해 회전시키는 경우)에 주축을 포함한 총 권상 중량이 주 권상 정격하중의 125%를 넘지 않도록 정한다. 주 권상 양정(주권)은 일반적으로 입구밸브에 와이어(wire)를 걸어 끌어올리는 범위로 하고 보조 권상 양정(보권)은 배수 피트의 펌프를 와이어로 걸어 끌어낼 수 있는 범위로 한다.

표 5-26 | 설치장소 및 사용목적에 따른 수문의 종류

설치장소		월류부		관로부							제체 전면	제외
				상류면		중간부			하류면			
사용목적		홍수 토출	수리용 게이트	예비 게이트	가 배수로	홍수 토출	홍수 토출 외	부 게이트	홍수 토출	홍수 토출 외	선택 취수	가 배수로
수문	롤러	○		○					○	○	○	
	캐터필러			○								
	레이디얼	○				○			○			
	슬라이드			○	○	○	○	○	○	○	○	○
	원형 다단식										○	
	반원형 다단식										○	
	링 할로우							○				
	제트 플로우					○	○		○	○		
	할로우 제트									○		
	댐플 랩	○										
	드럼	○										
	각락판		○									
	플로팅		○									
	링 실							○				
	서니트			○	○							○
밸브	픽스토 콘									○		
	콘 슬리브									○		
	슬루스							○				

1) 안전율 및 허용치

와이어로프의 안전율은 로프 풀리의 효율을 감안하여 안전율을 5 이상으로 정하고 주행 레일 폭의 높이는 허용치의 $\pm 10mm$ 이내로 한다.

2) 브레이크

권상용에는 전자 브레이크와 속도제어용 브레이크를 병용하여 사용하며 가로 주행에는 전

자 브레이크 또는 전동유압 브레이크를 사용하며 세로 주행에는 페달 브레이크를 사용한다.

3) 주 거더(main bridge girder)

주 거더의 처짐은 주권의 정격하중에 대해 폭의 1/800 이하의 휨 여유를 허용한다.

4) 설치 시 보강

크레인을 설치할 때에는 건물의 트러스를 보강하여 활차(줄을 걸어 회전할 수 있게 만든 홈이 파인 바퀴)를 걸어두고 거더를 로프로 끌어올려 레일 위에 설치한다. 만약 이 보강을 하지 않을 경우에는 건물의 벽이나 건설공사를 중단하고 트럭 크레인으로 거더를 달아 올려 설치하도록 해야 한다.

5) 크레인 선정

크레인 형상과 제원, 치수 등은 한국산업규격에 규정되어 있으며, 일반적으로 사용되는 형식이 천정 주행 크레인은 KS B 6228에 규정되어 있다.

(9) 수문

발전소에서는 물이 에너지원이므로 물을 제어하기 위해서는 많은 종류의 수문을 계획하여야 한다. 용도에 따른 수문의 종류, 설치 장소와 사용목적, 설계 기준 등 매우 광범위하고 내용이 복잡함으로 수문의 가장 기본적인 부분만을 기술한다.

1) 수문의 종류와 형식

댐에서는 물 관리를 위하여 목적에 따라 다양한 수문이 사용되며 수문의 용도에 따라 적합한 수문을 선정하여 사용하여야 효율적인 물 관리가 가능하다. 수문의 설치 장소와 사용목적에 따른 수문의 종류는 〈표 5-26〉과 같다.

2) 수문의 형식에 따른 수문 상단고

수문은 현장의 조건에 따라 적합한 형식의 수문을 설치하여야 하며, 수문의 형식과 수위에 따라 수문의 상단고를 결정하여야 한다. 수문의 상단고는 〈표 5-27〉과 같다.

표 5-27 | 수문의 형식에 따른 수문 상단고

수문의 형식		상시만수위	서차 시 수위
인상식	레이디얼 형식	$H_n+h_w+h_e$	$H_s+h_w+h_e/2$
	버티칼 형식	$H_n+(h_w+h_e)/2$	$H_s+(h_w+h_e/2)/2$
월류식		$H_n+h_w/2$	H_s

H_n : 상시만수위, H_s : 서차 시 수위, h_w : 바람에 의한 파랑고, h_e : 지진에 의한 파랑고

표 5-28 | 이상식 수문의 상단고

구분	상단표고	비고
홍수 시 전개	상류수위+부가높이	
홍수 시 폐쇄	계획고수위	
고조위를 고려	계획고조위+부가높이	

표 5-29 | 수문 설치 용도에 따른 표준형식

구분		수문의 용도	수문의 표준형식
댐(보)	홍수 토출	수위 유지 · 유량 조절	• 롤러, 쉘 구조 롤러, 2단식 롤러, 기복
	유량 조절	수위 유지 · 유량 조절	• 쉘 구조 롤러, 2단식 롤러, 기복
	토사 토출	수위 유지 · 토사 토출	• 롤러, 쉘 구조 롤러
	통선문	수위 유지 · 통선	• 롤러, 쉘 구조 롤러, 힌지식
	어도	수위 유지 · 유량 조절 · 어류소상	• 기복식, 섹터식, 승강식, 슬라이드식
수리용 게이트	수리용	수문 보수 시 수위 유지	• 플로팅식, 지주지지식, 교량지지식, 스톱로그식, 방패식

3) 이상식 수문의 상단고

이상식 수문의 상단고를 결정하기 위해서는 홍수 시 수문의 개 · 폐 및 해수의 조위를 고려하여 〈표 5-28〉과 같이 수문의 상단고를 결정할 수 있다.

4) 수문 설치 용도에 따른 표준형식

수문의 설치 목적, 수문의 용도에 따라 수문의 형식을 정하여야 하는 바, 〈표 5-29〉에서 수문의 표준형식을 참고하여 결정할 수 있다.

5) 계획 수량, 토사 배출, 통선 시에 따른 수문 경간 폭

수문의 규격을 결정함에 있어 통과 계획 수량, 토사 배출, 통선 시에 따라 수문의 경간 폭

표 5-30 | 계획 수량에 따른 수문 경간 폭

계획 수량[m^3/s]	500 미만	500 이상 2,000 미만	2,000 이상 4,000 미만	4,000 이상
경간 길이[m]	12.5~15	12.5~20	15~30	20~40
경간 길이의 평균치	15	20	30	40

표 5-31 | 수문 종류별 비체 지승부, 지지 프레임, 고정부의 구분

구분	수문 지지부	지지 프레임(guide frame)	고정부
roller gate	• 비체에 걸리는 하중을 고정부에 전하는 부분 • roller, roller축, rocker beam, bearing 등	• main roller rail, front roller rail, side roller rail, 수밀부 철물 및 anchor 등	–
radial, sector, drum gate	• trunnion hube	• side roller rail, 수밀부 철물 및 anchor 등	• anchorage, trunnion pin, redestal
slide gate	• 수밀판과 겸용	• 수밀판과 겸용	–
rolling gate	• rolling tire, rack pinion	• 저부, 측부의 수밀부 철물 및 anchor, rolling tire rail, rack	–
고압 slide gate ring follower gate	• 수밀판과 겸용	• 수밀판과 겸용	• 지지 프레임과 일체로서 전체가 상자형으로 되어 비체가 들어 있는 부분
ring seal gate	• roller, roller축	• 수밀판	• 고압 slide gate, ring follower gate와 동일

을 적절하게 결정하는데 적절한 경간 폭은 〈표 5-30〉과 같다.

6) 수문 종류별 수문 지지부, 지지 프레임(guide frame), 고정부의 구분

수문의 종류에 따라 수문의 지지부, 지지 프레임, 고정부가 달라지며 〈표 5-31〉과 같이 구분된다.

7) 수문 설계 시 적용되는 하중

수문 설계를 할 경우에 수문에 작용하는 다양한 하중을 고려하여야 한다. 〈표 5-32〉에서는 수문 설계 시 고려하여 적용하여야 하는 다양한 하중에 대하여 나타내었다.

8) 수문의 설계수위

수문을 설계할 경우 설계수위를 결정하여야 하는데 수위의 구분에 따라 설계수위를 결정

표 5-32 | 수문 설계 시 적용되는 하중

구분		내용
상시		• 자중, 정수압, 니압, 파압, 부력, 풍하중, 설하중, 온도변화에 의한 영향, 유수에 의한 수압변화 및 이것에 기인하는 진동에 의한 하중 증가와 개폐력 또는 빙압
지진 시		• 자중, 정수압, 니압, 파압, 부력, 빙압, 설하중, 지진 시 동압, 지진 시 관성력
하중 의미	자중	• 경간에 대하여 비고가 약 1/10 이하의 수문
	니압	• 퇴적물이 있는 장소에 설치되는 수문
	개폐력	• radial gate의 경우는 와이어로프 장력, 지승부의 마찰력 등 • 기타의 수문에 있어서는 개폐력의 전달부에 대하여 검토
	빙압	• 극한지에서 결빙장치가 없는 경우
	파압	• 파의 충돌에 의한 압력을 특별히 고려할 필요가 있을 경우
	유수에 의한 수압변화	• 높은 수심에서 조작하는 수문, 비교적 수심이 있는 대형 수문의 바닥 부근, 장경간 수문, 배면에 물이 있는 상태에서 방류하는 수문에 고려
	온도변화	• 특히 장경간 수문 등 고려
	풍하중	• 수면 위에 권상된 비체의 경우
	설하중	• 대설지역에서의 수문의 수평빔 및 각주 등에서 적설 하중을 고려할 필요가 있는 경우

표 5-33 | 수문의 설계수위

수위 구분	내용	비고
상류 설계수위	수문 상단고 또는 수문 상단고 + 월류 수심	
하류 설계수위	수문 하단고, 하구둑 등과 같이 하구 부근에서 설치되는 둑에서는 하류측이 LWL	
지진에 의한 파랑을 고려한 수위	상류 수위에 대해서는 홍수 시 이외의 상시 관리수위, 또는 평수위 시에 지진에 의한 파랑고를 가산한 수위	

하는 내용이 달라진다. 수문의 설계수위는 수문 설계에서 매우 중요한 사항으로 〈표 5-33〉의 내용을 반드시 적용하여 설계수위를 정하여야 한다.

9) 각종 수압하중 산출방식

수문을 설계할 때에는 여러 가지 조건을 감안하여 설계를 하여야 한다. 수문을 설계하는 데 있어 적용하여야 하는 각종 수압하중이 있다.

① 정수압

$$P = \gamma H_o \, [ton/m^3] \tag{5-19}$$

γ는 물의 비중량(ton/m^3), H_o는 파랑을 고려한 수심(m)이다.

- 바람에 의한 파랑고

$$h_w = 0.00077VF^{0.5}\,[m] \tag{5-20}$$

F는 대안거리(취송(吹送)거리), V는 수면 위 10m 지점에서의 10분간 평균풍속 m/s(일반적으로 20~30m/s)이다.

- 지진에 의한 파랑고

$$h_e = \frac{K\tau}{2\pi}\sqrt{gH}\,[m] \tag{5-21}$$

K는 설계진도, τ는 지진주기(일반적으로 1초), π는 원주율 3.14, g는 중력가속도 9.8m/s^2, H : 수심 m (댐은 상시만수위, 보는 기초지반까지)이다.

- 지진 시 관성력

$$I = KW\,[ton] \tag{5-22}$$

K는 설계진도, W는 비체의 중량 ton

- 온도하중

수문을 설치한 상태를 기준으로 하여 온도변화에 따라 수문이 신축하는 것을 말하며, 수문이 구속되어 있는 상태에서 온도 변화에 따른 신축을 고려하여야 한다.

일반적으로 무부하 상태에서 온도변화가 있어도 비체가 신축하는데, 하중을 받은 상태에서 비체의 온도가 변화할 경우에는 비체와 문틀에 지나친 온도하중이 작용할 수 있어 이러한 것이 예상될 경우에는 그 영향을 경감하는 대책을 강구하여야 한다.

- 진흙에 의한 압력(니압)

$$P_e = C_e\,\gamma_1\,d\,[ton/m^2] \tag{5-23}$$

$$\gamma_1 = \gamma - (1-v)\,\gamma_w \tag{5-24}$$

표 5-34 | 풍하중에 따른 형상계수

구분	형상계수	비고
평면 형상에 대하여	1.2	
트러스 형상 · 풍상측에 대하여	1.6	
트러스 형상 · 풍하측에 대하여	1.2	
원 통형상(1개)에 대하여	0.7	

C_e는 진흙에 의한 압력계수 0.4~0.6, d는 진흙면에서 접촉면 위 임의점까지의 깊이 m이다.

γ_1은 퇴적된 진흙의 비중량, γ는 진흙의 외관 비중량(일반적으로 1.53~1.84 ton/m^3), v는 퇴적된 진흙의 공극률 0.30~0.45, γ_w는 물의 비중량이다.

- 바람에 의한 하중(풍하중)

풍하중은 순 투영면적에 작용하는 풍압력 0.3 ton/m^2에 다음의 형상계수를 곱한 값으로 구할 수 있는데 수문의 형상계수를 〈표 5-34〉에 따라 적용할 수 있다.

- 설 하중(snow load)

수문을 설계할 경우 눈이 많이 오는 지역에서는 설 하중을 반드시 고려하여 설계를 하여야 하는데 눈의 비중량은 지역, 계절에 따라 큰 차이가 있지만 대략 비중량은 〈표 5-35〉를 고려하여 적용하여야 한다.

- 파압에 의한 하중

수문을 설치하여야 하는 위치가 바다에 접하고 있을 경우에는 반드시 수문 설계 시 파압을 고려하여야 하는데 파압을 구하는 공식은 (5-24), (5-25), (5-26)과 같다.

방조제 수문 등에서는 해일이나 만조에 따른 파압을 별도로 고려하는 경우도 있다.

$$P_1 = \frac{1}{2}(1+cos\alpha) \times \left[0.6 + \frac{1}{2}\left\{ 4\pi \frac{h}{L} \times sinh\left(4\pi \frac{h}{L} \right) \right\}^2 \right] \times \gamma_w \times H_D \quad (5\text{-}25)$$

표 5-35 | 설 하중

구분	[ton/m^2]	비고
방금 내린 눈	0.15	
내린지 약간 경과한 눈	0.30	
압축된 눈 또는 다량의 물이 포함된 눈	0.5~0.7	

$$P_2 = \frac{P_1}{cosh \times (2\pi h/L)} [ton/m^2] \tag{5-26}$$

$$\eta^* = 0.75\ (1 + cos\alpha)\ H_D\ [m] \tag{5-27}$$

P_1는 정수면에서 파압강도(ton/m^2), P_2는 수문이 놓이는 높이에서의 파압강도(ton/m^2), α는 수문면에 대한 수직선과 파의 입사방향 각, h는 수문면에서의 수심(m), γ_w는 물의 비중량(ton/m^2), H_D는 수문면에 대한 진행파로서의 파고(m), η^*는 정수면에서 파압강도가 0까지 높이(m)이다.

- 빙압

  댐의 입지조건이 동절기에 결빙이 되는 지역에서는 빙압을 반드시 설계에 반영하여야 한다. 빙압을 고려하지 않을 경우 빙압에 의해 수문의 손상이 발생할 수 있으므로 빙압에 의한 하중을 수문 설계에 반영하여야 안전한 시설이 될 수 있다.

- 태양의 폭사를 무시할 경우

  태양의 폭사를 무시할 경우에 수문이 받는 빙압은 [그림 5-36]과 같다.

- 태양의 폭사를 고려할 경우

  태양의 폭사를 고려할 경우에 수문이 받는 빙압은 [그림 5-37]과 같다. [그림 5-35, 5-36] 선정표에서 빙압에 따른 기온 상승률은 〈표 5-36〉과 같다.

- 지진 시의 동압

  수문은 댐이나 방조제의 중요한 시설물로써 설계할 경우 반드시 지진을 고려한 설계가 필요하며 지진의 조건에 따라 구분한다.

  일반 지진 시 작용하는 동압(Zanger의 실험식을 사용할 수 있다.)

$$P_d = C\ \gamma_w K\ H\ [ton/m^2] \tag{5-28}$$

표 5-36 | 빙압에 따른 기온 상승률

• ——— 저수지 양측이 자유 상태인 경우 양측 경사가 완만하여 얼음 가장자리가 미끄러져 올라가는 상태 • ------- 저수지 양측이 완전 구속인 경우 양측이 급경사로 부동 결빙인 상태	• 빙압 : 빙판의 제축방향 1m당 값 • A : 기온상승률 2.8 ℃/h • B : 기온상승률 5.6 ℃/h • C : 기온상승률 8.4 ℃/h

$$C=\frac{C_m}{2}\times\left\{\frac{h}{H}\times\left(2-\frac{h}{H}\right)+\sqrt{\frac{h}{H}\times\left(2-\frac{h}{H}\right)}\right\} \tag{5-29}$$

γ_w는 물의 비중량 ton/m^3, K는 설계진도, C_m은 $\theta-C_m$ 곡선도에서 구하고, H는 수면에서 기초 지반까지의 수심이고, h는 수면에서 동압이 작용하는 점까지 수심이다.

댐 등의 연직부분의 높이가 댐 등의 높이 1/2 이상인 경우는 상류면 전부를 연직으로 간주한다.

일반 지진 시 작용하는 동압을 Zanger의 실험식에 의해 구할 경우 C_m은 상수 값을 구하는 방법은 [그림 5-38] 그래프와 [그림 5-39] 그래프에서 h/H와 α 및 β곡선에서 그

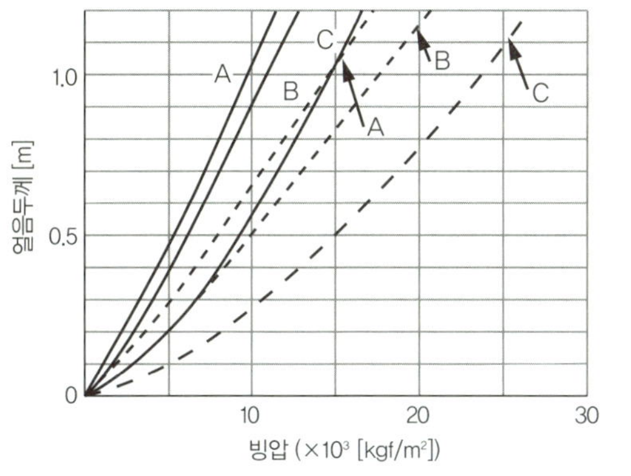

그림 5-36 얼음 두께에 따른 빙압 선정표 1

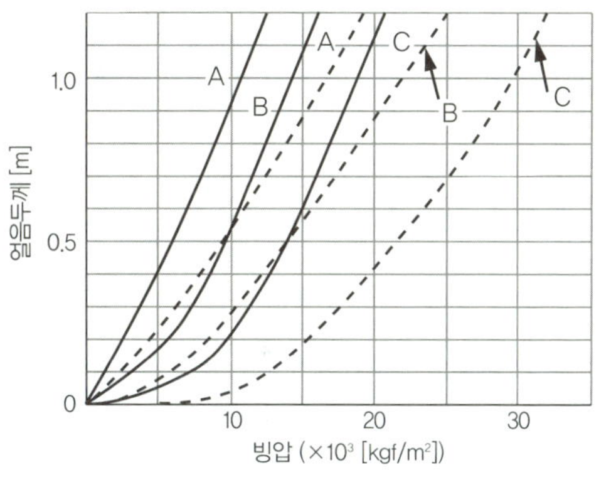

그림 5-37 얼음 두께에 따른 빙압 선정표 2

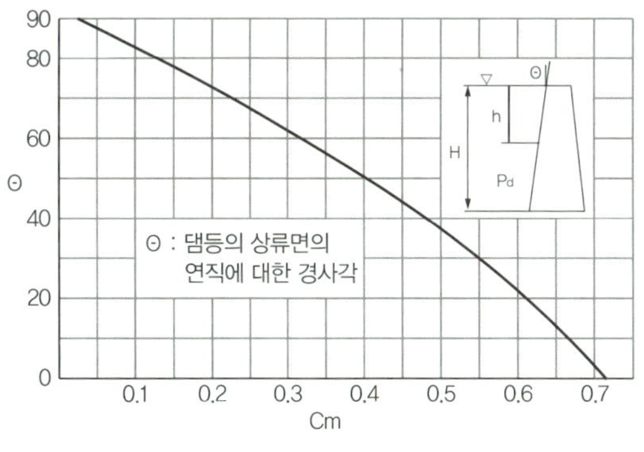

그림 5-38 $\theta-C_m$ 곡선

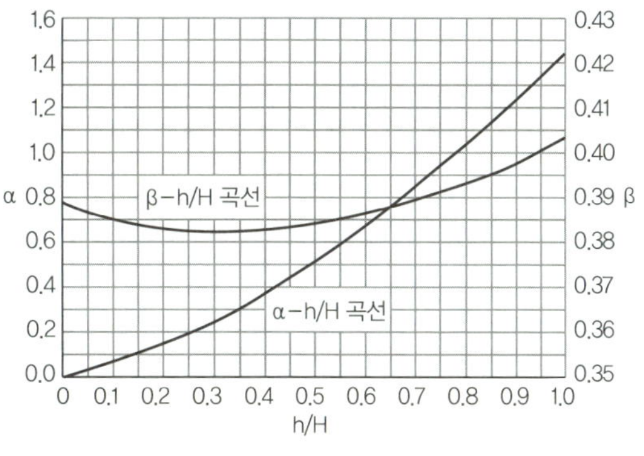

그림 5-39 Ch/H와 α 및 β곡선

표 5-37 | 댐의 형상이 경사면 및 연직 시 지진에 따른 동압

• 댐의 상류면이 경사면의 조합인 경우 $\Rightarrow P_d = \alpha \frac{C_m}{2} \gamma_w K H^2 sec\theta, \quad \Rightarrow H_d = \beta \; h$ (5-30)	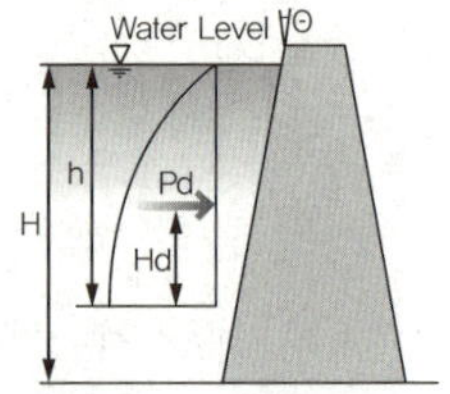
• 댐의 상류면이 연직에 가까운 경우 $\Rightarrow P_d = \frac{7}{12} \gamma_w K \sqrt{Hh^3}, \quad \Rightarrow H_d = 0.4 \; h$ (5-31)	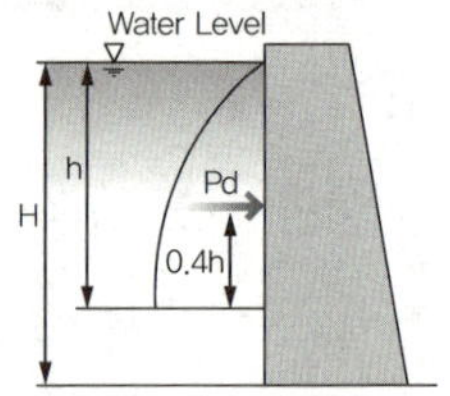

표 5-38 | 지진 종류에 따른 진도 선정표

댐 조건		중력식 콘크리트댐	ARCH식 콘크리트댐	ROCK FILL 댐	균일형 EARTH 댐
강진 지역	통상의 암반 기초	0.12~0.15	0.24~0.30	0.15	0.15~0.18
	풍화/파쇄가 현저한 암반 기초	0.15	–	0.15~0.18	0.20~0.22
	사역 기초/토질 기초	–	–	0.20	0.25
중진 지역	통상의 임반 기초	0.12	0.24	0.12~0.15	0.15
	풍화/파쇄가 현저한 암반 기초	0.15	–	0.15	0.18
	사역 기초/토질 기초	–	–	0.18	0.22
약진 지역	통상의 임반 기초	0.10~0.12	0.20~0.24	0.10~0.12	0.12
	풍화/파쇄가 현저한 암반 기초	0.12	–	0.12	0.15
	사역 기초/토질 기초	–	–	0.15	0.18

값을 구할 수 있다.

- 댐의 형상이 경사면 및 연직 시 지진에 따른 동압

  지진이 발생 시 댐의 형상에 따라 작용하는 수압이 다르게 나타나는데 〈표 5-37〉 및 식 (5-30), (5-31)으로 동압을 구할 수 있다.

- 지진 종류에 따른 진도 선정

  댐이 설치되는 지역이 강진, 중진, 약진 지역이냐에 따라 각종 댐의 설계에서 적용되는 진도는 달라지며 〈표 5-38〉에서와 같이 지진 종류에 따른 진도를 선정할 수 있다.

- 지진 종류 및 시설에 따른 진도 선정

표 5-39 | 지진 종류 및 시설에 따른 진도 선정표

구분	강진지역	중진지역	약진지역	구분	I종	II종	III종
보정계수ν_1	1.0	0.85	0.7	보정계수ν_{12}	0.8	1.0	1.2

표 5-40 | 종별 및 대상 지반에 따른 지진 특성치

종별	특성치 TG	대상 지반
I종	$T_G<0.2$	• 충적층 두께 25m 미만인 동시에 충적층 두께 2배와 홍적층 두께 합 10m 이하 지반
II종	$0.2\leq T_G<0.6$	• 충적층 두께 25m 미만인 동시에 충적층 두께 2배와 홍적층 두께 합 10m 초과 지반
III종	$0.6\leq T_G$	• 충적층 두께 25m 이상

지진이 발생하는 지역과 시설물의 중요도에 따른 종류에 따라 (5-32)식, 〈표 5-39〉, 〈표 5-40〉에 의해 진도를 구할 수 있다.

$$K=\nu_1\times\nu_2\times\nu_3\times K_o \tag{5-32}$$

ν_3는 중요도별 보정계수로 일반 1.0, 대규모 및 기타 특별 보정계수 1.25, K_o는 표준 설계 진도 0.2이다.

10) 허용응력의 보정

수문의 용도, 설계수위 등에 따라 설계 시 적용되는 허용응력은 달라지며 〈표 5-41〉에 따라 적용할 수 있다.

- 수문비의 용도에 따른 설계하중=설계수위×보정계수, ( )안의 수치는 설계 수심이 25m 미만의 경우에 대한 보정계수
- 설계수위는 댐 수문의 설계수위에 제시한 파랑을 더한 수위로 함

11) 수문이 설치되는 조건과 부식을 고려한 여유 두께

수문은 철제 구조물로서 설치되는 여건에 따라 담수와 해수를 직·간접적으로 접촉을 하게 되는데 수문 설계 시 수문이 설치되는 조건과 부식을 고려하여 반드시 여유 두께를 반영하여야 한다. 부식을 고려한 반영하여야 할 여유 두께는 〈표 5-42〉와 같다.

표 5-41 | 허용응력의 보정

<table>
<tr><th colspan="3" rowspan="2">수문의 용도</th><th rowspan="2">설계수위</th><th colspan="2">보정계수</th></tr>
<tr><th>지진 시 이외</th><th>지진 시</th></tr>
<tr><td rowspan="12">댐</td><td rowspan="3">홍수
조절용
방류설비</td><td>크레스트
수문</td><td>상시만수위 및 계획홍수위
설계홍수위</td><td>1.00
1.00</td><td>1.50
–</td></tr>
<tr><td>주 수문</td><td>상시만수위 및 계획홍수위
설계홍수위</td><td>0.90(1.00)
0.90(1.00)</td><td>1.35(1.50)
–</td></tr>
<tr><td>보조 수문 및
예비 수문</td><td>상시만수위
계획홍수위
설계홍수위</td><td>0.90(1.00)
1.15
–</td><td>1.35(1.50)
1.70
–</td></tr>
<tr><td rowspan="2">저수지
유지용
방류설비</td><td>주 수문</td><td>상시만수위 및 계획홍수위
설계홍수위</td><td>0.90(1.00)
0.90(1.00)</td><td>1.35(1.50)
–</td></tr>
<tr><td>보조 수문 및
예비 수문</td><td>상시만수위
계획홍수위
설계홍수위</td><td>0.90(1.00)
1.15
–</td><td>1.35(1.50)
1.70
–</td></tr>
<tr><td rowspan="2">저수방류설비
저수위
저하용
방류설비</td><td>주 수문</td><td>상시만수위 및 계획홍수위
설계홍수위</td><td>0.90(1.00)
0.90(1.00)</td><td>1.35(1.50)
–</td></tr>
<tr><td>보조 수문</td><td>상시만수위
계획홍수위
설계홍수위</td><td>0.90(1.00)
1.15
–</td><td>1.35(1.50)
1.70
–</td></tr>
<tr><td rowspan="2">저수방류설비</td><td rowspan="2">선택취수
수문</td><td>지진 시 동압으로 시안 또는
웨스트 가드 식을 이용한 경우</td><td>1.00</td><td>1.80</td></tr>
<tr><td>지진 시 동압으로 시안 또는 웨스트
가드 식을 이용하지 않은 경우</td><td>1.00</td><td>1.50</td></tr>
<tr><td rowspan="3">기타</td><td>수리용 수문</td><td>상시만수위
계획홍수위</td><td>1.15
1.15</td><td>1.70
1.70</td></tr>
<tr><td>선택 담수용
수문</td><td>시험 담수계획에 따른 최고 수위</td><td>1.15</td><td>1.70</td></tr>
<tr><td>가 배수로
폐쇄용 수문</td><td>본 폐쇄까지 시험 담수계획에 따른
최고 수위</td><td>1.15</td><td>1.70</td></tr>
<tr><td rowspan="3">하
천</td><td colspan="2">둑용 수문</td><td>수문 및 통문의 설계수위 참고</td><td>1.00</td><td>1.50</td></tr>
<tr><td colspan="2">수리, 통문용 수문</td><td>수문 및 통문의 설계수위 참고</td><td>1.00</td><td>1.50</td></tr>
<tr><td colspan="2">수리용 수문</td><td>공용 시의 최고 수위</td><td>1.50</td><td>1.80</td></tr>
</table>

표 5-42 | 수문 설치 조건 및 부식을 고려한 여유 두께

<table>
<tr><th rowspan="3">구분</th><th colspan="3">상시 물에 접하고 있음</th><th colspan="3">상시 물에 접하고 있지 않음</th></tr>
<tr><th colspan="2">스킨 플레이트</th><th>기타</th><th colspan="2">스킨 플레이트</th><th>기타</th></tr>
<tr><th>평면 접촉</th><th>양면 접촉</th><th>양면 접촉</th><th>평면 접촉</th><th>양면 접촉</th><th>양면 접촉</th></tr>
<tr><td>담수</td><td>1.0mm</td><td>2.0mm</td><td>2.0mm</td><td>0.5mm</td><td>1.0mm</td><td>1.0mm</td></tr>
<tr><td>해수</td><td>1.5mm</td><td>3.0mm</td><td>2.0mm</td><td>1.0mm</td><td>2.0mm</td><td>1.0mm</td></tr>
</table>

표 5-43 | 수문 규모에 대한 철판 최소 두께

구분	수문규모	철판 최소 두께	강재 설비기준
소형 수문	면적 $10m^2$ 이하	부식 여유를 포함하여 강판 $6mm$, 형강 $5mm$	여유 두께를 포함하여 문짝 $8mm$, 문틀 강판 $8mm$, 형강 $6mm$
중형 수문	면적 $10\sim50m^2$	부식 여유를 포함하여 강판 $8mm$, 형강 $6mm$	
대형 수문	면적 $50m^2$ 이상	–	

표 5-44 | 계획홍수량과 수문의 하단 높이

구분	1	2	3	4	5	6
계획홍수량 m^3/s	200 미만	200 이상 500 미만	500 이상 2,000 미만	2,000 이상 5,000 미만	2,000 이상 10,000 미만	10,000 이상
계회홍수위에 더한 값 m	0.6	0.8	1.0	1.2	1.5	2.0

표 5-45 | 세장비

구분	부재	세장비 mm	비고
압축재	주요 부재	120	
	2차 부재	150	
인장재	주요 부재	200	
	2차 부재	240	

12) 수문의 규모에 대한 철판 최소 두께

수문을 제작할 경우 수문의 규격에 따라 철판의 최소 두께를 가져야 한다. 강도상 문제가 없다고 너무 얇은 치수의 강제를 사용하면 제작이 매우 어려울뿐만 아니라 설치와 유지관리 시 많은 문제가 발생된다. 그러므로 〈표 5-43〉에서와 같이 철판의 최소 두께를 감안하여 설계를 하여야 한다.

13) 계획홍수량과 수문의 하단 높이

수문 하단의 높이는 계획 홍수량이 방류될 경우 수류에 영향이 발생됨으로 적절한 하단 높이를 가져야 하며 〈표 5-44〉와 같이 적용된다.

14) 세장비

구조계의 강성을 확보하기 위해 수문에 사용할 부재에 대해 세장비를 식 (5-33)로 구한다.

$$세장비 = l/r \tag{5-33}$$

l : 인장부재의 경우는 부재 길이, 압축부재의 경우는 유효좌굴길이, r : 부재 총단면의 최소 단면 2차 반경, 각 부재에 적용되는 세장비는 〈표 5-45〉와 같다.

15) 수문 수밀 형식에 따른 처짐 변형의 허용 변형도

수문은 많은 수압 및 하중을 받는 처짐 변형이 발생되는 구조물로서 필요한 강성, 동적 안전성, 조작시 안전성, 수밀성 등을 고려하여 처짐 변형 정도는 수문에 적합한 것으로 선정하며, 허용 변형도는 경간과 수밀 고무의 압착력을 고려하여야 하며, 변형 방지 및 수밀성이 확보되도록 결정되어야 한다. 수리용 수문의 허용 변형도에 있어서 각단의 변형도 차이를 최소화하여 수밀성이 확보되어야 하며 그 허용 변형도는 〈표 5-46〉과 같다.

16) 롤러 및 롤러 접촉면의 사용 강재의 종류와 경도의 조합

수문을 구동하려면 수문에 작용하는 하중을 최소화하여야 한다. 그래서 수문에 롤러를 부착하여 면접촉이 아닌 구름 접촉으로 하중을 최소화하는 것이 일반적인 방식이다. 수문에 사용되는 롤러는 일반적으로 롤러 접촉면에 사용되는 재질보다 일반적으로 경도가 낮은 재질을 사용한다. 그 이유는 수문에 부착되는 롤러는 교체가 가능하나 롤러가 접촉하는 면은 유지관리 시 교체나 보수가 어려우므로 강재의 선택에 주의를 요하며 그 선택 방법은 〈표 5-47〉과 같다.

17) 수문의 사용 재료

수문에 사용되는 재료는 일반적으로 〈표 5-48〉과 같다.

표 5-46 | 수문 수밀 형식에 따른 처짐 변형의 허용 변형도

수밀 형식	허용 변형도	비고
수문(고무수밀)	1/800	
저압 수문(금속 수밀)	1/1,000	
고압 수문(금속 수밀)	1/2,000	
셀 구조 롤러게이트	1/600(합성)	
개폐장치 가대	1/1,00	
수리용 게이트, 가 배수로 문비	1/600	
점검대 등 보재	1/600	

표 5-47 | 롤러 및 롤러 접촉면의 사용 강재의 종류와 경도의 조합

롤러에 사용할 강재										
강종	SC450	SC480	SCS13	STS304	SCS3	SCMn2B	SCMn3B	SCMnCr2B	SCMnCr3B	SSW−Q1S
표준 경도	130	150	140	150	170	190	200	190	210	250
조합 롤러 접촉면	① ②	① ②	① ②	① ②	③ ④ ⑤ ⑥	③ ④ ⑤ ⑥	③ ④ ⑤ ⑥	③ ④ ⑤ ⑥	④ ⑤ ⑥	④ ⑦

롤러 접촉면에 사용할 강재							
강종	① STS304	② STS316	③STS304N2	④ STS304N2계	⑤ STS329J1	⑥STS329J4L	⑦ STS410계
표준 경도	150	150	200	220, 250	220	230	270

표 5-48 | 수문의 사용 재료

명칭	규격번호	명칭	규격번호
일반 구조용 압연강재	KS D 3503	PC 강선 및 PC 강연선	KS D 7002
용접 구조용 압연강재	KS D 3515	기계구조용 탄소강재	KS D 3752
탄소강 주강품	KS D 4101	크롬 몰리브텐 강재	KS D 3711
용접 구조용 내후성 열간 압연강재	KS D 3529	구조용 고장력 탄소강 및 저합금강 주강품	KS D 4102
열간 압연 스테인리스 강판 및 강대	KS D 3705	배광용 ARC 용접 탄소강 강관	KS D 3583
냉간 압연 스테인리스 강판 및 강대	KS D 3698	배관용 용접대구경 스테인리스 강관	KS D 3588
스테인리스 클레드강	KS D 3693	스테인리스 강봉	KS D 3706
일반 구조용 탄소 강관	KS D 3566	용접 구조용 주강품	KS D 4106
압력 배관용 탄소 강관	KS D 3562	스테인리스강 주강품	KS D 4103
탄소강 단강품	KS D 3710	회주철품	KS D 4301
리벳용 원형강	KS D 3557	구상흑연 주철품	KS D 4302
철근 콘크리트용 봉강	KS D 3504	동 및 동합금의 판 및 조	KS D 5201
배관용 스테인리스 강관	KS D 3576	보통 레일	KS D 8106
PC 강봉	KS D 3505	기계구조용 탄소강관	KS D 3517

표 5-49 | 강재의 종류에 따른 판 두께에 의한 사용 범위

재료	판 두께	재료	판 두께	재료	판 두께
SM400A	32[mm] 까지	SM490B	40[mm] 까지	SMA400C	50[mm] 까지
SM400B	40[mm] 까지	SM490C	100[mm] 까지	SMA490A	16[mm] 까지
SM400C	100[mm] 까지	SMA400A	25[mm] 까지	SMA490B	40[mm] 까지
SM490A	25[mm] 까지	SMA400B	40[mm] 까지	SMA490C	50[mm] 까지

표 5-50 | 용접의 접합 효율

구분		공장용접	현장용접
맞대기 용접이음	방사선 검사를 한 경우	0.95(1.0)	0.90(0.95)
	방사선 검사를 안한 경우	0.85	0.80
필렛 용접이음		0.95	0.90

18) 강재의 종류에 따른 판 두께에 의한 사용 범위

수문에 사용되는 강재의 종류에 따른 판의 두께는 일반적으로 〈표 5-49〉와 같다.

19) 용접의 접합 효율

수문을 제작할 경우 공장에서 대부분의 용접이 이루어지나 운반이나 현장의 여건 때문에 불가피하게 현장에서 용접을 하여야 하는 경우가 빈번하게 발생된다. 그러므로 공장 및 현장에서 이루어지는 용접효율을 구분하여 적용하지 않으면 안된다. 용접의 효율 적용에 대한 규정은 일반적으로〈표 5-50〉과 같다.

20) 재료의 허용응력

수문 및 철강 제품은 한번 설치되면 일반적으로 일정한 하중을 받는 구조이므로 철재의 종류에 따라 허용응력이 규정되며 일반적으로 〈표 5-51〉과 같다.

21) 수문의 지수 방법에 대한 고려사항

수문에서 수밀을 유지하기 위하여 수밀부를 어떻게 계획 할 것인지는 매우 중요하다. 일반적으로 수문의 수밀은 고무 수밀과 금속 수밀 방식이 있으며 수밀 시 고려사항은 수밀부는 유수 및 유하물에 의한 손상을 받기 어려운 구조로 하며, 유해한 진동과 캐비테이션을 일으키지 않는 구조와 교환 및 조정을 쉽게 할 수 있는 구조로 계획하여야 하며, 수밀재는 수밀을 유지할 수 있는 적절한 형상 및 내구성을 가져야 한다.

① 고무수밀

일반적으로 고무와 스테인리스 강판으로 구성하며 쉽게 교체가 가능한 것으로 하여야 하며, 고무 설치 볼트 · 너트류는 일반적으로 스테인리스강으로 하고, 수압 또는 비체의 움직임과 변형에 대해 충분한 추수성을 갖도록 적절한 경도, 형상을 선택하여야 한다. 수밀부에 이용되는 고무는 흡수율이 적고 탄성이 풍부하고 내후성, 내구성, 강도

표 5-51 | 재료의 허용응력

구분		허용응력[kgf/cm^2]				
		축방향 인장응력	축방향 압축응력	휨응력	전단응력	지압응력
SS400 SWS400	두께≦40	1,200	1,200	1,200	700	1,800
	두께>40	1,104	1,104	1,104	644	1,656
SMA41	두께≦40	1,200	1,200	1,200	700	1,800
	두께>40	1,104	1,104	1,104	644	1,656
SWS490	두께≦40	1,600	1,600	1,600	900	2,400
	두께>40	1,504	1,504	1,504	846	2,256
SMA50	두께≦40	1,800	1,800	1,800	1,050	2,700
	두께>40	1,710	1,710	1,710	997	2,565
단강품	SF440A	1,150	1,150	1,150	650	1,750
주강품	SC450	1,150	1,150	1,150	650	1,750
	SC480	1,250	1,250	1,250	700	1,900
	SCW410	1,200	1,200	1,200	700	1,800
기계 구조용 탄소강	SM20C	1,200	1,200	1,200	700	1,800
	SM25C	1,350	1,350	1,350	800	2,050
	SM35C	1,550	1,550	1,550	900	2,350
	SM45C	1,750	1,750	1,750	1,000	2,650
탄소강 강관	SPW400	1,100	1,100	1,100	650	1,650
	SPPS38	1,100	1,100	1,100	650	1,650
스테인리스	STS304	1,000	1,000	1,000	600	1,500
	STS304L	900	900	900	500	1,350
	SCS13	900	900	900	500	1,350
	STS403	1,950	1,950	1,950	1,150	2,900

등의 특성을 겸비한 것이 필요하며, 고무에는 합성고무(클 로로플렌계)와 천연고무가 있는데 합성고무는 내후성, 내유성면에서 뛰어나며 게이트의 수밀 고무로 널리 채용되고 있으며, 천연고무는 특히 강도, 내마모성이 뛰어나고 고압 게이트 등의 수밀 고무로 주로 사용된다. 수밀 고무의 형상은 P형, 케이숀형, Y형, L형, 평형 등이 있고 각각 비체 형식 및 설계 수압에 의해 적절하게 선정하여야 한다. 설계 수심이 $25m$ 이상인 고압 게이트 등은 완전 폐쇄 시 확실한 지수 및 미세 열림으로도 장시간 방류조작에도 수밀 고무가 손상하지 않는 구조로 하여야 하며, 지수 고무를 지지하는 압판의 재료 및 설치 볼트는 원칙적으로 스테인리스강으로 하고 볼트의 설치 간격은 일반적으로 약 $10cm$

표 5-52 | 수밀 고무의 기준치

항목	인장강도	경도(듀로메타)	흡수율	파단 시의 신장	비중
수치	14.7 N/mm^2	40°~80°	5% 이하	300% 이상	1.1~1.4

표 5-53 | 수밀 고무의 형상별 특성

구분	P형	케이숀형	Y형	L형	평형
설치 형상	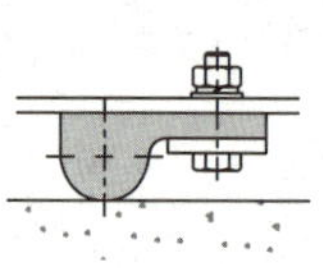	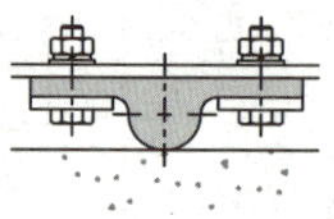	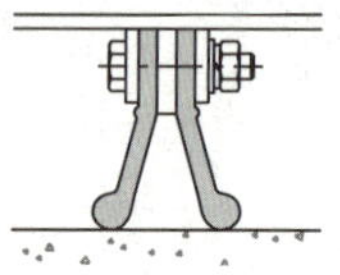	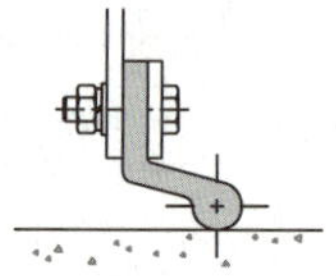	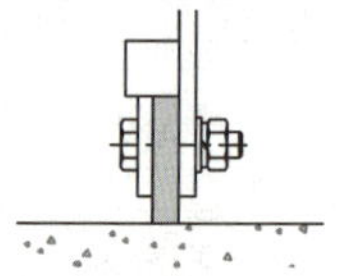
사용 부분	측부 및 상부	사방	측부	측부	저부
적용 수심	저압~고압	고압	저압	저압	저압~고압
경도 (듀로메타)	50°~70°	50°~70°	50°~60°	50°~60°	50°~60°
특징	• 4방 수밀 게이트에 일반적으로 사용 • 측·상부, 저·고압 등 사용 범위 넓음	• 고 수압 게이트에 적절하고 고무 배면에 압력수를 주입	• 양면 수밀을 요하는 저 수압 게이트에 사용	• 저 수압의 언·수문 등 및 래디얼 게이트 등의 측부 수밀용	• 저압에서 고압의 저부 수밀 고무에 적합

정도로 하며 수밀 고무의 기준치는 〈표 5-52〉, 형상별 특성은 〈표 5-53〉, 재질별 특성은 〈표 5-54〉와 같다.

② 금속 수밀

일반적으로 금속 수밀은 청수에서 주로 사용하며, 사용 재질은 동합금과 스테인리스 등으로 구성한다. 이종 금속을 주로 사용함으로 접촉 부식에 주의하는 동시에 제작 및 설치 정밀도에 관해서는 충분한 정밀도 관리가 필요하다.

22) 방식

방식방법은 수질의 종류, 사용 재료의 종류, 설치목적, 사용환경, 방식의 규모, 유지관리 체제, 경관 등을 고려하여 피복에 의한 방식, 내식성 재료 및 이들과 도장 및 전기방식의 복합방식 등을 충분히 검토하여 최적의 방법을 선정하여야 한다. 최근 외국으로부터 여러 가지 방법이 도입되거나, 새로운 방식방법이 많이 개발되고 있으나 방식 성능을 충분히 검증한 후 적용하는 것이 중요하다.

표 5-54 | 수밀 고무 재질별 특성

구분			클로로프렌 고무 (CR)	천연 고무 (NR)	부타디엔 고무 (BR)	니트릴 고무 (NBR)	에틸렌 프로피렌 고무(EPDM)	클로로 술폰화 폴리에틸렌 고무(CSM)	플르오르 고무 (FPM)	실리콘 고무 (Q)
배합 고무의 물리적 성질 및 특징	순고무 비중		1.15~1.25	0.92	0.91~0.92	1.00~1.20	0.85~0.87	1.11~1.18	1.80~1.82	0.95~0.98
	경도(쇼아A)		40~90	30~90	40-90	40-90	40-90	50-90	60-90	25-80
	인장강도 kg/cm^2		60~250	70~280	50-230	50-250	50-200	70-200	70-150	30-110
	사용 온도	최고	100℃	60℃	90℃	100℃	140℃	130℃	200℃	250℃
		최저	-30℃	-40℃	-45℃	-25℃	-40℃	-25℃	-25℃	-95℃
	반발탄성		A	A	A	A	B	B	C	A
	내마모성		B	B	A	A	C	A	B	C
	내굴곡균열성		B	A	C	B	B	B	B	B
	내오존성		B	D	D	D	A	A	A	A
	내압축영구줄음율		B	B	B	B	B	C	B	B
	내가스투과성		B	C	C	B	C	B	B	D
내유 및 내용제성	내염성		B	D	D	D	D	B	A	C
	윤활유		B	D	D	A	D	B	A	B
	휘발유		C	D	D	B	D	C	A	D
	방향족 탄화수소		D	D	D	D	D	D	B	D
	염소용제		D	D	D	D	D	D	A	D
	알코올		A	A	A	A	A	A	B	C
내산 및 내알칼리성	계톤		C	B	B	D	A	C	D	C
	물		A	A	A	A	A	A	A	A
	묽은산		A	B	B	B	A	A	A	B
	진한산		–	–	–	–	B	B	A	D
	알칼리		A	B	B	B	A	A	C	B

수문은 철제로 제작되는 관계로 수문이 설치되는 환경, 용도, 규모 등 여러 가지 조건들을 감안하여 방식 설계를 하여야 하며 검토조건은 〈표 5-55〉와 같다.

① 방식방법의 종류

방식의 방법에는 피복에 의한 방식, 내식성 재료를 사용하는 방법과 두 가지 방법을 복합적으로 사용하는 방법이 있으며 내용은 〈표 5-56〉과 같다.

② 방식방법 선정기준

방식방법의 선정 기준은 시설이 설치되는 여건에 따라 〈표 5-57〉과 같이 선정할 수 있다.

표 5-55 | 방식설계에 있어서의 검토조건

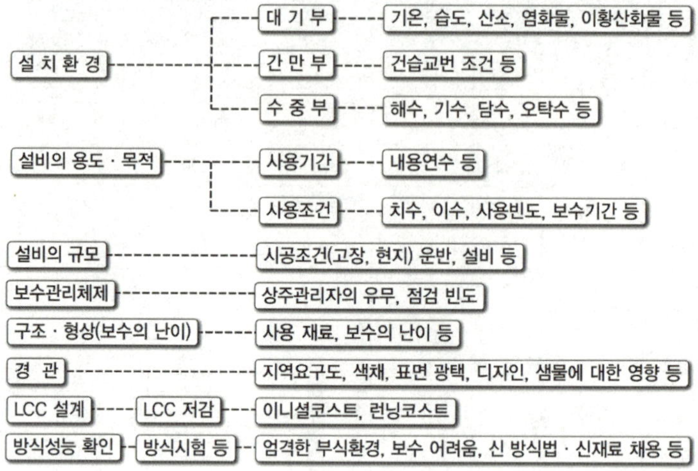

표 5-56 | 방식방법의 종류

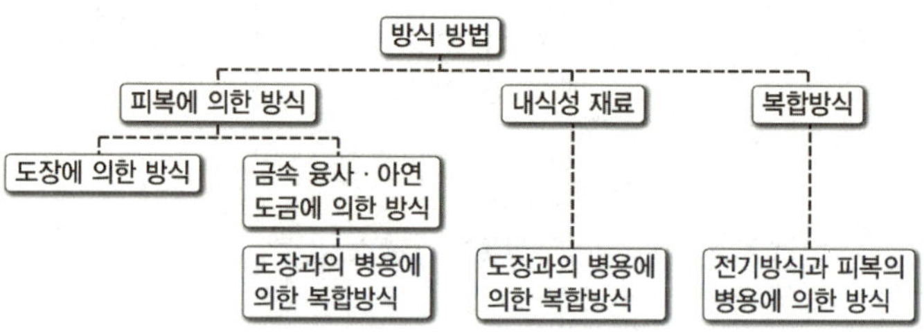

③ 방식방법 비교

방식의 방법에는 여러 종류가 있는데 설치장소에 적합하게 방식방법을 적용하여야 하는바, 방식방법의 특성 비교는 〈표 5-58〉과 같다.

23) 스테인리스 재질 사용 시 고려사항

수중에서 사용되는 재료들은 필수적으로 부식을 수반하게 된다. 부식을 방지하기 위하여 스테인리스 재질을 사용하게 되는데 사용 장소나 조건 등에 따라 적절한 재질을 선택하여야 한다. 또한, 스테인리스 재질의 재료를 선택하더라도 이종 재료와 복합적으로 사용될 경우에는 각 재질 간의 전위차에 의한 부식으로 방식 자재를 사용한 효과를 보지 못하는 경우가 발생됨으로 스테인리스 재료를 사용 시 고려사항은 〈표 5-59〉와 같다.

표 5-57 | 방식방법 선정기준

구분		수중부	간만부	대기부	적용 예
도장에 의한 방식		○	○	○	다수 채용
금속 용사에 의한 방식		×	×	○	조작반, 개폐장치 가대
용융 아연도금에 의한 방식		×	×	○	관리교, 개폐장치 가대
내식성 재료		○	○	○	문틀, 방류관, 비체
복합 방식	도장 · 금속 용사 · 아연도금	×	×	○	난간, 계단
	도장과 전기방식	○	△	×	하구 언 게이트 비체
	도장과 내식성 재료	○	○	○	채색, 이종 금속 부식방지

표 5-58 | 방식방법 비교

구분	내구성	시공성	미관	특징
도장에 의한 방식	△	○	○	용도에 따라 도장재를 선택할 수 있음
금속 용사에 의한 방식	△	△	△	복잡한 구조에는 적합하지 않음
용융 아연도금에 의한 방식	△	△	×	열변형을 받음
전기방식	○	○	×	유전양극 및 외부전원 방식이 있음
내식성 재료	○	△	△	내식성은 있으나 고가임
복합방식	○	△	○	용사와 도장, 도금과 도장의 병용 등

표 5-59 | 스테인리스 재질 사용 시 고려사항

구분	고려사항
재질별 사용장소	• 담수역 ⇨ STS304, STS304L • 해수역 ⇨ STS316L, STS329J1L, STS329J4L
이종 금속 접촉 부식방지	• 사용하는 금속재료의 자연 전위차를 0으로 하고 전기저항을 크게 함
부동태 피막 파괴방지	• 표면은 염분 입자 · 철가루 등의 부착 및 상처가 생기지 않도록 시트, 보호 피막 등으로 덮음
틈간 부식방지	• 설계 시부터 구조적으로 배려하고 틈이 생기지 않는 구조로 채용
입계(粒界) 부식방지	• 입열량이 적은 용접법의 채용 및 저탄소강 채용 등의 설계 · 시공 시 검토, 관리 필요
미생물 부식방지	• 미생물은 급격한 부식을 촉진시키므로 정기적으로 고압수 등으로 씻어냄

24) 도장재료 선정

수중에 사용되는 재료를 부식으로부터 보호하기 위하여 방식 재료를 사용하나 사용 조건의 한계성 및 재료비의 고가 등으로 부득이하게 방식 재료를 사용할 수 없을 경우가 많이 발

표 5-60 | 도장재료 선정

구분		용제형 에폭시계	특수 무용제 에폭시계	폴리우레아계	세라믹계	금속혼합물계
도료 성분		폴리아마이드 에폭시 수지를 사용한 일반 에폭시 도료	고밀도 MODIFIED 특수에폭시수지에 방청 안료를 혼합한 도료	속건형의 PURE 폴리우레아	에폭시수지에 세라믹 안료를 혼합한 도료	에폭시수지에 금속 안료를 혼합한 도료
도장시스템	1'st	DHDC-0696HB	DHDC-7500P	Proteck Primer	AM-C-IG	CRS-PMS1
	2'nd	DHDC-3670	DHDC-7500	Proteck NP-200	AM-C-TG	CRS-SM
	3'rd	DHDC-3670	DHDC-7500	Proteck 300	-	CRS-ST1
	도막두께	500[μm]	500[μm]	1000[μm]	300[μm]	500[μm]
	도장횟수	3회	3회	3회	2회	3회
도막물성	부착강도	64.5[Kgf/cm^2]	124[Kgf/cm^2]	119[Kgf/cm^2]	222[Kgf/cm^2]	104[Kgf/cm^2]
	내충격성	이상 없음	이상 없음	이상 없음	이상 없음	이상 없음
	내마모성	자료 없음	41[mg]	4[mg]	자료 없음	79[mg]
	신장율	-	-	150 ± 50(%)	-	-
	온도반복	이상 없음	이상 없음	이상 없음	이상 없음	이상 없음
	내염수분무	기준 미달	4,000시간	이상없음	4,000시간	자료 없음
	내산성	기준 미달	이상 없음	이상 없음	이상 없음	자료 없음
	내알카리성	기준 미달	이상 없음	이상 없음	이상 없음	자료 없음
시공특성	가사시간	12시간	1시간	10분	1시간	12시간
	건조시간	24시간	12시간	5분	24시간	12시간
	흐름성	-	600[μm] 이상	600[μm] 이상	200[μm] 이상	200[μm] 이상
	도장방법	에어리스스프레이	에어리스스프레이	우레아전용스프레이	에어리스스프레이	에어리스스프레이
	불휘발분	~70[%]	99[%]	99[%]	99[%]	~70[%]
	용제함유	용제형	무용제형	무용제형	무용제형	용제형
	재도장성	우수	양호	불량	양호	양호
	보수작업성	우수	양호	보통	양호	양호
내구년한		10~20년	20년~46년	20년 이상	20~46년	20년 이상
특징		• 시공 단순하여 사용 범위 넓음 • 국내외 실적이 많아 신뢰성 우수 • 유지관리가 간단하고 파손 시 재도장이 용이 • 내구연한 짧음 • 보수 시 수중작업 불가 • 충격에 약함 • 해양생태계 훼손 우려	• 내수성, 방식성 등 우수 • 초기 도장비 경제적임 • 무용제형으로 환경친화적 • 해중 동식물류의 부착이 적음 • 후막형 도료로 시공 간소화 • 2액형 에어리스 도장기를 이용한 시공 필요	• 내수성, 방식성 등 우수 • 초속경화형으로 건조속도 빨라서 시공기간 단축 • 무용제형으로 환경친화적 • 충격 및 스크래치 강함 • 도장 파손 시 재도장이 곤란 • 도장비 고가 • 전용 도장기 사용	• 수중 보수 가능 • 어패류 침식 강함 • 충격성, 방식성, 내구성 등 우수 • 무용제형으로 환경친화적 • 건설신기술 273호 • 0℃ 이하에서 시공 시 예열 필요 • 도장비 고가 • 2액형 에어리스 도장기를 이용한 시공 필요	• 콘크리트 구조물 표면처리제로서 중화방지용 및 훼손된 콘크리트 단면 복구하거나 충진용으로 양호 • 건설신기술 345호 • 해상구조물 시공사례 없음 • 콘크리트 중성화 방지용으로 해상구조물 적용 미흡함

생된다. 이런 경우에는 사용되는 재료의 방식을 위해서나 미관 등 여러 가지 조건에 의해 적절한 도료를 선택하여 소기의 목적을 달성할 수 있다. 사용되는 도장 재료로는 담수와 해수를 구분하여 사용되어야 하며 각 여건에 따라 도장 재료를 선택하는 것은 매우 중요하며 도장 재료를 선정하는 방법은 일반적으로 〈표 5-60〉과 같다.

5.4.6 전기, 계측 설비 설계

수력발전의 전기설비는 댐으로부터 용수를 하류로 방류 시 발생하는 중력에너지를 수차와 발전기를 이용하여 전기에너지를 생산하는 시설로 정부기관에서 직접 사업을 시행하는 대수력과 정부 및 일반인들이 생산하는 소수력으로 구분되며, 대수력의 경우에는 국가 중요 시설로서 산업통상자원부 산하 공기업들이 전력설비의 건설 및 공급 및 유지관리를 하며, 일반인들이 정부로부터 전력발전사업 인가를 받아 전력을 생산하는 소수력의 경우에는 생산된 전력은 한국전력공사의 배전망을 이용하여 전력거래소에 판매함으로서 사업의 경제성을 확보한다. 청정에너지의 개발로 지구온난화로 인한 기후변화에 대응하며 청정개발체계(CDM)사업으로 수익성을 제고하고자 하는 시설로 수력발전을 위한 주요 전기설비 구성은 소수력발전시설을 기준으로 송전 계통연계, 송변전설비, 동력제어설비, 조명 및 전열설비, 비상전원설비, 정보통신설비, 감시 제어설비, 계측설비, 방재설비, 소방설비 등으로 구성된다.

(1) 송전 계통연계

1) 한전계통 연계 기준

한국전력공사 전력거래약관, 분산형 전원배전계통 연계 기술기준, 송전용 전기설비 이용규정에 의하면 계통에 연계할 수 있는 용량별 송전방식은 다음과 같다.

① 저압 한전계통 연계

연계용량 20kW 이하의 분산형 전원은 접속설비를 저압 일반선로로 할 수 있으나, 연계용량이 20kW를 초과하고 100kW 미만인 경우에는 접속설비를 저압 전용 선로로 함을 원칙으로 한다. 다만, 연계용량 100kW 미만인 경우라도 분산형 전원 설치자가 희망하고 한전이 이를 타당하다고 인정하는 경우에는 특고압 한전계통에 연계할 수 있다.

표 5-61 | 국내 분산형 전원 연계방식

발전설비 용량		연계전압 및 송전선로	비고
20kW 초과	100kW 미만	저압 전용 배전선로에 연계	
100kW 이상	3,000kW 이하	인근 한전 22.9kV 배전선로에 연계	
3,000kW 초과	20,000kW 이하	인근 변전소까지 22.9kV 전용선로로 연계	
10,000kW 초과	20,000kW 미만	대용량 배전방식에 의한 전용선로로 연계	
20,000kW 이상	400,000kW 이하	인근 변전소까지 154kV 송전선로로 연계	

② 특고압 한전계통 연계

한전계통 변전소 주 변압기의 분산형 전원 연계 가능 용량에 여유가 있을 경우, 연계용량 100kW 이상 3,000kW 이하의 분산형 전원은 접속설비를 특고압 일반선로로 할 수 있으며 연계용량이 3,000kW를 초과하고 20,000kW 미만인 경우에는 접속 설비를 특고압 전용선로로 할 수 있으나, 연계용량이 10,000kW 초과 20,000kW 미만인 경우에는 접속설비를 대용량 배전방식에 의한 전용선로로 함을 원칙으로 한다.

특고압 배전선로 연계 가능용량은 다음 〈표 5-61〉과 같다.

2) 계통 동기 병입

분산형 전원 발전설비를 계통에 연계하고자 할 경우에는 기술적인 제반조건이 충족되어야 한다. 분산형 전원 발전설비는 연계하고자 하는 지점의 계통전압이 발전용량별로 기준 이상 변동되지 않도록 계통에 연계하여야 한다. 분산형 전원 발전설비의 계통연계 병렬장치를 투입하는 순간 분산형 전원 발전설비와 연계하고자 하는 계통 사이의 주요 제한 변수가 〈표 5-62〉 값 이하여야 하며, 만일 주요 3개의 제한 변수 중 어느 하나라도 표의 값을 초과하면 분산형 전원 발전설비의 계통 병렬 장치를 투입하여서는 안 된다.

3) 한전계통 보호 및 발전기 보호

발전기 보호는 'IEEE STD 1020, Guide for control of small hydroelectric power plants, 6. protection'에 따라 설계하고 송전선로 보호는 한전의 '발전기 병렬운전 연계선로 보호업무' 규정에 따라 설계함으로써 발전설비, 변전설비, 소내 공급장치 및 송전선로가 충분히 보호되도록 계획하여야 한다.

표 5-62 | 국내 분산형 전원 발전설비 연계조건

발전용량 (kVA)	주파수 차 (f Hz)	전압 차 (V%)	위상각 차 (Φ°)	상시전압 % (10분 평균값)	순간전압 % (2초 이하)
0~500	0.3	10	20	2	2
500~1,500	0.2	5	15		
1,500~10,000	0.1	3	10		

4) 단독운전 방지 계획

단독운전 방지를 위해 계통측 계전기(67, 51, 32Q, 32P, 67G, 27,59, 81, 87) 및 발전기측 계전기(87, 51, 59, 40, 91P, 64, 64E, 12, 68QS, 68QL)를 설치함으로서 발전기 단독운전을 방지 할 수 있도록 보호대책을 수립한다.

(2) 송 · 변전설비

1) 송전설비

발전소의 송 · 변전설비는 발전기를 통해 생산된 발전 전력을 변압기로 승압하여 한국전력의 배전망에 연계하여 전력을 공급하는 발전설비로서 본 내용에서는 송전방식 22.9kV-Y, 연계용량 100kW 초과 10,000kW 이하 배전선로 접속설비에 관련해 기술한다.

2) 변전설비

① 변전소 형식은 입지조건에 따라 변전설비의 형식은 다음과 같다.

- 옥내형

  충전부가 노출되지 않아 감전 및 화재에 대한 위험이 없으며 먼지, 부식성 가스, 기후 및 낙뢰의 영향을 받지 않고 보수점검이 쉬우며 신뢰성이 높다.

- 옥외 철구형

  변압기 개폐장치 등 주 기기를 옥외에 설치하고 철구에 애자를 부착 후 알루미늄 튜브, 전선, 케이블 등을 사용하여 모선을 구성, 기기를 연결하고 공기에 의해 절연하는 방식의 변전소로 소요 용지 면적이 옥내형보다 많이 필요하나 공사비가 저렴하다.

② 변전소 위치

변전소의 위치는 수력발전소 건물의 경제성 및 운영 측면을 고려하여 변전소을 설치

표 5-63 | 주 변압기 형식 비교

항목	유입 변압기	몰드 변압기
제작 가능 용량	• $10,000kVA$ 이상	• $10,000kVA$ 이하
특징	• 사용실적이 많고 다양한 계통에서 널리 사용되고 있음.	• 내화성, 신뢰성 우수 • 부하 및 무부하 손실 감소
안전성	• 가연성, 폭발의 가능성 및 오일누유의 우려가 있음.	• 불연성, 비폭발성이므로 안전
소음 및 기타	• 소음이 크고 발열량이 크다.	• 소음 및 발열량이 적음.
경제성	• 저가	• 고가

하고 홍수위 보다 높게 배치하여 침수되지 않도록 계획한다.

③ 변전소 장비 배치계획

- 효율적 유지관리, 시설보수, 점검 동선을 고려한 배치
- 감시 제어가 용이한 전자화 배전반 적용
- 장래 시설 변경 및 증설 대비 배치
- 전원 인입 시 시공성을 고려한 배치

④ 주 변압기 대수의 결정

수력발전설비의 주 변압기 대수의 결정은 주로 전력계통 설비의 중요도와 수차 발전기의 설치 대수에 따라 결정된다. 대체로 수력발전소에서는 그 수차 발전기의 설치 대수가 1~3대인 경우에는 하나의 주 변압기를 채택하는 것이 일반적인 사례이나 해당 발전소가 중요 부하를 담당하고 있는 경우에는 주 변압기의 고장에 따른 영향을 최소화하기 위해 초기 투자비 상승을 감수하면서 두 대의 변압기를 채용할 수도 있다.

⑤ 주 변압기 형식 비교

주 변압기 형식으로는 몰드형과 유입형이 사용되고 있는데 〈표 5-63〉과 같은 특성을 가지고 있음으로 현장에 맞게 선정하여 적용하여야 한다.

⑥ 발전소 내부 변전설비

대체에너지 발전을 위해 소요되는 발전소 내부 소비전력은 자체 발전량을 우선 사용 규정(산업통상자원부 제2009-230호)에 의거 별도의 발전소 내부에 변압기를 설치하여 저압으로 변압하여 발전소 내부 저압 부하인 발전기 부대설비, 펌프, 조명 및 기타 제어 전원으로 사용하고 수력발전 정지 시 한전에 저압 전기를 수용신청하여 공급하도록 계획하는 것이 적정하다.

⑦ 배전반 형식

배전반의 형식은 안정성, 신뢰성, 유지관리성을 고려하여 계측치의 정밀도가 우수하고, 보호장치의 신뢰성이 우수한 디지털 전자화 배전반으로 선정하는 것이 적정하다.

(3) 동력설비

발전소 내 저압 부하인 발전기 부대설비, 펌프, 조명 및 기타 제어 전원을 사용하기 위해 필요한 동력설비를 계획하여야 하는데 기준은 다음과 같다.

1) 동력제어설비

전동기 용량, 운전특성을 고려한 기동방식 선정 및 보호계전기 계통을 구성하며 전동기 제어반, 현장 조작반을 기동방식과 현장 여건에 맞추어 설치하는데 〈표 5-64〉의 내용을 참조하여 구성한다.

2) 배관 및 배선설비

① 전선로는 케이블 트레이 및 케이블 트렌치로 계획한다. 구조물에 매입하는 배관은 아연도전선관을 사용하여 매입 및 노출 시공을 구분 적용하고 다량의 케이블을 포설하는 경우에는 조립식 규격품인 케이블 트레이(cable tray)를 사용한다. 또한 케이블 트레이는 케이블의 1열 배열이 가능하도록 충분한 단면적의 케이블 트레이를 선정하고 전기

표 5-64 | 전동기 제어반 형식 및 기동방식

항목	전동기 제어반		현장 조작반(LOP)	전동기 기동방식
구성도	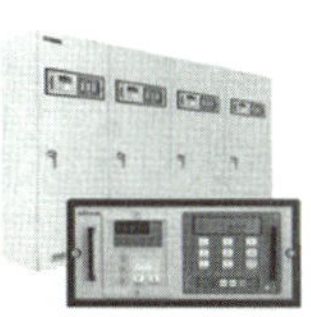	 		• 소용량 전동기(11kW 미만) ⇨ 직입기동 • 중용량 전동기(15kW 이상) ⇨ Y−Δ기동 • 기동이 빈번한 전동기 (30kW 이상) ⇨ Soft Starter기동
내용	• 저압반에 전동기 제어설비 내장 • 차단기, 전자접촉기, 디지털 보호계전기, 표시등 및 부수 제어장치 설치		• 기계설비 현장 설치 • 부식방지를 위한 STS 재질 사용	

실 바닥면은 케이블 트렌치로 구성하는 것이 바람직하다.

- 콘크리트 매입 : Steel 전선관(동력), HI PVC 전선관(조명, 전열, 소방)
- 콘크리트 노출 : Steel 전선관
- 기타 : 바닥 케이블 트렌치 및 케이블 트레이

② 한전 병입 간선 및 분기회로에 사용하는 전선의 종별과 규격은 다음과 같다.

- 22.9kV 선로 : 22.9kV FR-CNCO-W Cable
- 3.3kV 동력간선 : 6/10kV F-CV Cable
- 600V 동력간선 : 0.6/1kV F-CV Cable
- 제어회로 선로 : F-CVV, F-CVV-S
- 전등 및 전열회로 : 600V HIV 전선
- 방재설비 : 600V FR-3, FR-8, HIV 전선

(4) 조명 및 전열설비

조명 및 전열설비는 분전반을 설치하여 전원을 공급하는 시스템으로서 전원은 220V 단상으로 공급받아 사용하는 것으로 계획한다.

1) 조명설비 설계기준

각 실별 조명설비는 각각의 기능에 적합한 조도를 유지하도록 하여 작업에 지장을 주지 않도록 형광등, 나트륨등 및 메탈할라이드 등으로 계획하며 기준조도는 전기전자통신공사 설계기준의 기준조도 및 KSA 3011을 기준으로 계획하며 〈표 5-65〉에서와 같이 조도기준에 따른 등기구를 선정할 수 있다.

2) 조명시설 에너지 절감 방안

사용되는 조명시설을 초절전 재료를 사용하거나 수명이 긴 재료를 사용함으로써 에너지 절감에 크게 기여할 수 있으며 그 방안으로는 〈표 5-66〉과 같다.

3) 전열설비

콘센트의 사용목적(전열기구, 유지보수)을 고려하여 다음과 같이 계획한다.

- 설치높이는 지상 바닥에서 0.3m, 지하 바닥에서 0.5m 위치에 설치한다.

표 5-65 | 조도기준 및 등기구 선정

구분	기준조도 Lx	일반적 설계조도 Lx	등기구 설치 방법
전기실	150~300	300	천장 매입 또는 노출
기계실	150~300	300	천장 및 벽면 노출
사무실	300~600	500	천장 매입

표 5-66 | 조명시설 에너지 절감 방안

초절전 29W 형광램프	장수명 무전극 램프	옥외조명 제어반	재실 감지센서
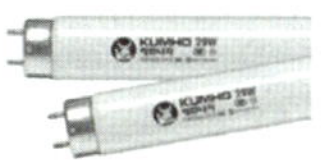		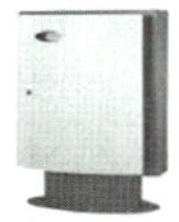	
• 광효율 최대(109lm/W) • 절전효과 우수 • 편안한 근무 환경 조성	• 고효율, 장수명 • 저수은 함유, 순간 점등 • 수차 발전기실 설치	• 자동 점멸장치 내장 • 제어실 조명제어와 연동 • 침수 시 전원 자동 차단	• 인체 감지 자동 점 · 소등 • 사무실, 휴게실 등 • 에너지 절감효과 우수

- 휀 등 특수목적에 사용할 때는 적정 높이에 설치한다.
- 전등회로와 콘센트 회로는 분리하고 15A 분기회로의 콘센트 수는 10개 이하로 한다.
- 전열기 등 특수 부하용 콘센트는 용량에 적합하도록 회로로 구성한다.

(5) 비상전원설비

1) 직류전원공급장치

직류전원공급장치는 변전설비 및 발전기 운전반의 제어용 전원 및 비상조명용으로 사용하고, 일반적으로 직류전원공급반(충전기)과 밧데리반(축전지)은 분리하여 2개의 배전반으로 구성하여 유지관리가 용이하도록 계획하여야 하며 시방은 〈표 5-67〉과 같다.

① 충전기 용량산정 계산식(부동충전 방식)

$$충전기\ 용량=\frac{C\times 1.1}{T}+I[A] \tag{5-34}$$

C는 총 방전시간에서 계산된 축전지 용량(Ah), I는 연속 방전전류 A, T는 재충전시간(hr), 1.1은 충전 효율계수이다.

표 5-67 | 직류전원공급장치 시방(예시)

구분	항목	시방	구성도	비고
충전기	정류방식	사이리스터 정류방식	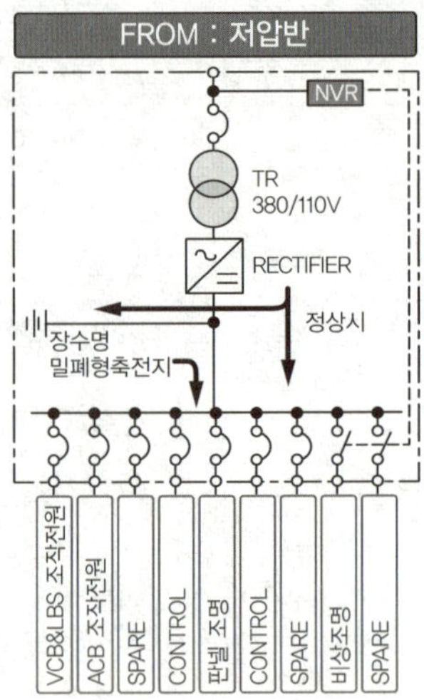	
	출력특성	0~10% 출력시 Ripple 2%이내		
	입력전압	AC 3상 380 V ±10%		
	출력전압	DC 110V ±1%		
축전지	형식	무보수 밀폐형 연축전지		
	수량	9[Cells]		
	공칭전압	$2V \times 6EA$/Cell		
	종지전압	$1.8V \times 6EA$/Cell		
	사용정격	100% 연속사용		
	출력전압	단상 110V ±1%		
	방전시간	30분 (전부하 운전시)		

② 축전기 용량산정 계산식

$$\text{축전지 용량 } C = \frac{1}{L} K_1 I_1 + K_2(I_2 - I_1) + K_3(I_3 - I_2) + \cdots + K_n(I_n - I_{n-1}) \quad (5\text{-}35)$$

L은 유지 보수율(0.8 적용), K는 용량 환산시간계수, I는 방전전류이다.

2) 무정전 전원공급장치

무정전 전원공급장치는 계통전원 점검, 순간 정전, 전압의 변동, 파형의 이상, 주파수 변동에 의해 중대한 지장을 받는 설비와 제어용 계측제어설비, 전력계통 감시설비 등에 전원을 공급하기 위하여 설치하며, 안정적인 운용을 위하여 인버터 및 by-pass회로로 구성하며 시방은 〈표 5-68〉과 같다.

- UPS 용량산정 계산식

$$P\ KVA = \sum PH\ \alpha\ \gamma\ \beta \quad (5\text{-}36)$$

$\sum Po$는 대상 기기의 입력용량 합계, γ는 보정계수(1.1 적용), α는 여유율(1.3 적용),

표 5-68 | 무정전 전원공급장치 시방(예시)

구분	특성	구성도
UPS	• All IGBT, PWM 방식 • 입 · 출력부 EMI필터 내장 • 출력파형율 THD 3% 이내 • 통신에 의한 원격감시제어 • NET 인증(신기술 0118호) • OA기기용 : 0kVA 설치	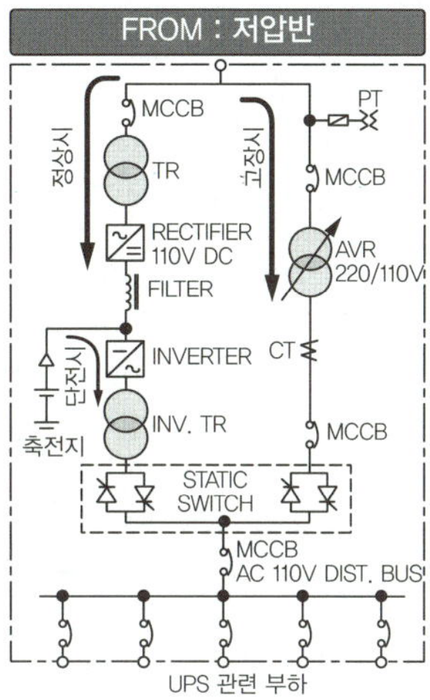
축전지	• 무보수 밀폐형 납축전지 • 공칭전압 : 2$V/Cell$ • 방전시간 : 60분 이상 • 다단 정전류 충전(수명 연장)	

β는 효율(0.9 적용)이다.

3) 비상발전기

소수력발전소의 경우 연계계통의 정전 시 발전을 하지 못하도록 되어 있어 비상발전기를 일반적으로 설치하지 않으나 대규모의 발전소의 경우 수력발전설비 초기 운전을 위한 수문과 밸브의 조작을 위해 계획하고 발전설비의 고장이나 수리 시 발전소 내 전원으로 사용한다.

① 대상 부하는 수문설비, 소방설비, UPS, 직류전원설비, 계측제어시스템이다.

② 비상발전기 정격 운전 상태에서 부하설비에 필요한 발전기 용량 계산식은 (5-37)과 같다.

$$PG = \left(\frac{W_L \times L}{cos\theta}\right)(kVA) \tag{5-37}$$

PG는 정격 운전 상태에서 부하설비의 기동에 필요한 발전기 용량(kVA), $cos\theta$는 발전기 역률(0.8), W_L는 부하입력 합계, L은 부하수용률(1.0)이다.

(6) 정보통신설비

1) 전화설비

전화설비는 발전소 규모와 운영방식에 따라 결정된다. 대체로 소수력발전소는 무인운전으로 운영되기에 상위기관과의 연계에 필요한 기본적인 전화설비로 구축하고 대수력발전소는 한국통신 광케이블 및 일반 전화케이블 인입용으로 공배관을 분기점에서 관리동 통신실까지 시설하며, 예비 공배관 관로를 설치하여 장래 증설에 대비하도록 구성하고 인입 회선 산정은 상주인원을 고려하여 선정한다.

2) LAN설비

Data와 voice 간선은 통합배선을 하며 상호 유연성이 되도록 하고, 영구 건축물 사이의 LAN 설비는 광케이블 배선 방식을 채택하여 고속 데이터 전송이 가능함과 동시에 전기적 노이즈에 의한 영향을 받지 않도록 한다. 전화 및 LAN 설비의 통합배선 설비는 중간단자함까지 전화 및 LAN 간선을 개별 포설하며 배선은 UTP cable cat5e.을 사용하고 outlet은 modular jack type(8pin)으로 적용하여 전화 및 LAN 통신이 가능하도록 설비를 구성한다.

3) TV 공시청 설비

VHF, UHF 및 디지털방송 수신이 가능하도록 지상파 안테나를 설치하고, 다양한 방송 채널 수신이 가능한 디지털 위성방송 안테나를 설치하고 향후 필요 시 쌍방향 CATV 이용이 가능하도록 공배관 설치한다.

① 신호 감청 레벨이 75dB 이상이 되도록 구성

② 수구는 사무실, 홍보실 및 휴게실 등 필요 개소에 설치

③ 전계강도, 잡음 및 전파장애를 고려하여 설치

④ 피뢰침과 2m 이상 이격된 장소에 설치

4) 옥내, 옥외 방송설비

디지털 전관 방송시스템을 채택하여 다목적방송의 용도에 적합한 설비를 구성하여 관리동 중앙제어실에 설치한다.

① 일반 공지사항, 일제 및 부분방송, 화재방송, 비상방송, 음악방송이 가능하도록 설계

② 화재 수신반은 방송설비와 연계하여 화재경보방송이 가능하도록 설계

③ 옥내/옥외, 층별 등 선택적 방송출력이 될 수 있도록 설계

④ 사무실 및 운영실 내의 스피커는 음량 조절기를 설치

(7) 감시 제어설비

1) 감시 제어설비 내용

수력발전설비, 송 · 수변전설비, 발전소 내 설비 및 수문설비 등의 감시제어시스템 및 표준화된 기법과 범용 PLC 등 개방형 시스템을 구축하여 유지관리 편리성을 향상하도록 계획하며 감시 제어설비의 내용은 〈표 5-69〉와 같다.

표 5-69 | 감시 제어설비 내용

항목	내용
설비 내용	• 감시 제어설비는 취수, 방류, 수력발전설비, 송 · 변전설비 및 영상감시 설비를 원격 감시 및 제어하기 위한 설비
설비계획	• 무인화운전 대비 원격감시제어 및 통합관리시스템 구축 • 설비의 이중화 및 백업으로 안정된 발전설비 운영 • 장래의 확장성, 호환성을 위한 최신 기술 적용 기기 비교 선정 • 상위 시스템과 연계 시스템 구축

2) 원격감시제어설비 기능

원격감시제어설비는 감시, 제어 기능이 있어야 하며 운전기록과 운영관리를 할 수 있는 계획을 하여야 하며 그 내용은 〈표 5-70〉과 같다.

3) 원격감시제어설비 계통도

수력발전의 기본적인 원격감시제어설비의 구성도는 [그림 5-40]과 같고 설비의 시방 및 기

표 5-70 | 감시 제어설비 기능

항목	내용
감시기능	• 각 시설(기기)의 상태 및 고장의 감시 • 각종 계측치의 감시
제어 기능	• 수동 및 자동, 현장 및 중앙 공정별 제어
운전기록	• 전항의 감시 및 제어 기능의 수행을 위한 판단 Data 작성 • 각종 계측 Data, 시설(기기)의 가동, 정지, 고장 및 복구의 기록 수행
운영관리	• 시보, 일보, 월보, 연보의 작성 • 계측치의 지시, 기록, 적산 및 경보 작성 및 보관 • 시설의 운전기록 및 고장경보 등의 발생 기록 작성

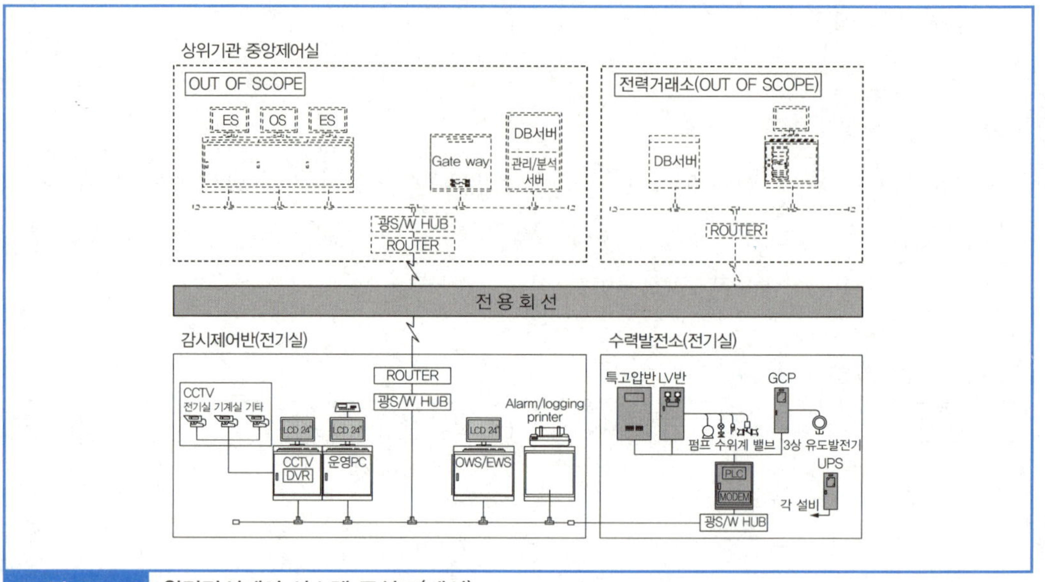

그림 5-40 원격감시제어 시스템 구성도(예시)

표 5-71 | 원격감시제어 주요설비 시방 및 기능

구분	시방	기능
OWS/EWS	• CPU : Core2, 2.66GHz • MEMORY : 2GB • HDD : 160GB • 24 Inch TFT LCD Display	• 이중화, 전 공정 운전상태 감시 • 개방형 제어시스템 CCS 소프트웨어 • 구성, 작성, 수정, 보수, 보고서 작성
PLC	• CPU : XGR-CPUH/T 32BIT • 기본 BASE/증설 BASE • 통신카드 : RS-232,485 • DI/DO/AO/AI/PI CARD • 전자화 배전반 신호변환기	• 연속/시퀀스 제어, 산술연산, 데이타 • 이중화, 터치패널, 푸시버튼, LCU • Sequence/Generator/Switchgear
Progamming Tool & 엔지니어링	• BASIC자료 분석 • APPLICATION ENGINEERING • I/O ASIGN, CONFIGUE 작성	• Web기반 전력 품질 프로그램 • 발전감시제어 프로그램

능은 〈표 5-71〉에서 제시하였다.

4) 원격감시제어설비 네트워크 구성

수력발전설비의 네트워크 구성은 data 처리량, 신뢰성, 유지보수의 용이성, 유연성 및 개방성이 우수한 ISO 규격 OSI 구조의 개방형 네트워크인 IEEE 802.3 Ethernet으로 계획하며, 구성은 〈표 5-72〉와 같이 한다.

표 5-72 | 네트워크 시스템 구성

구분	설계 반영	주요 내용	구성도
통신방식	• IEEE 802.3 Ethernet 방식	• 개방형 구조 • Data 무중단 전송 • Noise의 영향이 거의 없음 • 자기진단 기능	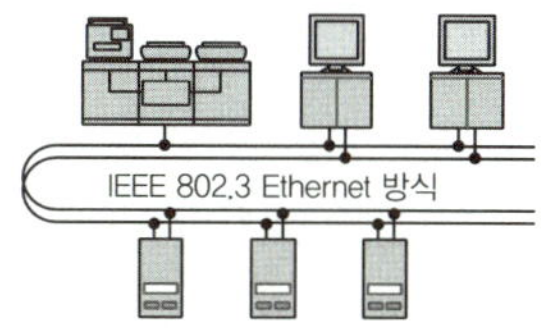
전송로	• BUS 방식		
통신속도	• 10/100Mbps		
스위칭 허브	• 24포트 이상		

표 5-73 | 감시 제어 방식 비교

항목	집중감시 + 분산제어	집중감시 + 집중제어
방식	• 감시설비와 현장제어반으로 구성 • 제어반을 공정별 분산 배치	• 감시설비와 중앙제어반으로 구성 • 제어반을 감시실에 집중 배치
확장성	• 설비 분산화로 단계별 증설 용이	• 확장을 고려한 건축 면적 확보 필요
특성	• 장래 증설 및 변경 용이 • 배관, 배선 감소 및 유지보수 편리	• 확장을 고려한 CPU 여유율, 건축면적 필요 • 설비 집중화로 배관, 배선 공사비 증가

표 5-74 | 감시 제어설비 형식

항목	PC+PLC 방식	DCS 방식
구성방식	• PC/PLC의 Network에 의한 계층구조	• POC/controller를 DCS 전용 제품으로 구성
프로그램	• 범용 패키지를 사용하여 교육운영	• 제작사 전용 package로 전문적 교육 필요
용도	• 빠른 논리제어, 범용성의 신축적 구조에 적용 (프로그램 변경 가능)	• 연속제어 공정이 많고 고 신뢰도가 요구되는 분야에 적용
제어 기능	• sequence 제어 기능 우수, PID module 이용한 연속제어 기능 향상	• loop 제어, 연산 feedback 제어 등 공정제어 기능이 우수함
확장성	• 개방성 및 확장성이 우수함	• system 확장성 우수, 업체에 종속적
유지보수	• 부품 범용화로 신속한 유지보수 가능	• 폐쇄성으로 주요 부품의 조달시간 지연

5) 원격감시제어설비의 감시 제어 방식 비교

감시 제어 방식에는 집중감시+분산제어, 집중감시+집중제어 방식이 있는데 〈표 5-73〉의 비교표를 감안하여 현장의 여건에 적합하게 선정한다.

6) 원격감시제어설비의 형식

원격감시제어설비의 형식에는 PC+PLC, DCS 방식이 주로 사용되고 있는데 그 특성은

〈표 5-74〉와 같으며 현장의 여건에 적합하게 선정을 한다.

(8) 계측설비

수력발전설비의 계측설비는 내구성 및 내식성이 우수하고 운영 및 시설현황을 고려하여 현장 환경에 적합한 계측기기를 선정한다.

1) 수위 계측기

수력발전소 댐 상류 및 하류(방수로)에 수위 계측을 위한 계측기를 설치하여야 하는데 일반적으로 비접촉식 센서로 고장이 적고 유지보수가 용이한 초음파 수위계를 설치하거나 간편한 플로트식 수위계를 설치하여 발전기 운영에 필요한 하천 수위와 운영 낙차별 효율을 산정할 수 있게 하며 특성은 〈표 5-75〉에서 적합하게 선정할 수 있다.

표 5-75 | 수위계 특성 비교

항목	초음파식	플로트식
구성도	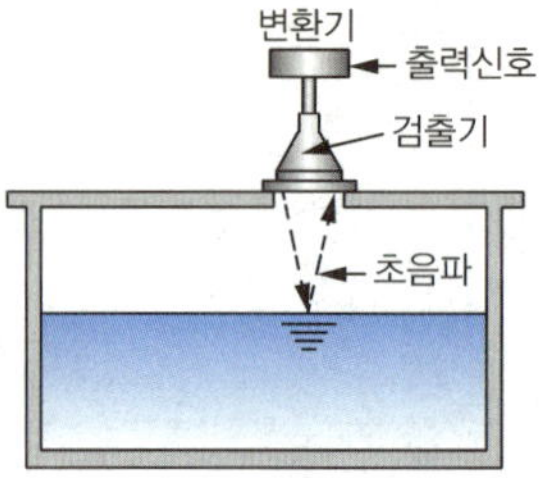	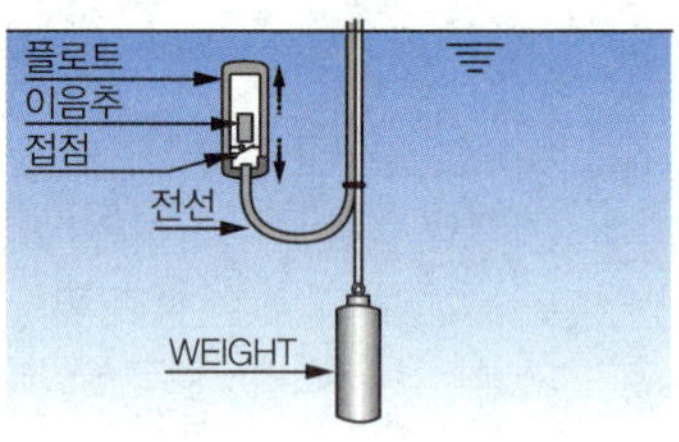
측정원리	초음파 pulse의 반사파 귀환 시간을 측정	길이가 다른 float의 동작에 따라 액위 검출
측정유체	액체	액체
측정범위	0~15m	0~10m
정밀도	± 1.0% OF FS	접점 출력
특징	• 비접촉식으로 유지보수 용이 • 사용 범위가 매우 넓음	• 간단한 구조 • 측정범위에 제한 없음

2) 유량계

유량계는 일반적으로 초음파식과 전자식 유량계를 주로 사용하는데 그 특성은 〈표 5-76〉

표 5-76 | 유량계 특성 비교

항목	초음파식	전자식
측정원리	초음파의 전파속도가 유속에 따라 변화하는 것을 이용하여 유량 측정	자계장 내부를 유체가 통과하면 유속에 비례한 유기기전력이 발생되며 이 유기기전력이 유량에 비례함을 이용
측정유체	상수, 하수	하수, 슬러지, 상수
정밀도	± 0.5~3% FS	± 0.5~1.0% FS
특징	• 접액부가 없어 유지관리 용이 • 기존 배관의 바깥에 검출기를 부착할 수 있어 설치 용이	• 압력, 온도, 밀도, 점도의 영향이 거의 없음 • 사용실적이 가장 많음

과 같으며 현장의 여건에 적합하게 선정을 한다.

(9) 방재설비

1) CCTV 설비

CCTV 시스템은 수력발전설비 영상감시를 위해 저 조도 CCD color camera, DVR을 설치하고, 발전소 전기실과 기계실, 발전소 주변 및 상류 감시 감시카메라와 DVR간은 직접 케이블로 전송하고 발전소 감시와 설비의 상태를 상위기관 제어실에 설치된 모니터링 설비로 KT 전용회선으로 화상을 전송하도록 구성하여 원격감시할 수 있도록 계획한다.

① 방재시스템 구성

방재시스템의 구성은 현장과 발전소 제어실의 설비를 고려하여 [그림 5-41]의 내용과 같이 방재시스템 구성을 예시하였다.

② 설비의 기능

방재설비로 카메라와 DVR이 주로 사용되는데 규격 및 시방은 〈표 5-77〉과 같으며 현장의 여건에 적합하게 선정하여 사용하여야 한다.

2) 도난감시 설비

도난감시설비는 외부에서 무단으로 침입하는 자를 감시하는 설비로 출입문에는 열감지 센서를 부착하여 외부인이 무단으로 발전소에 침입 시 현장에서 경보를 발령하고 발전소 내에 Alarm Receiver를 설치하여 관리자가 알 수 있도록 계획한다.

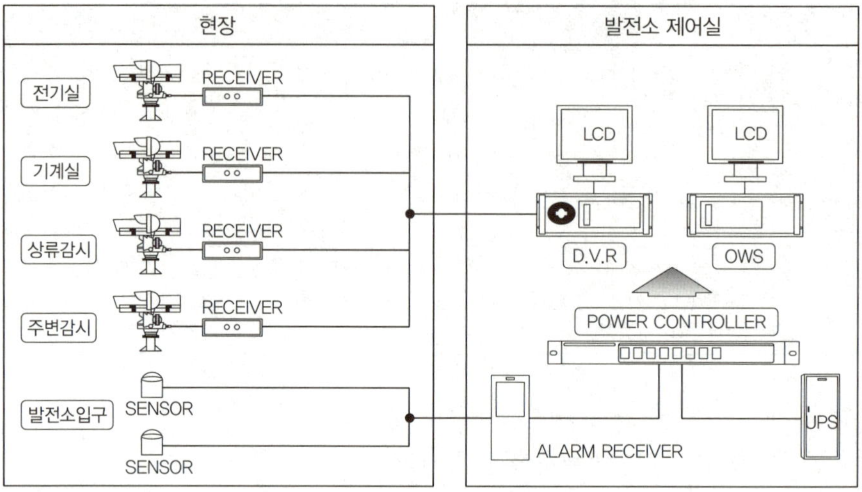

그림 5-41 방재 시스템 구성도

표 5-77 | 방재설비인 카메라와 DVR의 규격 및 시방

구분	규격	시방	수량	설치장소 예시
카메라	zoom lens	전동 구동형	필요 개소	• 옥내형-1 : 전기실 • 옥외형-1 : 상류감시 • 옥외형-2 : 발전소 주변
	pan/tilt	상하 90°, 좌우 355°		
	최저 조도	0.02Lux/41만 화소		
DVR	시방	Pentium Ⅳ 2.8GHz 이상	1	전기실 내
	pan/tilt 제어	RS-422, RS-485		
	monitor	TFT LCD 22″		

(10) 소방설비

전기실과 기계실에는 화재 시 인명 피해를 최소화 할 수 있도록 자동화재 탐지설비를 설치하여 화재 시 활용하도록 계획하며 자동화재탐지설비는 화재수신반, 발신기 세트, 감지기 등으로 구성하고 감지기는 각 실의 용도에 맞추어 감지기 등을 설치하여 정확한 화재감지가 되도록 계획한다. 소방설비 설치기준은 〈표 5-78〉과 같으며 [그림 5-42]와 같이 계통도를 구성할 수 있다.

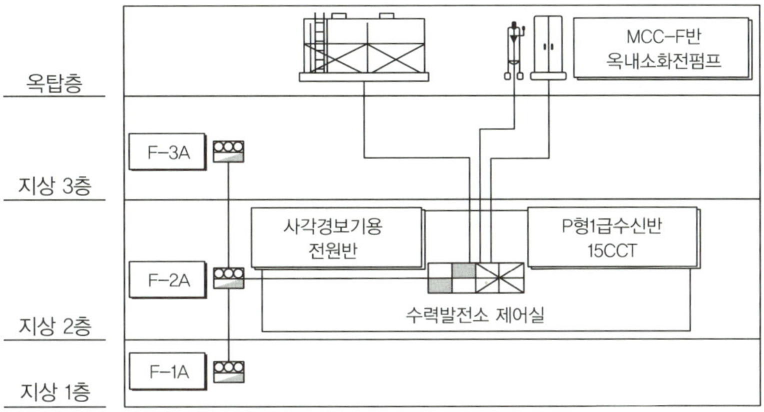

그림 5-42 소방설비 계통도(예시)

표 5-78 | 소방설비 설치기준

구분	항목	설계적용	법적근거
자동화재 탐지설비	화재 수신반	P형1급 15회로용 시설	• 업무시설면적 $1,000m^2$ 이상 • 화재안전기준(NFSC 203) • 모든 소방대상물에 적용 • 화재안전기준(NFSC 303) • 연면적 $400m^2$ 이상 • 화재안전기준(NFSC 202)
		설치장소 : 관리사무소 등	
	발신기 세트	구성 : 수동발신기, 지구경종 표시등, 말단저항	
	감지기	차동식(일반실), 정온식(식당) 연기식(계단, 홀)	
비상조명등 설비	예비전원	별도로 비상조명등 계획	• 비상조명설비 • 연면적 $3,000m^3$ 이상 • 화재안전기준(NFSC 304)
유도등 설비	예비전원	• 유도등 소방 검정품 시설 • 시인성 우수한 고휘도 유도등 채택	

5.4.7 구조물의 설계

수력발전소의 구조물은 발전 용수를 유입하기 위한 도입시설과 수차, 발전기 설치를 위한 수차실과 발전기실, 부대시설을 위한 기계실, 발전기 운전 및 감시를 위한 전기실과 감시 제어실, 방류를 위한 방류구조물로 구분할 수 있다. 발전시설의 형식에 따라 다소 차이는 있으나 일반적으로 도입시설, 수차실, 발전기실, 기계실 등은 발전 출력을 최대화하기 위하여 대부분 지하에 설치된다. 따라서 설계범위는 수차 및 수문(intake gate, stop-log 등) 구조물의 제반 구조물, 가물막이 및 배수설비, 공사용 도로, 기초굴착 및 기초처리, 부지조성, 기타 부대

시설 등이다.

(1) 구조물 계획 시 고려사항

① 구조물의 설계기준강도 및 구조재료의 허용응력은 건설교통부 제정「콘크리트 표준시방서」및「콘크리트 구조설계기준」등 제반 기준에 의한다.

② 구조물에 대한 구조계산 시 기초 형식 선정을 위한 지지력 및 침하량 검토와 구조물 응력 검토, 지하수에 대한 부력 검토, 지반의 탄성 및 내진검토 등 구조해석을 하여야 하며, 철근콘크리트 구조물은 강도 설계법으로 하고 강구조물은 허용응력 설계법으로 하며 지반 지내력은 실제 작용하중으로 하는 것이 일반적이다.

③ 구조물 계획은 시설물의 기능 및 하중조건, 내구성, 소음 및 진동 등 외적 조건을 고려하고 수차 발전기와 구조물 사이는 수리적 간섭이 완화되도록 연결구조물을 계획한다.

④ 구조물은 경제적인 단면으로 설계하되 지하수 등에 의한 부력, 전도 등에 안전하도록 단면 증가와 지하 수위 저감대책 등을 수립하여 계획한다.

⑤ 주요 기계설비의 배치에 따라 배치계획을 수립하되 시설물과 기타 설비 간에 시공이 용이하고 운영 및 유지관리가 효율적으로 이루어지도록 계획한다.

⑥ 시설물 유지관리에 필요한 제반 부대시설(배수용 수조, 관리 및 수리를 위한 공간 등), 안전 및 방호시설(계단, 공동구 등)을 계획하여 반영한다.

⑦ 주요 기기의 수리 및 교체 시 장비의 반입, 크레인의 이동 공간의 화보, 지하 및 지상층 간 장비의 인양 공간 등을 고려하여 공간계획을 하여야 한다.

⑧ 수차 발전기 및 수문 구조물은 지하에 설치되고 발전 용수와 항시 접하고 있으므로 구조물은 부식 방지대책을 반영하여 계획한다.

⑨ 부지 조성 시 관리 동, 주차장, 녹지 공간, 차량의 회전 공간, 관리자용 도로를 계획하고 대규모 시설의 경우 옥외 변전시설 등도 고려하여야 한다. 수력발전은 물의 유동 및 위치에너지를 이용하여 발전하므로 구조물은 그 형상에 따라 유동과 위치에너지가 결정되어 발전량에 지대한 영향을 미친다. 또한, 하천의 흐름을 막아 보 및 댐을 건설하기 때문에 환경 영향을 고려하여 설계하여야 한다. 수력발전설비의 구조물은 댐 체, 보, 취수탑, 어도, 발전소, 방류 옹벽 등이 있으며 댐 및 보의 구조물은「발전소 형식 선정」을 참조하고 발전소 구조물에 대해 간략히 소개한다.

(2) 구조물의 종류

1) 취수 설비

취수 설비는 하천에서 언제나 계획 수량을 취수할 수 있어야 하며 그 배치에 대해서는 다음과 같은 선택을 하여야 한다.

- 홍수 때 수로나 유목 등이 격돌할 염려가 없는 장소
- 토사의 퇴적이나 유입이 적은 장소

선택을 하기 위해서는 강줄기의 물이 흐르는 부분이 곧은 곳이거나 또는 다소 굽어 있더라도 댐의 배사문 작용이 유효하게 작동할 수 있도록 배사문 바로 상류에 근접해서 설치하고 그 취수 방향은 강줄기의 물이 흐르는 부분에 직각이거나 또는 어느 정도 작은 각도로 취수하도록 설계한다. 취수구의 유입부 형상은 주변의 현지지형과의 조화도 고려하여 될 수 있는 대로 원활하고 대칭적인 벨마우스형으로 하여 유입 유속의 균일화를 꾀한다. 유속은 0.3~0.5m/s 정도가 바람직하지만 사용 수량이 큰 발전소에서는 1.0m/s 전후가 될 수도 있다. 유속을 작게 하면 유입손실이 작고 토사의 유입도 작아지며 스크린의 제진작업도 쉬워지나 유입구가 커져 공사비가 많아지므로 유의하여 설계한다. 저수지식, 조정지식 발전소의 취수구는 수로식의 취수구에 비하여 토사의 유입량이 적고, 홍수의 유세도 억제되어 있으므로 그 위치, 방향의 선정은 상당히 임의적이다. 형식으로는 저수지 주변의 산 허리에 설치하는 것과 댐의 상류면에 직접 설치하는 것, 취수탑 형식으로 하는 것 등이 있다.

표 5-79 | 취수설비의 구성

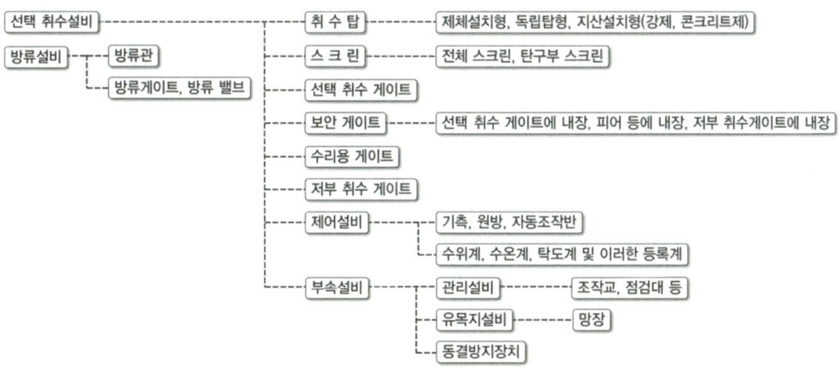

취수 설비에는 유목이나 쓰레기 등이 도수로로 흘러드는 것을 막기 위하여 스크린을 설치하고 스크린 배후에 제수문을 설치하여 취수위나 부하의 변동에 따라서 유입량을 조절하고 점검, 보수 등 수로를 단수할 때는 폐쇄한다. 제수문의 형식은 일반적으로 슬루스게이트(sluice gate)나 롤러게이트(roller gate)를 사용한다.

취수 설비는 발전 용수를 유입토록 하는 설비로 〈표 5-79〉와 같이 구성된다.

2) 도수로

취수구에서 수조(헤드탱크 또는 서지탱크)까지의 수로를 도수로라고 하며 수로를 수리역학적으로 분류하면 무압수로와 압력수로로 분류된다. 개수로는 수로 내의 흐름이 자유 수면으로 되어 있는 개수로의 흐름이 되도록 하는 수로이며 수로식 발전소의 도수로에 쓰이고 있고 압력수로는 수로 내의 흐름이 만수상태인 관로의 흐름이 되게 하는 수로로서 댐수로식 발전소의 도수로에 쓰이고 있다. 수로가 긴 발전소에서는 도수로의 공사비가 전체 토목 공사량의 많은 부분을 차지하게되고 수로공사가 공기를 지배하는 일이 많으므로 선정 수로의 종류나 단면의 결정 등에 대해서는 공사비, 공기, 유지비 등의 면에서 충분히 검토하여야 한다.

① 도수로의 형식

- 터널

  산악지대에서 물이 집중되는 곳에는 터널 방식이 적용된다. 터널은 산지를 바로 관통할 수 있으므로 수로의 길이를 단축시킬 수 있으며, 손실수두도 작아지고 이물질이 들어가는 일도 적어지므로 유지관리비도 작게 든다. 산악지대에서는 일반적으로 터널이 유리하다.

- 개수로

  개수로로 개거(open canal)가 채택되는 일이 많다. 수로의 공사비는 개거가 가장 저가인데 우회 수로가 많으면 길이가 길어져서 손실수두가 커지므로 반드시 경제적이라고 할 수는 없다. 수로 주변 사면의 슬라이딩으로 개수로에 토사의 유입, 또는 적설로 인한 눈 사태가 나기 쉬운 곳이나 낙엽이 많은 장소에서는 유지비가 높아진다.

- 암거

  암거는 보통 굴착 깊이가 10~15m 정도로서 터널로 하기에는 덮인 흙이 얕고 개거로 하기에는 역학적으로 위험스러운 장소로 낙엽이나 강설이 많아서 유지상의 어려움이 있는 장소, 혹은 수로가 계곡의 바닥 부근을 횡단하는경우 등에 사용된다.

- 수로교

수로가 지나가는 도중에 깊은 계곡이나 하천이 있는 경우 우회를 피하기 위해 수로교를 설치한다. 수로교는 구조상 교량 위에 수로를 올려놓은 형식인 것과 수로 자체를 보로 삼아 설계된 것이 있다.

- 역사이폰

역사이폰은 도로, 철도 등 장애물과 입체 교차시키는 경우 등에 주로 사용된다. 횡단하는 부분의 수로를 U자형으로 내려서 이 구간의 수로를 압력수로로 한다. 그 형상이 역사이폰으로 보이지만 흐름은 사이폰 작용으로 이루어지는 것은 아니다.

② 도수로의 종류

- 무압수로

일정 유량에 대하여 구배가 커지면 수로의 단면은 작아지므로 공사비를 절감 할 수 있으나 낙차의 손실이 커져서 발전력이 감소되어 반드시 경제적이라고 할 수 없으며 수로의 유속이 너무 빨라서 물과 함께 흘러내리는 토사에 의하여 수로 내면의 마모가 우려된다. 한편으로 구배가 너무 완만하면 소요단면이 커지고 유속이 느려져 수로 내에 반대로 토사가 가라앉아 통수단면적을 감소시키게 된다. 일반적으로 무압수로의 유속은 2~3m/s 정도가 적당하고 유속을 이 정도로 유지하기 위해서는 필요한 구배를 선정한다. 일반적으로 구배는 1/1,000~1/1,200 정도의 것이 많으며 저 낙차, 대용량의 발전소에서는 수로의 손실수두가 발전력에 미치는 영향이 크고 하천구배가 완만한 곳에 있으므로 1/1,500~1/2,000 정도로 한다.

- 압력수로

압력수로 내의 유속은 수로의 구배와 관계없이 수력구배와 관계된다. 즉, 압력도수로에 있어서는 취수구의 계획최저 수위와 서지탱크의 설계최저 수위를 잇는 수력구배선 이하로 수로 전체가 되도록 설계하면 그동안의 수로구배에 관계없이 수력구배에 따라 물이 유통할 수 없다. 따라서, 수로의 구배로는 배수의 편이를 고려하고 부하의 변동에 따른 서지탱크 등의 내부 수면 진동에 지장이 없도록 무압수로와 달리 구배를 크게 한다. 유속은 보통 2.5~3.5m/s로 억제하며 간단하게 $A=Q/V$에서 단면치수를 결정한다. 압력수로는 대부분이 압력터널이며 그 단면 형상은 원형으로 하며, 특히 암반이 좋은 경우는 시공을 쉽게 하기 위해 원형에 가까운 표준 사다리꼴형 단면으로 하는 수도 있다. 압력터널에서는 반드시 콘크리트의 말아세우기를 하는데 이것은 지반을 보호함과 동시에 내압을 바탕으로 전달하고 누수를 방지하며 수로의 조도를 떨어뜨리기 위한 것이다.

3) 수압관

취수구 또는 수조에서 발전소 수차까지 도수하는 압력관로를 수압관이라고 하며 수압관을 지지하는 고정대, 지지대 등을 포함하는 구조물을 수압관로라고 한다. 댐식 발전소의 경우 수압관은 댐 속에 매설되거나 터널 속에 설치되며 지하발전소인 경우는 땅속에 매설관으로 되기도 한다. 수압관의 지지 형식은 [그림 5-43]과 같다.

새들 지지 형식은 비교적 소구경에 링거더 형식은 비교적 대구경의 수압관에 사용되며, 콘크리트 새들 지지에서는 보통 120°의 지지 각도가 쓰이고 있으며 온도변화에 따라 철관이 자유롭게 신축될 수 있는 관과 지지대 콘크리트와의 사이에 활동제를 도포하거나 3*mm* 이상의 강판을 깐다. 강제 새들은 터널 내 또는 댐체 내 등 특수한 경우의 지지에 사용된다. 링거더 형식은 철관에 원형 보강 고리를 설치하여 이 보강고리를 2점에 지지하는 구조이다. 수압관은 수차 1대 당 1줄의 철관 설치가 바람직하나 건설비로 인해 줄 수가 적은 것이 경제적이

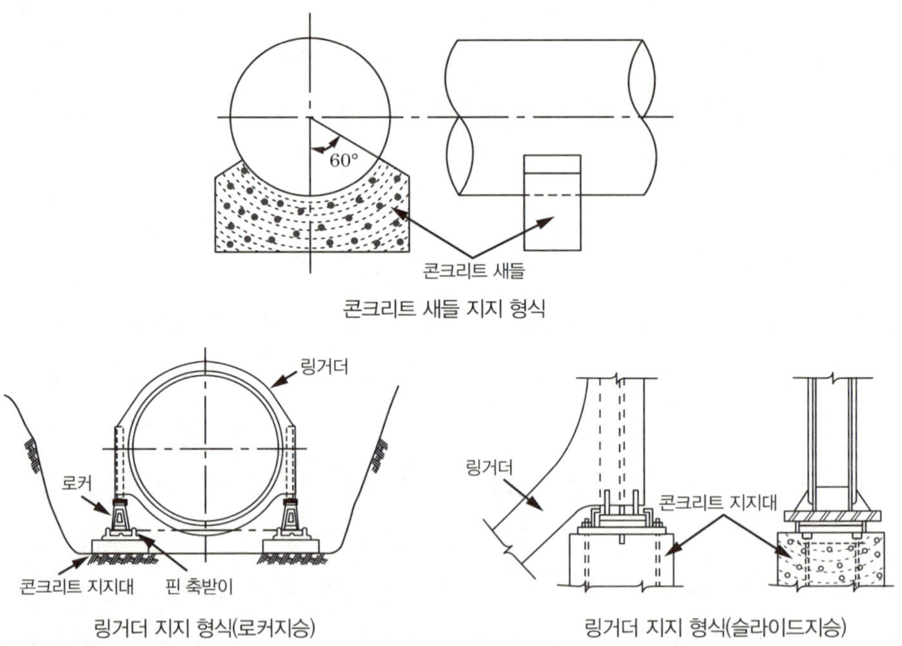

그림 5-43 수압관의 지지 형식

며 관로의 하단, 수차 가까이에서 분기하는 것이 보통이다. 또한 고 낙차 · 대유량의 경우 관경이 커져 결국 수차 1대 당 철관 1줄로 하는 것이 경제적이나 병렬 배관과 비교 검토가 필요하다.

① 수압관의 설계하중

수압관의 설계하중은 관 두께를 결정하는 것이며 관 자체의 중량, 관 내 물의 중량, 저수두, 수충격압에 따른 상승 수두 및 서징에 의한 상승 수두를 고려한다.

② 수압관의 직경 계산

수압관의 내경을 정할 때 관 내 평균 유속은 2.5~5.0m/s 정도로 하는데, 저 낙차의 발전소에서는 손실수두가 발전력에 미치는 영향이 크므로 유속을 작게하기 위해 관경을 크게 잡으며, 반대로 고 낙차의 발전소에서는 관경을 작게 해서 관 두께를 얇아지게 한다. 수압관은 일반적으로 아래로 내려감에 따라 직경이 점차 축소되어 관 두께가 과대하게 되는 것을 막으며, 수차의 케이싱으로 접속되는 관 말단 유속은 펠턴수차는 10m/s 이하, 프랜시스수차는 13m/s 이하로 하는 것이 보통이다. 수압관의 직경 계산은 식 (5-38), (5-39)을 사용하여 계산한다.

$$D_p = 0.52 \times H^{-\frac{1}{7}} \times \left(\frac{P}{H}\right)^{\frac{3}{7}} \tag{5-38}$$

$$D_p = \sqrt{\frac{4Q}{\pi v}} \tag{5-39}$$

D_p는 수압관의 직경, H는 정격낙차, P는 발전량, Q는 사용 수량(m^3/s), v는 평균 유속이다.

③ 수압관의 두께

수압관의 관 두께는 기술기준에 따라 최소 관 두께를 6mm로 정할 수 있지만 다음 (5-40), (5-41), (5-42)식들을 이용하여 결정하는 것이 바람직하다.

- 관 만류 시 내압을 고려한 두께

$$t = \frac{H \times D_p}{2 \times \eta \times \sigma} + \epsilon \tag{5-40}$$

표 5-80 | 수압관의 여유 두께

여유 두께	상시 물에 접하고 있음			상시 물에 접하고 있지 않음			비고
	파이프 플레이트		기타	파이프 플레이트		기타	
	평면 접촉	양면 접촉	양면 접촉	평면 접촉	양면 접촉	양면 접촉	
담수	1.0mm	2.0mm	2.0mm	0.5mm	1.0mm	1.0mm	
해수	1.5mm	3.0mm	2.0mm	1.0mm	2.0mm	1.0mm	

t는 관 두께, H는 최대 설계 수두이고, D_p는 관 내경, η는 용접효율(0.8~0.9), σ는 강재 허용응력, ϵ는 여유 두께이다.

- 관 배수 시 외압에 대한 소요 두께

$$t \geq D_p \sqrt[3]{\frac{n(1+v)p_{cr}}{2E}} \tag{5-41}$$

t는 관 두께, D_p는 관 내경, ν는 포아송 비(0.3), p_{cr}는 외압, E는 체적탄성계수, n은 안전율이다(노출관 $n=2$, 내장관 $n=1$).

- 제작, 수송, 거치 시 변형 방지에 의한 최소 두께

$$t \geq \frac{D_p + 800}{400}, \text{ 최소 관 두께 } 6mm \text{ 이상} \tag{5-42}$$

t는 관 두께, D_p는 관 내경으로 수압관의 여유 두께는 〈표 5-80〉과 같이 정한다.

4) 방수로

부하의 변동에 따라 방수위가 크게 변동되면 수차의 효율 저하를 가져오므로 이것을 막기 위해 수로의 폭을 넓혀서 유속을 감속시킨다. 이 부분을 방수정이라고 한다. 방수정의 형상은 손실수두를 가급적 줄여서 수차로부터의 방수가 신속하게 정상류되어 방수로 입구에 도달할 수 있도록 설계한다.

프랜시스 및 카플란수차에서는 흡출관을 이용하므로 그 최저 방수위를 확보하기 위하여 방수조 바닥은 방수로 입구바닥보다 낮게 하거나 방수정 내에 월류보를 설치하여 경부하일 때에 소정의 수위를 확보할 수 있게 한다.

펠턴수차인 경우에는 흡출관을 사용하지 않으므로 버킷에서 방출되는 물은 그대로 방수로

로 낙하하도록 하여 항상 방수위는 수차의 노즐 중심에서 2~3m 밑으로 잡는다. 홍수 때는 노즐 중심에서 30m 정도 아래가 되도록 설계한다.

5) 어도

댐이나 보에 의하여 강이나 하천이 상·하류로 분리되어 물길이 막히거나 수위의 차이로 수중 생태계의 단절이나 회귀성 어류의 소상이 불가능하여 환경에 미치는 영향이 발생하므로 이를 줄이기 위하여 어도를 설치한다. 어도는 물길에 의해 하천의 상류로 어류의 이동이 가능하므로 유로를 차단하는 구조물에 일정 형식의 물길을 터주면 해결이 된다. 어도는 어종에 따라 어떤 형식이 적합한지는 지형적인 조건, 시공 장소 등에 따라 결정하는 것이 일반적이다.

어도의 설계 참고자료는 「어도 시설 설치 및 관리규정」, 「하천에서의 수산자원 보호을 위한 어도 시설 표준설계·시공 등 표준 모형 개발 및 운영·관리제도 연구(2004. 4. 국토교통부)」, 「조립식 어도 시범사업(2005. 한국농어촌공사 농어촌연구원)」 등이 있으며 최근 그 중요성이 강조되어 다양한 형태가 연구 개발되고 있다.

어도는 다양한 형식이 있으나 여기서는 계단식 어도, 아이스하버식 어도, 버티컬 슬롯식 어도, 도벽식 어도 등이 있다.

① 어도의 특징

- 피라미, 뱀장어 등 모든 어종과 참게 등이 유영력에 관계없이 모두 이용할 수 있어야 하고
- 경제성에 관계없이 모든 하천 생물이 이용 가능해야 하며
- 구조가 간단해 운영이 쉬워야 하고
- 홍수기에 하천 통수량에 영향을 주지 않아야 한다.

위의 여러 가지 조건을 모두 만족하는 어도는 사실상 없으며 이에 가장 가까운 형식으로는 수로 형식 중에서 인공 하도식 어도가 있다. 그러나 인공 하도식은 기울기가 그 지역의 하천 자연 경사와 비슷하게 설치해야 그 지역에 서식하던 모든 어종이 이용 가능하므로 길이가 너무 길어지고 건설비용이 높은 단점이 있다.

인공 하도식이 앞에서 말한 여러 가지 이유로 적용하기 어렵다면 이러한 조건을 만족시키는 것이 아이스 하버식 어도이다. 아이스 하버식 어도의 경우 각 풀의 수리조건이 동일하여 안정적인 흐름을 얻을 수 있으며 비월류부 밑에서 상류부로 이동 중에 물

고기가 휴식할 수 있고, 풀 내에는 순환류가 발생하지 않아 진입한 어류가 어도 내에서 머무르지 않는 등의 장점이 있다. 이러한 각 어도의 장 · 단점을 비교한 결과 시공성과 그에 따른 경제성, 물고기의 어도 이용 효율, 어도 구조물의 강도, 수리역학적 측면에서 가장 적절한 어도는 국내에서 현재 조립식화한 아이스 하버식 어도가 가장 뛰어난 것으로 나타난다. 그러나 수리시설물의 규모에 따른 낙차나 하천의 유량 등에 따라 적합한 어도 형식의 선정과 설치 위치, 어도의 경사, 어도의 입구 위치 및 형태가 어도의 기능을 좌우하므로 이러한 사항을 포함한 하천 환경의 기초조사와 그에 따른 어도 설치 계획의 수립이 중요하다.

② 어도의 설치 위치 선정

어도의 설치 위치는 어류의 하천 상류부로 올라가는 특성을 고려하여 다음과 같은 조건을 만족하도록 선정한다.

- 홍수 시 수리 시설물이나 제방에 영향을 주지 않아야 한다.
- 어도의 출입구가 퇴적되어 막히지 않아야 한다.
- 어도의 입구가 유심과 연결되어 가뭄 시 수로가 단절되지 않아야 한다.
- 어도는 유량이 풍부하고 유수의 흐름이 발생하는 지점에 설치하여야 한다.

③ 어도의 규격

어도의 폭에 대한 구체적인 설계기준은 없으며 어류의 소상에 있어 불편함이 없을 정도의 폭으로 결정하는데, 하천 상류부로 올라가는 어류의 종류, 개체 수, 시기 등에 따라 좌우되므로 어도의 설치지점의 어족 현황과 이동 특성 등을 고려하여 신중하게 결정하여야 한다.

(3) 건축 설계

친환경 에너지를 생산하는 수력발전시설은 취수시설, 도입관로시설, 발전소 기계시설, 전기시설 등으로 구성되며, 이 중 기계시설과 전기시설은 시설의 안정적인 운영과 유지관리가 이루어져야 함으로 건축물을 계획하여 보호할 수 있도록 계획한다.

1) 설계방향

발전소 건축물의 위치는 유지관리 및 운영의 편의성, 부지의 형상 및 지반 조건 등을 고려

표 5-81 | 건축설계 방향

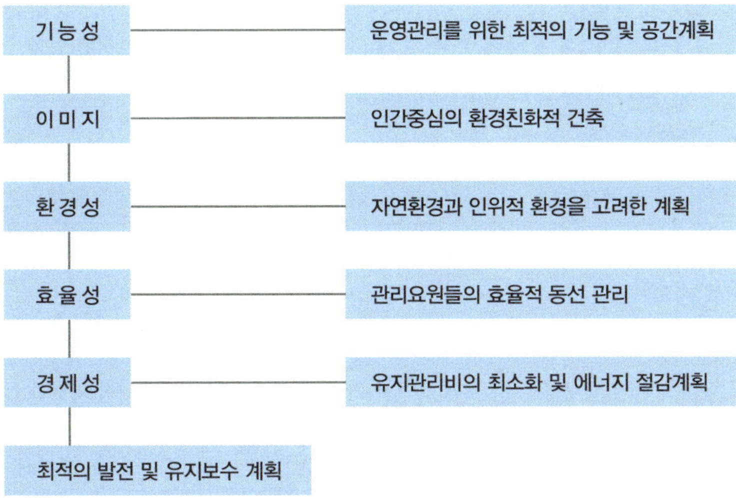

표 5-82 | 건축설계 방향

하여 선정한다. 각 시설물 간의 상호 유기적인 기능을 충족 하도록 내 · 외부 공간을 계획하며, 이용자의 특성을 고려한 동선과 친환경 설계기법을 적용한 에너지 절약계획, 친환경 마감재를 활용한 주변과의 조화로운 입면 계획을 세우며, 건축 설계 방향은 〈표 5-81〉과 같다.

2) 공간 계획

발전소 건물은 기계 및 전기 시설물을 수용하기 위한 시설물로서 기계, 전기 분야와 협의를 거쳐 기능을 만족할 수 있는 기능과 동선의 최적화로 공간 구성을 하며 공간 구성은 〈표 5-82〉와 같다.

- 운영실은 관리자의 동선과 조작 관리가 용이하도록 배치한다.
- 기계실은 장비 반입을 위한 동선과 크레인 설치를 계획하고, 작동 시 발생하는 소음 및 분진 등을 고려하여 방음벽 및 환기시스템을 갖추도록 한다.
- 전기실은 침수 방지를 고려하여 최고 수위보다 높게 설치하도록 한다.

표 5-83 | 골조 형식 특성

구분	철골 구조	철근콘크리트 구조	비고
안정성	• 가구식 구조로 안정성 및 품질 우수 • 내화성이 약해 별도 조치 필요	• 일체식 강성 구조로서 안정된 형식 • 내화성이 좋고 진동, 처짐에 비교적 안정	
경제성	• 장 span 구조물에 적합	• 단 span 구조물에 적합	
시공성	• 공장 가공으로 현장 공정 단순 • 공기가 비교적 짧음	• 습식 구조로 공정 과정이 복잡 • 기후 조건에 영향을 받아 공기가 다소 길음	

표 5-84 | 환기의 종류

구분	제1종 환기	제2종 환기	제3종 환기	비고
목적	기계 급기와 기계 배기의 병용으로 환기	기계 급기와 적당한 자연 배출구 등으로 환기	기계배기와 적당한 자연 급기구 등으로 환기	
방법	강제 급기 + 강제 배기	강제 급기 + 자연 배기	자연 급기 + 강제 배기	

3) 구조 설계

① 구조 설계 방향

- 건물의 사용목적에 따른 구조적 안정성, 기능성을 고려하여 설계한다.
- Span module화에 따른 부재의 module화 설계를 한다.
- 효율적인 구조형식으로 경제성 및 시공성을 확보한다.

② 구조 형식의 선정

- 안정성, 시공성, 내구성을 고려하여 건축물 규모 및 용도에 적합한 구조형식을 채택한다.
- 대안 비교를 통해 합리적인 구조시스템 결정을 위하여 경제성, 시공성, 안정성 및 내구성을 확보하도록 하여야 하며 골조 형식에 따라 철골구조와 철근콘크리트 구조가 있는데 〈표 5-83〉과 같으며 현장의 여건에 맞게 선택한다.

4) 건축 기계설비 설계

① 환기설비 설계

환기의 목적은 발전기 등에서 발생하는 열을 외부로 방출함으로서 쾌적한 실내 환경 유지, 작업환경의 개선 및 기기의 보전이며 각종 환기의 내용은 〈표 5-84〉와 같다.

② 위생설비 계획

- 급수는 현지 여건에 따라 상수도를 이용하거나 지하수를 개발하여 사용하고 절수형 위

표 5-85 | 에너지 절약설비

절감장치	절감원리	적용설비	에너지 절감 효과	비고
인버터식 냉난방기	주파수 조절에 의한 풍량제어	공냉식 냉 · 난방기	높은 에너지 소비효율(SEER)로 소비전력 절감	
배기열회수 환기시스템	배기열에 의한 유입풍량에 적용하여 실온 및 쾌적성 유지	냉난방구역 환기	전열교환방식으로 에너지손실 방지 및 실온 유지	
태양열 급탕시스템	자연에너지 이용	급탕설비	자연에너지 이용 급탕 열량 절약	
절수형 양변기	2단 레버로 급수 소비량 절감	양변기	조건에 맞는 급수량 사용 및 급수량 절감	
자동 세척기	전자감지식으로 필요시 최소 급수량 사용	소변기	급수량 절감 및 악취의 근본요소인 소변기의 청결 유지	
원터치 레버	원터치식으로 필요 시 사용하여 소비 절감	세면기, 주방 수도꼭지	조작이 간편하여 소비수량이 적으므로 소비절감 효과	

생기구로 계획하며 오수와 배수는 구분하여 정화조에 연결한다.

- 급탕은 신재생에너지를 이용하거나 원활한 급탕부하 대응을 위하여 전기온수기를 적절히 계획한다.

5) 에너지절약 설계

① 에너지 절약을 위해 관리 영역은 남향 배치로 일조 면적 최대화하고 자연채광을 적극 도입하고, 자연환기와 방풍실을 이중문으로 설계하여 에너지 손실을 방지한다.

② 에너지 절약 위한 설비로는 〈표 5-85〉와 같으며 현장의 여건에 맞게 선택한다.

6) 소방설비

소방설비의 계획은 건물의 각 구분의 구조 및 용도에 따라 화재의 발생, 화재의 확대 및 인명 피해 가능성을 평가하여 과도한 시설을 하지 않고 최소의 비용으로최상의 기능을 발휘하여 유지관리가 용이하도록하여 화재를 사전에 예방하고 화재가 발생할 경우에는 초기에 발견하고, 진화하여 화재로부터 인명과 재산의 손실을 방지하도록 계획하여야 한다.

① 설계기준

가장 최근에 개정된 국내의 소방 또는 건축 관계법규 및 기준을 설계 기준으로 하며 국내 기준에 없는 사항이나 국내 기준이 미흡하여 적용하기 곤란한 경우에는 외국기준을 적용한다.

표 5-86 | 소방설비 법적기준

구분	법규 적용기준	실별 적용	비고
소화기 설치	소방시설 설치 유지 및 안전관리에 관한 법률시행령 별표 4	전층	
	연면적 $33m^2$ 이상		

② 최소 설치기준

소화기를 설치하여야 하는 최소 설치기준은 〈표 5-86〉과 같다.

참고문헌

① 국내 관련 연구자료

한국수자원공사 수력발전설비 설계기준

한국전력공사 발전용 수력 연습

한국수자원공사 강재설비 기술기준

한국농어촌공사 시설물 설계요령

댐 · 언 시설기술기준(일본)

수문철관 기술기준(일본)

에너지 절약 통계 핸드북(2011년, 에너지관리공단)

신, 재생에너지 설비의 지원 등에 관한 기준 및 지침(2011년, 산업통상자원부)

콘크리트 구조설계기준(2007년, 한국콘크리트학회)

하천에서의 수산자원 보호를 위한 어도 시설 표준설계, 시공 등 표준 모형 개발 및 운영, 관리제도 연구(2004년, 국토해양부)

THEORY AND APPLICATIONS OF HYDRAULIC TURBINES

제3편

수차의 제작과 설치

제 6 장

수차 및 보조 설비의 제작

6.1 수차의 제작

6.1.1 충동수차

(1) 펠턴수차

1) 제작공정

수차의 제작공정은 수차의 형식에 따라 다소 차이가 있을 수 있으나 일반적으로 다음과 같은 순서로 이루어진다.

설계 → 도면 작성 → 제작검토 → 부품제작 → 검사 → 조립 → 기능시험 → 도장 → 포장 → 출하

발전소의 입지 조건에 따라 양수량, 낙차, 출력 등을 종합하여 수차의 형식 및 모델을 결정한 뒤 설계 단계를 거쳐 도면을 완성하고, 도면을 토대로 수차의 구성 부품을 제작하게 된다.

특히, 펠턴수차의 제작은 크게 러너(버킷)와 축과 베어링, 노즐과 디플렉터, 케이싱으로 나누어 볼 수 있다. 펠턴수차는 충돌에 의한 회전이 가장 중요하므로 러너를 잘 제작하여야 한다. 노즐에서 분사된 에너지를 손실 없이 설계 형상대로 제작 할 수 있는지가 핵심이다.

2) 주요 부품의 제작

① 러너

펠턴수차의 러너 제작은 크게 주조방법과 가공방법 2가지로 나누어 볼 수 있다. 예전에는 디스크와 버킷을 하나로 주조한 일체형 방법 또는 디스크와 버킷을 분리하여 주조하는 분할 주조방법을 사용하여 많이 제작하였으나 현재는 [그림 6-1]과 같이 다축 가공기로 버킷을 완전 가공하는 방법으로 제작한다.

그림 6-1 펠턴 버킷의 다축 가공 모습과 조립된 러너 모습((주)금성이엔씨 제공)

주조품으로 가공하는 경우는 후처리작업이 많아지게 되는 단점이 있으나 가격이 저렴하고 여러 개를 동시에 만들 수 있는 장점이 있다. 그러나, 최근에는 제조원가적인 측면보다는 효율과 성능을 고려하여 다축 가공기를 선호하는 경향이 있다.

버킷의 재질은 보통 낙차, 소재(재료)에 따라 정해지는데 주철, 주강 또는 고품질의 합금강을 많이 사용한다.

고 낙차 수차의 경우, 주된 마모의 원인은 공동현상, 모래에 의한 침식과 반복피로(cycle fatigue)이다. 이러한 조건에서 운전될 버킷은 보통 스테인리스 합금강을 사용하여야 한다.

버킷의 형태는 수차의 효율을 고려하여 설계되었기 때문에 가공 시 설계 형상이 만족되어야 한다. 버킷 표면을 매끄럽게 하기 위하여 다듬질, 연마작업을 해 주어야 한다. 이를 위하여 각 버킷 형상에 맞는 지그를 제작하여 확인 하는 방법을 추천한다. 피로 크랙(fatigue crack)이 자주 발생하는 버킷 하류 부분의 제트 출구에 근접한 표면은 가능하면 매끄럽게 다듬질해야 한다.

② 축

펠턴수차의 축은 보통 러너와 발전기를 연결시켜 준다. 축 양끝이 플랜지 형태가 되게 하고 재질은 탄소강을 사용한다. 대형 수력발전소에서는 축과 회전체의 연결은 키(key) 고정방법이나 너트 고정방법을 이용하여 연결한다. 축 외경에서 베어링과 기계식 실(machanical seal, 미캐니컬 실) 또는 패킹이 접촉되어 조립되는 부분은 정밀 가공되어

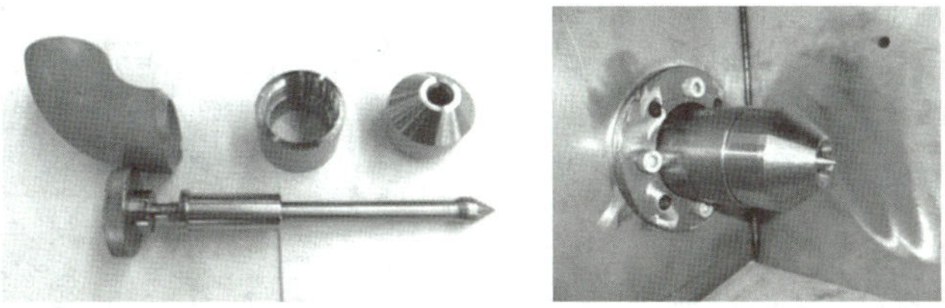

그림 6-2 직선 형태의 노즐과 니들밸브, 그리고 조립된 모습((주)금성이엔씨 제공)

야 하며, 가공 정도는 부품의 조립도에 따라서 부분적으로 달리 적용할 필요가 있다.

③ 노즐과 니들

직선형태의 노즐과 니들을 [그림 6-2]에 나타내었다. [그림 6-2]에는 노즐, 노즐 링, 니들 헤드, 가이딩 피스, 피스톤 로드, 너트 등을 분해한 것과 이를 조립한 사진을 나타내었다. 버킷과 마찬가지로 노즐과 니들의 재질은 모래에 의한 침식과 마모, 공동현상으로 인한 부식에 강한 스테인리스강을 선택하여 가공 제작한다.

④ 디플렉터

디플렉터는 노즐의 출구에 설치하여 버킷으로 가는 물의 량을 조절, 또는 차단하는 장치이다. 구조에 따라 제작을 다르게 하지만. 일반적으로 대형 수차의 경우 [그림 6-3](나)의 경우처럼 지지 프레임에 볼트로 고정되어 있다. 따라서 제작 시 그림과 같이 자체 윤활을 할 수 있는 베어링을 설치하여야 한다. 또한, 디플렉터 주위에 실 링(seal ring)을 설치하여 베어링에 습기가 들어오지 않도록 하여야 한다 디플렉터의 재질은 내

(가) 케이싱 지지방법

(나) 암 지지방법

그림 6-3 디플렉터의 지지방법(Gugler 인용)

식성과 내마모성이 우수한 스테인리스강으로 제작하는 것이 좋다.

⑤ 케이싱

[그림 6-4]와 같은 수직축 펠턴수차의 케이싱은 상부 케이싱과 하부 피트 라이닝(pit lining)으로 구성되어 있으며, 건설단계에서 스틸로 용접하여 제작한다. 피트 라이닝은 원형 형태이며 입구 수압관과 플랜지로 연결되고, 상부 수차 케이싱의 리브와 기초 볼트로 외부에서 고정시키는 방법으로 제작하고 전체 케이싱은 철근 콘크리트에 삽입한다. [그림 6-4]는 대형 펠턴수차의 설치 사진이며 [그림 6-5]는 소형 펠턴수차의 케이싱 중에서 수직형과 수평형의 구조를 나타낸 것이다.

그림 6-4 수직 멀티 노즐 펠턴수차 설치(Gugler 인용)

펠턴수차 케이싱은 반동수차의 경우와는 달리 유동을 고려할 필요가 없다. 즉, 충돌에 의한 회전력이 에너지원이기 때문에 분사된 에너지가 얼마나 잘 버킷에 부딪혀 회전을 잘 할 수 있느냐에 초점이 맞추어져 있기 때문에 굳이 3차원적으로 만들 필요가 없다. 따라서 [그림 6-5]에서 볼 수 있듯이 그 형태는 여러 가지이다.

3) 주요 부품의 검사

① 러너(버킷)의 제작 시 필요한 검사는 다음과 같다. 버킷을 주조방법으로 제작할 때는

(가) 수직형 펠턴수차

(나) 수평형 펠턴수차

그림 6-5 소형 펠턴수차 케이싱의 종류(Gugler 인용)

주조 후 다듬질작업이 완료되는 시점에서 주조품의 표면 결함, 크랙 등을 확인하기 위해 비파괴검사 중 표면에 대한 PT검사(Penetrantion Test, 액체침투탐상검사)를 실시하고 내부의 결함 등이 의심되는 상황에서는 UT검사(Ultrasonic Test, 초음파검사) 또는 RT검사(Radiographic Test, 방사선검사)를 실시하여 결함 유무를 판단하여야 한다.

그러나 주조가 아닌 철판 등의 압연강을 사용하여 다축가공기로 가공하여 제작한 경우는 가공치수에 대한 치수 검사만 실시한다.

② 러너의 버킷과 디스크 가공이 완료되고 조립 후에는 수차의 회전수를 고려한 동적 균형잡기를 실시하며 검사기준은 일반적인 회전기기의 펌프 및 수차에 해당하는 기준을 적용한다.

③ 축에 대한 검사는 원재료의 강도에 대한 문제가 발생하여 축의 절단 등이 발생할 수 있으므로 원재료의 내부 결함에 대한 검사를 위해서 비파괴검사의 UT검사를 실시하고 가공 후에는 중요 부분인 베어링 부위와 러너의 조립부에 대한 공차를 확인하는 가공치수검사를 실시한다.

④ 노즐과 니들의 검사는 원재료 환봉에 대한 재료의 화학적 성분과 기계적 성질에 대한 검사를 실시할 수 있는데 일반적으로 재료의 제작업체에서 발행되는 재질성적서로 검토하며, 주문자의 요구에 따라서는 재료의 시편을 제작 전문검사기관에 의뢰하여 성분 및 기계적 성질에 대한 성적서를 확인한다.

⑤ 케이싱의 검사는 케이싱의 제작에 가장 일반적인 재료 철판(SS400)을 이용한 용접 구조로 제작하므로 용접부에 대한 용접상태가 육안으로 확인 안 되는 내부 결함을 확인하기 위하여 RT검사를 실시하기도 하지만 운전 시의 누수 방지를 예방하기 위한 수압시험은 반드시 실시한다.

(2) 횡류수차

일반적으로 횡류수차는 소수력발전용 수차로 개발되어 제작하기 쉬우면서 부분 부하효율도 높은 수차로 많이 알려져 있어 국내 및 국외에서 1,000kW 이하의 영역에서 많이 실용화 되고 있는 수차이다. [그림 6-6]은 횡류수차의 설치된 구조를 나타낸다. 횡류수차는

그림 6-6 횡류수차의 설치 구조

카플란수차나 펠턴수차 보다는 쉽게 제작할 수 있다. 이런 장점으로 저 낙차, 저 출력에서 저 비용으로 많이 사용하게 되는 이유라 할 수 있다.

1) 주요 부품의 제작

① 러너

[그림 6-7]과 같이 베인을 고정할 양쪽 디스크는 철판 위에 설계된 형태의 지그를 제작하여 철판 위에 고정시키고 지그와 동일하게 토치를 이용하여 절단 가공을 하면 베인을 고정할 수 있는 디스크를 만들 수 있다. 정확한 가공을 위해서는 요즈음 설계 프로그램을 이용한 캐드와 캠을 연결하여 NC밀링이나 레이저 절단방법을 이용하여 제작하기도 한다.

일부 소규모 업체에서는 베인을 간단하게 제작하는 방법으로 설계된 베인의 형상이 일반적으로 사용되는 파이프의 규격과 유사한 경우는 파이프를 설계형상으로 절단하여 제작하므로 제작원가를 절감하기도 하지만 정확한 형태로 제작하기 위해서는 금형을 제작하여 판재를 이용한 롤링작업을 해야 한다.

횡류수차에 사용될 베인을 다축가공기로 가공하거나 주조 제작을 할 수도 있지만 제작 원가가 상승된다. 유체가 지나가는 베인의 챔버 길이가 상대적으로 짧기 때문에 유동특성 보다는 회전력이 중요하다. 따라서 3차원적인 유선의 형태로 제작하지 않아도 효율 저하가 제작비 대비하여 미비하다.

보통 현장에서 [그림 6-8]과 같이 설계된 지름에 해당하는 파이프를 반원 형태로 절단 가공하여 개수만큼 제작하고 [그림 6-7](가)와 같이 제작된 판재에 끼우고 [그림 6-8](다)와 같이 용접하여 조립하므로써 러너를 제작할 수 있다. [그림 6-9]에 러너의 제작 및 조립과정이 제시되어 있다.

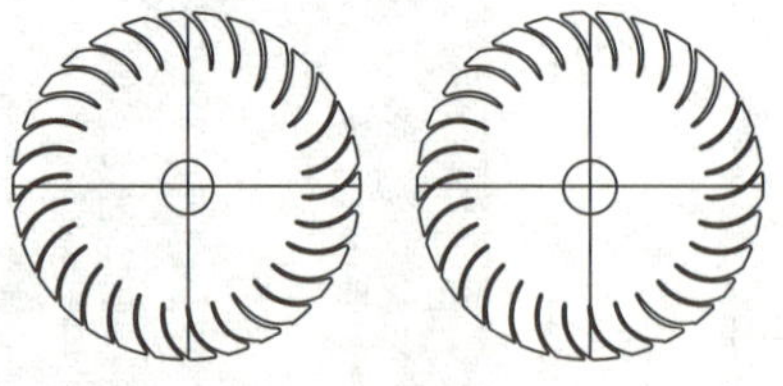

(가) 절단 가공된 양쪽 디스크

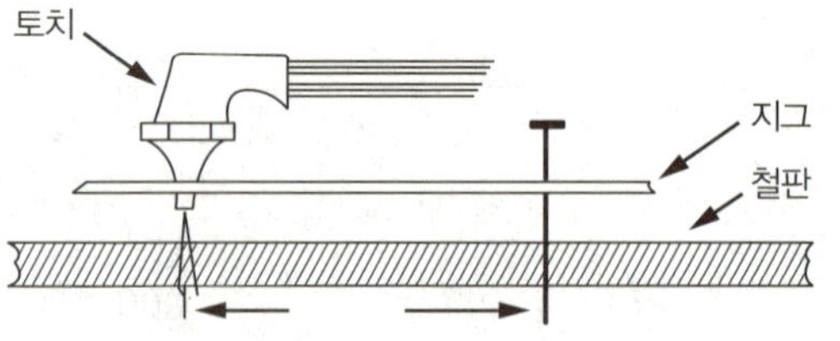

(나) 토치 가공

그림 6-7 구멍 가공용 지그 사용방법

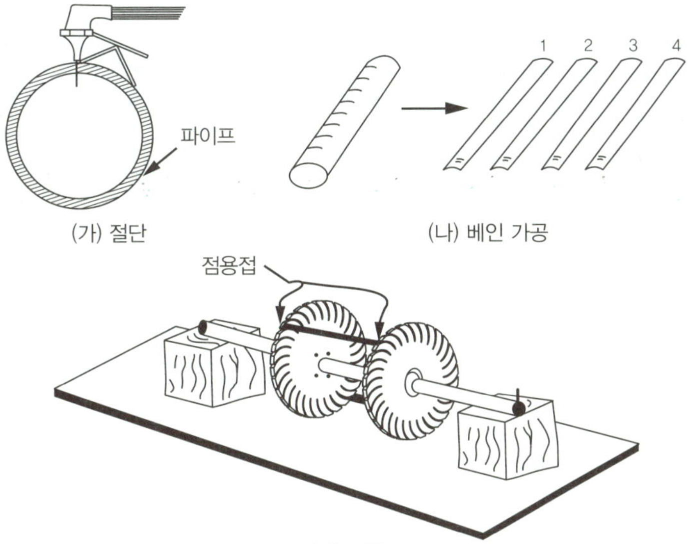

(가) 절단 (나) 베인 가공 (다) 조립

그림 6-8 베인 가공과 디스크의 조립과정(W. R. BRESLIN 제공)

② 케이싱

[그림 6-10]에 횡류수차의 노즐과 케이싱을 나타내었다. (가)는 제작된 노즐이며, (나)는 벨기에에서 제작된 횡류수차의 케이싱이다.

수차 케이싱은 수차의 전체적인 틀(frame)에 해당하는 부분이며 확대관 형상에서 직선상으로 유입되는 물의 흐름을 하부방향으로 90° 바꾸어주는 부분이다. 수차 케이싱은 일반 강판을 사용하여 용접방법으로 제작한다. 케이싱은 베어링 하우징과 베이스 프레

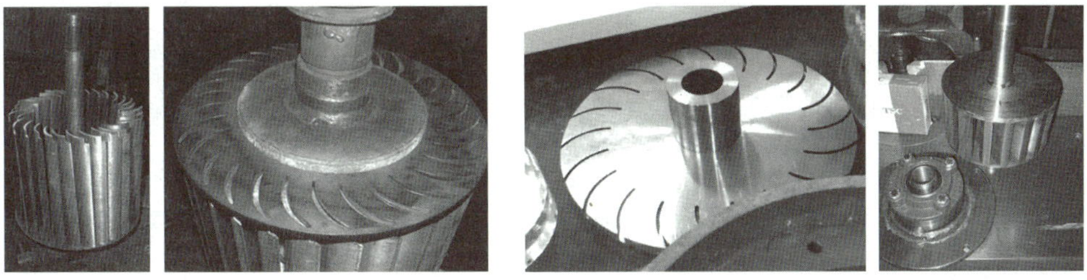

(가) 베인과 디스크 조립작업 (나) 조립 전 디스크 (다) 5*kW*용 횡류수차의 조립된 러너

그림 6-9 러너의 제작 및 조립(세원기연 제공)

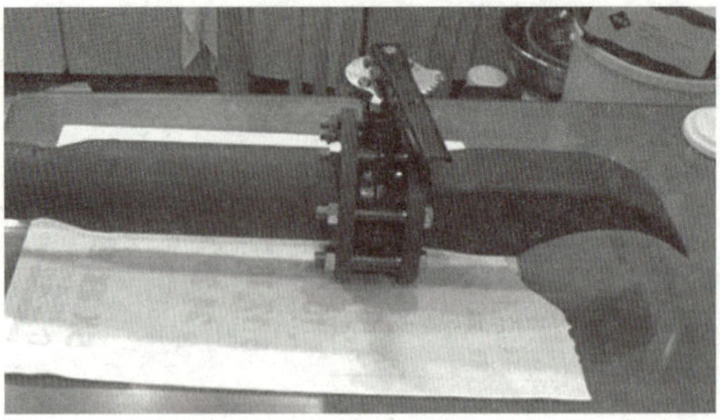

(가) 5kW 횡류수차 노즐

(나) 횡류수차 케이싱(JLA & Co 제작)

그림 6-10 횡류수차 노즐과 케이싱

임으로 구성되며, 확대관을 통하여 입구밸브와 연결하는 플랜지형으로 제작한다.

케이싱의 송출측은 하부로 향하고 있으며 드럼 형태의 러너를 감싼 형태로 제작하고 가이드 베인은 설치 러너의 유량을 조절하는 구조로 제작한다.

대부분 횡류수차 제조회사에서 제조된 수차의 형태를 조사하여 본 결과 수차 케이싱의 형태는 일정한 특징이 없고 회사마다 고유의 디자인을 가지고 있음을 알 수 있다. 이는 일정한 형태가 없는 펠턴수차와 동일하다. 즉, 에너지를 잃은 유체가 밖으로 튀지 못하게 막아주는 역할만 하게 디자인하여 주는 충동수차의 특징이다.

③ 가이드 베인

가이드 베인은 물의 흐름을 원활하게 하기 위하여 러너의 상부에 설치하며 러너의 폭을 1/2로 분할하여 2매로 하고 각각을 별도로 조작할 수 있도록 하여 부분 부하 시 효율을 높이는 구조로 하는 것이 보통이며, 조작방법은 주로 전동기의 서보모터를 사용하는 구조로 제작한다.

④ 주축

주축은 구조용 탄소 강재로 2개의 베어링으로 지지하고 베어링은 그리스 윤활방법으로 하여야 유지관리 측면의 비용을 줄이는데 유리하다.

6.1.2 반동수차

(1) 프랜시스수차

프랜시스수차 제작에서 가장 중요하게 다룰 것은 러너 부분이다. 일반적으로 수차는 시방이 제각기 다르기 때문에 러너의 제작 시 소형은 일체형 주조방법과 베인, 크라운 밴드 부분을 부분적으로 제작하여 용접하는 방법으로 제작하여 왔다. 그러나 최근 3차원 프로그램을 적용한 설계, 모형제작, 주조, 가공기술의 급격한 발전에 힘입어 직접 러너 형상을 다축 가공하는 방법을 적용하고 있다. 국내에서는 그동안 꺼려왔던 주조방법으로 러너를 가공, 제작하는 방법으로 500*kW*급 프랜시스수차 러너를 제작하고 교체 설치하여, 효율상승 효과를 본 소수력발전소가 있다. 이와 관련된 프랜시스수차 주요 부품들의 제작 및 검사에 대해서 알아보도록 한다.

1) 주요 부품의 제작

① 러너

러너는 최대 낙차, 최대 부하에서 긴급 차단 시, 과도한 진동 발생, 원심력, 자체 중량 및 수압에 견딜 수 있는 충분한 강도를 갖도록 제작되어야 한다. 따라서 러너의 재질은 스테인리스강 또는 동등 이상의 강도를 가진 합금강 등으로 마모, 부식, 침식, 피로 및 공동현상에 충분히 견디게 제작되어야 한다. 유로의 표면을 매끈하도록 가공 및 연마를 하여야 한다. 또한 제작 완료된 러너는 정적 및 동적으로 평형을 이루어야 한다.

(가) 용접 제작방법(동아기공 제공)

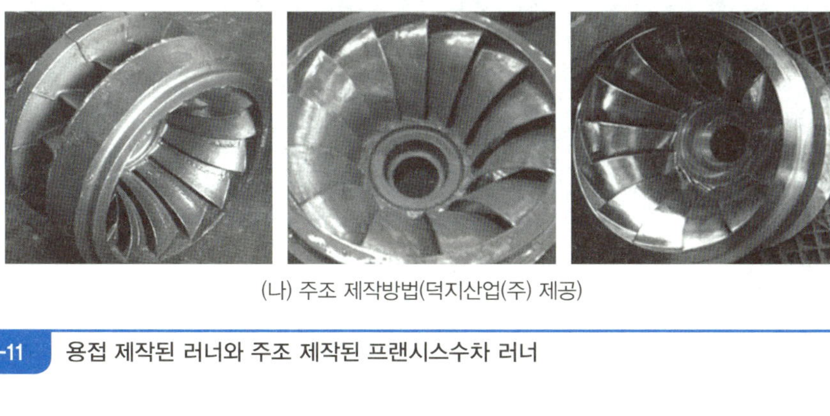

(나) 주조 제작방법(덕지산업(주) 제공)

그림 6-11 용접 제작된 러너와 주조 제작된 프랜시스수차 러너

러너는 나중에 교체 등을 편리하게 하기 위해 섭동부에 웨어링을 설치하여 교체 가능한 방법으로 제작한다. 제작방법에 대해 [그림 6-11]과 같이 (가) 용접방법과 (나) 일체형의 주조방법으로 구분하여 비교하였다.

용접방법으로 제작을 하는 방법은 기존에 많이 적용하는 방법이다. 그 이유는 낙차와 유량이 다른 경우마다 러너를 다르게 제작해야 하기 때문이다. 용접기술이 떨어져 [그림 6-11]에서와 같이 베인이 밴드와 크라운에 불균일하게 용접되어 불균일한 형상으로 제작되면 베인 끝 부분에 공동현상으로 침식현상이 발생될 수 있다. 또한 열응력의 불균형으로 동적 균형잡기가 어려워지는 단점이 있다. 반면에 일체형 주조방법으로 제작을 할 경우에는 쇳물이 얇은 베인 끝까지 들어가지 않는 경우가 발생할 수 있고 베인의 간격, 두께의 균일함을 정확히 유지하기가 쉽지 않음을 유의해야 한다.

목형과 주조 제작기간이 2개월 정도 소요되는 것이 단점이지만 도면에 따른 정확한 다듬질 및 기계가공을 통해 3차원 익형의 형태를 유지할 수 있는 큰 이점이 있다. 최근에 저효율로 운전되고 있는 국내 설치된 500*kW*급 프랜시스수차의 러너를 [그림 6-11] (나) 러너와 같이 일체형 주조방법을 적용 교체하여 약 10%의 효율을 향상시킨 사례가 있다.

② 축

수차의 축은 발전기 축에 러너가 직접 조립되는 일체형 방법과 발전기 축과 러너의

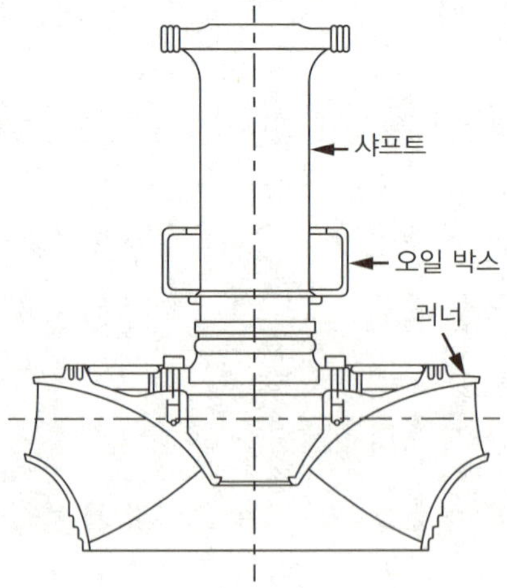

그림 6-12 프랜시스수차의 회전 부분

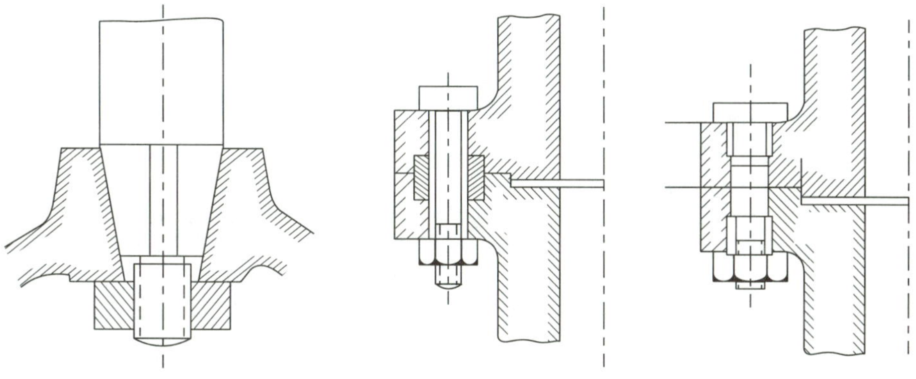

(가) 키를 갖는 테이퍼 축 (나) 볼트와 전단 링으로 연결 (다) 볼트로 연결

그림 6-13 여러 가지 축 연결방법

축이 별도로 제작되어 커플링으로 연결하는 방법이 있다. [그림 6-12]의 수차 축 연결은 플랜지를 갖는 단조강으로 제작된 수차 축의 형태를 보여주고 있다. [그림 6-12]에서 보듯이 수차와 발전기 축은 플랜지 조인트에 의하여 연결된다. 이때 조인트는 토크가 전단 또는 마찰로 전달되는 리머볼트 커플링(reamerbolt coupling) 또는 마찰 커플링(friction coupling)을 이용한다. 러너 축과의 조립방법은 [그림 6-13]에서 보듯이 여러가지 연결방법이 있는데 (가)의 그림은 러너 허브가 축의 테이퍼진 부분에 키와 너트로 고정되는 방법이다

[그림 6-13](나)의 경우는 볼트와 전단 링을 이용한 연결방법이며, 수차의 축과 발전기 축은 볼트 조임에 의하여 연결된다. 이러한 방법은 축방향 하중과 전단 링에 의하여 플랜지 홈에 압착력으로 토크를 전달하게 된다. 이러한 설계는 여러 부품이 필요하여 제조가 복잡하기 때문에 적용사례가 많지 않다.

가장 일반적인 방법이 [그림 6-13](다)이다. 축과 러너 사이의 플랜지는 리머볼트에 의하여 연결된다. 또한 소형 수차에서는 러너를 직접 수차에 직결하는 구조로 록킹 디바이스를 많이 사용하고 있다.

③ 베어링 및 실

[그림 6-12]와 같이 수차 축에 오일 윤활 형식의 베어링을 적용하여야 하는데, 베어링은 수직축인 경우와 수평축의 경우에 따라 사용되는 베어링을 다르게 사용하여야 한다.

수평축의 경우 회전방향의 무게와 수차로부터 발전기까지 전달되는 토크를 고려하

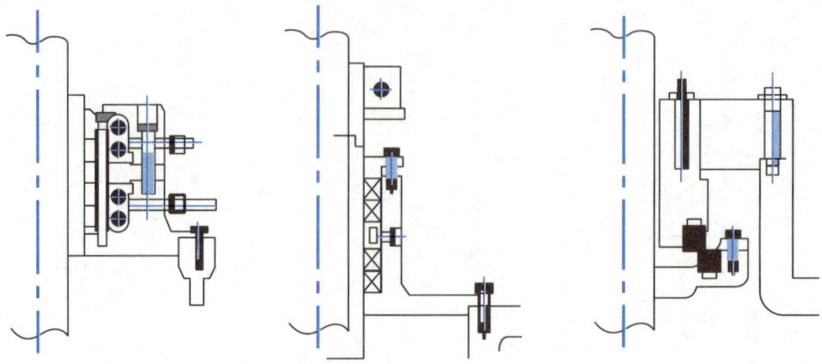

그림 6-14 수직축 프랜시스수차의 축 밀봉 방법

고, 유동에 의한 축방향 스러스트 하중에 견딜 수 있도록 두 개의 베어링 즉 저널 베어링과 스러스트 베어링을 사용하여야 한다.

수직축의 경우에는 축방향 스러스트 하중과 발전기에 전달되는 토크를 감안한 수평축과 동일하게 2개 또는 3개의 베어링을 사용하게 된다.

수차 케이싱과 축이 조립되는 부분에서 축이 정지될 때 커버와 일부의 관통부분에 밀봉장치를 설치하여야 한다. 수차의 회전부품과 정지부품의 틈새로부터 누수를 방지하는 장치이며 주축에 슬리브를 고정하고 스테인리스강으로 만든 슬리브 외경에 몇 개의 패킹을 압입하는 구조로 제작한다. 수차가 고속화 및 고 낙차화 되는 경향으로 인하여 밀봉장치는 중요 부품으로 인식되고 있다. 밀봉장치의 대표적인 예를 [그림 6-14]에 나타내었다. 분할형으로 가공된 카본 링을 압입한 구조의 카본링형(carbon ring type)과 마모 및 마찰력을 낮추는 데 높은 특성을 지닌 테프론 패킹을 적용한 글랜드패킹형

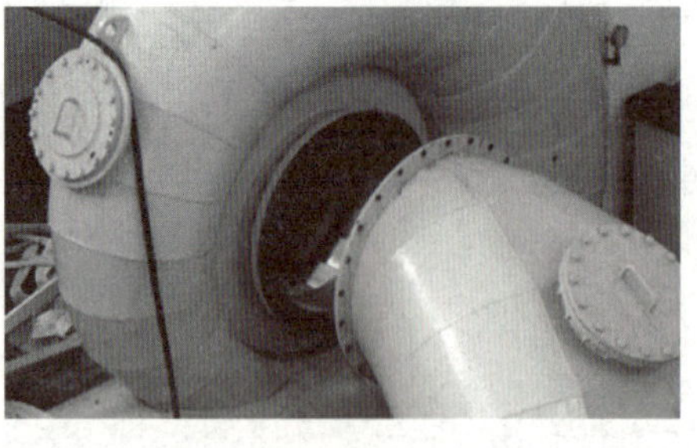

그림 6-15 프랜시스수차의 수평형 스파이럴 케이싱(대양수력 제공)

그림 6-16 프랜시스수차의 수직형 스파이럴 케이싱(동아기공 제공)

(gland packing type)이 사용된다. 그러나, 최근에는 그림 (다)와 같이 세라믹을 이용한 축방향에서 마찰하는 세라믹형(ceramic type)이 적용되고 있다

④ 케이싱

프랜시스수차의 케이싱은 스파이럴(sprial) 모양으로 생긴 구조물로서 수차의 전체적인 프레임에 해당하는 부분이며, 직선으로 유입하는 물의 흐름을 1차적으로 회전변환시켜 주는 부분이다. 재질은 일반 압연 강판(SS400) 또는 주강품이다.

또한, 스파이럴 케이싱은 스테이 링을 고정하는 곳이다. 수압에 따라 변형이 되지 않도록 고강도로 설계되어야 한다. 가이드 베인 끝과 커버의 면 사이에 최소 틈새를 유지하는 것이 중요하다. 러너와 커버 사이의 틈새는 가능하면 작게 제작하여야 한다.

고 낙차 수차의 경우 모래가 포함된 물일 경우에는 마모가 심할 것을 대비하여 내마모성 스테인리스강을 사용하기도 한다. 가이드 베인에 연결된 상부와 하부 커버는 고강도 스테인리스강으로 제작한다.

베이스 프레임과 수차는 기계로 면 가공한 플랜지접속법으로 하고 케이싱에서 나오는 물은 자연적으로 방수로를 통해 배수되도록 하여야 한다.

⑤ 가이드 베인과 스테이 베인

물의 흐름을 러너로 원활하게 흐르도록 안내해 주는 역할을 하는 부품으로 내구성이 요구되는 재질로 제작한다. 러너로 물의 흐름을 안정되게 안내 및 제어할 수 있도록 설치하고, [그림 6-17]과 같이 스테이 베인 및 가이드 베인(wicket gate)의 개수는 과도한 진동이나 소음이 발생하지 않도록 설계하여야 한다. 가이드 베인은 일체형 스테인리스

그림 6-17 프랜시스수차의 가이드 베인과 스테이 베인 조립(동아기공 제공)

강으로 제작하고 상, 하부 스템과 슬리브는 스테인리스강 또는 동등 이상의 재질로 제작한다.

가이드 베인은 물의 흐름과 추력에 의한 편향에 견딜 수 있는 충분한 강도가 있어야 하고 닫힐 때 작용하는 하중을 견딜 수 있어야 한다.

스테이 베인의 경우는 [그림 6-18]의 경우와 같이 케이싱 구조를 버티기 위하여 설치한 부품이다. [그림 6-18]의 (가)는 구조물을 지지하기 위한 형태이지만 최근에는 한 단계 더 나아가 (나)의 경우와 같이 유선 형태로 제작하여 유동이 원활하게 하는 것이 좋다.

⑥ 흡출관

흡출관은 러너로부터 흡출관 외부로 물을 내 보내는 역할을 하는 부품이다. 흡출관의 설치 목적은 러너 출구에서 운동에너지의 대부분을 압력에너지로 변화시켜 주기 위함이다. 흡출관의 모양은 단면적이 유동방향으로 커지도록 제작하여야 한다. 그러나,

(가) 스테이 베인 제작(동아기공 제공)

(나) 스테이 베인 가공((주)금성이엔씨 제공)

그림 6-18 프랜시스수차의 스테이 베인

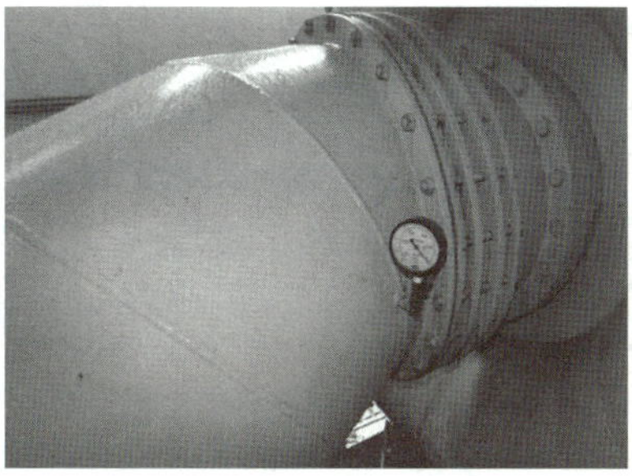

(가) 흡출관 콘이 있는 경우(횡성댐)

(나) 흡출관 콘이 없는 경우(광천댐)

그림 6-19 프랜시스수차 흡출관 비교

중간 부분의 곡관 부분에서 박리와 유동손실을 방지하기 위하여 유동방향에 따라 커지는 대신 흡출관 단면적이 감소되는 경우도 있다. 이런 부분을 줄여주기 위하여 설계와 제작을 잘 하여야 한다

[그림 6-19](가)는 흡출관 콘과 흡출관 스틸 플레이트 라이닝으로 구성되어 있다. 흡출관 콘은 두 개의 부분, 상부와 하부 콘을 강판을 용접하여 제작하고, 상부 콘의 입구 부분은 스테인리스강으로 제작하여야 한다. 대용량인 경우 흡출관 콘을 열어서 러너를 점검할 수 있도록 제작할 필요성이 있다. 하부 흡출관은 반드시 콘크리트에 묻어야 한다. 흡출관 전체가 콘크리트에 묻혀 있는 경우에는 유지보수 시 발전기와 같이 러너를 분해해야 하는 단점이 있다. [그림 6-19](나)의 경우는 흡출관 콘이 없이 흡출관 전체를 플랜지로 연결하는 방법이다. 제작 시 유지 보수를 고려하여 설계 및 제작하여야 할 것이다.

그림 6-20 프랜시스수차용 가이드 베인과 조속기

(가) 1단계(세척제)　(나) 2단계(침투제)　(다) 3단계(현상제)

그림 6-21 프랜시스수차 러너 PT 검사(덕지산업(주) 제공)

⑦ 서보모터 및 조속기

가이드 베인의 제어는 수차의 출력을 조절하는 것이다. 최근 수차에서는 조속기를 채택함으로써 낙차 및 유량이 불안정하게 유입되더라도 안정적 속도로 운전하는 것이 가능해졌다. 수차의 조속기는 [그림 6-20]과 같이 서보모터로 조절 링, 로드, 레버와 연결시스템을 통하여 가이드 베인을 움직이게 된다.

2) 주요 부품의 검사

① 러너

러너의 검사는 제작방법에 따라 다소 차이가 있을 수 있다. 러너가 요구하는 필요한 강도 등 내구성의 확인을 위하여 재료에 대한 화학적, 기계적 성질에 대한 재료검사를 기본적으로 실시한다. 이는 제작회사의 검사결과로 나온 재질성적서를 확인하는 방법과 직접 원소재에서 시편을 채취하여 전문검사기관을 통해서 검사하는 경우가 있다.

주조나 용접방법으로 제작한 러너에 대해 표면 결함, 크랙 등을 확인하기 위해 PT검사를 [그림 6-21]과 같이 실시하고 내부의 결함 등이 의심되는 상황에서는 UT검사 또는 RT검사를 실시하여, 결함 유무를 판단하여야 한다. 러너의 가공이 완료된 후 러너 또는 러너 조립품에 균형잡기 검사를 반드시 실시해야 하는데 동적 균형잡기 시험이라고도 한다. 회전체가 회전 중에 질량 불평형이 회전체의 진동으로 발생하기 때문에 진동을 최소화하기 위해서는 불평형량을 최소화 시켜야 한다. 검사기준은 일반적인 회전기기의 펌프 및 수차에 해당하는 기준을 적용한다.

② 축

축에 대해서도 요구하는 필요한 강도 등 내구성의 확인을 위하여 재료에 대한 화학적, 기계적 성질에 대한 재료 검사를 기본적으로 실시하고 러너에서 발생한 토크를 발전기에 직접 전달하는 역할을 함으로써 절단 등이 발생할 수 있으므로 원재료의 내부 결함에 대한 UT검사를 실시하고, 가공 후에는 중요 부분인 베어링 부와 러너의 조립부, 실 장착부에 대한 공차를 확인하는 가공 치수검사를 실시한다.

③ 케이싱

케이싱은 철판을 용접 또는 주강으로 제작하여 수압에 견뎌야 하며 재료에 대해서는 화학적 성분과 기계적 성질에 대한 재료 검사를 기본적으로 실시하며 용접부나 주조 상태의 표면결함, 크랙 등을 확인하기 위해 PT검사를 실시하고 내부의 결함 등이 의심되는 상황에서는 UT검사 또는 RT검사를 실시하여 결함 유무를 판단하여야 한다. 가공 완료 후에는 운전 시의 누수를 방지하기 위하여 수압시험을 반드시 실시한다.

④ 가이드 베인 및 스테이 베인

가이드 베인 및 스테이 베인에 대해서도 재료검사나 비파괴 검사는 케이싱과 동일한 방법으로 실시한다. 가이드 베인은 조립 후에 가이드 베인과 상, 하 커버 면과의 틈새를 검사하여 설계치수와 일치하는지 반드시 확인하여야 하고, 개폐 시의 베인 사이 틈새도 점검시트를 작성하여 반드시 점검하여야 한다.

⑤ 흡출관

흡출관은 일반적으로 강판(SS400)을 용접하여 제작하며 흡출관의 재료검사나 비파괴 검사는 케이싱과 동일한 방법으로 실시한다.

(2) 프로펠러수차, 카플란수차, 사류수차 및 튜블러수차

1) 제작공정

일반적으로 축류수차의 가장 일반적인 형태는 프로펠러수차다. 프로펠러수차와 카플란수차는 러너 베인의 각도 조절 기능 유무를 제외하고는 제작하는 순서가 거의 같고 사류수차도 일부 형상의 차이는 있지만 제작에 있어서 확연하게 차이점은 없다.

이들을 수직으로 설치하게 되면 사류수차와 카플란수차와의 구조는 거의 유사하게 된다. 단지 사류수차가 비속도가 좀 더 작기 때문에 기울기가 좀 더 크게 콘을 제작하여야 하고, 이로 인하여 케이싱 내 스테이 베인을 고정하는 부분을 강판으로 사용할 것인지 아니면 콘크리트 구조로 할 것인지를 결정하면 될 것이다. 따라서, 본 교재에서는 제작공정을 별도로 구분

그림 6-22 카플란수차의 케이싱 제작(http://www.travaini.it/)

하지 않고 같이 언급하기로 한다.

2) 주요 부품의 제작

① 케이싱

25~30m정도 되는 저 낙차 대용량인 경우에는 스크롤 케이싱은 콘크리트로 제작하는 것이 일반적이다. 스크롤 케이싱을 설계 요구 치수 및 형상으로 정확하게 제작하기 위하여 콘크리트를 부을 수 있는 모형을 사용하여야 한다. 수차의 제작자는 케이싱의 형태를 이들 형 설계에 따라 결정하여야 한다. 콘크리트의 흡출관과 스크롤 케이싱은 수밀과 부드러운 유로 표면이 요구된다.

고 낙차의 경우 수압 하중을 콘크리트가 버티기에 너무 어렵기 때문에 [그림 6-22]와 같은 프랜시스수차의 케이싱 사진과 같은 방법으로 설계, 제작하여야 한다. 소형 케이싱의 경우에도 대부분 강판으로 제작한다. 스크롤 케이싱의 횡단면은 수직적으로 원형 단면을 갖도록 제작하여 스테이 링에 용접하여 부착하여야 한다.

② 러너 챔버

러너 챔버는 [그림 6-23]과 [그림 6-24]와 같이 러너와 허브를 둘러싸도록 판재로 제작 가공한다. 러너에 유입되는 압력에너지를 손실 없이 출력으로 변화시키기 위한 장치이다. 따라서 [그림 6-24]와 같이 러너 베인의 끝과 챔버 벽 사이의 틈새는 가능하면 작게 유지되도록 제작되어야 한다. 즉, 러너 베인 끝과 챔버 벽의 틈새는 러너 지름의 0.1% 정도가 되도록 한다.

러너 챔버는 베인 트러니언 중심으로 회전되기 때문에 구형으로 제작한다. 설치와 분해 관점에서 검토하였을 때는 원통형으로 제작하는 것이 좋다. [그림 6-23]에서와 같이 러너 챔버의 길이는 H만큼 고려하여 제작하여야 한다. 또한, 챔버의 하부 끝은 흡출관에 용접으로 연결되거나 플랜지로 연결되도록 제작되어야 한다.

러너 챔버에서 공동현상에 의한 부식이 운전 시 발생될 수 있다. 이를 방지하기 위하여 러너 챔버는 탄소강보다 공동현상에 강한 스테인리스강으로 주조하거나 용접하여 제작한다. 기존의 부식은 용접으로 보수가 가능하고, 러너 챔버는 외부 리브(external rib)로 보강할 수 있고 부분적으로 또는 전부를 콘크리트로 제작할 수 있다.

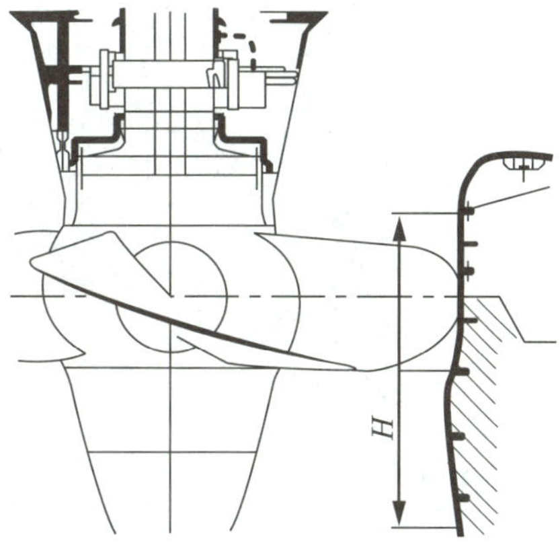

그림 6-23 수직축 카플란수차의 구조

[그림 6-23]에 제시된 수차는 하부 가이드 베인의 베어링이 설치되었지만, [그림 6-24]의 시화조력 수차는 콘크리트로 된 흡출관 터널에 연결되도록 제작되었다. 흡출관 터널과의 연결공사에서 러너 베인의 검사를 위하여 러너 챔버에 맨홀을 설치한다.

반면에 튜블러수차의 경우 러너 챔버를 송출구 링(discharging ring)이라 하기도 한다. 러너 챔버는 [그림 6-24]와 같이 외부 스테이 콘과 흡출관 콘 사이에 연결된 부분으로 러너를 보호하고 있는 케이싱을 의미한다. 외부 콘의 하부 끝은 플랜지로 러너 챔버와 연결되어 있다.

③ 흡출관

흡출관은 러너로부터 흡출관 외부로 물을 토출시키는 역할을 하는 부품이다. 흡출관

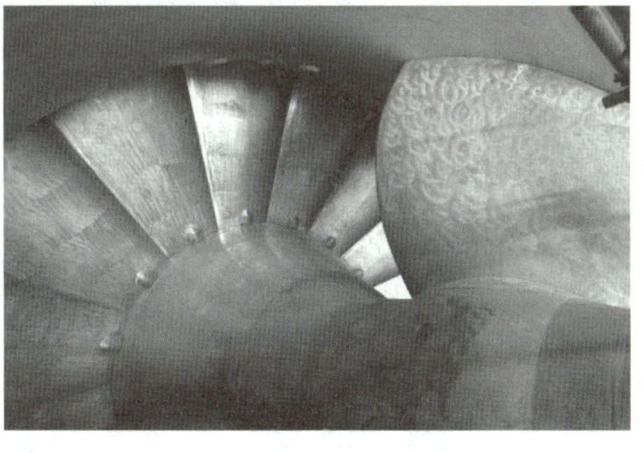

그림 6-24 시화조력 수평축 카플란수차의 러너와 러너 챔버의 틈새

그림 6-25 사각형 흡출관과 원형 흡출관(동아기공 제공)

의 목적은 러너 출구에서 운동에너지의 대부분을 압력에너지로 변화시켜 주기 위함이고 이를 위하여 흡출관의 단면적을 유동방향으로 증가시켜 제작하여야 한다. 흡출관의 내용은 프랜시스수차에서 설명을 하였다.

카플란수차 흡출관과의 차이점은 어떤 형태이든 원형 또는 사각형의 형태를 가지도록 제작되어야 한다는 것이다. 카플란수차의 흡출관은 비교적 프랜시스수차보다 크게 제작되므로 토목비용이 많이 소요된다. 따라서, 흡출관을 가능한 한 작게 만드는 것이 경제적이다. 특히, 상부 부분은 즉, 콘과 내부 곡면은 항상 강재판으로 연결되도록 제작하여야 하고, 연결되지 않은 나머지 부분들은 콘크리트로 제작하여야 한다.

[그림 6-25]와 같이 프레임작업이나 콘크리트를 붓거나 하는 작업을 단일 곡선을 갖는 표면을 직관 벽으로 설계하여 가능하면 간단하게 제작하여야 한다. [그림 6-26]은 튜블러수차에 사용된 원형 흡출관이다. 강재 플레이트에 용접된 플랜지로 연결되도록

그림 6-26 튜블러수차용 흡출관((주)금성이엔씨 제공)

흡출관이 제작되었다. [그림 6-27]에는 저 낙차인 시화조력 수차에 사용된 콘크리트 흡출관을 나타내었다.

그림 6-27 시화조력 콘크리트 흡출관

④ 러너

러너의 크기와 형상은 유량, 낙차에 따라 사류형 또는 축류형으로 결정된다. 카플란수차의 러너는 새로운 치수나 형태로 제작하는 대신에 러너 베인의 각도를 조절하여 출력을 제어하는 시스템으로 제작하면 부품의 수량이 많아지고 제작하기가 어려운 단점이 있다.

최근 낙차에 따라 베인의 수량이 변화되고 러너 챔버나 허브의 공간이 협소하여 결과적으로 높은 응력을 받게 되므로, 기존의 방법보다는 다른 제어시스템 등을 고려할 수 밖에 없게 되었다.

러너의 토크는 순수한 마찰 또는 마찰과 전단력에 의하여 수차 축을 통하여 전달된다. 따라서 수차 축의 플랜지와 러너의 플랜지를 연결하는 볼트는 열처리된 고강도용 강을 사용하여야 한다.

카플란수차의 러너는 낙차에 따라 일반적으로 3~8개의 날개로 제작되는데, 스테인리스강을 이용하여 제작한다. 베인은 [그림 6-28](가)와 같이 다축 가공을 하기도 하고 여러 개의 베인을 주조하여 가공하기도 한다. 이는 제조사의 판단에 따라 결정을 하면 될 것이지만, 연결을 위하여 베인에 플랜지를 제작하고 트러니언과 레버로 허브에 [그림 6-28](나)와 같이 연결시켜야 된다.

베인을 구동시키는 시스템은 [그림 6-29]와 같이 허브 내부에 설치하도록 제작한다. [그림 6-29]와 같이 허브 안에는 2가지 형태의 제어방법이 있는데 서보모터를 이용하는 방법과 기계적인 방법을 사용하는 방법이 있다. 서보모터를 이용하는 방법은 고정 피스톤과 축방향으로 움직이는 실린더와 링크 서포트, 링크 그리고 베인 레버가 허브 안에 설치하도록 하여 제어하는 방식이다.

이 방법은 편리한 장점을 가지고 있지만, 대형 수차에서는 용량이 적어서 사용하지 못하는 단점을 가지고 있다. 최근 4대강에 적용된 수차의 제어시스템을 보면 직접 허브 내에서 서보모터 대신에 기계식을 적용하고, 중공축을 이용하여 [그림 6-30]과 같이 러

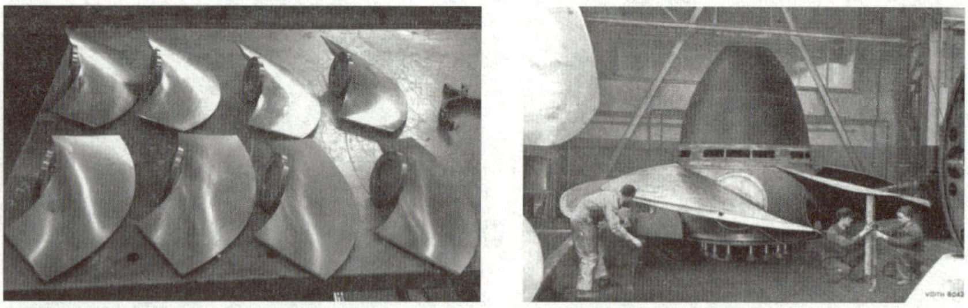

(가) 가공된 러너 베인((주)금성이엔씨 제공)　　(나) 조립된 러너(Ame Kjølle, 2001)

그림 6-28 카플란수차의 러너

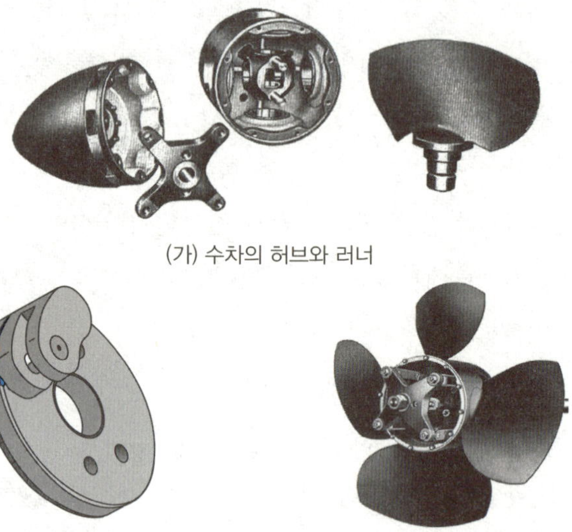

(가) 수차의 허브와 러너

(나) 회전판　　(다) 조립된 러너

그림 6-29 러너 허브 내부의 제어시스템

너 조절기(runner adjustment)를 이용하여 유압신호를 주고 받는 방법으로 제어하고 있음을 알 수 있다. 서보모터를 이용하는 것은 용량이 적은 경우에만 적용을 하고 있다.

⑤ 축

수차의 축은 [그림 6-31](가)(나)와 같이 탄소강을 이용하여 제작을 하고 축 끝에 단조된 플랜지를 갖도록 제작하여야 한다. 축 실 박스의 영역에서, 스테인리스 재질로 만들어진 축 슬리브로 축과 연결을 하여야 한다. 오일저장장치는 이미 설명한 바와 같이 같이 터빈 축과 볼트로 체결되어야 한다. 특히 카플란수차의 경우 러너 베인의 피치 제

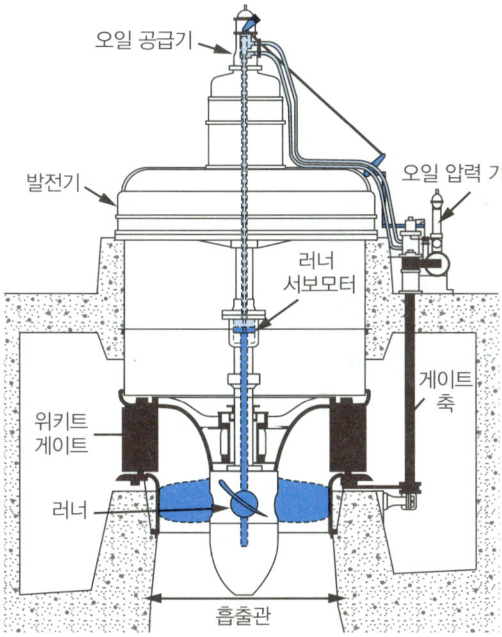

(가) 개념도

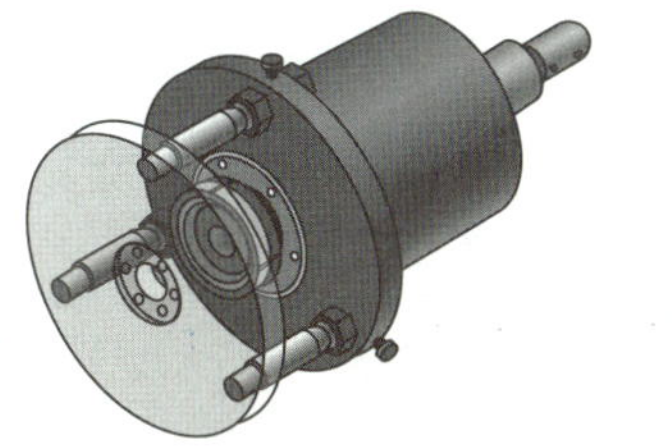
(나) 러너 조절기의 모형

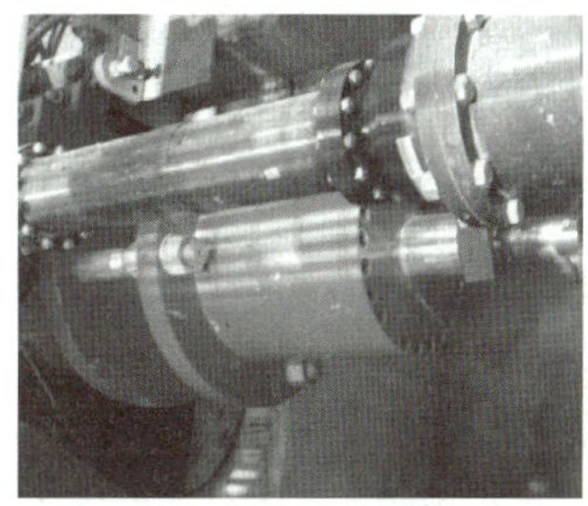
(다) 세종보에 설치된 러너 조절기

그림 6-30 러너 서보모터와 러너 조절기

(가) 중공축 가공(세원기연 제공)

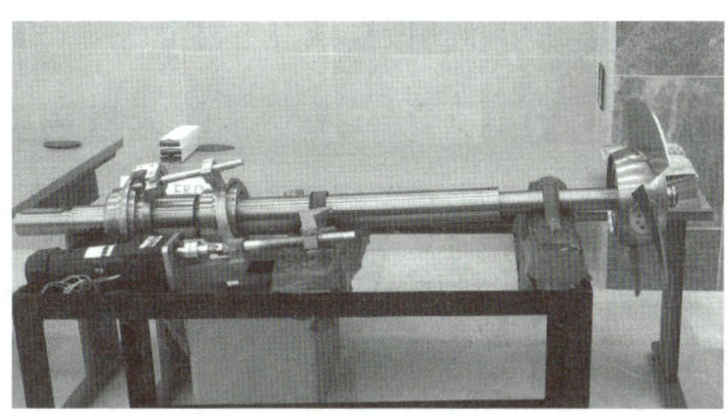
(나) 러너와 축의 조립((주)금성이엔씨 제공)

그림 6-31 중공축 가공과 러너의 조립

어를 위하여 [그림 6-31](가)와 같이 중공축으로 제작하여야 한다. 이 중공축을 통하여 유압신호가 주어지게 되고 러너 허브의 기계적인 [그림 6-29](나)의 회전판을 움직여 러너 베인을 제어하게 된다.

⑥ 가이드 베인

카플란수차의 가이드 베인의 제작은 프랜시스와 동일하게 제작하면 될 것이다. 조절

그림 6-32 가이드 베인((주)금성이엔씨 제공)

링(regulating ring)의 개념에서 보았을 때 동일한 각도로 수차의 부하를 조절하기 위하여 가이드 베인을 움직이게 하기 때문이다. 따라서 [그림 6-32]와 같이 스틸 플레이트로 제작한다. 이 또한 가공방법은 러너와 마찬가지로 주조 가공 또는 다축 기계 가공 둘 중에 크기나 구조적인 제작 방안을 고려하여 결정한다.

가이드 베인의 연결방법은 케이싱에 가이드 베인 트러니언 베어링과 연결하도록 제작되며, 베인의 표면은 가공 시 매끄럽게 마무리 한다.

⑦ 가이드 베인 제어기구

조절 링 시스템은 프랜시스수차와 유사한 시스템으로 링크와 레버를 이용하는 것이다. 3개의 주 서보모터를 가지고 있는 조절 링은 [그림 6-33]과 같다. 가이드 베인의 원추 배열 때문에 레버 링크 시스템은 큰 각도로 운동할 때 구면 베어링을 장착한 구조로 제작한다.

레버와 베인의 연결은 마찰조인트로 제작하여야 하는데 이유는 외부 물질이 베인 사이에 끼었을 때 손상을 줄이기 위함이다. 마찰조인트는 그 이웃한 베인이 고장 났을 경우 조절 링에 연결된 베인 레버가 가이드 베인의 나머지 부분이 구동되는 것을 가능하게 해주기 때문이다. 이런 조절 링의 사용 시 단점은 베어링의 슬랙(slack)과 조속기의 부정확성이 문제이지만 최근 가장 많이 사용되고 있다.

⑧ 베어링

[그림 6-34]와 같이 베어링은 프랜시스수차에서 설명한 기능과 동일하지만 프랜시스수차와 차이가 나는 것은 오일저장장치 뒷쪽에 볼트로 체결하도록 하는 백 스러스트 슬

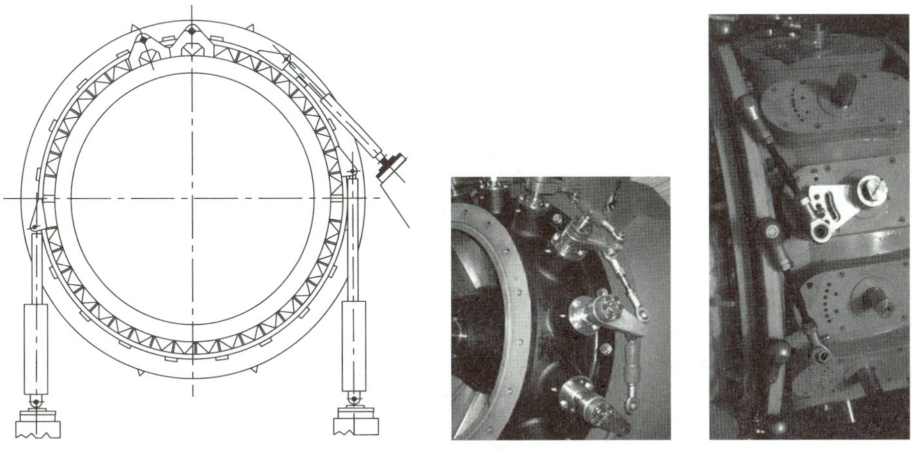

(가) 개념도 (나) Gugler 제작 (다) (주)금성이엔씨 제작

그림 6-33 가이드 조절장치

그림 6-34 수차 베어링과 축에 조립된 베어링(세원기연 제공)

라이드 링(back thrust slide ring)을 설치하여야 하는 것이다. 수차의 수직 하중이 줄어들 때 수차는 상부로 수직력이 작용하는데, 이것이 수차의 리프팅 원인이 된다. 그 이유는 백 스러스트 슬라이드 링은 베어링의 베이스에 수직력을 전달하는 베어링 패드의 하부를 잡고 있기 때문이다.

백 스러스트 슬라이드 링은 동(BrC)으로 제작하고, 오일의 원활한 윤활을 위하여 윤활 홈이 있어야 한다. 저 낙차 카플란수차의 경우 고 낙차 카플란수차보다 리프팅에 대하여 더 많은 문제가 있다.

⑨ 축 실 박스

카플란수차의 경우에 일반적으로 적용되는 축 실 박스는 [그림 6-35]에서 볼 수 있듯

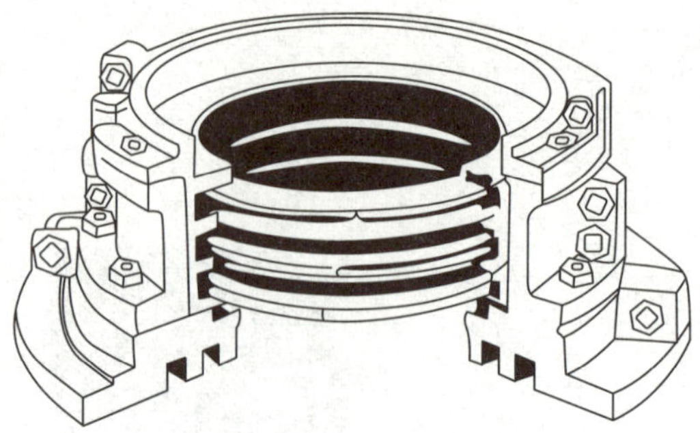

그림 6-35 카본 링 실 박스구조(by Ame Kjølle, 2001)

이 카본 링 박스(carbon ring seal box)를 사용하고 나선형 스프링으로 축을 압축하는 분리형 카본 링으로 구성되어 있다.

실 박스는 수차의 유입되는 유량에서 오는 변동압력(fluctuating pressure)에 노출되어 있으며, 링은 실 링에 의하여 어떤 마모에도 견디게 되어 있다. 실 박스를 통과한 축은 스테인리스 강으로 된 슬리브를 장착하는 구조로 제작되어야 한다.

축 실 박스는 지지 링(support ring), 실 하우징(seal housing), 글랜드(gland), 실 링 컴파운드(sealing compound), 그리고 스테인리스 슬리브에 실 링 컴파운드 실(sealing compound seal)으로 구성되어야 하며 수차의 내부 커버에 설치되는 구조로 한다.

이 중 글랜드는 압축을 주로 하는 구성요소이며, 실 링을 원활하게 해 주는 결과를 가져온다. 글랜드의 압축이 너무 심하면 축 슬리브와 실 링 컴파운드 사이에 열이 발생하므로, 온도를 모니터링하기 위하여 실 하우징에 온도센서를 설치하여야 한다. 또한, 센서는 제어실에 경보시스템과 연결하여 제어되어야 한다.

3) 주요 부품의 검사

① 러너

러너의 검사는 프랜시스수차의 내용과 큰 차이가 없다. 러너가 요구하는 필요한 강도 등 내구성의 확인을 위하여 재료에 대한 화학적 성분과 기계적 성질에 대한 재료검사를 기본적으로 실시하고, 러너 베인과 러너 허브를 별도로 제작하여 러너 조립품으로 완성됨으로 각각의 부품에 대해 개별적으로 표면 결함, 크랙 등을 확인하기 위해 비파괴 검사는 PT검사를 실시하고, 내부의 결함이 의심되는 경우는 UT검사 또는 RT검사를 실시하여 결함 유무를 판단하여야 한다.

러너 조립품은 균형잡기 검사를 반드시 실시해야 하는데, 동적 균형시험이라고도 하며, 회전체의 회전 중 질량 불평형이 회전체의 진동으로 발생하는 값을 낮게 하여 안정적인 운전을 위해서 실시하며 불평형량을 최소화 시켜야 한다. 검사기준은 일반적인 회전기기의 펌프 및 수차에 해당하는 기준을 적용한다.

② 축, 가이드 베인 및 스테이 베인

축, 가이드 베인 및 스테이 베인의 검사는 프랜시스수차에서 설명한 내용과 같다.

③ 케이싱, 흡출관

케이싱, 흡출관에 대해서는 콘크리트로 제작하는 경우를 제외하고 프랜시스수차에서 설명한 내용과 같다.

6.2 수차 보조설비의 제작

6.2.1 밸브

모든 수차 설치공사에는 기본적으로 차단장치 밸브가 필요하다. 긴급 차단밸브는 정전이나 수차의 비상 정지 등으로 갑자기 닫힐 때 수충격을 최소화 하기 위하여 관로계의 수리 조건에 따라 안전밸브를 설치하는 경우도 있다. 수차 앞쪽에 많이 사용되는 밸브는 구형 밸브(spherical valve), 버터플라이 밸브(butterfly valve), 게이트밸브(gate valve)가 사용되고 있다.

(가) 개방된 구형 밸브

(나) 밸브 로터

그림 6-36 구형 밸브(Ame Kjølle, 2001)

(가) 유압식 (나) 전동식

그림 6-37 버터플라이 밸브(현대밸브 제공)

(1) 구형 밸브

구형밸브는 고 낙차 수차 앞쪽의 차단용 밸브로 사용된다. [그림 6-36]과 같이 밸브는 플랜지가 부착된 형태로 구성되며 중요 부품으로는 하우징, 로터, 샤프트, 베어링과 실 링장치로 구성되어 있다.

(2) 버터플라이 밸브

버터플라이 밸브는 일반적으로 저 낙차와 중 낙차 수차 앞쪽에 적용한다. 고 낙차 수차의 경우 앞쪽에 게이트밸브를 설치하고, 버터플라이 밸브는 비상 폐쇄밸브로 사용된다. 버터플라이 밸브는 [그림 6-37]과 같이 유압식과 전동식이 있으며 주요 구성 부품으로는 밸브 하우징, 디스크, 샤프트, 유압실린더, 카운터 바란스로 구성되어 있다.

(3) 게이트밸브

게이트밸브 또한 수차 앞쪽에 차단밸브로서 사용한다. 그러나 구형 밸브가 게이트밸브 보다 적은 공간을 차지하고, 게이트밸브보다 압력손실이 적기 때문에 차단밸브로 많이 사용된다. 게이트밸브는 일반적으로 중, 소형으로 많이 사용한다. 밸브 하우징은 주조품을 사용하

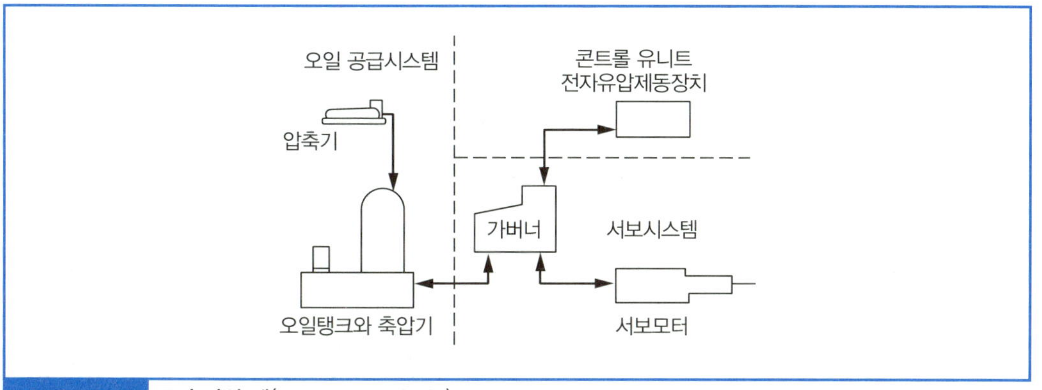

그림 6-38 조속기의 예(Ame Kjølle, 2001)

고, 낙차에 따라 용접된 하우징을 사용하기도 한다.

6.2.2 조속기

조속기는 가버너(governor)라 부르기도 한다. 조속기는 가이드 베인의 각도를 조절하는 장치로서 크게 파워실린더와 서보모터로 이루어져 있다. 서보시스템을 이용하여 가이드 베인의 각도 변화를 정확하게 작동하도록 되어있다. [그림 6-38]은 서보시스템을 이용한 조속기의 예를 나타내었다.

① 가이드 베인은 스핀들과 조립되고 베인 양단은 밸브를 닫을 때 케이싱의 내부면이 효과적인 밀폐 구조가 형성되도록 제작되어야 한다.

② 가이드 베인 조작은 전동 서보모터를 사용하여 전부하 차단 시 가이드 베인에 걸리는 최대 접선방향 모멘트에 대하여 충분한 토크를 갖도록 제작되어야 한다.

③ 가이드 베인은 현장 및 원격 지시가 가능한 위치변환기가 부착되어 운전제어에 적합한 위치에 리미트 스위치를 부착할 수 있도록 제작되어야 한다.

6.2.3 유압시스템

유압시스템은 [그림 6-39]와 같이 수차의 조속기 시스템에 유압에너지를 공급하는 것을

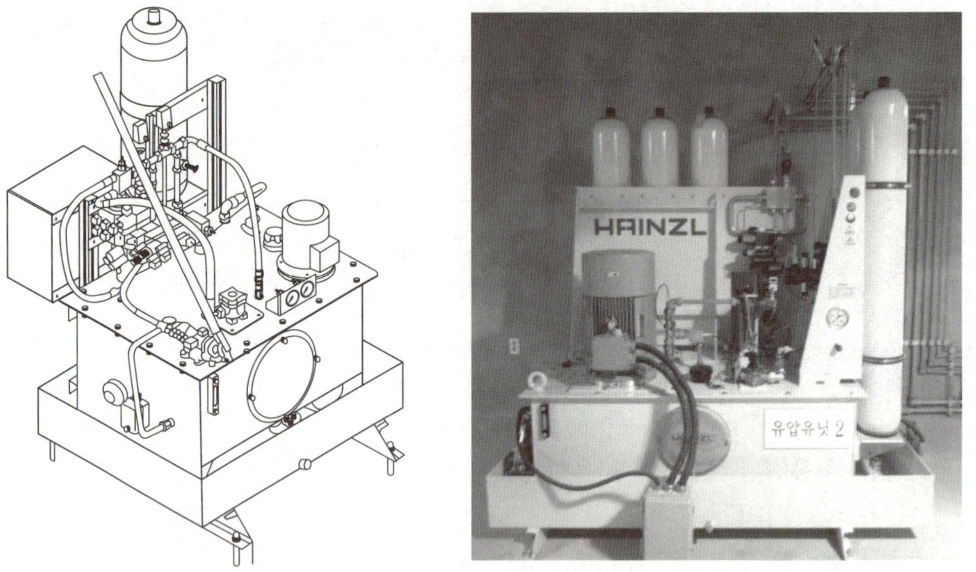

(가) 개념도 (나) 세종보에 사용된 유압시스템

그림 6-39 유압시스템

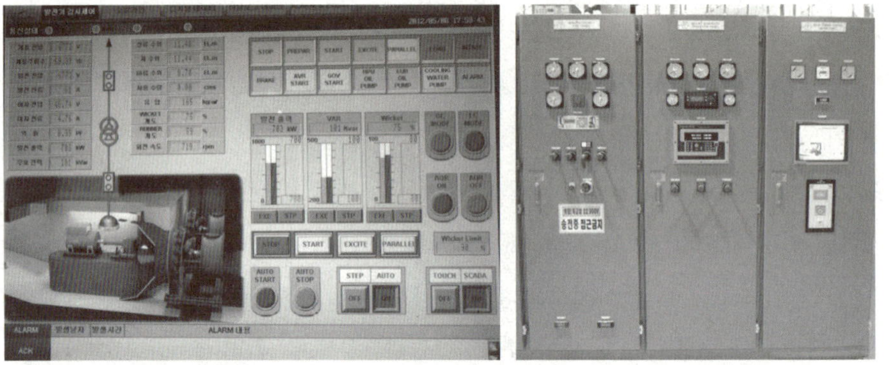

(가) 프로그램 화면 (나) 제어시스템 판넬

그림 6-40 세종보에 설치된 운전제어장치((주)리젠코 제공)

목적으로 제작한다. 유압시스템은 제작사마다 압력에 따라 여러 가지 형태와 크기로 제작이 가능하다.

압력탱크는 설계된 압력에 따라 축압기와 함께 사용한다. 유압시스템에 사용되는 각종 유압기기 주요 구성품은 유압펌프, 압력탱크, 기름탱크, 조작 판넬 및 솔로노이드 밸브로 제작된다.

6.2.4 운전제어장치

수차시스템을 운전하기 위해서는 [그림 6-40]과 같이 운전제어시스템을 갖추어야 한다. 운전제어시스템은 수차 및 발전기에 발생되는 모든 정보들을 수집하여 이에 대한 정보들을 통합관리 운영하기 위하여 프로그램화 되어야 한다. 또한 [그림 6-39]의 유압시스템을 관리할 수 있는 프로그램 또한 내장되어야 한다.

참고문헌

① 국내 관련 연구자료

카플란수차 설계기술 및 국산화 개발, 1996-N-SH02-P-01, 산업자원부.

수차 유동특성분석을 통한 설계기술향상 및 성능개선, 2009-2010,한국수자원공사.

저효율 소수력 수차 유동분석(CFD)을 통한 효율개선, 2011-2012, 한국수자원공사.

② 국외 각종 규격

Hydro Life Extension Modernization Guides, Volumes 2 : 2000, TR-112350-V2, Hydromechanical Equipment, EPRI.

IEC60041 International Standard 3rd Ed., 1991, Field Acceptance Tests to Determine the Hydrualic Performance of Hydraulic Turbines, Storage Pumps and Pumps-Turbines.

ISO 62256 Ed 1.0, 2008, Hydraulic Turbines, Storage Pumps and Pump-Turbine Rehabilitation and Performance Improvement.

③ 참고서적

Ame Kjølle, 2001, Hydropower In Norway, Mechanical Equipment.

French River Land company's website.

Mei Zu-yan, 1991, Mechanical Design and Manufacturing of Hydraulic Machinery, Abebury Technical.

Mohammad Durali, 1976, Design of Small Water Turbines for Farms and Small Communities, Technology Adaptation Program, Massachuetts Institute of Technology, Cambridge, Massachusetts.

Obid zia, osama abdul ghanl, syed talha wasif and zohaib hamid, 2010, design, fabrication and installation of a micro-hydro power plant.

The Reconstruction of the Valley Paper Kaplan Turbine Report.

水力タービン(터보기계학회편).

④ 회사자료

(주)금성이엔씨, 덕지산업(주), 동아기공, (주)리젠코, 세원기연, 한국수자원공사. 현대밸브, Andriz, Gugler.

제 7 장

수력 발전설비의 설치

7.1 설치 일반

모든 수력 발전시스템(hydro-power system)을 설치하는 것은 대부분 토목 공사를 수반한다는 점을 먼저 상기해야 한다. 강이나 호수 혹은 저수조 등의 수원(水源)으로부터 장애물을 제거하고 최대의 낙차를 가진 에너지원인 물을 끌어와야 하고, 유입된 물을 수차까지 연결해야 하는 것이다. 이런 수차 설치의 경우를 예로 들어 주로 수력 위주로 물의 유입부터 수차에 이르기까지의 외부 보조 기기를 포함한 수차발전기 및 부속설비에 대하여 그 용도와 설치 시 주안점 및 고려사항에 대해 살펴보고자 한다.

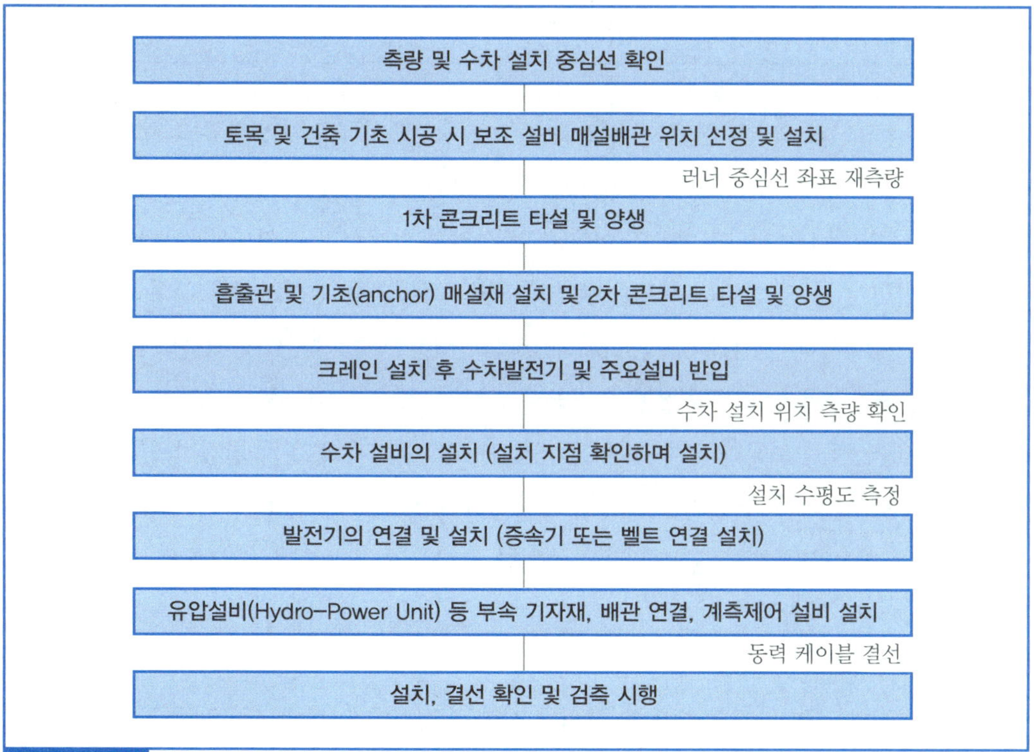

그림 7-1 수차의 설치 순서

수차 설비의 설치는 1장에서 기술한 바와 같이 수차의 종류, 규모, 설치 형태에 따라 달라지나 여기서는 소수력 발전설비 설치 사례 중심으로, 충동수차(impulse hydraulic turbine)와 반동수차(reaction hydraulic turbine)의 두 가지 경우로 구분하고 충동수차는 고 낙차로 인하여 지리적 여건상 국내에서 사용 빈도가 거의 없으나 대표적인 펠턴수차를 기준으로 하였으며, 반동수차는 국내에서 사용 빈도가 비교적 많은 프랜시스수차의 저 낙차에서 활용도가 많으며 유사한 카플란수차로 구분하여 설치 기준을 정리하였다.

주요 공통 설비 부분은 수차의 형태나 종류에 따라 구분하지 않고 보편적으로 적용되는 기기의 공통적인 관점에서 통합하여 축, 케이싱, 러너, 가이드베인, 베어링, 발전기, 증속기, 유압장치, 배수 및 충수 펌프, 크레인, 제어설비 순으로 각 항목을 구분하여 기술하였다.

[그림 7-1]과 같이 수차의 일반적이고 간략한 설치 순서와 설치 전 준비 및 확인 사항으로 정리하였다. 충동수차인 펠턴수차의 설치 방법과 반동수차인 프랜시스와 프로펠러, 카플란 수차의 각 특성별 설치 방법에 대해서는 일반적인 사항과 주요 항목별로 내용을 기술하였다.

7.2 수차 설비 설치 전 준비사항

원활한 수차의 설치와 계획된 설치 시간을 준수하기 위해서는 수차의 종류 및 형태와 무관하게 몇 가지 설치 전 준비되어야 하는 사항들이 있으며 그 중 기본적으로 토목 구조물과 건축물이 설치를 하기 전 단계까지 완성되어야 하며 작업의 안정성과 편의성이 확보되어야 한다.

수차 설비의 설치 시 기기의 특성을 잘 알고 있는 작업자를 선정하여야 하며 그렇지 못할 경우 설치를 감독할 수 있는 감독자(supervisor)를 선임하여야 한다. 가급적 설치 경험이 많은 작업자들을 배치하여 설치하는 것이 유리하다. 경험이 많은 숙련공들은 설치 매뉴얼과 축적된 경험에 따라 설치 순서와 위치 그리고 설치 전 · 후의 검측과 수차 발전기의 위치 조정과 중심 축, 건물 벽체로부터의 거리유지, 부속설비의 배치, 부속설비와의 간섭 및 연결라인의 위치 선정 등 많은 부분에서 다양한 경험에 의한 시공 적용으로 설치 성공률을 높일 수 있으며 이는 성능과도 무관하지 않다. 그러므로 수차 설비 설치 시 가급적 경력자의 활용이 바람직하다고 하겠다.

대부분의 수차는 한번 설치하면 재 설치가 어렵고 정렬된 위치에 정밀하게 설치되어야 제 기능을 발휘하므로 원활한 현장 설치를 위하여 아래 열거된 사항처럼 사전 준비단계를 확인할 필요가 있다.

① 토목 및 건축의 설치 전 시공 사항 확인
② 설치하고자 하는 위치의 청소 및 주변정리와 작업 환경 조성
③ 설치 위치의 매설 자재 위치 확인 및 정렬
④ 현장 설치 시 내부에서 사용 될 전원의 연결
⑤ 내부 이동과 설치를 위한 중량물 이송의 크레인 사용
⑥ 설치 공구 및 측량장비의 준비
⑦ 설치 시 사용될 설비 및 보조용품의 준비
⑧ 작업을 위한 내부 조명 설비의 설치
⑨ 안전을 위한 내부의 안전 보조 장치 준비

7.3 펠턴수차의 설치

충동수차는 펠턴수차 이외에도 펠턴과 유사한 방식인 튜고수차(turgo water turbine)와 원통형의 러너를 유량 변화에 따라 조절 회전시키는 횡류수차가 있으나 설비들이 유사하며 펠턴수차와 설치 방법이 유사하다.

펠턴수차는 수차부인 러너와 케이싱, 노즐, 그리고 회전력을 전달하는 축과 축에 연결되어 속도를 증감해주는 기어나 벨트 형태의 부속장치 설치와 최종 전기를 생산하는 발전기(generator)부의 분할로 [그림 7-2]의 설치된 모습과 [그림 7-3]처럼 비교적 어렵지 않은 설치

그림 7-2 Gugler사의 중형(좌) 및 소형 펠턴수차의(우) 설치 사진

케이싱의 조립과
인입구 연결 준비

1. 케이싱과 노즐의 조립

2. 축과 러너의 조립

러너의 축 결합과
케이싱의 체결

3. 러너와 발전기 동체 결합 설치

4. 배관 조립 및 밸브의 설치

부속기기 설치와
발전기의 연결로 완성된 모습

5. 부속설비 및 제어설비 결합

6. 설치 완료

그림 7-3 펠턴수차의 설치 순서

의 예를 볼 수 있다.

7.4 반동수차의 설치

7.4.1 프랜시스수차의 설치

중 낙차에 적용되는 프랜시스수차의 경우 수직축과 수평축으로 분류되는데 주로 유량의

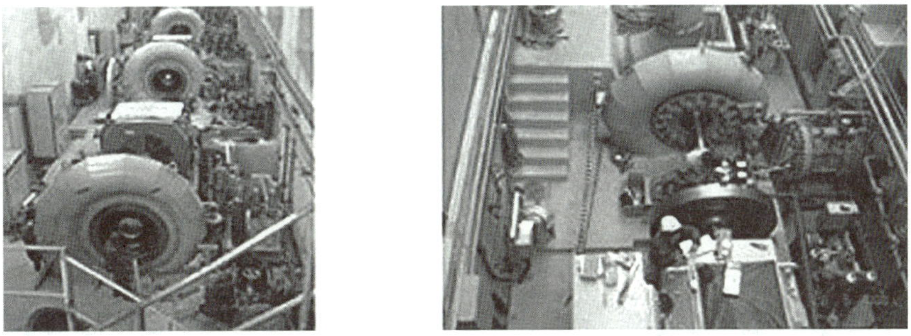

그림 7-4 프랜시스수차의 케이싱 설치(좌)와 발전기 설치 모습(우)(Gugler사 사진 제공)

조건과 설치하고자 하는 위치, 지형에 따라 적정한 형태를 선정한다.

프랜시스수차는 크게 원통형 주름치마 형태의 러너, 몸체를 이루고 물을 안내하는 달팽이관 모양의 스파이럴 케이싱, 그리고 흡출관으로 구성되어 있으며 이외에 부속설비로 유압장치 및 브레이크 장치 등의 보조설비로 구성된다. 특수한 경우를 제외하고는 대부분 러너와 발전기가 축을 통한 직렬로 연결되어 설치된다.

프랜시스수차의 경우 대부분 수압관로를 통하여 물이 이송되며 이 물은 밸브를 지나 스파이럴 케이싱과 연결되어 설치되며 안내깃에 따라 러너를 회전시키고 흡출관으로 배출된다.

소형의 경우는 수차와 발전기를 일체형으로 조립하여 받침대(base)를 제작 후 공급되는 경우도 있다. 이 경우에는 정해진 위치에 홀(hole) 가공된 받침대에 볼트를 이용하여 평형을 유지하고 고정시키므로 설치가 비교적 단순하나 각 부분별로 구분하여 설치할 경우에는 설치 형태에 따라 수격을 방지하기 위하여 케이싱 및 유입관 라인의 동체를 별도의 매립 보조 철물로서 지지하고 콘크리트로 고정시키거나 구조물 안에 일부를 매립하는 방식도 사용된다.

설치 시 주안점은 러너와 발전기가 연결되어지므로 센터링(centering)이 정확해야 하며 흡출 높이(static suction head)를 확인하기 위하여 중간에 설치 위치의 측량을 확인해가며 시공하는 것이 좋으며 흡출 시 수압을 형성하는 흡출관의 물 잠김을 고려하여 설치하여야 한다.

만일 흡출관이 물에 잠기지 않으면 원활한 물 빠짐의 방해와 러너 공동현상 및 소음 유발 등 장애가 되기도 하므로 설치 시 주의하여야 한다.

[그림 7-4]는 프랜시스수차의 설치 사진이고, [그림 7-5]는 프랜시스수차의 설치순서 사진이다.

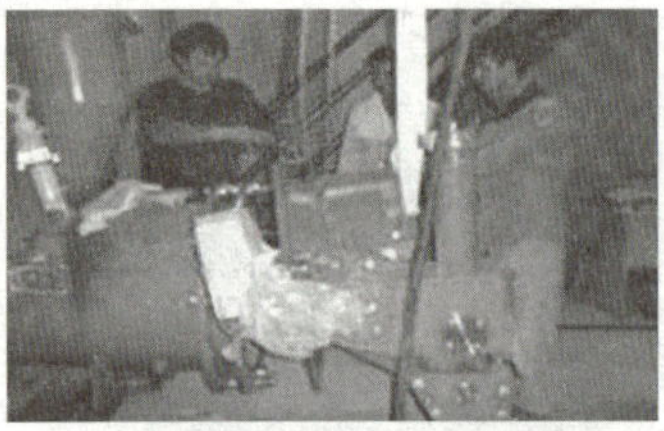

1. 측량 후 입구부 설비 배열

입구부의 밸브와 가조립된
터빈의 위치 조정

2. 수차발전기 가조립

3. 인입구 센터 측정 및 정렬

설치를 위한 각 기기의 센터라인
설정과 각 부분의 치수 확인

4. 각부 치수 조정 및 확인

5. 고정용 지지체 용접

지지체 고정 및 수차 발전기 축
정렬 후 설치

6. 수차 축 설치 및 위치 고정

7. 밸브 및 배관 설치

설치 위치 확인 후 입구라인 연결
및 흡출관 연결 설치

8. 흡출관 연결 설치

9. 수차 발전기 위치 확인 및 설치

수차 발전기 완전 결합 및
부속설비 설치 조립으로 완료

10. 발전기 및 부속설비 설치 완료

그림 7-5 프랜시스수차의 설치 순서

7.4.2 카플란수차의 설치

프로펠라, 카플란수차의 경우는 저 낙차, 대유량 및 소유량에서도 사용된다. 카플란수차는 러너와 안내깃의 연동성에 따라 고효율을 낼 수 있는 기기 특성상 약간의 차이가 있지만 기본적으로 유사한 구성이고, 설치 기준은 비슷하므로 별도의 기준으로 분류하여 설명하지 않고 안내깃과 러너의 연동 개념에서 카플란수차의 설치를 설명한다.

국내에서 적용되는 빈도가 많은 수차 기준으로서 설치하고자 하는 형태에 따라 축을 기준으로 크게 수직, 수평, 경사형으로 〈표 7-1〉과 같이 분류한다. 또한, 현장 여건 및 수차와 발전기의 배치 형태에 따라 직결형, 증속장치를 통한 분리형으로 나뉘고 수차의 배치 형태에 따라 [그림 7-6]과 같이 수직축, 수평축으로 나뉜다. 수차 종류에 따라 벌브(bulb)형, 피트(pit)형, S형, 플럼(flume)형 등 다양한 형태의 변형이 많으므로 설치 시 설계자의 의도와 설치에 대한 기준 조건을 준수하여 설치하여야 한다. [그림 7-7]은 피트(pit)형 카플란수차의 설치 순서이다.

표 7-1 | 축에 따른 설치 형태

분류	적용	장점	단점
수직형	저 낙차	공간성 양호, 기기 노출, 유지보수 보통	깊은 형태의 설치
수평형	저, 중 낙차	시공성 양호, 기기 노출, 유지보수 좋음	넓은 면적 설치
경사형	저, 중 낙차	시공성 양호, 수직과 수평의 중간 형태	설치 조건 보통

그림 7-6 수직축과 수평축 카플란수차의 설치 사진(Mavel(좌) 사 제공, Gugler(우) 사 제공)

1. 측량 및 기초 설비 위치

설치점 측량 및
토목 기초 시행, 매립자재, 철근,
배관, 케이싱 설치

2. 동체 고정 및 케이싱 설치

3. 흡출관 설치(토목)된 상태

흡출관 설치 및 수차를 설치하기
위한 축 정렬과 러너 허브 설치

4. 축 및 러너 허브 설치

5. 분배기 위치 고정 및 설치

분배기 설치와
설치된 축을 기준으로 연결되는
러너의 조립 및 설치

6. 러너 조립 및 설치

7. 챔버(chamber) 및 점검구 설치

러너 챔버와 점검구 맨홀 설치,
수차 축과 증속기와
발전기 연결 설치

8. 발전기와 증속기 연결 설치

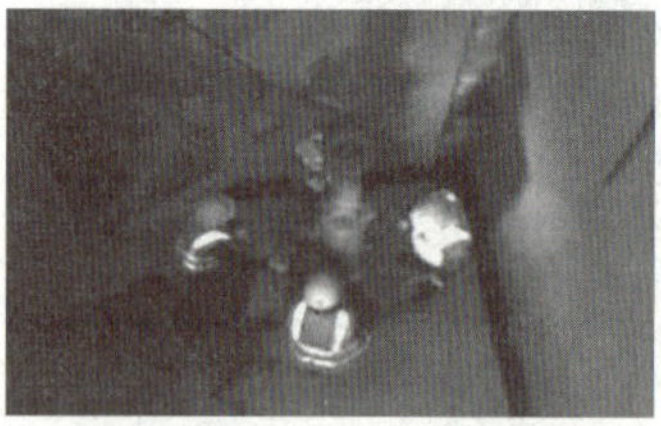
9. 유압설치 및 배관 연결(보조기기)

유압 및 배관라인의 연결,
서보모터, 전기, 제어설비 조립
및 설치 완성

10. 설치 완료

그림 7-7 카플란수차의 설치 순서

7.5 설치 확인

수차 설치 후 최종 마무리 콘크리트 타설을 하기에 앞서 설치과정 중 계획된 기준점에서 이동이나 변형이 없었는지 설치 상태를 확인하여야 한다.

최종 확인 후 시공된 설비는 변경을 하기가 어려우므로 정확히 설치가 되었는지에 대한 검토로서 〈표 7-2〉의 표와 같이 별도의 체크리스트를 만들어서 각 항목별로 설치 상태 및 결합 상태 등을 확인하여야 한다.

표 7-2 | 소수력 수차 설치 후 설치 상태 확인을 위한 설치검측서

설치검측서		DOCUMENT NO :	001		
		REV. NO	0	PAGE	6/6
품명	KTS 2800	기기명	Kaplan Pit Turbine 2800		

설치 검측 체크리스트

공 사 명	행복지구 수력 발전설비 공사		
기기번호	KTS 2800	기 기 명	수력 발전 설비
공종	소수력발전소	위치 및 부위	수차 및 부속설비
세부공정	수차 설치	설치 공급사	

번호	검사/시험 항목	검사/시험 기준 (시방서 또는 도면 등)	시공사점검		감리원검측		조치 사항
			합격	불합격	합격	불합격	
1	배치가 승인된 위치에 맞는가?	승인도면					
2	타 기기와의 연결 및 조화를 이루는가?	승인도면					
3	기초 볼트의 여유 길이 및 체결은 양호한가?	여유 길이 2~5산					
4	기초 패드(pad)의 시공 상태는 양호한가?	견고하고 미려할 것					
5	볼트, 너트의 조임 상태는 견고한가?	견고할 것					
6	수평, 수직 정도는 양호한가?	± 1° 이내					
7	흘러내림, 얼룩, 벗겨짐은 없는가?	없을 것					
8	각 운동부에 윤활유가 주입 되었는가?	주입될 것					
9	전기 결선 부위 이상은 없는가?	견고할 것					
10	현장 조작반의 설치는 양호한가?	승인도면					

시공사 점검일자	20 년 월 일	점검 직원	㉻
감리원 검측일자	20 년 월 일	검측 감리원	㉻

7.6 수차 설비의 각 부분 설치

7.6.1 축

강도와 부식을 고려하여 스테인리스로 제작하며 사용 시 고 회전 및 베어링에 의한 축이 정렬되어 동력을 전달하므로 설치 시 정밀도를 요구하는 설비로서 축의 정렬상태가 가장 중요한 기준이 된다.

이를 위하여 축 설치 시 별도의 축 정렬기기를 활용한 정렬(alignment) 측정을 하여 수평도 및 수직도를 확인 후 시공하여야 한다. 그렇지 않을 경우 진동과 소음 등으로 인하여 수차 베어링 및 증속기, 발전기 등에 손상을 일으킬 수 있다.

7.6.2 케이싱

수차의 동체로서 설비를 감싸고 유량의 흐름을 안내하는 기능을 한다. 수차의 형태에 따라 카플란수차는 피트형(pit)이나 벌브형(bulb), 프랜시스수차의 경우 스파이럴 케이싱, 펠턴의 경우 홈 형 케이싱으로 구분된다. 수차의 충격이나 이동을 방지할 목적으로 설치 시 일부 또는 전부를 콘크리트에 고정하여 진동이나 수격으로부터 안정성을 확보할 수 있도록 설치되어야 한다. 이를 위해서 기초 터파기한 장소의 설치 지점에 미리 시공된 매설 자재와 연결하여 견고히 고정 설치하며 내부의 축 연결 및 증속기, 발전기 연결과 관계하므로 설치 시 사전 검토와 측량에 따라 정확한 시공이 필요하다.

7.6.3 러너 베인

러너는 물의 수격압과 외부 저항에도 견딜 수 있도록 제작된 만큼 특히 설치 시의 허용오차와 위치 등의 주의가 요구되는 사항이다

대부분의 러너는 축에 연결된 러너 허브로 직접 결합되며 베어링에 의하여 지지와 회전을 하므로 러너 허브를 축에 견고히 조립하여야 한다.

그림 7-8 펠턴 버킷과 러너가 축에 조립(Gugler와 금성이앤씨 제공)

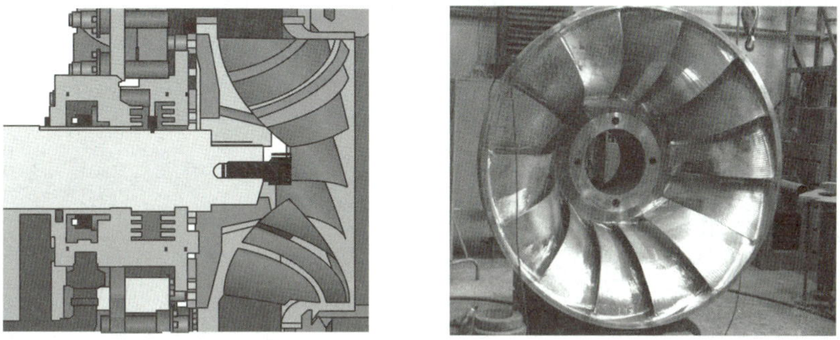

그림 7-9 축에 연결된 프랜시스수차 러너의 단면(좌)과 러너 제작 모습 사진(우)
(금성이앤씨와 Litostrojpower 제공)

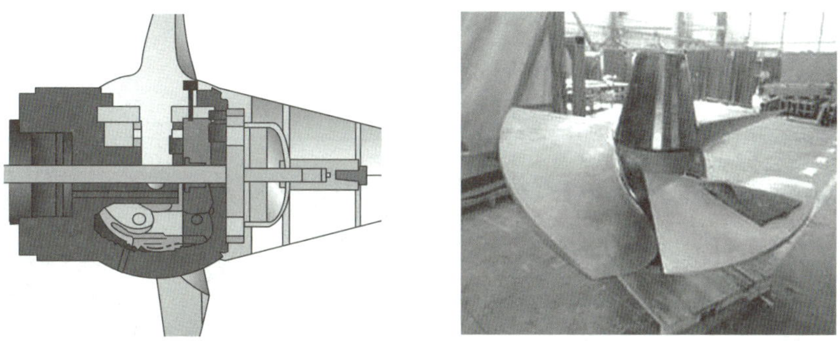

그림 7-10 카플란수차 러너의 단면도(좌)와 조립된 러너 모습(우)(Gugler와 금성이앤씨 제공)

조립방법은 가이드 홈 방식과 물림 방식 등이 있으나 고압의 유압펌프를 활용한 고압력으로 축에 러너를 일체화하여 부착하는 물림(joint) 방법을 설명하기로 한다.

이러한 방법에는 2개의 유압펌프를 활용하는데 하나의 유압펌프는 허브를 콘(cone) 형 부시 측의 축 방향으로 밀기 위한 것이며, 또한 허브를 팽창시키기 위한 것이다. 계산된 위치까지 러너 허브가 도달했을 때, 두 번째 유압펌프의 압력을 제거시키면 러너가 축에 고정되고 이후 허브 외부 측으로부터 축의 내부 방향으로 나사로 고정시킨다. 이때 러너 허브는 고정용 볼트에 의해 고정되어 그 자리를 유지하고 있어야 된다.

[그림 7-8]의 펠턴수차나 [그림 7-9]의 프랜시스수차의 경우에는 대부분 축에 가이드 홈을 만들고 러너와 끼워 맞추기 형태로 체결 후 고장력 볼트(high strength bolt)를 사용하여 회전방향과 반대방향으로 축에 러너를 직접 조립하는 볼트에 의한 결합이 있으며 방법은 다르나 축과 러너의 결합은 중요한 요소이므로 설치 전후에 반드시 견고한 결합상태를 확인하여야 한다. [그림 7-10]과 같이 러너가 연동되는 카플란수차의 경우는 조립이 끝나면 원활한 작동을 위하여 러너 허브 내에 오일을 채우고 러너 콘으로 덮는다.

7.6.4 유량조정장치

케이싱을 통하여 유입된 유량의 제어를 목적으로 시공되며 러너의 앞쪽에서 유량의 흐름과 조정 역할을 하는 중요한 부분이다.

대부분 유량조정장치 부분만 분할된 별도의 조립 형태로 제작되는 것이 보통이나 일부는 케이싱에 조립되어 [그림 7-11]과 같이 시공 시 통합하여 안착시키는 것만으로도 설치가 동시에 수행되므로 시공의 편리성을 가질 수 있으며 수차의 종류 및 설계 제작 방법에 따라 시

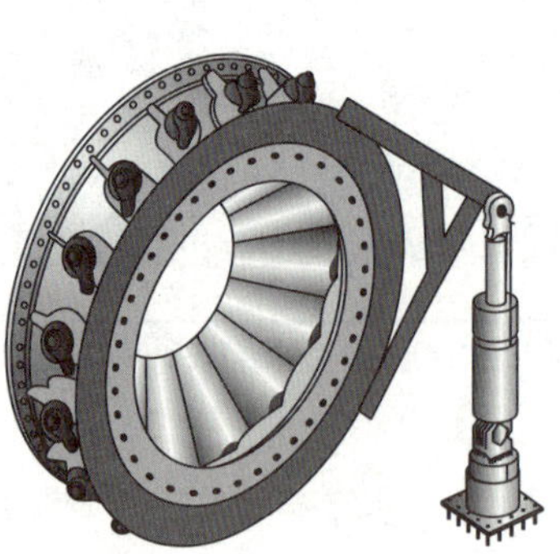
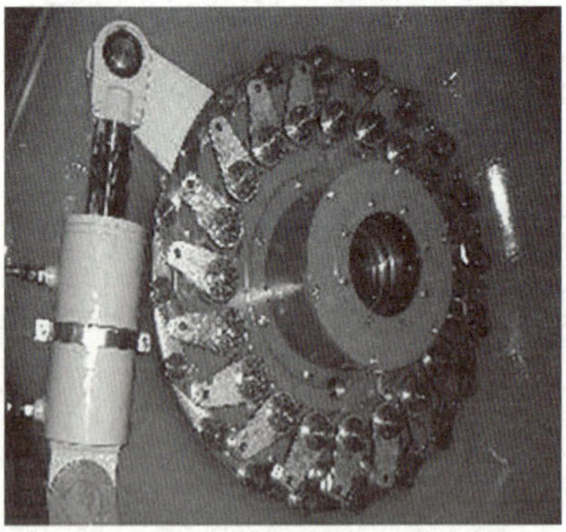

그림 7-11 카플란수차(좌)와 프랜시스수차의 유량조정장치(우)(금성이앤씨 제공)

공방법이 달라질 수 있다.

내부 안내깃마다 한 개씩 스프링 막대나 길이 조정용 형태의 조임장치(clamp)로 된 가이드 로드를 설치하고 이 연결고리를 통하여 조정되며 이렇게 설치된 설비는 안내깃에 이물질이 끼는 경우 안내깃의 뒤틀림을 보정(calibration)해주는 역할을 한다. 시공 중 안내깃이 틀어진 경우 안내깃의 잠금장치를 풀고 원래의 위치로 돌린 후 다시 잠그면 된다. 안내깃의 틀어짐 여부는 설치 시공 후 올바른 설치가 되었는지를 확인하기 위하여 틈새 게이지(thickness gauge) 등의 측정공구로 측정하여야 한다.

7.6.5 베어링

베어링은 수차 회전의 중요한 요소로서 수차의 종류에 따라 설치하는 위치가 다르지만 일반적으로 전면 베어링, 후면 베어링, 트러스트 베어링 등이 [그림 7-12]와 같이 수차의 축 방향 힘을 지탱하기 위하여 설치된다.

전면 베어링 하우징은 유량조정장치 부근에 조립되어 있으며, 후면 베어링시스템은 축 회전력을 전달하기 용이하도록 증속기나 발전기 축에 직접 위치해서 수차의 축 방향 힘을 부담하도록 되어 있으므로 설치 시 이 점을 고려하여야 한다.

수차의 베어링은 그리스 윤활형으로 그리스는 수동으로 주입하기도 하나 최근에는 일반적으로 수차 주변에 그리스 자동주입장치를 설치하여 정해진 시간에 반복적인 주입으로 수차

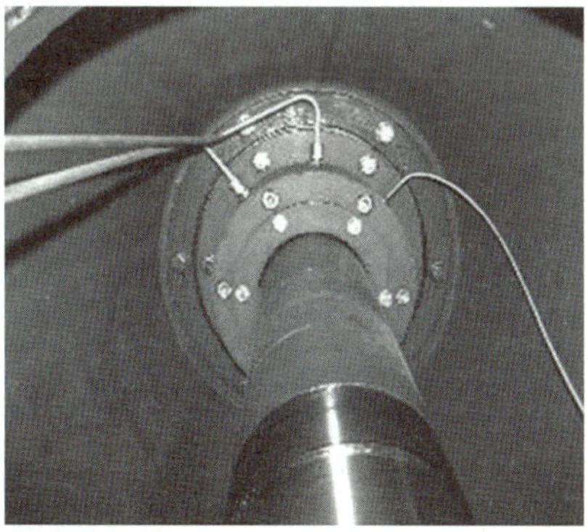

그림 7-12 축에 결합된 베어링 위치와(좌) 분해된 베어링의 사진(우)(금성이앤씨 제공)

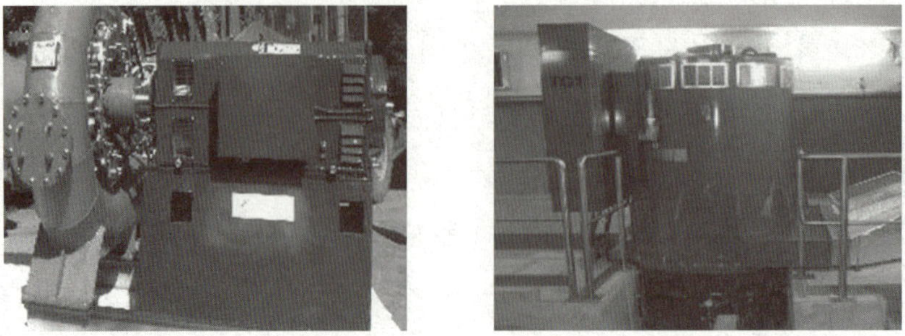

그림 7-13 횡축(좌) 및 입축(우)의 수차와 발전기의 결합된 형태 사진(Gugler 제공)

의 축 회전이 원활하게 유지되도록 설치하여야 한다. 추가적으로 온도가 상승하는 경우와 온도로부터 수차를 보호할 수 있도록 경보가 울리고 수차가 자동으로 정지하도록 구성된 제어장치(control device)를 설치하여야 한다.

7.6.6 발전기(generator)

수차에 의해서 구동되어 기계적 에너지를 전기적 에너지로 변환하는 회전 전기설비로 분류되는 발전기는 동기식, 유도식을 주로 사용하고 있다. 발전기 종류 및 전압, 케이블 결선 상태 등에 따라 약간의 차이는 있으나 대부분의 발전기는 수평도와 축 정렬이 중요한 설치 주안점이다 .

[그림 7-13]과 같은 발전기는 대부분 일체형으로 제작되어 공급되며, 수차와 직접 결합하여 설치하는 방법과 수차와 발전기 사이의 증속기(speed increaser)나 벨트를 설치하여 구동되는 경우로 크게 구분된다. 수차와 직결 시에는 비교적 단순히 수평이 유지될 수 있도록 설치하는 것만으로도 가능하나 중간에 증속장치를 사용할 경우에는 수차와 증속장치, 발전기까지의 동력 전달 라인이 잘 정렬되게끔 설치하여야 하며 설치 후 축 정렬을 보기 위한 설비를 사용하여 수평도 및 축의 위치를 확인하여야 한다.

생성된 에너지를 전기로 변환하는 기기이니 만큼 전문가로 하여금 케이블 연결 상태를 확인하도록 하여야 한다.

7.7 부속설비의 설치

7.7.1 수압관(penstock)

낙차가 형성된 경우 물을 수차까지 연결하기 위한 수로 및 수압관이 파이프라인 역할을 한다. 대부분의 수력 발전시스템은 사각이나 원형의 수로나 관로를 통해 유입되는 물로써 전력을 생산하게 된다. 수로를 통해 취수조의 물을 수차까지 운반하게 된다.

수차나 발전기는 [그림 7-14]와 같이 파이프라인의 최고 압력 지점의 끝단에 설치되며, 발전소 건물은 안정적인 설치 장소를 제공하고 외부 장애로부터 설비를 보호하고 물이 수차를 돌아 빠져나가는 길을 만들어주게 된다.

수압관은 대부분 보호를 위해 매립설치를 하게 한다. 매립은 물리적인 것으로 부터 보호해 줄뿐 아니라, 물이 통과할 때 관이 흔들리는 위험을 막아주기도 할 목적으로 수압관로에 일정 간격으로 고정 장치인 지지체(stiffener)를 용접하여 설치한다.

수압관 형태의 라인을 이용한 발전 설비에 동파를 방지할 목적으로 방한(防寒) 설비를 하게 된다면, 수압관의 비용이 상당히 커질 것이므로, 동절기 가동과 동파 보호를 위하여 결빙선(frost line) 이하로 매립 설치하는 경우도 있다. 설치 계획과 시공 시 경제적인 측면에서 고려해야 할 부분이 될 것이며 시공에 있어서도 많은 주의를 요하게 된다.

동파를 걱정하지 않아도 되는 지역이라면 굳이 수로나 수압관을 매설할 필요는 없을 것이며, 수압관이 상시적으로 가동된다면 영하의 기온이 지속되는 겨울이 아주 긴 지역이 아닌 경우 수압관이 얼지는 않을 것이다. 온난한 지역이거나 겨울을 제외한 계절에만 발전소를 가동하려 할 경우에 경제적이다.

그림 7-14 유입 관로를 설치하는 모습(좌), 설치 완성된 사진(우)(Litostrojpower와 금성이앤씨 제공)

수압관의 동파를 방지하기 위한 매립 문제 외에 필요한 사항은 관의 흔들림에 대비하는 것도 하나의 목적이다. 수압관이 설치 작업의 상당 부분을 차지하는 반면, 수압관의 배관 작업은 그리 어려운 것이 아니며 대부분 중규모 이상의 관로에서는 일정한 길이 단위로 용접이나 플랜지 조립 형태로 연결하는 방식으로 시공한다. 낙차를 가진 물은 일정 이상의 힘을 가지고 있다는 것을 고려해야 한다.

수로 및 수압관의 크기는 유입량, 마찰계수, 수압 등 전력 생산과 밀접한 관계가 있다. 그러므로 설치조건이 허용하는 범위 내에서는 가급적 큰 수압관과 배관을 사용하는 것이 좋으나, 고압 파이프의 경우에는 지름이 작은 것이 설치하기에 더 용이하다. 저압에서는 지름이 큰 파이프를 사용하고, 수압관 내에서 압력이 하강할 때에는 작은 지름으로 바꾸어 설치하는 것이 바람직하다. 이런 관점에서 전력 손실 대비 비용에 대한 여러 변수를 설계 시 부터 신중히 분석하는 것이 필요하다.

7.7.2 매설 자재 및 배관

기본적으로 토목 및 건축 작업 시 매설되는 부분으로 주로 상, 하류 수위계, 유압 및 배관, 인양장치의 활용을 위한 연결 배관 라인과 점검을 위한 박스와 수차 발전기 중 고정을 필요로 하는 부분의 결속 및 지지를 위하여, 수문의 문틀부와 크레인 및 인양장치(actuator)의 베이스를 결속하기 위한 기초 볼트 부분과 수차 발전기를 고정하기 위한 하부 지지 철물, 흡출관을 설치하기 위한 조정용 매립 자재류로 대부분 토목과 건축의 기초 시공 시 이에 대한 도

그림 7-15 매설 자재(좌)와 배수용 배관의 설치 모습(우)(금성이앤씨 제공)

면을 기준으로 하여 시공한다. 시공 시 토건 관계자 및 설계자의 의도대로 시공되었는지를 확인 후 공사를 진행하며 특히, 흡출관 및 수차 지지부분은 설치 시 중요한 기준점이 되므로 정확한 측량이 이루어진 상태에서 수차의 배치에 따라 매설하며 [그림 7-15]처럼 설치한다.

7.7.3 취수구(intakes)

취수구는 물이 수압관으로 들어가는 입구에 해당한다. 취수구의 모든 오물은 [그림 7-16]과 같이 취수구 및 전단부 스크린에 의해 제거되어야 한다. 취수구는 수원을 다양한 물리적 조건으로부터 보호하고 유량을 확보하는 것으로, 최대량의 낙차를 얻는 것보다 우선되어야 한다. 특히 저 낙차의 조건에서 유량을 확보하는 것은 발전량과 사업 실현성에서도 중요하다.

취수구는 수압관의 시작과 맞닿아 있고 입구에 스크린을 설치하게 된다. 오물이 스크린에 닿으면 보조 제거장치에 의해 처리해주는 역할을 한다. 동절기 가동과 운영을 위하여 취수구 스크린이 결빙선 아래로 잠기는 것이 좋다.

통상적으로 스크린은 스테인리스강이나 황동과 같은 내식성이 있는 재질을 사용하게 되며 크기에 따라 다르지만 소형은 입구에 망 형태로 간단히 부착하기도 하지만 수직형태의 라인과 수평형태의 지지물의 복합 형태 구조로 용접 및 볼팅(bolting)에 의하여 구조물에 고정 설치하게 된다. 스크린의 메쉬는(mesh)은 수압관으로 들어가서 문제를 일으킬 수 있는 이물질을 차단할 수 있을 정도로 설치되어야 한다. 스크린의 크기를 신중히 선택하는 것도 중요하다. 너무 작아도 스크린 자체의 고장이 빈번히 발생되므로 적정한 크기의 선택이 필요하다.

그림 7-16 입구부의 이물질 제거용 고정식 스크린(좌)과 발전소 취수구에 설치된 자동 스크린 설비(우) (금성이앤씨 제공)

원활한 취수가 최선책이므로 시공 시 이러한 점을 감안하여 시공하여야 하며 설치 후 취수구는 최대 발전에 장애를 제거하기 위하여 제대로 관리될 필요가 있다.

통상적으로 스크린은 수직에 가깝거나, 최소한 오물이 떨어질 수 있게 비스듬히 설치되어야 한다. 이를 원활히 하기 위하여 고정식 스크린 외에도 체인 구동형 자동 스크린인 로터리식(rotary type)과 유압에 의한 자동 제거장치를 부착한 유압방식 등으로 크게 구분하나 최근 간단하면서도 경제성을 고려한 일체형 자중식(self-weight), 구조가 간단한 인 아웃 제거장치(inout remover) 등 다양한 제거장치를 활용하기도 한다.

7.7.4 진공 브레이커

수압관 내로 물이 유입되지 않는 상태에서 수압관으로부터 모든 물이 빠져나와 버리거나, 취수조가 갑자기 막히거나 하는 경우 수압관이 깨지거나 파손되는 원인이 생길 수 있다. 이런 문제가 생긴다면 갑작스런 진공 상태의 수압관이 공기 압력 때문에 깨어질 가능성이 있는데, 이는 수압관이 압력 상태가 아닌 진공 상태 하에 있기 때문이다.

그림 7-17 관로 중간에 설치된 진공 브레이커 사진

[그림 7-17]과 같이 진공 브레이커는 취수조가 막히더라도 수압관에서 물이 빠질 때 파이프 안으로 공기를 넣어주기 위해 설치된다. 취수조의 수위보다 높은 공기 파이프의 기능을 하게 되며, 공기가 파이프로 들어가서 계획하지 않은 진공으로부터의 설비를 보호하는 역할을 하므로 설치는 구조물 설치 시 별도의 선정된 장소를 정하고 설계된 공식에 의하여 제작, 설치되어져야 한다. 별도의 구조형태를 가진 것으로 수압관의 중간에 연결하는 것만으로 간단히 설치할 수도 있다.

7.7.5 수문 및 밸브의 설치

수차를 긴급 차단 및 유지보수의 목적으로 정지시키기 위해서는 [그림 7-18]과 같이 수문

그림 7-18 프랜시스수차의 긴급 차단밸브(좌)와 입구측에 설치된 유압-로프식 인양 방식의 입구 수문(우)
(금성이앤씨 발전소 제공)

이나 밸브가 필요하다. 흡입구가 하나라면 흡입구 가까이에 수문이나 밸브 하나를 설치하는 것으로 충분하며 수문은 수문 설치 기준에 의한 설치방법에 따라 설치된다.

밸브의 경우에는 기존 제작된 밸브를 플랜지에 의하여 체결된 형태로 조립되는 경우가 대부분이며 개폐를 위한 전동장치와 비상 차단 목적의 무게 추 형태의 긴급 폐쇄장치를 선정하여 설치하는 경우가 많다.

7.7.6 수위계 및 압력계

[그림 7-19]와 같이 수위계나 압력계는 모든 발전소에 필수적이며, 수위나 압력 값을 측정하는데 사용된다. 수위나 압력 수치가 일정해야 한다고 볼 때, 이들 값들이 너무 높거나 낮다면 대부분 이물질이 취수구의 스크린을 막고 있거나, 수압관이나 흡입구의 문제일 것으로서 이는 발전에 지장을 초래하는 것이다. 이러한 상황은 수시로 발생할 수 있으므로, 흡입구 부분은 이물질이 제거될 수 있도록 설치 시나 이후에도 잔해물질을 제거하는 것에 주의해야 한다.

수위계나 압력계 수치가 너무 낮다면, 취수구로 들어오는 물이 충분치 않은 경우가 대부분일 것이다. 수압관을 물로 꽉 채워 가동하기 보다는 관 내 수위가 낮게 유지 되도록 설치하는 것이 중요하다. 수압관에 물을 가득 채워 가동할 경우, 취수구와 수압관에 매우 강력한 흡입력이 발생될 수 있다.

수위계 설치는 토목과 건축 구조물 공사를 할 때 배관라인 및 기초 틀을 시공하는 것이 보통이나 압력계의 경우는 이와 무관하게 수차의 전, 후단부에 위치를 정하여 간단하게 설치할

그림 7-19 입출구 수위 측정용 압력식 수위계(좌)와 수차에 부착된 아날로그 압력계(우)(금성이앤씨 제공)

수 있다.

7.7.7 발전소 건물 내 배관의 설치

발전소 내부에서 발열되는 문제는 기기의 성능과 신뢰성에 대한 문제가 될 수 있으므로 이로 인한 고온현상을 줄일 필요가 있다. 또한 수차는 다양한 기후와 외부 요인으로부터 환기 및 냉각수 유출입의 방법을 사용하여 설비가 보호되어야 한다.

발전소 건물 내의 저온은 대체로 큰 문제가 되진 않는다. 발전기가 약간의 열을 발생시켜 건물 내 대기를 얼지 않고 건조하게 해주기 때문이다. 그러나 발전기의 발열 및 각종 기기의 작동으로 인한 고온 현상은 기기에 손상을 입힐 수 있으므로 냉각수 공급장치(cooling water supply system)나 환기장치를 [그림 7-20]과 같이 설치하여야 한다. 이러한 기초 배관설비

그림 7-20 배수용 배관설비(좌)와 환기설비(우) 설치 모습(금성이앤씨 제공)

는 건축물 시공 시 고려되어져야 하며 기기와 연결될 수 있도록 설치되어져야 한다. 시공 후에는 연결부와 이음새 등 문제되는 배관이 없는지 확인하는 것이 중요하다. 유동성 파이프(flexible pipe)를 사용하는 것도 쉽게 교체할 수 있다는 점에서 권할 만하나 소형에서 사용이 가능하지만 대형에서는 사용이 어려운 단점이 있다.

7.7.8 증속기

(1) 기어박스형

기어형 증속기는 [그림 7-21]과 같이 수차와 발전기 사이의 회전율 증감으로 설계하여 동조시키며 대부분 수차의 회전수보다 많은 정격 회전수를 발전기에 전달하여 출력을 증가시키는 역할을 하므로 증속기의 설치는 최적의 상태로 되어야 한다. 주요 구성부는 기어와 조립된 축, 구동장치, 제동장치, 클러치, 오일 순환장치 등이 있다.

이 부품들은 상호 조합되어 설치되며 설치된 상태에 따라 기계의 사용 수명을 연장시키며, 기계적인 효율을 제고시키므로, 이에 대한 설치는 중요한 의미가 있다.

일반적인 설치 시의 주의점은 다음과 같은 사항을 들 수 있다. 각 부품의 설치 상태의 평형성, 집중하중 또는 설치 시 변형의 유무, 진동 또는 소음의 정도, 기어유닛(gear unit) 냉각 계통의 작동상황 등을 고려하여 설치하여야 한다.

증속기는 초기 설치 시 발전기와의 회전방향을 확인하여 설치하여야 하며 베어링의 손상

그림 7-21 아이젠바이스 기어박스 형태의 증속기와 Litostrojpower 증속기(좌)와 내부 기어모습(우) (금성이앤씨 제공)

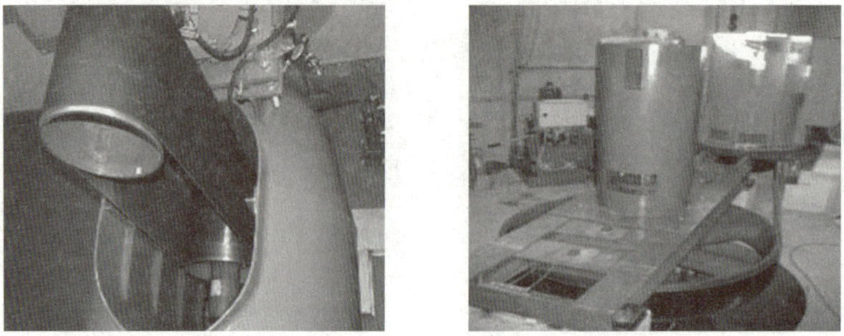

그림 7-22 수직(좌) 수평형(우) 벨트 증속기의 설치된 사진(금성이앤씨 제공)

방지나 충격, 소음 진동이 발생하지 않도록 하여야 하며 내부의 기어 치환을 고려하여 설치 후 오일을 공급하고 오일순환장치나 냉각장치 휀을 설치하여 사용 중 냉각될 수 있도록 설치되어야 하며 운영 시 냉각휀은 고속 회전하므로 안전성을 고려하여야 한다.

(2) 벨트형

벨트형 증속기는 기어박스 형태의 증속기에 비하여 비교적 단순하고 저비용의 예산으로 경제적인 설치가 가능하고 보수가 용이한 설비 구조로 [그림 7-22]와 같이 보통 2개의 풀리(pulley)가 수차 축과 발전기 축에 고정되어 있으며 서로 다른 회전수를 풀리의 크기 비율로 발전기에 맞도록 동조시키는 목적으로 사용된다. 수차와 발전기의 배열 형식에 따라 상하로 두 개의 축이 연결되는 수직축과 수평축으로 설치되고 간혹 수평축과 비슷하지만 사류 축으로 설치되는 경우도 있다.

설치는 비교적 간단하지만 설치 후 일정기간 사용 시 벨트 특성에 따라 늘어나는 장력을 조정해 주어야 하며 설치 후 발생 될 수 있는 진동과 소음에 유의하여야 하며, 수차의 회전력을 발전기에 최대 효율로 전달할 수 있도록 양측의 풀리에 밀착되게 설치하여야 한다.

7.7.9 유압설비

유압설비는 수차를 제어하는 중요한 설비로서 안내깃과 러너의 개폐를 하는 서보모터를

그림 7-23 유압 유닛(좌)과 실린더의 설치된 모습(우)(금성이앤씨 제공)

작동시키며 브레이크 장치의 기능까지 가지고 있는 설비로서 보통 PLC 프로그램과 연동하여 수차의 각 부분을 제어하는 역할을 하게 된다

최근 유압설비의 구성은 [그림 7-23]과 같이 공장에서 제작되어진 상태로 공급되므로 배관설치 외 별도의 현장 조립은 없으나 일단 유압라인의 배선을 고려하여 설치 위치가 수차의 근접한 곳에 있게 설치하는 것이 좋으며 배관라인은 오일이 흐르는 통로이니 만큼 외부 충격으로부터 보호되어지게 설치하여야 한다.

유압유닛과 배관설치가 끝나면 오일을 넣고 서보모터를 움직일 실린더를 정렬하여 사용하고자 하는 실린더 로드만큼의 길이를 고정 후 설치하도록 한다.

7.7.10 배수 및 충수 펌프

배수펌프는 수차 내부의 유입된 물을 배제할 목적으로 사용되며 사용용량의 결정은 수차의 내부 용량에 따라서 배수할 시간을 계획하여 선정하며 이미 설치된 배관라인을 통하여 점검 및 분해 보수 기타 배수를 하여야 할 경우 수차실 내부의 물을 외부로 배출하거나 수차를 운전 가동을 위하여 일시적으로 유입되는 수충격으로 부터 기기를 보호할 목적으로 외부의 물을 내부로 입수시키는 기능을 한다.

펌프는 [그림 7-24]와 같이 보통 수중펌프를 설치하며 기존의 수중펌프를 활용하여 배관에 플랜지 형태로 밸브와 제어밸브 등을 구성하여 배관을 조립하여 구조물로 조성된 소형 콘크리트 피트(pit) 내부에 간단히 설치할 수 있다.

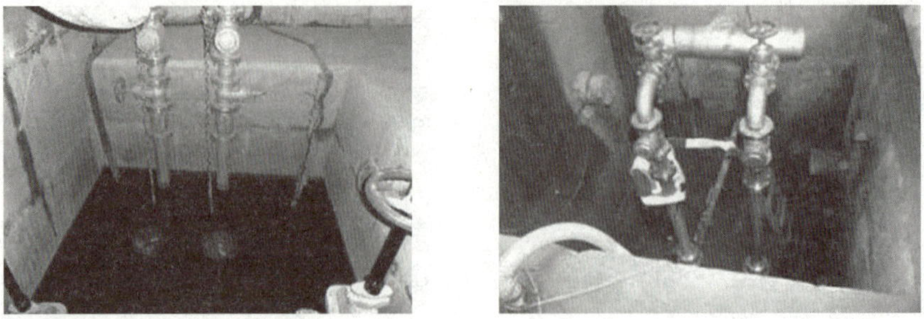

그림 7-24 발전소 배수와 수차 충수를 위해 설치된 펌프(금성이앤씨 제공)

7.7.11 흡출관

일반적으로 물이 수차에 도달하게 되면, 낙차는 러너를 지나 흡출관에서 크기가 확대되어 커지게 된다. 흡출관은 수직이거나 혹은 조건에 따라 비스듬해도 무방하나 회로에는 토목 공정을 줄이기 위하여 또는 경제적인 면을 강조하기 위하여 고안되고 연구된 흡출관의 형태를 원형에서 사각으로 변형하는 형상과 상단부에서 중간부로 꺽이는 다변형의 형상을 적용하기도 한다.

중요한 점은 반동수차의 경우 배출구의 설치 시 끝단은 방류수위(tail water level) 아래에 위치해야 한다. 그 이유는 발전된 물의 방류 배출 시 배출구가 공기 중에 노출되게 되면 수차를 지난 물이 진공상태가 되는 것을 방해하며 수차 내부에 맥동 현상과 이상 와류 현상을 만들므로 발전량의 감소와 수차 설비의 기능과 안정성에 좋지 않은 영향을 줄 수 있기 때문이다.

기존에는 흡출관의 형태를 위하여 목재 거푸집을 활용한 콘크리트로 시공하였으나 최근

그림 7-25 유럽의 방출구용 목재형 거푸집(좌)과 강재형 거푸집의 제작 사진(우)(금성이앤씨 제공)

그림 7-26 내부 보수용 천정 크레인(좌)과 설치 및 임시 운영의 외부 이동식 크레인(우)

에는 제작과 시공 시간 절약과 공정의 편의성으로 [그림 7-25]와 같이 목재 또는 강재로 만든 거푸집을 동시에 활용하기도 한다.

7.7.12 크레인 설비

발전설비를 설치하거나 설치 후 분해 조립 등 유지보수를 할 목적으로 설치되는 크레인은 [그림 7-26]과 같이 발전소 외부에서는 이동식 크레인과 내부 이동 및 설치를 위한 천정크레인을 사용하는 것이 일반적이다.

크레인의 선정 시에는 인양하고자하는 설비보다 안전성을 고려하여 보통 중량물 이상의 용량을 계획하고 설치한다.

설치과정은 별도의 크레인 이동을 고려한 건축 구조물에 움직이고자 하는 방향의 새들을 설치하고 설치된 배선 라인을 따라서 크레인을 조립하여 설치하는 것으로 쉽게 완성되며 상하 좌우로 이동하며 목적물을 이송할 수 있게 한다.

7.7.13 제어설비 및 전기설비

제어설비는 보통 여러 면의 판넬(panel)로 제작되는데 기본적인 제어의 구성은 수차의 유량 제어 등이 목적인 가버너(governor)와 수차를 제어하기 위한 수차제어 판넬(TCP : Turbine

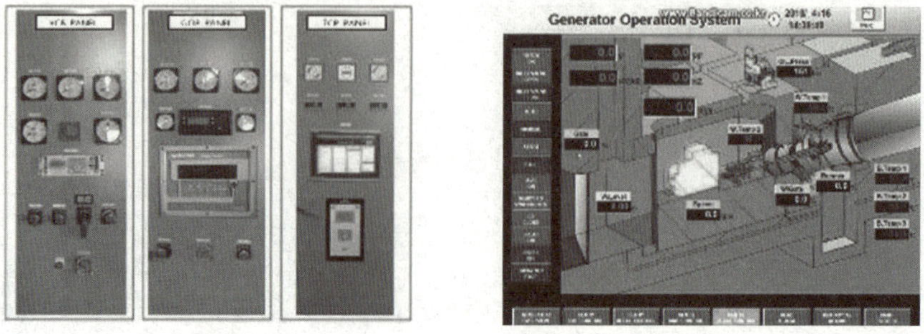

그림 7-27 4대강 소수력에 공급된 제어설비 판넬의 배열 모습(좌)과 및 판넬 내부의 제어 화면(우)
(금성이앤씨 제공)

Control Panel), 발전기를 제어하기 위한 발전기 제어 판넬(GCP : Generator Control Panel), 전압자동 조절장치(AVR : Auto Voltage Regulator) 및 각종 보호장치와 긴급 시나 문제 발생 경보를 울려주는 알람장치와 수차의 운전이력을 볼 수 있는 운전 상태의 표시와 기록 및 제어장치로서 PLC 프로그램을 보편적으로 사용하며 고압반(HV : High Voltage), 저압반(LV : Lower Voltage), 변압기(TR : Transformer) 등 전기설비와 같이 대부분 [그림 7-27]처럼 판넬로 구성되어 가급적 발전실 내부에 별도로 설치한다.

참고문헌

① 국내 관련 연구자료

에너지관리공단, 신재생에너지 백서, 소수력 편, 2012.

한국수자원공사, 수력발전설비 설계기준, 2006.

한국수자원공사, 發電所設備設計計算書, 1991.

② 국외 각종 규격

Hydro Life Extension Modernization Guides. Volume 1 : Overall Process. Final Report, EPRI, December 1999.

Hydro Life Extension Modernization Guides. Volume 2 : Hydromechanical Equipment Final Report, EPRI, August 2000.

(재)신에너지재단 수력본부, 수력발전기기의 계획 · 설계, 1984.

日本公營株式會社, 發 · 變電所 器機의 適用과 規格, 1984.

③ 저서

John Andrews & Nick jelley. Energy science principal, echnologies, and impacts. Oxford. 2006. pp. 70~771.

Hydraulic Structures Third Edition, P. Novak, A.I.B. Moffat and C.Nalluri and R. Narayanan, 2001.

J.CEORGE BUTLER, How to build & operate your own small hydroelectric plant.

Scott Davis, serious WATER POWER SOLUTIONS FROM THE EXPERTS microhydro. edited, 2008.

Jurgen Giesecke, Emil Mosonyi, Wasserkraftanlagen Planung, Bau und Betrieb. 5., aktualisierte und erweiterte Auflage, 2009.

(財日本)農業土木綜合硏究所, 小水力發電, 1987.

정한식 외 4명, 신재생에너지공학, 문운당, 2010.

이원한, 水力工學, 東明社, 2004.

이응천, 댐 및 수력발전 공학, 씨아이알, 2011.

④ 논문

오형우, 이상훈, 박노현, 유진승, 2010. 마이크로 펠턴 터빈의 버킷에 관한 설계. 제4회 유체기계 핵심기술 강습회, pp. 45~54.

박노현, 이영우, 2013. 러너와 가이드 베인의 연동을 통한 마이크로 카프란.
수차의 출력 최적화. 한국유체기계 저널, ISSN (Print) : 2287-9706.
금성 이앤씨(주). 카다로그 홍보물, 2008.
Ltostroj power. 카다로그 홍보물, 2010.
Gugler GmbH. 카다로그 홍보물, 2011.

THEORY AND APPLICATIONS OF HYDRAULIC TURBINES

제4편

시험 및 효율 측정

제 8 장

수차 설비의 시험 및 유량 · 효율 측정방법

8.1 수차 설비의 시험 목적 및 분류

8.1.1 시험 목적

수차 설비의 신뢰성과 효율성이 유지되기 위해서는 정확한 설비 상태의 파악이 필요하다. 이는 정기적인 시험을 통하여 얻어지는 자료를 분석하고, 필요한 조치를 취함으로써 성능을 정상으로 유지시킬 수 있게 한다. 즉, 시험을 통해 대상 기기의 특성을 파악하기 위한 필요한 항목을 측정하고 정해진 표준치와 비교하여 설비의 이상 여부를 확인할 수 있다.

시험은 규격화된 절차가 중요하며, 각 절차마다 충분히 검토하여 수행되어야 한다. 특히, 시험에서 가장 중요한 요소는 측정의 정확성이다. 부정확한 정보는 아무런 정보를 갖지 않는 것 보다 더 나쁜 영향을 끼치게 된다.

8.1.2 시험의 분류

일반적으로 분류하고 있는 시험은 계약, 시험 형태, 주기에 따라 보통 3가지 형태로 분류할 수 있으며 세부 내용은 다음과 같다.

(1) 계약에 따른 분류

1) 준공시험

발전설비 공급 및 설치공사 계약에 의한 것으로 준공 시점에서 인수를 위한 시험

2) 하자 만료시험

설비 준공 후 보증기간 종료 시 설비의 하자 여부를 검사하기 위한 시험(통상 준공 후 3년 이내)

3) 분해점검시험

설비 운영관리 중에 정기적으로 시행하는 분해점검(오버홀), 대 점검 시에 실시하는 시험

4) 일반시험

계약과 관계 없이 설비 운영관리의 일환으로 자체적으로 실시하는 시험으로 보조기기의 시험이 해당됨

(2) 시험 형태에 따른 분류

1) 무수시험

수차발전기가 정지된 상태에서 실시하는 시험으로 유압계통설비, 공기압축설비, 냉각계통설비 등의 적정 동작상태를 확인하는 시험으로 특히, 가이드 베인과 러너 베인 등의 틈새 측정 및 동작시험을 실시한다.

2) 유수시험

수차발전기를 가동하면서 실시하는 시험으로 세분하면, 무부하 시험과 부하 시험으로 구분할 수 있다. 무부하 시험은 발전기의 출력을 내지 않은 상태에서 시행하는 시험으로 저속 회전시험(trial running test), 베어링 온도 포화시험(bearing heat run test), 동적 균형 조정시험(dynamic balance adjustment)으로 구분할 수 있다. 또한, 부하 시험은 발전기의 출력을 낸 상태에서 시행하는 시험으로 자동 기동 정지시험(auto start & stop test), 부하 차단시험(load rejection test), 출력 시험(output test), 부하 시험(load test)으로 구분할 수 있다.

(3) 설비별 분류

1) 수차발전기 시험

수차발전기의 성능 및 제어 상태를 확인하고 조정하는 목적으로 시험을 실시하며, 보조설비, 자동제어설비, 보호계전설비 등의 타 설비와 직 · 간접적으로 연관되어 있어 종합시험이라고도 한다.

2) 보조설비 시험

수차발전기 주 기기의 운영을 위해 가동되는 유압유 공급설비, 윤활유 공급설비, 냉각수 공급설비, 압축공기 공급설비, 배수설비 등에 대해 실시하는 시험을 의미한다.

3) 자동제어설비 시험(조속기, 자동 전압 제어장치)

수차발전기의 주파수와 출력을 제어하는 조속기 및 자동 전압 제어장치에 대해 실시하는 시험으로 조속기와 자동 전압 제어장치(AVR : Automatic Voltage Regulator)를 의미한다.

4) 보호계전설비 시험

설비의 이상 및 외부로부터 이상 신호 유입 시 설비를 보호하기 위한 보호계전설비를 대상으로 하는 시험을 의미한다.

(4) 시험 주기별 분류

1) 정기시험

설비 운영 중에 일정한 주기를 정하여 시행하는 시험으로 통상 1년 또는 5년 주기로 실시하며, 설비의 유지관리 및 운영 등의 측면을 고려하여 정기시험의 일정한 주기를 정하는 것이 일반적이며, 또한, 전기사업법 등 외부의 정기검사를 위해 실시하는 시험 등이 이에 포함된다.

2) 특별시험

설비 운영 시 설비의 문제점 발견 시 고장의 원인을 파악하거나, 설비의 대체 시 등 비정기적으로 실시하는 시험을 의미한다.

8.2 수차 설비 시험 기준 및 방법

8.2.1 시험기준

시험을 시행함에 있어 가장 중요한 사항은 국제규격 등 정해진 규격에 의해 시험을 시행하여 신뢰성을 확보하여야 한다. 1906년 설립된 이후 현재까지 전기 · 전자 · 통신 · 원자력 기술에 있어 국제적인 기준을 제시하고 있는 IEC(International Electrotechnical Commission, 국제전기기술위원회)는 1910년부터 특정 소재 및 기술을 주제로 한 기술위원회를 조직하여 연구 및 기준 제정을 시행해 왔으며 그 내용 중에는 수차의 시험을 위한 국제규격인 IEC 60041이 포함되어 있다. 국제 시험기준은 IEC 60041 규격뿐만 아니라 JEC(Japan Electortechnical Committee) 4002 시험규격도 있다. 이러한 국제적인 표준은 중요한 계약에서 각 설비에 대한 보증이 만족하는 정도를 결정하기 위한 시험에 대한 절차을 다룬다. 이는 시험을 시행하는 규칙을 포함하고 시험방법에 대한 논쟁이 생긴다면 협의될 수 있는 범위, 내용, 결과에 대한 최종보고서 등 절차들을 제시한다.

8.2.2 시험조건

수차는 외부의 유동에너지를 이용하여 출력을 얻는 설비로 낙차, 유량 및 주변 수차의 가동 여부 등에 따라 시험결과가 달라질 수 있으며, 한 조의 수압관으로부터 분기하여 취수하는 다른 기기가 있는 경우에는 시험기기 이외의 설비는 정지하여야 한다. 단, 동일 수압관에 연결된 기기의 성능상태를 동시에 확인하는 경우에는 그러하지 아니하다. 시험결과에 영향을 줄 수 있는 시험 상태는 시험 중 가능한 한 일정하게 유지해야 하며, 시험 시 안정상태의 판정은 각각의 성능 측정 값의 변동이 평균치와 비교해 다음 범위 내에 들어야 한다.

- 회전속도 ±0.3(%)
- 수두 ±0.7(%)
- 출력 또는 입력 ±1.0(%)

시험 중에 수차는 정상적인 운전 시의 조건과 다르게 특별한 조정을 해서는 안 된다. 다만 부하를 일정하게 하기 위해, 조속기 또는 서보모터의 개도를 제한하는 등 적당한 조치는 할 수 있다. 급기밸브 및 제압밸브는 정상적인 운전상태의 개도로 유지해야 한다. 측정은 발전설비 및 부속장치의 운전상태가 충분히 안정된 뒤에 실시해야 한다.

8.2.3 시험방법

수차의 시험은 정해진 규격으로 신뢰성 확보가 가장 중요하며, 시험 실시에 앞서 일정, 인원의 편성, 시험조건, 실시 범위 및 항목, 계측장비 및 장비의 교정, 시험결과 판정방법 등 시험 전 계획에 대한 충분한 검토가 필요하다. 시험항목의 선정 시에는 보증치, 설계치 및 구입 시방서에 지정한 항목, 조합 시험하여 종합 특성을 파악할 필요가 있는 항목, 운전 개시 후의 관리 및 특별히 현장 시험기록이 필요한 항목, 공장시험을 실시하지 않은 항목 및 공장 시험을 실시하였으나 운송조건에 따라 현장에서 재조립 또는 조정이 필요한 기기의 시험항목 등을 고려하여야 한다. 시험에 앞서 관련 설비의 예견되는 문제점이나 미비사항 등의 검토와 계측기기의 사용방법 등을 숙지하여 측정자료의 정확성을 유지하도록 하여야 한다. 또한, 준공시험의 경우 계약서의 설계 및 보증치를 정확히 숙지하고 시험 공정에 입회하여야 하며, 시험과 관련이 있는 기기에는 적절한 인원을 배치, 충분한 감시를 하여 위험을 방지해야 하고 시험현장의 환경 정리에 특히 주의하여 측정기구, 배선 등의 정리와 청소를 하여 최적의 환경에서 시험할 수 있도록 한다. 시험 시 시험 주관자의 지시에 따라 세부 계획 및 신호 규약 등을 철저히 주지시킨다. 시험결과는 시험자료를 각 시험 완료 시 마다 정리하여 시험기록의 누락, 오차를 확인하여 필요한 경우 재시험한다. 시험 시 자료취득(data acquisition)에 관해 필요한 기초사항을 이해할 수 있게 해야 한다. 주요 내용은 자료취득이 무엇이고, 어떤 과정을 거쳐 DAS(Data Aqusition System, 계측장비)로 측정자료를 취득하며, 취득에 필요한 판단 기준들, 그리고 현장에서 사용자의 요구를 충족시켜주는 내용들이다.

하중/압력/온도/습도/속도/가속도/변위(길이)/토크 등 아날로그 물리량을 측정하여 그 값을 얻어 분석을 하거나, 그 값을 기준으로 다른 제어를 하고자 할 때, 이 아날로그 값인 물리량을 디지털 값으로 변환하여 자료 취득장비로 받아 들여야 한다. 이러한 과정을 자료취득이라고 말한다.

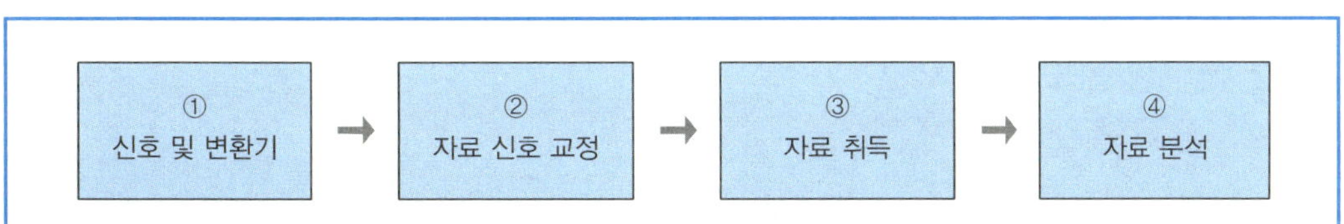

그림 8-1 자료 취득 순서

표 8-1 | 측정 항목과 입력신호

측정 항목	입력신호 형식	조합 측정 항목	사용 변환기(Transducer)
발전기 전압	AC Voltage	유효전력, 무효전력, 발전기 역률	전력 TD
발전기 전류	AC Ampere		
발전기 회전수	회전수, 주파수	-	DV-DN set
Servomotor Stroke	변위	-	Stroke TD
Casing Pressure	Strain Gauge	-	Press. TD, Load cell
베어링 온도	온도	-	Thermo couple, RTD
DC Relay Detection	DC Voltage	-	
Solenoide 동작 전류	DC Current	-	

8.3 무부하 시험

무부하 시험은 발전기의 출력을 내지 않은 상태에서 시행하는 시험으로 저속회전시험, 베어링 온도 포화시험, 평형 및 진동시험으로 구분할 수 있다.

8.3.1 저속회전시험

설치 또는 조립이 완료된 수차발전기를 낮은 회전수(정격 회전수의 약 10% 이하)로 회전시켜 회전 부분과 고정 부분의 접촉 등으로 인한 소음 및 축 진동(shaft runout)의 이상 유무와 제동장치(generator brake system)의 동작 성능을 확인하는 시험으로 이음, 이취, 누수, 누유 여부와 축 진동의 기준 값 초과 여부 등을 확인한다.

8.3.2 베어링 온도 포화시험

수차발전기를 무부하 상태에서 수동으로 연속 운전하여, 베어링의 조립 상태와 베어링의 온도, 진동 및 소음 이상 여부를 확인하는 시험으로 시험결과의 이상 여부 확인은 수차 등 각

설비의 설계 보증치와의 비교 방법과 기존에 실시한 시험자료와의 비교 방법이 있다. 일반적으로 정격 회전수의 25%, 50%, 75%, 100% 4단계로 실시하며, 100% 회전수에서 수차 베어링의 온도가 3회 이상 포화 시까지 시험을 실시한다.

8.3.3 동적 균형 조정시험

입축 수차발전기의 베어링은 주축이 수직인지 아닌지를 나타내는 것으로 축 진동으로 측정하며, 스러스트 베어링에 대한 직각도 및 축 자체의 구부러짐을 조정하기 위해 실시한다. 수차 크기(대형, 소형)와 회전속도(고속, 저속) 등에 따라서 약간 다르지만 대략적으로 발전기 축에서 측정한 진동값이 0.04mm 이하, 수차 축에서 측정한 진동값이 0.07mm 이하 내에서 동적 균형을 조정한다. 주축의 흔들림은 베어링과 틈새의 1/4 이내를 우수, 1/2 이내를 양호, 3/4 이내를 운전 가능, 4/4 이상을 운전 불가로 본다. 동적 균형이 불량한 경우의 원인은 다음과 같다.

(1) 베어링의 영향

① 커플링 접촉면의 휨, 이물질의 삽입
② 축 자체의 휨
③ 축의 편심
④ 직결 리머볼트의 조임 불량, 스러스트의 조립 불량

(2) 축 진동의 영향

① 진동의 발생
② 베어링의 과열 소손
③ 수밀장치의 과열
④ 러너 외주와 고정부의 접촉(특히, 큰 경우)

8.4 부하 시험

부하 시험은 발전기의 출력이 있는 상태에서 시행하는 시험으로 자동 기동 정지시험, 부하 차단시험, 출력 시험, 부하 시험으로 구분할 수 있다.

8.4.1 자동 기동 정지시험

수차발전기의 자동 기동 및 정지 동작이 Sequence 선도에 따라 단계별로 정확히 이루어지고, 단계별 소요 시간이 적정한가를 확인하는 시험으로서 자동 기동은 수차발전기 정지 상태로 부터 계통 병입(parallel "ON")까지, 자동 정지는 계통 병입 상태(load 상태)로부터 수차 완전 정지까지의 각 단계별 시간을 측정한다. 결과 판정은 설계 보증 값에 의한 비교와 과년도 시험자료의 비교가 있다.

(1) 설계 보증 값에 의한 비교

① 바이패스 및 주 밸브 개폐시간
② 브레이크 동작 시점(회전수)

(2) 과년도 시험자료와의 비교

① 각 단계별 소요시간
② 기동 개도 및 속도 상승 특성
③ 발전기 전압 형성 특성
④ 브레이크 동작 후 제동 특성

8.4.2 부하 차단시험

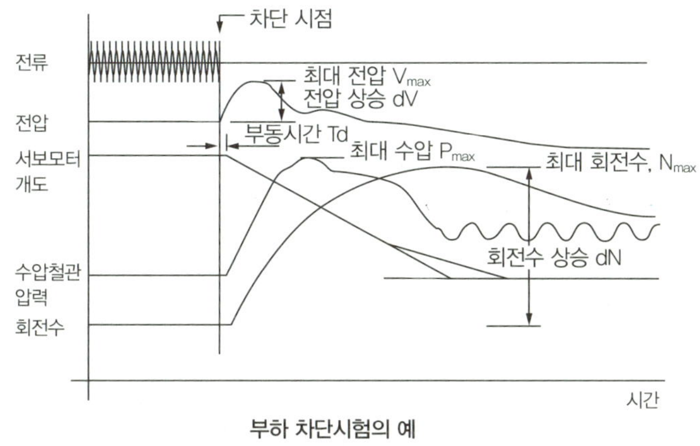

그림 8-2 부하 차단선도의 예(K-water, 시험요령, pp. 51)

수차발전기가 정상 운전 중에 전력계통의 사고 등으로 부하가 차단될 때 각 제어장치가 정상으로 동작하여 유입관 수압, 회전속도 및 발전기 전압에 이상이 없고 안전하게 무부하 운전으로 이행될 수 있는가를 확인하는 시험으로 차단부하는 대체로 1/4, 2/4, 3/4, 4/4 부하(조속기 등의 조정이 없는 경우 1/4, 3/4 부하 생략 가능)에서 실시한다. 이때의 전압, 회전속도, 역률 등을 정격으로 유지한 상태에서 차단한 압력, 회전속도, 발전기 전압 등이 보증 값 내에 드는지 확인하고 다음 단계의 부하로 진행하고, 그렇지 않은 경우, 가이드 베인 폐쇄 시간 등을 조정하여 재시험, 정상적으로 보증 값을 만족시켜야 한다.

부하 시험의 결과 판정은 다음과 같이 한다. 부하 차단 시 최대 압력은 최대 낙차조건에서 나타나고, 최대 속도 상승률은 정격낙차에서 나타나는 것이 일반적이다. 그러나, 이러한 조건을 임의로 주는 것이 어렵기 때문에 시험 시 조건(저수위, 방수위, 유량, 폐쇄시간)과 결과로부터 최대 속도 상승률 및 최대 압력을 추정하게 되는데 최대 압력의 경우, Jaeger식 또는 Allievi식을 사용하여 환산하고 설계보증치와 비교 판정한다. [그림 8-2]에 부하 차단선도의 예를 제시하였다.

(1) 발전기의 전압 상승률

차단 직전의 발전기 전압과 차단 후 측정된 발전기 최대 전압으로부터 다음 식에 의하여 전압 상승률을 구한다.

$$\Delta V(\%) = \frac{V_{max} - V_{load}}{V_{rate}} \times 100 \tag{8-1}$$

(2) 발전기의 속도 상승률

차단 직전의 발전기 회전속도와 차단 후 측정된 발전기 최대 회전수를 이용하여 다음 식에 의하여 속도 상승률을 구한다. 일반적으로 최대 부하 차단 시 30% 이내가 적정하다.

$$\text{속도 상승률 } \Delta N(\%) = \frac{N_{max} - N_{load}}{N_{rate}} \times 100 \tag{8-2}$$

여기서, V_{max}는 차단 후 발전기 최대전압이고, V_{load}는 차단직전의 발전기 전압이며, V_{rate}는 발전기의 정격전압이다.

속도 상승률은 수압상승률과 상반되는 관계를 가지며, 영향을 주는 요소는 다음과 같다.

① 조속기의 동작상태 및 부동시간

② 회전 관성모멘트와의 관계

③ 수압상승률과의 관계

④ 서보모터의 폐쇄시간

⑤ 회전부의 기계적 강도

(3) 케이싱의 최대 수압

부하 차단에서 케이싱에 걸리는 수압은 최대 수압이 중요하며 수압관의 설계 수압을 초과하지 않아야 한다. 수압상승률은 차단 직전의 수압과 차단 후 측정된 최대 수압 및 차단 전 저수위, 방수위로 부터 다음 식에 의하여 수압상승률을 구한다.

$$\Delta p(\%) = \frac{p_{max} - p_{static}}{h_{static}} \times 100 \tag{8-3}$$

여기서, p_{max}는 차단 후 케이싱의 최대 수압이고, p_{static}(저수위－수차중심표고의 높이)이며, h_{static}(저수위－방수위의 높이)의 높이이다.

8.4.3 출력 시험

수차발전기를 단위 출력별로 운전하여 출력과 가이드 베인 개도와의 관계, 진동 및 소음 등을 측정하여 발전기 안전 운전영역, 출력 제한범위, 가이드 베인 조작기구의 히스테리시스(hysteresis)를 확인하기 위해 실시한다. 결과 판정방법은 다음과 같다.

(1) 설계 보증치에 의한 방법

진동 및 소음 등의 판정 기준은 앞서 기술한 바와 같다.

(2) 기존 실시한 시험자료와의 비교에 의한 방법

전년도 시험결과를 기준으로 결과 값의 변화를 확인한다. 가이드 베인 히스테리시스는 가이드 베인 조작기구의 마멸 등 상태에 따라 좌우되며, 특히, 히스테리시스는 시험 중 다른 수차의 가동 여부, 방수위의 안정 여부에 따라 크게 변하므로 결과 판정 시 주의를 요한다.

8.4.4 부하 시험

정격부하에서 연속 운전하여 발전기 고정자 권선(stator winding) 온도와 변압기 온도 및 베어링 온도에 대한 이상 상승 여부와 수차 자체에 대한 누유, 누수, 이음 등과 보조기기에 대한 이상 유무 파악을 위해 실시한다. 결과 판정방법은 출력 시험의 경우와 같다.

8.5 준공시험

발전설비 공급 및 설치공사 계약에 의한 것으로 준공 시점에서 인수를 위한 시험으로 설비의 적정 설치 및 성능을 확인하기 위한 시험이다. 준공시험에는 앞에서 기술한 무부하 시험, 부하 시험과 보조기기에 대한 시험을 포함한다. 수차의 회전속도와 출력을 조정하는 조속기와 보조기기의 주요 설비인 윤활설비, 압축공기설비, 배수설비에 대한 세부 시험내용은 다음과 같다.

8.5.1 조속기 시험

조속기는 수차발전기의 회전속도와 출력을 조정하는 설비로서 계통 병입 전에는 속도조정을 주 기능으로 하고, 계통 병입 후에는 출력과 계통 주파수 조정을 하고 사고 시 발전기를 급정지 시키는 기능을 한다. 조속기의 구조는 크게 전기제어부, 신호변환부, 유압기구부로 구분할 수 있다. 전기제어부는 주파수를 검출하여 전기적 신호를 발생하는 부분이며, 신호 변환부는 전기적 신호를 기계적 신호로, 기계적 신호를 전기적 신호로 변환하는 부분이며, 유압기구부는 유압에 의해 제어를 행하는 부분이다.

(1) Converter 특성시험

전력계통의 주파수와 정격주파수(60Hz)와의 편차를 변환한 전기적 신호를 기계적 변위로 변환하는 장치이며, 수차발전기 제어에 있어서 중요한 기구이다. Converter 특성 시험내용은 입력전압에 대한 converter의 변위(stroke) 관계를 측정하고, 특성을 확인한다. 변위는 직류전압 발생기를 converter coil에 연결하고 입력전압을 0V에서 2V 단위로 정격제어전압까지 상승 및 하강시키면서 다이얼게이지를 이용하여 converter 스트로크를 측정한다.

(2) 배압밸브 lap 특성시험

배압밸브 lap은 배압밸브가 일정 변위만큼 상승 및 하강하여도 유압회로가 개방되지 않아 서보모터가 동작하지 않는 구간의 길이를 말하며, lap은 기계가공 시의 lap과 유압동작 시의 lap으로 구분할 수 있으며 후자의 lap이 중요하다. 배압밸브의 lift량을 일정 간격으로 늘리면서 개폐 상태를 측정하고, 서보모터를 임의의 개도로 개방하고 서보모터가 안정되면 배압밸브의 개폐 양 방향에 다이얼게이지를 설치하여 배압밸브의 stop nut를 개폐방향으로 천천히 회전시켜 서보모터가 개→폐→개→폐→개로 될 때 배압밸브 변위를 측정한다. 이때 충분

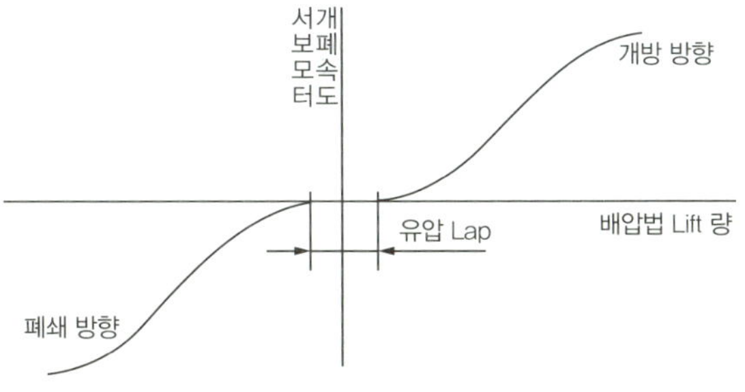

그림 8-3 튜블러수차발전기의 단면도

한 시간 동안 유압펌프를 가동하여 기름온도가 적정하게 한다. 결과 판정방법은 설계 보증치에 의한 방법과 기존 실시한 시험자료와의 비교에 의한 방법이 있다.

8.5.2 보조기기 시험

(1) 서보모터 개폐력 측정시험

가이드 베인의 조작력이 적정한가를 확인하기 위한 것으로 서보모터에 의해 가해지는 유압력을 측정하는 시험이다. 측정 항목별 주요 내용은 〈표 8-2〉에 제시되어 있다. 결과 판정방법은 배압밸브의 랩 특성시험과 같다.

표 8-2 | 서브모터 개폐력 측정 항목

측정 항목	단위	측정 위치	설명
Open side pressure	MPa	Turbine Pit	Meter 및 기록계 값
Close side pressure	MPa	Turbine Pit	Meter 및 기록계 값

(2) 입구밸브 시험

입구밸브의 주 밸브 및 바이패스 밸브의 개방, 폐쇄 특성을 확인하고 조정하여 적절한 개폐시간을 설정하고 입구밸브의 조작력이 적정한가를 확인하기 위한 것으로 입구밸브 서보모터에 의해 가해지는 유압력을 측정하는 시험으로 측정방법은 수차의 서보모터 개폐력 시험과 동일하다.

1) 시험방법

① 입구밸브를 완폐에서 완전 개방까지, 완전 개방에서 완전 폐쇄까지의 소요시간을 측정한다.

② 서보모터의 개방측, 폐쇄측에 각각 압력계를 설치하고 가이드 베인을 연속적으로 개방 및 폐쇄시키면서 일정 간격(10% 또는 20% 단위)으로 압력계의 지시값 또는 압력변환기의 기록을 읽는다.

③ 각 개도별 측정압력과 서보모터의 단면적으로부터 조작력과 마찰력을 계산하며, 조작 도중에 반대 방향의 조작을 하거나 단속적으로 조작을 하면 측정 정확도가 떨어진다.

2) 결과 판정방법

① 설계 보증치에 의한 방법

② 기존 실시한 시험자료와의 비교에 의한 방법

(3) 유압공급설비 시험

1) 안전밸브 동작시험

유압설비의 안전밸브는 통상적으로 펌프와 탱크에 각각 설치되어 있으며, 이들 안전밸브가 설정치에서 정확히 동작하는가를 확인하는 시험으로, 펌프의 안전밸브가 탱크의 안전밸브보다 낮게 설정되어 있으므로 탱크에 대한 동작시험을 먼저 실시하는 것이 바람직하다. 동작시험결과의 허용오차는 각 제작사마다 다르나 설정치에 대해 통상 $\pm 1kg/cm^2$ 이내로 한다.

2) 펌프 연속운전시험

펌프를 연속적으로 운전하여 각 부품의 온도 상승, 진동, 소음 등이 이상 없는가를 확인하는 시험이다. 탱크의 압력을 정상으로 하고 배유밸브를 열어 배유시키면서 측정한다.

3) 유압펌프 자동 기동정지시험

유압펌프는 주 펌프와 예비펌프로 구성되어 있으므로 각 설정 압력에서 자동 기동장치가 정상적으로 동작하는가를 확인하는 시험이다. 설정치의 조정은 압력스위치의 동작 압력의 조정(오차 허용치 ±2%)에 의한다.

4) 유압펌프 언로더 밸브 동작시험

유압펌프는 탱크의 압력 변화에 따라 기계적으로 부하와 무부하 사이를 반복하게 되는데, 유압펌프 언로더 밸브 동작시험은 이 압력이 적정한가를 시험하기 위하여 언로드 밸브의 동작시험을 한다.

5) 펌프 토출량, 누유량 측정시험

펌프 토출량 측정시험은 펌프의 토출량이 적정한가를 확인하는 시험으로 펌프를 가동하여 상용 압력범위에서 단위시간 동안 유면 변화량을 측정하여 탱크의 단면적을 곱하여 계산한다. 유압탱크 누유량, 누기량 측정시험은 탱크의 누유량 및 누기량을 측정하는 시험으로 약 12시간 동안의 누유량을 측정값으로 한다. 누기량 측정 시에는 온도와의 관계가 크므로 탱크의 온도변화를 감안하여야 한다. 유압탱크의 유면은 유압의 사용과 함께 누기 또는 배출되어 점점 하강하게 되므로 유면을 정상으로 유지시키기 위한 유면조정장치의 시험 시 압력스위치와 유면스위치의 설정 상태를 시험한다.

6) 유압탱크 용량시험

유압탱크 용량시험은 유압탱크가 발전기 운전 중에 펌프의 고장 등으로 동작 불능일 때 서보모터를 개폐하기에 충분한 용량으로 설계되어 있는지 확인하는 시험이다. 펌프가 정지된 상태에서 서보모터를 개폐하여 규정된 압력 이상을 유지하는지 확인한다. 유압탱크 소비유량 측정시험은 유압계통의 소비유량을 측정하는 것으로 일정 시간(대략 1시간 기준) 동안의 유압탱크의 유면 저하를 측정한다.

(4) 압축공기 공급설비 시험

1) 안전밸브 동작시험

압축공기 공급설비의 안전밸브는 통상적으로 압축기와 탱크에 각각 설치되어 있다. 이들 안전밸브가 설정치에서 정확히 동작하는가를 확인하는 시험이 안전밸브 동작시험이다. 압축기의 안전밸브가 탱크의 안전밸브보다 낮게 위치하고 있으므로 탱크를 먼저 시험하는 것이 바람직하다. 시험결과의 허용오차는 각 제작사마다 다르다.

2) 압축기 연속운전시험

압축기를 연속적으로 운전하여 각 부품의 온도 상승, 진동, 소음 등이 이상 없는가를 확인하는 시험이다. 탱크의 압력을 정상으로 하고 배기밸브를 열어 배기시키면서 측정한다.

3) 압축기 자동 기동정지 시험(압력스위치 동작시험)

각 설정 압력에서 압축기의 자동 기동장치가 정상적으로 동작하는가를 확인하는 시험이다. 설정치의 조정은 압력스위치의 동작 압력의 조정(오차 허용치 ±2%)에 의한다.

4) 압축기 토출량 측정시험

압축기의 토출량이 적정한가를 확인하는 시험으로 압축기를 가동하여 상용 압력범위 내에서 단위시간 동안 압력 변화량을 측정하여 계산한다.

$$Q = V\frac{(273+T_S)}{t}\left(\frac{p_2+1}{273+T_2} - \frac{p_1+1}{273+T_1}\right) \tag{8-4}$$

여기서 V는 공기탱크의 용적, p_1과 p_2는 측정 개시 전과 후의 압력, T_1과 T_2는 측정 개시 전후의 탱크의 온도이며, T_s는 외기온도이고 t는 측정시간이다.

5) 공기계통 누기량 측정시험

공기탱크, 밸브, 배관 계통의 누기량을 측정하는 것으로 약 12시간 동안의 누기량을 측정하며, 적합 판정은 12시간 동안의 압력강하율로 한다(3% 이내).

누기량은 온도와의 관계가 크므로 탱크의 온도변화를 감안하여야 한다.

$$Q_1 = \frac{p_1+1}{273+T_1} - \frac{p_2+1}{273+T_2}(273+20)V \tag{8-5}$$

$$p=\left(1-\frac{p_2+1}{p_1+1}\times\frac{273+T_2}{273+T_1}\right)\times\frac{12}{t}\times 100 \quad (8\text{-}6)$$

(5) 윤활유 공급설비 시험

1) 펌프 연속운전시험

펌프를 연속적으로 운전하여 각 부품의 온도 상승, 진동, 소음 등이 이상 없는가를 확인하는 시험이다. 냉각수용 밸브 개도는 정상으로 하고 측정한다.

2) 펌프 토출량 측정시험

펌프의 토출량 및 양정이 적정한가를 확인하는 시험으로 유량계 또는 압력계를 이용한다.

3) 급유량 측정시험

각각의 설비에 공급되는 급유량을 측정하는 것으로 유량계 또는 압력계를 이용한다.

4) 유면 스위치 동작시험

윤활유 탱크의 레벨 스위치가 설정 유면에서 정상적으로 동작하는가를 확인하는 시험이다.

(6) 냉각수 공급설비 시험

1) 펌프 연속운전시험

펌프를 연속적으로 운전하여 각 부품의 온도상승, 진동, 소음 등이 이상 없는가를 확인하는 시험이다. 냉각수용 밸브 개도를 정상으로 하여 측정한다.

2) 펌프 토출량 측정시험

펌프의 토출량 및 양정이 적정한가를 확인하는 시험으로 유량계 또는 압력계를 이용한다.

3) 급수량 측정시험

각각의 설비에 공급되는 급수량을 측정하는 것으로 유량계 또는 압력계를 이용한다.

(7) 배수설비 시험

1) 펌프 연속운전시험

펌프를 연속적으로 운전하여 각 부품의 온도 상승, 진동, 소음 등이 이상 없는가를 확인하는 시험이다. 공회전이 되지 않도록 배수 밸브를 적절히 열어놓고 측정한다.

2) 펌프 토출량 측정시험

펌프의 토출량 및 양정이 적정한가를 확인하는 시험으로 유량계, 압력계를 이용하거나 배수탱크의 수위 변화량을 측정 계산한다.

3) 자동 기동정지 시험(레벨 스위치 동작시험)

각 설정 수위에서 자동 기동장치가 정상적으로 동작하는가를 확인하는 시험이다. 설정치의 조정은 레벨스위치 동작 수위의 조정에 의한다.

8.6 유량과 수차 효율 측정방법

8.6.1 유량 측정 기본원리

수차의 효율 측정 시 가장 중요한 요소는 수차의 유량 측정방법을 결정하는 부분이다. 효율시험을 보통 인수시험이라고 하며, 계약에 따라 달라지나 효율 미달 시 배상금액과 인수거부 등을 명시하는 경우도 있으므로 시험방법을 선정하는 것이 중요하다. 수력발전소 총 유량의 직접적 측정에 의한 절대유량 측정법과 유동패턴에 근거하여 전체의 유량을 계산하는 상대유량 측정법으로 분류된다. IEC에서는 원칙적으로 수차발전설비의 인수 시 또는 준공 이후 성능 진단 시험 시의 효율 측정은 절대유량 측정법에 의해 수행되어야 한다고 규정하고 있다. 그러나 운영상의 목적 또는 작업의 편리성과 참고적인 자료에 따라 상대유량 측정법이 제한적으로 사용될 수도 있다. 상세한 유량 측정법은 사용 장비와 그 유량 계산방법에 따라 〈표 8-3〉과 같이 세분화할 수 있다. 이 중 ASFM(Acoustic Scintillation Flow Meter)법은 기존의 유량 측정법의 한계를 보완할 수 있는 절대유량 측정을 위한 신기술로서 그 적용사례가

표 8-3 | 유량 측정방법의 분류(IEC 60041 Ed.3.0, 1991)

구분			
절대유량 측정법	속도면적법	Current-Meter법	
		피토관법	
	압력시간법	차압선도법(Gibson법)	
		구분 선도법	
	추적자법	일정 비율 주입법(희석법)	
		통과시간법	
	초음파법		IEC60041 Appendix J
	표준화된 위어사용법		
	표준화된 차압장치사용법		
	체적측정법		
	ASFM법		다중 경로 사용
상대유량 측정법	차압법(Winter-Kennedy법)		
	음향법		단일 경로 사용

점차 증가하고 있다.

8.6.2 절대유량 측정법

(1) Current-Meter법

1) 측정 원리

프로펠러형 Current-Meter가 개수로나 수압관의 적정 횡단면 내에 위치하여 각 지점에서 유속의 방향을 측정하고, 유량 측정을 위해 각 지점에서의 국소평균유속값을 측정 단면에 대해서 적분한다. Current-Meter법은 가장 고전적인 절대유량 측정법의 하나로서 주로 다른 측정법의 적용이 불가능한 저 낙차 수차가 설치된 수로에 대한 유량 측정을 목적으로 이용된다. 유속분포가 일정하지 않은 관로의 벽면 경계 부근에서의 유량 측정을 위해 벽면 효과를 근사적으로 산정하는 적분법을 이용하여 유량을 측정하게 된다.

2) Current-Meter의 형식 및 규격

Current-Meter는 ISO 2537의 요구조건을 만족해야 한다. Current-Meter는 축류형의 프로

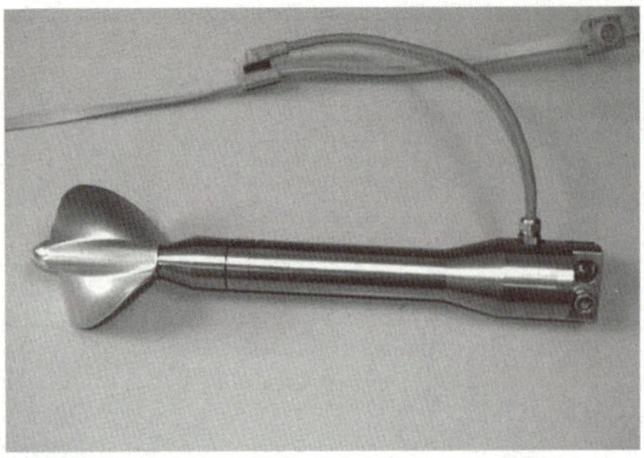

그림 8-4 프로펠러형 Current-Meter와 프레임 설치 사진

펠러 형식으로 제한되어 있으며, 프로펠러의 회전에 의한 전기적 신호는 케이블을 통해서 기록장치로 전달된다. 일반적으로 프로펠러의 직경은 최소 100mm 이상이 되어야 한다. 그러나 수로의 벽면 또는 수면에 위치하는 Current-Meter의 경우에는 50~80mm의 직경을 가진 프로펠러를 사용할 수 있다. 프로펠러의 후단으로부터 마운팅 로드의 전단까지의 거리는 최소 150mm가 되어야 한다. 국소 속도벡터와 Current-Meter축 사이의 각도는 ISO 3455의 규격에 제시된 조건을 따르도록 한다.

3) 측정점의 수

측정 단면에 대하여 충분한 양의 Current-Meter를 배치하여야 정확한 유량 측정이 가능하다. 직사각형이나 사다리꼴 단면을 가진 수로에서 유량을 측정하는 경우 측정점의 수는 적어도 25개 이상이 되어야 한다. 유속분포가 균일하지 않은 경우, 측정점의 수 Z는 IEC 60041에서 제시한 다음의 관계식으로 결정할 수 있다.

$$24\sqrt[3]{A} < Z < 36\sqrt[3]{A} \tag{8-7}$$

여기서, A=측정 단면적(m^2)이다.

4) 측정시간

하나의 Current-Meter에서의 측정시간은 적어도 2분 이상 지속되어야 한다. 측정 중에 유속의 변동이 있는 경우에는 적어도 4번 이상의 반복 측정이 이루어져야 한다. 이러한 유속의 변동주기는 10~15분 간의 유속변화를 관찰함으로서 결정할 수 있다.

5) 짧은 수압관이나 취수구에서의 측정 시 유의사항

짧은 수압관은 수압관의 관로 길이가 직경의 25배보다 작은 경우라 할 수 있다. 저 낙차 발전소의 경우, 짧은 수압관이나 취수구에서의 유량 측정은 유동 직선화 교정장치가 필요하다. 짧은 수압관과 취수구에서의 유량 측정 시 예상되는 문제점은 측정 단면에서 불균일한 유속분포와 사류가 발생할 수 있다는 점이다. 이러한 경우에는 벨마우스 노즐이나 임시 천정 구조물과 같은 유동 직선화 교정장치나 CFD(전산유체역학)을 통하여 문제점을 개선할 수 있다. 유동 직선화 교정장치의 장 · 단점은 〈표 8-4〉와 같다.

표 8-4 | 유동 직선화 교정장치의 장 · 단점(IEC 60041 Ed.3.0, 1991)

장점	단점
• 유동의 직선화. • 보다 균일하고 안정된 유속 분포형성, 저 낙차 발전소에서 평균 유속과 벽면 경계의 유속 증가를 통해 정확도의 향상. • 면적이 일정하고 측정이 용이한 단면을 확보.	• 장치 구조물의 조립과 설치 시에 많은 어려움이 있으며 고 비용이 요구됨. • 교정장치로 인한 유동의 변화로 성능시험의 결과에 영향을 미칠 수 있음. • 확보되어야 할 난류경계층의 두께가 유입구에서 측정 단면까지의 거리보다 작을 수 있음.

6) 측정의 불확실도

Current-Meter에 의한 유량 측정값의 정확도는 유량에 관련된 요소들(유속분포의 규칙성, 선회류, 난류, 사류, 파동)과 측정기술 및 유량계산의 방법에 영향을 받는다. 신뢰성이 우수한 측정기술과 유동조건이라면, 95% 신뢰구간에서 평가된 적용 가능 측정점에 대한 시스템 불확실도는 〈표 8-5〉와 같다.

표 8-5 | Current-Meter법의 시스템 불확실도(IEC 60041 Ed.3.0, 1991)

적용 가능 측정점	비고
관수로	±1~±1.5%
벨마우스가 있는 취수구	±1~±2%
벨마우스가 없는 취수구	±1.2~±2%
직사각형 단면의 개수로	±1.2~±2%
사다리꼴 단면의 개수로	±1.4~±2.3%

(2) 피토관(Pitot Tube)법

1) 측정 원리

이 측정법은 속도면적법에 의한 유량을 계산하기 위해 피토관으로 동압(dynamic pressure)을 측정하고 이로부터 해당 단면적 내의 측정점들에서의 국소 속도를 구하는 방법이다. 동압은 속도의 제곱에 따라 변하기 때문에 측정의 정확도는 속도의 감소와 더불어 급격히 떨어진다. 따라서 속도가 너무 느리지 않거나 부유물질이 없는 관로의 유동에서만 피토관을 사용할 수 있으므로 사용조건에 제약이 있다.

2) 표준화된 피토관

피토관을 사용할 경우, 국제적 기준으로 표준화된 피토관을 사용해야 한다. ISO 3966 규격은 피토관의 선정과 설치, 측정 단면의 선정, 유량의 계산 및 불확실도에 대하여 기술하고 있다. 하나의 전압 탭과 한 개 이상의 정압 탭을 가진 표준화된 피토정압관으로 측정하였을 때 국소 속도 v_i는 다음과 같다.

$$v_i = \sqrt{2\Delta p_i/\rho} \tag{8-8}$$

여기서, Δp_i는 측정점 i에서 측정된 전압과 정압의 차이이다.

3) 측정의 불확실도

신뢰성이 우수한 측정기술과 유동조건이라면, 95% 신뢰구간에서 평가된 적용 가능 측정점에 대한 시스템 불확실도는 1.5~2.5%의 값을 갖는다.

(3) 압력시간법

1) 측정 원리

압력시간법은 비용이 저렴하고 시험절차가 까다롭지 않아 소수력발전소에 적용되고 있다. 이 측정법은 운동량보존법칙을 이용한 절대유량 측정법의 하나이다. 두 측정 단면 사이의 압력차로 인해 발생하는 힘과 운동량변화율의 관계를 도출하고 시간에 대한 압력 변화를 측정하여 유량을 계산하는 것이다. 압력시간법은 측정이 필요한 압력 측정점에서의 센서 사용방법에 따라 차압선도법과 구분 선도법으로 구분할 수 있다.

2) 유량 관계식

마찰이 없다는 가정 하에 일정 단면적 A를 갖는 관로에서의 가속도를 dv/dt, 거리가 L인 두 단면 사이의 유체의 질량은 ρLA라고 하면 상하 단면 사이 차압 Δp가 발생한다. 따라서 운동량변화율은 측정 단면에 작용하는 힘과 같다.

$$\rho LA\frac{dv}{dt} = -A\Delta p \tag{8-9}$$

이 때, 변수분리하고 적분하면 위의 식은 다음과 같이 쓸 수 있다.

$$A\int_{v_0}^{v_t} dv = -\frac{A}{\rho L}\int_0^t \Delta p dt \tag{8-10}$$

결과적으로, 차단장치의 폐쇄 시점에서의 유량 Q는 다음과 같이 나타낼 수 있다.

$$Q = Av_0 = -\frac{A}{\rho L}\int_0^t \Delta p dt + Av_t \tag{8-11}$$

유동차단장치의 폐쇄 후의 유량 Av_t는 차단장치를 통과한 누수량이다. 누수량의 측정값은 유량 Q에 비해서 매우 작기 때문에 큰 정확도를 필요로 하지 않는다. 유동 차단장치의 점진적인 폐쇄로부터 수치화된 데이터와 그에 의한 그래프를 도출한 뒤, 두 측정 단면 사이의 압력 변화는 시간에 대한 적분을 이용하여 유량값을 계산할 수 있다.

3) 차압선도법(Gibson법)

① 원리

이 방법은 차압변환기(Gibson 장치)를 이용하여 두 측정 단면 사이의 차압 변화를 기록하는 방법이다. 차압선도법은 수압관이 비교적 길어지므로 차압시간선도에 수주의 고유진동에 의한 압력변동이 중첩되는 경우가 있으나, 한 개의 선도만이 기록된다는 점에서 차압시간선도의 면적평가가 정확하게 이루어진다. Gibson 장치는 U자관 액주계

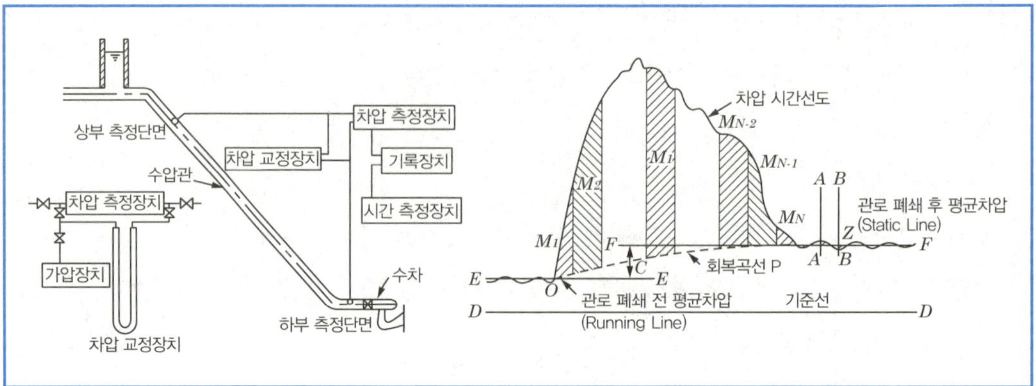

그림 8-5 차압시간법 측정장치 및 선도 측정(K-water, 시험요령, pp. 103)

에서 수은주 높이의 변화를 기록하여 시간에 대한 정압차를 연속적인 움직임으로서 도출할 수 있다. 차단장치의 폐쇄 전과 후의 기록은 20초 이내에 이루어져야 한다. 시험 전, 측정장치의 교정이 완료되어야 하며 압력변환기의 사용 시 측정장치의 영점이 확인되어야 한다.

② 유량 계산식

$$Q=\frac{g}{sy}\frac{A_T}{F}+q \tag{8-12}$$

여기서, s는 1초에 대응하는 시간 간격을 의미하며, y는 $1m$의 수주에 대응하는 높이를 말한다. F는 배관계수(L/A : 관의 측정 단면적에 대한 측정관의 길이)이고, q는 유동차단장치를 통과한 누수량이며, A_T는 압력-시간선도에서의 총 면적이다.

4) 구분 선도법

① 측정 원리

이 방법은 압력시간법의 변형된 형태로서 수압관의 두 측정 단면 각각에 대한 압력 변화를 센서로 측정하여 기록하는 방법이다. 이 방법은 차압선도법과 달리 단 하나의 단면에 대한 측정만으로도 시험이 가능하다. 구분 선도법은 수압관로에 서지탱크가 없는 경우와 측정 단면사이의 거리가 관로에서 차지하는 비율의 2% 이하인 경우에만 사용될 수 있다. 구분 선도법은 2개의 선도가 기록된다는 점과 서지탱크의 수위 변화가 시간선도에 중첩되어 압력시간선도의 면적평가가 번거로울 수는 있으나, 수압관의 길

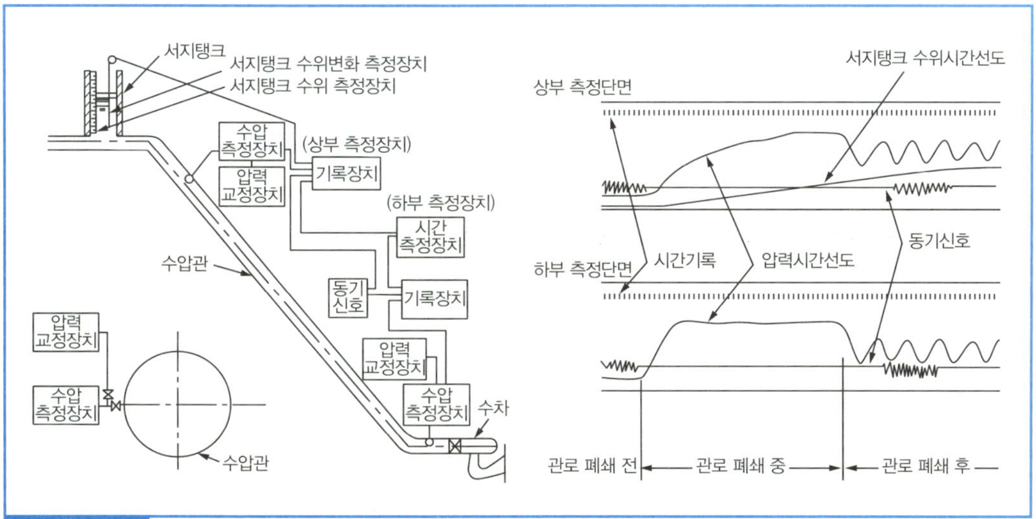

그림 8-6 구분 선도법 측정장치 및 선도 측정(K-water, 시험요령, pp. 95)

이를 짧게 할 수 있고 주파수 응답이 좋으며, 고속의 압력 변화까지 측정할 수 있는 장점이 있다.

② 유량 계산식

두 개의 압력 측정 단면(상부 측정단면과 하부 측정 단면)사이의 수압관의 길이는 50m 이상이 되어야 한다. 서지탱크로부터 하부 측정 단면까지의 수압관계수는 서지탱크로부터 상부 측정단면까지의 수압관 형상계수의 4배 이상이 되어야 한다. 압력-시간 선도를 구한 후에 유량은 다음 공식을 이용하여 계산할 수 있다.

$$Q = \frac{g}{F}\left(\frac{A_{T_d}}{y_d s_d} - \frac{A_{T_u}}{y_u s_u}\right) + q \qquad (8\text{-}13)$$

여기서, u와 d는 각각 상류단면과 하류단면을 의미한다.

③ 측정의 불확실도

구분 선도법은 시험 수행과 시험결과로부터의 불확실도를 추정하기 위하여 신뢰성 있는 장비와 숙련된 전문가들이 필요하다. 적합한 조건하에서 컴퓨터 시뮬레이션을 이용하여 실험하면, 95% 신뢰구간에서 평가된 전체 불확실도는 차압선도법의 경우 1.5~2%의 값을 가지며, 구분 선도법의 경우 1.8~2.3%의 값을 갖는다.

(4) 추적법(tracer method)

1) 일정 비율 주입법(Constant-Rate-Injection Method)

① 측정 원리

흔히 희석법이라고도 불리는 일정 비율주입법은 IEC규격에서 절대유량 측정법으로 공인된 방법임에도 불구하고 그 동안 수력 장비에 대한 적용의 사례가 많지 않았기 때문에 시험을 위한 장비와 절차에 있어 많은 발전을 이루진 못하였다. 이 방법은 유동하는 물에 연속적이고 균일한 비율로 추적자를 주입하고 측정 단면 사이의 농도값을 비교하여 유량을 계산하는 방법이다. 단, 추적자의 완전한 혼합을 위해서 주입지점으로부터 충분한 거리의 하류지점에서 추적자의 초기 농도에 대한 결과 농도값을 결정할 필요가 있다.

② 유량 계산식

일정 비율 주입법에 의한 유량 계산은 알고 있는 체적유량 q로서 지속적으로 주입되는 추적자의 농도 C_1과 혼합거리를 벗어난 일부 위치에서 추출된 추적자의 농도 C_2를 비교함으로서 구할 수 있으며 이에 관한 유량계산식은 다음과 같다.

$$Q=q\frac{C_1-C_2}{C_2-C_0} \tag{8-14}$$

여기서, q는 삽입된 추적자 용액의 유량이고, C_0와 C_1은 순수 물에서의 추적자 초기 농도와 삽입된 유체에서의 추적자 농도이며, C_2는 추출 위치에서의 추적자 농도이다.

③ 측정의 불확실도

보다 신뢰성 있고 정확한 시험을 위해 추적자 주입시스템의 보정과 탐지장치의 보정이 요구되며 유량계산을 위한 처리시스템의 보정이 필수적이다. 또한 추적자와 장비가 수차의 조건에 적합한지의 여부와 측정 길이에 있어서 유량분포의 적합성 여부를 확인하기 위한 적합도 검증테스트를 수행해야 한다. 최적의 조건 하에서 실험한다면, 95% 신뢰구간에서 평가된 시스템 불확실도는 1~2%의 값을 가질 수 있다.

2) 통과시간법

① 측정 원리

통과시간법은 추적 물질을 관으로 주입하고, 추적 물질이 검출되는 2개의 각 단면 사

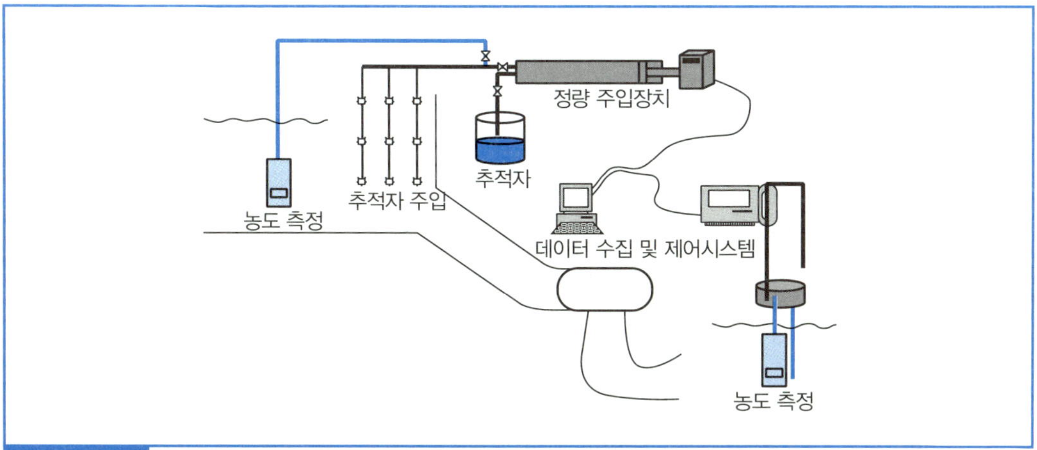

그림 8-7 일정 비율 주입법의 측정개략도(K-water, 시화조력 성능 진단, 2010)

이의 규정된 길이를 추적 물질이 이동하는데 걸리는 시간을 측정하는 원리이다. 이 방법은 충분한 거리만큼 떨어진 관의 2개 단면 사이를 표시된 유체 입자가 통과하는 시간을 측정하는 것을 기본원리로 하고 있다. 이 방법은 측정관로의 부피에 의해 구분된 2개의 측정 단면에서의 농도-시간 분포만 결정하면 되므로 주입된 용액의 부피, 질량, 유량 또는 특성을 알 필요는 없다.

② 유량 계산식

유체 입자의 표시는 2개의 측정 단면의 상류쪽에서 유동에 추적 물질을 주입함으로써 이루어지며 각 검출기 위치에서 추적 물질의 평균 도착시간의 차로부터 통과시간을 결정할 수 있다. 이 때의 유량 Q는 다음과 같이 계산된다.

$$Q = \frac{V}{\bar{t}} \tag{8-15}$$

여기서, V는 검출기 위치 사이의 관 부피이고, $\bar{t}$는 표시된 유체 입자의 평균 통과시간이다.

③ 측정의 불확실도

통과시간법에서 신뢰도가 높은 측정값을 얻기 위해서는 측정 부분의 부피 및 추적 물질의 농도와 주입 횟수, 측정 단면을 통과하는 평균통과시간에 대한 정밀한 측정이 이루어져야 한다. 최적의 측정 조건과 만족할 만한 유동조건 하에서 실험한다면, 95% 신뢰구간에서 평가된 시스템 불확실도는 1~1.5%의 값을 갖는다.

(5) 초음파법

1) 측정 원리

초음파법의 원리는 흐르고 있는 유체의 서로 반대 방향에서 음파를 발생시키면 음파가 같은 거리를 통과해 반대편 수신기까지 이동하는 동안에 발생하는 시간차를 측정하여 유량으로 환산하는 방법이다. 유속을 측정하는 방법에 따라 전달시간차법과 도플러법을 활용할 수 있으나, 도플러법을 이용한 음파 측정은 절대유량 측정법으로 인정되지 않는다. 기본적으로 단일 경로를 이용할 경우는 절대유량 측정법으로 인정되지 않으며 [그림 8-8]과 같은 다중경로를 이용할 경우에는 절대유량 측정법으로 인정될 수 있다. 초음파법을 이용한 유량 측정 시스템은 측정 단면 내에서 변환기를 가동하고, 초음파 경로를 이용하여 유속을 측정한다.

2) 유량 계산식

초음파 경로의 개수에 따라 유량의 측정 오차를 최소로 하기 위해 초음파 경로의 위치, 유량 계산을 위한 가중계수를 결정해야 한다. 이때 원형단면이나 직사각형 단면의 관로에 대한 체적유량을 구하기 위한 적분법으로 원형 관에 대해서는 Gauss-Jacobi 방법이 사용되고 직사각형 관에 대해서는 Gauss-Legendre 방법이 사용된다. 이 방법에 대한 상세한 설명은 수치해석 관련 서적을 참고 바란다.

3) 측정의 불확실도

ISO 5168은 초음파법의 불확실도 결정을 위한 요소들을 아래와 같이 규정하고 있다.

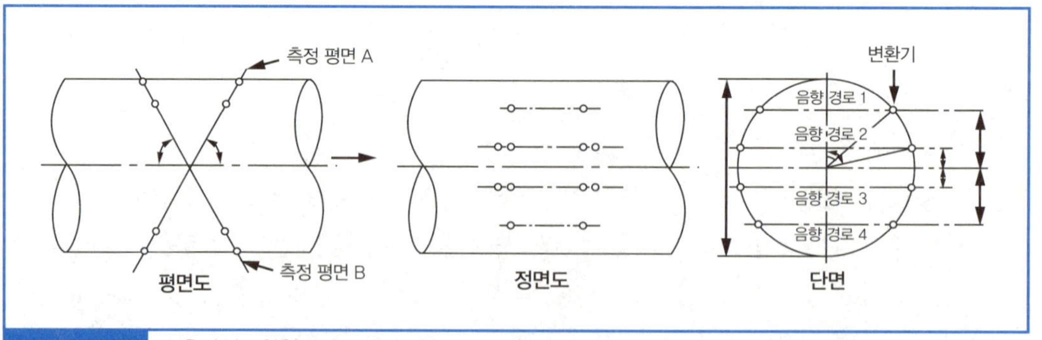

그림 8-8 초음파법-원형도관에서의 변환기 배치(K-water, 시화조력 성능 진단, 2010)

- 초음파 경로의 길이
- 초음파 경로의 각도
- 측정 초음파 평면의 교차점과 평행한 관의 지름
- 경로의 위치
- 측정시간
- 측정시스템 자체의 정확도
- 변환기 주변에서의 난류 등에 의한 불확실도
- 유동에 있어서의 2차 유동의 존재 유무
- 음향속도의 변동
- 관로 내에서의 유속 변동

위의 요소들에 대한 만족할만한 보정이 이루어 질 경우, 전체 시스템 불확실도는 1~2%의 값을 갖는다.

(6) 열역학적 방법

1) 측정 원리

열역학적 방법은 터빈축에 전달된 에너지 관계를 이용하여 효율을 구한다. 즉, 수차에 입력된 에너지는 유효한 출력에너지와 손실에너지로 구분되며, 수차 내에서 발생하는 유동손실은 유체의 온도 상승으로 나타난다. 이때 수차 입구 및 출구 사이의 온도 상승을 측정하여 수차의 손실을 평가하고 이를 이용하여 효율과 유량을 계산하는 방식이다. [그림 8-9]에서 물이 수차에 준 에너지는 수차의 상류측 단면 (1)과 하류측 단면 (2)에서 물이 가지는 에너지의 차와 같다. 이 두 단면에서 에너지는 각 단면의 압력, 속도, 온도, 높이를 측정하여 계산할 수 있으며, 물의 열역학적 특성에 의해 비기계에너지 E_m은 상하 단면간의 수온변화량을 측정함으로써 계산할 수 있다.

열역학법은 외부 베어링에 의한 손실과 같은 동력손실은 수온상승으로 나타나지 않으므로 수온에 의해 측정되지 않으며, 이는 열량법 등으로 계산한다. 비체적, 등온계수, 정압비열의 값은 과정에 따라 변화하는 값과 평균값과의 오차가 매우 적어 평균값을 사용하여 계산한다. 수력효율은 수차에 전달되는 비기계에너지와 비수력에너지의 비를 이용하여 얻을 수 있다.

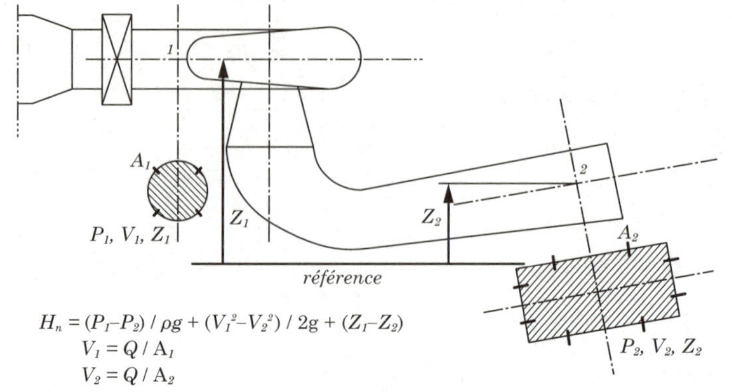

그림 8-9 열역학법 측정 기본원리(K-water, 시험요령, 2010)

수차의 효율 η는

$$\eta = \frac{E_m - E_x}{E_h}$$

이다.

그러므로 효율과 유효낙차는 반복계산에 의해 결정된 운동에너지 항목을 포함하여 비에너지로부터 직접 계산할 수 있다. 발전기 출력과 손실을 측정하여 기계 출력 P_m과 사용 수량을 계산할 수 있다.

$$Q = P_m / (\rho g H_n) \tag{8-16}$$

일반적으로 총효율 측정 정확도는 ±0.7%~±1.5% 이며, 측정은 여러 출력구간에서 측정하고 시험은 두 번에 걸쳐서 수행되며, 첫 번째는 장비의 설치가 적정한가의 확인을 위한 시험이고, 두 번째 시험은 실제 효율을 측정하기 위한 시험으로 구분하여 수행한다. 또한 데이터 수집은 동시에 수행되고, 온도 센서는 가능한 여러 개를 사용하도록 IEC 41 3rd Ed. 1991-11에서 규정하고 있다. 결과적으로 이 방법의 평균 불확실도는 상당히 신뢰할 수 있으며, 효율을 직접 측정하기 때문에, 400m 낙차에서 효율 측정 시 시스템 오차는 +0.65% 이내로 추정할 수 있다

(7) 표준화된 위어(weir)사용법

1) 측정 원리

이 방법은 자유표면유동에 얇은 플레이트 위어를 설치하고, 위어의 수두를 측정하여 유량과 위어수두(head)의 함수관계를 통하여 유량을 계산하는 방법이다. 유량과 위어수두의 함수관계를 정확히 파악하기 위해 완전한 정 수축(crest contraction)과 월류(overflow)가 형성되는 직사각형 위어가 사용되어야만 한다. 위어 판은 부식과 침식을 잘 견딜 수 있는 금속 재질로 만들어져야 하며, 벽과 수로의 바닥에 수직으로 설치되어 물이 새지 않도록 하여야 한다. 위어는 일반적으로 수력장비의 저압쪽에 설치되어야 하며 접근 수로 내에서의 유동을 확인해야 한다. 수력장비와 위어 사이에서는 물의 어떠한 손실이나 증가가 있어서는 안되며 접근 수로는 직선화되어야 하고, 균일한 단면적을 가져야 한다. 시험될 수력장비의 출구쪽에 위어가 설치되어 있는 경우, 물이 위어에 도달하기 전에 공기방울이 없어질 수 있도록 위어는 수력장비나 유출구로부터 충분히 떨어져 있어야 한다. 단면 전체에 걸쳐서 균일한 유속분포를 형성하기 위해 스크린과 베플(baffle)을 설치할 필요가 있다.

2) 수두의 측정과 유량 계산

① 수두의 측정

월류 위의 수두 h를 측정하기 위한 측정점의 개수는 〈표 8-6〉과 같다.

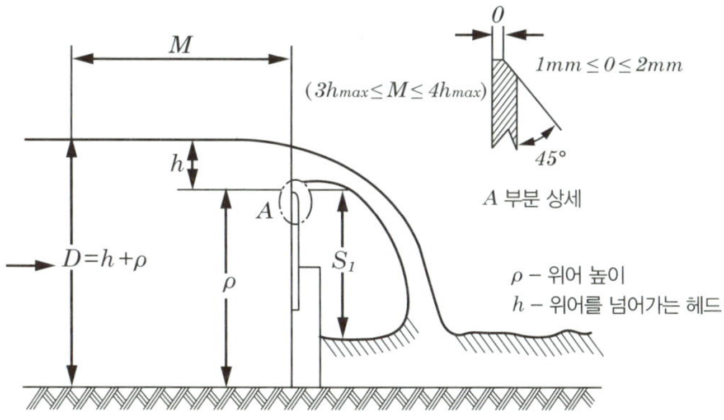

그림 8-10 위어를 이용한 유량 측정법의 계략도(K-water, 시화조력 성능 진단, 2010)

표 8-6 | 월류의 길이에 따른 측정점의 개수

위어 봉우리 b의 길이	측정점의 개수
$b<2m$	2
$2m \leq b \leq 6m$	3
$b>6m$	4개 이상

② 유량 계산

위어를 이용하여 수두를 측정하였다면, 식 (8-17)을 이용하여 유량을 계산할 수 있다.

$$Q = \frac{2}{3}Cb\sqrt{2g}h^{3/2} \tag{8-17}$$

여기서, C는 유량계수이고, g는 중력가속도이며, h는 월류되는 수두이다.

3) 측정의 불확실도

플레이트의 규격 및 측정 위치, 사용된 유량계수의 정확도에 따라 불확실도 값은 변할 수 있으나 적합한 측정기술과 유량 조건을 유지한다면, 95% 신뢰도 구간에서 평가되는 시스템적인 불확실도는 대략 ±1.7%에서 ±3% 사이의 값을 가질 수 있다.

(8) ASFM(Acoustic Scintillation Flow Meter)법

ASFM법은 캐나다와 미국의 국립연구소에 의해 음파신호를 이용하여 강과 해안수로에서 유량과 난류를 측정하는 방법으로서 처음 채택되었다. 1990년대 초, 캐나다와 미국정부로부터의 인허가를 통하여 AQFlow사는 추가적으로 이 측정법을 저 낙차 수력발전소의 유입구에서의 유량 측정에 대하여 적용하였다.

1) 측정 원리

ASFM의 유량 측정 원리는 신틸레이션(scintillation)으로 명명된 음파의 고유 특성을 이용하는 것으로, 여기서 scintillation은 광파가 대기라는 매질을 통과하여 전달되면서 매질의 무작위적인 물성 차이 또는 변화로 인하여 나타나는 현상을 의미한다. ASFM은 수차에 대한 유입구를 가로질러 설치된 많은 수의 음파 경로에 대해 수직성분을 갖는 유속을 측정한다. 음파 경로를 따라 전송된 음파신호의 변동성분은 유동에 의해 이동된 물의 난류로부터 기인한다. 유속의 크기와 속도구배가 계산되고 나면 유입구의 단면적에 걸친 유속의 수평성분을 적분함으로서 유량이 계산된다. 그런 후에 각각의 유입구를 통해 계산된 유량이 전체 수차에 걸쳐 합산된다. [그림 8-11]에서와 같이 경로를 따라 전송된 음향신호의 변동은 유동에 의해 생긴 와동으로부터 기인한다. 두 개의 경로가 충분히 근접한 상태(Δx)라면 와동 유동에 그대로 남아 있는 상태가 되고, 수신기 하류에서의 이러한 진폭 변동의 패턴은 시간차(Δt)를 제외하고 수신기의 상류에서의 진폭 변동 값과 거의 동일하다. 이 시간차는 상류와 하류의 신호에 대해 계산된 상호비교함수에서의 최대값의 위치에 대응된다. 그 이후에 음향 경로에 대한 평균속도의 수직성분 $V = \Delta x / \Delta t$가 구해지고 총 유량은 유입구의 총 횡단면 내 수 개의 지점에서 측정된 속도벡터의 적분에 의해 얻을 수 있다.

2) ASFM의 장점

① 측정 조건의 유연성

ASFM은 일반적으로 충분히 안정된 유동에서 초음파유량계가 유량을 측정해야 하는 것과는 달리 안정되지 않은 흐름에서도 측정이 가능하다는 특징이 있으며 다른 측정법과 달리 실제와 가까운 유동조건에서의 정확한 측정이 가능하다는 장점을 가지고 있다. 이러한 특징으로 인해 측정점 전후의 조건이 초음파유량계에서 요구되는 조건보다 훨씬 유연하여 일반적으로 수차의 유량 측정에 적용이 불가능한 초음파유량계의 적용 한

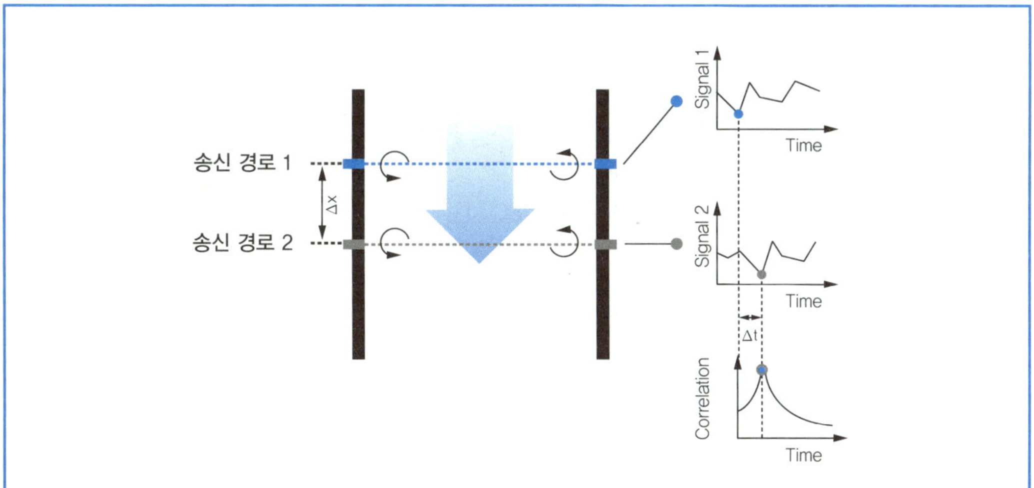

그림 8-11 ASFM의 유량 측정원리(ASL사, ASFM Manual, 2005)

계를 극복할 수 있다.

② 절대적인 유량 측정 가능

ASFM은 각 경로를 따라 음향 경로와 수직인 속도 성분의 공간적 평균값을 측정하기 때문에 상대적인 유량 측정이 아닌 절대적인 유량 측정이 가능하다.

③ 측정장비의 이동성

유입구 안에 삽입된 구조물에 장비(송신기, 수신기, 캐니스터)가 설치될 수 있기 때문에 유입구에서의 장비 해체가 요구되지 않으며 유동으로 인한 간섭이 최소화 될 수 있고, 측정장비들도 수중의 이물질에 의한 위험에 노출되지 않으며, 상대적으로 쉽게 유입구 사이에서 이동이 가능하다.

3) 측정의 불확실도

ASFM은 기본적으로 난류가 형성되는 조건 하에서 유량 측정이 가능하다. 일반적으로 발생하는 난류는 해류에 의한 자연 난류로서 난류강도가 불균일하다. 따라서 ASFM으로 측정을 할 경우에는 높은 수준의 난류를 발생시킬 수 있는 난류발생장치(trash rack, cable array 등)가 필요하다. 최적의 수력학적 조건이 갖춰진다는 조건하에서 측정 시험기간에 기대할 수 있

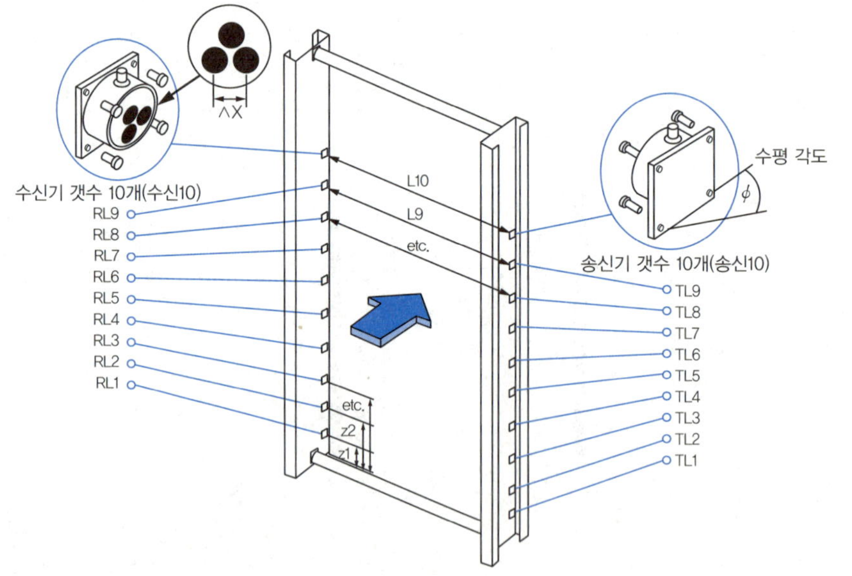

그림 8-12 프레임에 설치된 ASFM 변환기(ASL사, ASFM Manual, 2005)

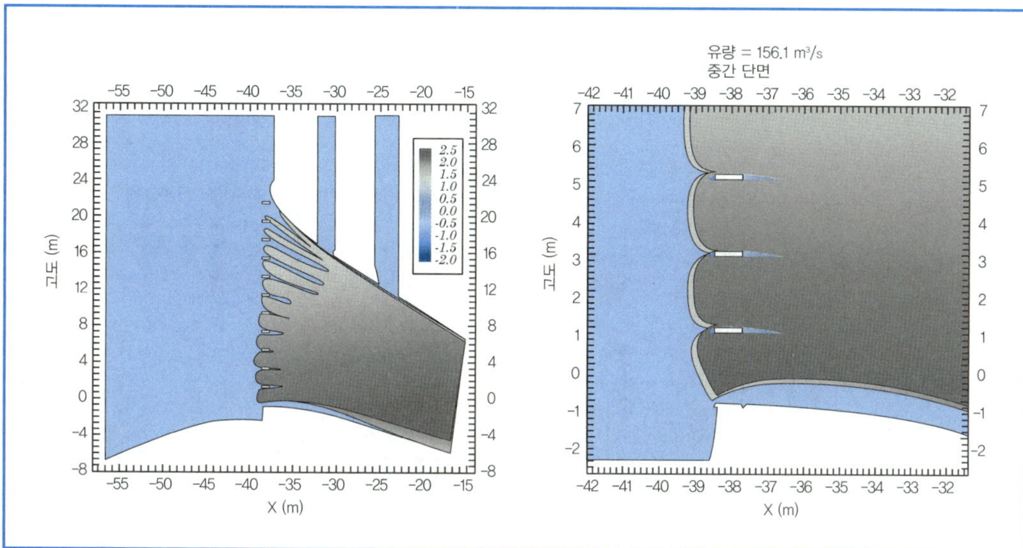

그림 8-13 Trash rack에 의해 발생한 난류 CFD 해석(ASL사, ASFM Manual, 2005)

는 최상의 불확실도는 1.5~2%에 해당한다. 하지만 난류발생장치가 존재하지 않는다면 불확실도는 3~4%정도까지 커질 것으로 예상할 수 있다. [그림 8-13]은 난류발생장치로 인하여 발생된 난류강도를 CFD를 이용하여 나타낸 그림이다.

4) 수력발전소에서의 이용

[그림 8-14]에 수력발전소에서의 고정식 프레임에 설치된 ASFM의 개략도를 나타내었다. 취수구에는 각각 ASFM경로가 10개인 3개의 구역이 있다. ASFM은 이러한 1~3개의 구역이 있는 취수구에 맞게 구성되어 있다. 경로는 높이가 고정된 상태로 배치되거나, 또는 이동식 프레임에 배치되어 위치를 변경할 수 있다.

ASFM은 각 구역의 1개 경로에서 유속을 동시에 측정한다. 일반적인 방법으로 변환기를 배치하여 초음파 경로가 각 구역 안에서 동일한 높이에 있도록 하고 유속 데이터의 추출은 한 개의 높이에서 실시된다. 첫 번째 높이 위치의 ASFM에 의한 유속 데이터 추출이 완료되면 다음 높이 위치로 전환하여 측정이 반복된다. 일반적인 측정순서는 취수구 바닥에서부터 상류측으로 진행이 된다. 최종 위치에 대한 유속 데이터의 추출이 완료되면 각 구역에 대한 유량이 계산되고 총 유량이 계산된 뒤, 유량과 유속이 기록되고 추가적인 작업(반복 측정 등)을 실시하게 된다.

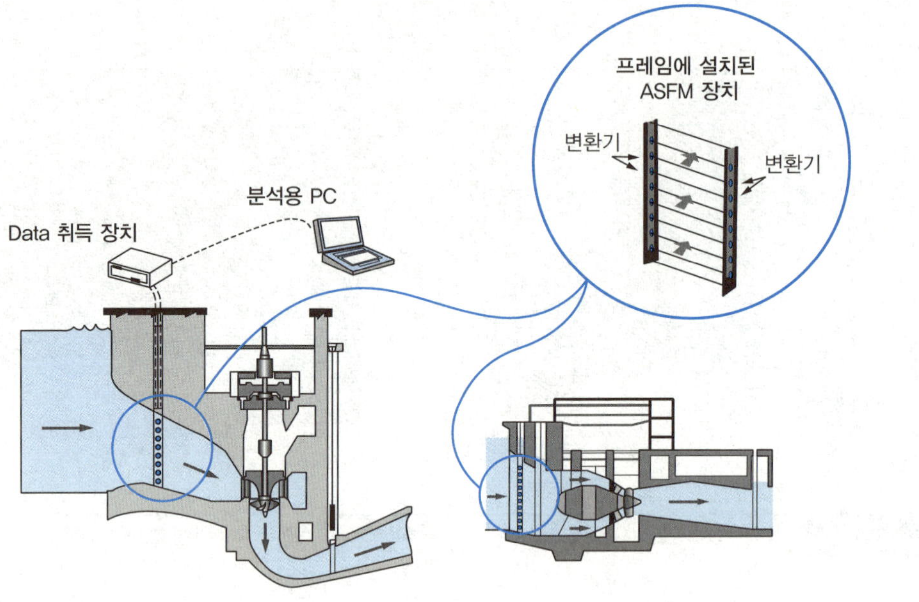

그림 8-14 Kaplan, Bulb형 수차에 적용 가능한 ASFM법(ASL사, ASFM Manual, 2005)

8.7 효율 측정방법

8.7.1 시험조건

수차를 시험하기 위한 혹은 추정 시험조건은 오차를 가능한 한 작게 하기 위해, 단위 낙차 당 회전속도의 편차가 5% 이내이어야 하고, 또한 유효낙차의 편차가 10% 이내이어야 한다.[1]

$$\left|\frac{\frac{N_r}{\sqrt{H}}-\frac{N_r}{\sqrt{H_r}}}{\frac{N_r}{\sqrt{H_r}}}\right| \leqq 0.05, \quad \left|\frac{H-H_r}{H_r}\right| \leqq 0.10 \tag{8-18}$$

여기서, N_r은 지정 회전속도(r/min), H_r은 지정 낙차(m), N은 시험 상태에서의 회전속도(r/min)이고, H는 시험 상태에서의 유효낙차(m)이다.

1. 단위 낙차 당 회전속도는 회전속도를 유효낙차의 제곱근으로 나눈 값을 말한다.

시험결과에 영향을 줄 수 있는 시험 상태는 시험 중에 가능한 한 일정하게 유지해야 하며, 1회의 효율 측정 중 각 읽음 값의 변동은 평균치와 비교해 다음 범위 내에 들어야 한다.

- 회전속도 ±0.3(%)
- 유효낙차 또는 전 양정 ±0.7(%)
- 출력 또는 입력 ±1.0(%)

수차의 출구 또는 펌프 입구의 수위는 지정된 최저 수위 이상이어야 한다. 그리고 시험 중에 수차는 정상적인 운전 시의 조건과 다르게 특별한 조정을 해서는 안된다. 다만 부하를 일정하게 하기 위해, 조속기 또는 서보모터의 개도를 제한하는 등 적당한 조치는 할 수 있다. 급기밸브 및 제압밸브는 정상적인 운전상태의 개도로 유지해야 한다.

8.7.2 효율 측정

(1) 시험 전 검토사항

시험책임자는 시험이 원활히 수행될 수 있도록 시험방법 및 시험 세부내용에 대해 사전에 검토하여 결정하여야 한다. 검토를 요구하는 주요 사항은 다음과 같다.

- 시험 일정
- 시험자의 구성
- 시험조건 및 시험 실시 범위
- 수차 출력 측정법
- 유효낙차 측정법
- 유량 측정법
- 회전속도 측정법
- 측정장치 및 측정장치의 교정
- 측정기록 및 시험결과의 계산

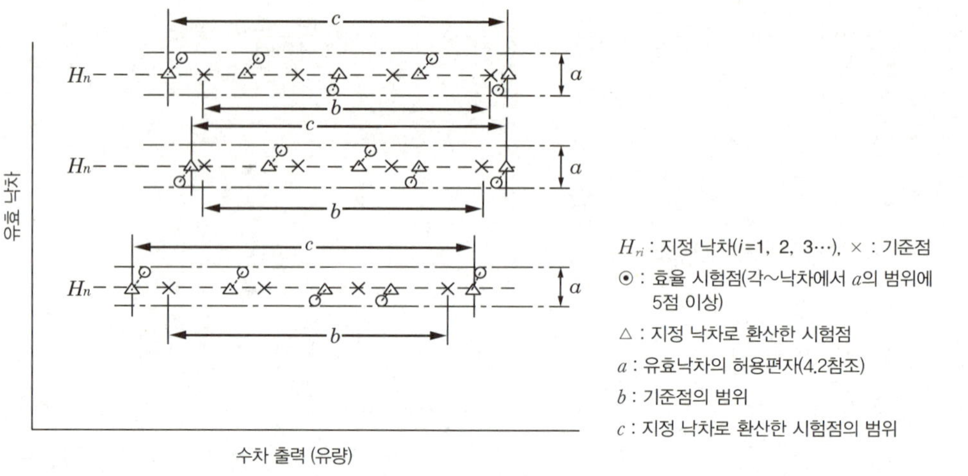

그림 8-15 수차의 효율시험점 선정 예(K-water, 시험요령, pp. 77)

(2) 효율 시험점의 선정

수차의 시험점 선정 예는 [그림 8-15]와 같다. 시험 시의 유효낙차가 지정 낙차와 다른 경우에는 지정 낙차로의 환산을 하여도 수차 출력(유량)이 최고 효율을 포함하도록 시험점을 선정하여야 한다. 효율 시험점은 비교할 기준치의 전 범위의 효율을 확인할 수 있도록 시험점을 선정하여야 하며, 효율점의 수는 5점 이상으로 하여 효율곡선을 작성하는데 충분하여야 한다.

수차 효율시험에 있어서, 발전기 출력을 기준으로 하여 정격출력의 40%~100%까지 10% 단위의 출력점으로 한다. 다만 낙차가 작아 정격출력이 나오지 않는 경우에는 효율 시험점의 수는 5점 이상이 되도록 출력점을 정하여야 한다.

(3) 가이드 베인 개도 등의 선정

가변익 구조의 수차는, 원칙적으로 러너 베인 각도에 대해 가이드 베인 개도를 적정 개도로 유지하고 시험하되, 러너 베인 각도와 가이드 베인의 적정 개도 관계는 각각의 러너 베인 각도에서 5점 이상의 가이드 베인 개도에 대해 시험하여 구한다.

표 8-7 | 수차 효율시험 측정 횟수와 시간

항목 / 유량 측정법	유량	수차 출력	유효낙차	회전속도
유량계법	5분 이상 연속	유량 측정 중 10회 이상	유량 측정 중 10회 이상	유량 측정 중 10회 이상
압력시간법	1회 (가이드 베인 폐쇄)	가이드 베인 폐쇄 직전 2분간 10회 이상	가이드 베인 폐쇄 직전 2분간 10회 이상	가이드 베인 폐쇄 직전 2분간 10회 이상
지수시험법	5분 이상, 10회 이상(차압)	유량 측정 중 10회 이상	유량 측정 중 10회 이상	유량 측정 중 10회 이상
효율특성법	5분 이상, 10회 이상	유량 측정 중 10회 이상	유량 측정 중 10회 이상	유량 측정 중 10회 이상

(4) 측정 횟수의 결정

시험조건 및 현장 여건에 따라 하나의 효율 시험점에 대한 측정 횟수를 변경 가능하며, 압력시간법에서 측정값의 차가 평균치에 비해 ±1.5% 이내 일 때는 측정 횟수를 2회로 할 수 있다.

하나의 효율 시험점에 대해 실시하는 효율 측정 횟수는 원칙적으로 다음과 같다.

- 유속계법 : 2회
- 동압관(피토관)법 : 2회
- 압력시간법 : 3회

시험 측정 중 또는 종료 후(측정 장치의 철거 및 시험원의 해산 전)에 대표적인 기록에 대해서 임시 계산 및 결과를 확인하여야 한다.

8.7.3 시험결과의 계산 및 판정

(1) 효율의 계산

측정된 결과로부터 수차 효율은 다음 식으로 구한다.

$$\eta = \frac{P \times 10^3}{\rho \cdot g \cdot Q \cdot H} \times 100 \tag{8-19}$$

여기서 η는 시험 상태에서의 수차 효율(%), P는 시험 상태에서의 수차 출력(kW), Q는 시험 상태에서의 유량(m^3/s), H는 시험 상태에서의 유효낙차(m), ρ는 시험 상태에서의 물의 밀도($\frac{\rho_1+\rho_2}{2}$)(kg/m^3), g는 시험 상태에서의 중력 가속도($\frac{g_1+g_2}{2}$)(m/s^2)이다. 그리고 하첨자 1과 2는 수차의 고압측 지정점, 수차의 저압측 지정점을 가리킨다.

① 고압측 지정점과 저압측 지정점과의 압력차가 $0.4MPa$미만인 경우에는 저압측 지정점의 물의 밀도를 시험 상태에서의 물의 밀도로 할 수 있다.

② 고압측 지정점과 저압측 지정점의 표고차가 작기 때문에 시험 상태에서의 중력 가속도는 저압측 지정점의 중력 가속도를 사용할 수 있다.

③ 중력 가속도 및 물의 밀도는 측정 위치 및 수온에서의 표준값을 참조한다.

(2) 지정 상태로의 환산

1) 효율의 변화가 없는 것으로 하여 환산할 수 있는 경우

시험 상태에서 단위 낙차 당 회전속도의 편차가 1.5% 이내이고, 유효낙차의 편차가 3% 이내 즉, 다음 조건이 성립할 때

$$\left| \frac{\frac{N}{\sqrt{H}} - \frac{N_r}{\sqrt{H_r}}}{\frac{N_r}{\sqrt{H_r}}} \right| \leqq 0.015, \quad \left| \frac{H-H_r}{H_r} \right| \leqq 0.03 \tag{8-20}$$

여기서, N_r는 지정 회전속도(r/min), H_r는 지정 낙차(m), N은 시험 상태에서의 회전속도(r/min), H는 시험 상태에서의 유효낙차(m)이다. 수차 효율은 변화하지 않는 것으로 하여, 시험 상태에서의 측정값을 지정 낙차에 대응하는 값으로 환산할 수 있다.

$$Q_{H_r} = Q\left(\frac{H_r}{H}\right)^{1/2} \quad P_{H_r} = P\left(\frac{H_r}{H}\right)^{3/2} \quad \eta_{H_r} = \eta \tag{8-21}$$

여기서, H_r은 지정 낙차(m)이고, Q_{H_r}는 지정 낙차로 환산된 유량(m^3/s), P_{H_r}는 지정 낙차로 환산된 수차 출력(kW)이고, η_{H_r}는 지정 낙차에서의 효율(%)이고, H는 시험 상태에서의 유효낙차(m)이고, Q는 시험 상태에서의 유량(m^3/s)이고, P는 시험 상태에서의 수차 출력(kW)이고, η는 시험 상태에서의 효율(%)이다.

2) 상사한 모형의 시험결과를 사용해 추정할 수 있는 경우

지정 상태에 대해 시험 상태에서의 단위 낙차 당 회전속도의 편차가 5% 이내이고 유효낙차의 편차가 10% 이내 즉, 다음 식이 성립할 때는

$$\left|\frac{\dfrac{N}{\sqrt{H}}-\dfrac{N_r}{\sqrt{H_r}}}{\dfrac{N_r}{\sqrt{H_r}}}\right| \leq 0.05, \quad \left|\frac{H-H_r}{H_r}\right| \leq 0.10 \tag{8-22}$$

여기서, N_r는 지정 회전속도(r/min)이고, H_r는 지정 낙차(m)이고, N은 시험 상태에서의 회전속도(r/min)이고, H는 시험 상태에서의 유효낙차(m)이다.

상사한 모형 수차의 시험결과를 이용하여 지정상태로의 성능으로 추정이 가능하며, 시험상태가 지정상태와 다른 경우에 상사한 모형의 시험결과를 사용해 지정상태의 성능을 추정하는 방법은 다음과 같다.

① 동일 가이드 베인 개도로 환산하는 방법

다음 식으로 시험 상태의 측정값을 지정 낙차에 대응하는 값으로 계산한다.

$$\begin{aligned} &\eta_r=\eta+\Delta\eta_1, \qquad Q_r=Q\left(\frac{H_r}{H}\right)^{1/2}\cdot a \\ &P_r=P\left(\frac{H_r}{H}\right)^{3/2}, \quad P_r=\frac{\rho\cdot g\cdot Q_r\cdot H_r\cdot\eta_r}{10^3\times 100} \end{aligned} \tag{8-23}$$

여기서, H_r는 지정 낙차(m), Q_{H_r}는 지정 낙차로 환산된 유량(m^3/s), P_r는 지정 낙차로 환산된 수차 출력(kW), η_r는 지정 낙차로 환산된 효율(%), H는 시험 상태에서의 유효낙차(m), Q는 시험 상태에서의 유량(m^3/s), η는 시험 상태에서의 효율(%), ρ는 시험

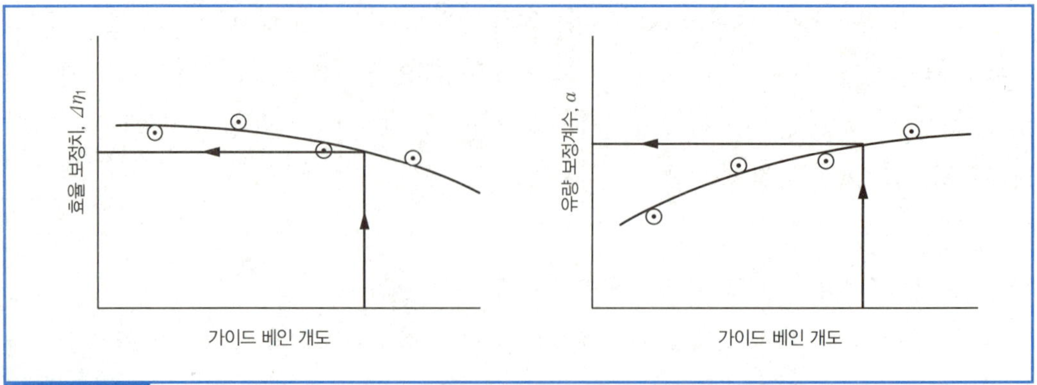

그림 8-16 모형시험결과에 의한 효율 및 유량의 보정(K-water,시험요령, pp. 81)

상태에서의 물의 밀도(kg/m^3), g는 시험 상태에서의 중력 가속도(m/s^2), $\Delta\eta_1$는 효율의 보정치(%) 그리고 a는 유량의 보정치이다.

효율의 보정치 $\Delta\eta_1$ 및 유량의 보정계수 a는 상사한 모형 수차의 시험결과부터 구한다. 예를 들면, 모형 수차의 수차 특성이 가이드 베인 개도를 변수로 하여 단위 치수, 단위 낙차 당 회전속도 n_{11}', 유량 Q_{11}' 및 효율 η'의 관계로 표현된 경우, 우선 시험 및 지정 상태에 상당하는 n_{11}', n_{11_r}'로 부터 각 가이드 베인 개도마다 η', η_r' 및 Q_{11}', Q_{11_r}'을 구한다.

다음에 각 가이드 베인 개도마다 효율차 $\Delta\eta_1 = \eta_r' - \eta'$ 및 유량비(유량보정계수) $a = Q_{11_r}'/Q_{11}'$을 구해 가이드 베인 개도에 대한 $\Delta\eta_1$과 a의 관계를 [그림 8-16]과 같이 나타낸다. 이러한 그림에서 시험 상태의 가이드 베인 개도에 상당하는 효율의 보정치 $\Delta\eta_1$ 및 유량의 보정계수 a값을 구한다.

② 동일 Q_{11}(단위 치수, 단위 낙차 당 유량)으로 환산하는 방법

다음 식으로 시험 상태에서의 측정값으로부터 지정 상태로 대응하는 값을 계산한다.

$$\eta_r = \eta + \Delta\eta_2, \qquad Q_r = Q\left(\frac{H_r}{H}\right)^{1/2}$$
$$P_r = P\left(\frac{H_r}{H}\right)^{3/2}, \quad P_r = \frac{\rho \cdot g \cdot Q_r \cdot H_r \cdot \eta_r}{10^3 \times 100} \tag{8-24}$$

여기서, H_r는 지정 낙차(m), Q_r는 지정 낙차로 환산된 유량(m^3/s), P_r는 지정 낙차로

환산된 수차 출력(kW), η_r는 지정 낙차로 환산된 효율(%), H는 시험 상태에서의 유효 낙차(m), Q는 시험 상태에서의 유량(m^3/s), η는 시험 상태에서의 효율(%), ρ는 시험 상태에서의 물의 밀도(kg/m^3), g는 시험 상태에서의 중력 가속도(m/s^2) 그리고 $\Delta\eta_2$는 효율의 보정치(%)이다.

효율 보정치 $\Delta\eta_2$는 상사한 모형 수차의 시험결과로부터 구한다. 즉 앞에서 언급한 동일 가이드 베인 개도에 의하여 환산하는 경우와 같이 모형 수차의 특성으로부터 시험 상태 및 지정 상태에 상당하는 회전속도 n'_{11}, n'_{11_r}로부터 각 가이드 베인 개도마다 η', η'_r 및 Q'_{11}, Q'_{11_r}을 구한다. 다음으로 가로축에 유량, 세로축을 효율로 나타낸 그래프에 Q'_{11} 대 η' 및 Q'_{11_r} 대 η'_r의 관계를 각각 나타낸다. 이 2개의 곡선에서 동일 유량에 대한 η'_r과 η'을 읽어, 그 차를 [그림 8-17]과 같이 나타낸다. 시험 상태의 실물 수차의 단위 치수, 단위 낙차 당 유량 Q_{11}을 계산하여 그림으로부터 이 유량과 동일한 Q'_{11}에 상당하는 효율 보정치 $\Delta\eta_2$의 값을 구한다.

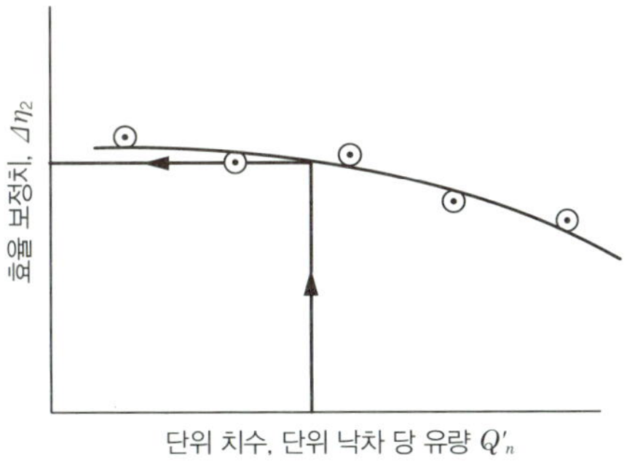

그림 8-17 모형시험결과에 의한 효율의 보정치(K-water, 시험요령, pp. 82)

(3) 시험결과 확인

① 시험결과를 확인하기 위해, 가로축에 수차 출력(유량) 또는 총낙차, 세로축에 수차 효율을 나타내고 추세 효율곡선을 그린다. 이 효율곡선으로부터 1.5% 이상 떨어진 효율 측정값은 부적격으로 판정하여 사용하지 않는다.

② 적격으로 판정한 효율 측정값에 의해 새로운 효율곡선을 나타내고 ①과 같이 판정한다.

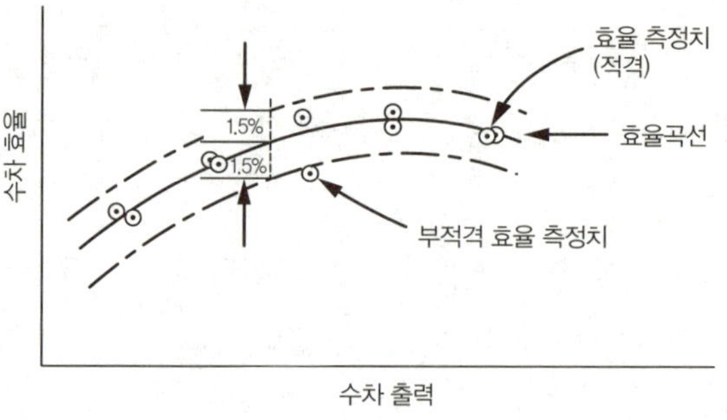

그림 8-18 효율 측정값의 적부 판정방법(K-water, 시험요령, pp. 83)

③ 효율 측정값을 사용하지 않는 시험점에 대해서는 재측정을 할 수 있다. 이 경우, 적격으로 판정한 효율 측정값과 재측정에 의해 얻어진 효율 측정값으로 ①과 같이 판정한다.

④ 재측정한 후에도 모든 효율 측정치 중에 1/3 이상을 부적격으로 사용하지 않는 경우, 효율 시험결과를 이 요령의 정밀도에 맞지 않는 것으로 판단하고 그 내용을 기록하고 폐기하여야 한다.

(4) 기준치와의 비교

시험결과를 효율, 수차 출력 및 유량을 기준치와 비교하여 판정하는 경우, 측정 오차를 고려해야 한다.

1) 효율의 판정

효율 비교를 하기 위해서는 [그림 8-19]에서 작성한 최종 효율곡선의 상하에 측정 오차에 상당하는 만큼 떨어진 2개의 곡선을 그린다. 이 2개의 곡선 사이를 효율대라고 한다.

- 효율대의 상한이 기준치의 효율 곡선 이상일 경우, 총 효율은 기준치를 초과하는 것으로 한다.
- 효율대의 상한이 기준 효율곡선의 전부 또는 일부에 달하지 않는 경우, 그 수차 출력(유량) 또는 총낙차의 범위에 대한 효율은 기준치를 미달한 것으로 한다.
- 가중 평균 효율로 기준치와 비교하는 경우, 효율대의 상한 효율곡선을 사용하여, 가중

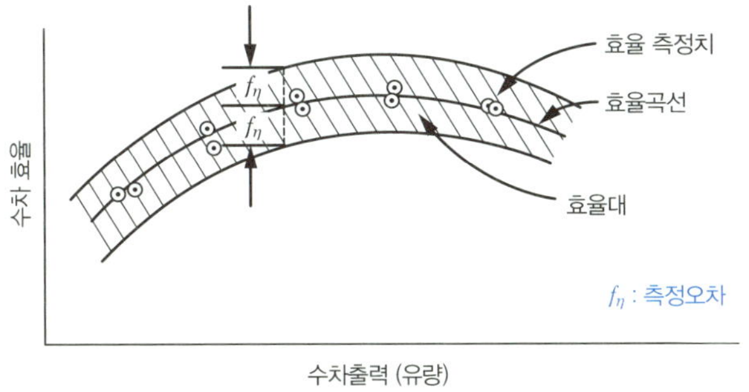

그림 8-19 효율곡선과 효율대의 관계(K-water, 시험요령, pp. 84)

평균 효율을 구한다.

2) 수차 출력 판정

수차 출력은 다음 식에 따라 기준치와 비교한다.

$$P_r\left(1+\frac{f_P}{100}\right) \geqq P_N \tag{8-25}$$

여기서, P_r는 지정 상태로 환산된 수차 최대 출력(kW)이고, P_N는 지정 낙차에서 수차 최대 출력의 보증치 또는 기준치(kW)이며, f_P는 수차 출력의 측정 오차(%)이다.

3) 측정 오차

시험이 이 요령에 의해 행해진 경우에, 각 측정값에 대한 측정 오차는 각각의 측정법에 의해 다음 값으로 한다.

① 출력 또는 입력 측정 오차 : $f_P \pm 0.8$(%)

② 유효낙차의 측정 오차(수위의 측정 오차 : f_h)

- Float 등으로 측정하는 경우 $\pm 0.01(m)$
- 수위표 등으로 측정하는 경우 $\pm 0.05(m)$
- 전기식 수위변환기의 경우 교정 원기의 측정 오차와 동등하다.

③ 압력수두의 측정 오차 : f_P

- 액주계(물)로 측정하는 경우 ± 0.1(%)

- 액주계(수은)로 측정하는 경우 ±0.1(%)
- 전기식 압력변환기로 측정하는 경우 ±0.3(%)

④ **유효낙차의 측정 오차** : f_H(%)

$$f_H = \pm \frac{f_{p1}\frac{p_1}{\rho \cdot g} + f_{p2}\frac{p_2}{\rho \cdot g}}{H} \tag{8-26}$$

단, 저압측 지정점의 측정을 흡출관 출구 직후에서 하는 경우, 위 식의 분자의 우변의 제2항은 $100 \cdot f_h$로 한다. 여기서, $\frac{p}{\rho g}$은 압력수두(m)이고, H는 유효낙차 또는 총낙차(m)이고, p는 압력(Pa)이고, ρ는 시험 상태에서 물의 밀도(kg/m^3)이고, g는 시험 상태에서 중력 가속도(m/s^2)이고, 첨자 1은 수차 및 펌프의 고압측 지정점이며 첨자 2는 수차 및 펌프의 저압측 지정점이다.

⑤ **회전속도의 측정 오차**
- 주파수 측정법에 의한 측정 오차 : f_n ±0.1(%)
- 축속도 측정법에 의한 측정 오차 : f_n ±0.1(%)

⑥ **유량의 측정 오차**
- 유속계법에 의한 측정 오차 : f_Q
- 원형 단면 폐수로의 경우 ±1.0(%)
- 도벽이 있는 개수로의 경우 ±1.2(%)
- 압력시간법에 의한 측정 오차 : f_Q ±1.5(%)

⑦ **효율의 측정 오차**[2] : f_η(%)

$$f_\eta = \pm\sqrt{f_P^2 + f_H^2 + f_Q^2} \tag{8-27}$$

2. 이 기준에 의해 행해진 경우 효율의 측정 오차는 ±2% 이내가 된다.

참고문헌

① 국내 관련 연구자료

K-water, 수차발전기 성능분석 시험요령, K-water, 2006.02.

K-water, 시화조력발전소 성능 진단 프로세스 개발, K-water, 2010.12.

② 국외 각종 규격

IEC, IEC 60545 Ed.1.0 b Guide for commissioning, operation and maintenance of hydraulic turbines, IEC, 1976-01-01.

IEC, IEC 60041 Ed.3.0 Field acceptance tests to determine the hydraulic performance of hydraulic turbines, storage pumps and pump-turbines, IEC, 1991.11.

일본 전기학회, JEC 4002 수차와 펌프수차의 효율시험방법, 일본 전기학회, 1992.

ASL AQFlow Inc, ASFM Operating Manual for Advantage Model, ASL AQFlow Inc, 2005.09.

THEORY AND APPLICATIONS OF HYDRAULIC TURBINES

제5편

운영 및 유지관리

제 9 장

수력발전소 운영 및 유지관리

9.1 수력발전소 운영

9.1.1 수력발전소 운영과 관련된 각종 계획 수립

수력발전소 운영에 필요한 계획 수립의 목적은 시설을 항상 정상상태로 유지하여 전력공급의 안정성을 확보하는데 있다. 이를 위해 발전계획, 유지보수 등 관리계획을 수립하여야 한다.

(1) 발전계획 수립

현지 기상상태 분석, 저수지 운영수위, 현지 발전소의 제약사항, 전력수요 등을 예측하여 연간 발전계획을 수립하고, 이를 근거로 발전소 주변 여건을 감안한 일일 발전계획을 수립한다.

(2) 발전설비 유지보수 계획 수립

국내의 경우 각 발전회사들의 장기 예산 소요을 파악하기 위해 통상적으로 5년 이상의 장기 유지보수 계획과 국내 전력수급 전망을 위해 전력거래소[3]의 전력시장 운영규칙에 따라 2개년도 발전 정지를 수반하는 유지보수 계획을 매년 작성하여야 한다.

(3) 발전설비 시험계획 수립

발전설비 시험은 통상적으로 점검 · 보수 계획과 연계하여 연간 주요설비 시험계획을 수립

3. 전력거래소 : 국내 전력산업에서 전력시장의 운영, 전력계통의 운영, 실시간 급전 운영, 전력수급 기본계획 수립 등의 기능을 담당하는 기관

표 9-1 | 발전설비 시험 종류

구분	내용
종합시험	• 수차발전기 상태 점검을 위해 분해 후 또는 「전기사업법」 제 65조에 의한 정기검사 시 실시하는 시험
성능시험	• 사용년수 증가에 따른 노후화(aging)의 정도를 파악하고 잔여 수명을 예측하기 위해 실시하는 시험 • 시험의 종류 : 발전기 · 변압기 절연 진단시험, 수차효율 시험, 제어설비 시험, 보호계전기 시험
원격감시 · 제어설비 시험	• 센서 및 변환기류의 교정시험
전력거래설비 교정시험	• 전력시장 운영규칙에 의거 실시하는 시험 • 시험의 종류 – 전력거래용 계량 설비시험 : 42개월 마다 시행 – 급전 자동화설비(EMS)용 변환장치시험 : 24개월

하여 발전 정지를 최소화하여야 한다. 시험대상 설비로는 수차, 발전기, 계량 설비 및 그 부속설비, 제어설비(발전기 여자시스템(excitation system), 조속기, 자동동기투입장치(automatic synchronizer) 등이고, 시험의 종류는 [표 9-1]과 같으며, 법정 시험을 제외한 다른 시험은 발전회사에 따라 주기는 변경될 수 있다.

9.1.2 수력 발전설비 운전

수력발전소 건설이 완료되면 관계기관으로부터 사용 전 검사 및 사용허가를 얻어 본격적인 상업발전에 들어가게 된다. 발전소가 본격 운영되면 유입량과 저수량 또는 전력계통으로부터의 요구에 적합하도록 기동정지, 발전기 운영대수 결정, 출력 증감 등을 하여야 하고 항

표 9-2 | 발전설비 주요 운전업무

구분	내용
조작	• 발전기의 기동 · 정지, 출력, 전압 등의 조정 • 개폐기(circuit breaker) 조작, 보호장치의 개폐 • 발전 방류 경보 발령, 수문 조작
감시	• 운전상태 감시 • 수문, 기상상황 감시
기록	• 전압, 전력, 전력량 등의 급전 운용상의 기록 • 각 부분의 온도, 운전시간 등의 보수 기록

상 효율적인 운영에 의해 전력량을 극대화 할 수 있어야 한다. 발전설비 운전에 있어 주된 내용은 [표 9-2]와 같으며 운영제어에 있어 주요 사항을 언급해보고자 한다.

(1) 운전 제어에 관한 규정 숙지

운전제어에는 많은 규칙과 제약이 있다. 특히 대외적인 규칙이나 제약에는 주의를 하지 않으면 안 된다. 또한, 기기의 특성과 제어사항에 대해서도 잘 파악하여 사고 발생 시 적절한 판단과 조치를 취할 수 있어야 한다.

(2) 지령계통 일원화

발전기의 기동, 정지, 출력조정 등의 계통에 관한 지령이나 취수구, 댐 등에 있는 수문에 관한 지령 등은 정해진 규칙에 따라 반드시 일원화하여야 한다.

(3) 운전상황의 충분한 파악

기기의 과거 이력을 포함한 운전상황, 송전계통을 비롯한 다른 주요 발전소 및 변전소의 상황과 기상상황 등을 충분히 파악한다.

(4) 기록의 정리와 활용

운전기록은 이후의 운전, 보수 계획에 활용될 수 있도록 기능적으로 정리하며, 지금까지의 기록과 비교하여 설비의 노후화를 조사하여 설비를 안정적으로 관리하여야 한다.

(5) 발전설비의 운영절차

앞서 설명한 바와 같이 발전설비를 운영하기 위해 일일 발전 사용 수량, 발전 제약사항 및 전력수요 예측 등을 고려하여 일일 발전계획에 따라 설비를 운영하여야 한다.

1) 발전 방류 경보

발전 시에는 방류량이 급격히 증가되므로 발전기 기동 전 경보방송을 하여야 한다.

2) 발전기 기동 전 점검

발전 근무자는 발전기 가동을 하기 전에 설비에 대한 확인 점검을 실시하여 이상 유무를 확인한 후 발전하여야 한다. 아울러, 설비를 장기간 정지한 후 발전기를 가동할 때에는 사전에 소정의 점검 외에 필요에 따라 시운전 등을 하여야 한다.

3) 발전기 기동

수력발전소(중앙급전발전[4])의 발전기를 다음과 같이 가동하여야 한다.

① 계획발전

발전 근무자는 중앙급전발전기의 운영발전계획(18시 이후에 전력거래소 전기에너지 전자상거래시스템에 다음날 운영계획 게시)을 확인하여 전력거래소 급전 지시에 따라 시행하는 발전

② 계획 외 발전

발전 근무자는 전력계통상의 이상 등으로 전력거래소의 발전 요청이 있을 경우 시급성을 판단하여 시행하는 발전

③ 비 중앙급전발전의 경우 전력시장 가격을 고려하여 자체 발전계획을 수립하고 계획에 따라 발전기를 가동한다.

9.2 수차 및 보조설비 유지관리

발전소의 생산성을 높이고 기능 유지를 위한 유지관리는 발전소의 가장 중요한 업무이다. 이 절에서는 유지관리 방법과 수차 등 각 단위 설비의 고장 유형과 대책 등에 대해 설명하고자 한다.

4. 중앙급전발전 : 전력거래소의 급전 지시에 따라 운전하는 설비용량 20 MW 초과 발전기

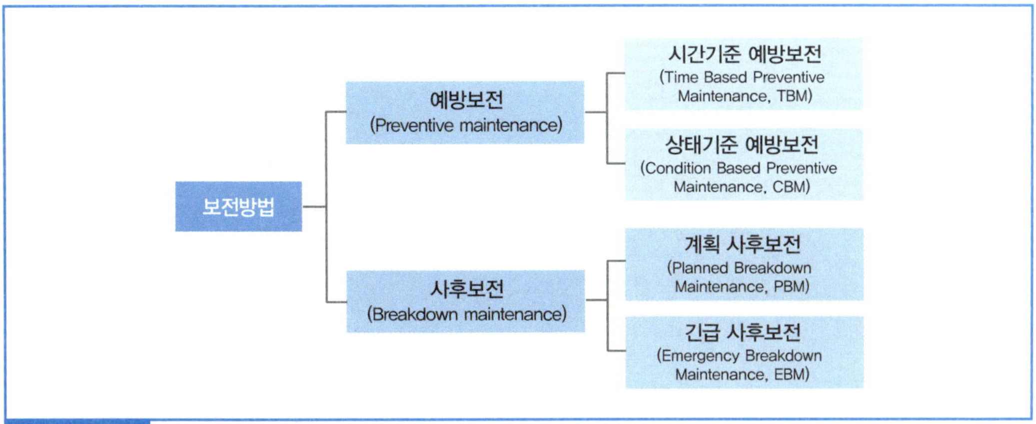

그림 9-1 보전방식의 분류

9.2.1 유지관리 일반

설비의 보전방식은 [그림 9-1]과 같이 예방보전(Preventive Maintenance; PM)과 사후보전(Breakdown Maintenance, BM)의 방식으로 크게 분류할 수 있다.

① 예방보전은 사용시간을 기준하여 보전을 실시하는 시간기준 예방보전(Time Based Preventive Maintenance, TBM)과 설비의 상태 진단을 통해 그 상태를 기준으로 보전을 실시하는 상태기준 예방보전(Condition Based Preventive Maintenance, CBM)으로 분류된다.

② 사후보전은 경제성을 고려하여 계획적으로 정책의 일환으로 「폐기될 때 까지 사용하고 보전한다」라는 계획 사후보전(Planned Breakdown Maintenance, PBM)방식과 「예상외의 고장을 긴급히 교체 또는 보수한다」는 긴급 사후보전(Emergency Breakdown Maintenance, EBM)으로 나눌 수 있다.

9.2.2 수차의 유지관리

(1) 수차 마모의 원인과 대책

수차의 마모는 대부분 유동에 의한 것으로 공동현상, 수중의 모래, 흙 등과 같은 토사, 수질(pH) 등의 원인으로 마모 부식이 진행된다.

1) 공동현상에 의한 마모와 그 방지대책

① 마모원인

- 수차 내부에 공동현상이 발생하면 저압부에 생기는 기포가 하류의 고압부에 이르러 급격하게 깨져 그 충격에 의해 침식이 되는 경우
- 수중에 분해되어 있는 공기가 분리되어 거기에 함유된 산소에 의해 침식되는 경우
- 전기 화학적으로 부식되는 경우 등으로 마모가 진행되는 경우

② 방지대책

- 적합한 재질 선정

  공동현상 방지를 위해 필요한 재질 결정 시에는 경도(hardness)가 큰 재질로, 또 경도가 같다면 부식에 대한 내식성이 좋은 재질로, 결정 입자가 작은 재질로 선정하여야 한다. 일반적으로 공동현상에 의한 마모율은 주강, 13 Cr강, 18-8 CrNi 강의 비율이 1.00 : 0.50 : 0.21인 18-8 CrNi강 등의 재료를 사용하는 것이 바람직하지만, 재료의 가격과 분해보수 비용 등을 고려하여 경제적으로 유리한 방향으로 결정하여야 한다.

- 수차 형상의 최적화

  러너 형상이 물의 유동에 부적당하면 공동현상 발생의 원인이 된다. 수차의 토크는 러너 전·후면의 압력차에서 생기지만 러너 후면 압력이 물의 증기압보다 작을 때도 공동현상 발생의 원인이 되므로, 수차의 종류, 러너 형상, 낙차, 흡출고 등을 고려하여 최적의 형상을 결정하여야 한다.

- 흡출관 내 흡기량 및 흡출관 높이의 최적화

  러너 후면 압력은 사용 수량에 따라 변하므로 공동현상 발생을 방지하기 위해서는 항상 물을 증기압 이상으로 유지할 필요가 있다. 그 방지책으로는 항상 외부로부터 부하에 따라 공기를 공급할 수 있도록 하고 아울러 흡출고 높이도 공동현상을 고려하여 결정하여야 한다. 공동현상의 방지를 위해 기존 발전소에서는 방수로에 보를 설치하여 흡출고를 낮추는 경우도 있다.

- 적정 비속도 선정

  비속도 N_s가 너무 높으면 유동속도가 커지고 수차 내부 압력에 변동을 일으켜 공동현상의 원인이 되므로, 신규 설치 시 N_s 결정은 모형시험 등을 통해 확인하여야 한다.

기존 설비에 대해서는 N_s를 조정하는 것이 불가능하므로, 날개의 형상을 바꾸거나 재질을 바꾸어야 한다.

- 적정 부하운전

수차를 낮은 부하에서 운전하면 러너 출구에서 물이 회전방향으로 선회운동을 일으켜 중심부에 공동현상을 일으키므로, 가능하면 낮은 부하에서 운전을 피한다. 과부하의 경우에도 반회전 방향으로 물의 선회가 생겨 역시 공동현상 발생의 원인이 되므로 과부하 운전을 피하는 것이 바람직하다.

2) 물 속 토사(모래, 흙) 등에 의한 마모 방지대책

관 내부의 모래, 흙을 주기적으로 배출시킨다.

3) 수중의 산(酸)에 의한 마모와 방지책

① **마모원인**

수차를 움직이는 물이 산성도가 강한 경우에는(pH 7 이하) 러너와 가이드 베인 등에 부식(작은 구멍들이 발생)이 발생되어 효율 저하의 원인이 된다.

② **대책**

13 Cr강은 pH 4 이상에서 거의 부식되지 않고, 18-8 Cr-Ni은 pH에 관계없이 부식되지 않으므로, 운영 환경, 경제성, 유지관리의 면을 고려하여 합리적으로 결정한다.

4) 기타 마모에 대한 방지대책 및 보수 방법

① **코팅**

재료의 내마모성, 내열성, 내산화성을 개선하기 위해서는 각각의 목적에 맞는 재료를 소재 표면에 덧씌우는 것을 코팅이라 하며, 코팅방법은 다음의 두 가지가 있다.

- 스프레이법(spray coating)

분무기를 사용하여 재료를 소재 표면에 용착시키는 것으로 발생 온도가 낮아 용착에 어려움이 있다.

- 플라스마 제트 용사법(熔射法)(plasma jet spray coating)

플라스마 제트 장치에 의해 용사제(텅스텐, 카바이드 등)를 고온, 고속의 상태로 소재의 표면에 용착시키는 것이다.

② 용접에 의한 육성법

이미 마모가 발생된 상태에서 마모의 진행방지와 수차효율 저하를 방지하기 위해 마모부분을 용접으로 육성한다.

③ 연마기(grinder) 등으로 표면을 가공하는 방법

마모가 비교적 적은 경우에 적용하며 물의 유동 저항을 작게 하고 마모의 진행을 방지하기 위해 표면을 매끄럽게 한다.

(2) 수차발전기의 진동 발생의 원인과 대책

1) 진동의 종류

수차발전기는 운전 중 여러가지 원인에 의해 진동이 발생하게 된다. 진동의 종류는 수력진동, 기계적 진동, 전기적 진동 그리고 기타로 분류한다.

2) 진동의 원인과 그 현상

① 수력적 진동

원인	현상
• 러너와 가이드 베인의 깃 수 부적절 • 러너와 가이드 베인의 거리가 짧음 • 러너 출구 면적의 부적정 • 러너와 러너 간격 불량 • 가이드 베인 개도의 부적정	부하의 증가와 함께 진동이 증가
• 러너의 형상 불량	특정 부하에서 진동소음이 큼
• 가이드 베인 형상 불량	무부하, 경부하에서 소음이 큼
• 흡출관 내 진동 • 공동현상	경부하 또는 과부하에서 소음을 동반한 진동이 발생
• 분사수와 버킷의 부조합	부하의 증가와 함께 진동소음이 커짐
• 러너 가공 불량	고주파의 진동 및 소음이 발생

② 기계적 진동

원인	현상
• 주축의 휨 • 스러스트 베어링 조정 불량 • 커플링 조임 불량	무부하 저속도에서 진동 발생

원인	현상
• 베어링 간격 과대 • 축 중심잡기(centering) 불량	
• 러너 등 회전체의 접촉 • 회전체의 불균형	진동이 심해지고 소음을 동반함 부하에 무관하게 속도 상승에 따라 진동 증가
• 베어링 위치의 부적정 • 주축이 가늘 때	부하 증가에 따라 진동 증가
• 전단 핀의 전단, 니들, 가이드 베인에 이물질이 끼었을 때	운전 중 급격한 진동 증가

③ 전기적 진동

원인	현상
• 자극의 일부 이상 • 회전자(rotor) 코일의 접지 • 상간 불균형 • 회전자(rotor)와 고정자(stator)의 틈새 부적정	부하의 증가와 함께 진동이 심해지고 발전기의 소음이 특히 커짐
• 전력 동요에 의한 것	소음이 심해지고 진동을 동반

④ 기타

원인	현상
• 조속기 헌팅(hunting) • 수위 조정기 헌팅	헌팅 발생과 함께 소음, 진동이 발생
• 수차 기초 침하	축 중심잡기가 불량해져 진동 발생

3) 방지대책

① 일반적인 진동 원인 중 수차 설계의 부적절, 설치 불량에서 기인하는 것은 방지대책 마련이 어려운 만큼 되도록 진동이 많이 발생할 수 있는 부하를 회피하여 운전하여야 한다.

② 갑자기 진동이 발생하거나 수차 개·보수 후 진동이 발생되는 경우에는 원인을 파악하여 발생 원인을 제거하여야 한다.

(3) 수차의 이상음 발생 원인과 대책

① 수차의 이상음 발생의 종류는 기계적인 것과 수력학적인 것으로 나눌 수 있다. 기계적인 것은 회전체 마찰이나 각 부분의 설치 불량 등에 의한 접촉음의 발생, 회전체의 불균형, 축 중심 불일치 등에 의한다. 수력학적인 것은 물 유동에 의한 와류(vortex), 맥동

(surging), 공동현상에 의한 것과 흡출관 내의 맥동 등에 의한 것이 있다.

② 주요 발생 원인과 그 대책

원인과 현상	대책
• 가이드 베인이나 러너 등에 이물질이 낀 경우에 발생하는 이상음 및 진동	이물질 제거, 손상 부분 수리 (가이드 베인 전단핀 등)
• 러너 및 러너 고정용 부속, 수밀용 부속 등이 느슨해져 회전부나 커버에 접촉해서 연속적으로 삐꺽거리는 소리 발생	고정용 및 수밀용 부속들을 조임
• 축 중심잡기 불량, 베어링 간극이 넓어질 때 소음과 진동이 발생	축 중심잡기의 재조정, 베어링 간격을 재조정
• 베어링 소손 시는 이상음과 함께 연기가 나고 이상한 냄새	베어링 교환, 재조정
• 가이드 베인 형상 불량 및 맥동 발생	가이드 베인 형상의 수정
• 러너와 가이드 베인의 날개 조합 불량	러너와 가이드 베인 날개 조합을 변경 또는 재조정
• 러너에 공동현상 발생으로 손뼉치는 것과 같은 소리와 비교적 높은 이상음이 발생	방수로에 보를 설치하여 수차의 흡출고를 감소시키거나, 가이드 베인과 러너 날개형상 개량, 수차 비속도를 개선
• 흡출관 내의 맥동=공기 설비가 고장일 경우 저주파의 이상음을 발생	공기량 조정 및 공기설비 고장 제거, 흡출관의 강성이 부족한 경우 콘크리트 등으로 강도를 보강

(4) 수차 주요 보수 방법 및 보수 후 검사

1) 펠턴수차

① 주요 보수 위치와 보수 방법

보수위치	보수 방법
• 버킷 마모, 공동현상, 침식, 균열 발생	일부 육성용접, 교체, 연마기 연마수정
• 디플렉터와 니들 개폐 불량	조작로드 조정
• 디플렉터와 니들간 정렬 불량	조작로드 및 캠 조정
• 니들 및 노즐 마모 상태, 니들 간격 불량	연마, 용접육성, 조작로드 조정
• 니들 로드 가이드의 마모 패킹 손상, 스프링, 피스톤 이상, 개폐기구 로드와 크랭크 핀 등의 마모 및 이상, 핀 슬리브, 커버, 그라우팅 등의 이상	분해 청소, 패킹 교환, 용접수리, 부분 교환
• 제트 브레이크 장치(노즐 및 니들의 마모, 침식)	일부 용접보수, 패킹 교환
• 케이싱 내 · 외면	일부 용접보수, 패킹 교환

② 보수 후 검사항목 및 방법

	검사항목	검사방법
유동이 없을 때	• 니들 간격	완전 열림 시 간격 불량인 경우 조작 로드 조정, 전체 니들 개도 균형 조정
	• 버킷의 침식 위치	연마상태
	• 러너 간격 측정	대칭되어 있는 러너 사이 4개소 이상 측정 러너 간격 편차의 표준치는 러너 직경 3*m* 이상 0.75~2.0*mm*, 3*m* 이하 1.25~2.5*mm*
	• 가이드 베인 서보모터 스트로크와 가이드 베인 개도 측정	서보모터 개도에 대한 가이드 베인 상하 간극을 측정하여 가이드 베인 개폐의 이상 유무를 확인(통상적으로 0, 25, 50, 80% 개도상태에서 확인)
유동이 있을 때	• 수차의 축 진동검사 • 출력 개도 및 진동 측정 • 베어링 온도시험 • 베어링 냉각수 단수시험	무부하~최대 출력 사이의 부하를 기준으로 서보모터 개도, 수압, 진동 등을 측정하고 장시간 운전에도 문제가 없는지를 확인

2) 프랜시스수차의 주요 보수위치와 보수 방법

보수위치	보수 방법
• 러너(마모, 균열, 공동현상에 의한 침식의 유무)	일부 육성용접 교체(특히, 러너 베인 부근) 및 연마기 연마
• 케이싱, 스테이 베인(균열, 마모 유무)	일부 육성용접, 연마기 연마
• 슬리브 류, 러너 및 러너 보스 커버 (마모 유무)	교환 또는 연마
• 유량조정장치(가이드 베인의 마모, 슬리브와의 물림, 가이드 베인용 패킹의 불량 유무, 개폐기구 로드, 암 핀, 부시의 이상 유무)	연마, 패킹 교환, 핀, 부시 류의 교환
• 수밀 장치(패킹 불량, 축 슬리브의 마모)	교환
• 흡출관, 공기 파이프의 마모(공동현상의 침식 유무, 파손 탈락 유무)	용접, 교환
• 플라이 휠, 커플링, 균열, 조임 볼트의 풀림, 볼트 및 너트류 등의 조임기구 손상, 브레이크 슈(shoe) 접촉면 균열 유무	조임, 새로운 것으로 교환, 볼트 및 너트류 등의 조임기구 교환, 브레이크 슈 교환
• 베어링(마모, 손상, 배빗 메탈의 접촉 및 불량, 냉각수 관내 슬러지, 누수, 누유, 열화)	금속 접합, 또는 교환, 오일 여과 또는 교환, 냉각 파이프 청소

3) 카플란수차의 주요 보수위치와 보수 방법

보수위치	보수 방법
• 베인 앞쪽 끝 부분, 후면에 공동현상에 의한 침식 • 러너 보스에서의 누유 유무 • 축 슬리브, 수밀부 패킹의 마모, 금속 급유상태	연마기 연마 수정, 일부 육성용접, 패킹 교환, 슬리브, 패킹 교환
• 가이드 베인과 러너 베인과의 개도 상태를 조사하고, 러너 베인 각도와 효율곡선을 비교 검사하여 캠의 적정 여부를 검사	조작 로드 조정, 귀환 기구, 입체 캠의 조정 (ON 캠 조정)
• 러너를 지지하는 스템(stem)부분 손상	일부 육성용접, 연마수정

(5) 베어링 과열(소손) 원인 및 대책

1) 베어링의 과열 원인

베어링의 소손 원인을 분석하면 제작사의 제작 불량과 사용자측의 운영 잘못에 의한 것이 많으며 주요 원인은 다음과 같다.

① 베어링 단위 면적 당 압력 허용범위 초과

베어링 조정 및 축 중심잡기에 유념하고 휨을 잘 조정하여야 한다. 베어링 면적이 좁고 압력이 상당히 높은 값으로 설계된 경우 전 부하 운전 중 부하 차단만으로도 온도가 높아져 베어링이 소손되는 사고가 발생할 수 있다.

② 배빗메탈 주조가 불량하여 베이스 금속과 금속의 접착력이 규정 강도에 미치지 못하거나 공극이 생길 경우 금속의 탈락이나 공극이 발생한 부분에 공기가 들어가서 금속으로부터 베이스 금속으로의 열전도를 막아 국부적인 과열을 일으키게 된다.

③ 오일 주입구의 부적절

오일 주입구의 모양이 불량하거나 방향이나 깊이가 부적절하거나 오일의 순환이 나빠져 온도가 상승한다. 또 횡축 베어링 하부에서 압력이 걸리는 부분에 오일 주입구를 만들 경우 수압 면적의 감소를 가져와 유막 형성이 불충분하게 되어 온도가 상승하는 경우가 있다.

④ 설치 불량

축 중심잡기가 불량할 경우 부하가 많이 걸리는 베어링이 과열되어 결국은 소손되기까지 이른다. 축 중심잡기는 세심한 주의를 기울이도록 하는 것이 중요하다

⑤ 윤활유의 부적합

베어링 구조와 사용상태에 비해 부적합한 윤활유를 사용하거나, 열화된 윤활유를 계

속 사용하거나, 윤활유에 물이 혼입될 경우 유막의 형성이 불량하여 온도 상승이 일어난다.

⑥ 유량의 부족

스러스트 베어링이나 오일 윤활 베어링의 오일 집유탱크 유면이 규정치보다 낮거나 오일 순환계통의 고장으로 급유량이 감소될 경우, 또는 오일 링의 파손이나 치수가 맞지 않아 회전이 원활하지 못할 경우 급유 불량으로 소손을 일으킨다.

⑦ 진동 발생

베어링이 장기간 운전으로 마모되어 간격이 증대되면 회전체에는 여러 가지 원인으로 다소의 불평형력이 작용하여 진동이 발생한다. 또 축에 약간의 휨이 생기거나 설치가 바르지 못하여도 진동이 발생하고 전단 핀이 전단되는 경우에도 진동이 발생한다. 이러한 진동이 발생될 경우 온도 상승을 일으키므로 진동이 증가된다고 판단되면 몇 개소를 선정하여 축방향 및 직각방향으로 진동을 측정하여 설정치 이내에 들어가도록 수정한다.

⑧ 냉각장치의 불량

냉각수 배관의 냉각 표면적이 부족하거나 유로에 장해물이 있으면 냉각효과가 떨어져 윤활유 온도가 상승한다. 또한, 냉각장치의 배관 내부에 스케일이 부착되면 통수 면적이 감소되어 냉각효과를 감소시킨다. 따라서, 통수량이 감소하고 있는지의 여부를 조사하여 규정량보다 감소되었으면 파이프 청소 및 스트레이너(strainer)를 청소하여 통수량을 회복시키도록 하고 그렇지 않으면 설계상의 오류이므로 냉각장치를 개량하도록 한다.

⑨ 추력의 증대

러너, 보호 슬리브(sleeve)의 마모에 의해 러너의 양측에 걸리는 추력이 평형이 되지 않거나 압력 균등관의 작동 불량 혹은 베어링의 마모로 케이싱 중심과 수차의 러너 중심과의 편차가 생길 경우 러너에 걸리는 추력이 증가하여 스러스트 베어링에 과대한 부하가 걸리게 되므로 그 원인을 잘 검사하여 제거토록 해야 한다.

⑩ 주위 온도의 상승

개방형 횡축형 발전기의 경우 회전자의 운전에 의해 주변에 흡수된 열풍은 실내로 분산되지만, 피트 내로 들어간 열풍은 분산되지 않는다. 그 열풍 통로에 베어링이 있으면 그 부분의 공기 온도는 발전기 실내온도 보다도 상당히 높아지게 된다. 특히, 하절기에는 베어링 주변의 공기 온도는 40℃를 넘게 되어 결국 베어링의 온도 상승이 다른 경우보다 높게 된다.

⑪ 입축 스러스트 베어링의 저속 운전

스러스트 베어링은 저속 운전이 되면 마찰면으로 기름의 유입이 곤란하게 되어 유막의 온도가 상승한다. 또한, 저속 회전을 장시간 계속하게 되면 스러스트 슈가 소손되는 경우가 있으므로 저속 회전을 지양하여야 한다.

2) 베어링의 소손방지 대책

① 수압 면적이 작은 것은 근본적으로 설계상의 문제이므로 베어링을 재선정하여야 한다.

② 배빗 메탈 주조 불량은 주조 보수 시 및 사용 전에 육안검사, 비파괴검사(초음파탐상검사) 등을 통해 표면 상처, 내부 결함 유무를 충분히 확인하여야 한다.

③ 설치 불량은 축 중심잡기를 잘 하여야 한다. 축 중심잡기는 베어링만이 아니라 수차발전기 조립의 전 공정을 좌우하게 된다.

④ 윤활유 부족에 따른 문제는 정기적으로 기름의 성분검사를 실시함과 아울러 슬러지 생성이나 먼지 금속분말 등의 침전에 대해 조사하여 필요한 경우에는 교환하거나 기름을 여과하도록 한다. 또한, 윤활유 계통에 물이 혼입될 경우가 많으므로 기름의 색상, 집유층 배유 시 혼수 확인 등 일상 보수에 주의를 요한다.

⑤ 베어링 고장은 윤활유 부족에 의한 경우가 많은 편으로 공급 유량이 너무 많거나 적어도 좋지 않으므로, 베어링의 유면, 급유량의 확인은 냉각수의 확인과 함께 잊어서는 안 된다.

⑥ 냉각장치 고장 중 가장 많이 발생하는 고장은 스케일에 의한 급수량의 감소 또는 단수 등으로 수력발전소 사고 중 가장 많은 부분을 차지하고 있으므로 수시 점검이 필요하며, 정기적으로 냉각관 내의 물때나 녹을 제거해야 한다.

⑦ 추력의 증대는 러너 후면에 걸리는 수압이 증가되는 이유이므로 정기적으로 러너 간격 측정, 압력 균등관 등을 점검하여야 한다.

9.2.3 입구밸브의 유지관리

(1) 입구밸브의 부식과 마모의 원인 및 발생 부위

1) 입구밸브의 부식과 마모의 원인

① 유동 중의 토사 등에 의한 마모

② 수중의 산화 부식

③ 밸브 축의 수밀 부분의 누수에 의한 국부 침식

④ 맞닿는 부분의 급유 불량에 의한 마모

2) 입구밸브의 부식과 마모의 발생 부위

부식은 유체 내의 산소, 기타 불순물에 의해 표면이 산화되어 약해지기도 하고, 물 속에 토사와 같은 이물질 혹은 공동현상에 의해 마모가 진행된다. 또한, 부식은 밸브 케이스 내면, 밸브 몸체 표면, 조작 로드(슬루스 밸브)의 수중 부분, 기타 방청이 완전하지 않은 부분에 발생하기 쉽다. 주로 밸브 몸체, 밸브 케이스의 수밀 부분 및 밸브 축 스러스트(입축 버터플라이) 등이 마모된다.

(2) 입구밸브를 생략할 수 있는 경우

입구밸브는 용수 공급관로와 수압관을 공통으로 사용하는 수차의 경우 수차 내부 점검 또는 분해 작업 시에 단수 없이 용수를 공급하기 위해, 수로 공작물 또는 수차의 고장이 발생했을 때 안전하게 유동을 차단하여 사고를 최소한으로 줄이기 위해, 그리고 일상 정지 시 수로에서의 누수를 작게 하고 가이드 베인 또는 니들에서의 유해한 마모를 방지하기 위해 필요하다. 입구밸브는 고가이고, 운전 중 손실수두에 의한 전력 손실이 발생하므로 고 낙차의 경우를 빼고는 경제적, 기술적인 검사를 하여 가능한 경우는 생략하는 것이 좋다. 다음의 경우에 입구밸브를 생략할 수 있다.

① 기준유효낙차가 대략 80m 이하인 경우

② 독립 수압관을 가진 경우

③ 비상용 폐쇄장치로 체크밸브 또는 폐쇄밸브를 설치한 경우, 또한 수차의 가이드 베인을 수압 자기 폐쇄식으로 한 경우

④ 연간 수차 정지횟수 또는 정지시간이 작을 경우

9.2.4 조속기의 유지관리

수차발전기를 회전시키는 힘은 사용 수량에 따라 결정되고, 사용 수량은 가이드 베인의 개도에 따라 결정되므로, 일정한 회전수를 유지하기 위해서는 가이드 베인을 제어하여 발전기의 출력을 조정하여야 한다. 이때 변화된 회전수에 따라 가이드 베인을 자동으로 가감하여 회전수를 일정 범위 내로 유지시켜주는 장치가 조속기이다. 조속기는 전기식 조속기와 기계식 조속기로 구분한다.

표 9-3 | 전기식 조속기의 일상 점검 위치와 항목

점검 위치	점검 항목
전원부, 주파수검출부, 증폭부	각 단자의 풀림, 가열 변색의 유무, 누유, 진공관은 2개월에 한번 성능시험을 실시한다.
배압밸브, 연결기구	회전등 이상 유무, 연결기구의 핀, 볼트, 너트의 풀림, 탈락, 누유
복원기구	기구의 핀, 볼트, 너트류의 풀림, 와이어 풀림, 소선의 상태, 전기회로단자의 풀림
스트레이너	월 1회 청소
솔레노이드 밸브, 파이프류	누유, 조인트 풀림, 볼트, 너트, 핀 등의 풀림, 탈락
기타	점핑, 헌팅, 레이싱의 유무, 가이드 베인 개도계 지시의 불량

(1) 조속기의 점핑(jumping), 레이싱(racing), 헌팅(hunting) 현상과 주요 발생 원인

1) 점핑

① 현상

속도 검출부의 신호 불량과 순간적인 속도변동에 따라 파일럿 밸브 및 플로팅 레버(floating lever)가 튀는 현상을 점핑이라 말한다. 진폭이 클 경우 가이드 베인 조작기구에 충격을 주어 서보모터로부터 가이드 베인에 이어지는 연결기구를 손상시키기도 하고, 유압의 소비가 많아져 오일 온도의 상승을 가져오기도 한다.

② 발생 원인

- 벨트구동에서는 벨트 이음쇠의 불량 또는 벨트의 처짐이 지나쳐 한 쪽이 늘어나 진동에 의한 충격이 발생하거나 미끄러지는 경우
- 기어구동에서는 기어의 마모, 결합불량, 기어 이(齒)의 일부 파손 등

- 전동기 구동에서는 전동기와의 결합 불량 또는 전동기에 들어가는 전류에 주기적 변화를 일으킨 경우
- 축 커플링이 잘 되어 있지 않은 경우
- 속도 검출부 내의 신호 불량인 경우

2) 레이싱

① 현상

부하의 변화가 없으므로 서보모터가 어느 범위에서 일정한 주기로 완만하게 그치지 않고 개폐 조작을 반복하는 현상을 레이싱이라 말한다. 이 현상은 거의 대부분 무부하 상태에서 일어나고 병렬 투입을 곤란하게 한다.

② 발생 원인

- 속도 검출부 내부의 스프링의 성능 불량이나 슬리브의 마모 등으로 감도 불량이나 또는 지나치게 예민한 경우
- 가이드 베인 개폐기구, 서보모터, 복원기구 등의 각 연결 운동부에서 레버 등의 풀림, 핀이나 키의 마모로 결합 부위 불량에 의해 비틀림이 있는 경우
- 대시포트(dash pot) 유로의 구멍으로 기름 찌꺼기가 끼어 막히거나, 기름 상태가 변화(오염 등)하거나, 기름이 부족하여 동작이 원활하지 못한 경우
- 대시포트의 복귀시간이 변화하여 특히 빨라질 경우
- 배압밸브 커버를 조이는데 따른 비틀림이나 또는 밸브의 복원 스트로크(stroke)가 작은 경우
- 흡출관 내 물의 교란이 심한 경우

3) 헌팅

① 현상

서보모터의 개폐 동작이 비교적 급격해서 그 주기가 불규칙적으로 반복하는 현상으로 레이싱보다 과격하고 불규칙적인 현상을 말한다. 그 원인은 레이싱, 점핑에 기인하는 원인 외에 다음의 경우도 있다.

② 발생 원인

- 서보모터에 공기가 들어 있는 경우

- 서보모터 및 그 피스톤의 이상 마모, 결합부분, 비틀림 또는 피스톤이 헐거워져 있는 경우
- 속도조정율의 조정치가 부적당한 경우
- 수위 조정기가 헌팅이 된 경우
- 송전계통이 불안정하여 주파수가 심하게 변화하는 경우

(2) 배압밸브(back pressure valve)의 주요 고장

1) 미끌림 부분의 마모에 기인한 누유 과대

미끌림 부분이 심하게 마모하여 누유가 많아지면 오일 온도를 상승시켜 기름을 열화시킴과 동시에 작동유의 소비가 많게 되고 작동유 용량을 저하시키게 된다.

2) 이물질의 혼입에 의한 동작 불량

슬러지나 걸레 조각 등의 혼입에 의해 배압밸브의 동작 불량을 일으키기도 하고 배압밸브의 미끌림 부분에 상처를 주어 비틀림의 원인을 일으키는 일이 있으므로 수시로 기름을 제거하고 배관의 분해 청소의 경우에는 주의를 요한다.

3) 배압밸브와 맞닿는 부분에서 마찰력 증대

9.2.5 수위 조정기(level regulator)의 유지관리

수위 조정기는 공기식과 전기식이 있다. 〈표 9-4〉와 〈표 9-5〉에 공기식 수위 조정기와 전기식 수위 조정기의 운전 시의 주의사항에 대해 기술하였다.

9.2.6 유압장치의 유지관리

(1) 유압장치의 일상 점검 시 유의할 점

표 9-4 | 공기식 수위 조정기의 운전보수 시 주의사항

점검 위치	점검 항목
공기탱크 내의 수위 상태	• 액체량이 부족한 경우 보충 • 물을 사용하고 있는 경우에는 기름 등을 띄워서 증발, 부패를 방지
공기관의 누기, 물과 기름 등의 고임 상태	• 공기관은 온도에 따라서 팽창, 수축하고 연결부분에서 공기 누기가 발생하는 일이 있으므로, 정기적으로 부식으로 인한 누기 유무를 점검 • 물, 기름 등은 드레인밸브로 배출
공기펌프 흡입측에 먼지 등 이물질 혼입 상태	• 흡기구의 먼지 등 이물질을 제거
각종 핀, 너트 등의 조임 상태	• 동작상태를 점검
공기펌프의 구동장치 이상 유무	• 벨트 구동의 경우 벨트 회전상태, 슬립 절단의 위험은 없는가를 점검 • 전동기 직결의 경우는 커플링 점검

표 9-5 | 전기식 수위 조정기의 운전 시 주의사항

점검 항목	보수 방법
플로트, 웨이트, 와이어 등의 손상 유무	• 플로트의 가동축, 레버 등에 흔들림, 비틀림을 점검하고 정기적으로 급유
수위 검출 및 변환부의 손상, 절연 불량 유무	• 수위검출장치는 습기가 많은 장소에 설치되는 경우가 많으므로, 단자 부식, 단선이나 접속부의 풀림, 접점의 손상이나, 접촉 불량이 없는가를 점검(기온이 낮고, 습도가 높은 장소에는 히터를 넣어서 보호) • 가변 저항기가 서로 닿아서 미끄러지는 부분에 먼지, 기타의 원인으로 접촉 불량 유무를 점검
제어부, 복원기구부의 이상 유무	• 각종 설정치 셋팅 여부 • 가변 저항기 등의 서로 닿아서 미끄러지는 부분 마모 유무 • 접촉 단자의 풀림 여부 • 수위 안정 시 증폭 회로의 균형 여부

1) 작동유 펌프

① 베어링 온도는 높지 않는가?

베어링 온도가 갑자기 상승하는 것은 베어링의 급유관에 먼지가 끼어 급유 불량이 된 경우나 볼 베어링의 상태 불량이 원인이 되는 경우가 많다. 온도가 급격히 상승했을 때는 바로 예비펌프로 교체하던가 펌프를 정지하여 점검할 필요가 있다.

② 소음이나 진동에 이상은 없는가?

평소에 소음 진동의 정도를 알아두고 이상음이 발생하거나 진동이 증가하고 있지 않는지 점검 시에 주의해서 확인한다. 소음이나 진동의 발생 원인으로는 흡입관 연결부, 베어링 등에서 공기를 흡입하고 있는 경우, 흡입관 필터의 눈금이 협소한 경우, 기름에

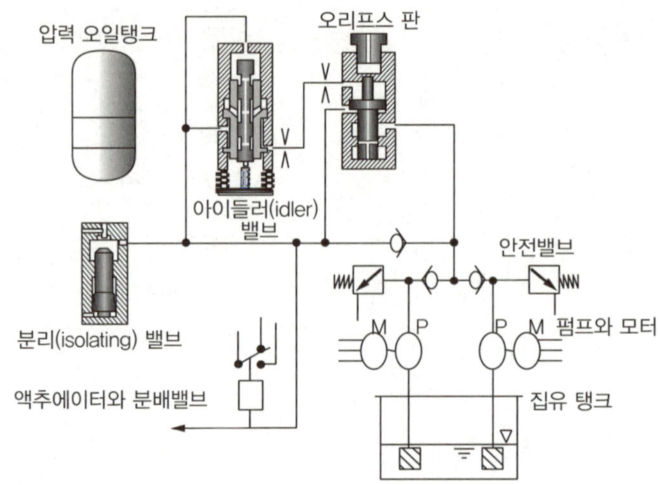

그림 9-2 유압시스템의 개략도

기포가 많이 포함되어 있는 경우 등 공기의 영향으로 일어나는 경우가 많다. 또한, 펌프와 모터의 커플링의 정렬상태 불량, 베어링의 파손 등도 원인이 된다.

③ 토출량이 감소되고 있지 않는가?

펌프의 토출량이 감소하면 부하 변동 시나 부하 차단 시와 같이 작동유의 소비가 많을 때에는 규정 유압, 유면을 유지하기 어렵게 된다. 그 원인으로는 금속의 마모에 의한 공기의 흡입, 흡입측의 누기, 기어 앞쪽 끝부분과 케이스와의 간격 증대, 측면 커버 마모에 의한 간격의 증대, 기름의 점도 과대, 집유 탱크의 유면 저하 등이다. 토출량이 감소되면 정지에서 가동 상태로 되었을 때의 동작시간이 길어지므로 주기적으로 측정하고, 작동유 계통 전체에 누유가 많아 정확한 판단이 어려울 때는 수차 정지 시 메인 밸브를 닫은 상태에서 펌프 토출량을 측정해 보면 좋다.

④ 예비 펌프의 교체 운전

예비 펌프는 언제든지 확실히 기동하여 정상 운전이 가능한 상태로 되어 있어야 한다. 때때로 교차운전을 실시해 보아 불량한 곳이 있으면 수리하고, 벨트 구동 펌프에서는 벨트의 슬리브, 진동, 손상이나 조각이 나있지 않나 잘 살핀다.

2) 언로더(unloader)

① 동작 압력은 정상인가?

언로드의 정지는 오일탱크의 작동유를 상용 유압 부근으로 유지시키기 위한 것이지만 파일럿 밸브의 비틀림, 마모, 스프링 파손 등이 일어나면 오일탱크 유압이 아주 많이 올라가거나 내려간다. 동작 압력이 규정치보다 벗어나 있는 경우에는 예비 펌프로 바꾸고 바로 원인 조사를 실시할 필요가 있다.

② 동작 압력차는 정상인가?

언로더의 동작과 복귀 압력의 차이를 보통 $1 \sim 1.2 kg_f/cm^2$로 조정하고 있지만 장시간 운전하게 되면 파일럿 밸브가 마모되어 동작 압력차가 작아지게 된다. 압력차가 작아지게 되면 정지 횟수가 빈번하게 되고 기름의 열화를 촉진함과 동시에 쓸데없는 전력을 소비하게 된다. 압력차는 정지 작동유관을 조여줌에 따라서도 조금씩 간격을 넓혀줄 수 있지만 파일럿 밸브에 의한 것은 교체할 필요가 있다. 일반적으로 압력차가 $1kg_f/cm^2$ 이하가 되면 수리하여야 한다. 동작 및 복귀 압력을 기록해두면 변화 경향을 확인할 수 있다.

③ 동작시간은 정상인가?

가동과 정지 시간을 평소부터 측정해 두고 수시로 확인한다. 작동유 계통이 상시 누유될 경우 균형을 유지하고 있는 배압밸브가 있으면 정지 시 정지시간은 짧아진다. 보통의 경우 가동과 정지의 시간비는 1대 3~5 정도이다. 유압계통의 누유가 증가되면 정지시간이 짧아지고 가동시간은 길어진다. 이 비가 1대1 정도가 되면 빨리 누유부위를 조사하여 수리할 필요가 있다.

④ 유면조정장치의 동작은 정상인가?

오일탱크 유면을 조정하기 위해 언로더와 연동시킨 유면조정장치가 있는 경우에는 유면조정장치가 정상적으로 작동하고 있는지 여부를 수시로 조사한다. 평소의 언로더 동작 및 복귀 시의 오일탱크 유면을 비교해 두고 점검 시에 이것이 잘못되어 있는가를 조사한다. 또한 정지 시에 유면조정밸브에서의 배유관의 소리를 들어보면 정상적으로 작용하고 있는지를 비교할 수 있다. 유면조정장치가 고장일 경우, 오일탱크의 기름이나 공기가 집유탱크 또는 펌프의 주변으로 토출되거나 공기가 혼입되어 유면이 저하되므로 주의를 요한다. 또한, 집유탱크에 기름때가 많이 발생하는 경우에도 유면조정장치의 동작에 문제가 생기므로 주의를 요한다.

3) 오일압력탱크

① 유면 저하

운전 중 유면 저하의 원인은 유압펌프의 고장, 언로더 압력 조정 스프링의 파손, 배압밸브, 서보모터 등의 누유 증대로 생각될 수 있다. 유압 감시는 오일탱크에 부착되어 있는 유압계에 의해 가능하지만 유압계가 잘못 지시하는 경우도 있으므로, 주기적으로 측정장치의 점검 또는 표준압력계로서 검사해 볼 필요가 있다.

② 유면 과다 상승과 과다 저하

오일압력탱크 유면의 상승은 유면계의 공기접촉부위, 용접부위 등에서 발생되는 누기가 원인인 경우가 많으므로, 먼저 누기의 유무를 비눗물로 조사해 보고 누기가 있으면 수리하도록 한다. 또한, 누기장소가 없이 유면이 상승하는 경우에는 공기공급장치에서 공기가 공급되고 있는지 여부를 조사하고 불량부위가 있으면 수리한다. 유면의 저하는 유면조정밸브의 동작 불량에 의한 것이 많으므로 조정밸브가 확실하게 동작하고 있는지 여부를 조사하고 불량부위가 있으면 수리한다.

4) 작동유와 윤활유

① 물의 혼입

작동유 중에 물이 혼입하는 원인에는 냉각수관의 패킹 불량에 의한 것, 냉각수 배관의 부식에 의한 것, 스톱 밸브의 그랜드 패킹 불량에 의한 것이 있다. 이 중에서 패킹 불량에 의해 작동유에 대량의 물이 혼입되는 경우가 많이 일어난다.

② 오일 온도의 상승

오일의 압력이 급격히 저하될 때에는 압력에너지가 열에너지로 변환되기 때문에 오일 온도가 상승한다. 따라서 작동유의 경우 기구의 동작이 빈번해지거나 유압밸브류의 누유가 증가되면 오일 온도가 상승되므로 누유부위를 수리하여야 한다.

이외의 오일 온도 상승 원인으로는 집유탱크 내의 유량이 적고 냉각효과가 부족한 경우, 언로더나 안전밸브에서 토출되는 기름이 집유탱크 유면보다 높은 곳에서 낙하되고 있는 경우, 또는 물이나 불순물이 혼입된 경우 등이 있다.

기름은 일반적으로 거품이 이는 성질을 갖고 있지만 심하게 되면 변화가 빨라지거나 극단적으로는 오일탱크에서 넘치는 경우가 있으므로, 기름의 상태를 집유탱크와 윤활유관 중간에 감시창을 설치하여 일상 점검하고, 심하게 거품이 날 경우에는 원인을 조사하여 대책을 강구할 필요가 있다.

명칭	이상현상	주요원인	대책
작동유 펌프	진동 이상음 발생	• 금속의 마모 • 기어의 이상 마모 • 이의 맞물림 불량 • 커플링 부착 불량 • 중심축 불량	• 이상 부위 교체 • 커플링 재 부착 • 축 재 정렬
언로더	동작, 복귀 압력의 변화	• 조정나사 풀림 • 파일럿 밸브의 마모, 비틀림 • 스프링 불량	• 파일럿밸브 수리 • 스프링 교체
안전밸브	동작 압력의 변동, 이상 진동	• 스프링 불량 • 밸브 몸체, 스프링 등의 비틀림	• 스프링 교체 • 밸브 몸체의 마모 및 녹 발생 등을 점검하고 수리
작동유 탱크	작동유 저하	• 압력펌프 고장 • 언로더의 스프링 파손 • 서보모터, 배압밸브 등의 누유 증가 • 작동유 관의 균열	• 예비펌프로 교체 • 스프링 교체 • 패킹 및 배압밸브 교체 • 파이프 교체
	유면 상승	• 유면계, 유압계, 밸브 등의 누기 • 유면조정장치의 누기	• 조임 • 파일럿 밸브의 마모, 손상, 비틀림의 유무를 점검하고 수리
	유면 저하	• 유면조정장치의 배기 불량	• 위와 같음
집유탱크	오일 온도 상승	• 작동유 펌프 용량 과다 • 안전밸브 동작치가 변동되어 상시 동작 • 작동유 계통 전반의 누유 증가로 가동시간이 긴 경우 • 오일 냉각장치의 고장	• 적정 용량으로 교체 • 안전밸브의 동작시험 실시 • 내압, 누유시험 실시 • 냉각장치 수리
	물의 혼입 (수분이 1% 이상)	• 냉각관 파열 • 냉각관이 유면 위로 노출될 때 • 유압 근접부 패킹 불량	• 수압시험 및 이상 시 수리 • 오일 보충 • 패킹 교체
자동 스톱 밸브 배압밸브	개폐시간 변화 동작 불량 폐쇄 불완전	• 시간 조정용 스로틀의 변동 • 스로틀에 먼지 등의 이물질이 끼임 • 밸브 몸체 비틀림, 시트면 마모	• 개폐시간 조정 • 스로틀 점검, 동작시험 • 밸브 몸체, 밸브 케이스, 시트 부분의 마모, 비틀림 상태 확인
솔레노이드 밸브	변환 불완전	• 변환밸브 비틀림 • 클러치기구 불량 • 솔레노이드 불량	• 수리 또는 교체
작동유 릴레이	동작 압력 변화	• 가동부의 비틀림 • 스프링의 풀림	• 동작시험으로 조정하고 불량한 것은 교체

5) 누유

유압장치의 누유는 온도 상승의 항에서 설명한 것과 같은 현상을 일으키므로 원인 제거에 노력해야 한다. 누유가 증가하면 작동유 펌프의 정지시간이 짧아지게 되므로 일상 점검 시에 주의하여 잘 살핀다. 배관 또는 기구에서의 누유는 외관상으로 보기 어려울뿐 아니라 기름의 소모를 초래하므로 주기적으로 그랜드 패킹 조임과 교체, 플랜지 조임 등을 통해 방지한다.

(2) 유압장치에 일어나기 쉬운 고장의 원인과 대책

1) 터빈유의 기포 발생 원인과 대책

① 기포 발생의 원인

터빈유의 주요 기포 발생 원인은 다음과 같다.

- 새 기름을 사용하고 있는 기름에 보충할 경우
- 고속회전에 의해 베어링 내에 진공이 생겨 기포가 기름 속에서 분리될 경우
- 압력이 낮은 상태에서 오일탱크로 배출된 공기가 들어올 경우
- 오일 펌프의 흡입구로 공기가 침입하는 경우
- 원심분리기를 사용할 때 기름에서 공기가 혼입되는 경우

② 기포의 영향

- 기포가 발생하면 기름과 공기가 접촉하는 경우가 많아져서 기름의 산화가 급격히 빨라진다. 공기에 의해 오일 펌프의 흡입성능이 떨어져 작동유, 윤활유 계통에 지장을 초래한다.

③ 기포 발생의 방지방법

- 오일 온도를 높여 급한 기포 발생을 방지할 수 있지만 오일 온도를 높이는 것은 산화를 촉진시키는 것으로 항구적인 대책은 되지 않는다. 기포가 생기는 곳에 알코올을 떨어뜨리는 것도 한 방법이지만 알코올 성분이 없어지면 다시 기포가 생기므로 이것도 항구적인 대책은 되지 않는다.
- 기포가 생기기 쉬운 기름은 기포 방지 첨가제를 0.001~0.01% 첨가한다. 구조적인 면에서 기포가 생기는 경우에는 집유탱크의 오일 배관과 펌프의 흡입구는 되도록 멀리 하고 그 사이에 2~3매의 필터(60~200메시)를 겹쳐 설치하거나 중간 장벽을 설치한다.

2) 터빈유의 열화 원인

① 수분에 의한 열화

냉각기의 누수나 대기 중의 습기가 기름 속에 혼입되면 배관이나 기름 속의 금속을 녹슬게 하며, 일부는 기름 속에 용해되어 기름을 열화시키거나 고형물이 되어 남는다. 고형물은 베어링 미끄럼면을 상하게 하고 새로운 마모가 진행되게 하여, 물에 의한 유막 생성이 약해진다. 따라서, 패킹 불량이나 냉각수 배관 부식 등에 충분히 유의하여 수분에 의한 열화를 방지하도록 노력해야 한다.

② 오일 온도의 상승에 의한 열화

오일의 경우 조작 시 급격한 압력변화에 의해, 또는 윤활유의 경우 윤활 시의 마찰에 의해 온도가 상승하게 된다. 온도가 상승하면 산화가 빨라진다.

③ 먼지나 금속가루의 혼입, 다른 종류의 기름 혼입 등에 의한 열화

참고문헌

국내 관련 연구자료

수력발전의 계획에서 운영까지, 1984, 대한전기학회.

수력발전댐의 다목적댐화를 통한 국가 물 관리능력 강화, 2009, 정진섭.

수력발전소 관리규정, 2009, K-water.

발전설비 기술문답집, 1982, 산업기지 개발공사.

수력발전소 주요설비 개대체 지침, 2004, 전기협동연구회.

THEORY AND APPLICATIONS OF HYDRAULIC TURBINES

제6편

기술수준 및 시장동향

제 10 장

국내 · 외 기술수준 및 시장동향

10.1 국내 기술수준 및 시장동향

수력에너지는 신재생에너지원 중 에너지 밀도가 가장 높은 순환형 에너지 자원이다. 그렇지만 댐을 막는 등 자연환경의 변화로 인한 환경생태계 변화 등이 문제점으로 지적되어져 반대여론을 불러 일으키는 원인으로 작용해 왔다.

국내의 경우 대형 수력발전은 대부분 70년대 이전의 다목적댐에서 이루어졌다. 최근에는 4대강 사업으로 소수력발전소가 건설되어 왔으나, 입지적 측면, 환경적 측면 등을 고려할 때 국내의 설치 가능 입지는 많지 않다.

반면, 초초소수력은 국내에 상당한 건설 입지가 가능하므로 향후 국내의 수력자원으로 개발이 가능할 것이다. 따라서 향후 국내 수력 개발 방향은 소형의 수로식(run of river) 형태로 이루어질 것으로 전망되며, 이런 부분들이 환경적 영향을 최소화 하면서 기후변화에 대응한, 세계적이고 국가적 정책 목표인 온실가스 감축에 크게 공헌할 것으로 예측되고 있다.

우리나라는 에너지의 97% 이상을 해외 수입에 의존하고 있다. 국제 유가는 불과 4~5년 전 만해도 배럴당 30불 내외였으나, 최근에 배럴당 100불까지 올라가는 사상 최대의 초고유가 시대를 맞고 있다. 이러한 현상은 산유국 및 주변국들의 정치 · 경제적 요소도 다소 있을 수 있겠지만 궁극적으로는 석유자원의 고갈에서 오는 수요와 공급의 균형이 깨지고 있는 데에 보다 근본적인 원인을 찾을 수 있다. 20세기 초를 전후해서 디젤 및 가솔린 엔진의 개발은 화석연료 중 석유자원을 본격적으로 사용하게 되는 계기가 됐다.

지금 우리는 안정적 에너지 확보와 지구 환경개선이라는 두 마리 토끼를 함께 잡아야 하는 어려움을 안고 있다. 이를 극복하기 위해 국제적으로 신재생에너지에 대한 개발과 보급에 힘써오고 있다. 우리나라도 신재생에너지에 대한 여러 법적, 제도적 방안을 만들어 신재생에너지 개발 및 보급에 노력하고 있다.

국내의 경우, 신재생에너지는 11가지 종류로 구분하고 있다. 기존의 화석연료를 변환시켜 새로운 에너지로 만드는 것을 신에너지라고 하는데 이에는 연료전지, 수소에너지, 석탄액화가스화 및 중질잔사유가스화 등 3개 분야가 있다. 햇빛, 물 등을 이용한 에너지원을 재생에너지라고 하며 재생에너지로는 태양광, 태양열, 풍력, 지열, 바이오, 수력, 해양, 폐기물 등 8가지 분야가 있다. 이 신에너지와 재생에너지를 합해 신재생에너지로 분류하고 있으며 신재생에너지의 특징은 화석연료의 사용을 극단적으로 줄이고 자연으로부터 우리 생활에 이용할 수 있는 에너지원을 얻는 것을 말한다. 한마디로 환경 및 화석연료의 사용을 획기적으로 줄인다는 측면에서 신재생에너지는 친환경적인 중요한 에너지원으로 지속적인 개발, 확대가 이뤄져야 한다.

이 신재생에너지 분야 중 국내에서 가장 낙후되어 있고 개발되지 않은 소수력 분야에 대해서 알아보고 발전방향을 알아보는 것은 신재생에너지원의 개발이라는 측면에서 중요할 뿐만 아니라 국내 신재생 에너지원 중 비교적 쉽게 확보할 수 있는 수자원을 활용한 신재생에너지 자원이라는 측면에서 중요성이 크다고 할 수 있다.

국내에는 20세기초부터 수력자원을 활용한 수력발전소가 생기기 시작했는데 국내에서 가장 유명한 수력발전소로 수풍수력이 있고 이후 장진, 보전강 수력 등이 생겨나게 됐다. 대부분의 수력발전소가 북한쪽에 위치해 있어서 한국전쟁 이후 남한의 수력발전 개발이 본격적으로 이뤄지게 되는 계기가 돼 지금의 대형 수력발전소가 국내에 본격적으로 들어서게 됐다. 이후 3,000*kW* 이하의 비교적 소규모인 소수력 개발에도 눈을 돌려 1978년에 처음으로 안흥 소수력발전소가 들어서게 됨으로써 국내의 소수력이 본격적으로 개발되는 계기가 됐다.

하지만 그동안 추진됐던 소수력발전은 댐을 막고 물을 가두는 방식이 대부분으로 오늘날에 들어와 생태계 파괴 등의 주요 원인으로 지목돼 환경단체 등의 강력한 반발을 불러일으키는 원인을 제공하고 있다. 한 예로 홍천 소수력발전소는 건설 도중 소송에 휘말려 중단됐고 영월 소수력도 재허가를 받지 못하고 철거되는 운명을 맞이했다. 이렇게 우리나라는 상대적으로 수력자원이 풍부함에도 그 에너지를 제대로 개발하지 못하고 있는 실정이다.

소수력은 자연이 주는 혜택을 최대한 활용함으로써 생태계 및 환경에 미치는 영향을 최소화해 자연 에너지를 회수하자는데 그 목적이 있다. 환경적 영향을 최소화함으로써 주변 여건에 원활히 대응할 수 있게 되어 수력에너지의 확보가 용이하다.

현재 가장 어려운 제한 조건은 법적, 제도적으로 보완된 소수력의 개발정책이 필요하다는 것이다. 소수력은 관련법이 없거나 물을 관리하는 다른 법률(이를테면 농지법)들에 의해서 많은 제약을 받고 있는 것이 사실이다. 또 다른 어려움은 사업적 기반구축이다. 소수력은 그 양이 작다 보니 사업적 관심에서 다소 멀어진 감이 있지만 잘만 활용한다면 작은 규모의 사업적 기반이 조성될 수 있을 뿐만 아니라 국내 · 외 틈새시장이라고 하는 새로운 사업적 영역의 구축이 가능하다.

신 고유가 시대를 맞아 환경에 영향이 거의 없는 신재생에너지의 안정적 개발 및 설치 보급으로 기후변화에도 능동적으로 대응하고 또 후손들의 안정적 삶을 보장해줄 수 있는 신에너지원의 개발은 오늘을 살고 있는 우리들에게 필수불가결한 일로 다가오고 있다. 이러한 때에 소수력이 보다 활성화돼 신재생에너지원으로서 보다 그 입지를 확고히 되는 계기가 되기를 기대한다.

10.1.1 국내 기술수준

(1) 수차분야

국내의 소수력발전 기술 중 수차의 경우, 초기에는 외국제품의 수입에 의존하였으나, 정부의 지원과 관련 연구소 및 제작사의 지속적인 노력으로 1997년부터 국산 수차가 개발되어 소용량 수차에 대한 기술 자립이 일부 확보된 상태이고, 대형 수차의 경우 국내시장의 수요포화로 인하여 국내 대형 발전설비 제작사들은 해외 설비수주로 이미 사업방향을 전환한 상태이다.

최근 환경친화적인 청정에너지로서 수력자원의 개발에 대한 관심 증가로 소 용량의 형태로 주로 수도 관로, 화력발전소 냉각수, 농업용 저수지, 하수종말처리장 등으로 그 적용범위가 점차 확대되고 있는 추세이다.

국내 소수력 자원조사 및 평가를 '89년부터 '92년까지 정부의 지원으로 수행하여 경제성이 있으면서 소수력발전소 설치가 가능한 지역을 선정하고 개발 우선순위를 결정하기 위한 타당성 조사연구를 수행하여 발전사업자가 쉽게 개발입지를 확인할 수 있도록 하였다.

1996년도에는 초기 투자비 저감과 보급 확대를 위한 소형 소수력 발전설비 기술개발과 소규모 미활용 소수력 자원 확대가 이루어졌으며, 최근 이산화탄소 감축 및 2012년 신 · 재생에너지의무할당제(RPS) 제도에 따라 정부의 기술개발지원(신재생에너지기술개발사업 등)과 관련 연구소 및 제작사의 지속적인 노력으로 튜블러수차, 횡류형 수차에 대한 국산화 기술 정립은 일부 확보된 것으로 판단된다.

표 10-1 | 국내 주요 수차 제조사 현황

제조	특징	비고
대양수력	• 3MW 이하 수차 생산	1980년대 이후
금성 E&C	• 소수력 수차 설계, 생산.(카플란, 프랜시스, 펠턴, 회전차 등)(오스트리아 Gugler, 체코 Mavel사와 기술제휴)	2007년 이후
효성굿스프링스	• Cross flow 수차 생산	2009년 이후
신한정공	• 수차 생산 (일본 기술제휴)	2009년 이후
일진전기	• 소수력 수차발전기 생산(캐나다의 Dependable사와 기술협력)	2009년 이후
덕지산업주식회사	• 수자원공사 프로젝트로 횡성댐 및 영천댐 러너 교체 후 효율 10% 상승	2009~2012년
APEC	• 4대강 보에 Mavel사 제품 수입하여 납품	2010년
DSK 엔지니어링	• 저 낙차 저유량 발전 가능한 가변속 영구자석용 수중 설치 터빈(독일 Fella 기술제휴)	2011년
세원기연/(주)아이베이	• 장성댐 수차 제작 (2013년 12월 완공)	2013년

또한, 2009년~2012년에 (사)한국유체기계학회에서 한국수자원공사의 용역으로 저효율 수차의 러너만 역설계를 통하여 설계 및 제작하여 효율을 약 10% 상승시켰다. 이에 따른 발전수익 증대는 연간 4천만원/호기(500kW)이고, 유지보수를 고려한다면 이보다 더 많은 발전수익을 증대 시킬 수 있었다.

이런 결과로부터 국내에서 85% 이상의 수차를 설계하고 제작할 수 있는 인프라가 구축되었다. 이러한 기술로부터 수차의 일부 형식은 중소기업에 의해 설계기술과 제작기술의 국산화가 완료되어 보급하고 있으며, 국내의 자본력과 기술력이 축적되어 있는 대기업에서는 발전설비를 국산화하기 위하여 기술개발에 착수하고 있다. 〈표 10-1〉은 국내에서 수차를 생산 보급하고 있는 회사를 나타내었으며 〈표 10-2〉는 그동안 진행되었던 수차 관련 기술개발실적이다.

〈표 10-3〉과 같이 2009년~2010년, 4대강 관련 16개 보에 설치된 수차발전기의 제작사는 모두 외국회사이다. 여러 가지 이유가 있겠지만 국내제작업체는 한 회사도 참여하지 못하였다. 국내 제작업체는 설비용역 업무만 수행했다.

표 10-2 | 소수력발전 관련 기술개발 실적

연도	기술개발 사업명	수행기관
1974	소수력발전 입지조사	한국원자력(연)
1975	시범 소계곡 발전소의 연구조사	〃
1982~1984	국내 소수력자원 조사 및 평가	에너지기술(연)
1983~1987	한국형 소수력발전시스템 개발	〃
1988	횡류형 수차 개발	〃
1988	소수력발전시스템 설계 기술	〃
1991	저 낙차용 수차 개발	생산기술(연)
1989~1992	소수력자원의 정밀조사 및 최적개발 분석	에너지기술(연)
1993~1996	소수력발전소의 최적운용기법 개발 및 적용	〃
1997	소수력발전소의 건설타당성 조사 기본 계획	〃
1997~1999	소수력발전소의 개발 활성화	〃
1997~1999	카플란수차 설계기술 및 국산화기술 개발	〃
2002~2005	프랜시스수차 표준화 설계모형 개발	〃
2006~2009	팩키지형 50*kW*급 소형 수차발전시스템 개발	효성에바라(주)
2006~2009	수도관 차압을 이용한 마이크로 소수력발전 실용화 기술개발	(주)신한정공
2007~2009	소수력용 고기능성 친환경 rubber dam 기술개발	(주)화승소재
2009~2012	수차 유동특성분석(CFD)을 통한 설계기술 향상 및 성능개선 연구	한국유체기계학회
2009~현재	상반전 수차발전시스템 기술 개발	(주)신한정공
2009~현재	삼투압 발전용 수차 시스템의 개발(펠턴, 프랜시스수차 개발)	금성이앤씨
2012~현재	50*kW*급 이하의 세미 러너 와류현상 개선을 통한 효율 증대 연구	금성이앤씨
2012~현재	10MW급 이상 프랜시스수차발전기 개발 및 실증	한수원/대양수력(주)
2011~현재	마이크로 수차발전시스템 개발	DSK엔지니어링

표 10-3 | 4대강 관련 수차발전기 제작사별 현황

<table>
<tr><th colspan="2">Mavel</th><th colspan="2">Andritz</th><th colspan="2">Gugler</th></tr>
<tr><th colspan="2">5개보 11호기 14,800kW</th><th colspan="2">5개보 14호기 18,791kW</th><th colspan="2">6개보 16호기 17,165kW</th></tr>
<tr><td>이포보</td><td>1,000kW×3기</td><td>여주보</td><td>1,650kW×3기</td><td>강천보</td><td>1,665kW×3기</td></tr>
<tr><td rowspan="2">합천보</td><td rowspan="2">2,500kW×3기</td><td rowspan="2">함안보</td><td rowspan="2">1,250kW×4기</td><td>구미보</td><td>1,500kW×2기</td></tr>
<tr><td>부여보</td><td>660kW×4기</td></tr>
<tr><td>강정보</td><td>1,500kW×2기</td><td>달성보</td><td>947kW×3기</td><td>금강보</td><td>1,500kW×2기</td></tr>
<tr><td>낙단보</td><td>1,500kW×2기</td><td>칠곡보</td><td>1,500kW×2기</td><td>금남보</td><td>770kW×3기</td></tr>
<tr><td>승천보</td><td>400kW×2기</td><td>상주보</td><td>1,500kW×2기</td><td>죽산보</td><td>610kW×2기</td></tr>
</table>

(2) 발전기 및 전력변환장치

향후 소수력의 개발은 지금보다 더 까다롭고, 발전용량도 더욱 줄어들 것으로 전망하고 있으며, 또한 발전이 가능한 어디에서나 친환경적으로 에너지를 얻고자 하기 때문에 마이크로 급 또는 피코(pico) 급 발전기 개발이 필요하다.

이 소수력발전소는 환경문제 등 여러 가지 요인을 감안하여 용량이 수십 kW 정도의 곳을 개발하는 경우가 점차 증가하고 있다. 이와 같은 장소에 소수력발전기를 설치할 경우 효율이 상대적으로 낮아질 수 있으므로 예전에 비해 효율을 높이는 발전기의 개발이 더욱 절실하게 요구되고 있다.

영구자석 직류 발전기의 경우는 전 부하에서 80% 이상의 효율을 보증하고, 유도발전기에 비해 상대적으로 높은 효율을 보장하고 있어 선진국의 경우 소용량의 발전설비에 유도발전기가 아닌 새로운 형식의 발전기와 제어기법의 개발을 통해 발전효율을 높이고 있다. 〈표 10-4〉와 같이 국내의 발전기 및 전력변환장치 관련 기술동향은 수차 자체에 비하여 선박용 발전기 및 디젤 발전기 등 산업용 발전설비의 국산화 개발에 따라 발전기에 대한 기술은 상당한 기술적 성과를 확보하고 있다.

수력발전소에 사용되고 있는 동기발전기와 유도발전기의 제작기술은 선진국에 비해 같은

표 10-4 | 발전기 설치 현황

구분	설비용량(kW)	발전소명
동기 발전기	500 이하	포천, 추산2
	1,000 이하	덕송, 추산1, 합천2
	1,500 이하	괴산, 양양
	3,000 이하	보성강, 보령 해양2
	6,000 이하	섬진강
유도 발전기	500 이하	임기, 소천, 금강, 봉화, 한석, 산내, 영월, 정선, 대아, 경천, 성주, 원정수, 고문, 동진, 정우, 백곡, 경천, 청천, 탐정, 아산, 천안, 진해, 천상, 신천, 안양, 안흥, 무주, 산청, 광천, 운문, 보령1, 부안, 성남, 대곡, 달방
	1,000 이하	방우리, 동화, 담양, 장성, 하동, 율현, 주암, 보령2, 횡성, 영천, 장흥, 대청
	1,500 이하	반변, 밀양, 안동, 양양
	3,000 이하	용담2, 삼천포 해양, 영흥 해양, 대안 해양
	5,000 이하	보령 해양1

수준 또는 그 이상의 높은 수준에 도달한 상태이다. 그러나 소수력발전에 사용되고 있는 대부분의 발전기는 설비용량이 중형 또는 소형으로 대량생산이 아니라 개발지점에 의한 주문생산에 의존하고 있기 때문에 기술력이 대형 발전소에 비해 상대적으로 낮은 편이다. 이로 인해 소수력은 주로 주문에 의한 설계제작으로 보급이 확대되지 않은 상황에서 지금보다 효율을 더욱 상승하기 위한 기술개발 부분은 상대적으로 낮을 수 밖에 없다.

국내에서는 소수력 개발에 따른 인 · 허가의 어려움, 정부의 기준가격 지원제도, 한전의 송배전선로 연계 제한 등으로 인하여 설비용량 3,000*kW* 이하로 대부분 개발되고 있어 주로 유도발전기를 채용하고 있으며 유도발전기 제작기술은 베어링을 제외하고는 90% 이상이 국산화되어 있다.

국산 발전기는 외산에 비해 고정자 권선 절연과 효율 등이 다소 미흡하다. 국내에서 사용되고 있는 소수력용 발전기는 주로 유도발전기와 동기발전기가 사용되고 있다. 발전기 설치대수 150기 중에서 동기발전기는 21기이고 유도발전기는 129기가 운용 중이며, 국산 발전기는 108기가 설치되어 국산 점유율은 72%를 차지하고 있다. 설치 운영 중인 발전기의 상당 부분은 국내 기술로 설계 제작된 것이지만 표준화가 되어 있지 않고 현장의 필요조건에 따라 설계 제작되어 대부분 높은 효율을 보장하기 위한 제반 여건이 다소 미흡한 실정이다.

발전기의 효율을 높이는 것도 중요하지만 유량이나 낙차의 변동에 따른 운전효율을 높이기 위해 가변속 유도/동기 발전기의 설계 및 제작이 선진국을 중심으로 활발하게 연구 개발되어 현장에 적용되고 있다. 이는 유량의 변화가 일정하지 않은 국내 수력자원에서는 매우 필요한 설비이다. 그러나 국내의 경우 소수력 개발에 대한 한정적인 수요와 연구 인력의 부족으로 인해 소수력에 매우 절실한 가변속 발전시스템에 대한 기술개발이 현재까지 이루어지지 않고 있다.

(3) 계통보호 및 자동화기술

수력개발시장은 친환경적으로 진보된 수력기술과 IT기술의 발전에 의한 시스템 통합기술을 중심으로 재도약하고 있다. IT기술의 발전으로 중앙에서 시설물을 종합 관리하는 통합운영시스템 구축이 세계적 추세이다. 2000년도 이전에 설치한 소수력발전소는 체계적이고 과학적인 운영이 되지 않고 경험 등에 의존한 인력 중심으로 운용되었으나, 2000년대 이후에 일부 공공기관 등에서 개발된 소수력발전소는 기존 시설물과 병행하여 운영이 가능하여 무인발전소로 구축 운영 중에 있다. 선진국에서는 계측제어 및 정보통신기술과 컴퓨터를 이용한 자동운전 및 원격제어시스템을 도입한 체계적이고 과학적인 시스템 운용이 효율성을 높이고 있으므로 소수력 보급 활성화를 위해서는 발전설비의 계통보호와 자동화기술개발이 필요하다. 자동화 및 계통보호와 관련된 국내의 기술 수준을 살펴보면 다음과 같다.

1) 계통보호 기술 및 기기

분산형 전원에 대한 전력계통계의 연계 운전 시에 요구되는 보호기능은 국내의 표준에 의해 규정되고 있으며 주요한 국내외 표준은 다음과 같다.

- 이 표준은 분산전원의 전력계통 연계 시의 기술수준과 요구 조건들을 설정하고 있다. 분산전원의 성능, 운전, 시험, 안전성 및 유지보수에 대한 포괄적인 표준이다.
- 이 표준은 분산전원의 연계 장비 및 기기가 IEEE 1547 표준에 부합하는지를 보여주기 위해 실시해야 하는 형식시험, 제작시험 및 납품시험에 대해 규정하고 있다. 즉, 표준화된 시험절차를 규정하고 있다.
- 이 표준은 분산전원의 평가와 인증을 위한 시험 표준을 제공하기 위하여 IEEE 1547 표준에 설정된 계통연계 요구조건에 안전성 요구조건을 결합한 것이다.
- 현재 KS 규격에는 계통연계에 대한 포괄적인 기준은 없고, 다만 풍력발전 및 태양광발전에 대한 전력 품질 및 성능평가에 대한 일부 기술기준이 있다.
- 이 기술기준은 분산형 전원 발전설비를 한국전력공사의 배전계통에 연계하는 경우의 기술요건을 정하고 있다.

계통보호 기기는 인버터 등 전력변환장치를 사용하는 경우에는 그 보호 기능이 내장되는 수가 많지만 대다수 소수력발전에서 채용하고 있는 유도발전기처럼 전력변환장치가 없는 경우에는 외부의 보호계전기(protective relay)를 이용하여 계통연계 보호기기를 구성하게 된다. 이때 적용되는 보호계전기는 개별적인 보호계전기의 조합에 의해서도 구성이 가능하고 상업화된 복합형 디지털보호계전기(Digital Protective Relay, DPR)를 사용할 수도 있다.

디지털보호계전기는 국내에서 LS산전, 효성, 현대중공업, 젤파워, KD파워, 리젠코, 루텍 등이 생산 공급하고 있다. 그러나 이런 DPR 제품들은 분산전원용 보호기기로서 국내외 표준에 완전히 적합하다고 할 수가 없는데 이는 단독운전 등 국내외 표준에서 정하고 있는 보호기능들을 100% 충족하지 못하기 때문이다.

해외의 경우 미쯔비시 전기, Basler전기, GE사, Beckwith, Schweitzer 등이 분산전원용 통합형 디지털보호계전기를 생산, 판매하고 있다. 이러한 보호계전기들은 IEEE 1547 등 국제 표준에 부합하는 보호기능을 내장하고 있다.

발전기의 운전에 관련된 다른 기술 분야로서 유도발전기의 경우 계통 연계 시에 과도한 돌입전류가 흐르므로 이를 방지하기 위한 기술 중의 하나인 소프트기동장치(soft starter) 등이 동일한 발전 방식을 채택하고 있는 풍력발전에서는 이미 적용되고 있으며 풍력발전기의 경우 용량이 1~3MW급으로서 현재 국내에서 운용되고 장비들은 거의 수입품이다. 저압의 소용량 기동장치들은 국산화되어 있다.

한편, 유도발전기의 경우 운전 역률이 떨어짐에 따라 무효전력을 보상하기 위한 커패시터 뱅크(capacitor bank)를 발전기의 연계점에 연결할 필요가 있으며 발전량에 따른 역률의 자동 운전을 위한 자동역률조절장치를 이용하여 커패시터 뱅크를 온/오프 제어할 수 있으며 커패시터 및 조절장치들이 국산화되어 있다. 그러나 일정 발전량을 출력하는 소수력발전에서 이러한 장치가 사용될 필요성은 낮다.

연속적으로 역률을 개선할 수 있는 무효전력보상장치인 SVC(Static Var Compensator) 등의 기기들이 있지만 설치비용이 고가이므로 소수력발전에서 적용하기는 어려울 것으로 보인다.

2) 자동화 및 무인화 기술

소수력발전과 관련된 자동화 및 무인화기술은 원격검침, 수력터빈 제어시스템, 진단기술, 원격감시 및 제어기술 등을 통하여 구현될 수 있으며 기반기술이나 기기들은 개발되어 있으나, 경제성 및 제도적인 문제로 인하여 그 도입 및 적용이 지연되고 있다. 이와 관련된 기술들의 국내외 현황은 다음과 같다.

- 원격검침시스템(AMR, Automatic Meter Reading)

  디지털식 전력량계는 다수의 국내 업체들이 생산, 공급하고 있으며 전류, 전압, 전력의 계측뿐만 아니라 전류, 전압의 고조파 등 전력 품질(power quality)까지도 측정하는 기능을 보유하고 있으며 내장된 직렬 통신기능을 통하여 원격검침도 가능하다.

  특히, LS산전 등에서 공급하고 있는 원격검침시스템은 다양한 통신방식을 제공하고 있는데 전용선 통신 혹은 전력선을 이용하는 전력선통신(power line communication) 방식도 채용하고 있어 별도의 통신선로가 필요가 없으며 특히 원격지의 소수력발전소에 경제적으로 적용이 가능한 기술이다. 뿐만 아니라 다양한 검침정보를 제공해 주고 있는데 저장된 검침데이터와 원격검침 전용 소프트웨어를 통해 검침값과 사용량에 대한 상시 확인이 가능하며 월보, 일보, 사용추이 그래프 표시, 요금정산 등 다양한 검침정보를 제공한다. 또한, 단말장치 내에 정전 보상용 배터리 내장으로 데이터 보존기능을 가지고 있어 정전 시에도 데이터가 안정적으로 저장된다. 인터넷 검침시스템(웹 검침시스템)은 인터넷상에서 원격검침 정보서비스를 제공할 수 있다.

- 수력터빈 제어기 및 엑추에이터(Actuator)

수차의 속도 및 출력을 제어하는 전기식 혹은 유압식 액추에이터 및 조속기의 제어기는 Voith-Simens, ABB 등 다국적 회사들이 제작 공급하고 있으며 이들 기기는 대수력 뿐만 아니라 소수력에서도 적용이 가능하다. 이러한 터빈 출력제어기들은 소수력발전소의 무인화 및 자동화에 필수적인 기기들이나 국내 관련 산업 및 기기 개발은 미진한 편이며 개발이 시급한 설정이다.

- 기기 진단기술

소수력발전소의 주요 설비들 중에서 터빈, 발전기 및 변압기 등의 상태 진단 및 최적화 기술은 국내에서 화력발전소나 대형 수력발전소를 중심으로 기술이 개발되고 있다.

특히, 회전자의 단락 진단, 고정자의 과열 진단 및 비정상적인 진동 진단 등의 예방진단 및 사후 진단기술로 구분되는 발전기의 진단 기술은 전기연구원, 전력연구원 등 연구기관과 대덕시스템 등 벤처기업을 중심으로 기술 개발이 이루어지고 있다. 발전기를 제외한 다른 전기설비에 대한 진단기술로서 화력발전소용 변압기 상시진단시스템 등이 개발되어 적용되고 있지만 이러한 진단기술들을 소수력용으로 적용하기 위해서는 콤팩트화, 저가화, 통합화 등의 문제가 해결되어야 한다.

- 원격감시 제어기술

원격감시 및 제어기술은 PLC나 DCS 등을 이용한 수력발전소의 자동화 및 컴퓨터제어를 기반으로 국내에 제어자동화기기의 기반이 충분하기 때문에 기술적으로 구현이 어려운 것은 아니다. 다만 경제성 확보 및 무인화를 위한 제도적 정비 등이 필요하다.

특히, 기기의 표준화를 통한 원가절감, 전력선 통신기술(PLC)을 활용한 인프라 구축비용의 절감을 통하여 경제적인 시스템 구성이 가능하도록 하는 노력이 필요하다. 뿐만 아니라 국내의 정보통신 인프라를 활용하여 원격 감시, 제어시스템을 구축함으로써 유지보수 비용의 절감을 도모할 수 있을 것이다. 원격감시시스템에서 이동통신을 이용한 고장 시의 메시지 전송(SMS) 기술은 이미 일반화된 기술 중의 하나이고 이를 통하여 고장시간의 최소화, 유지보수 비용의 절감을 도모함으로써 경제성 확보가 가능할 것이다.

(4) 수차발전설비 성능평가 기술

수차의 성능평가기법과 관련된 국가적으로 표준화된 성능평가 기준의 부재와 수차발전설비 성능시험 인증기관이 없어 수차 성능인증이 거의 이루어지지 않고 있다. 수차발전설비의 성능인증은 제작 및 설치단계에서 수차발전기의 성능(출력, 효율, 제어기능, 진동 등)이 설계치를 만족하는가의 확인이 필요하다. 또한, 운영단계에서는 경년변동의 열화현상으로 나타나는 성능 저하나 고장 징후를 초기에 확인하고 적절한 보수 조치를 취하여 고장 발생을 방지함으로써 유지관리비용을 최소화하고 수차 효율을 증대하기 위해서도 설계, 제작, 운영관리에 대한 체계적인 성능진단 전문기관 등에 의해 수차 발전설비 성능인증이 필요하나, 소수력에서는 성능평가가 거의 이루어지지 않고 있다.

현재 한국수자원공사에서 정부 프로젝트의 일환으로 성능시험센터를 2014년 준공하였으며 관련 회사들도 자체적으로 성능시험을 진행하고 있다.

1) 성능평가기법

소수력발전소의 증가에도 불구하고 발전설비에 대한 수차발전기뿐만 아니라 보조기기에 대한 설계 및 제작 단계에서 검토되어야 할 기술수준이나 평가방법이 정립되어 있지 않으며, 소수력 성능진단 전문기관 등에 의해 수차 성능이 인증되고 있지 않아 발주처에서 요구하는 보증사항(효율, 출력, 진동 등)을 정확하게 확인하지 못하고 있어 국가적인 자원 낭비요인이 존재하고 있다. 또한, 국내의 수력 발전설비는 평균 사용 연수가 약 20년이 넘어 향후 설비 현대화가 빠르게 진행될 전망이며, 발전설비 상태진단이나 용량 증대사업이 활성화될 예정이다. 그러나 수차발전기 성능평가를 통한 설비 현대화 기술은 주 공급을 외국 제작사에 의존하고 있어 현재까지는 국내 산업이 활성화되지 못한 상태이다. 국내 대부분의 전력회사들도 관련 장비와 인력의 미확보로 성능평가가 거의 이루어지지 않고 있다.

2) 성능시험센터

소수력시장이 확대되고는 있으나 성능시험 및 인증과 관련된 국가적인 기관의 부재로 발주처의 규모나 담당자의 역량, 인식의 차이에 따라 해당 시공 품질이 달라지고 있어 국가적인 자원의 낭비 요인이 존재하고 있다. 국내 대수력의 경우 선진국 일부사업자(제작자)에게 막대한 규모의 외화를 들여 성능을 확인받고, 국내 수차의 경우 한국수자원공사에서 수탁시행하고 있으나 아직 준비 중이라 국가적인 인증기관이 없어 품질에 대한 신뢰 확보의 요구가 커지고 있다.

3) 설비보전 및 현대화 기술

수력발전소의 설비보전 및 현대화 기술은 발전소 건설 후 장기간 발전으로 발전소의 성능 저하가 일정 수준 이상으로 저하되어 건설 당시 또는 설계 당시의 성능을 발휘하지 못하는 경우 고장이 발생되기 전에 건설 당시의 성능을 회복시키기 위하여 최신의 기술과 소재를 접합시켜 최적의 성능을 발휘하도록 하는 기술이다. 설비의 장기 운전에 따라 설비 노후화에 대한 설비교체 등 지속적으로 발전설비 정비가 실시되고 있으며, 근래에는 수명 연한이 다한 수차발전기의 수명을 연장하고 성능을 향상시키는 리모델링 사업이 국내외적으로 활발히 진행되고 있다.

신규 발전소의 건설이 과거 성장 위주의 개발정책에 따라 발전소 지역주민의 기피시설로 인식되어 발전소 건설에 부정적 요인으로 작용하여 경제적 · 환경적 어려움으로 인해 용이하지 않았다. 신규 발전소 건설의 현실적인 대안으로 노후 수력발전소의 시설 대체 기술은 1943년 청평 수력발전소의 상업운전 이후 외국자본과 기술에 의해 건설되는 수력발전소를 통해 기술의 습득과 전수가 이루어져 왔다. 1970년대 이후 국내 수력발전소의 개발 한계와 맞물려 대용량 화력발전소와 원자력발전소가 본격적으로 건설됨에 따라 국내 전력생산의 핵심기능을 화력과 원자력에서 담당하게 되고 이에 따라 수력발전에 대한 기술개발이나 인력양성은 등한시 되어온 것이 사실이다. 더욱이 근래에는 신규 수력발전소의 건설수요 감소, 설계 및 제작 분야의 체계적인 기술이나 연구인력 등이 부족하고, 제작회사 또한 소수력을 제외한 중 · 대수력의 경우는 전무한 실정이다.

10.1.2 국내산업 현황

(1) 국내 제작업체 현황

국내 수력산업은 발전규모가 작은 소수력 부분에 집중되고 있고, 대수력용 수차발전기에 대한 설계기술은 없으며 대부분 해외기술에 의존하고 있다.

표 10-5 | 수차 관련 제조업체 및 기술동향

품목	제작사	생산품	업력	비고
수차	대양수력(주)	수차	오래됨	해외 기술제휴로 기술력 향상을 꾀하고 있음
	금성이앤씨	수차	신생	기술제휴 및 소수력용 수차 설계 및 제작, 설치
	효성굿스핑스	펌프/수차	신생	횡류형 수차만 연구단계에서 개발
	신한정공	수차	신생	일본회사와 기술제휴로 수차 납품
	디에스케이 엔지니어링	수차	신생	독일 Fella사와 기술제휴하여 가변속 수중터빈 기술 보유
	덕지산업	펌프/수차	신생	러너 설계 및 제작
	(주)아이베이	수차설계	신생	수차설계 전문회사
	동아기공/일진전기	수차	신생	소수력 수차발전기 생산
	세원기연		신생	700*kW*급의 튜블러수차 제작

표 10-6 | 발전기 관련 제조업체 및 기술동향

품목	제작사	생산품	업력	비고
발전기	효성	발전기	오래됨	기존 발전기 업체 소수력 수차에서 아직 적용이 그리 많지 않음
	두산		오래됨	
	현대중공업		오래됨	
	쎈테크발전기		신생	친환경 고효율 영구자석 발전기 개발(500*kW*) 발전효율 98.62%
	서영테크		신생	1*kW*급 저소음 수평축 직접 구동형 풍력발전기 개발
	대양수력(주)		오래됨	3MW 이하 발전기 생산

표 10-7 | 전력변환기 및 감시진단시스템 제조업체 및 기술동향

품목	제작사	생산품	업력	비고
전력변환장치	현대중공업	전력변환장치	오래됨	전력변환장치 생산업체
	LS산전			
	윌링스		신생	
	셀텍		신생	
	리젠코		신생	4대강 사업 전력변환시스템 납품
감시/진단시스템	LS산전	감시/진단시스템	오래됨	감시/진단시스템 생산업체
	태광 E&C			
	리젠코		신생	4대강사업의 전력변환시스템 납품

수차 관련 제조업체와 발전기 및 전력변환기 관련 제조업체 〈표 10-5〉에서 〈표 10-7〉에 정리하였다.

(2) 시장-기술적 장애 요인 및 전략 방향

중수력 수차발전기 시스템에 대한 원천설계 기술을 확보하지 못하여 선진국 기술에 의존하고 있는 형편이다. 따라서 경쟁력 있는 중수력 수차발전기에 대한 원천 설계기술 확보 및 개발이 절실한 상황이다. 더 나아가 시장의 신뢰성을 얻기 위한 수차 성능시험 및 국제 인증 시설 및 주요 구성품(수차, 발전기 및 제어기)의 국산화율을 제고하는 한편, 원가 절감 및 품질 향상을 위한 지속적인 기술개발이 절실하다.

이를 조기에 이루기 위한 전략 방향은 다음과 같다.

- 수차 원천설계 기술 확보를 위하여 중 · 대수력 수차의 기반모델인 30MW급 프랜시스 수차발전시스템(수차, 발전기 및 조속기)의 주기기 개발에 집중 투자하여 관련 기반기술을 확보함으로써 시장 진입의 발판을 마련
- 독자적인 수차 · 발전기 원천 설계 기술과 구성품 · 부품 국산화 및 수직계열화로 안정된 공급망 확보로 선진국과의 기술 격차를 해소
- 유럽, 일본 및 중국 중심의 수력 시장에 진입하여 에너지 플랜트 사업의 전초 기지 확보
- 국내 수차와 관련된 주요 성능시험 및 평가 시설 확보
- 장기적으로 고속 · 대용량화하는 세계적 추세에 맞는 대수력 100MW급 이상 프랜시스 수차발전시스템의 전략적 투자(추격형에서 선도형으로 전환) 및 500MW급의 양수발전 시스템에 대한 원천기술을 확보하여 세계 양수발전시장에 진출

10.1.3 시장동향

수력발전소는 30년 정도 사용 가능한 반영구적인 설비로서 시장 형성이 중요하므로 개발 입지의 선정, 발전 가능량 평가, 주변입지, 환경조사, 전력계통 연계성 등의 사전조사를 통해 초기시장 창출을 위한 지원이 필요하다. 이를 위해서 우리나라 각 지역의 수계에 산재되어 있는 부존자원을 효율적으로 이용할 수 있는 개발지점을 세밀히 조사하여 경제성 있는 입지

가 선정되도록 국가 주도의 사전조사 정책이 수행되어야 한다.

수력발전 보급계획 목표를 달성하기 위한 관련 핵심기술을 개발하고 시스템을 국산화하도록 정부의 정책적 지원이 필요하다. 수력 개발지점의 특성에 적합한 발전설비 및 발전소 건물의 간소화 · 표준화 기술을 개발하여 건설비용을 절감시켜 경제성을 향상시키면 수력 보급량 목표는 희망적이다. 따라서 앞으로 다양한 국내 미활용 수력개발지점의 특성과 개발조건에 적합한 핵심 기술개발을 산 · 학 · 연 협동으로 우리나라 특성에 적합하고 효율이 높은 수차발전기뿐만 아니라 보조설비 및 제어설비의 간소화 · 표준화와 발전소 건물의 표준화 기술개발 연구를 위한 지속적인 투자가 필요하다. 수력발전기술은 큰 투자 소요액, 긴 투자회수기간, 초기시장의 불확실성으로 인해 민간제조업체에서 독자적으로 기술개발 투자를 하기에는 아직 어려운 실정이다. 그래서 선진국에서도 정부 주도로 표준화를 지원하여 기술개발을 완료하고 보급확산에 주력하고 있다. 따라서 선진국의 연구자료와 기술을 분석하여 산 · 학 · 연 공동 기술개발에 따른 협력을 강화하여 원천기술을 확보하고 보급과 연계할 수 있는 실용화 위주의 핵심기술을 개발 보급하여야 한다.

소수력은 토목, 기계, 전기, 계측제어부문 등의 복합적인 시스템 기술로 구성된다. 소수력발전소 건설비의 25%를 차지하는 수차는 준공 후에도 지속적으로 유지 관리하여야 하는 중요한 설비이다.

수차의 일부 형식은 국내에서 설계 제작할 수 있는 능력을 보유하고 있으며 최근에 건설되는 대부분의 소수력발전소에서 채택되고 있다. 국산 수차가 개발되기 전에는 대부분 외국에서 도입하였기 때문에 고가였고 유지보수용 부품 확보에 어려움이 있었다. 국산 수차는 외국에서 제작한 수차와 비교하여 수력학적인 성능뿐만 아니라 설계 및 제작 수준과 수차 부속설비(개도조절장치, 수밀장치, 냉각설비, 제어설비 등)의 품질이 미흡하고 효율이 낮아 지속적인 개발이 필요하다.

수차 기술개발은 한국에너지기술연구원에서 추진하여 카플란수차, 튜블러수차, 프랜시스수차의 기술개발로 많은 부분의 국산화를 이루었고, 수차 실증연구를 완료하여 보급중이다. 이와 같은 국산화 노력으로 카플란수차, 프랜시스수차, 튜블러수차는 국산화되었으나 사류수차, 횡류수차, 펠턴수차 등은 기술개발이 필요하다. 수차 개발은 처음부터 실물 수차를 상용화로 개발하기 어렵기 때문에 작은 규모의 모형 수차를 설계 제작하고 주로 유체역학적인 성능실험을 통하여 설계특성을 분석한다. 수차 개발을 처음부터 실물로 개발하지 못하는 이유는 개발된 수차를 실험할 수 있는 수력발전소가 건설되어야 가능하고, 실물수차로 많은 시행착오를 거쳐야 하기 때문이다. 발전용 수차는 소규모의 수차모형을 개발하여 성능특성을 분석한 후, 이때 획득한 성능특성자료를 이용하여 실물수차를 설계하여야 한다. 연구개발을 통하여 개발된 수차는 반드시 상용화과정을 통하여 문제점을 해소하여 수정, 보완함으로써 신뢰성을 확보할 수 있다. 현재 우리나라에서 수행된 수차 개발은 실험실에서 진행한 개발연구로서 실용화를 위한 후속연구가 부족하여 소수력발전용 수차의 표준화 및 간소화까지 이어지지 못하였다.

소수력발전소 건설비의 약 25%를 차지하는 수차는 준공 후에도 지속적으로 유지 관리해야 하는 중요한 설비이며 수차 부분은 수차 본체, 입구밸브, 유압장치, 발전소 내 배수장치, 운전제어장치 등으로 구성되어 있다.

소수력의 보급 활성화와 국산화를 위해서 수차시스템의 개발에 집중한 결과 발전기의 효율 향상과 표준화 및 콤팩트화에 대한 기술개발은 거의 이루어지지 않았으나 디젤 발전기 등 산업용 발전설비의 국산화에 따라 발전기에 대한 기술은 상당한 기술적 성과를 확보하고 있는 실정이다.

국내의 소수력발전시스템의 기술수준은 선진국에 비해 전반적으로 뒤쳐져있고 소수력 자원조사 및 활용기술은 선진국과의 기술격차는 작으나 핵심 소재나 수차 설계제작 기술과 성능측정 및 인증시험분야는 선진국과의 기술격차가 더 많이 나고 있는 실정이다. 선진국의 경우 원천 설계기술은 물론 오랜 운전 경험과 풍부한 제작, 건설 경험을 보유하고 있으며 특히 근래에는 환경 관련 인·허가의 규제강화 등으로 다양한 분야의 기술들이 검토되고 개발되어 왔다.

10.2 국외 기술수준 및 시장동향

전 세계가 지속 가능한 신재생에너지를 활용하기 위한 노력과는 달리 수력발전은 지난 몇 년간 경기 침체와 언론 비난에 의해 퇴보를 경험하고 있다. 그러나 최근 Research and Markets에서 발표된 Global Hydro Power Report 2011 보고서는 2015년까지 전세계적으로 설치될 수력발전 용량이 1,100GW에 달할 것으로 예상하였다.

수로식이나 소규모 수력발전, 저 낙차 터빈과 같이 환경에 주는 영향이 작은 기술들은 수력에너지에 대한 비난을 완화하고 에너지 수요를 충족시켜 주기 때문에 수력발전의 부흥에 기여하고 있다. 이러한 현상은 특히 미국에서 많이 찾아볼 수 있다. 예를 들어 연방규제기관

(federal energy regulation commission)의 수력발전 프로젝트 담당자는 소규모 수력발전 프로젝트 라이센싱을 위해 5개 주와 양해각서(momorandum of understandings)를 체결하기도 하였다.

최근에는 단독으로 적용하거나 기존 수력발전 시설에 활용할 수 있는 양수발전 프로젝트가 증가하고 있다. 양수발전은 풍력이나 태양발전과 같이 간헐적인 재생에너지를 이용하여 물을 위쪽 저수지로 퍼 올렸다가 전기가 필요할 때 이를 이용하여 전기를 생산하는 가장 성숙된 기술이다. 이러한 수많은 프로젝트들이 미국, 중국, 유럽과 같은 국가들에서 계획되거나 진행되고 있다. 이들 국가들은 상당수의 태양 및 풍력발전 관련 프로젝트를 운영하고 있다.

중국, 미국, 브라질, 캐나다는 지난 몇 년 동안 수력발전 용량과 관련한 상위 4개국이다. 중국과 브라질은 MW규모의 발전소를 여전히 도입하고 있지만 캐나다와 미국은 보다 개선된 소규모 수로식 프로젝트에 중점을 두고 있다. 가장 흥미 있는 프로젝트는 나이아가라의 수로를 이용한 것이다. 거대한 수로로 물의 방향을 재조절하여 캐나다 아담베이크 발전소(Sir Adam Beck Generating Station)의 전기 생산량을 증가시키는 것이다.

전세계적으로 지역 수요 및 수출을 모두 만족시키려는 수력발전 프로젝트의 수가 점차 많아지고 있다. 이러한 프로젝트와 현재 진행 중인 다른 프로젝트들에 있어 가장 근본적인 문제는 재정적 어려움이다. 일부 중국 은행들이 자국 내 및 아프리카와 같은 국외 프로젝트를 위해 자금을 지원하고 있다. 보통 이러한 프로젝트들은 수력발전소 건설사인 Sino hydro와 수력발전용 터빈 제조사인 Dong Fang과 같은 중국 회사들을 이용한다. 이러한 경쟁에도 불구하고 Alstom Power, Andritz, Voith Hydro는 아직까지 수력발전용 터빈의 주 제조사들이다. 이들 회사들은 터빈 전체 시장의 80%를 점유하고 있으며 관련 분야를 통합하고 있다. 시설의 수명이 다할 때까지 발전소 관련 제품 및 서비스를 제공하고 있으며, 조력이나 해양에너지 분야에도 눈을 돌리고 있다. 그러나 보고서에 따르면 Hitachi, Mitsubishi Electric, Mitsubishi Heavy Industries과 같은 일본 기업들이 관련 사업계획을 발표하고 있어 앞으로 많은 경쟁이 이루어 질 것으로 예상된다.

미래에는 보다 환경친화적인 수력발전이 시장에 진입할 것으로 보인다. 지역 집단의 반대와 더불어 환경적 영향은 프로젝트 진행에 중요한 장애물이 될 것이다. 중국의 많은 수력발전 프로젝트가 환경적인 영향력에 대한 검토로 일시 중단되고 있다. 북미는 지역사회의 동의가 있어야만 수력발전 프로젝트를 추진할 수 있다. 아마존 지대의 프로젝트의 경우 거주 부족의 재배치가 필요하다.

Global Hydro Power Report 2011의 저자는 중기적인 면에서 새로운 수력발전용량이 상당량 증가할 것으로 예상하였다. 대부분의 성장은 아시아 태평양 지역에서 예상되며, 특히 급속도의 경제성장을 이룩하고 있는 중국과 인도에 더욱 집중될 것으로 보았다. 그리고 라틴 아메리카에서도 상당한 성장이 있을 것으로 예측하였다.

세계적인 수력발전설비 시장은 현재 기 설치된 발전설비(874GW)의 노후화에 따른 성능개선과 신규 수력사업의 개발 등 두 가지로 진행되고 있다. 최근 수년간 중국이 이 사업을 주도하면서 개도국에서 크게 성장했는데, 중국은 2005년에 117GW의 용량을 설치했고, 2009년에 거의 200GW의 설치 용량을 달성했다. 중국의 빠른 경제성장과 급격한 에너지 수요가 늘어난 이 기간에 수력은 총 전력 생산의 중요한 몫을 차지하고 있다. 미국은 '80년대에 수력발전의 잠재지역을 조사하였으며, 1990년대에는 수차의 표준화와 개도국에 대한 기술지원을 하여 왔다. 일본은 1980년대에 Sunshine계획의 일환으로 수차의 국산화 개발과 수력발전 시스템 자동화 연구를 수행하였으며 1990년대에는 New Sunshine계획으로 수차의 표준화 개발이 완료되어 있다. 중국은 산샤 수력발전소 건설을 통해 기술축적에 성공하여 나이지리아 Kainji 수력발전소 건설 사업 등을 성공시키며, 양적뿐만 아니라 질적으로도 우수한 수력발전 사업기반을 마련하였다.

중요한 것은 모든 나라들이 2000년대부터 기후변화 협약에 따른 환경문제와 신재생에너지 이용의 중요성이 강조되면서 청정에너지인 수력을 개발하는 국가들이 증가하고 있다는 사실이다. 국가별 활성화정책을 통해 수차발전기의 표준화 기술향상과 시스템운용자동화 기술개발로 경제성이 확보되어 보급이 확대되어가는 추세이다.

10.3 국내외 연구개발 현황 및 시장동향 비교

10.3.1 연구개발 현황 및 시장동향 비교

(1) 수차분야

수차 분야의 국가별/연도별 특허출원 동향을 살펴보면, 수차 기술은 일본에서 1980년부터 1997년까지 활발한 연구가 진행되었다. 국가별 특허 점유율은 일본이 210건으로 전체의

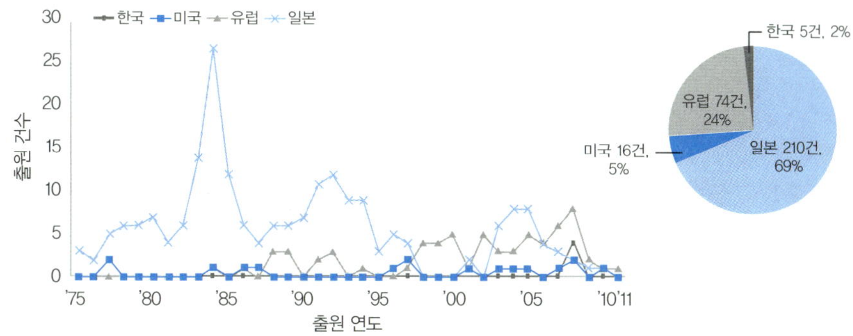

그림 10-1 국가별, 연도별 분석

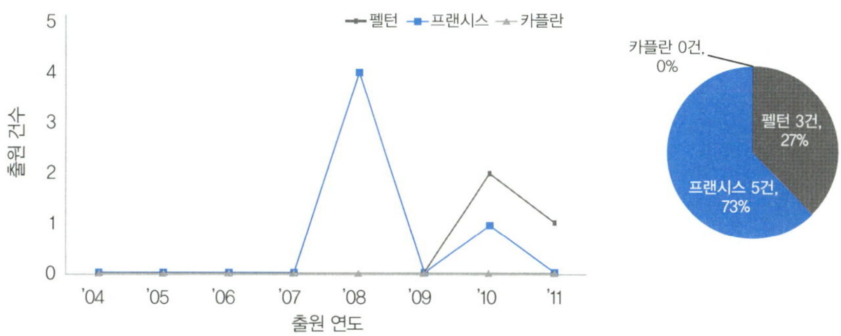

그림 10-2 한국의 수차 관련 특허출원 분석

69%를 차지하고 있어 가장 높은 점유율을 보인다.

1) 한국

한국의 기술별/연도별 특허출원 추이를 살펴보면 2007년부터 출원이 이루어진 것으로 나타나고 있다.

- 한국의 기술별 특허 출원율을 살펴보면, 수차 종류 중 프랜시스형이 73%이고, 펠턴형이 27%를 차지하고 있는 것으로 조사되었다.

2) 일본

일본의 기술별 특허출원 추이를 살펴보면, 1983~1985년도에 출원수가 급격히 증가한 것으로 보이며, 프랜시스형 수차에 대한 개발이 지속적임을 알 수 있다. 특히 프랜시스형이

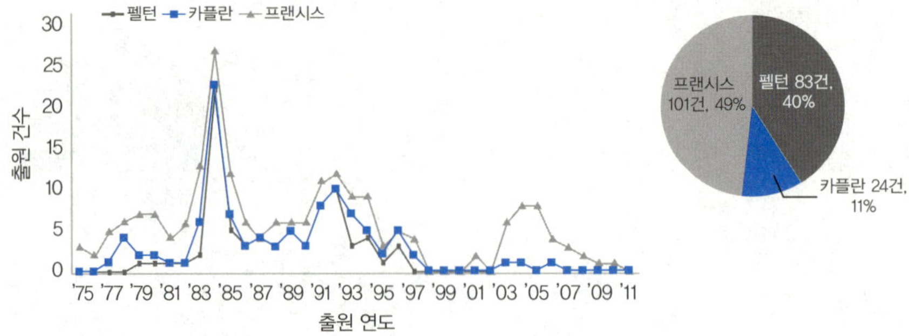

그림 10-3 일본의 수차 관련 특허출원 분석

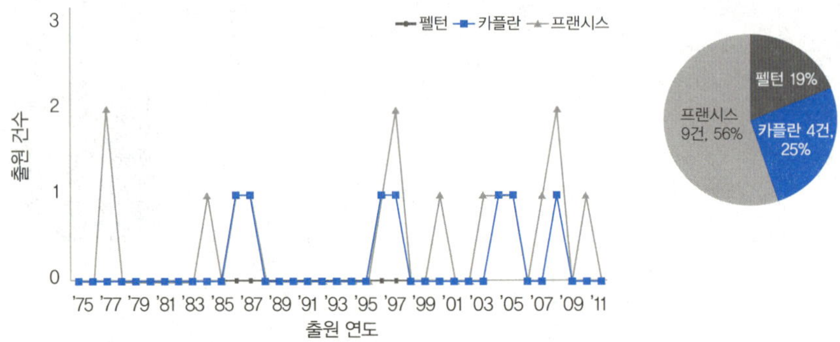

그림 10-4 미국의 수차 관련 특허출원 분석

101건으로 49%를 차지하고 있어, 가장 높은 출원율을 나타내고 있고, 그 뒤를 이어 펠턴형이 40% 그리고 카플란은 11%의 출원율을 보이고 있다.

3) 미국

미국의 기술별/연도별 특허출원 추이를 살펴보면, 1975년 이후 17건의 특허 출원이 이루어졌다. 프랜시스형이 56%로 큰 비중을 차지하고 있으며, 카플란형이 25% 그리고 펠턴형은 19%의 특허출원이 있었다.

(2) 제어시스템분야

- 국내의 지식재산권(특허 등) 현황

디지털 제어시스템 구성 관련 국내외 기술특허를 분류해 보면, 제어시스템 구성방법(구조)이 75% 정도를 차지하고 있다. 신호처리 및 로직 구성에 관한 기술은 25%이다. 수력발전소 제어시스템에 한정된 특허 내용은 아니지만 국산 개발품 설계 시 특허기술 중복성 문제가 발생치 않도록 주의가 필요하다.

표 10-8 | 제어시스템 분야 관련 특허 분석

특허번호(등록/공개)	출원년도	명칭	출원인
US8005514	2011	Field device and method for transferring the field device's signals	Yokogawa Electriccorp
US7870299	2011	Advanced logic system	Westinghouse Electriccorp
US7793774	2010	Lockout and monitoring system with sil3 safety rating and method for lockout and monitoring	Hubbell Incorporated Shelton, Us
US7612582	2009	Programmable logic controller and related electronic devices	Ward; Derek
KR20110138078A	2011	열병합 발전을 위한 디지털 제어시스템	신흥대학 산학협력단
KR20100048429A	2011	동기발전기 전압제어용 디지털제어시스템 (digital control system for controlling voltage of synchronous generator)	한국전력공사
KR20070039063A	2007	로버스트 디지털제어기 및 그 설계장치 (robust digital controller and its designing device)	일본 : 고쿠리쓰다이가쿠 호진덴키쓰신다이가쿠
KR20060011383A	2006	발전소의 터빈 계통을 제어하기 위한 삼중화 디지털 터빈 제어시스템 (a digital turbine control system with triple modular redundant for controlling turbine of power plant)	한국전력공사

10.3.2 시장동향 비교

(1) 수차분야

재생가능 에너지의 사용비율은 OECD국가 및 비 OECD국가의 다양한 정책방향의 영향을 받는다. 수력발전을 통한 전력생산은 현재까지 재생가능 에너지 이용에 있어 가장 높은 이용률을 보이고 있다.

신규 수력 개발은 개발도상국에 집중되고 있다. 많은 OECD국가들은 성공적으로 대규모

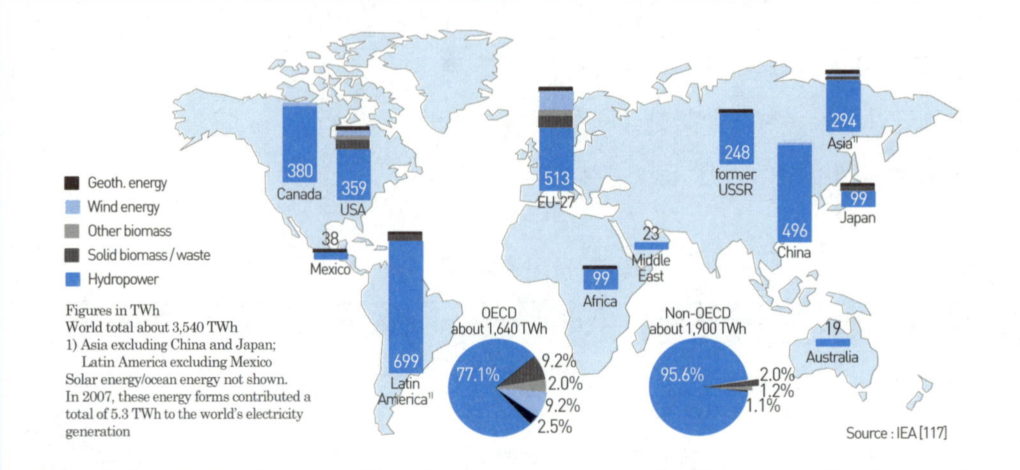

그림 10-5 재생 가능 에너지를 이용한 글로벌 전기생산 비교(2007년 기준)

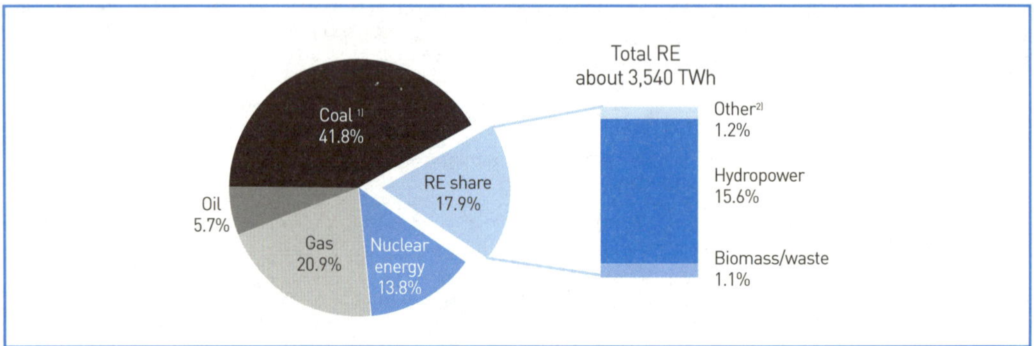

그림 10-6 글로벌 전기생산량 대비 재생 가능 에너지 비율

의 수력발전 가능량을 확보했으며 현재는 소규모 용도에 치중하고 있다.

수력발전의 선두 국가들은 중국, 캐나다, 브라질, 미국, 러시아, 일본 등이다. 그 이유는 다음과 같이 정리하여 볼 수 있다.

- 급증하는 에너지 수요를 맞추기 위한 세계 글로벌 에너지 공급원에 대한 관심이 증가함
- 지구 온난화에 대한 우려로 이산화탄소 방출에 대한 관심도 동반 증가 추세임
- 에너지원 확보 및 친환경 에너지에 대한 관심으로 수력발전에 대한 기회가 늘어남
- 수력발전은 저탄소 에너지원이며 세계 곳곳에 많은 양의 에너지원이 있는 상태
- 시장조사 전문기관인 비전게인(Visiongain)에서는 세계 신규 수력발전 프로젝트가 2011년 기준 565억1,000만 달러로 추정한다.

(2) 제어시스템분야

발전소에 적용되는 디지털제어시스템의 기술변화 추세는 다음과 같다.

- 통합제어시스템 구성
  - 발전소 전체 설비의 운전, 감시, 제어를 하나의 시스템으로 통합하는 경향이다.
- 연계성, 확장성을 고려한 표준화 및 모듈화 기술 적용
  - 발전소 설비규모에 따라 유연하게 제어시스템을 구성 가능하도록 한다.
  - 제3의 시스템과의 통신연계를 쉽게 하기 위한 표준기술을 사용한다.

1) 프랑스 알스톰 제어시스템

세계 수력발전 설비 공급의 약 25%를 점유하고 있는 프랑스 알스톰사는 최근 ALSPA® Series라는 디지털 제어시스템 제품 라인을 공급하고 있다. 발전소 설비 규모와 제어 대상 장치 수량에 따라 제어시스템의 구성과 규모를 적절히 설계할 수 있는 모듈화 구성이 가능한 시스템이다. 이와 같이 제어시스템의 규모를 탄력적으로 유연하게 구성하는 방식은 현재 기술 선진 제작사가 모두 추구하는 기술이다.

알스톰사의 수력발전용 제어시스템의 단위 기능별 모듈을 살펴보면 다음과 같은 제품들이 있다.

- 수차 제어시스템(turbine governing system)
- 발전기 여자제어시스템(generator excitations)
- 수차발전기 보호시스템(machine protections)
- 운전상태 모니터링(condition monitoring)
- 수력발전 자동화 소프트웨어 (hydro process application software)

2) 독일 보이스 하이드로(Voith Hydro) 제어시스템

Voith사와 Siemens사가 합작하여 2000년 Voith Hydro라는 회사를 만들어 수력발전설비를 전문으로 공급하고 있다. 전통적으로 Voith사는 기계 및 유압설비 분야의 전문성을 갖고 있으며, Siemens사는 고유의 디지털제어시스템을 보유하고 있는 회사이다. 양사의 기술이 결합하여 최신 제어시스템 기술은 물론 수력발전에 필요한 모든 설비를 한 회사에서 설계 · 제작하여 공급할 수 있는 능력을 보유할 수 있는 것이다. 통합 디지털제어시스템의 구성은 단위

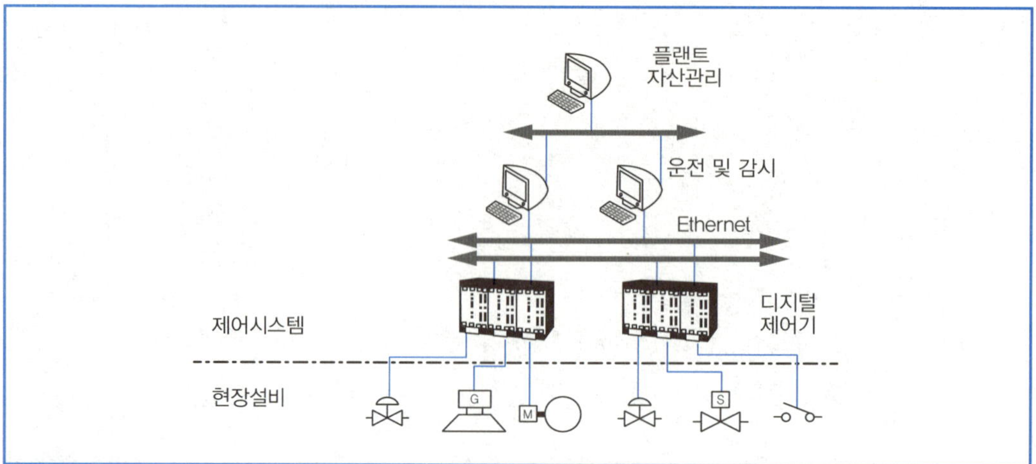

그림 10-7 단위기능 제어모듈을 통합한 전체 제어시스템 구성

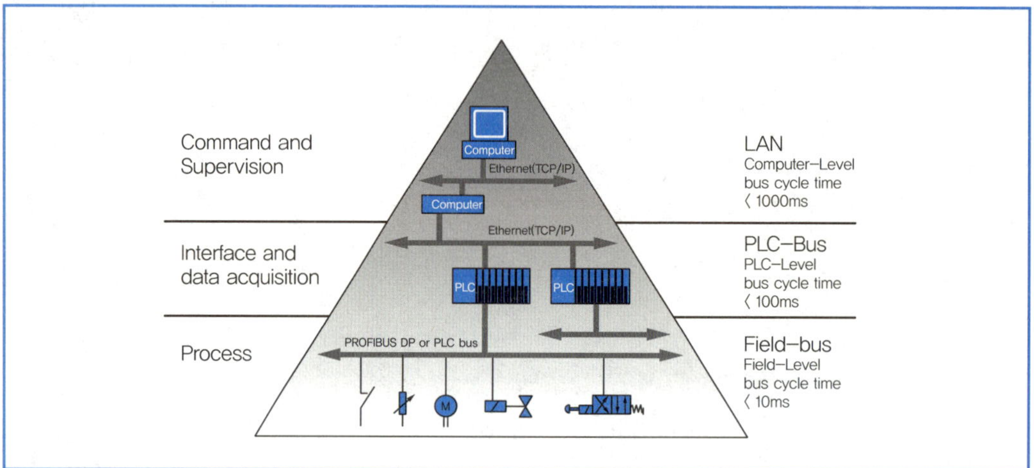

그림 10-8 독일 Voith Hydro 디지털 시스템의 계층적 구성방식

제어모듈을 결합하여 구성한다는 점에서는 앞에 언급한 알스톰 기술과 유사하다.

- 보이스 하이드로사의 제어 기능별 모듈을 보면 다음과 같다.
  - 사용자 인터페이스(human machine interface)
  - 터빈조속기(turbine governor)
  - 발전기 전압제어(voltage controller)
  - 기계-유압 및 전기식 액추에이터(mechanical hydraulic and electrical actuator)
  - 디지털 보호계통(digital protection)
  - 시스템 최적화 및 자기진단(optimizations and diagnosis)

표 10-9 | 외국의 수차 생산현황

수차제작회사	국명	수차 종류	비고
Allis-Chalmer Co	미국	Tube, Francis, Propeller Turbines	
Fuji	일본	Francis, Tube, Bulb Turbines	
CMEC	중국	Francis, Kaplan Turbines	
GE Energy	노르웨이	Bulb, Francis, Kaplan, Pelton, Propeller, Mini or Small-Scale Turbines	
VOITH	독일	Pelton, Francis, Kaplan	
TURAB	스웨덴	Francis, Kaplan & Axil, Bulb & Axil Turbines	
Dependable	캐나다	Francis, Tube	
Inset JSC	러시아	Propeller, Francis, Diagonal, Pelton Turbines	
GEPPERT	오스트리아	Pelton, Francis, Diagonal, Kaplan, Compact Turbines	
ALSTOM	프랑스	Francis, Pelton, S Type & Pit Turbines	

표 10-10 | 외국의 제어시스템 관련 생산현황

해외 기관명	납품 실적	제어시스템 모델
ALSTOM (프랑스)	국내 양수발전소(무주, 산청, 예천)에서 사용하고 있으며, 전 세계 시장 점유율 높음	ALSPA®
Voith-Fuji Hydro (독일)	청평 4호기에 적용되었고(DCS, Governor, AVR System), 독일 및 글로벌 시장에 지명도 있음	Voith Hycon®
Honeywell (미국)	춘천수력 #1 · 2, 팔당수력 #1 · 2 · 3 · 4 , 의암수력 #1 · 2 (DCS), 한국수자원 수력발전소	Experion®PKS System (DCS)
Woodward Governor(미국)	삼량진 양수발전(과거) → 현재 Triconex 제어시스템(Gov., AVR)으로 교체되었음 화천수력 #1 · 2 · 3 · 4호기 Governor 청평양수 #1 · 2호기 Governor	Micronet® Altas pc Altas pc
Emerson	무주양수 제어시스템(DCS) 교체(2010년)에 공급	Ovation®
TOSHIBA(일본)	춘천수력 #1 · 2호기 Governor(2008년) 의암수력 #1호기 Governor(2012년)	TOSMAP-300XP
Hitachi (일본)	디지털 시스템 국내 적용은 없으나 경쟁 기술 보유회사임	

- IT 기술을 활용한 통합시스템 구성(integration of IT solution)

현재 주도적으로 수차분야와 제어시스템분야의 선도기업의 현황을 〈표 10-9〉와 〈표 10-10〉과 같이 정리하였다.

참고문헌

① 국내 관련 연구자료

권영한, 소수력발전소 개발사업의 환경적 고찰(수시연구보고서), 한국환경정책평가연구원.

김상일, 2009, 해외녹색성장정책정보 Special issues, 환국환경산업기술원.

김영철, 중국의 소수력발전 개발 동향, 한국과학기술정보원.

김용석, 2009, 강원지역 초초소수력 자원조사 최종보고서, 한라대학교 산학협력단 원주에너지 기술센터.

박완순, 2001, 신 재생에너지 기술 워크샵, 한국에너지기술연구원.

______, 2006, 소수력 발전시스템 무인화 설비 및 계통병입 안전장치 개발, 기술개발에 관한 연구 한국에너지기술연구원.

______, 2006, 환경친화적 소수력자원조사 및 활용기술개발, 한국에너지기술연구원.

이상근, 수력발전소의 모델 및 제어, 한국과학기술정보연구원.

이철형, 1999, 카프란 수차 설계기술 및 국산화 개발, 한국에너지기술연구원.

차성기, 벌브수차 갱신 프로젝트의 CFD 활용 사례, 한국과학기술정보원.

______, 소수력 발전의 동향과 공업용수도 이용 발전의 과제 및 가능성, 한국과학기술정보원.

______, 수차 및 펌프수차의 기술동향, 한국과학기술정보원.

______, 일본의 RPS법과 마이크로 수력, 한국과학기술정보원.

황영호, 2010, 수도관 차압을 이용한 마이크로 소수력 발전 실용화 기술개발, 신한정공.

전상규, 2009, 팩키지형 50*kW*급 소형 수차발전시스템 개발, 효성에바라.

최승희, 2009, 경기도내 소수력발전 도입방안, 경기개발연구원.

에너지기술평가원, 2012, 10MW급 이상 프랜시스수차발전기 개발 및 실증 과제제안요청서(RFP).

② 국외 각종 규격

Small Hydropower for developing countries, 2006, European small hydropower association.

Global Ocean Energy Markets and Strategies: 2010.2030(Complete Table of Contents and Executive Summary), 2010, EMERGING ENERGY RESEARCH, LLC.

The Small HydropowerThe Small Hydropower Market 2012-2022, 2012, vision again.

THEORY AND APPLICATIONS OF HYDRAULIC TURBINES

부 록

- SI 단위, 접두어 및 변환인자

SI 단위, 접두어 및 변환인자

SI Units, Prefixes, and Conversion Factors

표 1 | SI 단위와 접두어

SI 단위 종류	물리량	단위	SI 기호	공식
SI 기본 단위	길이	meter	m	–
	질량	kilogram	kg	–
	시간	second	s	–
	온도	kelvin	K	–
SI 보충 단위	평면각	radian	rad	–
SI 유도 단위	에너지	Joule	J	N · m
	힘	Newton	N	kg · m/s^2
	동력	Watt	W	J/s
	압력	Pascal	Pa	N/m^2
	일	Joule	J	N · m

SI 접두어		접두어	SI 기호
	1 000 000 000 000 = 10^{12}	tera	T
	1 000 000 000 = 10^{9}	giga	G
	1 000 000 = 10^{6}	mega	M
	1 000 = 10^{3}	kilo	k
	0.01 = 10^{-2}	centi	c
	0.001 = 10^{-3}	milli	m
	0.000 001 = 10^{-6}	micro	μ
	0.000 000 001 = 10^{-9}	nano	n
	0.000 000 000 001 = 10^{-12}	pico	p

단위변환

문제를 풀 때 필요로 하는 데이터들이 항상 동일 체계의 단위로 주어져 있는 것은 아니다. 따라서 하나의 단위체계로부터 다른 단위체계로의 변환이 요구된다. 원칙적으로 모든 유도단위는 기본단위의 항으로 표현될 수 있다. 그러면 기본단위로 변환하는 데 필요한 인자만 알면 된다.

실제 많은 공학적 정보들은 정의된 단위로 표현된다. 예를 들면, 마력(horse power), 열량(Btu), 쿼트(quart), 해리(nautical mile) 등과 같은 단위들이 있다. 그러한 양들에 대한 정의는 필수적이며, 추가적인 변환인자는 계산하는 데 유용하다. [표 2]에는 기존 SI 단위와 필요한 변환인자, 그리고 몇 개의 정의와 편리한 변환인자들이 제시되어 있다.

표 2 | 변환인자와 정의

기본차원	영국 단위	SI 단위값	근사 SI 단위값
길이	1 in	0.0254 m	–
질량	1 lbm	0.45359237 kg	0.454 kg
온도	1°F	5/9 K	–

정의

중력가속도 :	g = 9.8066 m/s² (= 32.174 ft/s²)
에너지 :	Btu(영국 열량 단위) ≡ 물 1 lbm의 온도를 1°F 올리는 데 필요한 에너지(1 Btu = 778.2 ft · lbf)
	kilocalorie ≡ 물 1 kg의 온도를 1 K 올리는 데 필요한 에너지(1 kcal = 4187 J)
길이 :	1 mile = 5280 ft, 1해리 = 6076.1 ft = 1852 m
동력 :	1 horse power ≡ 550 ft · lbf/s
압력 :	1 bar ≡ 10^5 Pa
온도 :	화씨 온도, $T_F = \frac{9}{5}T_C + 32$ (T_C: 섭씨 온도)
	랭킨 온도, $T_R = T_F + 459.67$
	캘빈 온도, $T_K = T_C + 273.15$
점도 :	1 Poise ≡ 0.1 kg/(m · s)
	1 Stoke ≡ 0.0001 m²/s
체적 :	1 gal ≡ 231 in³(1 ft³ = 7.48 gal)

유용한 변환인자

길이 :	1 ft = 0.3048 m	동력 :	1 hp = 745.7 W
	1 in. = 25.4 mm		1 ft · lbf/s = 1.356 W
질량 :	1 lbm = 0.4536 kg		1 Btu/hr = 0.2931 W
	1 slug = 14.59 kg	면적 :	1 ft² = 0.0929 m²
힘 :	1 lbf = 4.448 N		1 acre = 4047 m²
	1 kgf = 9.807 N	체적 :	1 ft³ = 0.02832 m³
속도 :	1 ft/s = 0.3048 m/s		1 gal (US) = 0.003785 m³
	1 ft/s = 15/22 mph		1 gal (US) = 3.785 L
압력 :	1 psi = 6.895 kPa	질량유량 :	1 ft³/s = 0.02832 m³/s
	1 lbf/ft² = 47.88 Pa		1 gpm = 6.309×10^{-5} m³/s
	1 atm = 101.3 kPa	점성(점성계수) :	1 lbf · s/ft² = 47.88 N · s/m²
	1 atm = 14.7 psi		1 g/(cm · s) = 0.1 N · s/m²
	1 in Hg = 3.386 kPa		1 Poise = 0.1 N · s/m²
	1 mm Hg = 133.3 Pa	점성(동점성계수) :	1 ft²/s = 0.0929 m²/s
에너지 :	1 Btu = 1.055 kJ		1 Stoke = 0.0001 m²/s
	1 ft · lbf = 1.356 J		
	1 cal = 4.187 J		

찾아보기

[ㅇ]

[ㅈ]

[ㅊ]

[ㅋ]

[ㅌ]

[ㅍ]

[ㅎ]

[a-z]

축적된 경험, 검증된 기술력

국내시장 점유율 60%를 이루어낸 경험과 기술력으로 입지조사, 설계에서 시공, 수리까지 모든 과정을 책입집니다.

순수국산화된 설비로 수익성 증대

수차발전기 및 관련설비를 100% 자체기술로 제작하므로 개발비를 합리화하고 유지관리비용도 절감할 수 있습니다.

최적의 설계로 높은 발전효율을 보장

수차-발전기를 일체형 축으로 직경하는 설비규모를 축소하고 높은 내구성과 발전 효율을 보장합니다.

안정적인 사후관리(A.S)실시

숙련된 기술인력 배치와 원활한 부품공급으로 가동중인 발전설비에 대해 시속, 정확한 점검,수리를 보증합니다.

주요품목

수력발전용 터빈 : 프란시스 프로펠라, 카플란
발전용 전기설비 : 수배전반, 감시제어설비
발전기 : 유도발전기, 동기발전기
부속설비 : 수압관로, 수문, 비상차단용 밸브 등

www.donga21.net

SHP ㈜신한정공 SHINHAN PRECISION CO.,LTD

소수력발전용 터빈

단기 및 중기 기술개발을 통해 국내에 보급된 기술의 확대 보급과 더불어 세계적으로 경쟁력있는 핵심 요소기술을 발굴하여 국가 전략기술로 발전시켜 세계시장으로 수출하는 소수력 안정화를 추구하고 있습니다.

Francis turbine

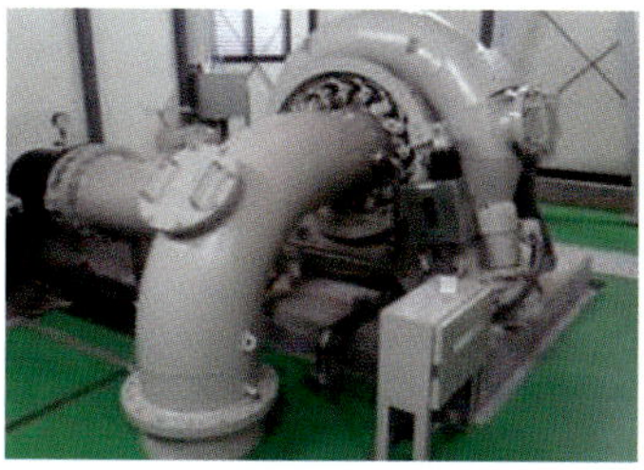

Tubular turbine

Crossflow turbine

하수슬러지 자원화

<슬러지 활성탄화 공법>의 가장 큰 장점은 처리부산물을 최소화하고 생산 과정 중 발생하는 가스를 재이용하여 에너지를 절약하는 친환경적 처리시스템이라는데 있으며, 이를 국내외 각 기관에 공급하기 위하여 노력하고 있습니다.

천안시, 김해시, 보령시, 의령군, 사카이미나토

산업용 호스제작 설비

대형플랜트 분야에서 공급가능한 액체류, 원유이송등을 위한 대형호스, Fender등의 제품 생산성 및 품질을 월등히 향상시킨 산업용 호스를 제작할 수 있는 생산라인을 설계, 제작, 시운전, 양도하는 전 분야를 제공합니다.

화승R&A, Trelleborg, Weir Mineral

경남 김해시 진례면 평지길 39-24
T. 055-345-8630
F. 055-345-8641
shp@powershp.com

Pelton Turbines

Kaplan Turbines

Francis Turbines

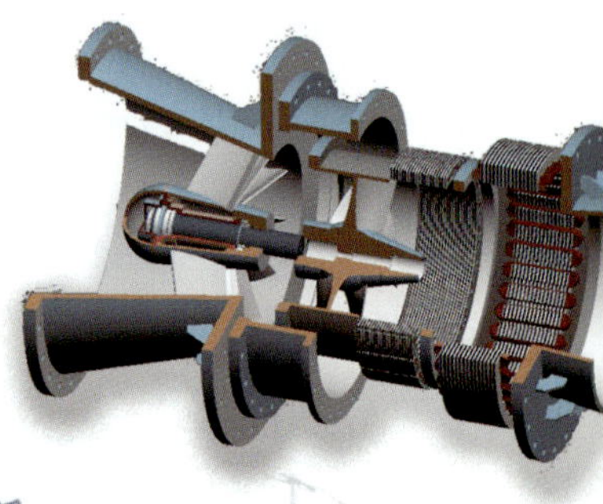